U0283234

江南大学产品创意与文化研究中心
中央高校基本科研业务费专项资金
(2017JDZD02) 专项资助项目
无锡国家工业设计园开放创新研究院资助项目

毛白滔 著

建筑空间的形式意蕴

THE MODALTY CONNOTATION OF ARCHITECTURAL SPACE

中国建筑工业出版社

图书在版编目（CIP）数据

建筑空间的形式意蕴 / 毛白滔著 . —北京：中国建筑工业出版社，2018.10
ISBN 978-7-112-22837-9

Ⅰ . ①建… Ⅱ . ①毛… Ⅲ . ①建筑空间—研究 Ⅳ . ① TU-024

中国版本图书馆 CIP 数据核字（2018）第 236724 号

责任编辑 / 吴　绫　贺　伟　李东禧
责任校对 / 张　颖
书籍设计 / 毛白滔　房　蓉

著作以新的时代文化图景变迁下的设计赋新、设计的边界重新建构、设计资源的重新匹配、媒介要素的整合创新、体验经济下的场景革命等多个视角，倡导建筑空间作为信息交换的重要载体的观念性变革。

全书以六个模块阐述作者从事三十多年教学实践和工程实践的多维度的总结和思考。

上篇／建筑空间的秩序、模块及要素

下篇／建筑空间的载体、媒介及语意

建筑空间的形式意蕴

毛白滔 著

*

中国建筑工业出版社出版、发行（北京海淀三里河路 9 号）
各地新华书店、建筑书店经销
北京富诚彩色印刷有限公司印刷

*

开本：787×1092 毫米　1/16　印张：40¾　字数：820 千字
2018 年 10 月第一版　2018 年 10 月第一次印刷
定价：128.00 元
ISBN 978-7-112-22837-9
(32957)

毛白滔

江南大学设计学院建筑与环境艺术专业教授（历任副院长），教育部学位评审委员会特聘专家，江苏省重点工程特聘专家，江南大学校企东方新格环境设计装饰工程有限公司（甲级）总设计师，主持的工程曾荣获国家鲁班奖、全国优秀工程设计奖、全国美展金奖提名奖等并出版学术著作多部。

初读白滔

代序

白滔此著作的名称，由以下关键词构成：

建筑 / 空间 / 形式 / 意蕴

……建筑空间的新媒介和新要素不断整合更新，建筑空间的多元性及观念取向的多重发展，对于建筑空间的赋新也显而易见……

……重新认识建筑空间理论研究的边界，重构其所带来的场景革命，如果拘泥于传统语境，就会失去建筑空间理论创新的动力……

……《建筑空间的形式意蕴》的理论触角，尽可能延伸和反映社会经济、消费文化变革浪潮下建筑空间的理论变革趋势……

——以上，是白滔对此著作思考、愿景以及指向的自述。

我谨借助于白滔此著中的以下6个词汇，来试着阅读和理解该书的基本内容：

1. 秩序

尤其是关乎“形式和意蕴”这样的所指，我们不妨将相互关联的诸要素，分别作纵与横这两个向度的排列，以搭建起叙述、解读、体验及评价的秩序。

——其中，纵向的秩序，可依人与建筑在“物理层面的”联系场景来建构。例如远观、中观和近观；例如环境与建筑、景观与建筑、形体与界面；例如共享空间、公共空间和各功能空间；例如由表及里、由里至外、里外渗透等。依这样的纵向秩序，可分类并依次地展开有关形式和意蕴范畴的秩序研究。

——其中，横向的秩序，则可依人们与建筑在“心理层面”交互状态来建构。例如视觉、触觉和身体体验；例如分别用心、手、步幅等下意识丈量的尺度感；例如对心的牵引、对视线的诱导、触手可及的感应因子；例如对空间经验的呼应、预料中的升级、出乎意料的惊喜等。这一切，往往是交织的、往复的、循环的以及此消彼长的。由此，可依这类横向的方式，并行、交叉及混合地构成有关形式和意蕴范畴的另一类秩序研究。

2. 模块

既是建筑及其营造范畴的方法论基石和运行逻辑，同时也是以形式和意蕴为专题的建筑理论研究的认识论基础。

模块的基因是标准化

——标准化可以是由最小的要素而引发和结成的规定性。例如是建材的尺寸、是工法的规范、是误差的容许值、是端口或契合方式的共通性等。

——标准化也可以是由大型要素的组织方式和构建逻辑来选择和规定的。例如不同建筑形体选用相同界面、不同尺度建筑界面选用相同界面单元、不同体量及不同功能的空间，暗含相同的数列基础等。

模块的生命是系列化

——系列化是相关功能的呼应和连接。

处于同一行为链上的各个环节，以模块为单元，各自独立并分别完善其内涵。例如在住宅空间中，卫浴区由沐浴、入厕、化妆、洗漱等若干“独善其身”的“子模块”组成。它们借助于“系列”，而构成卫浴区这一“大模块”，同时也呈现自身的生命力。

——系列化是相关形式的渐变和完型。

例如最近落成的阿布扎比卢浮宫，设计者努维尔选择“立方体”为基础模块，以不同的三维尺寸比，来塑造既近似又不同的多个立方体空间单元，使它们达成“渐变的系列”。由此，既灵活对应了该馆各类展示单元的需求，也充分呈现了空间中模块的系列化属性。

模块的价值是通用性

——通用性，即利用模块本体的端口、边界或尺寸数列，达成与其他模块或基面之间的嵌入、连接或组合等属性。通用性，可以由建筑本体中的一条接缝、一处节点来体现；也可由空间形态中的区域形制、技术工法组合等来形成；通用性，尽管起因于工业文明，但其基本概念已融入当今社会的各个层面和各类范畴，成为普世价值中相当具有实操性和交互性的一类行为方式。也因为此，通用性实际也逾越“制式”“标准”等工学和计量范畴，或多或少已成为品评“美学形式”的依据，或直接或间接已成为度量“艺术意蕴”的别样维度和崭新路径。

3. 要素

时间要素

——围绕建筑而进行的大部分设计活动，几乎都与对空间的处理相关；围绕空间而进行的大部分营建活动，几乎都与对物质的处理相关。然而，无论是对空间作处理还是对物质作处理，自始至终都指向创造空间、营建空间、使用空间及运营空间的主体——人。

人与空间，这“两极”之间的互动水平，决定着特定的建筑的价值；而这两极间互动的最主要的介质，恐怕就是“时间”。

回到白滔该著作研究的主要指向——形式与意蕴上来，其中“形式”的价值，与形式的生命周期相关——“时间”是形式（空间之表情）的主要塑造者；“意蕴”的价值，与空间的使用和关注主体——人的感受、理解、描述、演绎及传播相关——“时间”是达成意蕴（对空间的主观或普遍评价）的主要介质。

视觉要素

——以“观看”为基础，研究在建筑空间中，视觉要素对“形式和意蕴”的作用与影响，至少应涉及以下各个维度：

作用于视觉的地域与环境；

作用于视觉的季节与朝向；

作用于视觉的气候与时间；

作用于视觉的建筑与人的场景，作用于视觉的建筑与人群的场景；

作用于视觉的常规使用场景或非常规使用场景；

作用于视觉理性观看或感性观看行为；

作用于视觉的体验与辨识；

作用于视觉的整体及综合观赏；

作用于视觉的针对性和解读性观察。

这些，将多元、全面、立体、活性地体现出建筑与视觉要素之间的交互意义，它们有助于串联起设计的策略、路径、方法、进程、营建、使用、推介、营销、维护等各个环节，从而为“形式与意蕴”这一研究主题，搭建起更具体和丰满的观测矩阵。

使用要素

——所谓使用，首先涉及人机界面的范畴。广义的建筑空间，因其必须能够容纳人及其人的生活，所以它的“体积”基本上是“大于人”的。因此，人要掌控它，就得借助一系列与“使用”相关的节点，来连接人与建筑本体。

这些有关使用的节点（要素），从体积上来说，应该是“小于人”的，例如门锁及门把手——这是开启各空间的使用要素；例如门户和窗户总成——这是连接各空间以及室内与室外的使用要素；例如防滑材质、易清洗材质、保温材质、降噪材质、可更换型材等——这些虽无与形式相关的独立价值，但却是空间最主要的介质；例如服务台、休息设施、储物设施——这些是功能明确或具专属性的使用要素；例如照明、健声、消防等设施——这些是虽隐蔽但不可或缺的使用要素。

使用，从功能出发；功能的顺畅呈现，反映出使用要素的品质；要素品质的完美呈现，折射出空间的正面品相与活力；而品相与活力，则形成有关空间美学的“形式与意蕴”……为此，“使用要素”成为研究和解读建筑空间中人机界面状态的重要指标。

如果说，由“时间、视觉及使用”三者构成的上述诸要素，是白滔研究框架中的“客体要素”的话，那么，与之对应地由“行为、审美及需求”三者构成的下列诸要素，则属白滔研究框架中的“主体要素”了：

行为要素

以互联网为背景的社会巨变，不仅极大地改变着从工业文明和电子文明走过来的庞大人群，更是彻底塑造出网络新生代和信息原住民。如此急速变异着的人群，与相时“不变”的建筑空间所形成的反差和“不匹配”现象，是我们审视人的主体行为、归纳与主体本位相关诸要素，进而顺应甚至重构空间品质的重要观测点。

——人的行为不再依从既有空间的逻辑；

——人与空间的关系不再按线性秩序组织；

——由空间来构成“小群体小社会”不再是顺理成章的必然；

——人群的空间惯性让位于人的个别偏好……

凡此种种，白滔都有较详尽的叙述；

日趋独立的行为要素，客观上丰富着建筑空间可资顺应的内容；转瞬即逝的主体行为要素，挑战着曾习惯于以不变应万变的空间设计业态。

审美要素

“安全与安定”，一直是建筑审美的基石；“丰富与丰满”，一直是空间审美的保证；“特点与特色”，一直是有关形式的法则；“内容与内涵”，一直是有关意蕴的注脚。

然而，因为时代取向、价值转换，上述“天经地义”的审美，现今几近土崩瓦解：

——“颠覆地心引力，改变物理属性”的努力和成果，正在消解着有关“安全、安定”的所谓美感；

——“纯净的界面价值、极端的本质化关连”，正在反讽着“丰富、丰满”的臃肿和油腻；

——“科技本真、材质本真、建构本真、功能本真”，正在摧毁着所谓“特点、特色”那不堪一击、不可“量化”的牵强描绘；

——“高集成的信息、高强度的构造、高呈现的调性”，正在以明快且明朗的方式，纠正着“内容、内涵”那农耕老朽味和文学酸腐腔……

审美，相对过去，不是“开始变化”，而是“截然不同”。

需求要素

正如白滔所述，中产观念、家庭观念、伦理观念、职业观念等的大幅度动荡和变化，导致显而易见的消费行为的急剧改变。而改变和重构的消费行为，则成为当下对空间需求再审视和再搭建的积极和生动依据。

我们可以客厅为标本，作诸如以下的切片式描述：

——当（客厅）主要功能不再用于“接待客人”时，人们将依“起居”的逻辑来重塑场景；

——当“需求场景”中平板电脑更有用更具体时，人们将依“最方便原则”，来重新处置（客厅）那个“大电视”；

——当“起居时段”都是“自家人”时，沙发会更接近于“躺”、茶几会更接近于“桌”。人们将回应这类需求，来重新定义既有的家具；

——当“起居区域”原有诸功能中，有的可综合、有的可集成、有的可删除、有的需添加时，这个区域势必“看不见的东西越来越多、看得见的东西越来越少”；“自连接的需求越来越多、设计师给予的越来越少”……

——需求，将更加个体化、差异化；更具多样性、不定性。

——作为空间设计中的“主体要素”，将更多地来自变化着的消费人群，而不是经典范例或教科书级别的设计准则和设计条款。

4. 意境

由建筑形态构成的物理空间，固然是人类活动的重要场所；然而，这样的物理空间更多承载的，是人类活动所形成的或外溢、或内蕴的非物质化的景象。它可借助于多种方式、多个侧面来呈现。例如可借助于抽象形式或符号化来表达、可借助于具象形态或描述性来呈现。这一切洋溢在建筑的物理空间之中，且可感悟、可体验、可分享和可联想的一切，谓之意境。

——确切地说，建筑空间除工学意义上的营建之外，它的大部分价值，都在于人们对其的整体关注和印象认可程度；都在于由关注与认可而构成的独特的文化形态；都在于其文化形态的主要内容——可被描述的意境。

——与狭义的解读形成明显对比的，是白滔在该著作中特指的意境，包括了“象境之合”、模糊之美、多元化、复杂性、开放性、不定性、能动性、模糊性等较宽泛的概念，从而形成关于意境的生动框架。

意境，不仅是指对已建成建筑的体验和评价，而且更包括建设前期的一系列准备。例如包括对环境素材的梳理，对人文素材的提取，对空间建构的策略，对独殊元素的运用等。总之，意境不仅是客观的呈现，更是主动的营造；意境不仅是观赏者可借助精神的途径去享用或品评的，更是设计者可依从物质的逻辑去预设和搭建的。

5. 媒介

记忆

这无疑是勾连物质空间与（人的）

视知觉反应的重要媒介。作为媒介，记忆的基础属性是“时态”。

——记忆的属性与时态相关

既成、已有、曾经、印象、痕迹、符号、先例、选择、经历、故事等，既是空间营造中凝聚记忆、凸显记忆、衍展记忆的出发点和题材，同时也是空间形式与意蕴研究的观察点和素材。这些以“过去时态”为主要成份的记忆媒介，有的是直接经验，有的是间接经验，有的是教化所致，有的是被动接受……活用“过去”，是活化记忆、激活媒介的重要一环。

——记忆的价值与联想相关

无论是形式设计还是意蕴研究，利用记忆都并非仅为“被记忆的内容”本身，而是以“被记忆”为支点，或作有指向的延展，或为接受方的“自组织、自发挥”提供余地或路线图。为此，需最大限度地关注记忆“点”与联想“面”的关系。这个关系既包括可触可摸的物质实体，也包括可感可悟的非物质氛围。

——记忆的力量与程度相关

记忆既体现为转瞬即逝的某个闪念，也体现为刻骨铭心的深切烙印。在这截然不同的两极之间，可排列出有关记忆的无数种方式和无数级程度。这些方式和程度，恰好是建筑空间营造可资权重和计量的媒介；恰好是空间形式和意蕴研究中可资比对和切入的端口。

情趣

这无疑是在宏大坚硬的建筑体量和血肉之躯的各色人群之间建立联系的最具声色的媒介。

——情趣的基本属性与情感相关

转换建筑本体的工学意象，柔化空间内外的建造痕迹；增加诸如原生、自然、随机等元素，增加诸如伸手可及、“无功能”、可把玩等小尺度、小体积、小变化、手造感、意外性等片断和局部的介质，是达成有情趣媒介需注重的方法。

——情趣的搭建逻辑与幽默相关

作为建筑空间，首先要依从的当然是物质属性和工学逻辑。同样，其间所谓的“情趣媒介”，主要也需借助物质，活化工学。对物质作适当的“改性”可以幽默，对工学作适当的“扭曲”也可幽默。具体来说，在（物质）合理中注入“不合理”，在（工学）逻辑中注入“非逻辑”，即有可能产生“预料之外、情理之中、居然如此、忍俊不已”的“高阶幽默”效果。白滔在该著作中例举的不少案例，均含有这类“高阶幽默”。

——情趣的呈现方式与轻松相关

建筑空间基本是“大于人体尺度”的，是可容纳人的动态活动的，一般来说是不可移动的……这些决定了建筑“大、实、重、静”的基本调性。与建筑空间对应的“人”，则更凸显出其“小、虚、轻、动”的基本特征。情趣几乎是人类的原生素质，建筑空间理应借助“轻松”的这个方式，来回应人们有关“情趣”的需求；理应选择多种（而非一种）的形式，来诠释“轻松”、演绎“轻松”、达成“轻松”。

性别

白滔在此著作的相关篇章中，明确且认真关注性别的媒介属性。其焦点在于，以设计的维度，去观察性别的二元对应特征。

——基于认识论的角度，性别确实可作为有关形式与意蕴研究的细分条目，以避免过往相关研究的指向不明和概括笼统等缺陷；

基于方法论的角度，这个命题对于设计的类型化推进和研判模型的精细化建构，也是有益的。

——随着“两性”的活动强度之量比的变化，同一空间场域的调性，也会发生变化；

随着“两性”的人员数量之比的变化，同一空间场域的需求，也会发生转换；

为此，借助性别的要素，来调度和梳理建筑空间的媒介配置权重，是有效而必要的；

——随着“两性”的使用频度之量比的变化，同类空间场域的差异性，可得以凸显；

随着“两性”的意愿趋向之比的变化，同类空间场域的特色，可望达成。

为此，借助性别的要素，来促成建筑空间的媒介运用策略和多层次的媒介互补，可以是灵活而多义的；

6. 语意

不同于常规的“语意之解”，白滔在此著中，赋予了“语意”以广泛的内容，例如：建筑的情境情节、建筑的审美困境、建筑的失语现象、建筑的叙事性、建筑文化、建筑语言与理论发展、多重语汇的叙述、语言陈述、特征表现等。

这些内容，虽仍属建筑空间的范畴，但起因则远比建筑宽泛，远比建筑繁复。其现象更多是在折射时代的特征、社会的表情，以及不规则变化着的经济状态、文化形态和人群心态。因此，不妨将“语意”分解为两个较大的研究模型：

——模型一、边际相对模糊的“非线性模型”——所谓“越界语意”，它的范畴基本接近前述的那些内容；

——模型二、边际相对清晰的“线性模型”——包括：创作的语意库、材料的语意链、形态的语意法、研究的语意学等等。

确实，我们的建筑空间研究，往往是设计与设计评论人群的“圈内自嗨”，长此以往，免不了动力衰退、渐趋贫乏；目前普遍所指的形式与意蕴研究，除“专业”外，也最多是糅进一些文艺批评、文学表述等方式。

而当今世界，已无哪个专业能以“全闭环”的状态独善其身——自己评价自己，自己表达自己。

白滔正因看到了这些，所以在“语意”的有关章节中，表达出对“审美困境、建筑失语”等问题的忧虑和思考，对“多样化手法表现”的借鉴和提倡，对“戏剧学、影视学、文学”等范畴的延伸与勾连。

科技的进步，推动着原本各自为阵的“专业”板块，融入更高、更宽的综合平台。作为建筑，早已有多个“外专业”的组合，在介入“更专业的”设计事务；早已有诸多“外专业”的评论，在介入“更专业”的理论建构。也因此，白滔借“语意”之章节，强调和倡导更广泛的综合，以促成建筑空间与时俱进的新价值，以扩展形式与意蕴包容多元的新内涵。

白滔之著，似有以下的展望：

建筑——将更趋开放

空间——将更趋活化
形式——将更趋多元
意蕴——将更趋无界
白滔之著
勤思详解渐显体系
辛勤耕耘已现成果
可喜可贺

中国室内装饰协会副会长
中国高等教育学会
设计专业委员会副主任
广州美术学院原副院长
广州美术学院学术委员主席

赵健　2018 年 7 月 30 日于广州

导言

建筑空间理论体系庞大而系统，无论是从建筑空间理论体系建设还是内涵研究都完整而丰硕，但由于新媒介和新要素在新语境的不断整合、更新环境的影响下，多元性及观念取向的多重发展的作用对于建筑空间的赋新也是显而易见的，它让我们重新认识建筑空间理论研究的边界重构所带来的场景革命，俗话说没有传统的产业只有传统的思维，就学科而言，如果只是拘泥于传统语境里的建筑空间思维，就会失去建筑空间理论创新的动力，《建筑空间的形式意蕴》的理论触角尽可能延伸和反映社会经济、消费文化变革浪潮下建筑空间的理论变革趋势。全书呈上、下篇两大部分的结构关系，目的是为了将一些研究内容较为相近的理论板块有联系地进行分类，以便各位读者、同业和研究人员快速理清本书的研究思路。

【上篇】〖第1部分〗主要围绕“建筑空间的秩序、模块及要素”这一主题来展开。第一部分“建筑空间的秩序”，通过对建筑空间秩序的伦理、审美以及传统建筑空间当中的留白艺术三个层面来进行研究。第一章“重拾建筑的伦理秩序”，该章节选取建筑的伦理功能作为研究对象，以建筑的伦理功能及其相关理论为研究基础，分析新环境下人们的生存状况，总结出人类对精神家园和安居理想的变化规律，进而分析建筑伦理功能缺失的根源，并从中获得启示。第二章“建筑伦理功能的审美维度”，当今建筑新的思潮大量涌现，流派纷呈，审美观念的当代转型要求美学必须以更博大、更深刻的智慧去从事美学的思考。正因如此，当代美学理念已经深入人的各种生存活动中，以自己特有的方式和不断扩大的视野关注当代人的生存状况、追问生命的价值、探索生活的意义。并面对着当代建筑的各种审美思潮，本章从基本的审美理论着手，以“人”为主线，重新建构和关注建筑的审美之维，致力于研究人作用于当今纷繁的建筑现象所具有共同特征的主体化方式。第三章“秩序中的传统留白艺术”，本章通过对空间留白的实例研究和图解，分析空间留白的主要特征，总结出留白营造的“崇尚自然”“虚实相生”“模糊含蓄”“山水写意”等意境特征。以此来获得一般意义上的规律性，从而探讨留白设计的形态特征和意境特征。

〖第2部分〗“建筑空间的模块”，从建筑空间的模件体系与模块化设计的发展变革窥见建筑空间的发展趋势。第四章“空间模件体系”，通过探究模件体系在建筑中的运用方式，以及建筑的伦理功能所呈现出的特征，并根据这些特征，对当前局面进行更多开放性的思考。第五章“模块化与适应性”，对空间模块概念与特征进行阐释，倡导空间的模块化整合与模块的适应性意义。第六章“空间模块的整合”，首先从城市发展进程中建筑空间当前所处的社会背景下，在功能改变下的空间重组与整合，并提出与制定设计原则，概括与分析功能改变下空间重组与整合的构成关系，最后，详细阐述在功能改变下空间模块化整合策略。

〖第3部分〗“建筑空间的要素”，以当下建筑空间呈现“共享性空间”的现象作为切入点，分类讨论了建筑当中时间要素、视觉要素，使用主体要素等作用，对于未来建筑空间发展形态的意义。第七章“共享空间要素的整合与更新”，主要将空间要素的研究分为空间的结构效能要素、功能要素、设计要素、情感要素、经营要素以及人的要素等，研究由于空间要素的转变而形成的创新性的共享空间的模式。同时，结合整合设计思维，从空间要素的初级自性整合、空间到界面的功能整合及内容与形式的完形整合的思维方式，达到设计的最高目标，研究在联合与共享空间整合中具有适应性的设计策略，并对共享式空间模式中典型的实际案例进行分析。第八章“扁平图形——视觉要素的演绎与更迭”，本章基于体验角度，探究扁平图形作为视觉肌理营造空间体验的可行性和优势。首先阐述读图时代的背景之下，图形作为极具力量的视觉语言所带来的视觉体验，其次结合体验时代的消费特征论述室内空间的设计特点及针对空间中视觉肌理的营造方式，同时从视觉层次突出例证扁平图形如何营造空间体验，然后基于不同空间体验及扁平图形的不同表现方式结合案例进行分类论述。第九章“时间要素的链接与交叠”，本章研究基于场所空间中时间的具体表现，时间如何影响空间内涵，人在室内空间中的情感变化和个性需求，进而更进一步探讨出其具体的实现方式和操作方法。第十章“主体要素与转型”，本章研基于对新生代青年这一主体的文化生活现象之观察分析基础上，将当下空间设计主体变化所带来的消费变迁趋势、冲突的文化价值观念、发达的艺术创作现象相结合，意图在未来主体转型下室内空间设计发展中提供针对业主、设计师、行业三方面的思维策略。

【下篇】〖第 4 部分〗 研究内容理论范围以“建筑空间的载体，媒介及语意”为题。第一部分“建筑空间的载体”，通过借鉴美学研究领域当中与“意境”概念有关的理论，意图建立对空间和文化意境之间深刻联系的认识基础。第十一章“象境之合——空间审美意识的建构”，通过意象与意境的融合，归结出建筑空间材料语言的知觉意境体验与表意方法，最后使受众获得空间的独特审美感受。第十二章“模糊之美——人文情怀之精神畅扬”，从当今世界多元化、复杂性的视角出发，重新审视建筑空间发生、发展脉络，运用兼具开放性、不确定性、能动性的模糊性思维思考空间演化深化模式，并探索世界大统背景下适用于空间差异化审美观、复杂化功能性的建筑空间塑造的总趋势，在开放的、合理的协调中，将空间创作置于更积极宽泛的天地。第十三章“文化意境——传统建筑的艺术载体”，首先从中国传统建筑的本质特点说起，既概括了中国传统建筑的一般普遍性，又重点说明了中国传统建筑独特的节点与空间特性。再从意识形态出发，阐述了中国传统哲学的基本类型，种类分支，引出意象概念。进而通过意象在建筑形态中的作用与分类，进行节点与空间分析，用意识形态的哲学与文化解释中国传统建筑中的存在性特质。

〖第 5 部分〗“建筑空间的媒介”，将建筑空间与记忆、情趣因子、性别倾向等空间的媒介作为研究线索，分析这几种因素在建筑设计中的参考意义。第十四章“记忆的媒介——体验的空间视觉化语言”，从记忆情感设计的特性出发，阐述记忆媒介与人们记忆的深层关系，继而根据记忆媒介特性论述设计中记忆媒介的建构与选择，探讨设计层级记忆媒介的运作机制与演化更新，然后在空间、时间层面理解记忆媒介的传播特性。第十五章“兴趣的媒介——情趣因子介入与营造”，本章从情趣化设计出发，探究如何在兴趣媒介的载体作用下，营造出具有情趣的空间形式，最后论述了兴趣媒介的建构过程，兴趣媒介作为情趣空间的信息载体，将物质性与精神性的情趣信息以空间表情的形式呈现，受众通过阅读空间或与空间互动从而实现空间的移情过程。第十六章“情境的媒介——性别倾向的情境设定”，主要以性别视角来对当今空间设计进行分析，首先以性别视角对当今的公共空间及居住空间进行研究，分析空间中存在的一系列问题，指出在空间设计中性别分析的重要性。其次分析当下室内空间设计语言的性别倾向，最后构建性别倾向空间情境设定方法。

〖第6部分〗“建筑空间的语意”，通过对建筑空间情境与情节的编排、当代建筑的审美困境、建筑失语现象的探索研究，分别讨论了建筑的叙事性、建筑文化、建筑语言在理论发展当中的意义与影响。第十七章“多重语汇的叙述——语言陈述与特征表现”，从叙述性语言的建构角度出发，探索具有情感诉求与文化精神的营造策略。通过语言学中的语汇要素，把语形和语义与室内陈设元素进行结合，并对叙述结构分析，将室内陈设的编排与演绎以叙述方法的形式进行一一对应。最后，通过对文学著作的分析与解读从而设计出与之相适应的主题形式、文化内涵、场景特征和情节表达的室内陈设设计。第十八章“空间情境的语意——多元复合性场景营造”，本章分别从情景化空间、空间光环境以及空间剧本化三个方向进行讨论分析，首先概述情景化空间设计与体验，其次整合当前空间光环境的理论，将建筑光环境模拟的理论与方法介入设计的过程中，最后，借鉴剧本创作的相关理论和表现方法，将剧本创作中的题材主旨、布局谋篇以及剧本叙事的表达途径等运用到展示空间的设计过程中，探索一条具有剧本编写特点的展示空间设计方法。第十九章“情节的空间语言编排——多样化空间表现”，以戏剧学、影视学、文学等多学科方法作为空间情节编排方式的借鉴来源，对视点、焦点、亮点以及信息量的语汇做出简单设定，并从结构的线性编排、文学手法和镜头组织来论述空间的句式编排方式，同时借用蒙太奇的叙述方法来分析空间的情节建构，来实现对虚空、自然、归属等情感层面的渗透与交融。第二十章“建筑的审美困境——语汇失语现象及反思”，本章梳理出具有代表性的建筑语言，归纳总结其主要现象特征及深层因素，同时对未来中国建筑语言的发展倾向进行了分析。

关于建筑空间形式与意蕴纳入研究范围广泛，本书只是希望通过建筑空间作为社会交往的重要信息载体，在社交信息大爆发的时代背景下，探索获取资源的管理、利用和配置优势的新途径，真切的将人文关怀借此书展现给社会大众，殷切期望能够得到专家、学者以及广大读者的批评、教正！

目录

第二章 建筑伦理功能的审美维度

第三章 秩序中的传统留白艺术

〖第 2 部分〗模块

第四章 空间模件体系

第五章 模块化与适应性

第六章 空间模块的整合

〖第 3 部分〗要素

第七章 共享空间要素系统的整合与更新

第八章 扁平图形 ——视觉要素的演绎与更迭

第九章 时间要素的链接与交叠

第十章 主体要素的文化图景变迁与转型

【下篇】
建筑空间的载体、媒介及语意

〖第 4 部分〗载体

第十一章 象境之合
—— 空间审美意识的建构

第十二章 模糊之美
——人文情怀之精神畅扬

第十三章 文化意境
—— 传统建筑的艺术载体

第十六章 情境的媒介
——性别倾向的情境设定

〖第 6 部分〗语意

第十七章 多重语汇的叙述
——语言陈述与特征表现

第十八章 空间情境的语意——多元复合性场景营造

第十九章 情节的空间语言编排——多样化空间表现

第二十章 建筑的审美困境
——语汇失语现象及反思

上篇 | 建筑空间的秩序、模块及要素

〖第 1 部分〗秩序

第一章 重拾建筑的伦理秩序

第一节 建筑的秩序感原理与意义

人，既作为有机体，又作为环境感知的主体，在面对建筑物或建筑活动的时候，有着主动探索及检验内在秩序感的本能与行为过程。秩序感是建筑空间中的首要功能，当人们对秩序感进行规划设计时，也就是学习掌握的过程，除了秩序本身的知觉外，意义的知觉也发挥着大量的作用。空间是建筑的核心，建筑空间也包含着秩序，建筑的空间秩序直接关系着人在其中的行为模式以及使用者体验建筑空间的舒适度和方便度。秩序不仅贯穿在单体建筑中，在群组建筑的空间规划中同样发挥着十分重要的作用。建筑的秩序，是建筑空间内本质的规律，一个好的建筑的设计，要围绕着空间的形式秩序、平面秩序、空间秩序和组合秩序等展开。人们在欣赏建筑时，会不自觉地从建筑各个层面的秩序去感受建筑所形成的美感，建筑的秩序美其实是建筑变化、协调、对比等关系的直接映照。

一、建筑的伦理功能与秩序

伦理功能在现代化的基础上出现，本身具有批判性，随着人的审美方式、知识模式、权利模式及价值观念等不同方面而改变，具有极强的主观性和精神性，同时糅杂着具体科学但并不凌驾于其上，形成相对独立而又与不同学科、不同文化背景、不同时代相交叉的学科，更注重对具体问题的反思和分析。总的来说，在不细究其绝对含义，不绝对规范其研究方法，亦不统摄自身研究成果的前提下，各抒己见，去其糟粕取其精华，可能更贴近伦理功能本身的意义及研究任务的要求。

在城市建设中，建筑伦理功能的复杂性可以通过城市视觉秩序来表达，通过这种直观的城市空间形态的表达方式，使城市空间形态更加具象地发挥其伦理功能。城市空间形态的伦理功能，在可预见的时间里可以通过城市视觉秩序的方式来实现，这种实现，必须是以城市所有的主体既具有自主意识，又以对城市生活负有责任为基础的，而多样性则是城市空间形态发展至关重要的一个目标。

二、建筑的秩序感原理及意义

建筑的秩序问题更多呈现为片断化的状态，秩序感问题通常与特定的时代背景有关，需要对具体问题进行分析和反思。在讨论建筑的秩序感时，建筑空间作为文化的载体，其秩序感更大程度上是受文化影响，而并非单纯运用建筑语言的直观结果，即便在秩序感相对一致、清晰的传统建筑中，历史上建筑风格相对理性的阶段和更为浪漫的阶段交替出现，也是更多受到文化对于建筑秩序的影响进而辐射到建筑空间中的。

英国艺术史家E·H·贡布里希在他的著作《秩序感》[1]一书提出：“有机体必须细察它周围的环境，而且似乎还必须对照它最初对规律运动和变化所作的预测来确定它所接受到的信息的含义，我把这种内在的预测功能称作秩序感。”这段阐述还称不上是“秩序感”的定义，它实际上是从动物普遍拥有的追寻目标和躲避障碍的本能中引发出来，这个宽泛的定义有利于回到起点去重新看待亟待讨论的问题。《造型的诞生》[2]是日本设计师杉浦康平的著作，在书中，杉浦康平用稍显神秘的语气给出了关于“生命记忆”的说法：“在外观上的对称性并非仅限于人类，它几乎

1　E·H·贡布里希．秩序感[M]．湖南：湖南科学技术出版社，2000.
2　杉浦康平．造型的诞生[M]．北京：中国人民大学出版社，2013.

涉及地球上所有的生物形态，这种对称性与世界上各种相互对立的其他事项、特别是内心世界中浮现出的意象的对立组合很自然地连在一起。于是，右与左、前与后、天与地、过去与未来，这些时空的延展乃至黑与白、红与蓝、阴与阳、生与死，涉及大千万象的无数对立项便显现出来，呈现在我们眼前。这种意象的对立性并非仅限于某个文化圈，它与人类创造的几乎所有文化相融通。”这种将人类创造文化的初衷归因于“生命记忆”中的对称与对立特征的说法是很美妙的，文化可以借助这样的秩序来生存发展，甚至可以这样说，人类有史以来创造的文化成果，都在探索自然界的秩序方面作出过着极大的努力。又如贡布里希在《秩序感》中所说，“从逻辑上讲，格式塔学派所坚持的‘作简单假设的能力是学不会的’这一看法是正确的，确实，作简单假设的能力是我们学得知识的唯一基本条件。”也就是说，人掌握“右与左、前与后、天与地、过去与未来”这些基本秩序的能力并不完全是后天习得的，如果内在不具有一个预先存在的“参照系统”的话，人们就无从理解他们的所见所闻。“我认为应该把有机体视为具有能动性的机体，在周围环境之中，它的活动不是盲目进行的，而是在它的内在秩序感的指引下进行的。”在这里，贡布里希给予“秩序感”的阐述是值得认真考虑的。所谓的“不是盲目进行”，并不是说有机体天生具有“进化”或者“前进”的愿望，而是说无论是有机体主动探索环境，还是环境迫使有机体改变行动方向，有机体都会参考内在秩序感来作出反应，具有一定智能的有机体还会将这种反应进行储存，以修改内在秩序感——这就是学习的基本模式。

作为一个似乎难以令所有人信服的概念，“秩序感”试图研究那些人们不假思索的知觉，以及学习知识的本能，将这样一个概念放到建筑的研究中来，究竟能发挥出怎样的创造力呢？

首先，建筑的秩序感更准确的说法应该是人对于建筑秩序感的本能感知。作为本能而存在的建筑的秩序感，它首先是一种直觉，一种直观的反应。这里面还应包括错觉，因为人认识到错觉的行为本身就是一种证伪的学习过程；反之，如果没有任何其他人或事物打断这种错觉的话，那么这种错误的假设将会根深蒂固地存在下去。

其次，作为行为过程而存在的建筑的秩序感，它可以将诸多因素纳入自身从不停歇的工程中，事实上我们从睁眼开始，每一次“观看—解读”都在动用秩序感，修改秩序感。如果说人们在建筑面前产生的直觉感受更多是属于秩序感本能，那么当人们需要用言语、表情或手势来表达和表现出这种感受的时候，建筑的伦理功能就必然会随之具现。

最后，将作为本能和作为行为过程的秩序感从建筑的秩序感中清楚地区分开在理论上是可行的，但对于分析实际状况并不一定是必要的。秩序感最基本的表现形式，如平衡感、方向感等人们一般都能够掌握，只有当它们被破坏时人们才会意识到它们的存在。如贡布里希所说，秩序感研究必须要利用“波普尔不对称原理”，整齐或规则程度上的任何变化都将引起注意，比如平整的织物上的一个污点，会像磁铁一样吸引眼睛，同样，杂乱环境中意外出现的规则，也会引人注目。这两种反应证明，感觉系统具有节省注意力的倾向，这一倾向符合波普尔不对称原理，为了节省注意力，感官系统只监测能引起新的警觉的刺激分布变化，也就是研究那些引发意外、惊奇的秩序感表现。

根据法国哲学家、社会思想家和“思想系统的历史学家”福柯的说法，不止人的生物本能，似乎连“文化”自身也拥有这种类似的秩序感——如果我们将文化的作用力视为文化的一种本能的话——他在《词与物》[1]一书中这样写道：文化的基本代码（那些控制语言、知觉框架、交流、技艺、价值、实践等级的代码），从一开始，就为每个人确定了经验秩序，这个经验秩序是他将要面对的，他在里面会重新找到迷失的路。而在思想的另一端，则存在着科学理论或哲学阐释，它们阐明了为什么存在着秩序，它遵从什么普遍规律，什么样的原则能说明它，为什么是这个特殊秩序（而不是其他的秩序）被确立起来了。在这两个如此遥远的区域之间，还存在着一个区域，虽然它的作用主要是中介媒体，但它仍是一个基本的区域：它较为模糊、暗淡，并且可能不易分析。正是在这里，不知不觉地偏离了其基本代码为其规定的经验秩序，并开始与经验秩序相脱离，文化才使这些秩序丧失了它们的初始的透明性，文化才放弃了自己即时但不可见的力量，充分认识自我以确认：这些秩序也许不是唯一可能的或最好的秩序，于是这种文化发现自身面临着一个原始事实：在其自发的秩序下面，存在着其本身可以变得有序并且属于某种沉默的秩序的物，简言之，这个事实是说，存在着秩序。正是以这个秩序为名，语言、知觉和实践的代码才得到了批评，并且部分的失效了，这样，在人们也许称之为对“有序代码”的使用与对秩序本身进行反省之间的所有文化中，就存在着纯粹的秩序经验和秩序存在方式的经验。

这同杉浦康平的“生命记忆”的说法相比，一个玄，一个理，却都指出了这样一个解读“秩序感”的关键之处：经验秩序的存在。无论在语言、知觉还是实践中所得到的具体的秩序，都必须是在经过这种更为原始、更为基础、亦更为普遍的经验秩序的检验之后才能得出。按照哲学家尼采的说法，只有意识到了的东西才能被改变，这也就是说，已经进入表层的知觉，能够被语言承载，并施之于实践的文化——更简单地说就是成为某某文化——就会被误读、改写或重塑。在讨论建筑的秩序感时，我们很难用建筑史的方法来概括出一条建筑的秩序感发展的轨迹，即使一些建筑的秩序感具有相应的关系，例如中国传统建筑中理性风格与浪漫风格的交替出现，那也主要是因为“秩序”本身的作用使得我们的文化呈现出交替的特征，而这种特征

1 福柯．词与物 [M]. 上海：上海三联书店出版社，1966.

能够辐射到传统建筑中，恰恰是因为我们的传统建筑并没有发展出一种独立于文化力量之外的“艺术”脉络。因此，建筑的秩序感问题更多是呈现片断的状态，正如贡布里希的《秩序感》所采用的结构那样，每一个秩序感问题通常只与特定时代特定背景有关，而独立于史学线索之外。

第二节 建筑空间秩序的伦理功能

建筑在不同条件下，其各个方面会成为各异的“审美对象”，在这些个体化、片段化的现象之中存在哪些秩序感特征？是否存在超越文化的美学偏爱？如果存在，它对于我们有何意义，又与秩序感有着怎样的关联？

一、秩序感塑造伦理功能

有一类典型的西方城市是由建筑决定城市的肌理，我们所看到的具有秩序感的城市空间，实际上是由建筑围合、连接而成的，建筑的性格直接影响着城市的性格，建筑的伦理功能，几乎也就是城市的伦理功能。这样的城市其空间如同统摄于一种统一的意志之下，同时还倾向于抑制多重主体的复杂性和多样性表达。

另一类典型的城市空间其整体风貌并不具有足以“一言以蔽之”的统一性，而往往表现出混乱的视觉特征，然而仔细观察，则会发现某种秩序感潜在于城市不断自我更新的过程中。比如日本曾有一个纪实电视节目系列，收集全国数百个不同的住宅案例，然后邀请知名的建筑师来进行实地的设计与施工。这些住宅案例共通的特点是，它们都是古旧的住宅，因为已经难以满足如今的生活需求，比如结构布局无法适应老年人与幼儿的生活要求，并且由于土地所限而无法扩展基地。建筑师聆听住户的实际要求，并通过细心观察，将住户没有明确提出甚至是没有注意到的细节问题都一并投入设计中去，完成改造。而在节目的尾声，几乎每一次都会见到住户为建筑师细心体贴的设计感激落泪的场景。通过这样的更新，建筑师在原有的基地上改造甚至几乎是重建了住宅，首先依赖的必然是自身所熟悉擅长的空间手段；

另一方面，尊重住户的心愿，按照住户的实际需要来进行空间布局，并附加许多建筑师个人创造的特制家具，从而完成住宅的更新换代；而经过改造的住宅建筑，尽管在外观上与改造之前有了截然不同的视觉效果，却仍能与周围的建筑保持协调。正是在这样的逐渐建设、逐渐改造的过程中，城市的秩序感不断活化着城市的空间形态，既保持连贯，又保证活力。

如果将中国传统建筑放回到它彼时所在的文脉中去解读，可以从中分辨出其类似于装饰物、装饰、艺术、美学等完全不同的伦理功能。显然，我们不能说装饰物、装饰、艺术与美学在伦理功能上有着孰优孰劣的比较结果，文化秩序的更迭也从不追随所谓进步的规律。在变与应变的交替反复过程中，建筑空间的秩序感始终与人的直观感受相关联。比如，以形象鲜明的水平建筑或纵向建筑来激发相应的情感，形成相应的空间心理效果，高耸入云的教堂或是笔直排开的平屋，它们外观上压倒其他要素的秩序特征足够让建筑在大背景下给人留下深刻的印象。有趣的是类似的超高建筑或超长建筑并没有成为中国传统建筑中固定的形制。中国古代建筑史上并非没有出现过极高或极长的建筑单体，它们无法流传至今，不是因为中国古代缺乏在建筑中追求精神回应的行为，而是因为这种追求不符合大背景下建筑的伦理功能的要求，中国传统建筑的形制是由实用功能与审美态度共同决定的。

图 1-1　巴黎圣母院与北京天坛祈年殿

法国巴黎圣母院（图 1-1）有着又高又细的柱子，尖形的拱顶，垂直向上，制造出一种上升、凌空、缥缈的形式美。它把人的精神引向天国，使人的心灵通过物质的穹顶上升到永恒的真理，表述了人类向往天堂、追求永恒和无限的迫切愿望。

与此相对照，北京天坛主体建筑祈年殿是三重檐攒尖顶建筑，以三种不同色彩的屋顶分别象征万物、大地和青天。建筑运用弧线的渐变表现向天际上升的趋势，体现出中国古人“天人合一”的思想境界。

二、美学的承诺：超越建筑的多重伦理功能

建筑成为审美对象有着三种不同的途径：其一，作为一种经常被眼睛关注的存在物，建筑必然成为人们寻求“美”的场所，这主要是因为人们天生拥有审美本能；其二，建筑的创造者本身，将建筑作品视为创造美的场所，按照一定的审美法则创作，从中反复运用及获得审美体验；第三种途径与“美学”更加直接相关，在空间、时间的范畴下，有一些人——既包括秉持特定美学的人群，也包括集体无意识的人群——通过自身树立权威，来对建筑的审美标准进行加工，以此筛选能够成为审美对象的建筑。

比如，在看待我们如今城市中的博物馆的伦理功能时，可以区分出这类建筑成为审美对象的不同方式。中华人民共和国成立以后初建并留存至今的早期博物馆，其建筑外观与同时期其他功能的大型公共建筑——20世纪50年代的“北京十大建筑”并无二致，它们成为此后二三十年间各地争相效仿的代表。这些博物馆和展览馆、大会堂、政府办公楼、文化宫甚至是火车站、体育馆更为亲近，除非进入建筑内部见到具体展陈内容，否则参观者是很难从审美角度将它们与博物馆这一特定功能联系在一起的。创作这些建筑的与其说是当时承担设计建造任务的具体建筑师，不如说是整个时代透过各种政治的、文化的角度施加于这些专业人士或集体身上所致。这些时代建筑彼此间如同持有某种默契，它们共同规训了当时人们的建筑审美，以体量巨大的实物的方式阐释了城市空间；与此同时，如今若要描述那个时代，这些建筑也必然出现在图谱之中，甚至占据主要画面。民众的目光，一旦从博物馆的藏品转移到博物馆的建筑本身上，便很难再次离开。这意味着建筑进入审美之后就会长久横亘在那里，因为显而易见的是，比起文物的考古价值抑或书画的艺术价值，建筑作品清晰强烈的意象更容易通过“快照”的方式被记录在眼底，并进行快速的图像化传播。

在博物馆这种西方化的建筑形式最初征服东方世界的时候，我们还可以说这是一种文化入侵，一件诱人的新鲜事物必然拥有一定的寿命，但是在21世纪的当今，

我们对博物馆的热情非但没有减退，反而更加强烈，我们的城市已经自觉将它视为生活必需品，似乎缺了它城市就不完整了。与“第一代”博物建筑不同的是，现在的博物馆可以同时被打上更多引人注目的标签，比如大师作品，独特昵称（包括戏谑），珍稀藏品，大事件，高人气展览，明星效应，甚至地处核心商圈，品牌餐饮，文创产品，等等，都能成为建筑审美的内容。过去的权威式的审美标准如今丝毫不妨碍人们以自己的方式来看待这些建筑。“打卡”——年轻一代使用并审读这些建筑的方式，同样适用于其他诸多城市空间，既包括旅游景点、餐饮娱乐，也包括学校、市政广场、商业综合体乃至道路桥梁、交通枢纽，等等，可以说，它们加起来几乎就是整个城市空间。

从来没有一个时代像我们现在这样，提供如此之多的技术手段和媒介供人们随时调用他们关于城市空间的记忆片段，并且通过各种分享方式来共同形成一幅城市全景，仿佛每个人都可以实时与城市中任何一个空间联系在一起。人们“使用”建筑的方式也前所未有的宽泛并且自主化，谁都可以通过网络感受并评价某个建筑，而无需亲自来到建筑面前，也完全不用认识建筑师或是业主，更不用理会权威评定或是专业人士的评语。

三、安居的意义：建筑伦理秩序的最高目标

人们正是为了追求安居，才需要建筑，这是天经地义的。尽管如此，人们对自身所栖息的建筑的不满却丝毫未减。客观居住的物理空间由于经济法则限制而不可能随时被拓宽、更新、换上心仪的装饰，那么人们就会从其他角度去寻求安居。与中国传统文人在山水画及园林中寻求理想世界相类似，如今人们可以通过营造他/她的微博、朋友圈去反复表达并检验其关于安居的释义。

哈里斯提出：居住的问题首先不是建筑学上的而是伦理上的，要想过一种有意义的生活，并在这种意义上居住，我们就必须认识到自己是作为一个进行中的庞大社会的一部分。这个社会反过来依赖于某些共享的价值观：这种从人类角度建立的价值观，必然是不牢靠的、变化的，其权威性必须由我们那逐步形成的、常常冲突的欲望和感情来支撑，就像其由社会和理性来斡旋和形成一样。如此修改海德格尔关于居住的理解，即是呼唤一种建筑，它能对我们本质上的不完善、对他人的需要、对真实而具体的社会的需要作出反应；此外它还必须响应一种广泛需要的理性。这

种建筑必然会显示出我们的精神风貌及我们在一个宏大秩序中的位置的不稳定性(图1-2）。

图 1-2　日本水之教堂（安藤忠雄作品）

由此可将建筑的伦理功能看作是一种应变过程。安居必须既保护身体，又照料灵魂，而这个灵魂得到安慰的方式仍然是主体化的三种途径：权力、知识与伦理。中国传统家庭主体化的方式中权力的成分要比西方家庭多，在精神的安居方面，西方的教堂或神殿都有着明显区别于住宅建筑的形式特征，而这种区别在中国传统建筑中并没有那样鲜明。中国传统建筑很少出现连接天地的建筑形式，甚至将从外国流传进来的已经成型的纵向建筑，比如印度式的塔改造成适应中国文化的形式。

中国传统建筑中对精神安居的追求一部分转移到家庭中去解决，另一部分则通过身体力行的实践来实现。鲁道夫•施瓦茨认为建筑艺术是用整个身体来创造的。“劳动者吊起某些材料，把它们一层一层堆放起来，再把它们组合到一起，劳动者进行符合建筑物正在建造部分之形态的活动，然后使这些活动积淀于材料之中。人体的每一肢部就以其特殊的方式运动，它们一起创造了作为第二人体的建筑，建筑物是建立在人体内的空间感之上的。”用这样的方式建造的建筑“具有伸出的手臂和踢出的脚”，是“具有顾盼的目光和具有耳朵”的建筑，其空间是可以被均衡地体验的。保留在中国传统建筑工法中的许多做法仍然具有这种可被体验的特征，打砖、烧瓦、架梁，无一不渗透着劳动者的实践。

另一方面，精神安居的路径各异其趣。以“剧院”这种建筑形式为例，西方建筑史上曾于19世纪后半叶成为建筑作品典范的新巴洛克风格的歌剧院，将“戏剧化”的情感发挥到了极致。剧院接替教堂成为人们的精神导师，当观众以一定的比率将英雄的人性缩小到自己的尺度，并可以与自身相比较时，他们受到了变异部分的震撼，并进而引发怜悯、恐惧所结成的悲剧审美快感。通过这种与教堂类似的定位作用，剧院建筑发挥了它独特的伦理功能。

中国传统的“剧院”相比之下并没有那么“戏剧化”。我们的戏剧舞台上所上演的，多数是和舞台下同属一个世界，把过去发生过的一些故事，或者一些传奇逸事搬到现在的舞台上来，而很少过于“戏剧化”的情景，尤其不会让欣赏者如西方那样达到“忘我”的境界。这意味着，在中国传统剧院中，人们并不寻求放大了的人性，而是时刻以一个真实人物的情感来衡量戏剧。如果说西方戏剧使人落泪是因为人们把自己当作剧中人物的话，那么中国戏剧则是让人联想起自己的遭遇，这两种情景有着很大区别。尽管路径不同，二者为人们所提供的都是可栖居的空间。

第三节　建筑伦理秩序功能的缺失

一、当代中国城市背景下的建筑空间

“建筑是什么？它为什么重要？人们应该怎样建造？这些问题从来就没有结论，即使是现在，建筑师和理论家们似乎还是迟迟不能认真系统地回答这些问题。”英国哲学家罗杰·斯克鲁顿在其近半个世纪前的著作中所述之问题，放诸今日仍可用于追问我们这个时代关于建筑的种种状况。时至今日，当现代建筑已然成为我们现实生活着的城市文脉中的一个组成部分，往日热议的关键词也从各种主义、风格之争转向更为日常的层面。尤其对于当代中国建筑来说，近三十年极速发展的城市建设，似乎是用特立独行的行为逻辑，践行了一段既没有被完全预料到，又很难被完整记录的路径。

建筑当然变得更为重要了。不难发现，我们所生活的环境，无论是北上广深，还是二三四五线城市，抑或撤并过程中的城镇、原住民不断离开的乡村，都有建筑师、规划师、工程师出没，如影随形的往往还有摄影师、记者、相关专业的学生、

志愿者，等等。理论家们也纷纷出场，出版、演讲、策展、咨询、竞赛，同样以身体力行的方式，反复提醒人们建筑无法被忽视的重要意义。如今，不需要多么大的事件作为引子，海量信息就会实时推送到各类平台，供有意 / 无意、定向 / 随机的浏览阅读，甚至建筑自身也成为媒体，不间断地进行传播。建筑已经变得如此重要，围绕建筑的各类事务发生发展的速度又是如此迅猛，以至于连完整及时的记录都显得疲惫，思考“它为什么重要”这个问题的需求就被搁置下来，似乎还需要更多一点的时间，更远一点的距离才能作答。与此同时，关于人们“应该怎样建造”的思考，则频繁地被人们“可以怎样建造”打断。如今用于建造的许多工具、材料、方法都是21世纪乃至近几年刚刚出现的，诸如智能设备、数字化建构、3D打印建筑……这些仿佛昨天仍在课堂上引发好奇、备受质询的新事物，今天就已能落地实施了。这些更为灵活且具变革性的新思维又会如何看待传统的议题？

建筑同时又变得似乎不那么重要了。因为与建筑的发展相比，我们的城市向前迈进的步伐更是要大得多。与人们给予建筑那点关注程度相比，抬头看看，城市规划不断制订又被突破，超大体量的基础设施建设迅速落地投入运营，人类的大规模迁徙间隔从几代人压缩到一年、一周甚至一天之中，无处不在的信息网络把世界各地乃至太空的景象投诸用户终端，“地球村”从一个高明的比喻变成稀松平常的事实。建筑置身其间，既要有选择地主动吸纳城市作为文脉所能提供的意义，又要策略性地抵抗城市施加于建筑身上的种种约束。而城市，它所需要面对的问题只会更复杂。意识到城市“本质上需要设计，却又与生俱来地抗拒设计”这个悖论的人首先接受了城市是可以自上而下进行设计的基本观念，尽管实际上城市从来都是如此复杂。即使是那些各个时期堪称人们心中典范的伟大城市，建筑师所能做的也只是锦上添花，他们的高明之处在于较常人更为敏感且专业地实现城市的需求，而绝非塑造整个城市的能力抑或权力。在全然退缩到建筑学内部寻求价值和心怀现代主义更宏大的人道主义理想（并且不得不承认大部分已经失败）之间，要如何坦然看待建筑与城市？

有趣的是，过去经常成对成组出现的议题，现在常常被打散重组，在提出全新且开放的话题框架的同时，也提醒着人们，真正改变的是关于这些问题的思考方式，其根本原因是人们感受世界、理解环境的方式改变了。各种复杂性已经成为日常环境中习以为常的要素。无论是设计者，还是设计者心目中所要为之设计的人们，大家共同面对并需要着手处理的，很少再有单一、贫乏、空白，更多面对同时也更难应付的往往是多样、海量、杂乱，等等关键词。回想21世纪之初，无论“设计”这个概念本身还是设计相关学科专业，都还需要专业人士向大众进行反复地宣讲、解释，才能为它们挣得一寸立足之地。多少学科领头人、学者、专家要为此奔走，来为专业理论的树立、学科成果的转化、专业学生的毕业求职，等等寻求空间。时至今日，设计的价值已无须赘言，人们要做的，是在大量看似各种唾手可得的选择之间作出判断决策。随之而来的一个突出问题则是，要整体把握某个特定问题，在海量信息中迅速捕捉到核心关键词，从而在无穷尽的选择方案中作出决断变得困难。这种复杂性并不总是会带来令人满意的结果，过多的选择使得围绕设计的全过程变得冗长，而且每增加一个步骤，可供选择的可能性成倍增加，以至于几步之后就呈现数量级的增长，更不用说整个过程中所伴随的各种犹豫不决、患得患失，而这些状况通常会给人带来不快的感觉。

二、作为审美对象的建筑空间

建筑成为审美对象有着不同的途径。20 世纪 70 年代初，罗杰 • 斯克鲁登在他的《建筑美学》[1] 中指出，“恰当的形式看上去很舒适，则必然会从中获得有效的视觉感受”，“所有的选择，都是从功能上相同的许多对象的混乱中抽取出来的，为了要建造得好，寻找恰当的形式，看上去很有效的视觉感受”。他还明确指出，围绕建筑所作的功能与形式的二分法，是根本不能成立的，首先，“功能”本身是一个极不明确的概念；其次，根本不存在无功能的建筑，功能是先验存在的。他说：“建筑物都是有功能的，不应该理解为它好像过去没有。”

建筑的秩序感进入视知觉的过程可以这样简单概括：人们通过短暂的一两次“看”的行为，所“看见”的是个别角度的情况，然后迅速与内在已有的秩序库作一比较，得出一个暂时的秩序结果。美国学者欧文 • 埃德曼认为，“它在我们日常生活中有不容轻视的重要地位，致使我们常忘记它也是一门艺术……建筑物包围着我们，无论它们是美与丑，我们居住于其间，我们接受它们，如果说，有这样一种艺术左右着我们的审美水平，那就是建筑艺术。绘画可以被深藏于博物馆，诗歌可以被束之高阁，音乐可以掩耳不听。但是建筑物总是要进入事务缠身，来去匆匆者的视野。”

除了日常生活的城市和经常出入的建筑之外，旅游、出差这类短暂停留以及更重要的图像媒介，成为人们了解其他建筑的一般途径。人们需要用这两种方式来弥补日常生活空间的审美缺陷，通过浏览、体验、消费来地抵抗着日常生活空间中那些无法摆脱的粗糙苍白之感。这种审美需求会使得景观化的建筑变得更讨人喜欢，能够被摄取为赏心悦目的图像的那些建筑，更加便于认知并获得认同。无论何时、

1　罗杰 • 斯克鲁登 . 建筑美学 [M]. 北京：中国建筑工业出版社，2003.

何地，人们总是偏爱能够理解和掌握的东西，这是秩序感的本能。而现代建筑以来的建筑实践则从另一面证明了，建筑越是走向本体化，就越容易排斥人们喜闻乐见的那种简单明了的审美趣味；这种分歧发展到了一定程度，结果很可能就是人们从第一眼看到建筑，就完全跳过建筑本体，而去看到它所代表的诸如财富、地位、权力等意义，并且理所当然地将这些成果作为审美意义。这是如今看待建筑美学意义中值得关注的一个特征。

如果说，在这个信息过度发达的时代中，混乱也是一种公共精神，那么如何从混乱中掌握到复杂的秩序就是城市的使命，而秩序本身也应拥有这样的原动力。雅各布斯在《美国大城市的死与生》[1]一书中提出：城市不同用途之间的互相融合不会陷入混乱，相反，它代表了一种高度发展的复杂的秩序，如何在视觉上使城市拥有多样性，如何尊重城市的自由，但同时又在视觉上表现出秩序的形式，这是城市面对的一个重要的审美问题。雅各布斯预见到并且赞许混合功能的社区与建筑，而时代变化的速度要更快，这种建立在多样性基础上的秩序形式及其所引发的审美问题，已经从街道来到了家门口（图 1-3）。

图 1-3　欧洲乡村小教堂

当人们离开相对个体化的“全能”的室内空间，进入住宅楼的公共区域，进出办公楼或是其他公共建筑，及至在城市之中穿梭往来，每天都会身体力行地感受到“流线”这种空间秩序。在网络化事实上已经成为当代城市空间特征的背景下，人们不断地汇入城市空间的各种复杂流线之中，然后离开，再次汇入并不断反复。使一个城市能够维持正常运作的基础设施，从某个阶段开始，实质上已经超过了建筑对城市所能发挥的作用。不妨设想，人们通过建在公寓楼下的地铁站，坐上地铁，前往建在地铁站之上的办公楼，就能完成从室内到室内的实体空间的移动；高度发

1　雅各布斯．美国大城市的死与生 [M]．南京：译林出版社，2005.

达的无线网络，则帮助人们在不同功能空间之间瞬时跃迁。人们感知建筑的方式既“分离”——站在这里、“看到”外面，又统一——如能将所看到的建筑与自身所处空间的建筑空间协调起来，就会更加接近城市本身的机能，在拥有多样性的同时又表现出秩序。

近几年来异军突起的数字化建构和 3D 打印建筑则是从设计和建造的角度改变了建筑从概念到生成的全过程。在国内现在的技术条件下，已经能够对单幢住宅进行整体打印，以惊人的速度，将基本的结构和围护部分，连同室内外阶梯、各类管道甚至是贴墙的橱柜、落地的桌椅、吸顶的灯具一并打印完成。技术的快速发展为人们实现个性化需求提供了捷径，一旦建筑不再需要建筑师，它是否会更加真实地成为人们“伸出的手臂”和“踢出的脚”，更加直观地作为“顾盼的目光”和“耳朵”存在？它将如何影响人们对建筑的审美，同样值得期待。

总之，建筑的审美维度不是一个标准原则，而是对待建筑活动的审美态度，它应当是宏观的和辩证的维度；是非直观视觉效果的审美而是主体精神性的，代表人类精神的一种不断探索，是对固化、僵化、陈腐的外在标准的批判；包含对建筑形式与功能的本质的关注与意义的探索，超出“解释”之外；其价值是对人们的非功利性的探索达到一种更高级的和超越的功利性；同时注入了生态与技术的新的审美维度，是人类与自然共生和互生的对话精神。

三、中国传统建筑伦理功能的实现方式

在中国传统建筑及其他更“高级”的艺术作品中，“模件”都起着维持伦理功能的重要作用。事实上，世界上许多文化都发展过模件体系，而唯有中国将其发展到了“令人惊叹的先进水准”，传统建筑的建造者在建筑中使用斗栱、梁柱时，就是在运用模件及模件体系，他们既受益于模件体系，又维持了模件体系。有学者认为，通过汉字，尤其是通过绝对尺寸与比例尺寸共存的两套尺寸系统，模件体系得以在偌大的国土上广泛传播，进一步加深它的伦理功能。

就模件体系的逻辑关系而言，中国传统建筑中运用这种体系的方式更多的是向群体、向大背景寻求意义。模件的语气是命令每个个体安分守己，不要越出本分，这样才能在同一项工作任务中各司其职，这一点看起来似乎与大工业时代的意味颇为相似。以这种模件思维与模件体系去看待中国传统建筑空间会得到有趣的结果，同时也不难看到由此造成的知识与工艺的“异己化”等后果。模件体系得以快速推

广的同时，其过度应用也必然要求付出巨大的代价，近几十年来城镇化过程中备受诟病的“千城一面”不妨也看作其消极结果。

在此背景下看待历史街区，尤其是那些暂时还没有被定性为某一时代的遗产、某一文化的精髓的传统街区却具有反抗这种过度模件化的伦理功能。它们所具有的维持秩序感相对稳定的能力，得益于它们长久以来一直以所处的建成环境为参照，其内部各建筑彼此联系，彼此约束。从某种程度上来说，它们缺乏那种新建筑的魄力与天才的创造力，但它们拥有强大的包容力和可读性，甚至可以说，如果没有大量的传统街区作为对照，那么大手笔的新建筑就只能加剧城市“不感症”，而对维持建筑的伦理功能毫无用处。

〖第1部分〗秩序

第二章 建筑伦理功能的审美维度

第一节 建筑伦理的艺术审美维度塑造

一、建筑审美维度的辩证观

建筑，作为人类征服自然、改造自然、适应自然过程中最依赖物质手段创造的外部生存条件，其物质化的单元空间组织的表现形式，成为了城市面貌的最基本和最主要的组成部分，它充分显示出极端的特殊性和复杂性，在众多的审美活动中具有不容轻视的重要地位。黑格尔在《美学》中写道："建筑是与象征型艺术形式相对应的，它最适宜实现象征型艺术的原则，因为建筑一般只能用外在环境中的东西去暗示移植到它里面去的意义。”艺术形式的本质，都在于能传达某种意义，任何形式都会传达远超出形式自身的意义，建筑活动的审美的体验，就是审美对象与审美者心里美的形式概念相通、相似产生的同构现象的结果。面对同一座建筑，面对一座建筑，我们在回答说它“好看”还是“不好看”，“美”还是“丑”的时候，便是一种审美活动，这是一项复杂的思维活动，是建筑对人的精神上产生的作用，是主观上人对建筑的审美感受。审美作为精神性活动，与宗教、伦理、科学活动一样属于人类生命的拓展形态、发展性环节，是对人类物质生活、动物性存在的超越与提高，它是人类更高级的生存形式，是人类追求即时感性精神愉快的活动。这是建筑有关美学态度的最普遍的伦理功能。审美的过程在不同的主体那里都有着不尽相同的审美意识，每个人都会按照自己的感觉去理解建筑，同一个建筑，在不同的人看来能具有完全不同的意义。同样的，我们在观看一栋建筑的时候，能在多大程度上获得对建筑的理解与认同，这与我们自身的民族、社会经历、文化修养等方面密切相关。

对建筑的审美需要辩证的观点来看待，正如罗杰·斯克鲁顿在《建筑美学》中的观点：“建筑与其他艺术不同，由于它不是个人的作品而同时又有功能的性质，所以它似乎要求我们不仅对其创作而且对其欣赏都要抱有特殊的态度。”

二、建筑审美主体精神的探索

面对一件建筑作品或一位建筑师，当人们说“喜欢”或者“不喜欢”，都道出了他们的审美趣味和价值判断，也可以说是自觉不自觉的体现出他的评判标准。但是当人们面对同一座建筑回答它是美还是不美的问题上，却很难有一致的看法。对诸多体验者的经验结果之间进行比较，最终会发现我们实际上是在对体验个体而不是对“美”进行分析。这种审美不仅表明人们对建筑的判断与认识，而且还蕴含着人们对社会价值取向和理想的认同感，从这个意义上说，建筑审美是人认识自身的重要手段。

建筑的审美不是简单依赖于实体形式，而是与审美主体意识密切相关。詹克斯在《后现代建筑语言》中提到：一座后现代建筑至少同时在两个层次上表达自己：一层是对其他建筑师以及一小批对特定建筑艺术语言很关心的人；另一层是对广大公众、当地居民，他们的舒适、传统房屋形式以及某种生活方式等问题很有兴趣。一个审美论据只有审美主体具有共同的经验时才能使人信服地接受。建筑的审美具有主观性、排他性，与审美主体的文化背景、教育程度、社会地位、情趣等因素有密切关系。审美是一个思维过程，也是一个文化的升华过程，只有当人们的文化背景比较接近时，人们的审美情趣才可能逐渐趋向一致。

三、建筑审美形式与功能的本质

建筑的审美带有主观能动性，然而它仍然是主观与客观的统一。人们看金字塔，看到西方古典建筑所给人的崇高与震撼，与其形式感有着必然的联系。建筑的形式之美是可见的，并且在很大程度上是可以把握的。建筑的造型、结构和空间布局固然给人以美的享受和回味，但是，建筑的精神蕴涵，那种诉诸于心灵的内在性，更具有一种持久的审美效果。

艺术批评家克莱夫・贝尔说："能激起我们审美情感的所有对象中所共有的性质是什么？圣•索菲像、夏特勒的玻璃窗，墨西哥的雕刻，波斯的地毯，中国的陶瓷，乔托的帕皮壁画以及普桑、西朗西斯卡和塞尚的杰作，在它们之中，共同的性质是什么？只有一个可能的回答——有意味的形式(Significant Form)。在每件作品中，激起我们审美情感的是以一种独特的方式组合起来的线条和色彩，以及某些形式及其相互关系。这些线条和色彩之间的相互关系与组合，这些给人以审美感受的形式，我称之为'有意味的形式'。"

早在20世纪70年代初，罗杰・斯克鲁登在他的《建筑美学》中指出"恰当的形式看上去很舒适，则必然会从中获得有效的视觉感受"，"所有的选择，都是从功能上相同的许多对象的混乱中抽取出来的，为了要建造得好，寻找恰当的形式，看上去很有效的视觉感受"。他还明确指出，围绕建筑所作的功能与形式的二分法，是根本不能成立的，首先，"功能"本身是一个极不明确的概念；其次，根本不存在无功能的建筑，功能是先验存在的。他说："建筑物都是有功能的，不应该理解为它好像它过去没有。"

事实上，"功能"也总是依据一定的形式去完成，建筑师的全部工作最终都要落实在形式的创造上，因此在形式上无论倾注多大的热情都不足为过。问题就是我们如何理解"形式"？我们对"形式"的考虑以什么作为准则和参照？这才是关键所在。斯克鲁登的观点，从形式关怀的角度，着眼于创造全新的形式，这与克莱夫•贝尔提出了艺术是"有意味的形式"的论断有着不谋而合的意味。建筑的表达就是通过形式，无论是感官的感受、心理的感应、认识的联想，都要通过具体的形式才能获得。有了美的形式，才能产生审美价值。比利时的透视教堂，由 2000 块钢板以精细的形式进行搭建，创造出一种极为玄幻的光影效果，让建筑呈现出空灵、神秘的艺术感（图 2-1）。

图 2-1　比利时透视教堂

许多地方的传统建筑能够洋溢出动人的美，恰恰是因为，人们在这些建筑中，看到了当时人们的生活风习，感受到当时人们的精神状态，思想感情以及审美情趣，并引起某种程度的“共鸣”——看到这些建筑“躯壳”内所珍藏的灵魂。建筑界在对当代建筑的反思中越来越注重探究建筑的“意义”，越来越注重创造表现具有意义的空间、环境、场所。意义是建筑行为的目的之一，它体现着人类美学观念和价值体系。对意义的关注更多地体现了审美主体以及创作主体，即作者与观赏者的关注，是人类精神的一种不断探索，是对固化、僵化、陈腐的外在标准的批判。

王澍是“新乡土主义”建筑风格最典型代表。在王澍看来，在过去的 30 年中，我们经历了西方社会用 200 年经历的过程，现在那种追求“自然之道”的传统景观建筑几乎消失，中国大多数城市建筑是对西方城市建筑“笨拙和幼稚的模仿”。宁波博物馆在外墙上大量运用了宁波老建筑上拆下来的旧砖瓦，形成“瓦爿墙”，同时还运用了具有江南特色的毛竹片铸成混凝土墙作装饰。王澍这样谈到自己的设计初衷：“使用‘瓦爿墙’，大量使用回收材料，节约了资源，体现了循环建造这一中国传统美德，一方面除了能体现宁波地域的传统建造体系、其质感和色彩完全融入自然外，另一方面在于对时间的保存，回收的旧砖瓦，承载着几百年的历史，它见证了消逝了的历史，这与博物馆本身是‘收集历史’这一理念是吻合的。而‘竹条模板混凝土’则是一种全新创造，竹本身是江南很有特色的植物，它使原本僵硬的混凝土发生了艺术质变。”整个设计将宁波地域文化特征、传统建筑元素与现代建筑形式和工艺融为一体，形成独具一格的地方文文化特色。也成为他的过去10年探索的“重建当代中国本土建筑学的阶段性总结”（图2-2）。

图2-2　宁波博物馆

第二节　建筑伦理功能的社会层面

一、建筑伦理功能的社会性差异

在建筑的社会性的具体选择的方法上，中西有着极大的差异，西方的建筑通过自身直接与问题中心对话，而中国的传统建筑则首先选择依靠群体的力量，借助群体来对抗虚空的永恒。在建筑的具体形象上，我们的古代建筑有着清晰可识别的剪影特征，同样的建筑形象出现得越多，集体对抗未知世界的力量就越强。这是中国传统建筑在社会方面的首要伦理功能。而西方建筑物则更注重细节与内在逻辑，相对于整体剪影来说，局部特征所承载的信息是更为丰富的。在建筑立面的逻辑关系上，中国传统建筑的立面手法，经常出现与它周围的建筑立面形成直接的逻辑关系的情况，而在西方，建筑立面则通常要首先服从自身的逻辑关系，只有如此才能形成为“风格”。

哈里斯评论海德格尔在《存在和时间》[1]中有关建筑的社会价值时肯定这样的看法："从它也是一种艺术作品的范围内来说，建筑作品正是这样一种房屋：由于它招致这种扰动而使它自己显眼并因而呈现，传达一种处于这个世界中的特定方式，一种特定的精神气质。……每个建筑作品都把其他房屋置于它已经开启的世界的光的照耀中……建筑作品拒绝安静地融入预先给出的环境，它们勇敢地抵抗那个环境并坚守阵地。在那种意义上，建筑作品可以被看作是桀骜不驯的房屋。"

中国古建筑的创造者，无论是建造者还是使用者，都无须直接与建筑相对，直接从建筑那里寻求西方建筑在社会方面的伦理功能，实际上，他们首先是向人群寻求这种意义，这意味着，我们的古代建筑物个体首先是从其他建筑物那里寻求这种意义，而不用每一个个体直接面对永恒的质问，这种气质造就了我们古代城市与建筑的意象，反映在城市的面貌上，就能解释中西古代城市截然不同的图底关系。

二、建筑审美维度的超功利性

美学意义上的美，是不受功利，目的性束缚的美，是一种用最纯粹的、"只是聚精会神地欣赏〞的眼光看建筑本身，所以，人以哪种态度去观察和体验建筑，事物的哪一个属性就向人凸显出来。康德认为，审美本身是一种纯粹关照，一种由直观判断而生的愉快，是"无利害"的。一个对象的美有什么好处呢，它既不能当饭吃，也不能当作房子住，审美带来的快感是无利害关系的自由的快感，审美活动不是简单的仅仅对某种摆放在某地的客观物体的观察与打量，而是以客观物体为中介而表达对生命的某种注解，从根本上说，审美是人与世界在精神上的对话与交流。他还认为，现时的世界分为两大类，一是纯粹的美，二是依存的美。这里，他所指的"纯粹的美"就是指的不涉及概念、利害关系和目的性的纯形式的美，反之就是"依存美"。汪正章在《建筑美学》[2]里边是这么解释的：所谓"纯粹的美"就是纯形式的美，自由的美，无功利性的美。所谓"依存的美"则是依附于物质材料，工程技术，建筑功能等方面的要求的美。建筑美的形态有两个基本的条件：一是它不是自然发生的美"，是属于人工创造的美。二是它属于具有依附性的美，所以建筑属于"依存的美"，则是依附于物质材料，工程技术，建筑功能等方面的要求的美。

建筑具有多方面的功利性，有意识形态的功利性，功能方面的功利性，艺术的或美学方面的功利性，乃至经济方面的功利性。强调建筑审美中的功利性因素，并

1　马丁·海德格尔．存在和时间 [M]．上海：新知三联出版社，2006.
2　汪正章．建筑美学 [M]．南京：东南大学出版社，2014.

不能简单强调某一建筑给主体带来的实际的好处，如安全、舒适，或者并不能由此推断只要建筑对象达到了安全，适用它就一定是美的。建筑审美功利性有这样一个特点，即往往由现在转化为潜在，如一些曾经使用或者为了某种使用目的而造的建筑物或建筑构件，在最初给人的审美愉悦的主要原因也许是它的实用性，但随着社会变迁，技术水平的提高，这些实用的东西失去了其实用价值，与此同时，它的历史感，形式感却不断增强。这样它的形式或装饰意义压倒了实用性而成为较为纯粹的形式，在这一过程中，它的功能，内容也并没有完全消失，只是弱化，模糊化在形式中，主体对它的基本需求也逐渐转化为一种表达某种精神的符号，例如斗栱通常被作为代表中国的某种装饰性元素，而并非它在结构上的承重功能。从这样的角度看，建筑审美是超功利性的，并且推进人的精神创造与独立思考的方向发展。

三、自然共生的建筑伦理功能

当代技术正在使人与建筑的关系发生改变。马尔库塞认为："科学技术是当代发达工业社会的杠杆，因而，对科学技术的审美改造就成了关键，即消除科学技术的破坏性、毁灭性功能，使它成为保护人的生命力及其享受的工具。这样，技术就趋向于变为艺术了，而艺术也趋于现实的形式化：想象力与知性、高级的和低级的能力、诗意的思维与科学的思考之间的对立已不复存在了，一种新的现实原则出现了，在这个原则下一种新的感性和非升华的科学智力统一成为一种审美伦理。"技术在发展为更多人提供更方便、更舒适、更便宜的建筑产品的同时，也为建筑艺术的发展提供了有力的保障。使得建筑的艺术表现越来越成为可能，它以审美的方式，为人类自身创造了一种超时空的环境中表达自己的意愿能力、行为能力和娱乐趣味的智能系统。知识在通过技术的手段，不断被物质化的同时，也在被精神化，被审美化。对于"技术"的审美，应该赞同尼迈耶的理想："建筑艺术必须表达某一时代占统治地位的技术和社会力量的精神，但是，如果这种力量本身是不平衡的，就会产生冲突，……我们十分期望能提供这样一种作品，它们不仅反映了精致和舒适，而且也反映了建筑师和整个社会之间具有积极意义的配合。"

生态建筑在美学模式上已经突破了以工业文明为基础的现代主义原则，它所展现出来的，是全新的并在发展过程中美学模式。生态建筑所考虑的问题，不是传统意义上的功能与形式，而是建筑作为一种实体在环境当中的适当地位。生态的终极目标，人与自然的和谐共生。这种追求，不是强加于自然，而是融合语其中；并且以“共生形态”取代了“有意味的形式”。它体现出了一种视觉中心主义的消失。生态建筑的美对世界存在的整体表达更富有创造性，更自由、更开放和更具有组织性。生态建筑表现出了当代人的宽容与仁厚心态，充分体现了一种无伤害原则和共生精神。人类才能从人与我，人与自然，人与生物，人与未来共享共生中得到莫大的好处。

建筑审美必须关照建筑与建筑的关系，建筑与人的发展的关系，建筑与建筑自身的可持续发展的关系，以及建筑与人类的未来关系等联系在一起。那么，生态成为建筑审美的一个维度，也是当之无愧的了。只是，从生态的审美维度上去看待建筑，不代表着建筑创造为了关照生态审美维度，而把建筑创作当作纯粹的生态活动，而是要以一种有机主义的生命观看待建筑、自然和生物，并将这种生命观充分和自然而然地表现出来（图 2-3）。

图 2-3　完全融合于自然的住宅

第三节　面向未来的建筑审美伦理功能

一、建筑的伦理功能的转移

建筑的秩序感显然不止是“好看”与“难看”能够概括的，它在理论上应该分解为更为科学的和逻辑严密的因素，然而，如将这艰深晦涩的概念，诸如平衡感、韵律感、方向感，等等套用到普通市民的观念上，就会回到建筑学的框架中去——只有批评家和建筑师本人才会用这样训练有素的眼睛去看建筑物。事实上，普通人对建筑物大多一眼瞥过，而非仔细端量。得出的秩序结果，往往会转变成为一两个高度概括并且十分形象的词语，以帮助人们加深记忆，并在再次谈及此建筑物时能够迅速地在脑中找到它所在的序列，并塑造出它的三维影像。建筑的秩序感进入视知觉的过程可以这样简单概括：人们通过短暂的一两次“看”的行为，所“看见”的是个别角度的情况，然后迅速地与内在已有的秩序库作一比较，得出一个暂时的秩序结果，而这个结果往往就是“好看”或“难看”。假如终有一天建筑失败了，从内部来说，那就有可能是建筑攻破了自身的界限——建筑伦理功能的丧失，将直接导致建筑成为一种“不必要”。这种建筑的伦理功能的丧失同样并不意味着伦理功能原理自身的失效，它只是从建筑领域中转移到了其他领域中，继续发挥着它无可取代的作用。

2016 年 3 月，一个有关无锡地区建筑的非专业评选在无锡某公众论坛展开，主要的参选对象是市区范围内的 30 个显著建筑物，而评选投票者则是普通网民。评选时间为 3 月 25 至 5 月 9 日，共有 1641 个有效投票，分别投向“你认为哪些建筑比较好看”和“你认为哪些建筑比较难看”两个主题中共同参选的 30 个建筑物。由于投票网民的年龄、职业、性别等信息都不可采集，所以这次评选缺乏必要的参考信息，较不严谨。但是在某种意义上，这一评选结果真实直观地体现了普通市民对建筑“好看”与“难看”的判断结果。 对于此投票调查结果的分析，实际上不是停留在“好看”与“难看”的投票结果本身，而是关注网民在全体以及个别建筑物的判断问题上所产生的差异与认同。研究这一问题，将会揭示出建筑的秩序感在当今社会中，与“人”这一主体的精神是如何彼此照应的。

二、建筑审美的景观化

在多数市民眼里，建筑就是一种景观，大片的广场，图案化的绿地景观簇拥着众多超高建筑的景象，本就是人们向往城市的原因之一，这些景象代表了高质量的生活水平，优秀的教育条件，庞大的公共建筑群，以及诸多城市之外的地方所无法拥有的优点。然而他们中的大部分都没有在这些光鲜的摩天楼里长久生活工作过，也没有在烈日下穿行于光秃秃的广场的经验。至少，他们不会轻易承认这些东西实际上并没有看起来那么好，虽然每一座“大厦”无论其外观是多么征服路人的目光，其内里却总是同一副面孔：漆黑的走廊和终年不休的空调风。

这并不是指责设计师不负责任，也不是批评人们喜爱华而不实。人们的眼睛与大脑仍然保有那样一段距离，以便于让更多的现象通过眼睛来蒙蔽大脑。这种蒙蔽在一定程度上并不有害，否则人们便无法通过电视机观看连续影像了，因为事实上电视影像仅仅是一些快速闪跃的色斑。同样的，人们在“观看”建筑在这个城市背景下的影像时，并不会时时刻刻联想起走廊和空调风，而是诸如财富、地位、格调之类的东西。人们不是以自己会生活工作在那个建筑里所构成的影像为前提来展开想象的。即使当人们说，“我要以在那样的大楼里工作为奋斗目标”时，他们想要征服的也并不是建筑，而仍然是它所代表的那些诸如财富的东西。当人们越是想要证明自己能够适应并去创造“城市”，就越容易忽略建筑自身，从而去看建筑之外的表象，并且理所当然地将这些看到的成果作为精神财富。

建筑完成了它的景观化改造的第一步是人们越是想要证明自己能够适应并去创造“城市”，就越容易忽略建筑自身，而去看到建筑之外它所代表的那些诸如财富的东西，并且理所当然地将这些看到的成果作为精神财富。第二步则是他们需要有另外一种环境，一种能够让人脱离工作状态的生活环境，于是家的改造也随之完成。建筑自身景观性与建筑性的分歧，造成了建筑自身的分裂和秩序感的混乱。而这种混乱一旦生成，便很难消除。如果单纯以伦理功能的定义来说，那么在这个信息过度发达的时代中，混乱也是一种公共精神。就伦理功能的目标而言，如何从混乱中掌握到复杂的秩序才是它的使命，而秩序本身也应拥有这样的原动力。

雅各布斯在《美国大城市的死与生》一书中提出：城市不同用途之间的互相融合不会陷入混乱，相反，它代表了一种高度发展的复杂的秩序，如何在视觉上使城市拥有多样性，如何尊重城市的自由，但同时又在视觉上表现出秩序的形式，这是城市面对的一个重要的审美问题。即使是将建筑的实用性质宣扬到至高的现代主义，也无法否认人们总是首先用眼睛而不是身体去感受建筑物，这也就是为何现代主义要用前所未有的外观来叫眼睛无处发挥作用。暂时失明的人们和暂时离场的建筑物，最具有倾听现代主义者有关建筑实用问题的阐述的耐心。眼睛与大脑的分歧左右着每一个人面对建筑时的感受。视知觉的双重性——秩序的知觉和意义的知觉也正是如此对人们的思维判断进行混淆，它们谁先进入秩序感的调用程序，谁就暂时占据控制权。而占有控制权的知觉就会衍生属于它的认同。更简单地说，在不同的前提下，我们完全可能得到在眼睛与大脑各自立场上的认同，即使这些结果在客观上是彼此矛盾冲突的。

在个体上，我们发现了眼睛与大脑的分歧来解释这种建筑的景观性消解，那么在群体上，应该能够找到更具有直接效果的影响力，最终，我们找到了“城市”其自身作为群体的代言。城市不同用途之间的互相融合不会陷入混乱。相反，它代表了一种高度发展的复杂的秩序。如何在视觉上使城市拥有多样性，如何尊重城市的自由，但同时又在视觉上表现出秩序的形式，这是城市面对的一个重要的审美问题。

正是城市的多样性和高度发展的复杂秩序，使建筑难以在城市的图底上保持自己在学科内的纯粹，而必然走向景观的消解。如果要剔除景观性而回归所谓纯粹的建筑，那么我们能够见到的大概只有废墟和贫民窟一类的地方。作为景观的建筑和作为建筑的建筑，它们在城市的框架下彼此辉映。

图 2-4　南通大学范曾美术馆

南通大学范曾美术馆，以传统中国四合院的概念为原型，建筑不同深浅的灰色调性和半透明的格栅幕墙，以当代抽象的方式表现了具有辨识度的中式屋檐线，建筑与景观的融合，创造了接近中国传统水墨画似的若有若无的意境（图 2-4）。

建筑自身无法回避它站在景观的立场上所发出的信息，那么，建筑的秩序感就必须同时面对景观层面和建筑层面的双重对照。在这个过程中，建筑的秩序感时常要面对“善意的欺骗”，例如原本沉重的建筑体，设计师却赋予它看似轻巧的外表；而实际上不同程度的沉降从未间歇的建筑物，却被创造出一副万年屹立不倒的模样。这些与实质相背离的外表，多数指向景观层面与建筑层面的矛盾之处。如果设计师想要推卸责任，并坚持认为这是由于人们只相信自己的眼睛，而不愿多花一分钟时间去动一下脑筋了解一下建筑常识时，那么他应该被判对社会犯有欺诈罪。

然而，这并不止是设计师的错。正如约翰·伯格所写，“宠物……是主人生活方式的产物”，宠物店老板对不同宠物习性的了解，不是为了动物学意义上的研究，而是为其客人选择适合他饲养的宠物。同样的，我们当今的建筑物，其景观层面也逐渐被人们的趣味驯化，作为建筑的建筑相对更难服从人们易变的喜好，原因之一，同时也是建筑的基本问题之一：对于它来说，更大的挑战来自于地心引力。另外两个基本问题，业主与预算，则直接与人们的趣味有关。

这种建筑自身景观性与建筑性的分歧，造成了建筑自身的分裂和秩序感的混乱。而这种混乱一旦生成，便很难消除。如果单纯以伦理功能的定义来说，那么在这个信息过度发达的时代中，混乱也是一种公共精神。正因此，弗兰克·盖里奉献出了向混乱的人们致礼的建筑作品。就伦理功能的目标而言，如何从混乱中掌握到复杂的秩序才是它的使命，而秩序本身也应拥有这样的原动力。这样的课题似乎要求全社会都集合起来共同讨论建筑的问题，然而这样的事情即使是高效的政治力量也无法实现，也许发达的网络和信息传播能够达到这样的目标，那么在这个传播与评说的过程中，建筑将会因图像化与文本化，从而无可避免地遭遇另外一种消解的趋势。

三、建筑维度的家庭化

在这网络与信息高度发达的场景背后，隐藏着建筑消解的另一种趋势：家庭化。在这里，“家庭”并不是通常意义上的一家三口或是三代同堂这样的家庭结构，而是泛指一切利用建筑室内的时间远远超出建筑室外的家庭状况。基于电子屏幕的科技已经占领了世界，我们的智能手机、平板电脑、笔记本电脑以及各种多媒体互动显示屏，已经可以让我们不需要离开建筑空间，就可以完全实现处理城市生活，与这个世界互动。2004 年，主题为“蜕变”的威尼斯建筑双年展上，日本馆展示的“OTAKU”的居室，OTAKU，日语汉字为“御宅族”，指的是对于“ACG”（动画、漫画、游戏的英文首字）痴迷至深，除非迫不得已，否则寸步不离家的人。这一居室是预测未来的日本居住的图景，而这一预测在当今已经成为现实。2016 年的据日本 NHK 新闻网 12 月 29 日报道，日本国土交通省的一项调查显示，因工作、购物等外出的日本人比例达到近 30 年来最低水平。日本的老龄化现象十分严重，年轻人也爱“宅”在家里打游戏、看动漫。

建筑以这种方式消解并不只发生在日本。无论在中国、美国还是欧洲国家，人们都遭遇同样的问题。除了工作场所和家居空间之外，人们了解其他建筑的途径一般只有两种：旅游或图像媒介。这两种方式都会加剧建筑走向景观化，而作为风景的建筑，更加便于在室内环境中被人所认识：人们首先通过报纸杂志及网络媒体看到建筑的图景，然后短暂的离开室内，在适当的时候旅行拜访，留影拍照的结果仍然是拿回到室内慢慢欣赏。

在一个体量过大的城市中，人们会逐渐失去对城市肌理的感受力，人们趋向于停留在自己相当熟悉，并且能够“控制”的范围内。超级城市的地图是失真的，人们无法根据地图上高度符号化了的标识来联想起实际中的状况。相比之下，传统的水乡小镇所提供的那种实物化的地图，反而能够为人们提供更多的回忆与联想。这个问题在如今，似乎由像 Google Earth 或 E 都市这样的三维地图缓解了。但是如果调查软件的使用者背景，也许会发现大量的使用者都是在室内完成他们的虚拟旅行，通过电脑来认识世界，浏览世界上各个角落中的建筑。发达的网络与应用软件为出行者提供便利条件的同时，造就了越来越多的虚拟旅行者，那么这种建筑的家庭化消解也将越来越严重。

四、建筑的艺术化生存

给予人们言说建筑的资格，为人们创造能够充分感受的建筑，这是所有建筑从业者的社会责任。建筑师或设计师可以不去承担他应有的这份社会责任，他只要顺利达成和业主的交易就可以完成使命了。这是建筑师的基本工作，完全从这种基本工作出发，就自然产生出以完成基本工作为所有目标的设计思想和设计方法。如果仅仅如此，那么至少我们的建筑还保有其作为住房、工厂、商店等基本的使用功能——按照文丘里的说法就是“棚屋”。然而值得注意的是，正是因为如今的许多的建筑都需要从艺术化的创造、美学的思考、文化的传承中获取附加值，并用这些附加值来“装饰”他们的“棚屋”，建筑的舞台才能如此多彩。在这种完成自身工作而非承担社会责任的立场上来运用艺术的方法和美学的思考，造就了如今大量脱离伦理功能的建筑。实践已经证明，没有任何一种绝对的秩序能够彻底统治整个城市和地区，一旦失去了伦理功能的底线，无论是建筑师还是建筑作品都无法说服彼此，那么我们就只能得到一个混乱的城市图景，正是这种混乱造就了人们的迷惑和不满。正如库哈斯所说，“身为一个美学家，或是站在建筑师认知的立场，都会令人觉得飘飘然。但若是站在其他人的立场，可就没那么轻松写意了；比如一般大众，他们对混乱的建筑感到不满，却又无能为力。”

秩序感对于建筑问题来说并不是一个新鲜的话题，实际上，它从一开始就潜伏在人们有关建筑，有关城市的印象中，应该说，它远比成为一种科学的建筑要历史悠久得多。可惜的是，在建筑学被逐渐充实的当今，秩序感反而被忽视了，尤其相对于文本和图像来说，秩序感作为一种人人皆有的本能，本应得到更多的尊重与深刻的研究。这样说的理由是，对于主体化要求而言，文本使人眼脑产生分歧，图像则使人迷惑。借由文本和图像，我们可以轻易得到建筑与城市的印象，就如同我们在实地旅游或通过网络、杂志、书本来揣测实景时所做的那样，人们可以极其方便、快捷地获取信息，终有一日由于种种原因必须深入实地，工作生活在那个曾经被文本和图像诠释过的建筑和城市里，那时人们才会发现，秩序感本能并不是那样容易被文本与图像驯服的。

归根结底，重新认识建筑的秩序感的最终目的并不在于开创新的建筑设计方法和思想，而在于帮助人们主体化，使建筑更有利于人们的生存。从这种意义出发，建筑的伦理功能同时也对艺术化生存负责。艺术化生存并不是指艺术家般的生活，而是相对于科学技术指导下的生存方式而言的另一种生存方式。

建筑师王澍在一片草木茂盛之地，地下 60 厘米处隐存着一座古迹的基础，瓦园将以一种小心的建造方式轻放在那里，将用回收的江南旧瓦，支撑起一片巨大瓦面。一半平铺，一半沿对角线起坡。它既是场地，登临其上，又似屋面，它实际上是一种全新意识的园林、瓦园，一处沉思与反省之地。传统中国建筑画多用一种低角度俯瞰，这种视野是特别超越性的。用回收旧瓦建造，重启了中国传统上建材循环利用的可持续建造方式。瓦园一隅，王澍和他带去的工匠建造一处竹材敞廊，构建起一位建筑师和一位艺术家关于超越城市的对话空间，登临其上的视野，根源于超越、沉思，构成一种现代人的心灵震撼。当观者走上瓦园栈桥戛然而止地回望，或许会在心灵深处升起城市对文化根源的乡愁，这种乡愁将掠过大地，超越城市和国界。

王澍始终致力于将中国传统建筑向当代建筑语言转化。使用了保留和变异的手法。对传统的保留方面，尽量保证现有的环境关系，且与新形成的环境相互呼应且与新形成的环境相互呼应。屋顶跟周边坡屋顶元素配合，对传统的“变异”方面，王澍发明了一种波浪形的大屋顶，形似山峦起伏，宛如水墨山水画。在一个建筑中，又利用传统灰色瓦片搭建的屋檐这一语言，层层叠加，给出了屋檐全新的使用方式，这种做法也是对传统建筑的一种“变异”与改进（图 2-5 ）。

图 2-5　中国美术学院瓦山专家接待中心

“艺术并不依附于昙花一现的民族，不依附于他们的房屋和家具，而依附于他们所先后创造的真实”，马尔罗如此认为。这意味着，尽管许多艺术品是由于变形而来，但作为一个民族或一种文化来说，他们自我肯定中的艺术，必然是长久以来有关“永恒”看法的投射媒介。也许在这个民族或文化自身内部，也曾有过变形，但这种能够被不断的持续传承的变形本身，就可以被化为艺术，从中可以发现经验秩序的力量。而基于人类文化的艺术，往往就是指这种有关“永恒”观念的持续变形，那些被视为艺术品的东西，只是变形中途的点滴实验。一旦民族或文化自身溃散了，这种艺术也就告终了。有一些试验品会被保留下来，重新摆回到作为历史的艺术殿堂中去受审视，然而它们仅仅是已死去的，化石般的存在。艺术的文化魅力正是对抗这种化石。艺术最根本的魅力在于，人们从中发现自己与过去的或远在他方的人关注同样的问题，对某种秩序特征的喜好从未改变，由知识、权力、伦理产生的主体意识从未间断。

艺术的全部奥秘，就在于这种感同身受。面对同一件作品，人们可以和任何时空中的其他观赏者激起同样的反应，发出同样的叹息，露出同样的微笑。这正是建筑的秩序感所应帮助人们在建筑中实现的。从个人意义上说，建筑的秩序感不等于千篇一律的建筑外观，而是丰富的创造所实现的类似的心理反应，人们是在相同的主体化结果而非直观的视觉效果上达成统一；从社会意义上说，建筑的秩序感正是实现城市多样性的绝佳途径，可以让城市、建筑不用依靠广告词和风景照，就能被人们所清楚的感受与了解。艺术化生存，这就是建筑的秩序感研究最普遍的个人意义和社会价值。

第三章 秩序中的传统留白艺术

第一节 中国传统艺术留白认知

中国传统文化包括在整个中华民族的历史发展长河中，所形成的整体生活方式及其价值系统，它是建立在中华民族几千年的发展实践基础上的，我们在政治、经济、社会和生活等活动中所产生的文字、思想、建筑等就是我们中华文化的典型代表。中国传统文化强调“虚”“实”“有”“无”十分重视空白的运用，中国画的“留白”文化，蕴含着“计白当黑”“虚实相生”的哲理。道家哲学思辩“有”“无”相携相伴，相辅相成，深谙道家哲理的艺术家都着重使空白获得生气通灵，而“有”的部分着墨不多。在褚遂良的褚帖中“有”和“无”相容纳，相辉映，相渗透，造成一片空阔与静谧。虚与实有机结合的虚实相生哲理的运用，能从虚无之旷见气韵，空白之成妙境。正如所王翚说得好：“人但知有画处是画，不知无画处皆画。画之空处，全局所关……空处妙在，通幅皆灵，故成妙境也。”道出了虚的空白之重要。

在当今各个艺术领域均有广泛运用。强调的是画面的空灵和通透，通过在画面上留下适度的空白，用笔墨和形体的虚实相间来营造出一种独特的空间意境，以此给欣赏者留下无限的想象。计白当黑，可以让人产生一种虚实相生，模糊含蓄的感觉，营造出一种“此时无声胜有声”的艺术境界，从而可以产生一种含蓄美、简练美的意境，耐人寻味无穷。经过数千年的沉淀的中国传统文化，形成独树一帜的审美方式与价值体系，对人们的生产、生活方式产生了深刻的影响。传统文化对于空间营造也有着独到的见解和审美观，特别是与空间营造密切相关的造景与造境两种中国传统艺术的瑰宝，作为美学概念已渗透到人类社会生活中的各个领域，具有巨大影响和作用。

一、留白的概念及表现形式

建筑空间的留白艺术，源自于中国传统文化的留白艺术，它是中国文化艺术宝库中一颗耀眼于世界的宝石。留白始于石器时代的彩陶文化，自觉的留白起源于先秦，成长于唐，兴盛于宋。留白艺术与中国的传统哲学不仅是血缘之亲，还是道家的哲学理念“道”与“气”的“气理宇宙说”，“气”归于“道”的美学思想最先引入于绘画之中，中国的美学风诸多领域都讲究精气神，气在空白中充盈、运行，形成动势，气驱动了一切，所以诸多万物都必须有空白之处，于是中医学说、经络学说、风水学说、生命科学都以气为主干理论。在艺术领域则在书法中留白称之为“飞白”，在音乐中留白称之为“煞声”，留白艺术的渗透、弥漫至各个艺术门类及众多领域，如建筑美学、造园造景美学等，它是一切艺术不可或缺的组成部分和表现手法。

1. 留白艺术的表现形式

留白艺术是艺术性与审美性的有机结合，“虚实相生”是达到高致境界的目的和手段，以虚衬实、取舍有度、实象虚境并举、藏景于虚、舒卷开合、涵而不泄，以“大音稀声”“大象无形”的手法达到“景愈藏境愈大，意以愈深”之效果。画面布局以“气局”理论为指导“画中之气，充乎沛乎，在运转着，回旋着”，气有吞吐开合，画有呼吸，生命才有活力。所以留白布局是要有独特的严谨性，它是意境的产生与延续的重要部分，关系着作品的主题、意境、情趣多种因素，是画面成败的关系之一。

2. 具体的例子

(1) 见竹林桃花，便联想茅屋草舍不远于前；
(2) 见蜂蝶逐马之蹄，便知踏花归来；
(3) 郭熙《林泉高致》中说："山欲高，尽出则不高，烟霞锁其腰则高矣，水欲远，尽出则不远，掩映断其派则远矣，高远无境，当由留白之法"。用留白手法能够营造六远之境：平远、高远、深远、阔远、迷远、幽远。

留白的重要依据是：生活规律，艺术规律，而且留白的笔墨要有过渡，不能截然为之。留白艺术是中华文化是世界上独一无二的专属，定能为中国特色艺术大放异彩，我们必须万分珍惜地继承和发扬。

（一）留白的概念

作为艺术形式的一种表现手法，留白不仅仅在绘画中比比皆是，同时也涉及文学、书法、戏曲、建筑等领域。我国的戏曲艺术不用布景，正因为如此才打破了时空的限制，有"三五步行程万里，七八人雄汇万千"之景象。在空间情景塑造上也就有了"实以形见，虚以思进"之说。宋人范晞文《对床夜语》所说"不以虚为虚，而以实为虚，化景物为情思。"表明在艺术创作应该常常留出部分空间不予作为，让欣赏者自己通过观看作品内容，去联想去思考，即为留白。在艺术创作中，均需要运用"留白"手法，例如在构图画面不宜被填满，需要留有一定的空间给人留有想象的余地，营造一种"此处无物胜有物"的意境引人入胜。留白的运用不仅在绘画艺术和书法艺术上，即使在现实生活中，留白艺术的应用也非常广泛，在文学、音乐、设计等多门艺术中也体现出留白艺术的非凡魅力。

鉴于人们在欣赏作品时有一种基本习惯，就是关注画面中视觉的焦点，视觉焦点以外的物体，观赏者常被忽视，中国的画家作画，大多也就是根据这种观赏习惯来处理画面的构图。画面主体必须要清楚、鲜明、突出，次要的东西连同背景可以一笔带过，尽量简化忽略，甚至可用大片空白代替。作不同的画时，留白有不同的用处，作山水画时，留白是高天浩渺；作鱼虾画时，留白是静水深流。所以国画中的留白是一种高深构图艺术，在图中某些地方必须要留出空白，如若整张图画都布满，否则必然让人觉得杂乱无章，拥挤不堪。留白，留出了一种想象的空间，整个画面瞬间就活了起来。

（二）留白的表现形式

中国画用留白来营造一种让人回味无穷的意境，中国画是用笔墨画出来，常常将留白和笔墨相结合，笔墨能给人营造出一种抽象、朦胧的感觉，笔墨的朦胧和留白的朦胧，营造出气象万千且意味无穷的意境。以倪瓒的《六君子图》为典型代表，他用三段法构图，一段用首先是笔墨描绘出的六棵挺拔树木，树的叶子和枝干分别用墨水和留白体现，隐隐约约，却是真实。再用笔墨勾勒出上段的小山坡的轮廓，而山坡又不用颜色填满，空白则是远观之山坡，这不仅把握了观看的角度，也是留白的绝妙之处。中段空白则是山坡下的水，画家在这里既不用笔墨也不用其他手法，是空白让观赏细细品味，不仅让人联想翩翩，虚实相交营造中国画之意境，沁人心脾，达到思接千载、视通万里的效果（图 3-1）。

图 3-1　倪瓒《六君子图》

图 3-2　空间的留白

关于留白在生活中的实用，老子有云："埏埴以为器，当其无，有器之用。凿户牖以为室，当其无，有室之用。故有之以为利，无之以为用。"在老子看来，器皿、房屋就是"留白"而形成的，没有器皿中间的空白，没有房屋中间的空白，它们就发挥不了它们的作用。房屋外围的墙体是与房屋中间的"留白"相对应的，没有了中间的"留白"，房屋也就没有它应有的功能了，那么房屋也就不成其为房屋，这里"无"和"有"的作用是相互体现（图 3-2）。

二、留白的文化解析

兵法有云：“虚则实之，实则虚之”，对于绘画来说也是同样的。国画中的空白空间，看似“虚”，实为“实”，它是一种以虚代实的“藏法”，正因如此，这幅画才有了特有的意境，更加突显了它特有的价值。留白，也就是计白，我们也需要让它做到有形，起到一种造型效果，让图像看起来像是画笔画到的一样。在作画时或是欣赏画时，不能着眼于有墨有色的地方，同时也要考虑到没有墨的地方，要把白与黑当做一个整体，一个构成，这就是“计白当黑”。

国画大师齐白石就深知留白对作画的重要性，在他笔下的虾，活泼生动，犹如在水中游动着一样，一节节的虾身透明，富有弹性。齐白石画虾有一个重要的特点，他从不画水，通过留白与着墨相对来勾勒出虾和水的关系。虽然你只有虾，却又看见了水，虾游动的形态也“看”到了和水的形态互相辉映，空白在这里起了很大的作用，“黑”与“白”就是虾与水的互动。齐白石的画，同样道出人生最完美的境界——完满和不完满的统一，花鸟鱼虫，往往能在空白处彰显生机，一言以蔽之，妙在无墨处。因此，当观齐白石的虾，能感受到水的清澈；当欣赏徐悲鸿的奔马，能体味到风的速度。“柳枝西出叶向东，此非画柳实画风”，往往无画处皆成妙境，这也是留白在作画中最高境界。

（一）留白在传统文化中的解析

在传统的中国画中，尤其是在写意画中，留白是随处可见的，它是中国传统绘画艺术中，经过艺术实践所创造出来的结晶。在传统画理论看来，留白是一种虚，但是却代表实，作品中的“留白”传递两层意思：一是把“白”当做墨，画中的白色物品都用白来表示；二是让人产生联想。黑白交错，至于“白”为何物，就有待于欣赏者自己去联想了。中国画中的空白，目的就是让人产生各种联想于“无画处皆成妙境”韵味无穷。如在马远的《寒江独钓图》，整幅画面，观者只看到一只船，一位老者，其余画面全是空白，就是这样仅有的船和人画面，让我们体会到“独钓”之意，钓鱼者佝偻的身影，不免联想到“寒气”袭人，严寒孤独之情袭然而生。而在这幅画中，只有船和人是“实”的，是用笔墨画出来的，其余皆为空白，黑白相间，虚实相衬，这也说明，空白本身往往就是作品在构图审美上必不可少的因素之一（图3-3）。

图 3-3　马远《寒江独钓图》

《画筌》中有语：在中国画中何谓虚实？有墨处为“实”，空白的无墨处为“虚”，虚与实相对，中国传统画家作画，常常运用黑白相间、虚实交映，达到“虚实相生”，所以“空白”也是一种笔墨。留白在中国传统文化中，是美学独特的表现手法之一。不管是在中国传统绘画艺术中，还是在其他中国传统艺术中，“留白”都是不可缺少的重要组成部分，而且它也体现了中国艺术精神的内涵。当我们品赏一件艺术作品都是由“黑”和“白”组成的，其实就是虚虚实实的关系。“实物”带给我们的是真实存在，看得见摸得着的，而虚则是联想的部分，两者合在一起，观赏者看到的就不仅仅是物体了，更是物体之外所表达的思想，从而实现“不着一字，尽得风流”的效果。中国古典园林的建造深受中国画中的“黑白”理论影响，在具体园林的布局，景色建造，情趣妙生等造园手法（图 3-4）。

图 3-4　中国古典园林的留白设计

《画筌》中，对“虚”与“实”和空白有段著名的话：“林间阴影，无处营心；山外青光，何处着笔？空本难图，实景清而空景现；神无可绘，真境逼而神境生。位置相戾，有画处多属赘疣；虚实相生，无画处皆成妙境。”[1]空白是经营布局画面

1　张家骥．中国造园论［M］．太原：山西人民出版社，2003.

的“难图”之处，是意境之所出之处，是无画之画道出了绘画留白的真谛。

中国空间艺术虚实相间的理论就是两极的辩证关系，虚是不确定的存在，这种存在一旦虚被确定下来，那就转化为实而不再是虚了，而一旦虚转化为实，那原来与虚相对应的实则自动转化为虚。在现实中有很多关于虚实转化的概念，比如必然与偶然，其中必然是常态，是重点，是实，偶然是非常态，是次要的，是虚，又比如中心与边缘，其中中心是实，边缘是虚。空间图底关系中图为实底为虚，虚与实构成的共生关系是一种普遍的辩证关系，确切地认识虚，正确地区分虚与实，会更有利于认识辩证及艺术创作。

（二）留白在现代设计中的延伸

留白的产生和发展，与中国传统文化中的哲学文化和审美文化是离不开的，留白在传统艺术中发挥了极大的作用，在现代艺术设计领域中，也被人们广泛应用。把握现代社会中人们的心理、生活、价值等方面，对留白运用到现代设计中很有必要的有关因素。

1. 留白与心理的“完整”

格式塔心理学是我们解决“留白”问题的基本的心理学理论之一，格式塔心理学的“完整”理论从人的生理和心理角度进行分析，它认为人们常常有一种倾向，尽量使自己感觉到的事物呈现一种最好的形式——完整（格式塔）。当人们面对一种不完满的物体的时候，人们总是会变得兴奋，力求把这种不完满变成完满，所以，留白就很容易使人们力求改变，把原来的空白想象成一种完满的一部分。在我们的日常生活中经常看到一种图底对比的图画，视觉的图底关系也是格式塔心理学理论所关注的，它注重背景对图画的影响，利用背景产生图画。设计者利用图底的留白背景衬托出两个人型脸面，图画简单，但是产生的视觉效果却不简单，它让我们从“黑”“白”对比中“虚”“实”对照中发现此图底的艺术手法，实际上就是留白艺术的衍生。

2. 留白在作品中的多重审美价值

“留白”不仅仅体现在中国传统文化中，即使是在西方文化乃至现代文化中，我们也可以简单略地把一件物品分为“黑”和“白”两部分，也就是实体和虚体。正如我们在前文所说的，“留白”产生的初衷是为了表达作者的感情，借此营造一种氛围，让人们回味无穷，换句话说，留白是白色的虚体和黑色的实体共同组成一件完整的艺术品，留白带给我们的是一种视觉上的空灵，一种心灵上的意象，一种可以让人发挥遐想的空间，而不是事先限定的、单一的空间。

3. 现代社会的发展要求和生活方式的变化

现代社会经济的快速发展给我们的生产生活都带来了巨的大改变，一方面我们的物质生活发生巨大的变化，物质需求得到巨大的满足，是另一方面紧张的工作节奏与传统的生活方式以及思想观念所产生矛盾，留白即是解决矛盾的适应当前现状的方法。生活中的留白在当前的角度来看，留白表达的是一种简化，一种和谐，要求我们和环境相融洽。为此，我们有必要学习研究留白之理论，再将其运用于我们的生活中，虚实相生相济，才能适应时代。

（三）留白与建筑思想的耦合

中国传统哲学思想审美特征，创造了灿烂的民族艺术，对于现代西方的建筑和造园艺术也有一定的影响。“包豪斯”在理论实践中也从东方哲学中汲取营养，在1923年“包豪斯”第一届学生作品展览会的开幕式上，就曾经引用《老子》中的：“三十辐，共一毂，当其无，有车之用。埏埴以为器，当其无，有器之用。凿牖以为室，当其无，有室之用。故有之以为利，无之以为用。”作为培养学生从事抽象艺术创作中“有”与“无”、“虚”与“实”等设计教学的理论基础[1]。

建筑想要与留白结合，首先要做的就是必须找到两者的结合点，从实物形式上看，建筑追求的是实际空间，留白追求的是空，要想两者结合，就必须用“空”去装扮实物建筑。留白所表达的去繁从简，让建筑的实际使用者去装扮自己的“空”间。

这里我们所追求的建筑的“空”，并不是就是一所空空的建筑，建筑内部什么都没有。正如美国建筑大师赖特所指出的：“房屋的存在，不在于它的四面墙和屋面，而在于那供生活所需的内部空间”。在建筑内部，我们必须利用实体的建筑布局和虚体的建筑布局共同组成建筑，既要让它成为建筑，又要让它带来美感，同时满足功能需求，日本建筑师黑川纪章提出的“灰空间”建筑理论，也正是我们这里所强调的虚实暗合的代表。随着经济社会的飞速发展，人们对建筑的要求也越来越高，美感和实用必须同时拥有，在建筑设计之初，建筑师就必须要为建筑留下大量的“留白”，这样才能满足使用者的要求，建筑因此也就多了延展性的设计要求。

1　涂途．现代科学之花——技术美学 [M]．沈阳：辽宁人民出版社，1986：46.

图 3-5　苏州博物馆新馆

美籍华裔建筑师贝聿铭设计的苏州博物馆以“道法自然，无为而立”，在空间虚实相间的布局方面，成功地运用了留白艺术，不但在立面构图、立体造型都做到了精巧的虚实相生的，尤其在总体，甚至墙面、白廊、建筑小品有意缩小了新馆的建筑面积，而留出了一大片的庭院和水塘，在它们上方形成的空间，使我们很自然联想到了中国画中的“留白”，这种“留白”的用意不外乎增加建筑的灵气和减少建筑实际对空间造成的压迫感，让这种“留白”形成与建筑物之间的虚实对照。庭院造成的空间是“虚”，周围的建筑是“实”，整个空间多视角形成开阔的视野，空间表现为“虚”，周围室内空间形态相对于室外空间表现为一种“实”，这种虚实相间对立统一的空间构成手法和中国书画留白所创造的空间形态手法是相似的。苏州博物馆的设计在现代设计的基础上加入了对本土文化挖掘和对传统文化提炼，运用丰富的艺术语言使得建筑的意义及审美有很大的提升（图 3-5）。

第二节 留白在空间中的空间意境

一、空间留白的造景形态

所谓空间，在某种意义上，就是对“空”的研究与把握，强调对“空”的运用，在空间布局上，对“空”的运用占据着非常重要的位置，建筑的效用主要体现在建筑实体所围成的空间上，但是对空间关系的处理方式，应从各个层面考虑“空”这一因素。留白在空间中的造景是人们通过空间功能、美学特征等需求，营造满足人们物质与精神感官体验的空间形态，为人们的心灵带去一方栖息地，是设计师的必备条件及目标。

造景的含义即是通过人工的手段，并且利用各种条件创作出建造物所需要的景观的一种活动，传统观念认为造景多是由实物所构成的，其实留白亦可以创造出很多的景色，就如同绘画中的留白一样，给人以美的感受和无限的想象空间，它不同于挖湖堆山，也不同于塑造地形，留白的造景功能主要在于它的“无物处胜似有物”，以及由此带给人的感官和心灵上的享受。在对留白的研究中，我们需要将文化空间的非限定性要点摆在核心的位置，如果要对建筑空间进行拓展和衍生，就会涉及空间内部的留白，这为建筑中活动的多样性提供了更多的可能性。应充分考虑留白的非限定性因素，保障空间的开放性和拓展性，才能实现建筑内部和外部品质的对比与统一，从这一点我们可以看到，留白的设计目标，就是实现内部空间与外部环境的整合，就是实现建筑与建筑空间的协调一致。

（一）建筑围护体与内部空间留白

制约着空间布局的最大因素就是建筑围护界面的因素，在形式上建筑围护界面主要有两种：一种是带状的墙体，另外一种是点状的结构。带状的墙体在空间设计中十分普遍，点状的结构也广泛运用于建筑围护中，如果建筑围护被处理为点状结构，那么就会表现为建筑平面的体系向环境空白半开放，建筑边缘开始变得模糊，在空间形态上，带状墙体的作用就是承重与分隔，不透明的墙体把视线与活动方式进行双重分隔，而在透明的时候，则对活动方式进行了单纯的限定，对空间进行分隔可以形成一个一个相对独立的空间，墙体存在意义正是为了围合所需的空间——“空白”，在平面的整体上来看，呈现的空间结构体现着空间的虚与实对比。

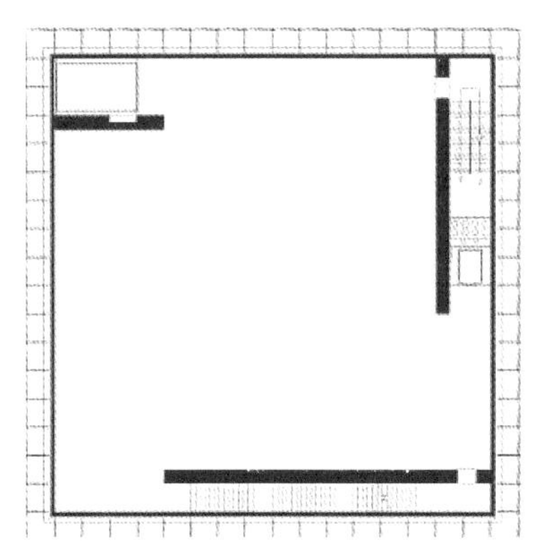

图 3-6　奥地利布雷根茨美术馆平面与空间

图 3-6 中的建筑为欧洲著名建筑设计师彼得·卒姆托（Peter Zumthor）为奥地利所设计的布雷根茨（Bregenz）美术馆。从图中我们可以得出，美术馆的主要承重内部核心部位的三片带状的墙体为混凝土结构，充分满足美术馆的承重需求。同时美术馆的空间形态简单，除了三片带状墙体的简单线性布局外，别无其他墙体营造出了文化空间的“留白”，充分释放了建筑墙体线的表现力，此处的留白因为“空白——建筑围护——建筑空间”这一特色，同时也满足美术馆应对不同的展览要求。

（二）空间垂直向度的虚处理

中国传统建筑形态中，常用“柱”来承担建筑体承重功能，而一般的墙体不具有承重的功能，使得中国的建筑呈现出“大”而“空”的特点，从而可以按照功能与审美进行布置，显得更加自由。随着时代的发展，这一建筑布局形式开始转变，逐渐演变成现今的“中庭”，所谓“中庭”，就是我国古代建筑中“大”而“空”的特点在垂直向度上的表现，“中庭”的最大特点就在于其“留白”功能。因为“中庭”可以利用其垂直向度上的“大”而“空”的特点，与建筑内部其他部分相对照空间是的虚处理，这种空间上的虚处理，便是留白。使其成为引进自然光源的重要介质，流动变化的光影及“中庭”的动态的人流为“虚”，表明了“中庭”在室内空间“留白”中的地位和重要作用。贝聿铭在做建筑设计的时候，对庭院和中庭倍加重视和精心设计，在他所设计的美国国家美术馆的东馆、中国银行总部大厦、约翰·肯尼迪图书馆等，可以常常利用庭院和中庭留白空间组织形式。

（三）室内空间对外部环境的渗透

在空间的设计实践中，如何巧妙地利用空间，使得人们可以通过视觉感官拓宽建筑空间，是室内设计中的一个重要的因素，而“留白”则可以弥合建筑空间与自然环境空间两者之间的与阻隔实现两者的渗透，不仅如此，还可以实现多层空间，即建筑空间、城市空间、自然环境之间的相互渗透，通过视线的通视拓展和光线的渗透，将建筑空间与周围的环境联系起来，实现两者之间的融汇互动。设计师在对建筑围护设计留白的时候，通常利用通透的玻璃，来减少实体形态对空间的限定，玻璃作为一种透明的材质，兼具着“有”和“无”两重形态，使得在实现空间阻隔的同时，又让我们的视线不受到阻挡。在这种情况之下，建筑围护与建筑物之间，就不是以往单纯的分隔的关系，而是点缀和勾画的关系，这种空间的留白处理，展现了空间的开放通透性，大幅度提升了空间的品质（图 3-7）。

图 3-7　空间对外部环境的渗透

（四）空间造型“留空”设计

至于空间造型留空设计的运用，除了设计者对空间形态的个性化的追求之外，对空间造型进行留空处理这也符合生态的观念。在建筑空间造型一般做法是对建筑结构体的部分剔除，是去除建筑物的一部分结构体，或者是多层楼房的顶楼层或者是顶楼若干层，使得建筑物呈现出镂空的状态，从而形成一个美观、个性而又生态的建筑形态。高层建筑经常采用这种设计手法，效果明显，不仅可以实现建筑物的良好采光，还可以凸显建筑物的特性，使得建筑物具有层次感。它释放了空间的自由度，使实体空间和虚体空间形成强烈对比，强调了环境空间的纵深感。

（五）三维空间中的二维留白

所谓三维空间中的二维留白，也就是在三维空间中进行二维图像的分解，就是在完整的建筑墙体上进行一些虚实、残缺的对比，这种对比可以在三维空间中实现二维留白，以打破以往立体空间简单的维模式，将平面元素的镂空引入空间造型，从而用二维的元素来衬托三维的空间，这一留白具有很强的视觉效果。

由丹麦建筑师奥·斯普雷卡森设计的法国巴黎拉德芳斯大拱门，位于古老的巴黎的凯旋门、香榭丽舍大道和和协广场的同一条中轴线的末端，这条轴线始自卢浮宫，经杜伊勒花园、协和广场、香榭丽舍大道、凯旋门到拉德芳斯，大门框就有了“文化取景”的意义。

另外它还有双重性寓意，“门洞”里悬挂着浮云般的篷索，结合光影的变幻，给人以强大的视觉冲击力，大拱门在几何性、高技术和对光的利用方面体现了新现代主义的特征（图 3-8）。

图 3-8　法国巴黎德方斯大拱门

（六）藏于环境的留白虚实处理

建筑物与自然环境相互融合，在建筑设计的时候，可以将建筑空间藏匿于整个建筑环境之中，这种隐藏的做法，叫作藏于环境的留白处理。这种留白处理，可以实现建筑物与建筑环境之间的完美融合建造的成分仅仅是环境中不起眼的加法或者减法，使场所融于自然，融于社会甚至融于历史。

运用藏于环境的留白或虚化处理。贝聿铭先生的卢浮宫的改造工程，卢浮宫原本是皇家宫殿，但是随着时代的发展，卢浮宫的固有缺陷却暴露出来，那就是现代化设施的缺乏，鉴于此，法国政府下定决心，于1981年对卢浮宫进行改造。贝聿铭在不损毁原有建筑空间形态的前提下，开创性地将70000多平方米的空间隐藏在卢浮宫底下，并用一座透明的金字塔进行连通，虽然透明的金字塔体积庞大，但采取透明的墙体，使得阳光得以穿透地面到达底部，创造性的运用留白虚化处理，解决了卢浮宫功能性与历史性的双重诉求。

在设计卢浮宫金字塔的时候，贯穿贝聿铭设计思想的就是通透性，就是让金字塔尽可能得透明，为了实现这一目的，在营造建筑的时候，特地选择了793块透明的玻璃，为了尽可能减少钢索的阻挡，在钢索选择的时候，也尽可能地选择最细的钢索。这种对透明近乎偏执的追求，获得了巨大的成功。游客进入金字塔后，视线未曾受到一点阻挡，在这一层面上，贝聿铭先生做到了“空”和“虚”。而金字塔的地下，则又是实实在在存在的功能区，因此也是“实”。也就是说，整个空间其实是“虚实结合”的形态，一边是古老厚重的古代宫殿，一边是简洁实用的现代化建筑，“虚”的高耸在地面上，“实”隐藏于地面下。这种“实”与“虚” 的结合，历史与现代的结合，隐含了文化空间留白的思想。

二、空间留白的造景特征

造景的美学特征首先体现在造景的艺术性上，要考虑到各个元素之间的联系，实现空间各元素之间的对比与协调，从而创造出愉悦的感官体验。在中国传统造园艺术中，人们常将门、窗、洞作为“景框”，把远处的山水美景或人文景观框于其中，或在园林的围墙上，在走廊一侧或两侧的墙上，人们透过漏窗可见园外或院外的美景，通过借景的手法，从横向上、纵向上，扩展人们的视野，园林虽小，却视野开阔。所以计成在《园冶》中提出：“园林巧与因借”，在传统艺术中把借景方式分为远借、临借、仰借、俯借、应时而借，运用这些方法改变空间方向，使园景逐渐展开，可以达到“柳暗花明”的境界，无论是借景、透景还是障景，相对于实体而言，都是对留白的应用。

造景的美学特征其次体现在造景的文化性上，景观是文化传承的载体，是生命力与特色的具体体现。造景的运用、布局规划，要在详细考察所造景物所处的地理位置、人文特征，设计元素采集和加工应用，可以赋予空间的地方文化特色，从而产生可识别性。并使之成为将来设计不可替代的一部分，为人类生活环境提供了生态的可持续发展的良好基础。

留白主要承担美学作用，有时也承担着结构的作用，但是，在具体的设计实践中，对于留白的空间表现特征，是一个值得研究的问题。在具体的案例中，文化空间的留白设计，表现的造景特征为：第一，空间的模糊与复合；第二，空间的异化；第三，空间的消隐；第四，空间的可持续性设计。

（一）空间的模糊与复合

空间的模糊与复合，主要是留白所强调的空间与周围环境的融合，这种空间的模糊与复合主要是通过周围的环境，来作为设计整体的背景，尽可能多的留出空白，并将其恰当的融合于自然环境中，使其与自然环境相模糊、相统一、相融合。空间的模糊的最大的特点，就是其不确定性，因此在空间设计的时候，如果空间具有模糊性的特质，那么也就自然具有了一定程度上的不确定性。这种模糊性会造成接受者对空间的认知产生判断障碍，这一判断障碍，会激发接受者与空间进行进一步交流与对话，从而让接受者产生空间联想。

空间的复合，使空间产生了叠加功能，进而提高了空间的使用效率，空间复合的形式有许多种，比如内与外的复合，内部架空的复合等。内与外的空间复合使空间既存在于内部也存在于外部，这样形成的积极空间可以有多种用途，既可以担任内部空间的职责，也可以担任外部空间的职责，或者两者职责的复合或者两者都不担任，由此可见，复合空间的作用非常大，使用也非常灵活。内部架空的空间，也和内外复合的空间一样，有着多种用途，而且比内外复合空间的用途更为广泛。

空间的界面复合往往指的是建筑界面与其他空间的关系，这一点在传统建筑空间中表现的尤为突出，以庭院空间为例，整个建筑格局中各种元素，对建筑空间进行了一定的限定。这些限定，将一个整体的空间分割成了若干个的独立空间，然而，这些空间并不是被简单的分割开来，而是一个有机联系的整体，各个空间看似被分割起来，但是人们依旧可以通过这些分割围护中的透视花窗，对其他空间进行窥探。

赖特大约在清末时期到过中国，并且与时称“文坛第一怪”的辜鸿铭教授（1856～1928）相识，辜鸿铭曾经留学英国，毕业于牛津大学。也是将中国传统文化《论语》、《中庸》、《老子》等著作翻译介绍给西方的人。赖特曾经对杨廷宝说：“辜鸿铭是我的好友，你回国后见其翻译的《老子》译文，请给我寄一本。”可见中国传统文化对他的理论和创作思想不会没有影响[1]。

1　杨廷宝．谈赖特［J］．南京工学院学报．1981：2

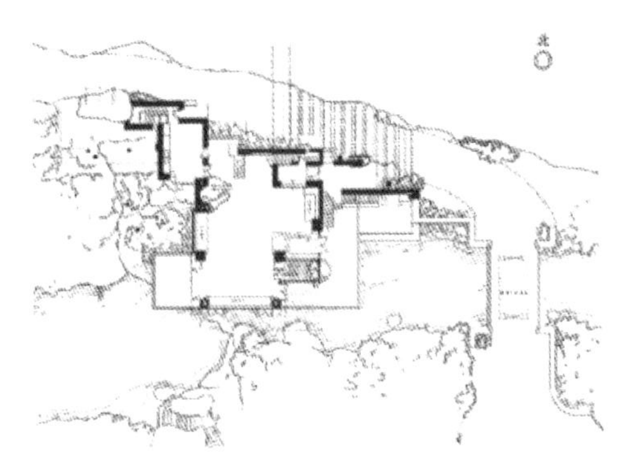

图 3-9　流水别墅平面与外观

赖特的作品，在这方面有极好的发挥，赖特在其代表作——草原住宅系列之中，开始了对所谓的“流动空间”的探索。以赖特的代表作流水别墅为例（图 3-9），我们可以看到，流水别墅的整体形状呈现十字形，十字形的特点，便是向四周伸展，因此流水别墅向周围四个方向伸展，从而到达了开放的建筑外围。不仅如此，建筑整体上有着开放性的水循环，流水别墅不仅具有现代设计理念，还将传统的建筑设计加以运用。从整体上来看，整个建筑低矮、错落、进退有序，光线采集也具有层次性，稳定与灵动的共同作用，使得空间感顿时增强，这也无疑增强了建筑物的流动性及与室外景观复合模糊性。

（二）空间的异化

留白具有多种特征，对留白的体现，往往依赖于异化特征。异化本是个社会学词汇，本指不同于原有实物的新事物，这里运用到室内设计领域，意指不同于原有建筑内涵的新的建筑内涵。异化之所以产生，是因为存在着异质因子，不仅如此，异质因子本身还会产生冲击，使得建筑物会呈现出与人们的习惯与期待所不同的产物，从而实现空间的异化。

在实践中，文化空间的异化也可以对接受者产生与模糊相同的心理的作用。异化代表着不同的空间交结与重叠，尤其是那些与习惯和期待不同的空间的出现，会激发人们的思考和解读的欲望。这一过程就是对建筑空间意义，也是建筑意念生成的过程，因此，很多设计者越来越偏好于异化，越来越希望寄托于异化，来表达自己的一种反叛之情。不仅如此，普通受众对于异化也有着偏好，这主要是因为异化代表着一种别样的美，这种美，不是我们传统中被教导的，而是自我发现形成的，直达内心深处，表达了内心深处对权威的反抗和对自由的追寻。空间中的异化特质往往表现在空间尺度的异化、建筑符号的异化以及空间形态的异化等各个方面。

例如纽约新当代艺术博物馆（图 3-10），是由日本著名的设计师妹岛和世和西泽立卫共同设计的，是一个空间异化的典型作品。整个建筑空间的主体部分，在外形上看像是几个盒子的叠加，而从外围上来看，则会发现整座建筑有着一套漂亮的外衣，这套外衣是由一系列的金属网格以及金属材料制成。在功能上，不同的盒子，是博物馆不同的功能区，通过盒子的区隔，使得各功能区布局非常明显，在内部，各个盒子之间畅通无阻，内部非常融合开放，放眼整个纽约，独特的造型，使得纽约新艺术博物馆成为街区中无可厚非的异化者，纽约新当代艺术博物馆与其他建筑形态区分开来，成为空间场所中吸引人关注的视觉焦点，同时也模糊了传统街区的固有的形式特征。

图 3-10　美国纽约新当代艺术博物馆

（三）空间的消隐

要保证空间的留白特征，不仅需要模糊和异化，还需要空间的消隐。所谓消隐，简单意义上来理解，就是建筑空间的消失和隐退，具体的做法是，通过对建筑物一个部分，或者是整体形象的消失和隐退，来为人们营造出想象的空间，以“实”变“虚”，消隐可以充分激发人们的想象力，吸引人们进入另外一个更高层次的想象空间和认识空间，从而将建筑意念的构建提高一个层次，因此，物质层面上的消隐，可以实现人们精神层面上的构建。

随着消隐手法的不断发展，越来越多的建筑设计师开始采用这一手法，在具体做法上，有的建筑设计师偏好材料的选择来实现，有的设计师偏好空间的布局来实现，还有的建筑设计师则在建筑构件上下功夫，这些多种多样的形式，都是消隐手法在建筑设计实践中的运用。日本建筑师伊东丰雄设计的仙台媒体中心就是消隐手法成功运用的典范，仙台媒体中心的消隐，主要是通过材料的选择搭配来实现的，在建筑材料的选择上，设计师选取的材料是透明的玻璃和半透明的铝制品，这些建筑材料可以使得建筑物或隐或现的隐藏于自然环境之中，使得建筑物的独立性明显降低，充分实现了与建筑环境的融合（图 3-11）。

图 3-11 消失的建筑

本质上来看，对设计作品的消隐，其实就是设计师有意地对建筑空间的某些部分或者是整体进行省略的操作，要进行这样的操作，就必须首先突破旧有思想的限制，在更大的范围内寻找灵感和创意，在“虚”与“实”的选择上避实就虚，目的是让建筑物与环境的融合。消隐不仅需要实现作品的消失与融合，还要保持人们对建筑主体的关注，实现主客体的同构。

（四）空间的可持续性设计

空间的留白与空白，两者共存于可持续发展中，在空间中的“留白”就是为未来做长远打算，就是追求人类发展的永恒，而建筑的“空白”为这种未来预留空间，我们可以从两个方面来解释共存：第一，从共时性这一层面来看待留白，留白需要注意到建筑空间与自然环境之间的和谐共生，实现自然与人造的统一；第二，从历时性来看待留白，在留白的时候，不仅考虑到当下的需求，也要考虑到未来的发展。

可持续发展是一个未来发展的延续性的发展模式，空间环境的可持续发展又是一个过程性命题，我们必须不断地注重环境、材料、需求，那么可持续性和过程性就是注重未来发展。我们在建筑的留白空间地带就要为未来做预留。在留白的可持续性方面，可以从三个层面进行进一步探讨。这三个层面分别是：第一，城市规划；第二，建筑环境；第三，内部空间。

留白之于绘画，即在构图的过程中留有一定的空白供他人想象；留白之于声音，即在一段话语的中间留有停顿，起到无声胜有声的作用；留白之于空间，使建筑外部与内部，建筑之间有意识地留有未确定的模糊性。空间设计中的留白，是留白的思想与建筑空间的两者相结合的产物，它是以整体的空间设计为大背景的，可持续建筑，简单地说，就是指根据可持续发展原则，其内容包括建筑材料、环境保护、功能性、经济性等各个方面的综合考虑。

在本质上，空间留白与建筑的可持续发展观是相契合、相统一的，空间留白在建筑空间中的运用具有可变性，同一种使用功能，其留白的部位角度并不是固定的，可谓仁者见仁智者见智，即使是同一个设计师对于相同要求的设计时，也会有多种留白考虑，同样对于可变性特征的空间，其空间留白也同样具有可变性特征。在很多住宅的设计中，设计理念都是在设计的时候都预留不确定的部分，为开放性的设计预留空间，从而留出“空白”。其具体设计流程可以分为四个环节：首先，在建筑设计其建筑的主框架以及外围维护结构；其次，根据居住人数等具体设计其内部构成要素等；再根据居住者的个性需求进行内部构件的调整以及增减，以便于居住者家具的布置等。这种设计理念很受使用者欢迎。这种设计方法具有几点好处：第一，有利于节约开发商以及购买者资金成本，以免出现二次浪费；第二，由于建筑在设计时，就能够考虑到可变性，这为建筑格局的改变提供了可能性，同时也能够满足居住者随着时间推移调整内部布局、对于空间变化的要求等。

第三节 空间意境的生成

一、空间意境构成

中国传统文化语境中提到的“虚”与“实”的关系，以及“境外之象”“味外之指”等不同的表达方式，都是在描述意境的内涵。“境”原本出于佛经，原指修行者领悟佛法所能达到的境地，“境”所描绘出来的场景，是通过人们的创造，呈现出来的充满审美和想象的意境。所谓“意境”就是指审美对象能够触发审美主体多角度、多层次地进行审美想象，使主体从中得到多于审美对象表层意蕴审美的潜在能量，“意境”作为中国传统文化语境的重要组成部分，纵观整个中国传统艺术历史的发展，是衡量艺术作品的艺术水平的最高标准，意境，不管是在我国艺术理论还是在建筑方面都是不可或缺的重要方面。

中国山水风景和名胜古迹所呈现出来的自然美，正是我国传统建筑所秉持的意境之美，特别重视在地址的选择方面，中国古代建筑必须要与环境契合，设计者常常就环境的特征来设计建造建筑物，以此达到情景交融的空间意境，它体现了中国特有的文化内涵，表达了意境美、自然美，虽为人造，宛若天成。建筑方面的意境，包括两个方面的意思，主观和客观，主观方面指的是创作者和鉴赏者能动的主观思维活动，客观方面指的是建筑的外在形象、空间序列和它表现出的艺术氛围，这也正是人们把意境这一审美概念引入建筑艺术的根本原因。

意境是传统艺术发展逐渐形成的概念，它属于美学的范畴，构成意境的三大要素是空间、氛围、意象，在美学体系中扮演着重要角色。在美学界对于诸如此类的研究数不胜数，不过其总的研究方向可以概括为四个方面：第一，从本体来分析其构成；第二，从观赏者的视觉感受来分析其特征所在；第三，从创造者的立场来揣摩其构成途径及方法；第四，从历史的方面来探求其形成。由于意境具有不确定性，它是一种虚的存在，对于它的研究过于理论性是不科学，也是不可取的，所以很多人就从哲学的角度来对此进行宏观上把握，这样的做法是值得肯定的，虚实相间的理论使空间接近于原始的静谧的境界（图 3-12）。

图 3-12　虚实相间使空间静谧的境界

苏东坡有诗曰：“静故了群动，空故纳万境。”空不是无，而是“此时无声胜有声”，“无画处皆成妙境”也就成了古人追求妙境的一种手法，所以，“留白”是意境的一种塑造，使人们感受到空间因素的存在，并和万物是交相辉映的。诗情画意尚且如此，空间的营造也不例外，同样的，如果空间环境的营造和塑造要想达到某种艺术境界，常常运用“留白”手法来表达，空间意境的表达方法有中国自身的特色和深远的文化根源，可大致归纳为三个方面：

（1）从物境到意境——遵循形式美法则，通过形式美感的营造形成物境并塑造意境。虽然山自无言水自无语，然而山水无情人有情，中国传统文化历来精于托物言志，如用蓬莱仙境来表达对神仙的向往；用荷花来表达冰清玉洁的高贵品格；用柏树来表达坚贞不屈的英雄气概。

（2）从意境到意境——设定空间的意境，通过对形式美的营造达成意境，透过现象看本质，表达意境空间应遵循中国传统文化中“天人合一”的思想。苏州园林沧浪亭、拙政园都是因意筑景，以景引意，意得于境的营造过程，丰富空间的意境，必须把意境表达和空间环境特征紧密结合，徽派古建村落选址、布局和形态，以《周易》理论为指导，体现了“天人合一”的中国传统文化思想和对大自然的向往与尊重。

（3）意境的时空——现代空间设计研究的是三维空间与时间的关系，即四维空间，时空概念成为现代空间设计的基本特征之一。空间是客观存在的，空间意境的营造需要依靠时空内涵的表达，才能充分体现人在建筑空间中情感的体验与感受，空间的使用功能仅仅是建筑空间的一部分功能，人在空间中的存在，必然会产生对空间特征的认知，表达空间的情感，建筑空间是否独具匠心，与空间意境的产生有重要关系。

意境空间的形成因素是很多的，在留白艺术下形成意境空间的因素很难简单明确地界定意境，因为一种意境创造手法和另一种手法的结合，达到的意境效果不是它们意境效果的叠加，而是另一番情境，人们依靠形象思维的艺术处理加上发散思维才能生动地创造出空间意境（图 3-13）。

图 3-13　水墨山村 传统乡建

二、留白在空间中的意境特征

曾担任奥斯陆大学建筑学院院长的诺伯格·舒尔兹在《存在·空间·建筑》中曾指出："所谓建筑空间，可以说就是存在空间的具体化，建筑空间意象是人与环境相互作用产生的，为满足生活而发生的图式，是一个心理概念"。建筑空间的意象，是由文化决定的图式，也是一种空间的表达式，文化空间的"图式"的产生与建筑环境必不可分，那么人与空间相互作用而产生的"图式"就是空间的意象。

空间意境，可以从留白艺术的自然美、形式美、寓意美三个方面分析。空间设计本身的造型感，与自然的结合为自然美；空间设计的虚实、黑白为形式美；室内设计的主题表达为寓意美。从远古时代开始，人类祖先就敬畏自然，崇尚"天人合一"，人类的建筑就开始追求自然特征，既有自然的造型，又有自然的精神，囊括一切，天与人共存，也就形成自然美。对空间留白的研究，主要从"崇尚自然""虚实相生""模糊含蓄""写意空间"这四个方面深入探讨，当然，四种形式是相对的，在具体的空间运用中，究竟运用哪一方面或者是综合地利用四个方面，则要根据空间设计的具体情况来取舍运用。

（一）崇尚自然

"以人为本，天人合一"人与自然和谐相处的宇宙观是中国传统文化的核心理念之一，在中国传统的建筑中，我们一直追寻建筑空间既要和自然相符合，又要符合人的需要，但是，我们常常难以把两者相统一。纵观社会现状，物质与精神层面的设计已经成为我们这个时代的困扰问题之一，很多不同的城市，不同的地区，常常是同样的设计方式，同样的家居饰品。民族化与现代化，本土化与同一化，已经成为我们建筑空间设计中令人深思的难题。要遵循"天人合一"设计理念，继承和发扬本民族的文化传统，既要满足现代生活理念，又要突出民族特性，从而达到"和而不同"。因此，我们的设计作品就必须是既具有现代化时代性又具有民族性的，这样，就可以为我们的空间设计开拓新的领域，注入新的生机。

留白艺术主要的哲学源头来自道家的"天人合一"，人与自然和谐相处的宇宙观。在留白艺术下形成空间意象的空白，是为了追求人与自然的融合，融入自己对美好事物的情感，从而形成的理想空间，其本质是积极的处理人与自然的关系。现代空间设计和中国古典园林相比，其设计思想和面对的群体都发生了很大的变化，空间环境不再是偏重单纯的精神寄托、精神上的享受、感知的人性场所。而且要处理好人与社会交往的需求。

（二）虚实相生

留白形成的意境的重要特征就是虚实相生，在空间环境的布局中，如果太过于满或过于紧的布局，会使人有压抑、沉闷的感觉，容易让人产生疲劳感，也难以突出视觉中心和主体内容。留白可以打破沉重、紧张、呆板的空间布局，给沉闷的空间带来新鲜的氛围，同时，空间的留白也是一种以虚衬实、虚实相应的表现手法。如同一张黑纸上有一个小白点，人们在第一时间注意到的绝对不是那整张黑纸，而是那个面积不大的小白点，同理，当空间留白处理时，那较大的留白的部分就会使视觉能快速找到空间焦点和空间主题。这种虚实关系是一种突出重点，相得益彰的关系，恰到好处地处理这种关系，就会获得烘云托月的效果。

中国传统建筑，所采用的虚实相生的艺术手法，在布局上，主要是通过主体建筑与庭院来实现的，在建筑的单体上，主要借助梁、柱等进行表层的对比，进而形成虚实的空间效果。虚实相生的运用可以使得内外空间相互融合、互相补充，实现了阴阳的交汇，巧妙地使得人、空间、自然达到了和谐，形成有机的整体，给人以一种美的感受。这种感觉在中国古代建筑中无处不在，大到皇帝的行宫、小到居民所住的四合院，尽显“虚实相生”的艺术特色。

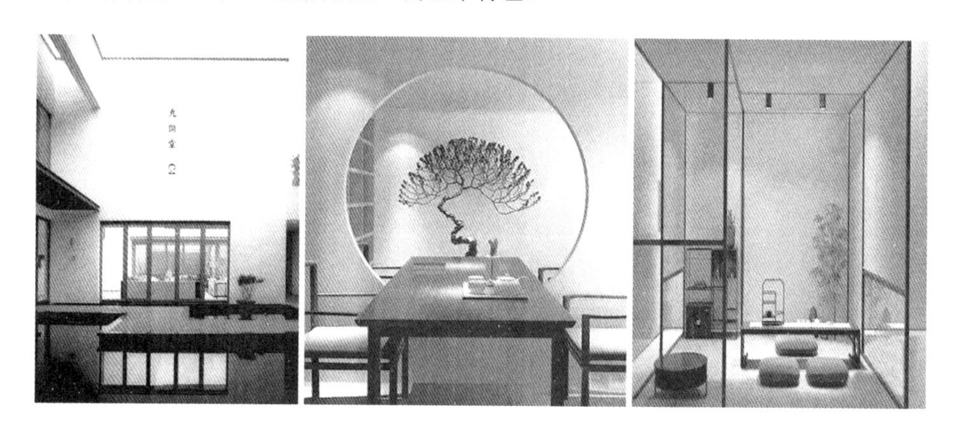

图 3-14　九间堂

建筑师俞挺先生设计的上海九间堂（图 3-14），利用这种虚实相间来设计，别墅的院落与房屋分别代表虚与实两部分，这两部分既展现出空旷，拓宽视野，又利用房屋来界定院落的功能。而别墅中的水和墙壁相交映，在室外利用水投射出墙壁的影子，又利用透光的墙壁把阳光透进来，这样，室内室外虚虚掩掩，“意境”尽显。日本建筑师矶崎新设计的九间堂的圆形别墅也是其杰出代表，整栋建筑，可以概括为圆形和方形的对比、水和墙壁的对比，并且利用功能把建筑物分为四个区域，从外观上看，整个建筑物存在于周围树木之中，与周围环境融为一体，人、建筑物与自然做到了虚实相生、和谐统一。

虚景和实景，可以简单地来举例说明，比如建筑的墙体通常就是实，而相对的，墙体上的窗、门则表现为虚，这样就是建筑中最常见的虚景和实景的对比关系。虚景和实景，按照营造意境的要求可用多种方法来处理，与此同时，虚景的位置与实景的位置，二者之间的位置关系又必须细细考量，形成一定的交替。在中国传统园林中，常用的借景、框景也就是因此而产生的，近虚远实，漏窗的透光艺术、花廊艺术等都是极妙的营造意境的例子。

由景到境是必由之路，有景无境则“淡而无味”，无景则是无本之木，境也无从产生，虚与实要按照塑造景和营造境的要求，建筑需要满足功能的要求，所以虚和实既不能过多也不能过少，过多的虚景则缺少功能，过多的实景则缺少意境，要想把虚景和实景的尺度把握就需要设计者在设计时候充分考虑各方面因素。实景结合虚景提供了想象的基础，虚景则升华了实景，在满足基本功能的同时，产生富有情感的意境，使欣赏者对景色的观赏变成一个主动接受和融入的过程，这时，境由心生，虚景和实景也就产生了虚境和实境。

南通珠算博物馆充分运用了虚境与实境的关系，把博物馆想要表达的意念、意境融于建筑空间之中，该博物馆中有着各种不同的空间，在设计中利用不同特性的墙体，围合出不同类型的空间。博物馆的入口是由重叠的屋顶所组成，两片高大的墙体衬托出入口玻璃幕墙的通透，反映的是一种引导功能，引导游客的进入博物馆的主题——珠算。在博物馆内部，墙体上的百叶窗中采用珠算符号的造型，同时也表示“结绳记事”的内涵，使博物馆的意境于无声处彰显（图 3-15）。

图 3-15　江苏南通珠算博物馆

（三）模糊含蓄

空间的留白说到底就是追求虚化、模糊含蓄，用模糊的美带给人们意境的想象空间，在这种模糊含蓄的手法在现代艺术设计中，也得到了越来越广泛的应用。如建筑空间中照壁、亭、外廊、建筑外部的风雨廊、栋与栋之间的连廊、建筑顶层或底层的绿化带，等等，当空间功能限定虚化后，空间的边界既是限定的，又是模糊的，空间与空间的使用功能相互渗透，相互融合。

传统的建筑中的半封闭式庭院，是为满足一定的居住功能，但是这种功能常常又不是单一的，它具有一种虚化、模糊性。中国传统家族厅堂，则既是一个家庭或是家族聚会的场所，也是接待客人的地方，更是逢年过节时的休闲场所，厅堂也就具备复合性的空间特征，这些功能表现的是留白的模糊性。庭院空间作为一种典型的留白空间，建筑师莫伯治先生曾指出，庭院的内在的品质就是它的不稳定性、模糊、含蓄、复合，它没有明确界限，正是这种模糊给人以功能的需求满足和精神的空灵感觉，如同中国画的留白，空间的留白此时就有虚空意象，建筑实物与空间留白造就了模糊含蓄的意境美。

万科第五园采用大大小小的院落相间分布，为使用者提供了前所未有的交流环境，从空间布局的含蓄性来看，将院落融入了商业圈之中，是设计以人为本的体现，将购物、休闲、交流结合起来，这是对传统商业模式的一种创新，弱化街区，强化庭院，将传统商业街形态与现代商业空间相融合，给生活场所带来了生机与活力（图3-16）。

图3-16　万科第五园空间

（四）山水写意

山水写意是文化空间留白的另一表现特征，当代建筑越来越注重对传统空间“形”的模仿，这种模仿越来越抽象化，越来越有一种山水画的意境之美，这种山水写意是通过提取古代建筑中传统元素，并对传统元素进行简化、比兴。如苏州博物馆新馆的大门设计就是这方面的代表，新馆大门采用玻璃和金属框架相结合，与现代建筑大门相比，它含有古代建筑的屋檐形式结构，与传统建筑大门相比，它又显得简洁、生动。此外，建筑的入口还把传统建筑中的圆形“月洞门”的运用，不仅含有天圆地方的中国韵味，而且设计者还赋予了现代风格于其中。

所以说，留白的手法在传统建筑和现代空间之间的运用，可以充分把传统与现代结合起来，赋予新的特色。苏州博物馆新馆的庭院池塘北面，有一片“片石假山”，而“片石假山”之后为一面白色墙壁，白色墙壁和灰黑色假山相映衬，一幅山水画的意境活生生的展现出来，尤其是当游客观看水中之墙和水中之山时，这种意境美就更加强烈。对此，贝聿铭先生曾指出，他有意“以壁为纸，以石为绘”从石头着力，这样，石头和墙壁的结合，仿佛一幅山水画卷，让人遐想其中，流连忘返。

三、意境的生成过程

空间意境的生成过程大致可分为四个阶段：首先是空间意境的产生；其次是将探索而得的意境赋以合适的、恰当的表现形式；第三是正确的表达空间的意境；最后则是完成意境的生成。意境的实施主体是社会多层次的人群，对意境的营造其实是设计者把自身的“意”融于其所要设计的“境”中，再通过欣赏者身临于设计者所造的环境中，通过与设计者进行思想的交流或者欣赏者通过自我发挥想象，或艺术联想，感悟欣赏而领略到的意境。

（一）意境的产生

产生意境的过程，其实是设计者运用自身所具备的艺术素养，结合所设计的空间特点，将自然界中或诗情画意中的某个场景营造成意境。任何空间意境的发现，都不能脱离它自身所处的客观条件，设计者要对空间设计进行整体的把握，构思出客观条件与主观感受相统一的完美意境。想要创造意境，必须首先明确意境的来源，一般而言意境的来源主要有两点：一方面是我国悠久的历史文化中所传承下来的诗词歌赋中所表现的诗情画意；另一方面是大自然本身所具有的诸多美景中的意境。发现和创造意境的过程，便是在明确空间主题的前提下，运用包括留白在内的多种造境手法，因地制宜地营造空间意境，并以此影响空间使用者，使其感受、体验到空间所造的意境。

（二）赋形意境

在立意的基础上，因地制宜使意念中的艺术形态得以生动地实现，这是意匠经营、文循意出的过程，也是为意境寻找形态的过程，该过程是融情入景，表达设计者情感的过程。山水法创作，在中国古典园林建造中随处可见，山水法简单地说就是“虽由人作，宛自天开”。就是把人工造园艺术与自然景色巧妙地结合，以山体、水系为全园的骨架，模仿自然界的景观特征，创造第二个自然环境，产生某种意境。

空间意境的赋形是由设计者和欣赏者共同来完成的，意境是一种艺术形象，但绝对不能等同于从功能出发的一般性环境设计。真实而生动的艺术形象，必然会引起欣赏者的思考与联想，设计者独特而生动的情趣，会引导欣赏者去感受、想象而创造出一种新的境界，形成一种新的艺术形态。当然欣赏者在欣赏过程中发挥了主观能动性，用自己的生活阅历和感受去丰富它，用想象和联想去补充它，所以说意境是源于原作品的艺术形象，但又高于原作品的艺术形象，它能给欣赏者以新的审美感受，因而意境也就具有更高的审美价值。

（三）表达意境

空间意境表达的过程中存在三个层次：首先是作品对欣赏者的吸引力；其次是吸引空间欣赏者探寻；最后是欣赏者对于作品的联想。比如空间留白的意义就包括：作品中实际存在的“形象空白”和欣赏者解读空间过程中存在的“意象空白”，这两种留白形式共同构成了空间留白意境。空间留白的意境形成是一个从物理到心理的过程，通过“形象空白”到“意象空白”，最后产生空间的意境美。

空间意境的表达，首先是要匠心独具的营造“景”“境”，对空间意境的总体构思、对构成空间形态的各种重要因素进行综合的全面安排，以确定各种因素的位置及相互之间的关系， 并根据立意来规划空间布局、剪裁景物，布局是否合宜得体，关系到设计的成败，布局时需综合考虑平面、立面之间的关系。如空间内容和艺术形式的选择，不同功能区域的划分和衔接，活动区域和休息区域的布置等，而且布局要顺应自然，使文化空间的结构形成既能够满足功能的需求，又能体现空间的意境。

（四）完成意境

空间意境的营造完成，不仅需要设计者的苦心设计，同时也要通过空间欣赏者的参与，欣赏者从客观的物象元素造就的文化空间中，感受来自设计者所创造的艺术元素，根据个人的文化修养与审美素质，形成情感交融和审美愉悦。也就是说，设计者无论营造怎样立意新颖、鲜明、深刻的空间意境，都需要通过空间欣赏者的体验来实现，那么欣赏者的体验是根据作用于人的感觉器官的各种物象元素和意象符号来开始进行的，从这个角度分析，意境的营造过程是设计者与空间欣赏者通过文化空间景物交流的过程。也是空间环境与空间欣赏者所融合的过程，结合民族传统文化和地域文化，并综合运用美学原理和环境构成要素，使空间具有浓烈的“意境”美和更高层次的审美价值是现代设计者的根本任务。

〖第2部分〗模块

第四章 空间模件体系

第一节 空间模件体系的构建

模件体系，作为一个属于社会生产组织领域的内容，与建筑历史的发展有着重大的关系。德国汉学大师雷德侯（Lothar Ledderose）于 2000 在中国出版问世的大作《万物》，其在书中以一种独特视野，抓住了中国艺术品制造中与西方艺术所有不同的最重要的特征——模件化与大规模生产。模件体系对大多数中国人来说都是略知一二却不敢确定的含糊字眼，因为它是雷德侯这位德国人对中国艺术及社会组织形态深入的研究后提出的概念，是我们司空见惯而略而不闻的内在规律。

模件体系是以标准化的零件组装物品的生产体系。承载着民族文化发展的汉文字体系和古代军事武器制造中，存在着模件体系的踪影，西方的模件体系起步于机械工业化发展，满足对于经济和质量的追求。雷德侯将模件化生产体系总结为：大批量的单元；具有可互换的模件的构成单位；分工；高度的标准化；由添加新的模件而造成的增加；比例均衡而非绝对精确的尺度；通过复制而进行的生产的特征。

一、模件体系的基本特征

模件体系的成就是通过重新建构起制造者被指派或自己确定的任务而评估的，无论情况如何两个基本的、多少有些矛盾的目标始终明显：他们生产的物品不仅产量极高而且品种多样。在此还要考虑苛刻的顾主的要求，他们希望价格低廉而质量非凡，并且限定了极为苛刻的工期，借以大获其利。模件体系正是应这些相互矛盾的要求应运而生并很好地解决了问题。秦兵马俑（图 4-1）的出土问世之所以给世界带来巨大的震惊，除了它的庞大数量之外，还在于它们各自都互不相同，栩栩如生，让人们产生这样的疑问：制作七千多个生动的雕像，需要多长时间和多少雕塑家？其实这一神奇的巨作并非出自雕塑家之手，而是运用模件体系的杰作！陶俑上的铭文说明兵马俑大军的作者并非雕塑家，而是懂得如何生产陶制建筑部件的陶工。

图 4-1　秦兵马俑群体

图 4-2　秦兵大军

考古学家收集了原始的统计数据，他们共发现了 477 款铭文，其中 230 款铭文只是序列号，最常见的是 5（40 件）和 10（26 件），这说明，兵马俑是以五或五为倍数为一组来计数的，就像民事和军事组织以五人编组一样。铭文显示出国营工厂与地方作坊协力完成一项浩大的工程的事实，这种合作在后来的各个朝代也很普遍，比如在汉代的漆器作坊和清代的瓷厂。工匠师傅并非为其艺术才能感到自豪才在陶俑上署名，而是为了控制质量，数字是为了方便核实成品的数量，名字则保证制作的质量。如果督造者发现俑有缺陷，即可查处负责人。才能够署名的情况看，大约有 85 位工师，每人下面有 10 名一组的工匠，大概参与制作陶俑的工匠总约千人左右，从秦始皇登基的那年（公元前 221 年）开始，到公元前 210 年秦始皇逝世，制作七千多兵马俑共耗时 11 年，即每年平均制作七百件，对于上千人的工匠队伍来说，要做到这一点是完全可能的。陶俑（图 4-2）一般由七部分组成：足踏板、双足、外衣下的双腿、躯干、双臂、双手和头部。每个部分都分别由模具成型，模制是生产规范化和提高效率的一个重要手段，七个部分的零部件再拼装成完整的陶俑的身体，这样整个秦俑大军身体各个部分有着一致性，但由于有三类足踏板、两种脚、三种鞋、四种靴、两种腿、八种躯干、两种铠甲、八种头部，每一类又可细分为三种类型，变化组合的空间很大，而且在面部细节的刻划上工匠们完全自由的处理，最终给人感觉它们有无穷变化，栩栩如生。只有应用了模件体系，才有可能完成这一非凡壮举，造就数量惊人又姿态万千的兵马俑大军，只有建立了这个模件系统，才有可能合理地安排生产，以现有的材料，在规定的期限内，实现既定目标。模件体系的生产特点与工业革命后的大批量生产特点具有高度一致性：产量极高、价格低廉、质量保证、工期短暂。

模件化生产体系等同于标准化大批量生产体系，美国的标准化大批量生产（图4-3）运用得非常成功，早在18世纪末，工程师惠特尼在生产织布机和1789 年供应美国政府万支来福枪时，已经试过采用呼唤零件生产的类似工艺。到了19世纪，美国受到战争、社会、经济和技术的压力，需要大量便宜的轻武器，却缺乏熟练的劳动力，于是在大量生产互换性零件的基础条件上在一些小型军火工厂中率先采用了通用生产。他们的产品都经过标准测量仪器的检查，把误差控制在一定范围之内，因此生产的零件具有可互换性，不再需要任何人工加工即可直接进行装配。美国生产体系得第二个重要内容即所谓的“泰勒制”，又称为“科学管理体制”。正如雷侯总结出的模件化生产体系的基本特点：①大批量的单元；②具有可互换的模件的构成单位；③分工；④高度的标准化；⑤由添加新的模件而造成的增长；⑥比例均衡而非绝对精确的尺度；⑦通过复制而进行的生产。

图4-3　美国第二次工业革命标准化大生产

模件化生产体系的增长方式遵循着细胞增殖的原理：暂时的按比例增长，某一点之后由新模件的加入产生新的增长。标准化、协作性、可预见性是这种生产体系的基本特征，相比之下，个人的创造力就受到限制并且只有在严密的框架内才能够发挥作用，因为模件中的一个小小变更，都会影响整个工作程序。

二、模件体系的社会影响

模件体系生产以多种方式塑造了中国社会结构，为中国长期保持统一的政治与文化体系作出了巨大的牺牲。西方社会也因为工业革命中对机器的运用，迈入标准化大规模生产。从而形成更加秩序化、整体化的社会形态；模件体系使得产品更快、更广地传播到各地。例如，木构建筑物遍布于中国，汽车之普及；模件体系带来的分类较少，形成等级差异，横向平行的余地不大。如中国建筑体系的建筑屋顶形制；有限分类，致使社会趋于同质化，从而使得政治文化的一致性加强；同时有限分类有助于组织生产，便于消费者理解、选择；削弱相关人员的个人自由和创造力。

由于模件化体系在中国被发明并广泛运用，与其相伴随的生产形式——工厂在中国也起源甚早，最著名的例子是山西侯马的铸造厂，先后发现有超过三万件用来铸造青铜器的陶范残片，而且其浇铸过程必须要用机械大规模地复制铸件的零部件。如果对照亨利·福特委 1947 年出版的《不列颠百科全书》为“大规模生产”所作的定义：“对应于具动力、精确、经济、系统、持续、速度，还有循环复制之原则的制造业的项目”，除去“动力”这一机器动力因素外，商代出现的工厂就已经十分符合福特所作的定义，所以也可以说中国古代的模件体系与现代的大规模标准化生产之间唯一的不同就在于机器动力的介入，但这点并不对两者造成质的差异，用雷德侯德话说中国人习惯于在千百年运用模件体系中“通过充分投入人的聪明才智与劳动，将自然资源的消耗降低到最低程度。”模件体系生产以多种方式塑造了中国社会的结构，为中国长期保持统一的政治与文化体系作出了巨大的牺牲，西方社会也因为工业革命中对机器的运用迈入标准化大规模生产，从而形成了更加秩序化、整体化的社会形态。

“工业革命最终完成了对传统社会结构的改造，使英国的社会宏观结构真正地高度有序，因而截然地不同于西欧大陆各国。”因为在工厂中的生产涉及大批参与人员，劳动分工才是更好的方法，相对细小独立的步骤更多，每一个工人的工作必然受到更严格的管辖，对劳动力、材料资源的控制，还有知识的掌握成为另一个重要的问题。在工人的层次之上还必然有一个管理层，以便于策划、组织和控制生产。模件化生产对锤炼与维系有组织的社会结构起到了极大的作用。1911 年泰勒发表了他那著名的《科学管理原理》[1] 专著，并对大量生产进行了时间研究和动作研究。在工艺过程中，他仔细分析了每个劳动过程后，认为进行科学管理可以大大提高工效，降低成本，他的实验是选择身强力壮、技术灵巧的工人，按工序把他们的操作拍成电影，精确地分析、计算他们的每个动作所花费的工时，找出最节约、最必要和效

1 弗雷德里克·泰勒．科学管理原理［M］．北京：机械工业出版社，2007.

率最高的操作坊法，并由资本家在工人中推广以提高工作效率。后来进一步对整个生产过程、运输、储存时间及材料工具的消耗进行分析，最大规模地进行科学管理。

模件体系使得产品更快、更广地传播各地。模件体系使得木构建筑遍布于中国各地，因为它能适应不同的气候，取材和施工都非常方便快捷；因为全国各地都可以更换配件和燃料，汽车才能大肆普及。它们就像印刷品一样传播各地，快捷而廉价，而且数量永远不是问题。模制的生产方式决定了产品的分类种属不多，而且多呈现一种等级差异，分别对应于不同阶层的需求，而横向平行选择的余地不大。如中国传统建筑的屋顶形制总共就一下几种：重檐、庑殿、卷棚、歇山、悬山、攒尖、硬山、平顶、单坡等，而重檐和庑殿只有皇家、社稷才能使用，普通百姓的民居只能选择硬山或其他更低等级的屋顶样式。这种种类有限的分类，使社会更趋于同质化，政治和文化的一致性也得到加强。模件制的种类有限的分类，有助于组织生产过程。更便于顾客或消费者理解、选择，像快餐一样方便易操作。模件体系注定会削弱物品的制造者、所有者与使用者的个人自由，创造力也显得不够充分。

第二节 模件体系的建筑意义

一、建筑元素模件化

中国以官式建筑中的“正式”建筑主要采用模件化生产，在木结构体系的建筑中，斗栱是组合构建，在构架中规格最多的。清代建筑以“斗口”为模数，整个建筑物变成以斗栱为核心而展开。在院落城池的发展上，庭院是构成中国组群建筑的基本单元，而城池的发展经历了以井田制到里坊制度的演变，逐渐形成一定的模数关系和尺度关系。西方的建筑元素，模件化是从现代主义建筑开始，采用了工业建筑材料，如玻璃和钢材等，应用预制件等方式。1950 年英国制定国家结构体系，除梁柱楼板模数外，还分别定制了楼板、栏杆、阳台等各要素之间统一规定的通行施工方式。到 20 世纪 60 年代各种通用体系和专用体系走向成熟。西方城市规划是以战后提出的《雅典宪章》为规范，其强调大批量生产，机械化建造，以批量生产的住宅构成整个有秩序的城市的模件。

中国传统建筑并不是所有的建筑类型都应用了模件体系的生产方式，只在官式建筑中的“正式”建筑中主要采用模件化生产，而作为园林等休闲场所的楼阁等游乐性质的“杂式”建筑则在模件体系之外，较少采用这种生产方式。正式建筑是官式建筑的主体，三开间“一明两暗”的基本形制就是它的最典型形态。正式建筑的庞大系列都可以视为这个基本形制所派生的，它都保持这基本形制的规整的长方形平面形态。正式建筑虽然平面形态单一，但是具有突出的规范性、通用性、弹性和组合性，在木构架体系中是一种极富生命力的形态。因而处于官式建筑的主流地位。杂式建筑是正式建筑有力的补充。它以不拘一格、多样丰富的体型，大大丰富了官式建筑的空间形态和外观形体。木构架单体。建筑的这种宏观的程式构成和互补机制，充分显示了它的体系合理性和高度成熟性。在后文的阐述中，其研究的运用模件体系的中国传统建筑都指正式建筑。

中国古代建筑从原始社会起，一脉相承，以木构架为主要结构方式，并创造与这种结构相适应的各种平面和外观。木构架结构体系分为抬梁式、穿斗式和井干式三种，其中抬梁式使用范围最广。抬梁式木构架至迟在春秋时代已初步完备，后来经过不断提高，产生一套完整的比例和做法。这种木构架是沿着房屋的进深方向在石础上立柱，柱上架梁，再在梁上重叠数层瓜柱和梁，自下而上，逐层缩短，逐层加高，至最上层梁上立脊瓜柱，构成一组木构架。在平行的两组木构架之间，用横向的枋联络柱的上端，并在各层梁头和脊瓜柱上安置若干与构架成直角的檩。这些檩上除排列椽子承载屋面重量以外，檩本身还具有联系构架的作用。这样由两组木构架形成的空间成为“间”。一座建筑通常由二三间乃至若干间沿着面阔的方向排列成长方形平面。穿斗式木构架也是沿着房屋进深方向立柱，但柱的间距较密，柱直接承受檩的重量，不用架空的抬梁，而以数层“穿”贯通各柱，组成一组组的构架，也就是用较小的柱与数木拼合的穿，做成相当大的构架。梁柱式的木结构形式复杂，要求严格才能对位，因此要加工细致。《营造法式》大木作制里这样写道：“凡构栱之制，皆以栱为祖，栱有栱栱，度栱之大栱，因而用之。”它所规定的八个等级的材的截面尺寸与应用范围。材的大小是相互关联的，且与建筑地大小和等级相关联对应。“材”是标准方料的截面，它的高宽比是 3 ∶ 2，材高分为 15 份，其厚即为 10 份。房屋的规模，各部分的比例，各个构件的长短、截面的大小、各种外观形象的，全部是用“份”的倍数规定的，所以“份”是模数，各等材有一定的份值在这样严密的规定下，按理在建造房屋时只需要提出所需规模大小，就能够确定应该用几等材，然后按照建筑形式和结构构件等的规定份数，就可以知道各种详细具体尺寸和形象，使全部设计、工料预算、施工等工作都迅速顺利完成（图4-4）。

图4-4　中国古代建筑的开间

斗栱

在木结构体系的建筑中，斗栱是组合构件，在构架中用料最小，规格最多。梁思成对斗栱有过这样的解释："在梁檩与立柱之间，为减少剪应力故，遂有一种过渡部分之施用，以许多斗形木块，与肘形曲木，层层垫托，向外伸张，在梁下可以增加梁身在同一净跨下的荷载力，在檐下可以使出檐加远。"斗栱一般由"斗""栱"、"昂""枋"四部分组成，虽说外观没有太大差别，但是斗栱的种类和做法非常多，不仅不同体量的殿堂斗栱规格不同，而且同一体量的殿堂斗栱位置不同，规格也不一样，佛光寺大殿中就发现了七种不同形式的斗栱。斗栱的大小是按房屋的规模而增减的，由此确定它和其他构件以至整个建筑物的比例关系。在大规模的殿堂建设中，斗栱的构件规格和数量都非常惊人。在同一座建筑中，较大的斗栱并不是依比例放大其构件，而是通过增加构件的数量来组成的。所有增加的木构件都取自仅有的四种基本形式，它们显然都适合大规模的标准化加工，并且能够适用于各种建筑物。作为把出檐部分的重力转移到柱子上的承托结构部分，斗栱的施工质量直接影响到整个构架和建筑的质量。在工官匠役的生产方式下，无论从制定《法式》和构件的加工，还是生产的监督管理，都必须运用"模数"，实行构件的"标准化"，否则生产就无法进行。因为斗栱是用工作，所以关于斗拱的各部名词繁多。斗拱在中国建筑中的地位似乎越到了后期用预制部件装配式的方法做成的，不同的部件自然有不同的名称加以区别，以便制作和装配显得重要，清代建筑以"斗口"为模数，整个建筑物变成以斗栱为核心而展。

古代工匠施工，除地盘图外，基本不用图纸，由匠师发给工匠丈杆，其上画着按所用栱为单位的格，并标出所拟制作得构件的分数和真长，工匠即据以制作。由于工匠也熟记背诵材分口诀，易于检查，梁、柱、斗等构件的分数、卷杀和开榫卯又都是固定做法，完全可以制作无误，省去了使用真正尺寸数字琐细易错，且不记校核之弊。在建栱时，以栱分为单位表达和制作的构件，在拼装时也不记发生误差，这是使用拱分制进行设计有利于施工的情况。

即使以现代的科学技术观点来看，斗栱的设计和组成都是一个很严密的构想。斗栱由诸多构件组合一起承接出檐部分重力，又层层出踩，连接方法必然要求很高，以防范松散歪斜的情况发生。斗栱各构件之间的连接既有榫卯连接也有拴木连接，各个斗升上部开口与栱枋按榫卯方式连接，两个方向的栱枋直交时也是依方直卯口相接，但斗底与栱头发生垂直接触时，则是用一根小拴木上下勾连，以防错动歪斜，上下平行的栱枋接触面也依这种方式勾连。

二、结构体系的模件化

在结构的设计上，不管时中国传统建筑还是西方的现代化的建筑体系，都受到模件化的影响，中国结构体系的模件化是以梁柱的结构构成的，以梁的叠加形成“梁架”，逐级增高称为“举折”，从而形成一定的屋顶规格和形制。柱网的排布形成“间”的概念，各构成要素存在某种比例。西方现代建筑结构体系以钢铁与混凝土的代表性建筑材料大量使用，形成维护体系和结构体系的分类，产生了如英国的莱茵大跨体系和内克体系的建筑结构体系。

（一）梁柱开间

建筑因其材料不同而产生不同的结构法，梁柱构架式（图 4-5）是以木材为主的建筑的构造方式：在四根立柱上，搁置梁枋，形成一“间”，在搁置的梁枋中前

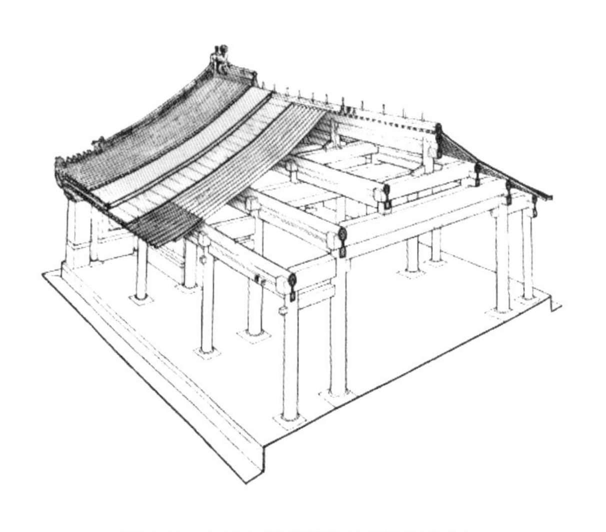

图 4-5　中国古代建筑梁柱开间结构图

后横木为枋，左右为梁，梁可数层重叠称之为“梁架”，逐层缩短呈梯形，逐级增高称“举折”，左右的两梁末端，每一级上承长榑，直至最上为脊榑，所以可以有五榑、七榑或十一榑不等，视梁架曾数而定。每两榑之间，密布着并列的椽，构成斜坡屋顶的骨干，加上望板，上面覆盖瓦从而成为完整的屋顶。

通常一座建筑由若干“间”组成，以“间”为基本单位进行重复增长来解决人们所要求的尺度和规模，“间”的数目增加，建筑物的尺度及所有木构件的规格也会成比例地增加。中国传统的单座建筑平面构成一般都是以“柱网”或者“屋顶结构”的布置方式来表示，建筑平面只是结构的平面，而非功能平面，这也完全是和“模数化”“标准化”有关。在以梁柱为基本单元增长构成一间，再以间为基本单元增长为一栋三开间、五开间、七开间或九开间的长条形建筑单体时，各构成要素之间还存在某种比例，最终建成的建筑物在平面上是以柱网开间为单元模式，剖立面上还形成建筑物整体的模数比例，最终形成比例协调的美感，这种比例的控制同样以“材分”为模数的设计方法，到唐代已经成熟。据傅熹年研究，佛光寺大殿构架用材已经明确采用高 30 厘米为 1“材”，即以 2 厘米为 1“分”的模数。如檐柱、内柱之高均为 250 分，明、次、梢间面阔大体与柱高相等。正侧面梢间面阔相等，均为 220 分，等于檐柱与内柱的中距。内槽平间的标高与内槽进深相等。内槽柱上的中平檩的标高为 500 分，为柱高的 2 倍。撩分檩的标高为 375 分，为柱高的 1.5 倍。外槽平间也采用这个标高。这个数字也正好是外檐出挑的 2 倍。这些取得了建筑空间与形体的良好比例。

梁柱构架中一切荷载均由构架负担，承重者为立柱和梁枋，墙面无须承重，仅为隔断墙，所以墙面上可以灵活开窗、设门，甚至还能将墙壁去掉，在适应建筑的不同需要时有着很大的自由度。

（二）西方的模件结构

钢铁与混凝土是工业化时代最具代表性的两种建筑材料，改变了传统的砖石墙承重的模式，在工业化带动下的经济快速发展中，大量的铁路、桥梁、厂房仓库等基础设施也应需求而快速增长，铸铁在桥梁工程中被大量使用，实现大跨度结构，同时也出现在建筑中，充当框架结构及一些建筑构配件。19 世纪中叶，铸铁支柱、精炼铁横杆与标准尺寸的玻璃安装已成为大型快速预制组装建筑的标准技术。钢筋混凝土也是 19 世纪中期才开始出现的新型建筑材料，最早的尝试是将铁和混凝土结合起来以弥补混凝土所不具备的对张拉力的抵抗，相对于纤细生硬的钢铁框架来说，混凝土外观则给人更多关于石材的记忆，更容易让人接受。现代主义建筑的结构体系主要是钢筋混凝土结构和钢结构两种。

图 4-6　佩雷设计的富兰克林大街 25 号公寓

钢筋混凝土结构主要用于厂房、办公建筑和一些大跨度的建筑工程中，钢筋混凝土是一种比较粗糙、现浇而非装配的材料，混凝土的强度很适合与大型、高层建筑用，钢筋保证了结构的牢固，而水泥本身的高度可塑性又给建筑业提供了无与伦比的可能性。法国人佩雷是第一个明确地把钢筋混凝土当作一个独立框架结构来看待的建筑师（图 4-6），他在设计了一栋钢筋混凝土住宅，强调了把钢筋混凝土作为结构框架，在建筑外观上如实地反映出来，这个观念启发了他的后辈勒·柯布西耶的现代主义建筑观，大规模使用钢筋混凝土建筑高层建筑，使之不再作为构造手法而成为建筑艺术的表现的是以沙利文为代表的美国芝加哥的建筑师，大批量的钢筋混凝土高层建筑为钢筋混凝土在现代建筑中的广泛应用奠定了坚实的基础。

钢结构是由型钢和钢板等制成梁、柱等基本构件，再用焊缝、螺栓或铆钉将其连接成可承受各种荷载作用的几何不变体，具有自身重量轻、结构可靠性高、安装制造机械化程度高等特点。轻钢结构在 20 世纪五六十年代得到发展并在小型住宅中得到广泛应用，由此走向更宽广的建筑领域。人们对它的态度也从遮遮掩掩到逐渐承认并接受钢结构本身的美感，建筑也从传统砖石审美样式变为带机器审美标准化特征的现代建筑。

维护体系与结构体系的分离在勒·柯布西耶设计上已经可以看出来（图 4-7），它采用柱支撑结构，把墙壁从承重作用中解放出来，仅仅成为一个维护体系，使墙壁的材质、形式、室内空间划分和开窗形式都有了更多选择，从而使现代主义建筑呈现出与西方古典建筑截然不同的面貌，在这点上，它与中国传统建筑有着不谋而合的相似点，中国传统建筑的基本元素清晰地保留了分离的状态：结构是木制柱子，外墙也是不承重的空心砖墙和可活动的门窗等围合而成。现代建筑中的各种典型特征，如自由平面、自由立面、底层架空等都与维护体系和结构体系两者的分离是密切相关的，而两者的分离又正是由于工业化大生产相适应的，只有构造元素分离，分解成多个零部件，可供大规模的标准化生产，才保证了现代主义建筑能够在短时间内以低廉的造价满足战后欧洲大面积的住房短缺。

图 4-7 柯布西耶的代表作——萨夫伊别墅

英国约翰·莱茵（John Laing）结构设计公司的莱茵大跨体系（Laingspan System）就有此特征。莱茵大跨体系是为了建造学校而发展的，一般用于四屋的同类建筑，或者是办公室建筑和一些单屋的大进深建筑。该预制体系由以下几种预制构件组成：

记子：是预应力构件，断面为 6 英寸 ×6 英寸（1 英寸 =2.54 厘米）的十字形，高度套用 10 英寸的模数，从 10 英寸到 18 英尺 4 英寸。何许多相似的体系一样，水平方向的模数为 3 英尺 4 英寸（约 1 米），记距为 1 米、2 米或 3 米。

楼板：记有三种：①主桁架记，为预制混凝土构件，长度按 1 米的水平模数变化；板栱 20 英寸（约 254 米），最大跨度 33 英尺 4 英寸（约 10 米）；②承记，预制混凝土构件，有 3 英尺 4 英寸（约 1 米），6 英尺 8 英寸（约 2 米）和 10 英尺（约 3 米）三种长度，也套用了 1 米的模数，3 边记，预制混凝土构件，也可以充当承记，长度和承记相同楼板为 1.5 英寸（约 38 毫米）栱的水泥预制板，搭在桁架记的上弦杆上。在边记和第一榀主记之间没有支撑一增强结构刚性。在记下有供管道通过的排架。预制混凝土记与记交接明显继承了木结构的记记节点，通过凹口和凸处相连接，并以钢筋进行加强。

栱顶：主记与楼板记长度相协调，最大跨度为 50 英尺（约 15 米）。栱顶次记为跨度达 6 英尺（约 1.8 米）的混凝土记和 12.5° 倾角的桁架。栱顶结构的承记和边记与楼板所使用的相同。

墙体：该体系采用的是高度为一屋高的大型预制混凝土墙板，是在工厂中制成的，强度可以满足围护墙体自身刚度要求，安装非常迅速。由于不需要担负结构作用，外墙板可以根据内屋功能要求进行相当自由的变化。

内克体系（The Nenk Method）是一种具有代表性的轻钢建筑体系。它的结构体系是按照 4 英寸为基本模数而制定尺寸的（1 米 =4 英寸）。基本的结构单元是一个倒金字塔形的倒轻钢网架单元，平面尺寸为 12 米 ×12 米（即 4 英尺 ×4 英尺）。完成后的地板和下屋的顶棚距离，即结构高度，为 2 英尺，所以建筑高度被定为 2 英尺的整数倍，这也就决定了外墙预制板的高度的模数也是 2 英尺。由于楼板结构是一个轻钢网架体系，所以跨度较大，竖向德支撑较少，并且记子的位置要根据网架结构单元的模数（12 米 ×12 米）而定，每个记子都要支撑在倒锥的中心位置。边记的位置不同，要后退外墙线 8 英寸（2 米）。屋高有三个标准，30 米，36 米和 42 米，即 10 英尺、12 英尺和 14 英尺（约 3 米、3.6 米和 4.2 米），都是 2 英尺的整数倍。楼板的网架是低碳角钢焊接成的，上弦可支承预制混凝土的一块楼板，下弦悬挂着顶棚，中间可以屋设管道。该体系的楼梯也是由预制钢构件组装成的，平面也符合结构单元的模数，宽为（3 米 ×12 米）（约 3.6 米），长为（4 米 ×12 米）（约 4.8 米）。

三、模件体系重拾建筑秩序感

现代主义的统一的格局被后现代建筑风格挑起纷乱的局面。随着技术的发展，尤其是计算机技术的兴起，以大批量、多样化方向的生产方式的，不再是模件化生产体系，而是可变性大生产。建筑形体获得解放，建筑形式争奇斗艳。面对混乱的建筑现状，人们呼吁重新找回秩序感。通过模件体系的重新适度范围的介入而对建筑单体的秩序感塑造。通过大范围的通用性来达到建筑界宏观层面的统一。从观念上解析人的秩序感，区别视觉和内觉的观点。视觉所带来的不秩序，其实存在者内在的秩序感。

（一）当代建筑现状

翻开西方建筑史，在现代主义建筑之前，每个历史时期的建筑风格稳定而独特，从奴隶制时期的古罗马建筑到中世纪的拜占庭建筑、意大利的文艺复兴建筑，等等，都在历史的发展中生存过相当长的时间，它们的兴衰是以百年为单位来计算的。但是在古典建筑之后，经过19世纪的折衷主义纷争，“建筑界终于在20世纪中叶进入到现代主义建筑的大一统局面。然而好景不长，紧接而来的就是气势汹涌的后现代建筑所挑起的纷争局面，将20世纪八九十年代彻底笼罩在中说纷纭的迷雾当中，无论职业建筑师还是专业理论家，也无论业内人士还是域外精英，都无人能在这纷乱的局面下理出一丝头绪，无奈之下只能以一句多元化权且消解视听。”

自从现代主义发展到美国演变为国际主义，继承了现代主义的风格单一垄断了全球的建筑界，造成世界的建筑日益趋同，地方特色和民族特色逐渐消退，建筑和城市面貌也越来越单调、刻板，后现代主义建筑率先向国际主义宣战，西方世界开始对自身建立的工业文明与现代化模式的全面反思，对科学和理性的一味推崇，造成了对人性、自然和个性的忽视，从后现代开始重新关注这种个性和差异性，针对现代主义的“少就是多”提出的“少就是厌烦”，则旗帜鲜明地开始了对现代主义清规戒律的反抗。但是，建筑上的后现代主义犹如昙花一现，在詹姆斯和文丘里等几位大旗手理直气壮的宣言背后，建筑上的寥寥数笔让这个主义从提出到结束只经历了短短十几年，之后就被更有哲学底气也更加大胆突破的解构主义、关注场所精神和民族特性的地域主义、关注高度技术和新的科技美学的高技派、延续早期现代主义纯净简约气质的新现代主义，等等一系列流派所取代。这些流派同时并存于20世纪末期至今，各自都有得力战将，在经济全球化和信息化的背景下，为繁忙的世界建筑业共同效力。

经过了喧闹的世纪末，我们又开始了对现代主义经典语言的回归，理查德•迈耶、贝聿铭、安藤忠雄等一系列新现代主义的大师像建筑界的常春藤，新作连连，每每都带给人赏心悦目的享受，他们将现代主义的纯净、简洁发挥到了新的高度，同时又避免了单调的刻板和漠然的冷傲。与此同时，诺曼•福斯特、伦佐•皮亚诺和理查德•罗杰斯在过去的十年中也牢牢占据主流影响地位，他们推出的香港汇丰银行，伦敦千年穹顶和巴黎蓬皮杜艺术和文化中心等力作。目前炙手可热的新生派赫尔佐格和德梅隆完全放弃借助任何符号和片段支持的努力，回到建筑材料和施工者以现代语言最本质的原点，建构出令人振奋的建筑新局面。大红大紫的雷姆、库哈斯被评论家迈克尔·斯皮克斯在他所著的《理想、意识形态和实用智慧——在中国和西方》一文中定义为“积极肯定的全球现代主义的实践者，同时脱离了现代主义的幼稚理想和后现代主义的消极意识形态”。相反，曾经红极一时的后现代大师如文丘里、格雷夫斯和波菲尔等人却如日薄西山般近乎销声匿迹，绝无十年前的风光。自 2003 北京天安门前的“鸟蛋”型的国家大剧院引起全国轩然大波后，中国开始频频与世界前沿建筑发生碰撞，最终这个古老的国家，古老的都城，以它宽厚的胸怀包容了一系列新锐建筑，显示出它的开放性与活力，但同时，也给沉寂已久的中国建筑界带来了不安分的躁动，这种躁动还一直在沸腾。

随着计算机技术的发展，形成一套新的生产技术和设备，相对于第一次工业革命时相对陈旧的生产流水线程序来说，新的生产技术体系更适合于多元化和个性化的表达，在相当程度上动摇了大批量和大规模重复生产的现代建筑的技术根基。同样还是大批量生产，只是走向了多样化，不再是模件化的生产体系，我们称之为可变性大生产。克里斯·亚伯在《建筑与个性——对文化和技术变化的回应》[1]一书中说道：“人们发现，关于标准化大规模生产产量越大就越经济的说法其实是一种虚构和误解”。在已经进入后现代性社会后，人们对多元化和个性的追求，使得除非整个产业中所有相关的零件同时发生变化，否则一个零件都不能被修改的“垄断”已经不能满足人们对建筑的期待了。可变性大生产是对建筑单体模件的批量化生产，指在计算机辅助设计（CAD）和计算机辅助制作（CAM）的基础上，不但任何怪异的结构或板材都可以很容易地被制造出来，而且一座建筑即使只生产一件这样的构件，在 CAM 系统的帮助下也可以很快完成，更重要的是，人们为此付出的成本则也统一大批量生产出的构件成本是一样的。这种灵活而独特的生产方式所生产出来的构件或板材，大大增加了建筑表现力，活跃了建筑外观的同时却没有因此增加建筑的成本。诺曼·福斯特是应用这一生产体系的第一人，项目是 1986 年建成的香港汇丰银行大楼。在这个项目的设计和建造过程中，福斯特发明并使用了一套完全不同的程序和方法，所有的部件都由事务所设计，建筑师与厂家的设计人员、生产人员密切合作，每一个构件都是独一无二的，并且全部都经历了制造和测试的过程，覆盖在钢结构上的成千上万、大小各异的特殊铝面板正是在这样的生产体系下才得以实现，福斯特 2003 年设计的伦敦瑞士再保险公司办公大楼同样是借助这种单体生产多样化的生产体系的，其建筑外皮数千块双层弧形弯曲玻璃每块的弧度和面积都不同，单体生产的批量化保证了建造的可行性。不光是福斯特对这种生产体系情有独钟，弗兰克·盖里的作品特别是古根海姆博物馆之后作品，如果不是 CAD 和 CAM 只可能是幻想，多样化大生产已经成为但前建筑建造的主要生产方式，标准化大生产的模件体系也并非全盘退出，标准化和多样化同时存在，只是多样化逐渐占据主要

1　克里斯·亚伯．建筑与个性：对文化和技术变化的回应 [M]．北京：中国建筑工业出版社，2010.

部分。在建筑成本相同的情况下，谁不想要自由度更高的建造技术呢（图 4-8）？

图 4-8 弗兰克·盖里设计的古根海姆博物馆

对新材料的积极探索和回到建筑原点重新认识材料，改良的混凝土和钢铁结构材料可能让建筑的悬挑更长，跨度更大，形象更古怪，同时表皮材料诸如铝合金板、金属穿孔板、钛合金板、胶合板、锌板、陶板、ETFE 板等各种新兴材料的使用；在材料的支持下，建筑结构也展开了一系列探索，其中计算机辅助系统的“虚拟建造”的帮助下各种复杂的结构不再令人头疼：利用三维技术事先做出虚拟的建筑，在虚拟建筑上可以显示出主要受力点的分布情况并绘制各种规模的施工图纸。结构的技术威力也可以在建筑体块的建构性组合或解构性组合中实现，建筑由标准化生产走向多样化，材料和结构、计算机辅助系统等技术的支持只是帮助建筑实现多样化的方式，推动建筑走向多样化的则是深层的哲学意识形态领域的变革和数字信息化对社会非技术层面的广泛影响。

对现代主义建筑进行批判的后现代主义建筑，开始了社会后现代性的转变，虽说后现代主义建筑中带有一定的历史主义和装饰的成分，但是对“过度理性化的批判、放弃对普世性（Universality）追求的面、容忍甚至鼓励差异的多元论倾向，基本上成为后来各类型的后现代论说的必备元素。”在强调多元化、个人主义、逆中心化、碎片化为主要特征的后现代性社会，建筑作为文化形态的一种，特别是解构主义之后与哲学的密切来往，充分反映了后现代性社会的基本特征。同时，信息化、数字化技术迅猛的发展，成为 20 世纪末 21 世纪初的主要社会特色，对虚拟数字技术的依赖和崇拜，对虚拟未来的憧憬，在美学上也出现了以抽象数字化、未来感的特征，同样也反映在建筑上。建筑有由标准化走向多样化，不可避免地呈现出混乱的现象，不管是表象还是意识形态的，形象太多、声音太多，都给人“乱”的感觉。

混乱也就意味着某种统一的秩序正在消失，主要原因在于带来这种统一的秩序感的现代主义建筑远去了，生产这种建筑的模件化生产方式似乎也逐渐退出了建筑前沿阵地的主要舞台，小范围的存在着，但在较落后的普通工民建中仍占据主要位置，正是这部分建筑衬托着前沿阵地的“混乱”。

我们上文所说的当代建筑现状，似乎仅仅是在建筑学的前沿地带，也就是本文所说的“明星建筑”，它们引领着建筑的潮流。但是，我们身边大多数房地产建筑、普通办公建筑、工业建筑等都还是在前沿之外，朴素而后知后觉地存在着，明星建筑与平民建筑之间的巨大差异，使得我们之前所探讨的各种现象显得明显的片面化，这是建筑史论研究的普遍状况，这种前卫探索仅仅是小范围内的，对建筑的发展具有举足轻重的作用，思想性和实验性很突出，但是这种影响不是类似投资活动那样立竿见影。正如王受之所言：“作为经济活动的建筑，首先要考虑的是社会的需求满足、客户需求的满足，建筑的经济标准考量，建筑方案得到客户的接受，社会的广泛欢迎，等等，建筑思想上和形式上过于前卫德、过于探索对建筑行业来说是比较难以接受的。从知识分子的理想化试验和探索到大规模的商业兴建，之间都有一个数十年的过渡期间，是一个社会接受的过程”。如此说来，“明星建筑”和“平民建筑”的划分并不是横向空间上的划分，而是纵向时间上的划分，因此，在本书中，对这部分的差异将不再作探讨，只针对当前建筑前沿的现状作讨论研究。

计算机技术的飞速发展为建筑提供了技术支持和革新的可能性；数字化对建筑界的影响从单纯的技术层面发展到了审美等更深层次；对新材料的探索层出不穷；结构更不再是困扰建筑师的束缚；建筑获得了空前的自由，从规规矩矩的现代主义框架里慢慢解放出来，最近两年夺人眼球的建筑几乎可以用“异形”来形容，只要建筑师想表达的形式，几乎就可以被建造出来（图 4-9）。这种大幅度的自由，也使得当下的建筑前沿地带让人眼花缭乱。在本书中，我把这种现象叫建筑宏观层面的混乱。

图 4-9　扎哈·哈迪德设计的北京 SOHO

相对于现代主义时期，当前是一种无权威、无规则、没有主导风格和完全多元的情形。与现代主义不同的是，无论是后现代建筑、解构建筑，还是当代建筑师在多个方向上的探索，都不再试图取代原有的形式，而是丰富原有的形式，一片建筑语言的自由天空正在释放出来，一些被传统价值观念和语言方式所压抑的东西已被揭示。

建筑形体获得空前的解放，不只是从宏观层面上看，众多建筑争奇斗艳，一片繁荣景象，单体建筑的内部逻辑结构也在发生重大变化，突破了现代主义笛卡尔理性坐标和欧式几何的限制，从弗兰克·盖里开始执意要开创出建筑形态上新风貌开始，各种具象的、抽象的形体开始走进建筑，典雅不再是追求的唯一目标。建筑师越来越注重在建筑中表达自己，形式上的解锢也为这种表达提供了更大的空间，但是，越来越多的建筑，让人迷失在里面。这不仅是由于结构、逻辑的原因，太多新鲜的内容突然充斥进人们熟悉的环境，都会多少造成失序和不知所措。这种单体建筑自身的某种混乱，与技术的飞速发展不无关系。技术给我们带来生活上的突飞猛进的改变，同时也在一步步使我们迷失，丢失自我。

当代建筑的探索更加注重的是对建筑表现力的创造，建筑师不再满足于按照任何既定的理论原则进行建筑创作，而且敏感地注意到了设计理论与创作原则对建筑创作的束缚作用，并自觉地避免过早的风格化的过程，对于伦佐·皮亚诺来说，可以说他是高科技派的，也可以说他是地域主义的，对于诺曼·福斯特来说，可能既是高科技的，也是生态节能的，很难再用一个流派把他们标签化，风格流派之间的界限越来越小，解构主义手法、生态节能的思想、高科技外观都可能同时体现在一个建筑上，人们一般很难准确分辨出某一建筑形式和风格，所以有所谓新古典、新现代、乡土派、高技派，还有历史主义、生态主义、绿色主义、波普主义、解构主义或结构主义等。由于多媒体、高技术建材、结构技术的发展，使建筑师们的幻想无所不能，所以有后现代的高技派、极简主义、张拉结构、薄壳结构等，这是本书所要说的建筑流派之间的混乱。

哲学分析、抽象概念和新科学对建筑、规划和计算机辅助设计的适用性的构想。这一双重冲击对建筑学和规划学传统所传达的最主要的信息就是，不确定性、变化和冲突是自然与人类进化中必不可少的特征。这是一个“复杂性的年代”。当前的建筑师和理论家都或多或少地想过：面对这个色彩纷呈、仿佛不再有共识共知，不再有统一思想和标准的建筑世界，我们如何确立自己的建筑观念，如何评说建筑的好与坏、美与丑？在多元化的世界建筑文化和格局中，人们应该如何为自己的建筑文化定位？怎样把握建筑发展的目标和方向？这些问题都指向同一个方向：面对建筑的混乱，我们该如何面对？

模件体系能否胜任找回建筑秩序感？当前建筑现状的混乱，让很多人茫然失措，按照贡布里希的理论，人对秩序的掌握是与生俱来的生物属性，我们天生比较容易接受并记住有秩序的事物，而不能长时间地处在无秩序状态。混乱让我们茫然不知所措，让我们从内心感到不安和恐惧，因为缺乏对周围事物的整体把握从而没有安全感，与此同时，由混乱的形态带给人感官上的并不是舒适，而是躁动不安。但同时我们对单调的图案感到乏味，也不能产生审美快感，却能从比较复杂的结构上获得审美快感，“不管我们如何去分析规则结构与不规则结构之间的差异，最终我们必须能够说明审美经验方面的一个最基本事实，即审美快感来自于对某种介于乏味与杂乱之间的图案的观赏。单调的图案难于吸引人们的注意力，过于复杂的图案则会使我们的知觉系统负荷过重而停止对它进行观赏。”如果说由模件体系介入的现代主义建筑和中国传统正式建筑是单调的，那么当前的建筑是显得杂乱的，超出了我们知觉的负荷，大众对它的审美也显得吃力。因此面对混乱的建筑现状，有人呼吁重新找回秩序感，回到那个可控制的、有条理的世界。因此，本文尝试从混乱的对立面——秩序——入手，根据本书研究主体——模件体系给建筑伦理功能带来的各种影响（最主要的就是秩序、理性和统一），看看在今天模件体系是否对当前的混乱局面有所帮助，能否胜任帮助建筑找回秩序感。提出这个问题的前提是：如上节所说，模件体系已经慢慢退出了当前前沿建筑的主流阵地，被多样化大生产所取代，从而出现了众多纷繁复杂、个性突出、造型求异的主流建筑。

如上节所述，当前建筑现状的混乱，可以分为三个层面：建筑单体的混乱、整个建筑界宏观层面的混乱和建筑流派的混乱。那么我们能否通过对模件体系的重新适度范围的介入而对建筑单体的秩序感塑造有所帮助，并通过大范围的通用性来达到整个建筑界宏观层面的统一，从而建筑流派也无从乱起了呢？这样的做法似乎带着某种倒退的趋势，建筑曾经选择过模件体系的生产方式，但是，当前正是处在由于它所带来的过于统一、理性甚至有些呆板而引起普遍的批评，刚刚抛弃了模件化的生产方式，找到新的技术和思想所支持的多样化大生产体系取代了它，但面对随之而来的秩序的减少、笛卡尔式理性的减少、多样性的增加，我们却感到不适，是还想回到模件体系里去吗？这是人对过去的依赖还是出于平衡的需要？

建筑中模件体系的提出是基于两个方面的理由：①大量而急切的建筑需求。②对高度统一秩序的追求大量而急切的建筑需求导致了快速而高效的建筑生产手段，对统一秩序的追求则体现了建筑设计者的某种控制欲或精英主义意识，形式上的统一风格其实是思想的产物。这两个理由正在或已经在后工业社会里逐渐被多样化大生产所消解： ①对“大量而急切的建筑需求”，多样化大生产同样能够高速高效地解决，而且借助计算机技术能够完成得更高更快，且不会有大批量类似的建筑出现。②“对统一秩序的追求”已经逐渐不被接受，后现代社会的到来，颠覆了现代性社会对秩序和理性的追求和承诺，多元化及个性化、逆中心化才是后现代性社会的主要特征。而且，建筑的主动权已经不再只属于建筑师，消费者导向的社会潮流使建筑也不再属于建筑师单边的游戏，产品对不同使用者的适应已经取代了前工业化时期由使用者去适应产品的不合理规则。

雷德侯先生所研究的模件的一些基本特征，如“大批量的单元”“可互换的模件构成单位”“通过复制进行的生产”等特征都已经呈现出与当前的或正在到来的后现代性社会截然不同的导向，模件的这些特征使模件具有高度统一性，缺乏变化，方便了生产的同时，也带来不可避免的单调，虽说可以通过各种设计手法来取得变化，如通过规划的灵活布局、多变的平面、穿插变化外加装饰的立面以及一些构造技法上的改变，然而这些在标准化的格局内所采取的尽量多样化的手法，并没有给建筑带来多大的改变，始终是换汤不换药，始终还是方盒子、钢筋混凝土，从建筑的平面、立面、剖面三个方面比较，可以见到与现代主义相对应的后现代建筑的视觉是一种迷散的、瞬间的状态。它把现代主义焦点的、一维的透视这种自文艺复兴以来被坚信为真理的透视学方法打碎了，变成一种东方式散点透视。建筑的体验从一个视点（焦点）变成多视点的游离状态。现代人的口味已经远远不能得到满足了。在这种标准化大生产过程中人变成了“异化”理性思维的工具，在思想领域，这是个从启蒙运动、资产阶级革命，到大工业、产业化、城市产业工人的一系列概念出现的过程（伴随的是蒸汽机大机器标准化装配流水线电子时代）。现代文明带来的速度、机器流水线、标准化否定了人性（包括记忆、情感、意识流、潜意识、肉体、非理性等人自我本质的内容）。但从20世纪60年代开始，人们逐渐感受到现代文明，包括大批量机器生产、程式化生产的冲击，感受到人自我意识、自我认同感的丧失。当科技的进步使我们掌握了更高效的生产方式时，剩下的就只是形式上的单调和缺少变化了，与这个追求多变和个性的社会显得不甚般配。大量生产流水线还是已经被衰退中的建筑工业视为灵丹妙药。对于任何设计职业来说，如此热衷于将自己置于技术的桎梏下，仅仅是为了将自己都不甚了了的所谓视觉秩序强加于消费者，都是一种可悲的现象。同时也是非常短视的。现在我们可以不再让消费者去适应机器，而是反过来让机器去适应消费者。即使假定建筑设计师将最终成功地转向大量生产技术，这也是一种方向的误导。不管从哪种角度来说，技术都是不会选择倒退的，即使由落后的工艺带来的某种人类温情的记忆，技术也不会倒退回去，而只是发展出更高级、更人性的技术来努力给人带来所向往的种种，温情的也好，便利的也好。我们想要找回建筑中的秩序，同样不能寄希望于用已经落后被淘汰的标准化大生产来取代各方面都更加先进合适的多样化大生产，只能尝试从多样化大生产的作业体系中找到更多秩序的元素，在由大量的多样化带来的杂乱的同时找到更多统一的因素。但是对于要不要继续追求秩序，已经有了不同的声音。

（二）混乱与秩序之争

混乱与秩序之争是现代性与后现代性的主要交锋阵地，后现代性已经不再是前沿理论了，西方社会在很大程度上已经进入后现代性社会。自20世纪60年代末、20世纪70年代初阿兰·图兰尼和丹尼尔·贝尔先后发表他们关于“后工业社会来临”的著名论断以来，关于西方社会正在进入一个新的社会历史时期的看法似乎就已经逐渐成为人们普遍接受的一种观点。所谓“信息社会”“知识社会”“第三次浪潮”“网络社会”“晚期资本主义社会”“去组织化的资本主义社会”“后福特主义社会”等类似概念的风行就是人们普遍认同一个“新社会来临”说法的一个明证。国内虽说不像西方发达资本主义国家那样进入了晚期资本主义社会，但是全球一体化进程和信息的普及，国内的一些思想意识形态受西方社会影响，在城市和青年一代中也呈现出后现代性社会的一些特征，虚拟网络、个性化等从新兴名词成为年轻一代的基本特征，他们易于接受新事物，与老一辈所抱的稳固的现代性展开了多层次的较量，有较量就有接纳、包容和多元，社会的开放程度正在大幅度提高。从这一点上，我们也可以看到正在向我们走来的后现代社会。

文艺复兴以后，西方哲学界开始于笛卡尔的反思哲学，经洛克、莱布尼茨和费希特，到黑格尔形成体系，现代性得以确立，理性第一次获得空前的和永久的自由。“黑格尔通过对现代世界的合法化而摧毁了前现代世界”。人类从此开始告别迷信、蒙昧和野蛮，“现代性不踯是新生资本主义的梦想：它满腔激情，气势如虹，一扫中世纪蒙昧和封建传统的僵滞。从诞生之日起，现代性就不断向世界发布变革信息，许诺理性解决方案，发誓要把人类带入一个自由境界。”然而，正如启蒙不但贡献了进步，也催生了“启蒙的讹诈”，现代性借助于未来而得到的合法性，却将“历史的快车驶向了它的最终目的地——奥斯威辛和古拉格终结站”。目睹现代性带来的种种弊病，思想界开始了对现代性本身的反思，这种反思最早始于尼采和狄尔泰等人的生命哲学，经过胡塞尔的“回到事物本身”，海德格尔“返回”“追忆”和“思索”，和德勒兹的欲望政治学等对现代性进行了追问，到了德里达高举解构旗帜，最终引出了福柯、利奥塔和鲍德里亚尔等人共识的“后现代主义”。现代主义一元化的最大特点是制度化的集中，一种合法化的权力，而后现代性从假定的真理（一元神话）改变为一种差异的普通人的精神状态，是一种对不同事物的宽容，是一种对谬误、畸形、散乱零星的日常视角的承认。

从一般的意义上，我们可以说现代社会理论倾向于成为绝对的、理性的，倾向于接受发现真理的可能性，而后现代社会理论则倾向于成为相对主义的、倾向于各种非理性的可能开放性。后现代理论倾向于拒斥所谓的世界观、元叙事、宏大叙事和整体性，等一类的东西，倾向于拒斥那种认为存在着一种单一的宏观视角或答案的看法，提供的是一种不确定性而非决定论，是多样性而非一致性，是差异性而非综合性，是复杂性而非简单性。著名的后现代理论家鲍曼在《对秩序的追求》一文中指出：在现代性为自己设定的许多不可能的任务之中，秩序的任务——作为不可能之最，作为必然之最，作为其他一切任务的原型（将其他所有任务仅仅当作自身的隐喻）——凸显出来。秩序是一种任务，也是一种实践，同时也是对生活状态的反省、维持和培育，这种理念是现代性所内在特有的。秩序的另一面并不是另一种秩序：混乱是其唯一的选择。混乱是一切恐惧的源泉和原型。为了避免混乱，“网格”式的分类统治成为现代性追求的目标，然而，悖谬的是，为了实现有序而实施的各种干预似乎又在促成其他的秩序，并带来秩序的种种其他效应或者说“非意图的后果”，这就造成了秩序整合念头的再生与重构。正是这种对秩序的永无止境的建构，使现代性处于不断地追求确定性的行动中。然而世界并不是几何的，无法被硬塞进几何学灵感的产物——格网——之中。对现代性的后现代意识表明：对人类存在的复杂性强加严格划分的系统网格的现代抱负是注定要失败的。任何形态的社会设计所产生的痛苦如果不是比产生的幸福更多的话，至少也会和它一样多。

（三）复杂性问题

随着科学技术的飞速发展和社会的进步，越来越多的复杂事物和现象进入人们的视野，例如生态、环境、可持续发展、工程技术与人文社会相结合等社会经济问题。学者和决策者们采用传统的理论、技术和方法处理这些问题时，遇到许多根本性的困难。其中重要的一点在于，近代科学学科划分过细、条块分割，反而模糊了人们对事物的总体性、全局性的认识。德国著名物理学家普朗克认为：“科学是内在的整体，它被分解为单独的整体不是取决于事物本身，而是取决于人类认识能力的局限性。实际上存在从物理学到化学、通过生物学和人类学到社会学的连续的链条，这是任何一处都不能被打断的链条。”面对这一现状，许多研究者开始探索从整体出发的研究方法，试图寻找那条被打断的“沟通链条”。专业细化的分工和分类的细化并不能使我们在认识客观世界时达到对它的准确把握，面对复杂的世界本身，任何的分类都有可能遗漏或带有主观意向，正如鲍曼所言不能把活生生的客观世界装入网格之中。对复杂性的认识使得 21 世纪的科学称为“复杂性科学”，人们逐渐认识到按照主观甚至是人类的理智来归纳总结，理出一套秩序来，只是人类自己一厢情愿的认识客观世界的方法。

近代建筑学对复杂性问题的关注始于后现代主义思潮对现代主义某些机械教条

的反思。第二次世界大战后，大量的“火柴盒”建筑所带来的乏味的城市景观与大规模城市改造运动的不良后果，开始逐步在美国社会中显现。建筑师和规划师不得不重新审视各种雄心勃勃的改造社会、改造人们生活的理想，开始认真反思简单化看待建筑与城市问题思想方法所具有的局限性。作为建筑与规划领域两部后现代主义思潮的开篇之作——《建筑的复杂性与矛盾性》[1]和《美国大城市的生与死》都不约而同的表现出对传统建筑或城市所具有的复杂性（或多样性）的兴趣。虽然两者对于复杂性问题的最初关注并不是来自于复杂性科学研究的启发，而是源于一种对现代主义简单化与直线式思维逻辑的反叛，是二元论思辩传统的结果，但确实成为现代建筑复杂性问题研究的开端。通过对现代主义“清教徒”说教式的批判，文丘里认为建筑设计应该向传统学习，向发展中的商业文明学习，用拼贴、变形、戏剧化的手段表现含混、复杂、矛盾、多变的现实生活。而雅各布斯为城市开出的药方则是以尽可能错综复杂并且相互支持的城市功能之上的多样性，来满足人们需求的复杂性，重建城市活力。遗憾的是，两者为了宣扬自己的观点都有意无意地将传统建筑与城市浪漫化了，似乎只要向传统学习就可以满足建筑与城市的复杂性要求，事实上向后看的做法恰恰是把建筑与城市问题的复杂性简单化了，这使得他们对复杂性的认识仍然停留在朦胧阶段，从而无法找到一种真正可以接受的用复杂性思维解释、解决复杂性问题的方法，实现向复杂性科学的跨越。

由于建筑是对于晦涩深奥的复杂性科学是否充分理解、复杂性科学的革新作用对建筑存在的中观领域究竟能产生多大的影响、复杂性科学是否动摇了经典的美学基础本身这三个层次仍然存在诸多疑问，詹克斯的关于建筑的新形式的语言先天存在许多疑点。实际上，对于复杂性科学在建筑领域的影响，詹克斯的理解也有简单化的嫌疑。与生态主义运动之于建筑学领域的影响一样，复杂性科学的影响同样更多集中在价值观与认识论的层面上，人们真正认识到建筑与城市不再是简单的系统前后，对待建筑设计与城市规划的态度应该是不同的。

城市研究领域，追随着复杂性研究从耗散结构理论（Dissipative Structure）、协同理论（Synergy）、混沌数学（Chaos）、分形几何（Fractal）的理论发展脉络，关于城市复杂性研究也相继出现了与之对应的耗散城市(Dissipative Cities)理论、协同城市（Synergetic Cities）理论、混沌城市（Chaotic Cities）理论和分形城市（Fractal Cities）理论。生物学领域的元胞自动机模型、细胞空间模型都相继引入到城市的自组织机制研究中，沙堆模型则被运用到了城市复杂系统发展的临界性问题研究上。复杂性科学为建筑学的发展诸如了新的活力。前面提到的当前建筑的混乱局面很大程度上也是因为复杂性研究的逐步深入，各种新的学科介入建筑中，建筑已经不再单纯的只是探讨建筑学科领域内部的事情，而成为众多交叉学科

1　文丘里．建筑的复杂性与矛盾性 [M]．南京：江苏凤凰科学技术出版社，2017.

集中交流表达人们的想法的综合媒介，这也是由复杂而引起的混乱。

后现代性反对以秩序来消除混乱，认为混乱是这个世界本来的面目，我们永远无法把复杂的世界用我们的知识来进行分类，正如我们发现自己的思维已被语言所控制，逃不出我们自己发明出来记述和交流的语言文字。允许多样性和复杂性的存在，是帮助我们逃离以已知的框架来理解世界的途径，我们对世界的认识永远在无限接近真理的路上，保持开放性才不会固步自封。

（四）逐渐溶解的“理性主义”

后现代性理论同样对现代性的“理性主义”进行了批评，现代社会中曾经存在的那种“坚硬的现实”已经溶解在空气之中，与此并存的一种现象就是许多在现代社会中被人们当作是“真理”的信仰和观点（如现实的客观性、普遍真理的存在、人的主体性和能动性等）在“后现代社会”中都将受到怀疑并被放弃，现代性所信奉的理性主义表现为认为人类有能力以一种“再现”的方式把握世界的真实“本质”，有能力为人类提供一套确切可靠的有关外部世界的知识。现代主义建筑中的理性主义也受到了质疑：密斯·凡·德·罗的巴塞罗那展览馆就看上去就是我们认为的理性的样子：精确、平整、规则、抽象，正交的柱网关系明确简洁，但是基座下的砖拱券、屋面板中的纵横钢梁和大理石强力的支撑钢构件都被隐藏起来了，而正交的柱网如果变成菱形，在结构上也同样成立，所以，密斯在用理性的、逻辑的语言表达着他对这种看起来的“理性”的执著，而事实上这个建筑却并非是理性分析的产物。相反，雷姆·库哈斯的西雅图图书馆，看起来凌乱无序，揉成一团，但这确是对功能仔细分析之后的理性的产物，五个固定的体块和四个流通区域以实体和虚体的空间相互穿插，角度和尺寸都是通过对阳光、人流、视线景观等作过充分考虑后得出的结果。

欧式几何体和笛卡尔坐标与真正的理性无关，只是由于“移情作用”才被误认为是理性的标志，采用欧式几何体和笛卡尔坐标系得建筑看起来很理性，可未必是理性的。而一眼看过去零碎的、无规则的建筑也许是理性分析的产物。

纯粹的欧几里德几何体和笛卡儿坐标是现代主义建筑语言的主要元素，它们代表某种先入为主的纯粹和理性，至于其本身是否真的是纯粹的和理性的，人们没有过多纠结，只要是这些方正规矩的正方形（体）、球体、圆形、矩形等出现就带着一种本质化的秩序和理性，这种先入为主的印象是久已定型了的，是代代相传的文化习性和审美定势。同时，这些规矩的形体十分适合进行标准化大规模，这无疑是为现代主义建筑量身定制的，现代主义对它们的运用也导致简明的艺术取向，产生了强烈的视觉上的秩序感，密斯无疑是这种语言的坚定拥护者，正如它们给人的先入为主的印象一样，它们看上去很理性，但是这里的“理性”指的是什么呢？它并不是真的出于理性的思考而采取的形体，只是这种形体给人带来的视觉感受是理性的而已，区别于不规则形体给人带来的感觉是自由的、散漫的，仅此而已。如果不是出自于理性的思考而得来的形体，那么就只能是在视觉上有秩序感而已了，从本质上、内觉上的秩序感并不存在。像库哈斯的西雅图公共图书馆这样的视觉感受上混乱的建筑，却有着其内觉的秩序感，如果说我们要找回秩序感，是要找回视觉上的秩序感还是内觉的秩序感呢？看似是个难以取舍的问题，因为视觉上的秩序是我们都可以感受到的，之前所说的人类对秩序有着天生的依赖，对混乱则难以长期忍受，主要就是从视觉上来感受到的。内觉的秩序仿佛只是藏在事物构成之后，与我们的感官无关，但事实上并非如此。在使用密斯的建筑时，虽说视觉上非常简洁理性，但是为看到的简洁使用者却付出了使用功能上的代价，在使用时不方便或者让人难受，是许多现代主义建筑的通病，如密斯的另一个建筑：范斯沃斯住宅，简洁优美的玻璃盒子建筑坐落在缤纷落叶的树下，视觉上赏心悦目，秩序井然，但是使用者最后却将密斯告上法庭，因为建筑的私密性和冷暖设施等基本功能都难以得到满足。而位于闹市的西雅图公共图书馆虽然没有给人一种秩序的印象，但是进入内部之后它清晰人性的功能划分和布局对使用者带来极大的支持，不像外部看上去的那般零乱怪异。以密斯为代表的现代主义建筑师追求形式上的统一，视觉上的秩序，但却阻止了我们寻求真理的诸多可能途径，因为我们对现存的“主流”仍然无法确定。而以库哈斯为代表的当代的建筑师虽然表面上的显得混乱、多元，实质上却提供了更多的接近真理的途径。中国传统建筑看起来也是方方正正，理性的平面布局却并非符合真实的功能需要。所以，模件体系下的建筑呈现出理性的外观，给人带来统一、规整的秩序感，但这仅仅是停留在外观上，建筑的伦理功能呈现秩序、理性、统一的特征，而这些与真实的理性思考无关。P•伽德纳在《反理性主义》一文中指出：“现实世界并非表现着某种理智上令人满足的或伦理上可以接受的体系，它实际上没有任何理性和目的，并且，只有彻底从那种体系的束缚下解放出来，才能拯救现实世界。”叔本华为这种观点作了最有力的阐述，他认为，全部理性主义，无论科学的理性主义还是形式上的理性主义，都蕴含着一种非法的种种原则和实在本质的假设，而这些原则的根源只不过是人类的理智而已。

我们所感受到的这个世界并非某种在本性上符合某种既定逻辑秩序的、有其内在理智的世界，它的存在也并非受到某个仁慈的上帝庇护。20 世纪量子物理学中提出的“测不准定理”（Uncertainty Principle）首次提出对于低于分子层面的粒子，我们不能同时准确测定它的位置和运行轨迹，一个物体在同一个场下同时有 3000 种存在的位置，并不像我们看到的绝对固定的位置；空气真正比重（Real

Density）的实验研究发现，空气的真正比重与空气的体积关系呈不规则样态，这些现象的发现，不但推翻了以牛顿物理学为典范的现代科学的“决定论”基本信念，还动摇了现代科学所一直持有的关于客观的、自在的自然（Nature In Itself）之假定。以及后来法国数学家汤姆在数学中提出著名的混沌论（Theory Of Chaos）和灾难论（Theory Of Catastrophes）等，都是着重发掘悖论、搜索冲突现象的研究。这些“后现代科学”的发现，令传统科学理性主义者感到不安，因为大自然本身就是一个不稳定、甚至是异质的体系，而这些悖论式的研究所依据的也就是承认差异、尊重多元、维持经验的开放性、不强求大同的合法性模式。

后现代性理论学家利奥塔认为，“我们的社会若要避免陷入单一、专制、封闭，但当这些因素效应表现成了现实状况时，就必须学习容忍差异，接受不同的语言游戏规则，因而接受一定程度的不确定性或不稳定性，并放弃单纯以追求共识为最高标准……标准与规则只能是局屋或区域性的这样做的优点是维持一个社会体系的记放性和创新的可能性。”

反对的声音也同时存在，认为维持社会平衡的宗教日益萎缩，哲学也越来越失去其解释世界的能力，接踵而来的，则是破碎分裂、无政府主义、无休止的冲突、礼崩乐坏，麦戈文指出，在各家各说的“后现代”理论的背后，其实可以清楚地感到存在着一种恐慌和忧虑。纽曼认为后现代性社会就是“最大限度通货膨胀”，认为在以“通货膨胀”为基本特征的后现代社会中，数量代替了质量，花样代替了品位，一切思想都被所谓的相对性、不连贯性主宰，一切都在呈几何级数地增殖、增长和膨胀，以艺术领域为例，时尚的更迭和变化，几乎是以一代胜百年的加速度进行。于是我们往往看到的是两败俱伤的格杀争斗，抽风般地变换式样，把过去的式样变着法儿又一股脑儿搬将出来，所谓“知识精英”，也是百年风水轮流转，在所有的领域，同性的是唯“创新”是尊的行为准则，对于艺术再也不进行品位的鉴别，什么都可以容忍，什么都可以接受，而最终的结果就是对什么都无动于衷。

前沿科学对我们所生活的复杂世界的进一步探索，动摇了我们过去对于固定自然界的信赖；动摇了心中对“逻各斯中心主义”的观点——在我们的思维和语言之外，并存着一种独立的本源性的实在（如存在、物质、理念、上帝、本我等），这种本源性实在的存在和变化并不是由一些确定无疑本质或规则所支配的；动摇了按照原先设定的规则和理性经验去探索这个复杂世界的方法论，我们知道该选择更加开放的、多元并存的方式来获取各种途径的进步，正如我们永远走在无限接近真理的路上，而现在并不能分清楚哪条路才是真的正确，所以也不能凭借经验理性去否定哪些路是不能存在的。建筑中的处境和整个现代性社会与后现代性社会之间的承接过渡一样，新的多元化已经进入，打破了原先的现代性的一元话语权力，但我们却不能适应由于多元而带来的混乱，对于依赖已久的秩序仍有些眷恋，刚刚解脱过分理性化、秩序化的桎梏，却又不适应过快的流派更迭、混乱的百花争艳。面对不统一的局面我们不知道该如何面对，让我们不适的并不是不统一的混乱本身，而是它所带来的茫然和不知所措。但是事物的发展总是会经历这个过程，并不是一直只有一个主流一直发展，而是众多支流各自发展纷呈，适合当时各种情境状况的就逐渐发展成为主流，其他支流在历史的选择中纷纷退场，当这一主流发展到一定时期，如量变的累积会引发质变一样，会因为各种不适而逐渐消隐，取代它的又是各种大小支流，它们中再优胜劣汰出新一个主流。事物的发展总是这样分分合合，当前我们面对的只是在现代主义这一主流逐渐消隐以后的众多支流各自一吐芬芳的时候，逐渐也会有适合当前状况的支流壮大成为主流，这可能会减少我们对当前建筑现状的混乱的感觉，可能在后现代性社会的今天会让我们重新找回些许秩序感，不管是不是仅仅在视觉上的秩序感。但是这些似乎都不再与模件体系有什么关系。在当代材料科技、建造技术等都飞速发展的今天，实现快速建造已经不是挑战，基于参数化运算和建造，用完全不同的个体组织来建造一个复杂的工程，已经可以实现并且将越来越普及，因为大批量的生产需求，导致技术壁垒不断被攻克，生产成本大幅下降，与此同时也能实现人们追逐个性化的需求，这个趋势从根本上将与模件体系分道扬镳，但是其内在逻辑又与模件体系的建立如此相似！

第三节 建筑模件体系的共通性

一、东西方体系的共同性

通过以上对模件体系在中国传统正式建筑和西方现代功能主义建筑中的应用，我们可以发现两个在时间、空间上都没有共同点的两个建筑体系竟然有着某些内在的共通性，而这些共通性恰恰是因为两者在建构过程中都运用了模件化的生产作业方式，鉴于本书研究的目的是通过对模件体系介入建筑之后对建筑的伦理功能产生的影响，而不仅仅是找出模件体系在建筑中的运用，所以，对两个运用模件体系做彻底的建筑体系作比较研究是必要的。比较的参数围绕模件体系在两个建筑体系中的产生背景、实际运用和对各自产生的影响及更深远的对社会产生的影响来进行。通过对比生产背景的不同，中国是工匠役制度方式的产物，是宗法制度的社会背景。西方则是大规模、机械化、标准化生产；模件单体的不同，中国的体系从基础的建筑构件形成间形式，然后以间为单位构成空间的庭院样式，通过每个庭院的相互组织，组合成里坊的城市布局。而西方则是以构件搭起单体建筑的空间样式，然后在形成社区组团，由小及大最终是城市规划；模件组合，中国的尺寸不确定，整体比例是固定的。西方从模件尺寸就固定下来；在建筑空间变化方面，中国是以细胞增殖般，西方则是空间的单体尺度变大，还有材料运用、社会影响上的不同。虽有众多不同，但都不约而同的采用了模件体系。

（一）东西方建筑模件体系产生背景比较

中国传统官式建筑与模件体系：中国古代落后的建筑手工业生产，却采用了先进科学的模件体系，这奇异的果实，正是工官匠役制生产方式的产物。工官匠役的官营手工业建筑生产方式，使中国建筑高效快速的施工，由可能性转化为现实性的根本原因。

中国古代社会是个宗法制度严格的社会，国家如同一个大的家族，对于改朝换代过的新朝代，必要抹去先前朝代的统治痕迹，特别是代表了宗族社稷气脉的宗庙和宫室，更是必须要废弃，重新建造新的宗庙宫室，这种心理在古代中国社会普遍且根深蒂固。新王朝必须尽可能在最短的时间里以最快的速度建好大量的宫殿以成为都城，只有采用榫卯结合的木构架建筑，才可能将大量形状尺寸不同的构件分别进行加工制作，然后加以组装，从而取得很高的生产效率和施工速度。规模宏大的宫殿建筑群，要在最短的时间里建成，必须具备几个必要的条件：第一，尽最大可能投入最多的劳力，同时进行生产；第二，建筑结构构件能作最大限度的分解，构件可分别加工，最后组装成构架；第三，有效地保证生产进行的严密的施工组织管理。中国木结构建筑的特点正好符合结构简单，可化整为零，分解为单根的构件，全部用卯榫结合，既有利于分别加工，又便于组合装配成栋，是完全适应中国建筑的社会实践需要的产物。

从整个中国古代社会横向比较的话，建筑领域采用模件化的生产体系并不是偶然的，虽然有“废旧城建新城”的历史传统和工官匠役制，一个是建筑领域内产生模件化的强大动因，另一个则保证了模件化生产的展开，但是同时期的其他文化、艺术乃至社会组织形式都有深深的模件化的烙印，这说明整个中华民族的深层的社会思维模式和模件化的生产方式有密切的关系，换句话说，中国传统正式建筑领域中模件体系的运用和中国人深层的思维方式有关，模件体系深深地影响了中国的思维模式。

西方现代主义建筑与模件体系：工业革命出现以后的新型工厂生产方式是一种高度集中的标准化生产，并且使用机器和有付工资的劳动力，同时生产过程也被严格组织起来。在 18 世纪七八十年代，阿克赖特开办了一系列机械化的纺织厂，这标志着第一批现代意义上的工厂正式诞生。采用可互换零部件的所谓“美国制造制度”代表了后来在 19 世纪中期出现的一项至关重要的革新；1895 年欧洲大陆自动车床取得了新的进展，出现了多轴自动车床，最适于大批量生产单个零件；到 20 世纪 20 年代，亨利·福特在汽车工业中完善了那种制造制度，使得正式的生产流水线终于出现，并成为现代工厂所发生的影响最为深远的一种变化。关于现代化，大不列颠百科全书描述其特点时写道：“现代机构在一个劳动分工高度发达的社会体系中担负着有限的、专门化的任务”，建筑业也正是在这种分工细化、制造业标准化的社会形态下才出现了建筑元素分离，各自按照通行的标准在工厂生产，到现场装配这种新的作业方式，而新型钢材料、玻璃、混凝土等都为这种作业方式提供了可能。可以说，西方工业革命、标准化大生产和新材料的出现是现代主义建筑产生的技术背景。另外，19 世纪工业革命时期人口数量的暴涨以及急速的城市化，加上 19 世纪至 20 世纪中叶，西方社会爆发的有史以来最大规模的两次世界战争，摧毁了大量的基础设施和房屋，经济也全面受创，大量城市处于瘫痪状态，居民的生活用房缺口巨大，整个社会需要完成大批量的基建，又有现成的大规模工业生产作业方式可供借鉴，现代主义正是在这种状况下粉墨登场的。可以发现，中国传统建筑和西方现代主义建筑两者在采取模件化的生产方式的时候都有大量而急切的社会需求和相应的整套规范的管理制度和作业方式。

（二）模件单体的比较

中国传统正式建筑：中国传统正式建筑的基本单元是间，由若干间构成一幢单体建筑，单体建筑再通过围合，形成一进或几进院落，院落群组是构成里坊的基本单位，里坊再作为基本面积模数形成城市。所以从广义上来说，在中国传统建筑这个大体系内，模件不只有梁、柱、斗栱、檩、椽等，分为几个等级：构件——间——庭院——里坊，最后形成城池。增长，它们的尺寸并非绝对精确，而是相对的，变动是整个建筑的所有构件一起变动的，不会出现唯独一个构件脱离整体比例，所以较少发现两个建筑物相同部分的构件有着相同的尺寸，构件的尺寸也较少为整数，但它们和其他构成同一个整体的构件却永远保持着固定比例，每个建筑物的结合精确程度都非常高，因此中国传统建筑抗震能力很强。这个法则同样体现在其他等级的模件中，尺寸从来不是绝对的，按比例缩放才是要则。从这个方面来说，中国传统建筑中的模件体系更加灵活，通过约束整体比例而不是像西方现代主义建筑那样直接规定模数，所以模件的可变性也更大。

但是中国传统正式建筑的构造组合在很大程度上受到封建社会礼制的制约，社会伦理等级关系成为建筑形制和组合布置的首要考虑因素，这些规范人伦关系和统治秩序的规定，带有强制性和普遍性，渗透到古代社会生活的各个领域，建筑更是体现出这种秩序的绝好实现方式之一，来体现个人、家庭和社会全方位的秩序与和谐。

西方现代主义建筑： 西方现代功能主义建筑的基本构成单位为建筑单体，其建筑单体不用像中国传统建筑单体那样按照礼制组合成庭院或里坊社区，虽然现代主义的社区、城市规划各个方面都受到建筑的影响，相对于中国建筑群落的布置来说，它的组织形式有更多选择的自由。西方现代主义建筑的模件体系也存在于几个等级中：构件——单体建筑——社区组团——城市规划。

（三）模件组合的比较

中国传统正式建筑：各类模件名目繁多，但都按照最基本的单位“材”（清代已经成为斗栱的横截面“斗口”）成比例和其他建筑元素两个部分，制定统一通行的模数以确保各地厂商提供的建筑构配件能最终毫无误差地装配成建筑。所以，每种类型的建筑模件的尺寸是固定的，特别是结构体系，其他的建造元素，如楼梯、栏杆等次要部分，有多种选择性，但由于大规模的流水线作业方式，实际上可供选择的种类也不多。

而对于西方建筑而言，其模件组合受到的约束不像中国传统建筑中那样严格，单体建筑之间差异性比较明显，特别是平面布局，平面的布置相对自由，只要符合柱网布置的要求，按照功能划分的不同，还是可以灵活布局的，但是，出于对功能的过度追求和对形式的相对轻视，现代主义建筑并没有太多形式上的多样性，相同的建筑材料，相同的构造手法，使现代主义的建筑看上去有很多相似性，如出一辙，在整体规划时更是单从理性层面去划分功能分区，带着自身“精英主义”的思想漠视大众的审美及真实生活的丰富多样性。所以，时间久了，现代主义的建筑容易让人产生单调和缺乏人情味的感觉。

（四）建筑空间的比较

中国传统正式建筑：中国传统建筑的建筑空间其实是非常简单的，空间的基本单位“间”遵循着细胞增殖的原则——达到某一尺度时就分裂为二，而不是继续在第一个的基础上继续成倍无限增大。

中国一幢单体建筑“间”数虽然有多有少，但间的空间形体是基本相同的。一般只中央一间的“开间”稍宽，通进深皆相等。这种空间上的单一性，造成了在使用功能上的不确定性，或者说具有模糊性的特点。也就是说，中国传统建筑的空间只是平面性的空间，不像西方建筑中厨房的平面和客厅的平面绝不可能是一样的，看平面图就知道哪个是厨房，哪个是客厅。但当使用功能模糊的单体建筑组合在既定的庭院中，内在的建筑空间就与外界的庭院空间共同形成一个具有明确使用功能和思想内容的生活环境了。所以说，中国传统建筑以群体组合见长，而庭院则是群体布局的灵魂，这种由屋宇、围墙、走廊围合而成的内向性封闭空间，与中华民族的保守性和含蓄性相吻合。当大建筑群的功能多样、内容复杂时，通常的处理手法就是将轴线延伸，并向两侧展开，形成三条或五条轴线并列的组合群体，但其基本单元仍然是各种形式的庭院。

西方现代主义建筑：现代主义建筑在空间上的突破是具有革命性的，它功能性的空间割断了它与以往任何欧洲古典建筑的关系，没有呈现出技术发展普遍法则——继承性，像是两个平行并列发展的建筑体系。框架体系解放了承重墙，获得了宽敞自由的内部空间。现代主义建筑的内部完全取决于宽敞空间的自由运用，不再用墙来分隔，空间的开放、私密程度随需要而变。在现代主义建筑的空间特征方面，不能不提到时空连续，它是现代主义建筑语言七大原则之一，连续时空的空间意味着视点的不断改变，根据人的行为特征，运用时间概念，持续不断地进行自由设计。它是关于时间中的空间和空间中的时间的，把时间因素加入三维空间中，形成四维空间。这些使现代建筑在当时具有相当的吸引力。

（五）材料施工的比较

中国传统正式建筑：中国传统建筑采用木头为主要建筑材料，石头或其他金属的建筑在绝少范围内存在，一般用于陵墓、宗教用途。有很多学者都研究过为什么中国传统建筑会采用木制，从自然地理环境方面、经济因素方面、社会制度等方面找出了各自的原因，但每个原因都存在一定的片面性，事实也是不会只有一个原因导致了木制建筑在中国建筑中长达两千多年的主导地位。能够让木构建筑如此经久不衰的主要原因在于木结构形式的建筑在节约材料、劳动力和施工时间方面，比起石头建筑优越得多。中国古代社会掌握石制拱券的技术和西方相差无几，而且也拥有足够多的石材、足够多的劳动力，却不会考虑用石头去建造可以存之永世的庞然大物，何必要白白浪费巨大的人力和物力呢，更何况中国人并不求物传千年。

因为采用了木构架体系，中国建筑的施工时间比起西方建筑快得多，即使工作量相同，施工起来也比较方便容易，主要原因也是因为中国建筑的规模是由量的积累而来，分布广，工作面大，可以同时进行工作，同时由于结构上采取了标准化和模件体系，工官匠役的制度保证了通过严密的施工组织发挥最大的效率。

工官匠役这种以政治暴力超经济奴役工匠的生产方式，根本不需要什么建筑理论，但绝对不能没有制度和法式，建筑生产方式通过代代相传的方法也不会有“质”的变革，木构架建筑也没有原则性的改变。这正是中国木构架建筑体系，数千年来一气呵成，不受上层政治风暴的干扰和外来建筑文化影响的原因。没有质的变化，当然也就不存在有过质的飞跃，始终是持续不断的和缓而按顺序的进展。但是，同样的几千年来都没有产生过根本性的突破和原则性的转变，它的进步显然受到了一定的局限。到了封建社会末期，在原有木构架建筑体系上，发展出了繁杂琐碎的装饰，并没有在空间结构或材质等建筑基本元素上有所突破。这也是和长期以来建筑一直是以工程技术的方式代代相传，缺乏相关的建筑理论或任何形式的关于建筑的思考的必然结果。

西方现代主义建筑：工业革命提供了现代建筑必需的现代手段，新的建筑材料，比如钢筋混凝土、预制钢构件、平板玻璃，等等，都为现代建筑的实现提供了必需的材料基础，而营造技术大幅度提高。对于现代建筑来说，影响最大的技术因素之一就是钢铁在建筑中越来越广泛的应用。新型材料的应用，产生了新的设计语言和方法，并且这些由工业材料带来建筑美感逐渐得到人们的认可，在构造上也强调真实性，不再用多余的装饰或表皮掩盖真实的建筑构造。

由于建筑所需的构配件和材料都是现代工业化大生产的产品，所以建筑的施工不再是小范围的行业劳作，而是整个社会分工细化，共同协作的结果。建筑是一种对精确度和安全质量要求较高的专业性工程，对于如此大范围的合作，除了制订通行的行业规范外，是不可能保证整个运行过程完整性的。建筑也曾经是低劳动技能的职业，但是完整的流程和专业的分工细化要求更加规范的施工技术，这也促使了规范的现代的建筑行业形成。

各种规范的约束下，在流水线上生产出来的建筑构配件和材料，平行选择的余地小，加上现代主义对于功能的追求、设计构思的理性化，导致现代主义建筑到后期越发工业化、标准化，缺乏人情味。但工业化社会首次给建筑带来的全面冲击，建筑在做出迅速且开创性的革新的同时，随之而来的一些负面因素也是符合事物发展规律的。

（六）社会影响的比较

中国传统正式建筑：建筑在中国古代素称“匠学”，是一门由工匠们手传身授的技艺，在“道器观念”和“本末观念”被奉为中国封建时代的重要价值观念的时代，建筑只是一种技术性的建造活动，属于被轻视的“器”的行列。

为了确保构件加工制作的准确性，历代王朝都制定有建筑法规和相应的各种制度，这些法规和制度，不单是技术性的，而是严酷的官府法令。完全对应于现代建筑性质的专业人员在古代是不存在的，但是肯定存在具有这门专业知识的各种有关人员（大匠、将作、匠师以及都科匠等）共同担负起建筑设计之责。中国建筑虽然是在“雕虫小技，君子不齿”的思想支配下，完全由“匠师”担任建筑工程，但是中国建筑仍然是士大夫阶层（知识分子）和工人合作创造出来的产物，知识分子没有参与到营造过程中，但是一切建筑计划、布局安排、式样设计等都是经过知识分子决定、参与意见以及布置各项工作的。所以中国传统建筑有两类人负责：其一是工人出身的匠师，其二是建筑工程的管理官员，如《营造法式》的作者李诫就是宋代的一位建筑官员。

采用模件体系进行建筑生产，是与中国古代社会国人的思维惯式相对应的，采用模件体系进行生产的远不止建筑领域，建筑只不过是众多“器”里面的一种，包括需要群体合作完成的陶瓷、青铜期、武器制作等一些领域都采用了模件体系的作业方式，甚至文字、社会生活组织、绘画等更高一级的文化领域中，也都有模件体系的痕迹。这不禁让人感叹模件化对中国古代社会的深刻影响，其实，或许正是因为中国古代社会长期的官本位、天人合一、实用理性等多方面的综合文化传统，模件化早已经深深的渗透到民族心理，成为某种集体无意识，才会在整个社会生产生活甚至艺术领域都会出现它的身影，这种影响，在今天的中国社会仍深深地隐藏在民族心理的最深处。

在漫长的封建社会中，社会生产、社会生活没有提出新的空间需求，建筑技术体系迟迟没有突破，建筑载体的变革也极为缓慢，世界上现存的文化中，除了印度的文化外，中华民族的文化是最古老、最长寿的，我们的建筑体系同样也是最古老、最长寿的体系，其他古文明如埃及、巴比伦等都已成为历史陈迹，正如梁思成所说的，

“而我们的中华文明则血脉相承，蓬勃地滋长发展，四千余年，一气呵成。”但是这种发展体系过于封闭性，缺乏自身新陈代谢的生命力，时代的瞬变，令这个古老的体系面临从未有过的尴尬局面。

西方现代主义建筑：现代主义建筑是20世纪设计的核心，不但深刻地影响到人类物质文明和生活方式，同时，对21世纪各种艺术、设计活动——包括工业产品设计、室内设计、环境设计、城市规划设计、平面设计，等等——都有决定性的影响和冲击作用。20世纪60年代以后的设计运动基本都是对现代主义建筑的反应，或者企图否定现代主义，或者企图重新诠释现代主义。

短短几十年间，几乎所有的城市建筑面貌都被改变；与以往有着深远历史渊源的建筑、与本地生态文化密切相关的建筑都被现代主义建筑的工业化的面孔取代；伴随着人类文化一直存在的人类建筑地域文化多样性也在这短短的几十年间抹平。现代主义建筑通过大批量生产、以低廉的造价解决了曾经的房屋短缺问题，但是也通过这种工业化的、刻板的、千篇一律的建筑样式（特别是后来国际主义的产生）改变了人们长期以来习惯了的、缓慢的、具有亲密邻里关系的、含情脉脉的、人文的、手工业式的生活方式，在物质形式的层面上使人类从一个传统的乡村的农业社会转化成一个城市工业社会，真正的现代化由此拉开帷幕。

（七）建筑思想的比较

中国传统正式建筑：模件体系在中国传统建筑中的运用，可能最初的目的只是为了在短时间内完成大量建筑的建造活动，或者只是由于模件化已是中华民族的民族性格，但是，模件化生产成为中国传统建筑的建造方式，在一定程度上帮助形成了伦理等级制度成为中国古代社会中不可动摇的根基。建筑除了能遮风挡雨外，其精神属性一直是作为礼制的一个外化物。

中国古代社会的礼制伦理在建筑上的影响是极其深刻的，形成严格的建筑等级制度，等级的分类通过模件化生产变得更加容易操作，就像生产十一顶帽子供给九个阶层选择，这种通过物质上的等级区分更加强化了社会成员的等级观念。从古代流传下来的关于建筑的史料少之又少，我们却可以从其他有关“礼”方面的研究找到关于建筑的内容，一些古代的建筑制式是通过“礼”的纪录才得以流传。他们不是有兴趣从建筑的角度来“考”都城宫室的布局，目的只是希望借此保持“礼”的传统。在一个宗法制的封建国家，“礼”被认为是在资源有限的社会里使每个人安定于其地位而防止逾越纷争，使社会有秩序地一剂良方，它最突出的伦理特征就是关于上下等级、尊卑贵贱等明确而严格的秩序规定，而且具有强制性和普遍性，渗透到古代社会生活的方方面面，从一定意义上说，它是中国传统文化的核心。作为一种统治秩序和人伦秩序规定的“礼”往往把强调整体秩序作为最高价值取向，而个体永远是被重重包围在群体之中的，每个人首先要考虑的是如何在这个秩序体系中安分守己，维护整体利益，形成一个等级分明、尊卑有序、不容犯上而又和睦相处的社会。

西方现代主义建筑：现代主义建筑是现代性在社会文化中一个重要阵地，现代性主要是指从文艺复兴，特别是自启蒙运动以来的西方历史和文化，其特征是“勇敢的使用自己的理智”来批评一切，它表现在两个方面：①对于自然世界，人类可以通过理性活动获得科学知识，并且以“合理性”“可计算性”和“可控制性”为标准达至对自然的控制。其口号是“知识就是力量”。②在社会历史领域里，人类应当相信历史的发展是合目的的和进步的。人们可以通过理性协商达成社会契约，把个人的部分权力让渡给民选政府，实行“三权分立”，就能够逐步实现自由、平等和博爱的理想。理性主义是现代性工程的主要理论基石，而对于秩序的追寻也是现代性的目标，只有这样才能使每个人在自由地运用自己的理性能力时不至于妨碍他人运用理性能力的自由。怎样建立起这种必要的秩序呢？答案依然是依靠理性的指引。在古典现代性时期，建筑风格使无拘无束又颇有秩序的功能主义的力量成为现实。关于这种力量，密斯·凡·德·罗于 1938 年在阿莫尔技术学院的就职演说中指出：“在借助功能从质料到创造性劳动这条漫长的道路上只有一个唯一的目标：在我们这个充满疑虑迷惘的时代创造秩序。因为我们必须有秩序，让每一事物都有它所属的位置，让存在按照它的本性存在。我们所要完成的就是，让我们创造的世界从其内部开始繁荣昌盛，除此之外，我们不想做什么也不能做什么。”

虽说密斯的作品中，他所谓的理性也并非真正的理性思考的产物（这里暂不谈，见第四章），但是还是可以看出以他为代表的现代主义建筑师确实是以理性主义者的角度，希望通过大批量工业化生产的建筑来塑造一个新的充满秩序的世界，柯布西耶在这方面尤为在意，在《走向新建筑》一书中，他写道：“建筑师通过使一些形式有序化，实现了一种秩序，这秩序是他的精神的纯创造；他用这些形式强烈的影响我们的意识，诱发造型的激情；他以他创造的协调，在我们心里唤起深刻的共鸣，他给了我们衡量一个被认为跟世界的秩序相一致的秩序的标准，他决定了我们思想和心灵的各种运动；这时我们感受到了美。”

二、模件体系对建筑伦理功能的影响及特征

模件化生产体系影响不仅仅是两种建筑体系的外观和建筑逻辑。对伦理功能的影响也是巨大的。通过对比这两个模件化生产的建筑体系。总结模建体系对于空间美学、形态、社会体系、社会形态、哲学及意识形态方面存在的异同点。

建筑伦理功能不是指建筑在维持社会伦理方面的功能，而是指建筑所体现出来的某种精神气质（Ethical），所以本书所论述的建筑伦理功能可能与社会伦理没有多少联系。在建筑伦理功能研究这一领域里，对伦理的研究和对精神气质的研究都有，两者的研究重点和出发点都相去甚远：对建筑的社会伦理的研究一般体现在建筑对社会道德、礼制、阶层等级等社会学方面的外在教化作用上，而对建筑的某种精神气质的研究则是通过建筑的外在物理层面来探讨其内在的精神属性，包括它的“性格特征”，人们对它的看法，它给人们带来的感觉，是不是满足人类对建筑的期待等。通过对模件体系介入建筑中的综合分析，研究它在建筑的物理层面有哪些特征，相应地会对建筑的精神气质——“伦理功能”会带来什么样的特质。区别这两种不同的伦理功能研究对于内容的理解是至关重要的。通过前文对中国传统建筑和西方现代主义建筑对模件体系运用的诸多方面的阐述和比较，我们不难发现这两个在时间和空间上都没有关联性的建筑体系，竟然有那么多相似或相同点，这种比较的结果让人惊异。两者在很多精神气质上有诸多相似性，这说明模件化生产体系影响的不仅仅是这两个建筑体系的外观形式和构建逻辑，对它们伦理功能的影响也是巨大的。在此希望通过对这两个运用模件化生产最彻底的建筑体系相同交叉部分的对比研究，大致总结出由于模件体系介入建筑，在建筑的伦理功能方面留下哪些特征。

（一）美学及空间形态方面

李允鉌在研究中国古代建筑时，曾说过标准化的模件生产方式一旦形成，就会长期对设计思想起支配作用。中国传统建筑和西方现代主义建筑两大建筑体系在建造过程中都彻底地采用了模件化的生产方式，而这种方式一旦形成，也就排除了其他构造的可能，因为它不仅影响了人的设计思想，还因为废除或新发明一种模件就会对原有的模件体系来一次冲击，而这种冲击是全面的、不经济的，因此，中国传统建筑和西方现代主义建筑都呈现出自身明显的特征，也非常稳固。通过提取这两大建筑体系相同的美学及空间形态方面的特点，研究模件化的生产体系介入建筑中，

在美学形态上会给建筑带来哪些特征及相对应的伦理功能。

（二）中国传统建筑与西方现代主义建筑在美学与空间形态上的比较

中国传统正式建筑的平面一般是以“间”为基本单位，按奇数值增长成一个建筑单体，由三间到十一间甚至十三间不等。由于采用了标准化，建筑单体在变化上是有限的，中国古代建筑没有采取将单体建筑向竖向高度发展的组合方式，而是在二维平面上摆放各个建筑单体，围合成一个个院落，而同期的欧洲古典建筑一般都已经在建筑单体的基础上向天空发展，矗立的一座座尖塔与平铺在地上的大片院落平房的中国建筑形成鲜明对比。中国传统建筑通过大小、形状、性格不同的院落，化解了一个个“方盒子”单体的有限的约束，丰富了原本单一、直接的空间，形成纵横交错、大小不一的围合空间，因此李允鉌说中国传统建筑的院落组合实在是一种十分高明的构图手法。

西方现代主义建筑的建筑空间看起来和中国传统正式建筑空间相去甚远，但是，抛开中国传统正式建筑的繁杂的装饰和色彩，只看基本单元空间和空间体块组合的话，两者是有高度相似性的，都可以概括为矩形的几何体，我们暂且叫它“积木”，而这两者的建筑空间组合就像是摆积木。西方现代主义建筑由于受柱网的约束，建筑单元平面基本上是矩形、正方形、圆形或半圆形等欧氏几何形体和笛卡尔坐标等启蒙运动时期的理性主义形体，这些规矩的单元平面形式和中国传统正式建筑的矩形平面单体如出一辙，只是在空间形体组合时，中国传统建筑是沿着地面，平面地摆放各个“积木”，而西方现代主义建筑打破了西方古典建筑空间布局的对称性和封闭性，把建筑从西方古典主义的桎梏中解放出来，多个维度的体块相互穿插，形成空间虚实的对比，丰富了原本呆板的“积木”空间语言，给现代主义建筑更多灵活的空间布局自由。现代主义建筑的出现，是工业时代到来的必然产物，对于早期工业化大生产的生产方式而言，正方形、矩形、立方体、球体、圆柱体等欧式几何基本形体是十分适合进行标准化的机器生产的由于现代主义建筑受到立体主义、构成主义等艺术流派的影响，最主要的是它以功能设计（而不是形式）为先入为主的设计概念，以及在建筑空间中时间观念的引入，形成四维流动空间，所以现代主义建筑在“积木”组合的时候比中国传统建筑更灵活，空间语言也更加丰富。借用语言学上的概念：这两者有相近的语汇（基本建筑构件），相同的语法（建构逻辑），不同的句法（构件安装的顺序逻辑、修辞装饰等），最终两者相互之间有着构成上的相似性。而两者本身都存在语言上的匮乏单调性，主要原因是由于模件化的生产体系，以直线为主，方便进行大批量生产；承担结构的柱网虽然解放了承重的墙壁，但是约束了整个建筑的平面布局，使正规的几何形体特别是方形成为不二之选。欧式几何体和笛卡尔坐标的确是大多数人心目中“理性”的先验性意识，这种先入为主的意识可能仅仅是因为历史文化观念和审美意识积淀的结果而已。直线在模件化生产中是最常见的语素，甚至是占有绝对的统治地位。以上种种原因使得这两个建筑体系相对于没有使用（或少用）模件化生产体系的建筑派系来说，都带有明显的方正、规整、统一等空间特征，体现在建筑伦理功能上则是充分的理性色彩和统一秩序感。

（三）美学方面

在美学方面，中国传统建筑和西方现代主义建筑较少有相交叉的地方，这在外观形式上就可以直观地看出来：①造型上，两者有相同的方盒子式的建筑主体，但是，中国人选择采用曲线造型和深出檐的大屋顶掩盖了光秃秃的方盒子，而西方人则将方盒子自身的简洁美感发挥到极致。中国传统建筑通过翘起的大屋顶赋予整个建筑以轻灵的动态，带着中国人特有的自然美感，而西方现代主义则彻头彻尾地表现着建筑的机械美感；这导致两者在天际线上的截然不同；②对称性上，中国传统建筑由于受儒家中庸思想和礼制的影响，非常讲求对称，中轴线不仅反映在单体建筑中（没有偶数开间的单体建筑），更在建筑群组中充当统领全局的作用；而西方现代主义建筑一开始就放弃了先入为主的形式平面设计方法，反对古典建筑的对称性，可以说，追求不对称性是现代主义建筑在形式上一大特色；③色彩上，中国传统建筑以其艳丽的色彩给人留下深刻印象，从位于金字塔顶的皇室宗庙建筑的五彩鎏金，到普通百姓住宅的青瓦白墙，不同的彩度和颜色对应着不同的阶层；西方现代主义建筑对装饰的反对态度也影响到对色彩的运用，带有构成主义的特点，很少故意使用有彩色，即使出现在建筑中，也是很简单的色块；④装饰上，中国传统建筑和西方现代主义建筑在这点上可谓截然不同，前者在基本建构体系成熟的基础上，后期的发展基本上都倾注在对细节的装饰上了，从斗栱的发展便可见得一清二楚，到了明清晚期，原本明快简洁的梁柱体系建筑已经被种类繁多的各种装饰小构件和五彩漆画装饰得繁复甚至有些啰嗦；而后者在装饰问题上始终抱着鲜明的态度：“装饰即罪恶！”与当时的工业时代机器美学的兴盛、战后窘迫的经济条件、大量的住房需求都密切相关。 以上四点都与模件体系没有多少关系，模件体系决定了建筑的基本框架，对于在框架上如何带着各自不同的审美习惯创造更符合各自审美口味的建筑，则是各有所长。这个对比也反映出，模件体系对于建筑的美学特征没有太多约束和影响，只是明显的体现在空间的基本形态上。但是，仅仅是外在的色彩、装饰、造型上的弥补还不足以掩饰由模件体系给建筑的伦理功能带来的理性色彩和统一秩序感（图 4-10）。

图 4-10　中国古典建筑的屋顶

（四）社会体系及社会形态方面

模件体系的生产方式在中国古代和现代西方都不只是应用在建筑生产领域，而是一种普遍存在的社会生产组织形式，如中国古代的青铜器、陶瓷、兵器、印刷等手工业领域都普遍而广泛地采用模件化的生产方式，甚至中国古代的绘画艺术和书法艺术都带有明显的模件的痕迹，中国人不介意模仿，也不介意以复制的方式增长，道法自然，是一切艺术追求的最高境界。

像竹子、兰花及石头这样的母题，与建筑中的斗栱不同，并非物质意义上的模件。但是，当郑燮反复描绘此类母题并将其组合为一体时，他实际上已经把它们当成了模件。然而，在郑燮的构图中，个性化的绘制手法使他的母题与手工业产品的模件拉近了距离。郑燮式的画家们，在两个方面极力效法自然。他们创造了数量庞大、难以胜计的作品，而他们之所以能够做到这一点，即在于利用了构图、母题和笔法的模件体系。但是，他们以自己独特而无法模仿的形式浸透了每一件单独的作品，犹如自然造物的伟大发明。

这可能是现代西方的模件化生产与中国古代的模件化生产不同的地方，现代西方的模件化是应机械化大生产而生的，流水线的作业使每个单体模件之间的尺寸是绝对精准的，不像中国古代的手工生产出的模件单体的尺寸都是相对的，一座佛塔中的斗栱中的预制木构件看起来好像全部能够互换，但是精确测量之后表明每一个构件之间都有几毫米的误差，所以中国古代的模件单体之间的互换性，只在手工业的小范围之内，并不能像现代西方的单体零部件之间存在全社会的通用性。中国古代的社会体系和组织生产的方式与现代西方多有不同，但是因为模件体系，两者又体系出某种相似性。从生产方式上来说，中国封建宗法社会的建筑生产，只有采取官营手工业的建筑生产方式，才能解决建筑实践的需要。工官匠役制，是官府为帝室和朝廷所需的物质资料组织的官营手工业生产，所设置的监督管理机构和职官的一种制度，从全国征调大量的工匠和士兵以及服刑的犯人，实行军事编制和严酷的监督管理，以无偿的、超经济的奴役制度，保证了高效快速施工和建筑的质量。中国历来改朝换代，无不采取“毁旧国，建新朝”的办法，这就必须在最短的时间里，建成规模最宏大的都城和宫殿建筑，这是数千年来，一贯采用工官匠役制的根本原因。早在殷代就有“天子有六工，司空慬之” 的记载。周代的朝廷职能和制度日趋完善，将国家分为六种职事，在“司空”的属下设“百工”的官制，主管手工业的生产。所谓“百工饬化八材，定工事之式”。饬化八材，就是将八种材料，按照一定的生活需要进行加工制作。工，凡掌握技艺能制成器物的都称为“工”。从百工“定工事之式”，说明古代的工官，在周代已有订立制度和法式的职能了。

在工官匠役制的运作方式下，如何组织数量庞大的人进行生产，统治者不仅要控制工匠的人身自由，强迫工匠服役而获得生产力，同时必须要控制产品的质量，保证生产速度，这实在是一个复杂的管理问题。“物勒工名”和“劳动分工”是解决难题而采取的办法。据《礼记·月令》记载，在冬季主管手工业的官吏要考核生产情况，就是根据“物勒工名以考其诚，功有不当，必行其罪，以穷其情”。“物勒工名”，就是工匠在他所制作的产品上，刻写上自己的姓名和生产日期。据此检查工匠是否诚实地按照法式生产，不合要求的，必须惩罚其过失，追究其原因，以防止“造作不如法”或“造作过限”。这对建筑生产尤为重要，因为加工制作的构件以千万计，一个构件不合规格要求，就影响整个构架的安装。在大规模的宫殿建筑工程中，用榫卯结合的木构建筑，加工制作的构件的种类和数量，是十分惊人的，以简单劳动协作的方式进行生产，每一根构件都必须合于规格和质量要求，否则就无法构成整体的建筑物。古代在建筑生产中，用物勒工名的办法控制工匠生产的产品质量，目的在考核产品质量是否合于要求，保证造作如法，或造作不过限。这就首先必须给工匠生产构件以既定模式，工匠才能照法制作，工官才能依法考核。所以，历代工官制的一个重要职能，就是制定营造的规范和法式。物勒工名保证了生产的质量，劳动分工则保证了生产的效率和速度。特别是对于复杂而庞大的工程，没有一个工匠能够样样精通，必须有人监督并指导整个生产过程。整体性创作与分工生产的另一个本质区别，是后者需要严格的监督管理。这种生产方式不仅用在建筑营造方面，“百工”中工种有“攻木之工，攻金之工，攻皮之工，设色之工，刮磨之工，搏埴之工，匠人，弓人等，制造兵车、军器、玉器、乐器、陶器和营建宫室、水利工程等”，同属于官式手工业作坊，生产方式也相同，整个社会体系的生产组织方式都是工官匠役制，都是采用物勒工名、劳动分工的方法。劳动分工在青铜器的制作上体现的尤为明显：中国的青铜器铸造接近于生产方式范畴的另一端。在这里，生产过程被分成若干独立的步骤和单元。这些步骤也可视为模件——生产体系中的工作模件。多数工序可以大规模同时并举，因为产品的最终形象在动工之前已经有了精确的规定。一部分人在准备铜料的时候，另一部分人已在制模了。……中国青铜器是若干专业工匠协作的结果，每个人负责完成其中一项标准化工序。标准化、协作化、可预见性是这种生产体系的基本特征。相比而言，个人的创造力就受到限制并且只有在严密的框架内才能够发挥作用，因为模件中一个工序的变更，都会影响到整个工作程序。参与这项工作的个人无力改变产品的形状和决定产品的质量。劳动分工要求单一性，纵然是在很高的质量水准上。如果一个人有 20 年以上的雕刻饕餮纹的经验，他的水平就很难被一个同时承担多项任务的人所超越。这正是中国工匠在各个领域都能够取得并保持极高质量水准的原因之一。劳动分工是大规模青铜器生产的最佳方式，而这一点恰恰符合社会的需要。为了维持正常的宗教和政治生活，如公元前 12 世纪的商代贵族们，需要数千计成组的青铜礼器。为了满足这个要求，青铜工匠们发明了模件体系。模件化产品促成了劳动的自然分工。这种产品在一个生产体系内被极为顺畅而又高效地装配起来，因为该体系中的工作都是分门别类的。

现代生产系统的主导模式是“福特主义”生产方式，它是为了满足大量生产的需要而建立起来的，是以自动化的生产流水线为技术基础，以标准化、持续化、高强度、人物简单化和分工固定化的劳动过程为特征，以严格的科层系统为基本组织形式。这种“现代主义”，与所谓英克尔斯体系（传统工业化时代的现代化标准），即主要从工业化的角度衡量现代化程度的评价方法基本同拍。当时人们面临的问题是随着工业化的步伐，城市化急速发展，无产阶级生活环境加速恶化，城市住宅的需求极速膨胀，要求建筑迅速从中世纪式的手工业操作发展为工业化操作，加上在同一要求下新的建筑材料，新的建筑结构和建筑设备的不断涌现，以及人的审美观念的更新，促成了这一浩浩荡荡的建筑革命。简而言之，多、快、好、省地建设资本主义，可以说是现代主义当时面临的主要问题。工业革命冲击全球的生产模式，西方社会所以能率先发展成资本主义社会，正是由于工业革命所致，当东方社会还在以人手缓慢地生产货品时，大量以机器制造的同类商品已经攻进市场，以廉价优质取胜，结果使得很多依靠手工艺维生的人失去工作，失去收入。然而，无可否认的是，机械化生产模式，可以进行大量生产，生产的速度快，依靠的人手则少很多，这使价格可以大幅度调低，因而具有强大的竞争力。大量的生产，在于能够以最少的时间，生产最多的货品，因而大大节省成本。要大量生产，这涉及五个原则：一是机械化：大量生产一般都需要借助机械进行生产，就是不能全面机械化，依然要依赖人手技术的，也尽量加入机械的应用。同时，机械的生产商也致力于开发取代人手或帮助人手的机器。二是大规模操作：大量生产的工场，以规模大的占优。机器使工作效率大幅度提升。开动机器生产使产量增加，但生产所需的成本却并没有迅速增加。相反，当生产的速度越快，生产量越大，每件产品的平均成本便越低。三是员工专业化：大量生产的模式，必然是采用生产线制度，即是说，采用流水作业的方式，把整个生产程序分作很多很多个工序，每个工序只涉及很少量的工作，于是，生产管理人员只需要在很短的时间内，教会一名工人处理一道工序，工人就可以正式投入生产，也在很短的时间内，拥有和一个资深工人一样的生产速度，他们每个都能够在自己负责的职责范围内成为专家，高度专业化，因而能够有相当高的生产速度，产品质量也较有保证。四是标准化：这是使每一个工序的工作方式进行完全的统一。首先，生产管理人员需要明确地划分清楚生产一件产品，共要多少工序，然后把每一个工序的步骤有次序、有系统地详列，并且每样零件和工具的摆放也要清楚，连工作人员执行生产的动作，都有一定的方式。此外，产品零件的尺寸、产品大小、品质水平等，都定出了标准。五是自动化：这是把科技应用于生产的重要趋势，自动化就是指全部或大部分的操作，从最初的物料处理到最后的品质检验，都尽量透过机器完成，不经人手，整个生产过程都由精密的机器自动完成，整个过程中需要很少的人手。

综合比较中国古代模件体系的生产方式和西方现代的流水线模件化生产方式，发现两者虽然一个是出于农业社会，一个已经是工业社会，但是组织生产的方式竟然如此相似：大批量的生产、专业化的分工、标准化的零部件生产、最后的组装，唯一不同的是西方现代社会借助于机器的力量实现了自动化。没有证据说明西方曾经向中国学习并采纳了生产的标准化、分工和工厂式的经营管理，但是在工业革命开始之后，中国开始显示出由于模件体系带来的制造业上的优越性，而西方则借助机器的力量，推行机械化与标准化比中国人更进一步，结果从 18 世纪开始，西方的生产方式在效率上就有了超越中国的势头。

我们可以推测出两者没有任何渊源的相似，仅仅是因为都采取了模件化的生产作业方式，之所以会选择这种作业方式，跟社会大量而急切的需求有密切关系。模件化的生产方式随之带来标准化的大规模生产、分工、可互换的零件、组装等生产特点，这些特点也决定了这种社会生产体系下的产品，都带有大批量复制式生产的特点，生产体系本身缺乏应变的刚性制度，加上产品庞大的数量、统一的产品面貌带来的高度的秩序感，都投射到产品上，在伦理功能上留下了深深的烙印。在机器生产的手中，没有任何一个分支的艺术不以这种形式或那种形式面临毁灭的威胁，而且仿佛没有任何东西能取代它的地位。建筑的问题，可以说太错综复杂了，无法用任何简单的方式加以概括。但是可以说，建筑在各个方面都在遭受集合的、有影响的力量的攻击，建筑师与它们的对抗趋于徒劳，它们大多是不受控制的机器生产的直接或间接的产物。长时间以来，胜任的建筑师必须面对的唯一真正的困难，是选用合适的砖瓦进行建造的困难。但在后来的年月里，他却被埋在了完全是倾斜而来的人造构料下面，这些东西是石棉瓦、大块水泥构料、标准化的窗框、门和其他令人厌恶的构料，它们从根基上铲除了建筑处理的任何可能性。

（五）哲学及意识形态方面

人们在采用模件体系的生产方式来进行物质生产的同时，模件化也反过来深深地影响着人们的思维方式，以思维方式和物质呈现多种方式塑造着社会的结构。以至于不能清楚地说明白到底是先有了适合于采用模件化的思维从而发明出了模件体系的生产方式，还是先有了模件体系生产方式从而塑造了人们的思维方式和社会结构，就像关于先有鸡还是先有蛋的争论一样，无休无止。但不可否认的是，我们在研究模件体系的生产方式的同时，对模件化的思维方式也就是相对应的哲学及意识形态方面的研究是不可避免的，也是极其重要的。关于中国传统思维方式和意识形态的研究层出不穷，我们对自身总是充满神秘的好奇，而且好像永远也不能真正透彻地了解自身，众多学说纷纭不一，但基本上主要集中在以下几点：①思维特点呈现出整体性、综合性、直观性，对应于西方的思辨性、实证性、机械性；②意识形态上呈现出统一性、连续性、中庸平和、非宗教性、泛道德性（礼制）、对应于西方的激进行、个体性、开放性、唯理性和巴洛克性；③天人合一、实用理性、内向含蓄性、群体意识和伦理等级观念在整个民族的行为模式上也深有影响。李泽厚给出了一个比较适当的描述：“清醒冷静而又温情脉脉的中庸心理，不狂暴，不玄想，贵领悟，轻逻辑，重经验，好历史，以服务于现实生活，保持现有的有机系统的和谐稳定为目标，珍视人际，讲求关系，反对冒险，轻视创新……”

在思维方式或艺术品位方面中国人都显示出直观性和东方特有的浪漫温和，但是如本书第二章所述，在建筑上则分裂为两个走向：一边是在封建伦理等级制度作用范围内的正式建筑，规整方正，严格对陈，等级分明，另一边则是游乐观赏性的杂式建筑，灵活自由，活泼多姿，顺应周边环境，融入自然。不多的杂式建筑对占主导地位的正式建筑起到很好的补充、点缀的作用，也是中国传统中庸心理的一个体现。但鉴于本书探讨的是模件体系所影响的建筑的伦理功能，所以，对在模件体系范围外的杂式建筑将不做谈论，只对正式建筑进行相关研究。

封建家长制的专制等级制度和群体意识在中国传统建筑中得到了不同程度的体现和表达。中国古代的封建统治者自称为“天子”，他们那种无上至尊的权威需要一种象征，这种象征需要一种载体，最好的载体莫过于建筑了，严格的中轴对称、最高的建筑等级把帝王的天下大一统的专制表露无遗，反映出中国传统的社会政治结构的基本特点。

“礼”是中国文化人伦秩序与人伦原理最集中的体现，它突出的伦理特征就是有上下等级、尊卑贵贱等明确而严格的秩序规定，而且这些规范人伦关系和统治秩序的规定，带有强制性、普遍性的特点，渗透到古代社会生活的各个领域，甚至从一定意义上可以说“礼”是中国传统文化的核心：古代中国的家庭、家族、国家，都是按照“礼”的原则和要求建立起来的，从国家立国兴邦的各种典制到人们的衣食住行、生养死葬、建筑规格与样式、行为方式等，无不贯穿着礼的精神，它以强劲的力量规范着中国人的生活行为、心理情操与是非善恶观念。

作为起居生活和诸多礼仪活动的物质场所之建筑，建筑以其形式表达着作为生活场所的意义，发挥维护等级制度的社会功能。以礼制形态表现出来的一整套古代建筑等级制度便是这一制度伦理的具体体现。礼塑造了中国传统建筑的理性品格，其影响主要体现在两个方面：一是形成严格的建筑等级制度，二是在建筑类型上形成了中国独特的礼制性建筑系列。建筑等级制度是指历代统治者按照人们在政治上、社会地位上的等级差别，制定出一套典章制度或礼制规矩，来确定适合自己身份的建筑形式、建筑规模、建筑用材、色彩装饰等，从而维护不平等的社会秩序。建筑等级规定主要体现在城邑等级、营造物的尺寸和数量、以及建筑形式与色彩等三个方面。具体来说，建筑的形式、屋顶的式样、面阔、色彩装饰、群体组合、方位朝向、建筑用材，几乎所有细则都有明确的等级规定，建筑往往成了传统礼制的一种象征与载体。紫禁城宫殿组群以中轴线与严格对称的平面布局手法，将封建等级秩序的政治伦理意义表达得淋漓尽致。

作为一种统治秩序和人伦秩序规定的“礼”往往把强调整体秩序作为最高价值取向，而个体是被重重包围在群体之中的，每个人首先要考虑的是应该在既有的人伦秩序中安伦尽份，维护整体利益，形成一个等级分明、尊卑有序、不容犯上躐越而又和睦相处的社会。这种观念和精神表现在伦理观上就是强调群体意识、注重整体秩序，主张个人应该以群体、大局为最高价值取向，在既有的人伦秩序中安伦尽份，维护整体和谐。中国传统建筑不像西方传统建筑那样，张扬地高耸云端，给平凡的人带来莫名的压迫感，中国传统建筑和缓地匍匐在大地上，谦逊地顺应着自然，但这也并没有给人带来多少轻松的感觉，人在偌大的建筑群中，同样感慨于自己的渺小与无能为力。建筑中的斗栱梁柱对应与这个等级社会中的每个个体的人，按照等级分类，不同类型的个体各自忠守于本职工作，各个社会机体有机协作，完成一个秩序井然的社会运转，单体的个人永远是渺小而不值得提及的。群体原则确实包含了一些合理的内容，但毋庸讳言，对群体认同的过分强化，也有负面的作用，它往往容易忽视个体的存在价值，阻碍个性的多样化发展，还压抑了人的创造性和主体意识的张扬。

西方现代主义则是受到现代性思想的影响，宣扬“自由、民主、科学”，坚持理性主义，但是，在它劳苦功高地解决了住房难的困境之后，人们对它的批判与反思也越来越多，首当其冲的就是后现代主义了。反对的矛头基本上都是对准这现代主义的功能主义、过于理性、刻板、专制、缺乏人情味，当然个性化在当时也不是考虑范围之内。似乎和中国传统建筑的专制、理性得单调、威严而不亲和等都有异笔同功之效，而这支笔可能就是联系这两者唯一的纽带——模件体系了。

从 20 世纪中期开始，“现代主义”建筑给城市带来许多新的问题逐渐显现，主要的是他们的那种“理性”所表现的排斥传统、民族性、地域性和个性的所谓国际式风格；光、平、简、秃的千篇一律造成的单调的方盒子外貌，引起了人们的不满。人们问道，难道人就非得被包围在这些冷冰冰的、缺乏人情味的、理性有余而感情不足的巨大“机器”当中不可吗？历史、乡土、个性、人情，就真的与时代性不能共存？密斯用光洁简单的玻璃盒子表达了自己对极简、纯粹理性的轻车熟驾，业主却为此付出了冬冷夏热、私密性不佳的使用代价（范沃斯住宅）；勒·柯布西耶的巴西利亚规划单纯讲究物理功能或视觉功能，表达对规范、秩序和可控的社会结构的向往，但忽视了人们的心理功能的需要，为了“形式的现代”而不惜以牺牲生活的实际功能为代价，对经济、文化、社会和传统较少考虑，令人感觉空洞，缺乏渊源与生气。与其说它们是一个现代生活的城市，莫如将它们视为按规划师刻画的模子生搬硬套地营造的庞大的“人工纪念碑”，是一个巨大的“机械城市”组合体。现代主义者们带着民主主义的理想，想为大众提供经济廉价的住房，却又认为大众的眼光不足以采纳，以精英分子的立场，怀着为这个混乱的社会创造新的秩序的目标，建造出大批带有些许“专制”（没有选择，被迫接受）色彩的工业化社会的建筑，用詹姆斯的话说，“它强制着建筑艺术使之变得如此无情，自命不凡而又极度拘谨”。当然，在这里，再无意对现代主义建筑作什么批判了，本书提到的诸多现代主义建筑的弊端，目的不是批判现代主义，而是抽丝剥茧，抽离出模件体系在建筑中的运用，给建筑的伦理功能带来的改变和影响。

现代主义建筑顺应当时社会的各种形式提出了相当多的解决办法，许多新的主张和观念，对新技术和新材料的探索利用、对结构空间的突破更是为后来建筑的发展开创了先河，建筑中的现代主义思想甚至还影响了当时整个社会的文化和意识形态，后来甚至至今的许多建筑流派都是建立在对现代主义的批判、重新审视或者革新的基础上的，对于这样一个有划时代意义的，又劳苦功高的建筑流派，在需要迅速大量提高公众生活质量，大幅度降低建筑造价和快速施工，不得不实行工业化批量生产的时候，把现代主义建筑当成是英雄，当不再凄惶于房荒，开始回过头来批判现代主义的单调、枯燥，是不客观的。

继牛顿力学发现与机械唯物论盛行，人被视为机器，建筑也成为住人的机器。现代派的功能主义并不重生活，只将作为机器的人的物理特征如人体尺度、流线序列之类加以分解和程式化。与人的生物特征如需要阳光、空气加以规范和程式化。如此割零碎剐，哪里还有生活，再僵化而到处套用，不需要思考只要操作，一如流水线上工匠。生活被碎成汉堡包中的肉饼，千只一味。现代派都有支派注意外形须符合内屋功能，意义深远而不足。倒是程式化了功能类型成为清规戒律，今尤危害。博物院、美术馆定无窗；医院、学校必得像石灰池中捞起的瘦骨嶙峋的老学究可怪自悖逻辑，千样生活都非压进方模子不可，还有什么功能的主义？

中国传统建筑和西方现代主义建筑，由于模件体系的作业方式，两者在建筑伦理功能上呈现出某些共同点：秩序、专制、高效率、对情感的漠视、对个人的轻视（西方现代主义建筑中体现为抽象的人设计）、对生活丰富多样性的忽视、形式上的理性等。

〖第 2 部分〗模块

第五章 模块化与适应性

第一节 空间模块概念与特征

一、模块化设计概念

如果说模件是以单元模件构件生产体系，那么，模块化就是以模块单元来实现空间产品的多元化需求。模块化设计是一种新兴设计思想，是由工业制造过程中突显的便捷性衍生而来，现在这一设计方法已打破原有的使用界限，成为一种设计新模式得到广泛的应用。应用到建筑设计，则是由若干个模块化构件构成的一种建筑形式。其特点是：①满足高成长性与实际需求为对象的系统构成；②主要方法是对空间分解和重组；③追求个性化和定制化结合。

一段时间来，模块化设计理念的学术关注度呈现不断增长趋势，越来越多的模块化设计案例正在涌现。模块化的概念从哲学上来说是由狭义模块化与广义模块化组成。狭义模块化停留在模块化的本义阶段，即在工业生产过程中，将产品所需的要素相结合，构成一个个产品要素形成的模块单体。这样的要素模块单体可以无限复制，不同种类的要素模块经过多种组合，最终组成不同性能、不同功能的系列产品。模块化产品可实现大批量的单件生产，具有高效、简洁、通用的特性。广义的模块化设计是通过狭义的模块化设计原理，把产品模块化设计运用到建筑设计领域，这也是企业自行订制空间的一种有效建筑设计方法。空间模块是一种具有完整独立功能的产品部件。包括单体模块空间、组合模块空间以及基础区域模块等，把空间作为产品构建一样的广义设计原理，在应对不同规模或不同类型的新兴企业时，利用模块空间的组合、分解、重构，为新兴企业提供“菜单式”模块选择，从而适应新兴企业的不同需求。广义模块化与狭义模块化具有共通性，在孵化器空间功能和结构上应用模块化思维，既能在单体模块空间中体现空间的统一完整，又能在空间模块的编排中表编排了由勒·柯布西耶设计的马赛公寓，是他著名的代表作之一。在马赛公寓（图 5-1）的设计中，根据达·芬奇在文艺复兴时期提出的人文主义思想，他采用以男子身体的尺寸比例为基础的一系列接近黄金分隔的神圣定比数列，这套数列被他称为“模数”，他套用“模数”来确定建筑物的所有尺寸，这是建筑使用模块化设计的早期尝试，这套“模数”也为参数化设计奠定了基础。“模数”概念为模块化设计思路提供了实践方向。

勒·柯布西耶在设计马赛公寓过程中，在空间划分上提出了“抽屉式住宅”的设计思路，首先搭好建筑框架，尺寸经过计算过的框架形成的格子中，插入预制构件，这些构件从工厂预制而成，如同抽屉与抽斗一般，可以随时抽出与插入，这样的设计方式，与现今模块化设计思路具有相似性。“抽屉式住宅”的建成，对模块化设计有着深远的影响，这也是预装式空间单元模块的早期尝试。这座被誉为“居住单元盒子”的建筑在投入使用时，可供选择的空间面积型号，与入住家庭人数相匹配，适应了当时针对战后紧张的土地资源与大量流离失所群众的居住需求。

图 5-1　马赛公寓建筑空间与细节

建筑空间适应性概念受到广泛关注源于巴黎蓬皮杜文化艺术中心，它打破了文化建筑所应有的设计常规，蓬皮杜文化艺术中心的设计者之一罗杰斯在演讲中提到“我们把建筑看成像城市一样的灵活的永远变动的框子”，这样的设计理念主旨在于提高建筑空间的灵活度与适应性。艺术中心按照其功能需要，恰当地组织建筑空间：首先，这座建筑中的大量构件和门、窗、墙体等使用“可拆式”设计方法；其次，各个楼层采用统一的没有硬性分隔的开敞式空间，使蓬皮杜文化艺术中心形成一个可以根据功能需求更改空间分隔的具有高适应性的灵活建筑。由于具有这样的适应性，在今后的相当长时间内，各种形态、各种规模的展示活动、工作团队等都能根据自身需求有效的与建筑相适应。罗杰斯说：“自由和变动是房屋的建筑艺术表现”，蓬皮杜文化艺术中心由于其活动内容和方式经常需要变动，上一场艺术活动所建造的展陈空间在下一场活动之前就需要进行空间重组，所以这些空间不做过细过死的划分，采用敞开的布局和活动隔断是提高其适应性的必要手段。不仅展示建筑，现代办公空间也趋向于采用敞开式空间布局，这都是为了增强空间的灵活性与适应性。

模块化建筑，也称作空间体系的模块式装配建筑，它是由一个个模块化构件构成的一种建筑形式。每一个模块都是在工厂预先制成的，它们既是一个结构单元也是一个空间单元、结构单元，也就是每个模块都有自身的结构，独立支撑存在。空间单元是按照不同功能的需求，模块内部被划分为不同空间，并按照要求装配不同

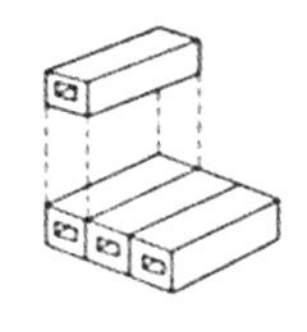
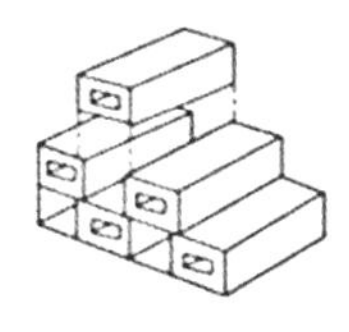
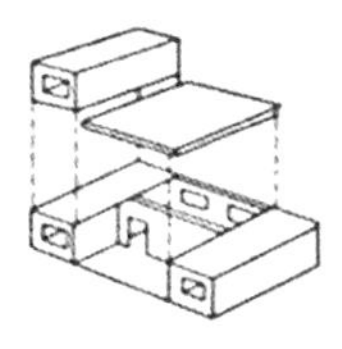
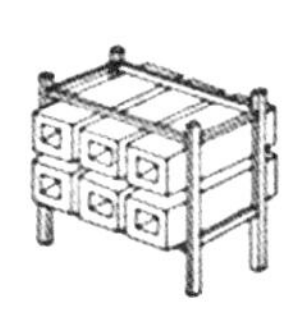
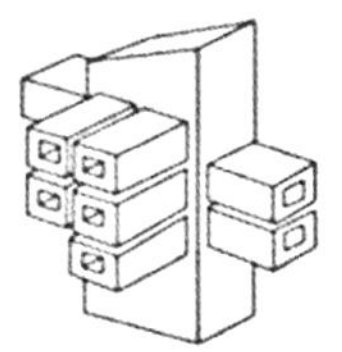

图 5-2　模块化生产体系

的使用设施。1967 年蒙特利尔世界博览会展示的重要主题项目——住宅 67（图 5-2），便是成功的模块化建筑实例，它由 365 个结构模块通过拼接，创建出 158 套住宅，设计者通过结构模块的上下退台式摆放，使每套住宅都拥有私人花园。这种整体的“建筑空间”的模块化设计应用对建筑内部的室内空间的模块化设计有重

要借鉴意义。

建筑的模块化意义不仅是表现了传统存在，更多的是将其可持续设计的特有理念引入空间重组中，这种特定的模块化设计是将原有空间进行结构的模块化，再结合空间的功能要求使空间在其既有结构下拆分为一个个具备使用功能的单元模块，在最终向新功能空间转化时，将这些单元模块重新整理组合成所需要的空间。因此模块化设计的意义不再是一个先预制再装配的独立实体，而是在一个已具备框架结构的成熟空间内进行空间再重组的一种设计手段。

国外关于模块化的理论研究与实践，在系统上比较完整与成熟，模块化设计在欧美等发达国家是热门的研究方向，这些国家的很多建筑目前已经采用模块化的设计方式。这种模块化的理念也已经深入人居环境，如主营家居产品的宜家，也通过模块化理念对家具进行模块化设计，形成一体式服务。在使用过程中，无需专业人员，普通客户在家就能实现装卸，这是模块化带来的便捷优势。同时，国外研究人员目前针对模块化与参数化设计的共通性，利用软件编程，进行空间的精确细分，结合空间模块组合，把数据输入电脑软件中并反馈到生产厂家，根据数据生产对应的建筑构件，运到工地拼接组装，形成参数化建筑。参数化建筑是通过模块化原理带来的新兴高科技建筑模式，使建筑像工业产品一样，可以定制生产出来。模块化建筑设计理念在国外研究过程中，与实践紧密相连，是新兴建造模式的发展趋势，国外研究人员正积极探索模块化与工业化相结合的理论基础，使建筑产业化，这对资源、环境、建造模式改革具有推动作用。国外研究成果表明，模块化设计具有可持续发展性，为我国模块化建筑发展带来理论和实践依据（图 5-3）。

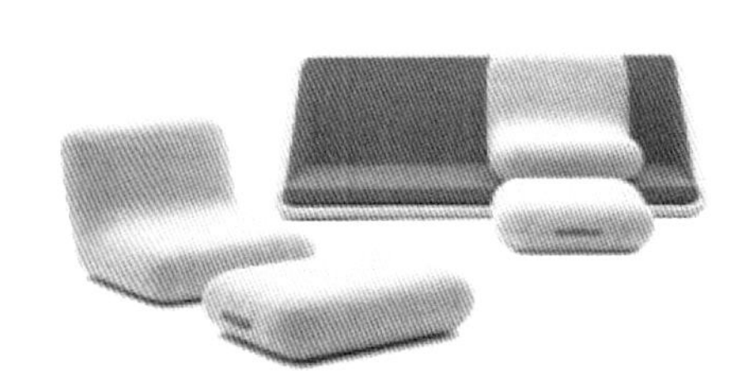

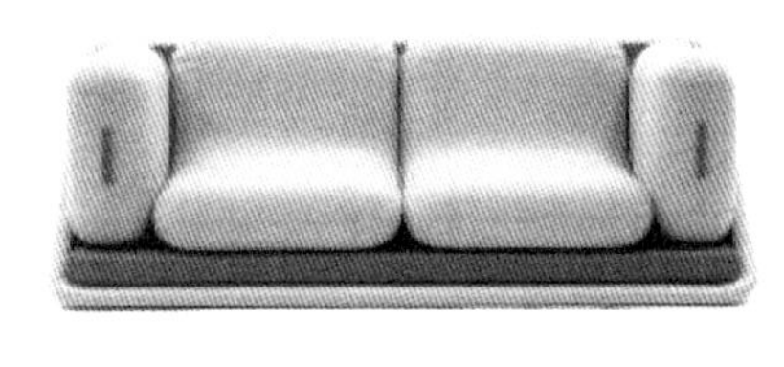

图 5-3　家具的模块化设计

二、模块化的基本特征

模块化设计存在可复制性、组合性与重构性、独立性与可定制性等特征。早期出现在生产线上的产品模块是产业化产物，因模具的不断复制来提高产量，所以模块具有可复制性，并在复制过程中继续根据需求改善模块，不断优化。同时由于模块具有复制性的特点，只需设计一个样板，便可达到量化，这样就降低了投资成本，在模块的组合过程中，可以不断更改组合模式，需求的变化带来模块的变化，所以，模块的组合并不是固定的，由替换搭配而形成新的模块组合，所以这是模块重构性的特征。这一特征让模块可以出现多种形态、大小、材料的变化，具有更高的适应性。单元模块是一个独立存在的个体，运用到建筑中，一个空间单元模块内包含了能够维持这个模块正常运行的所有功能设施，这些功能设施可以根据需求来定制，使空间模块更具个性化。

（一）单元模块的可复制性

如同汽车的零部件一般，模块具有复制性特征，空间由固化的单元模块和组合模块构成，可以大量快速复制，节约建造的时间周期。模块化复制是一种创新型优势，将这样一种模块化的空间形式在建筑内高效率复制，这种复制固定空间的模式使得建筑空间可以比较容易适应不断膨胀的新创企业市场需求，进而形成新型项目建造模式。通过对模块化复制，在项目动工之前，就有效地规避了后期巨大的资源浪费，同时，通过模块化设计手法的复制性，体现了模块空间的通用性与集成化。模块化复制，改良了建筑空间内部二次设计、二次资源浪费的传统建造模式，符合当今低碳、环保的建造趋势（图 5-4）。

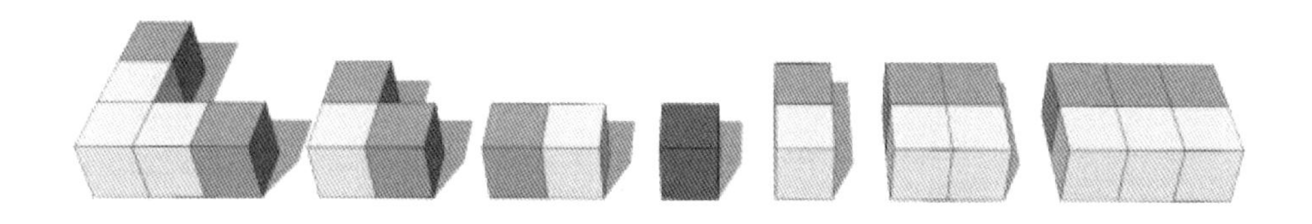

图 5-4　模块化设计单元的可复制性

（二）模块的组合性与重构性

模块的组合性既包含模块的组合也包含模块的分解，任何类型的单元模块由零散到集中的过程都可被称为组合化。一个产品零部件可能存在十几个种类，而将这些零散的部件组合起来后，一个完整的产品就诞生了；在家具的组装中，单独存在的家具部件是无法发挥其自身价值的，而把这些家具组建拼接组装，才能让这个家具牢固，从而发挥作用。此思路引申到建筑项目的模块化设计，普通的单元模块空间经过组合，形成新的模块整体空间，或者由组合后的空间进行拆分，形成多个单元模块。

如图 5-5 所示，在模块之间相互组合中，可以选取 1、2、3 号单元模块，由 1、2 号模块相互组合，形成一个小型模块空间，并且出现了空间共享。接着加入 3 号模块，使 3 号模块与 2 号模块相互连接，出现两个空间共享，最后调整 3 号模块的位置，使三个模块变成一个整体，出现三个共享空间，成为一个大型共享型模块。一些大型模块都是由各个小型模块组合而成，在不同的模块组合过程中，通过增加、减少与位置的变化，出现共享区域，由于模块内部的部件是复制形成的，所以共享区域是环扣相生的，如同钢笔的笔头与笔帽之间的关系一般。这样可以提高空间使用效率与适应性，使空间的融合性与交流性得到完整的体现，并且有效地体现了模块化设计中的集成策略。

模块的重构性特征如图 5-5 所示，选取 1、2、3 号单元模块，由 1、3 号模块相互组合，再由 2、3 号模块组合，最后由 1、2 号模块相互组合。模块化设计犹如可以替换零件的工业产品一样，可以实现模块的重构，有利于对建筑空间的编排。同时，对发展中的企业具有更高的适应性，由于企业本身发展的未知性，使得企业办公空间无法预知未来规模的大小，通过模块空间的重构性原理，如果企业将来发展壮大，需要更大的办公面积，可以在建筑平面中替换原来的模块，或者在原来模块的基础上增加新的单元模块，或者调整模块内部布局，模块化的重构性使空间具有延展性，为未来发展的不确定因素提供对策，使空间更具适应性（图 5-5）。

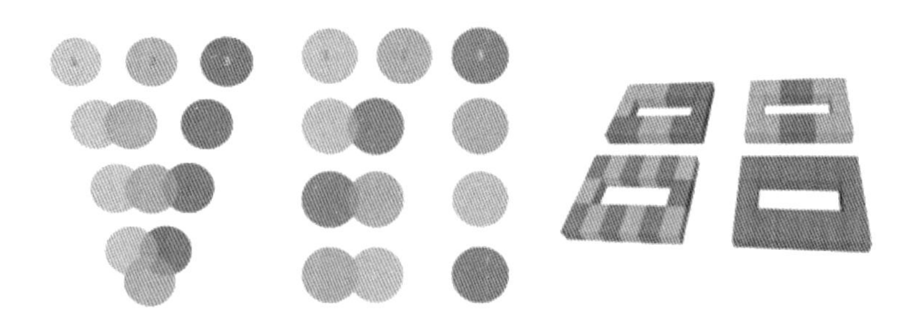

图 5-5　模块的组合性及重构性示意图

（三）模块的定制性与独立性

由于模块化空间在设计阶段就已保证每个子单元的完整性，使得子模块中的设计可以使用个性化定制，使子模块室内设计具有独立性与个性化。引用模块化的理念，对空间通过重组与整合的手段来进行新旧功能的转换的最主要目的就是考虑到它的经济性，在空间重组设计的过程中注重经济性，即在进行设计时要统筹考虑空间功能上的需要，成本的支出及空间建成后的回报。

模块化的重组设计节能可持续，将既有空间进行模块化重组设计，保证了低成本支出，建设完成后利用模块化的方法可以进行必要的后续再改造，保障了空间的可持续性。模块化设计的空间是相对统一的空间，更具整体性，在项目施工中更简化了水电暖卫等系统的安装，有效地控制了施工过程中的造价及空间使用后的设备维修费用。

勒•柯布西耶在制定《雅典宪章》时曾指出："建筑师必须认识建筑与经济的关系，而所谓经济效益并不是指获得商业上的最大利润，而是要在生产中以最少的劳动付出，获得最大的实效。"以最少的成本建设出符合标准的建筑，这才是最经济的，但是，这里的成本指的并不仅仅是金钱成本，还有空间成本、能源成本、劳动力成本等。低成本是由资金的投入少、空间的利用率高、能源的消耗少、劳动力的付出少等基本因素有机结合在一起组成的，经济的空间重组与整合，是合理地调配空间、能源、材料、资金与劳力等建设方面的资源，并且，要在长时间的综合分析比较之后，再保证标准、数量与效益这三者之间恰当合理平衡的相对"经济"的建筑。

（四）模块化设计特点

当模块化设计具体运用于空间时，它满足的是要将原功能建筑空间划分为单元模块，用这些模块进行空间重组，继而形成新功能空间。当功能空间再次不能满足城市发展的需要，需要被再次改造时，设计者可以利用这种提取功能模块划分与重组的方式进行再整合，生成崭新功能的建筑空间。模块化设计是一种灵活多变的设计手法，具有可持续性，并且，它以独立的三维空间作为设计因子，在对空间进行重组设计的过程中更整体化、条理化，采取模块化设计手法具备以下几个特点：

（1）非模块化的设计更注重对空间形式的设计，而模块化设计是运用模块对空间进行重组整合的整体性设计。

（2）模块化设计是以少数的模块，组合成尽可能多的空间，便于发展变形空间，更新换代，更好地诠释了可持续性。

（3）模块化的空间更具相对统一性，在后续的空间软装配置中，更方便了家具及陈设品的采购，也更利于空间风格的塑造。

（4）模块化的空间施工方便，在装修施工过程中简化了水电暖卫等系统的安装，更利于对工程造价的控制，也利于后期的设备检修与维护，能优化施工管理人员对施工质量及验收等工作的实施。

（5）模块化设计可以通过模块的选择和组合很好地解决空间的功能多样性问题，以满足市场及顾客的不同需求。

第二节 空间的模块化整合

一、空间的模块化整合元素

改变原有功能下的空间模块化整合，形态结构的塑造和置换，在建筑面积不改变的情况下，为新空间功能，流线等方面重新整合空间，实现功能空间的置换与围合。通过转化功能来获得新的空间形态，使原有建筑空间成为动态，从而满足新旧功能的交叉融合，新功能的再分配与空间的功能性强化。在空间布局上，都以模块化的单元整合为基本元素，结合轴线整合、面积整合实现更好的空间运用。

功能改变下的空间重组与整合应保证建筑结构的安全性与经济性，尊重原空间结构体系。保证安全性，以原结构为主，一般的改造设计中原有建筑结构承载力较为可靠的情况下，基本不需做翻新和维护，可只在维持原结构基础上，做局部改造与修整，更利于保障空间结构稳定。从经济的角度来说，据统计，建筑主体结构的建设成本约占总成本的1/3，若主体结构要进行改造，则用于结构改造的费用是改造工程各项费用中最高的，所以充分利用空间原结构加以改造，使经济消耗能够达到尽量少，带来的经济效益不可小觑。

（一）行为模式下的空间关系

建筑空间就是以人为本，“建筑的主角是空间，空间的主角是人”，而人在空间中的活动行为直接影响到空间的设计，人们在空间中的活动行为是有一定规律及特性的，经过仔细的观察总结就会发现其存在一定的行为模式，而在这种行为模式下的空间应该具备怎样的关系，怎么设计各个空间才能满足使用者复杂的行为要求，需要更多地考虑空间中使用者行走的路径及行为的尺度情况，来决定空间的组织及形态，从而更好地服务于使用者。一个空间的功能发生改变后，它对于使用者的用途就发生改变，使用者在其中的行为模式必然也发生改变，在进行重组与整合时就要考虑到新行为模式下应具备的空间关系。例如：行为路径是使用者在空间中运动的行为轨迹，从起点穿过一系列的空间到达下一目的地，空间组织是将零散的各个空间根据一定的规则组织成一个有序的空间集合，行为路径与空间组织之间是作用与反作用的关系，行为路径的活动走向决定着空间该如何组织布局，而组织好的空间对行为路径也有一定的限制和引导的作用，而行为尺度是人们在空间中活动时，行为所需要的空间范围，往往是由人们与他人距离的感知需要和人对物体距离的感知需要来确定，建筑所形成的空间为人所用，因而人体各部分的尺寸及其各类行为活动所需的空间范围，是决定空间开间、进深、层高等元素最基本的尺度，这种对尺度的感知需要影响着空间的形态。正如，起初仅仅能够容纳下自己身体的洞穴空间形态简单而狭小，那时人们认为是属于自己的全部空间，而随着人们意识的提高，人们的行为空间的感知进一步发展，引起了行为尺度的扩张，这时更大的空间范围被需要，空间的形态自然也就发生了改变，变得更丰富、更宽敞。人们在空间行为过程中最为基本的是对尺度的感知需要，当我们进入一个空间时，最先感受到的可能就是门的宽度、高度，房间顶棚的高度等，那是因为这些都是与我们行为尺度密切相关的部分，而这些恰恰也正是展现空间形态的基本要素，行为尺度与空间形态的关系可见一斑。

（二）空间与行为心理

在如今经济与科技高速发展的城市大环境下，人们越来越希望可以在室内空间内得到更多的人性化关怀，结合人的行为习惯和心理特征对空间进行设计，可以使人与空间所处的环境更加合情合理。20 世纪初美国的一个心理学流派——行为主义心理学，它认为对心理的研究是在人的行为活动下进行的。也就是说，进行空间重组设计时的影响因素是空间使用者在其行为活动下的心理情况，包括使用者对空间索要的心理需求以及空间能主动给予的精神感受。当人在相应的室内空间中活动时，一些心理特征会造成对空间的心理需求，尽管个体行为与心理会存在差异，但从整体上来看，仍然具有共性。总的来说，使用者对空间的心理需求包含以下几个方面：私密性、领域性、安全性、沟通性、从众性、趋光性等。

私密性保障了人们可以在空间自由地中表现自己，与他人保持一定的空间屏蔽隔阂，这种隔阂手段可以是封闭式，可以是半封闭式，也可以是开放式，它主要是能给使用者一种心理上的自由。领域性要求空间给予使用者一种特定的空间范围，它不仅仅要有私密感，更注重能够拥有个人占有支配的私人空间，更体现人对环境的主观控制。如洗浴中心内按摩室的空间设计就具有一定的领域性，接受按摩的客人会希望能有一个完全属于自己的私人空间。对于安全性的需求，标明人们往往喜欢有所依托、安全感高的空间区域，不愿意将自己暴露在别人的视线中央，因此构架支柱、实体或稳定的墙面是使用者需长期停留时的主要选择意向。人们虽然要私密、要领域、要安全，但是人与人之间或主动或被动的沟通交流也是必要的，这也促成空间沟通性的心理需求，这一点体现在空间中就形成“共享空间”，它可以让人们聚集到一起，自发地进行交流或一起从事某项活动。从众性是人在心理上的一种归属感的表现，如在开阔的公共空间中，人们总是选择趋向众人聚集的地方，会给他们一种安全感，因此在这种人群密集的情况下，空间的交通导向就变得十分重要，发生紧急状况时，有效的空间引导可以合理控制人群流向。趋光性是人的本能，光带给人以希望，可以增加人们的安全感，人在黑暗中都具有选择光明的趋向，因此，也具备一定的指向作用，在空间中对光的利用也会成为一种引导的方式，根据光线设定的走向，人们可以找到应有的行为路径。

在对空间进行重组时，在满足其基本的功能使用前提下，还应考虑到在使用者心理需求的基础上，主动给予使用者所需要的精神感受，体现其在精神上的要求。空间的尺度按照使用者的距离远近大小及其心理上的环境感受可分为近人尺度、宜人尺度和超人尺度。近人空间尺度小，处于小尺度的空间的人对其环境氛围、家具陈设都有很强的掌控力，但空间稍显拥挤压抑；宜人空间的尺度最适合使用者长期停留使用，既有安全感，又不会有压迫感，更能给予人一种亲切自在的精神感受，超人空间则是要打造一种震撼大气、气势恢宏的空间氛围，给人以强烈的视觉感受，很多高档酒店的大堂空间就属于这种超人尺度空间。

（三）重组空间与审美特征

每个人在主观上对美的看法不同，定义不同，但是在客观上，对于美是有普遍的规律可循的，是可以形成一定的审美特征的。重组空间时，不只是简单地把每个功能空间划分组合就可以了，还要兼顾到空间的审美特征。所谓空间的美，事实上就是人的某种需要在空间中得到满足而产生的情感反映，当人的生理需要得到满足产生的情感反映是功能美，人的精神需要得到满足产生的情感反映是形式美。

当空间重组是为功能改变而设计时，则功能是设计时最应该考虑的构成元素，功能体现了空间的使用价值，也影响了空间的造型语言，是审美品质规范的重要组成部分。空间重组的功能美就是空间设计的符合实用的目的和各种生理要求，它具备一种直接使用的效益性，使人们在使用空间的过程中得到了生理上的满足。但是，功能美并不仅仅是物质层面上的审美特征，还需要人们与具有功能美的空间之间协调和谐，从而也使他们精神上的享受，使其获得身体和精神双重的深层美感，功能美使空间具备了真正人性化空间的基本条件，体现了空间重组中美的本质。

形式美是要服从功能美的，它首先是应该建立在与空间功能属性相统一的基础上的，空间的功能制约着空间的形式创造，决定着形式美的性质属性，因为再美的形式创造如果没有空间功能的满足也将因失去其使用价值而黯然失色，而失去使用价值的空间重组也将会因失去其本意而变得毫无意义。但是，我们也绝不是否认形式美的重要作用，绝不是反对设计师对形式美的执着追求，相反，空间的功能性需要随着经济社会的发展不断得到满足，使用者对形式的需要则越来越强烈。我们的设计师应该创造更多、更美的形式，满足人们日益增长的形式美需要，结合功能美设计出真正人性化的空间重组。

（四）空间秩序与空间结构

秩序，是影响和操控事物内部各个要素的存在形式、组织与结构，是使事物受到和谐、有规则的安排或布置的意志体现，空间秩序则是建筑内部空间所呈现出来的一种和谐、有规律的结构形式。空间结构承载着空间秩序的形式表达，但也受到空间秩序的制约，展现出与空间尺度及轮廓相契合的程度，设计具有秩序的空间结构要在设计时表现出有层次、有序列、整体化的空间形式，也就决定了它要遵从一定的形态要素和造型原则。

以整体性出现的结构形式将更有利于使用者对秩序的认知，整体性追求结构个体之间必须具有统一性，虽然空间本身功能要求的复杂性必然导致空间形式的多样性、结构的复杂性，但有秩序的空间结构就是要将复杂的变化转化成高度的统一，变化中求统一，统一中求变化。组成建筑空间的结构元素之间必然存在各种差异，利用这些差异在统一中做变化，可以使空间形态表现的更细腻，更耐人寻味。通常可以运用对结构形体的高低、大小、纵横、虚实、开合、多少等方面来对结构形式进行秩序化设计，在由多个元素组成的整体中，各个元素在其中占有的地位与比例，必然影响着整体的统一，如果每个元素之间都是平均分布，不分主次，没有中心与重点，定会让人产生杂乱无章、平淡无奇的感觉，由此便会使统一性减弱。空间结构的各个构成要素之间，要有重点与一般、主体与从属的区分，这是使空间秩序能够既统一又多样化的重要方法。我们要充分地利用空间的功能使用特点，刻意地强调其中的某些结构元素，运用强调重点的方式体现其间的主从与侧重的关系，让从属能够陪衬主体，达到主从分明、有秩序的结构造型的目的。

建筑空间内各个小空间的功能不同，使用者穿梭于不同的功能空间时，如何使两个空间产生“联系”、彼此和谐，这时，“过渡”的运用就很必要了，可以通过空间之间连通、渗透、穿插等方式进行。而呼应则是空间结构中处于一定位置关系的要素相互间建立的一种内在的逻辑关系，它能够促进空间形式的和谐统一，运用各个结构元素中轴线与边线的对应关系实现，如边线呼应，轴线呼应，曲线呼应等。在空间设计中，结构的过渡与呼应往往形影不离，具体到地面与顶棚之间、墙面与墙面之间，如果结构层次能够自然的过渡、巧妙的呼应，通常可以使空间形式达到意料之外的效果。适当的“过渡与呼应”，能够加强空间的丰富感，但是也不能过多或太过繁复，那会使人产生拖沓的感觉，反而影响了空间秩序的表达。

二、空间模块化整合方法

模块的整合之中，对不同的空间类型，有不同的整合方法。当新功能使用所需要的空间范围小于原功能空间时，需要对原空间进行拆分处理。也就是将空间“化整为零”。对空间尺寸要求相近的新旧空间之间，可以通过墙体位置相对性修正，进行功能置换，也就是空间的“零零替换”。当新功能使用所需的空间范围大于原有功能空间时，需要对既有空间进行合并处理，也就是空间“变零为整”。

（一）新旧功能的交叉融合

功能更新后的建筑空间与原空间，若有功能相同或相近的部分，可以进行修正性的保留。改造工程的功能更新，很重要的一点就是原有空间的功能位置与大小范围能否维持不变，原有空间能否承载新的功能，能否控制成本尽量的低投入。如果空间的新旧功能有可以交叉融合的部分，那么，就可以简化重组整合的设计过程，保证经济改造的设计思路。通过控制新功能空间的体量与尺度，使其与原空间或原空间一部分有所叠加重合，是促成空间新旧功能交叉融合的有效手法。空间体块的变更也就是空间体块的重新布置，是在被改造的建筑面积不改变的情况下，为了新空间功能、流线等方面的重新整合，对空间局部或全部进行分隔与布局，重新设置内部空间结构形态，以便调整各个部分空间的使用功能。这种体块的变更，是在结构所能承受的范围之内，对墙体位置状态的改变，提高空间的使用率以及对新功能需求的适应力。

（二）空间的“化整为零”

通过增加墙体或隔断的方式对旧空间进行分割与分隔，形成小空间以适应新功能的需要。进行分割时，可根据设定的新空间的功能属性特点，采用绝对分隔与相对分隔两种空间围合方式。绝对分隔是利用墙体或隔断与其他空间完全隔绝，适用于有更强私密性、需要阻挡视线隔绝声音的小空间。相对分隔则是利用家具隔断与相邻空间局部分隔，或是可移动的灵活性分隔，空间都仍然具有流动性，是一种相对的隔绝。这也就形成单元空间的概念。

单元空间是指在一个建筑体内能体现整个建筑功能属性，并且在形态结构上相似或相同的一系列空间。对于功能改变的空间重整设计来说，原功能空间向新功能空间的转化就是两者单元空间的转化，空间重整的成功与否，在于单元空间的重组整合是否恰当，是否能够满足新功能的使用要求，因此，单元的整合最能体现出建筑空间功能的重整。

（三）空间的“零零替换”

在对空间进行重组整合时，对空间尺寸要求相近的新旧空间之间，可以通过墙体位置状态的相对性修正进行功能置换，也就是空间的“零零替换”。功能置换是保留被改造建筑的内部空间形态加以利用，通过转换使用功能来获得新的空间形态，使原有建筑空间可以得到动态保存，因此，功能改变下空间重组与整合的关键就是功能置换。功能置换引起空间的替换与围合，当新功能需要的空间比原功能空间大的时候，就要拆除部分隔墙，将原来的小空间合并围合成满足新功能需要的大空间，而当新空间比原既有空间小的时候，则需要通过加建新墙体，来围合出适合新功能需求的小空间。

（四）空间的“变零为整”

当新功能使用所需要的空间范围大于原功能空间时，需要对既有空间进行合并处理，也就是将空间“变零为整”。它只允许在不影响结构承载力的前提下，拆除部分墙体或楼板等分隔构件，将小空间合并，扩大形成更大尺度的空间，以适应新功能的需要。

改造设计其建筑主体是不变的，只进行内部空间的重组，其框架结构的建筑骨架不变，所以几何轴线也不变，我们所要进行的轴线整合是针对行为轴线的整合，因为空间的功能属性发生改变，人在其中的行为就一定发生改变，相应的行为路径也不一样，就会产生不同的行为轴线，之后再根据行为轴线的整合进行空间布局。空间轴线是安排建筑空间布局的一种设计依据，为空间的整合设计提供了秩序基础。几何轴线与建筑空间的结构骨架相关联，当使用者——人还没有加入其中，还没有行为的参与，它是空间基本的物质形态，而行为轴线是考虑到人在空间中的行为活动后，研究设定的主要行为路径，然后以这条路径为中心轴线设计周围的空间布局。

三、模块化的空间优化

通过对空间模块化设计的处理方式，来实现空间最大限度地充分利用，以简单高效的空间形态，以简单、规则的造型，以布局的紧凑提高利用系数。并以灵活可持续的功能布局，避免单一性的功能要求，以可持续的模块理念，充分实现空间利用的最大效益，具体表现在以下几个方面：

（1）空间的充分利用。现功能改变下空间重组整合的经济性，在对建筑内部空间布局进行设计时，必须做到充分利用，使空间利用率达到最大化。首先要做好各部分功能空间的统一规划，安排布置好最基本的区域，再根据空间本身的功能特点将周围零星的小空间结合到空间内部或外部作为功能完善的附属空间，空间之间可以利用参差错落来代替平整齐一的排列方式，提高空间的利用率。

（2）简单高效的空间形态。在重新安排空间布局时，要尽量运用简单高效的空间形态，尽量采用简单、规则的造型，避免不规则的异形空间，使空间布局紧凑，提高利用系数。而且，空间的形态对工程造价有显著的影响，空间越简单造价也会越低，因为新奇的造型——切角、倒角、弧面等，所需要的工艺会增加施工费用，也会造成空间浪费大、空间利用率低等问题。一般来说，从空间的平面上来看，正方形的平面最高效，但是适用性欠佳，其次是矩形、L 形、工字形等，具体采用哪种形态方式，需要根据建筑空间实际情况以及功能需要来决定。

（3）灵活可持续的功能布局。由于城市发展进程的不断加快，社会需求的不断演化，建筑功能随时都可能需要更新，这就需要建筑内部空间本身能够容纳更多的功能以满足使用者更广泛的需求，具备灵活可持续的功能布局特点。为避免功能单一性，通常可将空间设置为可灵活分隔的通透性大空间，当需要转换功能属性时，利用移动隔断或者家具的增减改变来达到使用目的。

（4）新功能的再分配。新功能空间的功能属性较原空间发生了根本的改变，原位置上存在的建筑空间不能满足新功能的要求，则需要在该位置上安排设置其他功能项，进行新功能的再分配。在这一环节中，首先初步确定新功能空间的大体位置及大致范围，可以通过保持与原功能空间相近的体量尺度来完成新旧协调，也可以重新创造新的空间适应新的需求，而不受原空间过多的限制。在改造过程中，总会遇到原有的空间与要改造的空间有形态上重合，但是其内在的功能要求却迥然不同。将全新的功能分配到了原建筑空间内，整个空间的功能属性发生了彻底的改变。

（5）空间的功能性强化。新功能大致分配好区域范围之后，就需要深入建筑空间情况，进一步确定功能空间的设计，从规模大小、相应配套设施等方面来进行空间的功能性强化。空间的规模大小主要由使用人群的数量来决定，还要综合考虑家具尺寸、人均面积，等等，在设计时要满足规范要求并结合空间实际功能需求的情况来处理。

第三节 模块的适应性意义

模块化的设计遵循总体向内部逐层把建筑划分成若干模块的原则，使空间高度集成化。通过功能空间模块的组合与重构形成的定制空间，从而满足多元化的需求。同时，还应采用通用性原则。既提供不同类别的空间与不同面积的空间以供选择，还应满足企业发展后期拓展空间的可能性。是遵循可持续发展原则的一种有效的资源节约。其可以随意组装，拆除后再利用。对不可再生建造材料的保护与再利用，这是可持续原则的重要体现。

一、模块化设计的原则

（一）通用性原则

通用性是无障碍设计的衍生含义，无障碍设计理念的产品是全方位的、便捷的、适应面宽广的。考虑使用人群范畴包括残障人士，尽最大可能使产品在面对任何时间、任何人群、任何不便的环境都可以正常使用。所以无障碍设计所传达的原则是：能被残障人士使用的设计必然对所有人具有适应性。根据无障碍设计的设计理念可以把通用性原则衍生到模块化空间设计中，更加具备通用性，使自身的适应性提高，是模块化空间的遵循原则。第一，提供不同类别的空间以供选择；第二，提供不同面积的空间以供选择；第三，提供后期的拓展性空间以供选择。随着市场的实际需求正朝着多元化的方向发展，通用性原则对模块化空间设计的指导作用越来越重要。

（二）功能空间的模块化原则

模块化的设计遵循自总体向内部逐层把建筑划分成若干模块的设计原则，使空间高度集成化，通过功能空间模块的组合与重构形成订制空间，从而满足多元化的需求。在对功能改变的空间进行重组与整合时，要遵循一些设计的原则才能做出完整有效的新功能空间，实现新旧功能空间的过渡。在功能改变下进行空间的重组与整合，也就是原功能空间到新功能空间的建筑结构是不变的，把这些已有的固定的结构空间看做一个个大模块，从中提取用于重组的小空间模块，是进行重组的首要一步。

模块化重组是利用完整的建筑单元重复使用来实现空间重组的目的，其中最重要的是整个重组的发展要控制在一个完整的规划之下，对空间进行单元拆分时，应根据各空间的功能配置，分析拆分后提取的单元模块是否能配合将来的使用，同时做适当的系统修正，以应对总体建筑空间环境的变化。

（三）组合模块与单元整合原则

在将空间拆分提取出所需的单元模块后，就要进行模块的组合与单元的整合，而模块如何组合才能整合成新的建筑单元，是模块化设计的重要环节。所有模块的组合都可以用两个模块之间的关系来表达。两个模块之间可以有许多组合方式：在同一水平面上可以并列、连续、错动、旋转；在不同水平面上可以重叠、滑动、交叠，等等，而在两个模块组合后，若抽取相接触的面，便可以形成一个更大的体块。针对新功能空间中不同的建筑单元需求，模块要通过各种组合方式的使用，才能整合成新的建筑单元，实现新旧功能空间的过渡。

二、模块化与适应性的关联性

模块化设计具有整合多元、施工高效与个性化特征，保证每一单元模块的完整性，使整栋建筑高度集成化，模块与模块之间环扣相生，模块化设计对空间适用性提升，具有至关重要的意义，为大型空间改革，提高适应性带来空间改革策略，解决了不同性质、规模的空间需求与传统建造模式下的空间适应性矛盾。

模块化设计的作用在于解决不同性质、规模的空间需求与传统建造模式下建筑空间适应性之间的矛盾，以及解决“二次建造”所带来的资源浪费现象，使建造过程与用户入驻后的变动，无需“拆除后重建”因此模块化设计也是一种绿色可持续的设计思想。模块化所带来的便捷与建造模式的简化性使建筑空间内部可以实现适应不同层面的用户需求，模块化设计的模块独立性，使得建筑空间的平面布局具有可预制性。例如，目前我国招商时间跨度长的建筑类型，通常需要 5 ～ 10 年才能完成全部招商过程，在对入驻用户性质、规模不明确的情况下，建筑平面布局没有明确的考虑，但是又需要符合审批程序，所以平面布局通常缺乏适应性。而模块化设计对空间适用性的提升，具有至关重要的意义，为大型建筑空间改革的适应性带来空间改革策略。

这种适应性是指模块化设计与整体的建筑的契合度以及建筑应用领域的广泛度，随着产业升级和信息化的深入发展，大量新生代用户对建筑空间的需求不断多元化。而建筑的快速建造往往面临着“二次设计、二次审图、二次装修”从而导致资源浪费严重，并且施工周期延长。模块化设计这一新型设计方式，正符合当今快速发展的形式，模块化设计具有整合、多元、高效与个性化的特征，保证每一单元模块的完整性，使整栋建筑高度集成化，模块与模块之间环扣相生。

三、适应性的意义和价值

适应性解决建筑用户性质多样性问题，面对多种类型的空间用户，提高多样性的模块空间，使不同类型用户可以有一定选择性，这是对解决用户多样性问题的积极作用之一。由于面对用户情况不确定，发展不均均衡等问题，采用适应性的模块化设计方法，既可适应用户的扩大规模，又可适应其规模的缩小，甚至是用户的更换，通过模块化设计改变空间组合，形成具有高适应性的空间形式。

随着互联网的深入发展，现今的产业领域十分宽广，用户类型跨度较大，用户的多样性带来建筑空间的需求层次存在不同点，面对多种类型的用户，提供多样性的模块空间使不同类型用户可以有一定的选择性，所以适应性对建筑空间满足用户多样性需求的积极作用之一。

由于模块化设计建造的空间可以随意组装，即使拆除的施工材料也可经过改造运用在其他空间中。模块化设计的建筑构件可以在工厂里预制，然后把各个部件进行组装，这种模块化建造模式节约了建筑资源，为我国的环保建筑模式创造实践成果。模块化设计施工方式提供良好的适应性，把模块化设计原理运用到综合性比较强的建筑类型中，是可持续原则的重要体现。在资源方面，模块化设计可以有效的节约有限的资源，经过调研发现，使用模块化设计的建筑所需资源仅占非模块化设计的建筑所用资源的 30%，甚至更少，节约性设计优势，在建筑资源日益稀缺的当代，具有很重要的意义。

通过模块化设计，倡导低碳环保，以一个空间的子模块作为一个单元，将低碳、生态、智能、便利等融入建筑艺术中，使用可再生的材料代替不可再生的资源，使逐渐减少的自然资源得到保护。实用、节能、环保、创新、可移动的空间环境，符合关于“绿色建筑”相关标准的要求，并给用户带来舒适自然的空间环境。

〖第 2 部分〗模块

第六章 空间模块的整合

第一节 消费文化下的生活方式

改革开放以来，我国经济持续高速发展，据国家统计局数据显示，2004 ～ 2013 年城镇居民人均可支配收入增加 2.8%，城镇居民家庭人均消费支出增加 2.5%，2013 年社会消费品零售总额达到 237,89.9 亿元，2014 年消费对中国 GDP 增长贡献率达 51.2%，这些数据都显示出，消费在我国社会中的重要地位。人们高涨的消费热情使消费活动成为社会生活中重要的活动之一，人们通过消费追求自我，展示自我，完善自我。并且中西方交流不断深入，西方消费文化不断渗入，我国的居民生活方式和消费心理等都发生了明显变化。家居设计不可能脱离这样的社会环境，也在消费的浪潮之中改变着自身的发展。

一、传统消费观念影响减弱

在封建社会，统治者为了维护自身统治，大力倡导崇俭抑奢，中国传统消费观的基本观念也可概括为崇俭抑奢。这一观念首先是要告诫掌握国家财富的统治集团，奢侈无度关系政权存亡；其次通过抑奢，控制奢侈品生产耗费过多人力、物力，这也是古代重本抑末思想的一种体现。在思想文化方面，道家追求“无欲”来彻底消除人们的消费欲望，儒家强调“寡欲”来限制人们的消费欲望。直至近代，由于我国经历长期社会动荡，经济发展落后，崇俭抑奢作为一种美德被宣传提倡，这种观念在政治、文化、经济的共同作用下一直深深影响着我国消费者。我国封建社会有严格的等级界限，衣食住行都有明确的标准，住房的等级标准更是严格细致，从台基、开间、屋顶、装饰色彩、图形、室内陈设都有规定，例如《礼记》中写道：“天子之堂九尺，诸侯七尺，大夫五尺，士三尺”。此外长幼秩序、男女秩序等都在家居环境中有所体现，长辈总是居住重要的房间，使用最精美的家具，女性一般在侧厅，吃饭使用半桌等。

在消费文化主导的社会中，崇俭抑奢的传统消费观影响力正在变小，丹尼尔・贝尔在《资本主义文化矛盾》[1] 中写道：“更为广泛的变化是消费社会的出现，它强调花销和占有物质，并不断破坏着以往强调节约、俭朴、自我约束和谴责冲动的传统价值体系 ”。尤其是对于 20 世纪 80 年代之后出生的人们来说，他们成长阶段正处在我国经济飞速发展的时期，互联网加速了信息传播和分享，宽松的政治经济环境让他们有更自由的选择空间。在消费的社会逻辑中，商品的使用功能面前人人平等，社会人与人之间的阶层差距在消费中没有先天差别，饱含着大众对追逐幸福的愿望，人们渴望消费，渴望通过自己的努力获得财富后，用消费来犒劳自己，追求以前上层阶层的人才能享用的事物。因此，消费文化下的消费观由崇俭抑奢转变为适度奢侈、适度透支的观念，消极被动的消费风格被个性、自我的风格所替代。健身、旅游、看演出、泡酒吧、吃美食、做护肤，等等，这些活跃的商业氛围不断为消费者提供无数种消费选择，消费者根据自身的喜好享受消费带来的愉悦，并通过消费制造差别展示自身的个性，爱好烹饪的人可以购买微波炉、烤箱、空气炸锅等电器，用各种设备来体验烹饪的乐趣，爱好音乐的人可以购买高端的视听设备，在家中设置专门的视听空间，追逐时尚潮流的人宁愿“月光”也要得到某件限量产品。总之，每个人都有自己“享乐”的点，消费文化下的人更大胆地投入享乐消费并且有更多元的消费方式。

1 丹尼尔・贝尔．资本主义文化矛盾 [M]．北京：人民出版社，2010.

二、室内行为复杂多样

商业繁荣及科技发展，催生出各种各样的新行业，生产出各式各样的新产品，这都使得人们的生活方式出现更多种可能性（图6-1）。人在宅内的行为大体可分为：出入行为、卫生行为、就寝行为、烹饪、进餐行为和娱乐行为，在消费文化之下，娱乐行为比重明显增加。自从电视成为每家每户的必备产品之后，以电视为核心的宅内行为几乎可以贯穿一天的生活。不仅如此，不同爱好的人更可以有个性化的娱乐方式，人们可以尽情的满足自身的爱好，表达自身的品味和个性。城市的集中式住宅打断了我国传统住区亲密的邻里关系，室外活动减少，在一定程度上更加剧了人们在室内进行多种爱好的娱乐活动。网络技术的发展对人们生活方式、行为习惯的影响重大，人们通过网络在家中进行社交、娱乐、购物、工作等，家可以成为人们的居住场所、工作场所、娱乐场所、社交场所甚至是商业场所。

图6-1　根据个人爱好的家具模块组合

三、媒体塑造的大众生活方式

当今社会是被大众传媒塑造的社会，大众媒体取代亲密的人际交流成为人们了解世界、认识世界的重要渠道之一。无时无刻都有消费的信息透过报纸、杂志、电视、手机、网络等众多媒介渗入人们的生活，消费文化和大众传媒相互合作诱导消费者，从而影响着人们的消费需求、审美爱好和生活方式。

大众媒体是现代社会最重要的信息传播源，推动消费文化的传播，并随着互联网技术的发展扩大了信息传播的界限，突破了地区间的限制。大众媒体源源不断地向人们输送全世界的消息，掌握着信息传播的话语权，包办了向大众传递外界信息的工作，可是它并不是单纯的传递信息而已，媒体有自己的立场和价值判断，会根据自身利益对信息进行筛选，在消费文化下更是如此。媒体所拥有的话语权是有巨大价值的特殊商品，媒体和商业进行紧密结合，消费文化透过媒体更快、更全面的向大众进行传播，消费文化刺激人们的欲望，人们的欲望让媒介变得更有价值，借助媒体我们消费什么，怎么消费都被深深的影响。

传统的消费逻辑认为生活方式的消费取决于自身的经济状况、社会地位和审美爱好，消费文化下，大众传媒对商品消费有明显的导向作用。以广告来说，广告将精心包装的商品信息在可行的载体上进行传播，与现代人共同生活或者说构成了现代生活。不管是有意还是无意人们都依赖媒体获取信息，媒体引导了人们的消费。

大众媒体描绘时尚现代的生活方式：宽敞明亮的居室，清晨从一杯飘香的咖啡开始，在开放式的厨房中制作精致的饭菜，在衣帽间梳妆打扮出门工作，中午在高级餐厅和同事共进午餐，晚上到酒吧喝酒聊天，休息的时间购物、健身、旅行、听音乐会。精心展现的每一个画面都将消费和幸福快乐相关联，制造出只需要消费就可以获得这一切的联想。消费文化下的生活方式受到媒体的引导，人们追随时尚热点进行消费，人们越来越容易脱离与经济、社会阶层、文化修养所相适应的生活方式，而跟随媒体精心设计的隐喻方式所诱导。

四、物对空间属性的影响力大增

在相当长的一段时间内，物品处在空间的从属地位，空间的形式和功能属性是设计者首先和重点考虑的问题，随后才是使用者根据空间的形式和功能定位对物品进行配置。在整个建筑的发展史中，家居用品可以说一直跟随建筑风格的变化而变化，直到第二次世界大战后技术的发展加上大量的住房需求，使得房屋建造进入批量化建造的阶段。美国的威廉·莱维特将批量生产技术运用于房屋生产，使用预制构件，要求施工队伍应用模块化的房屋搭建方法，并且在整个工作流程中每支队伍只负责同一项工作并不断重复，在不到 6 周的时间内建起了 17000 栋新房子，这套高效低价的方法很快成了业界榜样。标准化的建造方法，带来的后果就是几乎是清一色住房建筑的趋同，但是消费文化时代与单调的建筑外表相反的是家居用品却走向了多样化的道路，当建筑师们还在讨论建筑的民族特色和历史文脉的延续时，家居用品早已紧跟时尚的潮流进行着不断地变化。现在的家居空间更多的作为一个承载物品的平台而存在，空间的边界正变得越来越模糊，家居用品主导着室内空间的功能属性，并主要通过它们来展现空间的装饰风格。

室内物品主要包括家具、陈设、织物、植物等，家具在分割和组织空间上起着重要的作用，餐桌和几把餐椅它们摆放所占据的空间就从其他空间中分割开来，成为用餐空间，一个多人沙发搭配几个单人沙发所围合出的区域就构成了会客空间，以上这是平面上的空间划分的情况，一些较高的柜体、书架等家具则可以实现纵向的空间划分。近年大热的厂房改造、旧仓库改造、农舍改造的热潮都证明了人们不再受到空间本身属性的限制，更习惯于通过调整室内家具、陈设来满足需求。

在家居生活中不断增长的物不仅将消费者包围，人的生活陷入了对消费品的极度依赖之中。我们对物品的需求越来越多，以厨房的锅为例，针对各种材质的细分和锅具配件可以分为汤锅、炒锅、蒸锅、高压锅、砂锅、奶锅、煮锅等，加热食物在过去可能只需要蒸锅，现在则会使用微波炉或者烤箱。我们被各种样式、材质、功能的用品包围，不断地勾起消费的欲望，使用需求被不断细化，产品不断更换时尚外形，大部分消费者对此毫无抵抗能力，乐此不疲的购买。

另一方面我们不断购买，看着多种器物的生产、完善和消亡，让它们成为代表我们生活价值的见证。在现在的家居空间中，人们往往会摆放一些具有自己身份、个性特色的物品，比如旅行纪念品，特殊的工艺品，收藏的艺术品、唱片，或者高档的电器、家居等。这源自于消费文化所具有的意识导向——人的价值体现在其所使用的物品上，因此人对物品有了除功能外的第二种需求，就是体现物品拥有者自身价值的需求。当前家庭装修风格中，往往使用大量典型文化符号的物品进行堆叠，背后所要传达的信息首先是体现使用者的文化欣赏水平，其次是非大众使用的物品，它们往往可以象征着较高的经济能力和社会地位。

第二节 空间模块整合需求

一、空间需求的多样化

马斯洛需要层次理论是研究人类需要的最基础的理论，从需要层次的高低可以判断出一个人所处的生活环境以及他的进一步的需求层次，需要层次的高低也收到多方面因素的影响，比如教育背景、成长环境，等等，当满足了人类最基础的低层次需要时，人们就希望得到更多的高层次的需要。社交或情感需要是指人的一个归属感的需求，人类群体有很强的归属感，人们常常被跟自己有相同经历或生活方式的人群吸引，并想得到别人的认同与信任，追求自我实现的需要，自我实现需要是指人满足了低层次的需要后所产生的高层次的需要，是一种个人的个性化的需求。

人们对于空间的需求是多方面的，根据马斯洛需求层次理论，首先人们必须满足生理方面的需求，包括满足就餐、睡眠、炊事、个人清洁、会客等这些基本生活行为的空间，再拓展到居住多样性的需求。在此基础上空间也应该满足人更高层次的精神需求如尊重的需求、情感体验需要，此在考虑空间的整合时，应从多方面深入探讨。

需求理论认为人的需求有不同层次，在满足物质需求的基础上，再有精神需求，物质需求与精神需求的发生顺序是否如此还有待讨论，但是无论哪种观点，都不否认人精神需求的存在。在居住方面体现的是以下几点：

（1）尊重的需求。尊重是人在交往中希望对方认同的一种需求，是对自身作为人的肯定，包含着一种相互平等的关系。没有人希望因为物质上的匮乏而被视作低等公民区别对待，而现实的市场经济规律已经让低收入群体在居住时丧失了很多选择的权利，在空间上他们越住越远，或者住在市区，那就必然损失居住面积越住越小。在配套环境上，边缘地区往往就是工业聚集区或者半农村地区，基础设施不完善。市内则一般是租住年代久远的老房子，水、电、气的配套也不尽如人意，更不敢奢望有良好的社区环境或者美观的建筑，自身和社会的压力都使得低收入群体渴望被尊重，被作为一个平等的人对待。

（2）审美的需求。“爱美之心，人皆有之”，喜欢美好的事物是人天生的本能，即便没有足够的经济能力买新潮的服装，也会把自己收拾的干净整洁，尽可能地追求美。这样不仅有视觉上的愉悦感，还可以让居住者感受到创造的喜悦，从而得到心理上的满足感，增加家居空间的幸福感。消费文化推崇更直观的感官刺激，对于视觉的表现要求越来越高，追求新奇和轰动性的效果，实际上加强了审美和物质之间的关系，使审美更注重物质的形象，客观上也使得人们把审美简化为欣赏漂亮的物品，这种观点无形中加重了对家居设计美的追求。

（3）放松娱乐和发展爱好的需求。传统观念认为辛勤劳动、俭朴度日的生活才更有价值，消费文化大大解放了这一观念，娱乐不再被认为是羞耻的事情，它是生活必须的部分，有充分娱乐的生活才是现代人所追求的生活真谛。大量现代化家具和家电陆续进入日常生活，也对居住空间提出增加日常娱乐空间的要求。另一方面，巨大工作生活压力，也让人必须停下来，放松娱乐才能更好地投入到工作之中去，家居空间是最合适的娱乐场所暂时隔绝了外部世界可以尽情的放松自己、表达自我。消费文化下家居空间的娱乐化倾向以及对于个性化的推崇为室内空间娱乐提供了很多可能性的范例。

（4）互动性需求。互动体验是设计服务的延展，它不只是空间本身的装修设计，而更多关注于参与者从进入空间到走出空间的完整体验过程，从视觉，到听觉，到触觉，到嗅觉，以及过程中的情绪对接和故事性的表述方式，都是与参与者互动的多维度体验形式。空间设计中最重要的一个设计方法便是互动性的设计，不仅在空间上让消费者参与其中，在家具设计上也采用自己组装完成整个设计的方法。调查研究显示人们对个性化、情感化以及体验等的高需求趋势越来越高。例如在宜家商场的家具设计中，家具的互动体验可以说是无处不在，观察发现，人们在确定购买一件物品的时候会对其进行试用，了解这个产品的基本知识、使用方法及注意事项，等等，他们喜欢融入其中与产品进行互动，喜欢自己亲手挑选或者组合的家具。现代社会的高信息科技技术，也越来越重视互动型设计的研究与运用，增加人与家居空间以及空间内物品的互动（图 6-2）。

图 6-2　模块化家具的互动体验

（5）结合兴趣爱好的个性化设计。现在越来越多的人注重新鲜、个性化的物品，追求时尚，在居室空间设计的需求上，喜欢追求生活的多样化及高品质。年轻一代是在互联网的环境下长大的，消费需求对个性和原创性更有要求。

（6）具有安全感的设计。现代人的生活压力比较大，他们在生理及心理上都会有一定的浮躁冲动，心理脆弱，他们存在着地位恐慌和自我实现的渴望，安全感缺失，因此在选择家居空间以及家具设计时会追求具有安全感的设计，利用灯光来营造一定的氛围，追求浪漫，让居住空间充满温馨的气氛，来放松工作一天的紧张与劳累，这也就要求设计师在设计空间的时候需要更多的关注受众内心的安全感。

二、模块化满足需求的多样化

要满足人群多样性的空间需求，空间设计应以经济效益与环境效益相统一。同时，在设计上也应该注重空间布局的新颖、家具陈设的简洁、易安装携带的组合方式，注重互动性设计，结合兴趣爱好的个性化设计和收纳空间的模块化设计方法。以空间模块化重组满足人的审美需求，空间重组的功能美就是空间设计符合实用的目的和要求，它具备一种直接的使用效益性，使人们在使用空间的过程中得到了生理和心理上的满足。

（一）多功能家居品主导的空间可变性

在现有的空间内追求空间的可变性，首先是在时间维度上居住者本身发生的变化产生不同的居住需求，另外可变的需求也是消费文化下多种生活方式出现以及个性化空间趋势的表现。实现空间可变性的方法可以对家居复合功能来实现。家居对空间的功能有明显的决定作用，空间功能的实现都是靠家居产品来完成的，当一个家居品放在空间中，那么它周围的空间便拥有了不同的属性，例如一个沙发，那么它所在的空间就显示出休闲的属性，当它的功能发生变化，沙发展开成为一张床，那么它所在的空间就成为一个睡眠空间，小户型空间中的多功能家居品就利用自身对空间功能的限定作用，实现空间的可变性，常见的多功能家具形式主要有变形式和模块化两种。

（二）符合基本形式美法则的家具

家具是家居品的重要部分，消费文化也使人们更加关注家具用品的审美价值。对美的定义受到主观客观的影响，但是视觉元素的组合有一些基本的形式美规律，它在长期的历史发展中形成，具有极大的普适性，用这些原则去把握家具的配置，能更好的统一室内的视觉元素，营造更和谐的审美环境。基本形式美法则主要包括：比例与尺度、对比与统一、对称与均衡、韵律节奏等。

（1）比例与尺度。模块化的家具设计的比例和尺度，模块化的设计手法不同于以往偏向定制式的传统家具，是追求大规模工业化生产的通用设计，它从整个产品系列的角度出发，用统一的标准和规范设计个体家具，这种设计手法也正是上文提到的消费文化下系列化的产品生产趋势。具体的设计手法总的来说是两部分：首先是单体家具，将家具细分为几个组成部分，每个部分又推出不同的样式、材质、色彩等，各部分之间可以根据使用者喜好选择组合，构成单体家具。再者是不同家居品之间的组合，使用同一的设计尺寸比例，大件的家具之间搭配起来尺度和谐，大件家具又能完美的与小件家居用品结合，不会出现尺寸上的不合适。

（2）对比与统一。对比与统一在家具单体上体现较少，主要是在造型的线条上，会较多地使用直线与曲线的对比，使单体简洁明朗的整体造型不失柔软、亲近的感觉。在整套家具的搭配上主要是色彩和材质的对比与统一，中性色为主色调与高纯度色彩的对比，硬质材质与柔软材质的对比，同时它们又统一在一个主题感觉之下。

（3）对称与均衡。对称是一种最常用的设计手法，它给人一种稳定的感觉，也是人们最容易接受的一种造型样式，虽然没有强烈的视觉冲击力，但是完美的对称感依然是众多设计经典最常用的手法。对称是稳妥的设计方法，左右对称加上简洁的造型，使产品显出朴实可靠的感觉。单体之外，整体家具搭配起来，在视觉上所体现的均衡感也相当重要。

三、空间生活化元素整合

室内装饰设计由注重硬质材料逐渐转向重视布料、织物、植物、工艺品等软质材料，相对硬质材料，软装饰的色彩、材质、肌理、质感、装饰元素、图案等更使人亲近，更容易使人们产生心理上的情感交流。通过织物装饰、植物盆栽等生活化元素的整合，可以增加空间的宁静与和谐的气氛。软装饰具有多样性、情趣性、多变性、经济性、整体性和协调性，是家居空间设计中最重要的部分，不仅具有实用功能，而且具有一定的精神功能。软装饰的类别主要包括织物装饰、植物盆栽装饰、家具用品装饰、陈设物品装饰、色彩装饰和光影装饰等。

织物装饰的色彩、质感、图案等不同可以体现不同的空间魅力，柔软的织物可以柔化硬质空间，更利于融合环境，让人产生亲近温暖的感觉。织物有遮蔽、保暖、吸湿、吸音等效果，由于织物的独特材质、肌理等特点，通过人的视觉、触觉和心理上的感受来传达“情感”，更容易让人与之进行对话，产生情感交流。织物具有一定的文化价值，通过色彩、图案、材质等元素来表现。织物装饰大致包括：地毯、窗帘、墙布、挂饰、靠垫、覆盖织物等。织物包括卡通图案、传统纹样、条形纹等等，色彩也是多样，比如灰色系、粉色系、彩色系等。织物的色彩丰富，色彩搭配大方美观，图案可以分为有机自然形、有机几何形、条纹形、格子形、几何形、传统纹样等，消费者可以亲自感受织物的不同质感带给人们的情感体验（图 6-3）。

图 6-3　织物装饰图案

植物具有净化空气，柔化空间，美化环境的作用，植物盆栽作为生活化的元素不同于硬质装饰，是把自然环境引入到室内生活环境中，起到放松身心，增加生活和生气的功能。植物作为装饰品，要与室内的整体环境相协调，在形、体、色方面要与室内的装饰风格和谐统一，可分为重点装饰，边角装饰，结合家具、陈设的装饰，沿窗向阳植物盆栽装饰，点缀装饰，采用悬挂、吊挂、盆植等方式结合室内环境进行合理装饰。

陈设物品主要包括家具、装饰画、工艺品、装饰品等，运用陈设物品进行美化环境，体现室内风格，要考虑陈设与空间功能的协调。家具作为室内设计的重要组成部分，可以供人们进行休闲、工作、学习、生活使用。在精神功能方面，家具体现室内设计的整体氛围与艺术风格，还能体现出居室主人的文化程度、性格爱好、生活价值以及审美观等。模块化的家具设计应具备简洁大方，组合方便，易于搬运、运输、清洁、拆装组合方便等特点。

色彩是对人的心理和生理影响最大的一种装饰元素，人在进入空间后，最先感受到的便是色彩，随后才会注意到空间及其空间内物体的形体等其他特征。室内环境色彩一般分为主导色、背景色、点缀色三种，主导色是室内空间的一些可移动变化的物体的色彩，控制着室内空间的主要色彩格调，可以决定一个空间的整体氛围和风格。背景色主要是衬托整个空间色彩而存在的，它主要集中在墙面、地面、顶面。点缀色是室内空间一些比较显眼出挑的色彩，主要集中在一些小面积的装饰品和艺术品上，与主导色形成对比的色彩。在进行室内空间色彩装饰设计时，要注意空间的功能性与主导色的协调，在进行主导色的设计时，要先了解居室主人的情感需求，主导色要与背景色相互协调，形成对比，同时主导色可以随季节的变化而变化。同样一间房间可以用不同的色彩表现出不同的风格，可以根据季节的变化，改变室内的一些点缀色，尤其是一些软饰织物的色彩多样，换一种颜色的抱枕就会有不同的风格。

光照包括人工照明和自然照明，光影装饰就是指通过光照改善室内空间的氛围感觉，增加室内空间的艺术效果，照明不仅可以照亮空间，还可以通过光色的变化、灯光的造型变化，光影的变化等来改变空间的感情与氛围。室内光环境的设计处理以及灯光照明会给室内带来的氛围变化，巧妙地运用射灯、LED 灯以及一些灯光的造型来渲染室内的风格环境，表现室内的不同情感。灯具设计追求风格统一，图案的设计与室内的整体风格相呼应，让室内设计风格有条理、有秩序。

第三节 空间模块化整合策略

一、经济角度的模块化设计

从节约经济成本的角度考虑，是功能空间模块化设计的初衷。满足基本居住行为尺度的空间模块，在建设时能够进行标准化的大规模工业化生产，在功能上则可以组合出更多的户型，满足尽可能多的居住需求。消费文化为主导的环境下，所有问题都被纳入到消费的逻辑之中进行考虑，建筑和设计都成为一种商品，参与到消费的循环之中，只有能产生良好的经济效益才能顺利地展现其社会福利，因此追求更高的经济效益是目前家居设计的必然要求。但是追求经济效益并不意味着要以环境污染为代价，节能环保是家居设计的发展趋势，两者之间并不矛盾。

20 世纪 80 年代，随着改革开放，经济发展成为我国的第一大要务，整个社会开始经历从生产性社会向消费型社会的变化。20 世纪资本主义国家经过百年时间的发展，已经进入成熟稳定的消费社会阶段。消费社会鼓励生产和消费，需要向外扩张市场，而我国正处在全力发展阶段，与此同时，科学技术的发展，极大地便利了全球的联系与交流，更加速了西方强势文化向我国的传播，消费文化自然而然开始成为我国的主流文化。

据报道近年来中国仅城乡住宅建设一项，每年就竣工 12 亿～ 14 亿平方米，近十几年来房地产行业一直是稳定的经济增长点和重要的经济支柱。同时经济发达城市争相建设地标性建筑，如中央电视台新大楼、上海中心、广州塔，试图通过建筑体现城市的经济实力和发展形象。对于建筑的消费，无论是作为生产资料满足生产的需求，还是作为生活消费满足大众的物质生活需求，从国家政府到人民大众都对其投入巨大热情，投入建设的资金、建设的速度、消耗的资源等方面是空前的。

全社会对建筑投入前所未有的关注，关注的同时是大众对建筑消费的巨大热情，普通民众把大量资金投入到住宅消费上，住宅不再仅仅是一个安身之处，而是作为消费品被设计、消费，被赋予了更多的意义。作为消费品的建筑或住宅受到消费文化的影响，反映着消费文化的价值选择、审美喜好，影响着使用者的生活与消费喜好。

二、空间的模块化组合

模块的组合有固定式的组合模式，也有灵活多变的多样式组合，模块组合的多样性既可以让空间模块随意组合，也可以让模块组合成不同的空间。空间模块的组合，它通过传达充分利用空间的思想，运用空间模块的组合，达到空间利用率最大化。通过多样性模块的组合，不仅可以实现模块的功能需求，还可以通过简单的组合方式实现模块的设计美感需求。

多样性的模块设计可以根据不同群体的不同需求来满足用户对产品的不同层次

的需要，当前主体消费人群所处的社会环境、地域文化、教育背景和程度，使人们在面对空间设计时，想要拥有多样性的设计可供选择。面对这样的需求，多样性的模块组合设计成为一种设计策略，通过在风格、造型、色彩、模块组合、材料等几个方面的多样性来体现。

1. 风格的多样性

可以根据消费者需求进行特定风格的模块组合设计，风格的多样性是可以通过装饰元素模块的改变来调整整体空间的风格倾向。有时是装饰纹样的改变，有时是家具模块的改变，通过模块组合的改变来达到空间风格的多样性。

2. 造型的多样性

不同造型的模块可以满足不同空间界面的需求，可以满足不同人群的心理需求，可以针对不同性质的居室空间进行不同的造型设计。家具的模块化造型设计需要多样统一（图 6-4），家具的造型统一于家居这一整体模块中，同时家具模块设计的多样性又可以满足不同人群的需求。家居产品的模块造型多样，不同的模块造型可以构成相同的产品，一些相同的模块也可以构成不同的家具产品，模块造型生动简洁，可以从这些产品模块的造型中感受家居的整体的模块设计理念和多样性的模块设计。

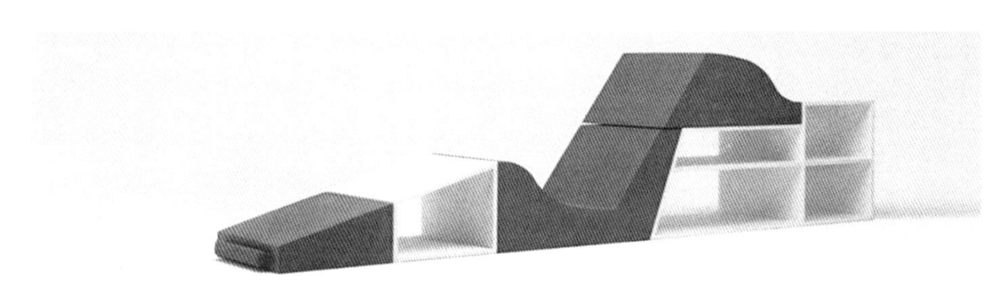

图 6-4　家具模块的造型多样性

3. 色彩的多样性

色彩是装饰元素中最直接的一种视觉元素，在空间模块化设计中应该充分运用色彩的装饰意义，运用色彩的多样性装饰风格，通过色彩来表达模块的性格特点，体现模块的多样性设计。空间色彩的多样性体现在：家居空间的色彩可以根据设计主题需要采用不同的色彩搭配，也可以根据用户的要求、室内配置的风格进行不同的色彩方案调整。空间模块色彩的多样性选择，决定了空间模块的性质，相同的空间形态采用不同的色彩构成模块，可以表达出不同的空间特征和风格倾向。

家具模块的多样性也体现在家具色彩的多样性上，消费者可以根据自身需要或喜好进行色彩的选择，也可以选择不同颜色的漆料自行上色。图6-5中列出了相同家具不同色彩的构成，同时把家具运用到相同的空间中，给空间带来不同氛围及感受。白色柜门家具模块使室内空间简洁明亮，黄色的柜门家具模块组成的空间则比较活泼灵动。

图6-5 家具模块的色彩多样性

4. 模块组合的多样性

随着现代空间的需求以及年轻一代对于空间的灵活性需求，模块组合的多样性既可以让空间模块随意组合，也可以让模块组合成不同的家具。在家居设计中，充分运用空间模块的组合，达到空间利用最大化，同一个空间的不同模块构成形式，在同一个空间内可以根据功能需求和自己的需求进行空间模块的划分，由于居住空间的功能需求，在划分空间模块时，要注意分割出一个公共的空间模块，公共空间模块应与其他模块空间相连通，以便可以通向其他的模块空间，达到空间模块间的相互关联，方便空间功能的相互转变，实现空间模块组合的整体性。同一空间可以进行空间模块分割，有私密空间、公共空间，等等，这些模块之间互相连接，形成空间模块系统。

家具模块的组合多样性也是家具设计的一种手段，通过多样性模块的组合，不仅可以实现家具模块的功能需求，还可以通过简单的组合方式实现家具模块的设计美感需求，同一种家具模块可以组合成不同功能需求的家具。

5. 材料的多样性

模块化设计的多样性也体现在材料使用的多样性，特别是可持续材料和可回收材料的使用，同一种材料可以循环利用生产多种产品。可以根据需求进行色彩和造型的变化，同一种产品也可以使用不同的材料的来制作，增加家具模块的多样性选择。

三、形式美感的模块设计

模块化设计在满足功能需求的前提下，要充分考虑群体的情感以及审美需求。模块化设计要遵循模块的组合方法，实现模块的基本功能，注重模块的结构设计等，这是模块化设计的基础。在此基础上还要满足人们对于模块的美感需求，实现人们精神层面的满足。模块化设计的形式美主要在于比例与尺寸的协调，变化统一的和谐感，遵循一定的节奏与韵律，注重设计的均衡美。

（一）比例与尺度的协调模块

模块化的空间设计要注意模块的比例尺寸，注意尺寸要符合人体工程学，模块化空间设计还应注重地域变化带来的尺寸需求的变化，比如宜家亚洲地区的唐尼杯子比其他地区的更小、更轻，是为了适应亚洲人手的尺寸。单人沙发模块在设计时要考虑人体的基本高度与其合适的尺寸，单人沙发的宽度也要与人体尺寸相协调，过宽浪费空间，过窄的单人沙发会使人坐着不舒服。

（二）变化与统一的和谐模块

具有各种变化的模块与模块组合的变化统一于模块的整体中，达到变化与统一的形式美，在模块化设计存在多种形式的变化，造型、色彩、组合方式等都在变化的模块设计中统一于整体的模块。具有变化形式的模块组成整体的家具模块，然后不同的家具模块统一于整体的空间模块中，模块化设计都应该是在变化与统一的和谐设计中进行的。空间可以采用色彩、点线面的变化来统一的模块设计，在变化中寻求统一的和谐，构图形式可以采用线与线的协调和色彩搭配构成了变化与统一的模块设计空间，室内设计同样可以遵循平面设计中的形式美的设计法则，并把变化和统一的和谐充分体现在室内设计中。

（三）节奏与韵律的变化模块

节奏是各种艺术表现的重要原则，节奏是遵循一定的原则进行重复、渐进等设计方法，节奏的重复具有单纯和统一性，韵律不是纯粹的单元物体的重复变化，而是更高一层的情调的表达，韵律不仅有节奏的纯粹，还可以牵动人的情感。模块化的空间设计要注意节奏与韵律的变化，运用节奏与韵律创造出形象鲜明、形式独特的模块设计。在进行模块设计时就首先考虑到节奏与韵律的变化，接下来的模块组合也是在节奏与韵律的变化中进行设计的。

把简单的节奏与韵律变化的图形运用到室内空间的设计中，利用造型凹凸起伏的节奏和韵律变化与整体的空间构图增加空间构图的艺术性与统一性。在进行空间家具产品模块的组合设计时，要注意形式美感模块组合，把节奏与韵律的变化运用到空间模块设计中。

（四）均衡的设计美感模块

均衡使物体平衡、左右协调，是艺术表现的重要形式，均衡使平面画面或者是空间画面和谐平衡，空间模块的设计及其模块的组合要考虑均衡的设计美感。模块设计从整体空间设计出发，把家具模块作为整体空间装饰设计元素的一部分，进行空间的构成设计，要考虑空间模块中的家具组成模块的构图，让空间设计中的模块构成不仅具有功能性还具有一定的均衡美感。

〖第3部分〗要素

第七章
共享空间要素系统的整合与更新

第一节 空间要素体系的理念建构

要素，是系统论理念中的基本概念之一，是用来构成整个系统的基本单位。由此可得，空间要素是构成空间的基本单元，任何要素都是存在于一个系统里的，没有脱离所有系统孤立存在的要素，因此，空间要素与空间系统也是相互依存的，而且可以在一定条件下发生转化。而对于某个系统中的要素，则是由更小的要素构成的，所以一个系统也是有相应的子系统构成的，因此一个要素也可以当作是一个小的系统，是整个系统中的子系统，这些要素与系统之间产生着不可复制的相互作用。

一、空间要素系统的内涵

空间要素作为空间系统的组成部分，是影响空间系统的重要因素，空间要素的更新可以带动空间系统形态的变化，空间系统的整合也会使新的空间要素出现，或者是要素形式的创新。空间，作为一种客观物质，是与时间相对应的客观存在，空间通过长度、宽度、垂直高度、大小等各个要素来表现，空间要素作为空间结构以及空间形态的载体，承载着空间系统中的一切动作和形态。在日本建筑学会编著的《空间要素——世界的建筑·城市设计》[1]一书中，将空间要素分为柱、墙·围墙·矮墙、门窗、屋顶、顶面、地面、阶梯·坡道、柱廊、城市的设施、建筑空间设施、临时设施的十二个基本要素，并对其基础特征、功能、作用等方面加以阐述，但是这只是传统的空间要素的分解形式，与本书中所要研究的空间要素略有不同。

具体来说，关于空间要素的新定义可以分解为空间的结构效能要素、功能要素、设计要素、情感要素、经营要素以及主体人群要素等方面，并分别从不同的角度来解读这些要素的特征以及更新的状态，基于空间特点的变迁和现代人的生活方式，来研究空间要素新的形式表达与状态的更新。设计是一个有一定目的的综合性、具体化的过程，设计在一开始进入准备阶段的时候，就要综合考虑在过程中遇到的各种因素，且要考虑这些因素的各个方面和层次。从设计的目标层面来说，可以把设计的要素总结为功能要素、经济要素、安全要素以及外观要素等四个方面，这四个要素之间的相互作用共同规定了做设计的具体要求。再者，从设计的实现目标层面来说，设计可以包括工作原理、设计材料、制造的方法以及设计的形状等四个基本要素，这四个要素之间也存在着相互联系和影响的作用，而且对于设计目标的功能、经济、安全以及外观等要素的实现具有决定性的作用。通过研究空间要素的内涵、形式以及演变，来研究空间系统的更新和模式的创新。

空间要素系统是由空间要素组成的整体，空间系统作为客观存在的整体，是受众对于空间的最直观的感受，往往是一个空间整体的总体概况。由此，一个空间系统的和谐建构，需要不同地协调各个空间要素之间的关系，从而达到空间要素系统的整合。系统这个概念在研究空间要素的构成和空间体系的建构中具有重要的指导意义，系统思维，注重空间内各要素多样性的统一，空间内部差异功能的整合，不同空间要素之间的耦合，受众在空间内不同行为的协调，最终实现空间设计目标的最优化，这也是研究空间要素和空间系统的意义。

1　日本建筑学会．空间要素（世界的建筑·城市设计）[M]．陈浩，庄东帆译．北京：中国建筑工业出版社，2009.

二、空间要素的类型

（一）空间的结构效能要素

空间的结构要素是建筑空间的核心控制因素，既是建筑空间的安全以及基础性能的关键保证，同时也可以作为建筑空间中的美观要素存在（图 7-1）。结构效能要素在空间系统的整合中处于关键地位，因而在建筑空间的建造过程中，应该要充分地挖掘结构要素自身的功能以及创造能力，使得结构可以驱动设计达到空间系统的优化。在建筑空间的设计发展中，通过对具有审美性的外露结构的观赏，感受到结构的巧思和营造技艺所构建的空间的美感，就是人们在日常场景中所见到的结构空间。建筑结构的精巧安排以及高超的营造技术引起人们的审美共鸣，引起受众的关注和赞美，因而增强了建筑空间本身的表达和感染力，这也逐渐成为现代建筑空间审美设计中的重要趋势。作为设计师，应该充分的理解结构效能的含义，并且善于利用结构本身的形式和特性，来创造符合现代人对于结构审美的视觉空间艺术，也达到建筑结构效能要素与空间设计之间的平衡。相对于繁复而琐碎的装饰而言，结构在建筑空间中所体现的特别的审美以及功效，在空间的视觉感受中反而更加的震撼而直指人心。

图 7-1　勒兰西圣母教堂

正如一位著名的建筑师奥古斯特·佩雷所说：“结构作为建筑师的本国语言，每一位建筑师都是以结构的思想来说话和表达的诗人。”佩雷坚信结构可以赋予建筑空间真实的品格、尺度以及尺度，佩雷作为一名建筑师，他善于利用混凝土材料建造建筑，尤其是用混凝土材料来承载新古典主义的建筑特征，在他所设计的建筑类型中，圆柱和梁柱系统的构造技艺十分精湛巧妙。佩雷善于将传统的建筑特征与当时当地的新材料结合起来，他这种对新材料的追求和创新而建造的建筑时至今日都可以作为设计师学习的典范。例如他设计的勒兰西圣母教堂就是其中的杰出代表，勒兰西教堂的设计用混凝土作为材料，结合巧妙的梁柱结构，将新哥特式的钢筋水泥的样式用古典主义的方式呈现出来，建筑内部设置的许多小窗子，既可以让自然的光线倾泻流入室内空间，为沉闷的灰色混凝土空间增添丰富的色彩，同时结合当时的历史背景来说，也为第一次世界大战后欧洲沉重的社会氛围注入了希望。并且，此教堂是首次倡导以钢筋水泥作为建筑材料的建筑，为当时建筑的创新与发展产生了重大的影响，虽然钢筋混凝土的技术在 1892 年已经在工业建筑的建造中取得了专利，但是在乐兰西圣母教堂出现之间的建筑中，一般是要在水泥材料的表面用砖或者石灰或者其他材料进行再次的装饰美化，不算是纯粹的混凝土材料的建筑，而乐兰西教堂则是一栋完全用钢筋混凝土建造而成的建筑，其本身不仅可以承载建筑自身的结构效能，还具有十分的审美效能，佩雷的建筑在使用新材料以及结合经典结构方面也称为建筑史上的经典创作，同样在他的作品圣·约瑟夫教堂的设计中也有很形象的体现。

建筑空间的结构效能类似于结构性能，对于衡量建筑结构承载能力的高低，结构效能是重要的评价标准，建筑结构效能的优化与否是评价空间系统性能的重要指标。结构效能较高，就意味着空间的经济性能优异，经济要素，也是结构设计的依据，同时也是衡量建筑空间设计的评价标准。朱竞翔提出：“从经济角度出发去探索建筑结构新的可能性的思想，对结构工程师的影响比对建筑工程师的影响更加清晰，而对于那些以结构的观点来实践建筑的空间艺术家，这已经是一种根深蒂固的思维传统，结构形式的创新带来的经济优势十分的明显。”在结构功能的分配以及材料的使用层面，结构的创新和新型材料的运用是空间经济性的要求，当今的设计趋势也要求我们要用少量的能量耗能来保证人造建筑物的最大性能。

空间的结构效能与经济要素不仅仅是衡量空间结构性的指标，也是设计师们应该秉承的社会责任感和态度，例如日本著名的“狭义建筑师”坂茂便是考虑经济性材料的高手，他十分擅长用环保的材料以及创新的空间结构体系为支撑，把材料的效能与经济之间的关系发挥到极致。例如在德国世博会上的日本馆的建造中，坂茂(Shigru Ban)从材料和结构的特性出发，结合“人·自然·技术：展示一个全新的世界”的世博会主题，设计建造了这座史上规模最大、重量最轻的纸造建筑，其建筑骨架全部是由再生纸管组成的，覆盖墙面和屋顶的材料是一层半透明的再生纸膜，因此，不必人工照明，就可以拥有充分的光线，节约了资源。并且，在世博会结束后，这些建造材料全部回收利用，体现了“零废料”生态设计理念，这也是2000年世博会主题最直接的体现，也是这次世博会最受瞩目且成为广泛讨论的话题。日本馆纸建筑的成功建造，不仅为今后的建筑设计发展指明了方向，同时也为人类的居住问题的解决提供了一条更为有效的途径，也获得了此届世博会的建筑大奖，被誉为是与2000年德国汉诺威世博会主题完美结合的展览建筑之一（图7-2）。

图7-2　德国世博会日本馆

这次的展馆是由日本著名建筑师坂茂与德国建筑师兼结构工程师弗雷·奥拓合作设计的，这两位同样是因为建筑师的责任感而获得普利兹克奖的建筑师从来没有停止探索建筑材料与结构的创新。日本馆的设计充分利用了结构和材料的因素实现了空间系统效能和经济要素的完美演绎，坂茂关于日本馆的设计理念是基于建筑本身的临时性的特征而定的，这座建筑属于临时性的展览建筑，在展览结束之后，展馆将会拆除，所以坂茂大多使用纸筒和再生纸作为主要材料，直筒经过特殊的处理用来作为建筑的结构，十分坚固并且环保，这座建筑的所有材料都可以回归自然，不会带来任何的难以处理的垃圾，事实证明，这栋建筑被拆除以后的材料皆系数运回日本，做成了学生们的练习本循环使用，达成了坂茂的期待。

（二）空间功能要素的重组

空间的使用性质和功能不是单一不变的，形式状态也是各不相同的，空间环境设计本身就是一个复杂的综合体，空间要素的更新、重组会在要素的磨合、退让和妥协的过程中完成整合。在社会经济不同的发展时期，对物质要求和精神文化层面的需求不尽相同，空间功能也出现了更多的可能性，中国的城市发展开始呈现立体式的发展，而城市空间的发展也逐渐从二维平面走向多维立体的形态，形成更加生态且合理的空间模式。空间的功能要素在新时代背景下逐渐走向复合，不同功能性质的空间之间也产生了融合，随之出现了多种、多维功能复合的创意空间模式，例如在泰国曼谷由书店转型而成的复合生活空间——Open House（图7-3），这家书店位于泰国曼谷的Central Embassy商场，是一个集合了书店、艺术画廊、联合办公场所、店铺、餐厅以及儿童乐园等为一体的复合型空间。基于现在的城市生活，结合曼谷的生活状态以及人群特征，无论人们是在工作、购物还是在休闲，在曼谷这样的闷热的环境中，人们忙碌的穿梭在不同的空间中，生活以及工作的压力让人们无处释放，而Open House这样的空间就是解决这样城市问题的方案，是一个能够让城市人群释放和宣泄的空间，让人们在快速的城市生活中也能感受到家一般的温暖。在这样的一个混合空间中，为了方便顾客在不同空间中的活动，空间中的餐厅设计采用了一种系列塔楼的形式，这样的形式不仅本身具有审美的作用，还具有一定的标志性，能够让顾客轻松的找到餐厅的位置。在这个复合空间的规划中，还设置了一个半开放式的阅读空间，不仅拥有一整面高大的书柜墙，还有一些较小的书架和座位分散在空间的各处，有的还与酒吧和餐厅的区域相融合，让人们在休闲的同时也可以享受阅读。在现在的社会环境中，这种具有展览观赏价值和文化艺术并重的书店越来越受欢迎，而书店的设计也更加注重顾客的空间体验感。在巨型书墙之后，还有一个类似“温室”联合办公空间，为工作人员提供一个可以用来工作或者会议的空间环境，在整个复合空间规划设计中，建筑师们利用手绘壁画的方式，结合绿色的植物，营造了一个绿树成荫的环境，为了吸引更多的人群，Open House还会安排一系列的讲座、新书签售会以及展览活动，旨在打造一个和谐共生的城市社区。

图7-3　泰国曼谷Open House

（三）空间设计要素的解构

空间中的基本的设计要素是指空间中的造型、色彩、陈设、灯光材质等因素组成，设计最终呈现出的面貌应该是基于这些基础设计要素的有机结合形成的，是一个具有一定逻辑关系的构成过程，研究空间中的基本设计要素，对于创新空间形式、完成设计目标是十分必要的。在空间功能复合以及空间共享的模式下，设计师的角色比在传统的空间设计中的作用更加复杂，在新的空间设计的要求下，设计师们应该懂得整合社会学的研究以及创新的科技手段来完成空间的系统化设计。新的时代背景下，空间要素逐渐发生了变化，设计师也要学会利用各方面的知识去选择空间要素的表达形式以及组合的方式，在空间的整体环境设计中，空间中的灯光、软装陈设、视觉色彩以及空间的场景设定等要素都会影响着用户的行为方式、情感状态以及心理需求。因此，在空间中的设计要素的编排设计的过程中，要时刻注意着空间要素的更新、形态的转变以及结合方式的演化。

例如知名的游戏公司 King 的办公空间的环境设计（图 7-4），设计师结合游戏公司这一特殊行业的特性，将办公空间打造成一个具有互动性的、生态自然而又十分具有神秘色彩的森林式的办公空间。将办公空间设计成充满自然生态的森林的场景，一方面可以打造一种平和自然的办公环境，其次还可以让办公者仿佛置身于大自然之中，有利于激发游戏开发的灵感和创新。同时，在空间设计中的小溪这一设计元素还具有互动的功能，它可以探测过客的脚步而让水中的生物们出现躲避的状态，看起来十分生动有趣，同时，溪水还可以模拟自然季节的变化出现结冰的现象，让人产生踏上冰块的声音。而除了这些布景的设计之外，空间中的灯光要素也十分重要，环境中的灯光要素可以通过科技的手段伴随着季节的变化而产生相应的光影变化。总的来说，整个空间颠覆了传统的办公场景的设计，通过设计要素的创新以及重构让整个空间充满了情趣和艺术感。

图 7-4　游戏公司 King 的办公空间

（四）空间情感要素

当人们对空间的追求从物质层面开始转向精神与情感层面，空间的设计也要更加注重情感要素，空间不仅仅是居住的机器，同时也是情感的归宿。空间设计要素是空间意义的载体以及情感的传播媒介，结合当代室内空间情感设计多元化的现状，设计师应该综合考虑运用设计手法，在整合空间要素的基础上，将人的视觉体验以及心理情感因素融入到室内空间环境中，让人在空间场所中产生情感上的共鸣。空间中的情感要素一定程度上是通过空间的视觉编排以及文化氛围承载的，具有文化内涵的空间是人与空间的情感连接件，因此，空间设计在满足基本功能以及审美需求的同时，也应该关注人在空间中的情感体验。古往今来，情感一直是艺术的生命，现代情感理论认为，人们的情感是存在于社会互动以及与他人的相互作用之中的，情感化设计也更多的出现在现在的设计要求中。空间中的情感要素是一种将情感作为关键的设计要素，将其他空间、界面、陈设、灯光等物质要素作为辅助要素，从而营造出一个可以承载人的情感的室内空间环境的设计手法，其主要特点是：第一，情感化设计强调的是一种整体统一的环境的营造，情感要素并不是单独存在的，而是通过其他物质层面的要素体现出来的。第二，情感化空间设计不是单纯的环境设计，需要更多的考虑受众的情感共鸣，找出用户与空间场所之间的精神契合点。第三，具有情感要素的空间系统是具有情感的引导性能的，情感化空间设计并不是将空间所要传达的情感强加于群众，而是引导受众不自觉的融入到空间中，被空间所吸引。

（五）空间经营要素

联合与共享空间模式的构建并不是简单地将不同的空间融合在一起或者把空间的功能进行划分就可以的，而是需要利用整合的思维方式，不仅在空间的规划设计方面需要考虑用户的需求、情感，还要考虑空间的运营与管理模式，因为空间功能的复合，传统的空间管理模式已经不能适用这样的空间模式，例如有些联合办公空间会提供一些对创业团队的培训指导等做法，这种新型的做法就需要用不同的管理方式去对待。传统的空间经营模式是偏向商品交换的方式，而现在的共享空间模式的创新，空间消费模式的转变以及人群价值观念的转变，都要求空间经营方式的更迭。以往空间作为商品，只要在等价交换中承担一定的角色就可以完成交易，然而在共享经济的时代背景下，空间所承载的功能正在产生着变化。首先，互联网技术的发展，让短租的运营方式更加灵活，因此在空间的经营模式中也要重点考虑这方面的因素；其次，空间的配置除了基础功能之外，还需要更多的服务功能，例如联合办公空间除了提供基础的办公空间功能外，还提供一站式的办公服务，以及定期的创业交流或者培训。由此可见，在空间模式更新的状态下，空间的经营模式也亟待创新，尤其是在现在的行业整合的阶段，空间出现共享的模式，因此空间的经营要素在空间规划中也是尤为重要的。

三、空间要素系统的更迭特征

空间载体要素体系是有其本身的历史变化性的，从过去、现在到将来，随着时代的变迁，空间载体要素也在不断地变化。传统的空间要素就是整个空间里的物质构造，即墙体的装饰以及家具等偏物质层面的载体，随着时代的发展，用户更加注重情感精神方面的体验，因此空间载体要素体系也应该朝着这个方向发展，更多的情感方面的载体例如某个场景、某种情境，甚至是某种具有文化承载力的符号（图7-5）。任何时代，空间设计都一定程度的带有当下的社会时代特征，随着社会生活的快速发展，人们对于能满足日益增长的物质文化需求也在提高，就空间的设计规划而言，体统中的空间要素的更新就是可以满足这一需求的重要改变之一。在现代社会中，人们对于空间的需求正在发生着从量到质的转变，人们不再满足于传统意义上的空间的功能性，而更多的是关注空间本身的视觉性、审美行甚至是猎奇性。室内空间相对于建筑的外部空间而言，是人们能够更加直接的接触到的空间氛围，换言之，人们对于空间的感知更多的是通过室内空间的营造，因此，在对于空间的规划以及设计中，要更多的考量空间的性质、所处的环境、服务的人群以及特征，通过技术和艺术的手段，创造出同时具备合理的功能、舒适美观、符合受众人群的理想的空间环境。

图 7-5　毛白滔教授工作室

就具体的空间设计而言，空间要素的历时性要求我们要根据人群不同时期的不同的社会特征去更新空间要素，在一系列的空间及人群特征的调研中发现，现代人群的审美重心逐渐从建筑空间本身转移到时空环境，这种时空环境因素的增加是人们对于空间的参与感和体验感的需求。在空间环境中，人是空间的主体，空间的要素安排以及要素的选择，都应该充分地考虑受众人群的需求以及审美层次。在通过问卷调查中发现，现代人的审美层次正在从形式的审美向文化意境的审美转变，过去的装饰空间是单纯的为装饰而装饰，而现在空间氛围的营造，是对空间艺术的追求、是对传统历史文化的承载以及对空间意境的营造。这些转变都要求设计师在做设计之前，要充分地了解空间环境的设计作为一种整合艺术，它对空间要素与要素之间的协调以及要素的时代更新趋势要精准的把握，才能创造出符合现代人真正需要的空间，才能体现空间环境的价值。空间要素的时代性从古代就已经出现，例如就空间要素而言，要素的形式都在随着时代的推进而更新着，在我们提出基本的空间规划的时候，就已经包含了空间中的环境因素，同时也包括着空间要素，在设计的过程中，空间与环境与要素是应该同时进入思考过程的。在我们进行空间环境设计的思考整理阶段之前，应该充分地了解用户目前的生活方式、行为状态以及审美情趣，描绘出用户所期待的空间环境，并且能够在一定程度上的预测用户生活方式的转变以及审美趋势。

空间要素的发展历史并不全是由一个阶段代替另一个阶段，一种形态和风格代替历史中的形式与风格，而是包含着历史各个时期的空间要素同时存在于当下时期的。即要素的发展不仅具有“历时性”特点，还是“共时性”的，例如关于传统空间的创新和改造这一点可以证实这种现象。这些空间要素，是经过了不同的历史时期和文化演变而来的，而能够历经时代的发展保存下来的空间要素，或者能够被人们从记忆中重新发掘出来的空间要素，是能够被人接受的经受得起考验的空间要素，是符合人们的审美理念以及生活状态的要素。空间要素具有一定共时性的含义就是指空间要素不是更替的过程，而是并存的过程，尤其是现在需求审美多样化的时代背景下，空间系统的设计需要更多形式的要素的组合，因此不能直接将传统意义上的要素摒弃，而是要结合要素之间的优势，进行空间系统的优化整合。从时尚的角度来看，流行元素也是交替着出现的，随着人们情感的变化，人们可能会重新将以往的流行元素重新提取出来，给予新的形式感或者创新，完成更好的创意设计，为更多的人所接受。在现有的空间要素类型中，也是不同历史时期累积而来要素的总和，并且依旧在与时俱进的更新和完善，空间要素的共时性也使得空间要素具有历史性的记忆载体及符合现代人的审美价值。

空间系统各自承载着不同的功能和空间气质，多样性的空间系统意味着空间具有更多的选择性，满足人们各种感官和对空间的需求，使人们在空间中的生活更加丰富，空间的多样性也可以提高空间的活力和对受众的吸引力，促进空间模式的创新和发展。建筑空间的功能多种多样，例如空间可以提供给人们活动的场所、组织人们的行为方式、引导人们的生活方式和审美观念等，究其核心功能是空间具有承载人们的各种活动的功能，不同的空间系统之间互相联系依存，形成新型的功能结构，满足多样化的需求。在本书所要研究的共享空间系统中，空间要素也具有其特殊性，例如新出现的空间模式的经营要素以互联网为基础的社区交往平台要素，空间系统的整合不仅催生出新的空间模式，也更新着一批新的空间要素类型，因此设计师在空间设计中要更好地兼顾这些要素方可设计出完善的空间结构和审美形式。

第二节 共享空间要素系统的更迭

随着设计理念的不断完善，空间在满足了人们的基本物质需求之后，开始更加关注空间附加的情感价值，需要在精神上得到更多轻松愉悦的体验，在这样心理活动的驱动下，出现了体验式消费的模式，这种体验式的消费模式也逐渐融入空间的消费模式。体验式的空间消费模式强调的是人群在空间中的感官上的立体式的享受，人性化的消费空间应该传递的是能够满足人们精神感受的环境。雷姆·库哈斯认为："在消费经济时代，消费活动会跟生活中的各种事情产生关联，同时各式各样的活动也可以产生一定的消费行为，消费的方式已经成为现代空间设计的重要因素，消费活动逐渐成为城市生活中不可或缺的部分，在消费主义的时代下，人们逐渐开始从消费的角度去读取城市建筑和空间。"空间尤其是商业空间，是城市空间的重要组件，空间所反映出的文化传统以及城市特色，是人们对一座城市的人文色彩最重要的参照，同时也影响着人们的生活情趣和精神面貌，随之出现了许多新的经济模式以及空间模式。

一、共享空间模式

共享空间的理念，就是把空间资源进行重构与整合，并且通过一定的整合方式和设计方法，进而创造成一个脉络分明的有机的空间整体，使得空间资源的配置达到最优化的状态。简言之，共享空间模式就是一种将不同的群体连结起来共同使用一个空间，进而产生一定的生产价值或者社群交往价值的模式，这其中包括工作空间的共享、居住空间的共享以及商业空间等其他空间的共享。这种模式是基于现代信息技术的发展产生的，共享经济的发展、互联网的发展、交通以及信息交流的便利为共享经济的发展模式提供了既定的技术支撑，同时人们关于共享的价值观以及消费模式的转变也为共享空间的蓬勃发展提供了强大的支撑。在对共享模式的研究中，主要以共享空间为载体，从生活的居住、办公以及出行等方面去分析共享空间模式带来的便利，以及在此基础上，通过理论研究、调研以及实践案例的研究，提出对于这种新型的空间模式的适应性设计策略。

二、共享空间模式的更迭背景

（一）共享经济的实践发展

共享经济这一概念，最早出现在2008年于美国兴起，利用闲置的资源、时间、车辆、技能等方面的共同分享，进而产生双赢或者一定的经济价值。近年在中国，共享经济也开始迅速发展起来。在日常生活中，共享经济的价值观念已经逐渐深入人心，出行时可以扫码开一辆共享单车使用，下雨可以在路边找到一把共享雨伞，甚至有些城市已经出现了共享汽车，这样看似简单却十分便利的生活场景在生活中出现的频率越来越高。共享经济在生活中的发展不仅仅是在出行方面，共享平台的发展为人们的生活提供了更多的选择和便利，目前，在家政、洗衣以及养老等多种生活服务方面都逐步推广了“共享模式”，不仅方便了人们的生活，同时共享平台的构建也可以更加合理的分配已有的服务资源。据相关媒体报道，上海有些楼盘曾在社区实行“共享地图”的生活方式，居民可以登记闲置不用的物品，若有人需要使用，则可以利用手机进行检索，而不是重新买一个新的使用，这样不仅可以让居民更加快捷的满足需求，也可以减少闲置资源的利用。同时，共享经济的发展有利于拉近社区中的人际关系的距离，促进交往，当人们在社区内共享自己闲置的物品、生活用品以及闲置的房屋资源甚至是自己的技能时，因沟通产生的与他人的交集自然会在一定程度上促进邻里之间的相互了解，促进社区的和谐共生。

共享经济，虽然在中国只有短短的几年时间，但是其发展速度、行业以及规模都非常快速，共享经济不管是在生产能力、交通出行、生活服务、房屋住宿方面，还是在知识技能、医疗共享等领域都产生了不可预期的发展，这其中，交通出行的共享成为共享经济发展中的主角。例如滴滴公司目前已经成为中国共享出行领域的领军公司，ofo以及摩拜的发展则更好地为城市人群解决“最后一公里”的矛盾。同时，在其他方面，共享这一理念也不甘落后，例如在空间共享方面，途家网、Airbnb、Wework等共享经济企业逐渐兴起，在技能服务领域，也出现了猪八戒网、知乎等平台。总之，近年来，中国在共享经济领域的实践发展涉及各行各业，人们的衣食住行以及行为模式不间断的受到共享经济带来的便捷，同时，人们也要关注到共享经济健康发展中遇到的各个层面的问题，这些问题不仅需要企业的自律，同时也需要政府的引导和监管、行业协会的约束以及群众的监督。

（二）空间消费模式的转变

随着我国的政治、经济、文化的快速发展，人们的物质生活水平逐年提高，在精神追求方面也有了极大的提升，西方的消费主义、消费文化也开始传入我国，对于国民的生活以及消费方式产生了极大的影响。随着生活质量的提升，消费也逐渐成为一种时尚，消费活动成为人们日常生活中不可避免的重要事件，而本书所研究的空间更是跟消费有着本质的联系，消费的观念有了更新，消费的方式也产生了变化，因此，空间的设计以及模式也要根据这些变化而进行相应的创新，设计可以引领消费，更新消费方式，同时消费方式的转变也要求空间设计不断的创新。

每个时代都有其自身独特的消费方式，因此会产生相应的商业模式，而这种随时代更新的商业模式又带来了空间模式的更新，也产生了不同的空间消费模式。在现有的消费模式中，随着人们消费能力以及消费的价值理念的变化，空间的消费方式开始由交易式消费向体验经济转变。一般来说，消费的方式是由生产方式决定的，当生产方式发生变化的时候，消费的模式也会随之发生转变，消费的模式一般要跟生产方式的自然形式相适应。随着技术和人际社交方式的更新，空间的消费模式发生了变化，人们对于空间消费的价值观念产生了极大的影响，同时消费模式的转变也不断改变着人们的生活方式和行为模式。

就空间的消费模式来说，除了人们对于空间需求的不同外，同时在空间中产生的消费行为以及价值观念都产生了变化，空间作为消费品，也会随着人们价值观念的转变而产生不同的变化。随着互联网时代的到来，人们心态的开放，空间从过去的封闭式空间转变成更多的开放式空间，例如联合办公的出现，过去的办公模式，大多都是以格子间的形式出现，这与办公人员重视自身的私密性有关，同时与保守的心态也有关系，而联合办公的模式由于心态思想的开放才具有出现的必要条件之一。除了联合办公之外，还有居住空间的共享，在日本出现的老年公寓以及一些住宅社区，都反映了人与人之间空间界限的模糊，人们一起使用公共区域，包括起居室、厨房以及休闲区等，同时又拥有各自单独的卧室这样的私密空间。由此可见，现代人对于使用空间的观念已经不再是过去那样的保守，而是一种更开放、更包容的心态，同时也渴望在空间中能够产生与他人社交的愿望，这也是由于网络的发达造成的。互联网的发展，看似把人与人之间的关系拉近了，但是事实上，却暴露了更多的弊端，智能社交媒体的发展，只是拉近了人们在线上的距离，但是却让人们在现实生活中的距离疏远了，这也是近年来人们越来越深刻的感受，所以越来越多的人开始渴望能够在实际生活中产生与他人的交往，因此出现了一系列的共享空间，包括办公行业的、居住层面等（表 7-1）。

传统与现代消费观对照分析表　　表 7-1

传统的消费观	现代消费观
单一的价值观	多元的价值观
强调勤俭节约、合理消费	消费主义、超前消费
消费与生活一致	充分体现群体的消费个性
重视物质消费	注重精神体验的消费
讲究实效、注重数量	追求情趣、注重质量

（三）互联网影响下的行为方式的转变

互联网的发展，对于人类交往方式的影响，本书主要从两个层面去分析，其中之一是，互联网作为一种技术基础，可以为共享平台和共享空间提供必要的支撑，这种转变是互联网带给我们生活的积极层面；另一种则是，互联网影响下的线上交往方式却是造成人们现实生活中社会关系疏远的关键元素，对人际交往造成了许多不利的影响。

首先，随着网络在社交生活中的普及，人们交往的机会和渠道越来越多，各种社交媒介的出现，打破了人们交往的地域以及空间时间的限制，将各个地区的信息和人际联结到了一起。在这样的新媒体环境下，面对面的传统的交往方式已经不再是人们维系社会关系的唯一渠道，互联网技术的发展，可以更好地帮助人们获取信息、休闲娱乐或者人际交流，也能够更好地为有共同兴趣爱好和价值观的人群提供更好的平台，而这些基础则是搭建共享平台的关键支撑因素。在国内，QQ 以及微信的普及程度在近几年尤为热烈，各种新媒体的 APP 也有各自的交流渠道，这些通迅工具的普及为共享空间的搭建以及信息的及时传达提供了必要的社交通道。这种渠道的发展不仅仅是为了信息的及时传达，也为有共同兴趣爱好的群体提供了更广的社交平台和途径，这种线上的网络交往方式也越来越成为维系社会关系的主流方式之一，给人们的生活中带来不可磨灭的影响。

其次，信息时代的发展，互联网时代提供给我们的社交途径越来越多，人们之间的关系看似越来越近，但其实我们的生活却变得更孤独，更多的生活在虚拟的网络时代，这样的社交方式，其实是不利于社会关系的良好发展。众所周知，良好的社会关系可以给我们的精神还有生活层面带来巨大的好处，从心理学层面来说，人际关系不佳，在社交关系中有排斥感，造成的生理层面的伤害与精神层面的刺激是同理的。人作为群体性动物的存在，对社会交往的需求是本能而强烈的，亚里士多德与《政治学》这一著作中提出："人的本质就是社会性的群体，那些生来就离群索居的个体，要么是不值得我们关注研究的对象，要么就不是典型的人类。"这一说法虽然看起来略显偏激，但是近年来，不断有科学家证明了，社交作为一种人类的基本需求，其实和对食物、住所的需求是一样的。人类学层面的研究显示，动物的大脑面积与身体是成正比关系的，而人类作为灵长类动物，大脑和身体之间的比例是其中最大的。有科学结论更进一层表明，影响这一现象的主要因素是社交的存在，著名的人类学家 Robin Dunbar 以为，大脑体积的扩大很有可能是因为社交的需求，影响大脑面积的关键因素是"新大脑皮层"，经过一系列的研究，影响这一部位的大小的关键要素是和主体所存在的社群的大小成正比的，也就是说，社群基础越大，大脑的体积也会越大。因此，社交对于人类大脑的发育的影响是不可忽视的。此外，著名的认知神经科的权威学者 Matthew Lieberman 还发现，当我们的大脑处于休息状态时，他的"默认"区域就会逐渐的活跃起来，而这个区域主要有两个关键的部分：内侧顶叶皮层以及背内侧前额叶皮层，这两个部分都是和我们的社会关系或者思考社会关系密切相关的。这种研究表明，我们时刻都和社交相关，我们的大脑不是在社交着就是在为社交做准备和思考。

一系列的研究表明，虚拟的线上的交往方式并不能真正的让我们更好的扩大社交圈，相反，会带来更多的孤独感，是不利于现实生活中的社交与人格的健全发展的。而我们的社交需求如此的强烈，社交网络并不能真正的解决维系人际关系，人终归还是要回到现实的线下生活。“纽约客”的心理学方面的专栏作家Maria Knnikova认为，互联网具有让人变得疏远的天然属性。相关研究表明，在人开始使用网络交往的一两年以内的时间段里，人们的愉悦感和与社会的关联度会逐渐的表现着下降的趋势，尤其是在与家人的交往中会受到更大的打击，与身边人的交流也会相对较少。因此，在互联网时代，提高我们的社交质量刻不容缓。而共享空间的发展，则很好地为这种社交需求构建了良好的平台，不仅优化了空间闲置资源的配置，也有利于社群的构建，这种交往方式包括了互联网时代的线上社交，同时也更好地为线下的交流提供了更加完善的空间和基础。

三、空间共享模式的型制

（一）闲置空间资源的整合

联合空间、共享空间模式在国内出现如雨后春笋一样的热潮，究其原因，一是我国空间资源的闲置造成了浪费；二是不利于资源的优化配置，空间资源闲置，有需求的人群却不能去使用。过去十年，我国地产行业极速发展，地产商建造了许多的楼盘，然而许多办公楼却处于空闲状态，不能产生相应的价值，这个时候，诸如SOHO这样的企业开始寻求地产的转型。联合办公Wework逐渐从国外传入国内，让人们对于办公方式以及空间模式的认知都产生了变化，除了政府支持产生的孵化器模式的众创空间，地产公司也开始搭建共享办公这样的模式，结合自由职业者、小型初创团队等的市场需求，共享办公将空间资源重新整合在一起，产生可以满足新的使用功能的空间外，利用原有的闲置的建筑空间为这些用户提供了场所。这些场所不仅有利于空间资源的配置，同时各行各业的人共同分享一个办公空间，而产生更多的团队之间的合作与交流，还有可能产生行业之间的整合，空间整合产生的一系列的优势让共享空间能够不断的发展和完善，是空间模式更新的发展趋势之一。

例如SOHO 3Q的创立，在潘石屹看来，这是他的第二次创业，而最初的原因是由于很多办公楼都处于闲置的状态，而有些初创企业，由于启动资金不足，没办法支付高昂的租赁费用，因此这个过程中产生了资源的浪费以及空间资源配置的不合理。所以SOHO 3Q没有选择继续建造楼盘，而是利用现有的建筑空间，重新改造设计并且通过行业的整合，利用现有的技术以及新的管理网络打造联合办公的新办公理念。这种共享的办公理念可以统一管理，并且以合适的租金分别租给有需要的人群，可以以办公室的方式，也可以以单独的办公桌的方式，同时也可以共享会议室、休闲区以及其他服务设施，这种方式不仅优化了空间资源的配置，减少了空间资源的浪费，同时也可以满足小型创业团队对办公室的需求（图7-6）。

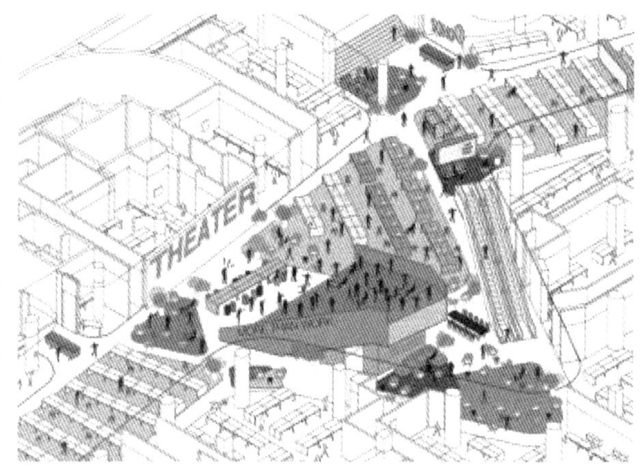

图7-6 SOHO 3Q

（二）空间硬件到服务的变革

随着体验式经济的发展，空间的管理模式逐渐从传统的物理空间的设置向服务式管理模式转移，人们在一个空间模式中的体验，往往与它所承载的文化内涵相关联，空间是城市文化以及生活工作形态的活化石。由于人们对于空间消费需求的多样性以及精神情感层面的渴望，空间模式的更新除了需要保证空间的基础功能之外，还要关注空间的情感文化内涵，空间设计的层次要与生活品质相适应。Wework，是最早出现的共享办公的代表，其空间规划既保证了基础的办公功能，同时在办公空间的规划中还时常设有健身房、公共活动区等，还利用互联网提供一些便利的线上服务。空间的模式的更新要面对的是大众化的多样需求，不同性质的空间开始走向联合，共享空间也为使用者搭建了极其方便的社交平台，这种平台不是虚拟的网络世界，而是能够让受众明确的感知到的空间、人群以及环境氛围。

在信息技术十分发达的时代，空间艺术也在不断的更新，空间已经不再仅仅是功能的承载物，空间带来的体验感以及附加的服务价值才是这个时代的空间应该注重的。对于空间设计来说，空间必须包含着情感的要素，有的时候，可以将传统意义上的刚性需求以及目的性需求放置在驱动要素的最后，而要把一些基础的配套服务以及社交因素放在最前面，这些设置里面包含着大量的以社交为主要功能的空间，有时候甚至包括一些亲子项目，这样的驱动模式才是现在人群所期待的生活方式。例如在合肥的万科·天下艺境的销售中心（图 7-7），就是摒弃了传统的销售中心的奢华与贵气，把一个销售空间打造成了一个充满童趣的童话梦工厂。传统的销售中心的设计一味地追求空间的富丽堂皇，逐渐形成审美疲劳，使销售中心的设计逐渐进入瓶颈时期，这时候，迫切的需要革新设计的思维观念来打破销售中心设计风格的局限性。在合肥万科·天下艺境这个项目设计规划中，旨在打造一个集合了居住、养老和教育为一体的生活社区，结合万科“美好生活场景师”的理念，将有机的人居理念和城市的规划整合在一起，打造一个儿童主题的销售中心。基于这种理念，销售中心的设计打造的更多的是一种对于生活方式的想象，销售中心承载的不仅是销售的功能，同时也肩负着居住空间对人们的生活方式的引导和对生活理念的追寻。此次万科的销售中心设计成儿童风格的空间，同时也是因为这个项目在将来打算作为社区的幼儿园使用，儿童空间是教育空间，销售中心是商业空间，这两者之间的融合是具有一定的挑战的，平衡教育空间与商业空间氛围之间的关系是对空间规划极大的考验。

图 7-7　合肥万科·天下艺境

（三）共享社区形成的社群聚集的价值

共享社区的理念建构更像是一种生活的实验，目前在国内出现了各种主题性的具有探索性质的共享社区，而本书所涉及的共享社区的概念，主要包括公共的物理空间、公共的生活设施、共同的生活用具、公共的文化交流娱乐资源以及社交层面的融合。而共享空间中的平台思维则是人们在共享中产生的另外一种纽带，人们在共享空间中产生的相似的生活场景以及共同经历的社区生活成为人们维系情感和社会关系的重要连接点，社区的核心并不仅仅是物理空间的共同使用本身，而是在共同使用空间时所产生的社群价值和人际关系。“平台思维”来源于互联网，其特点是跨界、整合、共享、共赢，这种平台模式旨在打造一个多主体构成的共赢互利的有机生态圈，平台化思维所要做到的是整合所有的资源，依照协同共生的原则，创造出具有灵魂和信念的平台。乔布斯，整合了许多公司和技术，搭建了属于自身的供应链，完善了苹果的产业生态平台，取得了巨大的成功。阿里巴巴通过借助互联网的“东风”，整合了商户，构建了商户和买主更加方便沟通、产生交易的渠道，在购物网络平台的创新方面起到了带头作用。

共享空间模式能否成功的整合，平台思维的方式也起到关键性的作用，共享空间本身的核心，就是通过整合闲置的空间资源，从而达到互利共赢的目标，这种空间整理术，不仅要依靠空间本身的整合，也要不断地更新人们对空间消费层面以及人际交往层面的认知。共享空间中的“平台”的搭建，是实现共享经济的核心社群价值的关键所在，他为人们的社会交往提供了更完善的方式，平台的途径是对人际关系网的重构，是对用户关系的重新定义，是互联网交往方式的主流趋势。

在互联网经济十分发达的时代，各行各业的资源开始走向整合，尤其是共享经济的发展，让“共享”的观念一时间成为各个行业的追求，面对城市人群人口密集、资源分布不均的问题，共享的模式逐渐走进人们的生活。在共享的模式中，空间资源的整合在中国的国情中，是极具共享价值的，同时空间的共享也是极具挑战性的，空间资源的共享和整合，需要设计师们或者组织者协调空间内部的功能组织以及空间内部的界面信息，把空间内部的要素利用系统性的空间设计思维整合成生态有机整体，从而达到人群做为空间主体与空间环境客体之间的和谐统一。

第三节 共享空间体系的整合型设计

一、整合设计思维

整合，是指客观存在的事物的异同共生的矛盾统一体，整合的思维是系统内部多种元素相互融合的集合性的思考过程和思维方式，是向事物整体关联度的一次跃迁。思维方式的整合，不仅要认清事物系统中的各个构成要素的本质，还要揭示系统中各个要素之间的相互作用的规律以及系统内部与外部的关系。而空间作为系统，在其内部要素的整合过程中，不仅要关注要素本身的特质，还要学会协调要素与要素之间的相互关系以及空间系统与周围其他系统之间的关联性，这样才能真正的使空间内各要素之间相互协作产生空间的优势整合。整合性的设计思维，对项目本身而言，从始至终都是将客观对象放置在一个整体的系统的网络中去研究其内部的要素以及构成关系网的，既要将研究的客观对象看作是各个部分要素组成的，又要把事物置于一个生态系统中去考察，在关注事物本身的同时，也要协调与周围环境的关系。

位于加拿大的多伦多大学中的罗特曼管理学院的院长罗杰·马丁教授是最早提出整合设计思维的理论家，并且在一定程度上对整合设计思维给出了定义：整合性的思维是创意性地解决对立事物之间矛盾的能力，而解决的过程和方式不能以牺牲任何一方的利益为代价，并且其结果是优于任何一方而达成的最优的目标。因此，整合型的设计思维方式是综合考虑要素之间的关系，完成要素与要素、要素与系统之间的优势整合，其关键特点是强化系统内优势要素的特性，来突出系统整体的个性。若要将整合设计思维运用到空间设计中去，则是要充分地考虑空间要素本身的特质以及空间要素之间的关系，还有空间系统与其他环境系统之间的协调性，利用整合性的设计思维来规划空间，不仅能够优化空间系统，同时还能使空间本身更加具有吸引力。空间系统是一种变化着的概念，在现代化的时代中，整合设计思维作为一种空间设计的方法论，是空间系统优化和创新的科学的思维方法。整合型的创新在目前的情境中，就是需要把空间艺术、科学技术以及人的因素结合起来考虑，设计师作为空间的缔造者，并不是说设计师的创造能力更强，而是他们能够更全面的考虑空间以及相关因素，可以得到更多的解决的思维和路径，创造出具有更多可能性的空间。

设计思维在本质上是以人为中心的创新化的过程，它强调的是观察力、协作力、快速学习的能力、设计创意的视觉化、快速概念能够原型化，以及与一定的商业分析相结合，是一种着重发现还没被满足的需求和痛点，并创造出新的解决方案的指导性的方法论。整合型的设计思维的主要目标是让设计者、商业人群以及消费者们共同参与到设计的流程中去，它注重的是将设计成果、服务、用户、市场结合起来，构成和谐的统一体。整合的设计思维追求的是与多学科、多团队的合作，以及设计的功能与情感之间的联系。

二、共享空间的整合型设计方法

（一）空间功能的共享型设计

由于空间要素的演变、空间的子系统之间产生了复合，共享的空间模式对现有的生活方式产生了重大的影响，在整合设计思维的指导下，共享空间的形成是以空间内功能区之间的互动与分享为基础的。在空间走向联合和共享的过程中，必然会出现空间内部要素之间的重组，而重组的特征之一就是功能之间的融合以及开放式的分享。例如在洛杉矶的设计工作室 CHA:COL（图 7-8），这是一个由一对夫妻设计师经营的工作室，他们通过巧妙的规划和安排将工作空间和家居空间结合起来，据悉，这个空间设计的灵感是来自于纪念碑谷这一游戏场景，这一对设计师利用家具之间的排列和组合将空间打造成既具有开放式的社交的功能，又具有个人的私密的空间模式，同时，在空间中，利用几何的元素、撞色的设计方法打造了一个灵动和谐的共享化的空间。

图 7-8　设计工作室 CHA:COL

在空间模式的创新的过程中，住宅和工作空间的共享使工作与生活之间的界限变的模糊，这种简单的功能空间的共享只是比较常见的模式，也是相对简单的模式。在中国台湾的一家“分子药局”的空间功能的设计中，将药店的功能、咖啡的休闲模式以及生活体验的需求结合在一起，打造了一个完全复合式的空间环境。分子药局的设计理念是自然而友好的生活方式，在空间中设置了一个可以提供咨询的实验平台，方便顾客和医师之间的交流以及咨询的需求，增强消费者和药剂师之间的友好型的互动。在空间的二楼设置了一块咖啡区域，消费者可以在完成了对医师的咨询之后喝一杯咖啡稍作休息，而同样在二楼，还设置了一个文艺沙龙区，顾客可以更好的参与空间中的活动，把逛药局变成了一件十分有趣轻松的活动。

（二）空间界面要素的引导

空间的本质是从边界即界面开始的，空间中的结构和界面由于“空间性”而达到有机的统一，结构及其效能在空间中的存在通过界面的传达而被受众感知，即结构首先作为界面存在，继而才获得空间性，最终能够被人们的视知觉所感知。建筑，为我们组织和建造了空间，其内部空间和围合空间的物体能够以他们使用这种空间语言的方式来激发或者禁止我们的行为，当我们在空间中移动，与他人发生关系时，我们一直都在使用这个语言，我们常常需要空间告诉我们如何行动，我们对空间的需求是为了让我们改变心境、建立关系、区分活动和提示及引导恰当的行为。事实上，通过空间来创造环境，环境可以组织我们的行为方式、引导我们的生活方式，一个成功有效的空间在无形中就可以达到这样的设计目标。列斐伏尔的空间理论告诉我们，人们在室内空间中的行为模式，是构成生活整体的重要因素，人们的社会活动和社交都是在周围的空间环境发生的，而这种行为模式构成了空间的功能性以及空间的形态。空间能够被受众接受并且主动积极的参与到空间中去，空间才能够发挥其本身的价值，人对于空间的使用和主动的参与，从某种程度来说是对空间的使用价值的强化，同时有利于形成空间的特定的形态和面貌。

空间的“诱导”行为是指在空间利用不同的构成要素来指示运动路线，明确流线的运动方向，这些要素用不同的形式，将不同的区域联系在一起，并且指引着受众在空间中的行为模式。在空间要素的整合设计中，应该通过以下方式来完善空间中的“诱导”功能：第一，利用弯曲的墙面设计可以把空间内的人流巧妙的引向空间预期的方向，指引人们去一个新的空间，达到空间动线设计的目的；第二，在楼梯的设计中，可以用新奇的楼梯形式设计暗示空间的楼层，吸引受众从一层楼通往另一层楼；第三，空间顶面、地面等界面的处理也可以通过具有强烈对比或者暗示性引导性的视觉设计为受众指引方向；第四，在空间的秩序排列、分割与联系之间也存在着对空间中的引导性能，在空间的分隔设计中，应该要整体的考虑空间环境的设计。根据空间的特点和使用功能，结合空间设计的艺术特点和行为模式，设计出具有空间引导性的环境场景。

（三）视觉符号要素的转译

在空间设计中，视觉符号要素是空间信息最直观的表达，一般是由图形、色彩等符号语言构成，视觉符号是空间气质的表现，空间中的视觉符号一般通过动态或静态的方式将空间的主题或者意义传达给受众。视觉符号在不同文化之间的传播中，其最终目标是实现信息资源在全球范围内的共享，使各国人民之间的交流可以打破历史的桎梏。霍尔说过："文化即是交流，同样，交流也是一种文化，同一个视觉符号或者不同的视觉符号所组成的画面和表达的内容，或者是符号本身的表层含义，也可能是视觉符号蕴藏着的深层含义，即视觉符号的能指和所指。"例如就鸽子本身来说，其表层的含义就是指一个作为动物的鸽子，而深层含义就不单纯的是指一个鸽子，而是象征着和平的含义，罗兰巴特将这种情况成为"联想链"，而视觉符号给人们带来的就是这种联想所带来的视觉体验，视觉符号会使人们无意识的被影响，并且与记忆中的场景产生重合产生情感的共鸣。

（四）空间场景要素的营造

空间场景要素是以实物形态显示的能被人们直观所感受，并能反映场景特点的事物实体，包括场景的整体环境、建筑特征、格局、生活娱乐设施，这些客观的物质实体凝聚着场景的特点，形象地表达空间场景的实质。场景要素在空间营造的过程中是能够直观地反映空间性质以及视觉画面的，在东京的一家餐厅里，出现了这样的空间场景，在餐桌上可以让食客通过光影和动画来感受季节的变化，餐厅为了吸引更多的顾客，银座的这家日料餐厅推出了"感官餐厅"的理念，旨在增强餐厅空间中的体验感。当你在餐厅中用餐时，不仅可以享用美味的食物，还可以同时欣赏日本极具特色的自然环境中的美景，例如樱花的元素，还有森林瀑布等，而餐厅中的背景音乐也会因为景色的不同而转变成风声、水声或者鸟叫声等。当你在用餐的时候，周围的墙面被茂密的树林覆盖着，潺潺流水从树林中穿过，"流"过餐桌的桌面，伴随着流水声，花瓣和鱼儿在水中来来去去，从一个人的手臂流窜到盘子上，再流到下一个人。这样的场景利用技术服务于艺术，创作出技术和艺术结合的交互式艺术作品，打造出了更好的服务于现代人的空间场景，也给人们带来了非同一般的感官和情感的体验和互动（图 7-9）。

图 7-9　日本的“感官餐厅”

三、空间模式的更新与多元发展趋势

（一）“大空间”的共享概念

城市经济的发展，对人们的生活造成的压力越来越大，无论是在生活的空间还是休闲的时间来说都处于萎缩的状态，现代都市生活让人们的生活变得越来越缺乏幸福感，在这种境遇下，越来越多的人开始思考生活的本源和一种全新的生活方式。随着共享经济的发展，“共享”的概念越来越多的侵入人们的日常生活，本书所研究的共享空间更是极具分享价值的资源。随着科学技术的进步，人们在习惯了经济发展带来的高效快速的生活的时候，对空间的情感体验和情趣感受也有了更加高级的追求。并且，我们生活在互联网的时代，多元文化的碰撞在建筑空间中表现出不同的需求，而共享空间就是在这种需求的多样化发展中演变而来，共享空间的模式不仅将不同功能的空间融合在一起，可以满足不同的使用功能，同时也要关照不同文化的认同感和情感的归属感，同时，空间模式的创新也带来了空间要素的更新。

新时代，新的追求和变化让空间的发展模式逐渐走向空间综合体的模式，出现了一大批复合型的空间模式，这种具有代表性的共享空间形式，不仅满足了空间的社会价值，同时也关照了空间所蕴含的情感价值。

在现在的城市空间建筑中，出现了越来越多的空间之间的复合，出现了结合不同空间系统的“大空间”的概念，既是商业模式的更新，同时也是空间模式的创新。从社会的主流审美取向来看，在高科技发达的后工业时代，人们更加需要的是对情感生活的关注以及精神层面的享受。共享空间这种具有复合性质的空间包含着多功能、多层次并且注重情感的要素，正是现代人所需要的空间模式，满足了现代人对不同的功能空间以及情感层面的追求。在现代的城市建筑中，共享空间所占的比重越来越大，不同空间系统之间产生了不断的融合，这种模式是符合人们生活形态的空间模式，同时也对人们的行为模式和生活的各方各面产生了不同程度的影响。例如共享办公为人们的工作空间和形式提供了新的选择；住宅的共享可以拉近城市人群之间的疏离感；Airbnb 的共享模式更是让我们在旅途中体验到了不同的空间场景和风土人情。

随着共享经济和联合空间的发展，我们在享受“共享”带给我们的诸多好处的同时，也不能忽略共享经济背后出现的一些问题，共享的模式核心价值是闲置资源的重新利用、群体聚集的价值、社会公共资源的交易，还有更重要的是人与人之间的信任。共享空间最大的价值就在于减少闲置的空间资源和群体交流合作的价值，用户的参与度在共享空间模式中是衡量一个共享空间模式成功与否的关键因素，不管是在共享空间的使用中，还是在运营和管理模式上，人作为空间的主体，都是产生空间价值的关键要素。

（二）体验式空间模式的成熟

对于我们每天生活的各种空间形式，空间带来的生活体验往往比空间本身更加重要，日本著名的现代建筑大师安藤忠雄认为：“我们应该学会用自己的五官来感受空间，要学会有深度的思考空间，对空间的体验是与空间进行对话的过程，在感受内和外、东西方、抽象和具象、单纯与复杂这些性质之间，融入自身的意志而达到空间意境的升华，人对空间的体验应该在无形中成为自身的一部分。”我们生活的空间也同样需要体验，对于一个空间系统来说，体验主要分为两个层面，一是设计师作为空间体验的缔造者，二是使用者作为空间的体验者。设计师的职责是为受众营造具有良好体验感的生活空间，引导人们学会建立空间中的艺术美和场所的意境，同时也更新着人们的生活态度。而使用者在传统的空间中，是处于空间信息的接受者的位置，是被动的，然而具有体验感的空间是让使用者更多的参与空间、主动接近空间的一种模式，可以让人群和空间场景之间产生积极有效的交流，这样的空间模式才是积极生态的空间系统。

体验式的空间模式，是一种“共创”的概念，不仅需要设计师对空间场景的规划，还需要使用者的积极参与，参与度和体验感是空间体验构建的关键要素，随着服务设计观念的发展，在各行业都出现了体验的理念，而体验，有时候是需要设计的。例如在去迪士尼乐园游玩的时候，园区里的环境与空间的设计规划可以轻易地让你融入童话般的氛围，而同时，迪士尼的员工还会利用角色扮演的方式为游客提供不同的体验。当下的社会，人们的消费方式、对空间的需求以及观感都产生了不同的转变，体验式的空间开始受到越来越多人的欢迎，人们也更加青睐这种空间模式。

（三）多元业态组合的发展模式

业态的一般含义是零售店的具体的经营模式，是一种针对特定的消费者群体的某种需求而制定的经营手段，既具有提供商品的功能，也同时肩负着服务的理念。随着消费方式和零售行业的转变，逐渐出现了新的业态模式，不同的产业之间产生了融合，例如随着餐饮行业的发展，出现了与书店、主题会所以及酒吧等空间的复合的模式，这种多元业态复合的空间模式更加注重打造空间的文化场景及氛围。同时也吸引着不同的社群，形成空间中的社区价值，从而形成新的生态产业链，这也是产业发展的未来趋势。在日常所见的空间中，已经出现了许多融合了多种业态模式的空间，例如商场和艺术画廊的结合，2017 年，BROWNIE 就是以这样的理念在上海静安嘉里中心开了第一家旗舰店，这家店不仅承载着画廊的功能，同时依据消费升级的经营理念，还在店里打造了一个 Art Lounge，在整个店面的最里面为消费者提供咖啡、精致的甜点以及鸡尾酒等。在空间规划设计中，他们的理念不仅是要让空间做出来的符合审美趋势的，更重要的是空间的体验感以及艺术品和空间结合而产生的故事性，在店铺入口处的开放式展区中，设置了一个可以互动的声音装置，可以快速的拉近人与艺术品之间的距离，而空间中的故事性则是体现在不同主题的展区中，而艺术品本身也是具有故事性的，例如《贝克沙龙》的系列作品，将面包和发型相结合，带来了新奇的视觉感受。BROWNIE 艺廊还可以举办不同类型的活动，例如小型的摄影展览、新书的签售会，并且可以为艺术家的工作坊提供举办体验活动的场所，这种把艺廊开在商场的模式，不仅是单纯的空间系统之间的整合，同时也可以拉近艺术品和人们的消费日常之间的距离，让大众能够更轻易的融入艺术氛围中，同时也能使传统的商场具有文化的气息。

（四）去边界化的空间模式

近年来，随着科学技术、设计与商业的结合，设计行业逐渐出现了新的面貌，商业的转型、科学技术的创新，设计可以介入更多的行业中。新技术的更新已经成为创造设计边界的重要手段之一，在空间设计方面逐渐出现了去边界化的模式，在新的科学技术尤其是智能技术的创新下，空间设计方法的边界已经变得不那么重要，设计的最终目标才是空间规划的追求。在当代社会中，“大设计”的概念逐渐深入人心，设计之间的界限也逐渐模糊，例如佐藤大就是一位综合型的设计师（图7-10），他可以做平面设计、产品设计，也可以空间设计，设计学科之间的界限也不像以往那样泾渭分明，把不同的学科中蕴含的设计理念和实践观点结合起来，可以在设计过程中产生更多的可能性。

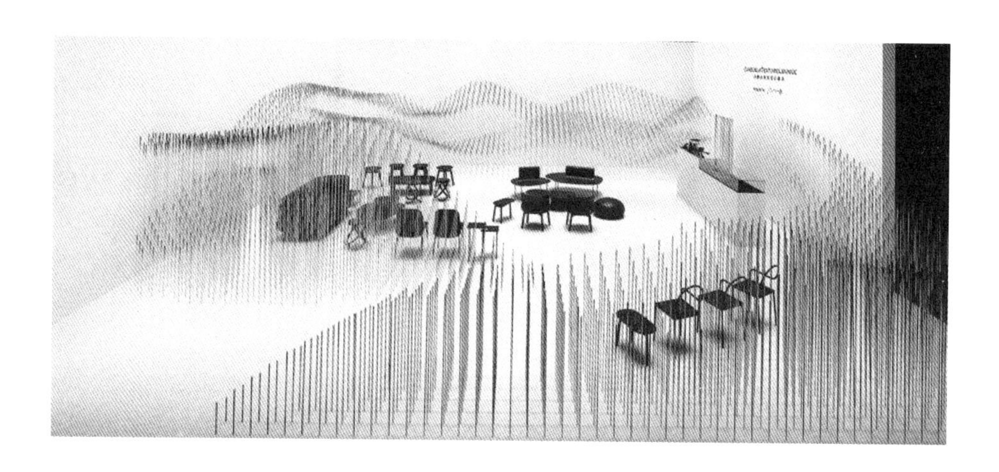

图7-10　佐藤大的作品

共享空间模式的创新，是由于空间资源的闲置和浪费演化而来的，共享空间的模式，将这些空间重新整合在一起通过改造，重新利用产生新的价值，共享空间模式是一种将空闲的城市空间整合起来而产生更多附加价值的空间创新形式。“共享”的理念随着互联网的普及而分散到各个行业，共享的核心观念是以用户的需求作为指引目标，对空间资源重新配置和整合，产生更多的附加价值。例如，联合办公的模式不仅为新兴的初创团队、自媒体、以及自由职业者们提供了更加经济合理的办公空间，而且为这些团队创造了良好的交流平台，产生更多的群体价值。居住空间的共享模式，不但减轻了城市人口的住房压力，而且有利于化解城市化造成的人际关系的疏离，同时也可以使住房资源更好的分配给更多的人使用，让空间资源的分配更加合理。而旅途中住宿空间的共享不仅减少了空间资源的浪费，同时也为旅行者提供了更好的空间体验感，让用户与空间之间的距离更加的密切。

在未来空间模式的发展中，人们的生活方式、价值观念以及消费方式都在发生着改变，在前几年消费主义的影响下，人们日常生活中闲置的资源越来越多，而由于前几年我国地产行业的高速发展，今年地产行业的饱和，造成了楼盘一定程度的闲置。结合当下人群的需求，例如就共享办公来说，数据显示，在城市空间中，办公楼的闲置率居高不下，而一些刚开始创业的团队因为资金不足的问题不能承担高昂的租金，这中间就产生了空间分配的不平衡造成的空间的浪费。所以地产开始寻求产业的转型，将闲置的办公楼打造成共享办公的模式分租给有需要的群体，这样的模式不仅平衡了供给者和接受者之间的需求，而且对人们的办公方式以及生活形态产生了一定程度的影响。

共享空间的模式逐渐深入到我们日常生活的各个层面，共享经济的快速发展，互联网信息技术的创新，使这种新的空间模式能够给我们带来更便捷的生活以及更好的体验。空间模式的复合、产业维度之间的整合，都在预示着空间模式需要创新才能适合我们所生活的时代，研究表明，空间模式的发展趋势主要体验在以下几个层面：空间的共享、体验式空间模式以及去边界化的空间复合的形式等，随着研究的深入，空间创新的模式以及空间营造的策略也需要不断的完善，从而创造更加多元化的空间形制。

〖第 3 部分〗要素

第八章 扁平图形
——视觉要素的演绎与更迭

第一节 读图时代背景下的图形语言

随着消费的转型和科学技术的发展，出现了一种新的文化现象——“读图时代”，所谓“读图”，是读者对于图形或图像为主体内容的读物的一种阅读方式，人们的认知从文字转向了图形，与文字相比，人们对于图形的敏感程度更高。图形成为创作者和读者之间传递感情的重要媒介，创作者通过图形来表达自己的审美观念和创造理念，图形所具备的精神内涵、情感体验和艺术情感的流露，让信息受众达到心灵和情感上的共鸣。读图是以视觉体验为主导的知觉过程。但同时读图也会产生一定的不便，例如一图多解、一图多义等，不同的人对于某一个图形所产生的感受也不尽相同，所以读图在设计中的运用，大多是在感受层面的运用而不能运用在传达确定性信息方面。

一、以图形为主导的阅读方式

图形以惊人的力量改变着人们的阅读取向，出现了当代文化中由“文”到“图”这种媒介载体的转变。长久以来，我们主要通过文字来获得信息，当今，大量的图形充斥着我们的眼球，创作者通过图形来表达信息抒发情感，阅读者通过图形来获得信息和独特的体验。以往我们感知周围的环境，是通过视觉，听觉，嗅觉，味觉，触觉来获取信息，读图则以视觉为主导来获取信息的知觉方式，图形作为当代信息传播和艺术创作的主要媒介，更加容易被识别和记忆，并对受众的心理产生影响。

社会以图形元素作为传播媒介传递着信息，艺术家通过图形元素的创作传递文化，抒发情感，表达态度。而随着社会的进步和时代的发展，基于视觉生理的观看变化和心理层面的视觉需求，人们“看”图形的心理也悄悄发生着改变。在大量的图形信息中，受众会自觉选择自己想看的，吸引人的，简单明了的图形信息，这样的读图心理也让信息传播者们更注重图形本身的视觉美感和情感表达，如何快速的吸引人们的视线，达到视觉和心灵的共鸣成为设计者思考和研究的核心。

二、图形的视觉力量

关注图形本身的视觉力量，不仅仅能快速传导信息，图形所具备的不同特性让其成为一种强劲的传播介质，艺术家和设计师充分利用人眼观看图形的视觉特征赋予其形式和色彩，二维图形三维图像的交替，形成不同的视觉效果，传递不同心理感受。正如传播学者保罗·M·莱斯特在《视觉传达形象与信息》[1]一书中所指出的：“图形形式使得视觉信息的产生、表达和接受都更加便捷，它将不同类型的视觉材料以及视觉形象的创造者和接受者都联结在了一起，受其视觉信息影响的人数之巨大，在大众传播领域可谓史无前例。”可见图形的力量在视觉语言的塑造上不可小觑。

（一）作为符号的信息传递

相较于文字的信息传递，图形语言更高效快速，直击人心。在人类文明刚刚开始的时候，原始人类就用壁画来表达思想进行信息的传递和交流，随着文明的发展

1 保罗·M·莱斯特．视觉传达形象与信息[M]．北京：中国纺织出版社，2005.01

慢慢的出现了文字，人类进入了读字时代，文字的确定性，在信息的传达方面比图形更加有优势。如今，在科学技术的发展之下我们迎来了崭新的时代，图形作为信息表达和传递的符号，它可以更加丰富的传达和展示信息，促进文化的交流和共同发展，也逐步成为艺术家设计师和大众读者之间传递信息的媒介。设计者借助图形向受众传达自身的思维过程与结论，传递文化和情感，达到指导或是劝说的目的；换言之，受众也正是通过设计者的作品，与自身经验加以印证，最终了解设计者所希望表达的思想感情。在图形的设计过程中，基于图形本身作为符号的力量表现，结合设计的方法和规律，满足视觉美感的同时有助于图形信息的传播和表达，从而满足人们精神和心理的双重需求，实现更加人性化的设计作品。例如路口的直角拐弯符号，减速慢行符号，还有包括男女卫生间区分的图形符号（图 8-1）在利用大众对图形本身的视觉认知进行空间信息的辨识。

图 8-1　图形符号的信息传播方式

（二）视觉的文化传播力量

图形作为一种符号，可以传递信息。图形是否吸引人，是否真正地让人获得情感的共鸣，不仅是作为图形创意好坏的一个评判，同时也是一个图形最基本的语义表达。基于不同时期、不同文化背景，艺术家或设计师在创作作品的同时，都会思考作品所能表现的文化特性，作为文化的一个组成部分，设计就需要遵循图形的传播特点，才能被人们理解和接受。在这个图形被广泛运用和接受的时代，只有真正的符合这个特定的时代特征，设计作品所传达的精神内涵才能真正被大众接受。

不同时期的图形文化反映了不同的文化特性。即使在同一个时期，由于处在不同的社会阶层，每个人都有不同的生活背景、阅历、宗教信仰，还有个人情感深处的不同记忆。这就使得每个人对图形的欣赏角度，认知和共鸣表现出其差异。因此在创作图形的时候，设计师和艺术家必须充分考量不同受众对象，努力寻求与受众的共鸣点，在作品和受众之间建立良好的沟通，从而创作出真正能够走进人内心的优秀作品。

（三）图形的情感力量

图形的唤起功能优于语言，图形往往能引起人们的注意，并激发阅读兴趣。贺拉斯在他的《诗艺》中说“心灵受耳朵的激励慢于受眼睛的激励。”毛骨悚然略带血腥图形，鲜香可口的食物，鲜美的水果，这些图形都能直接影响着我们的情绪，从内心激发我们情感的共鸣。一幅成功的图形设计，不仅取决于它能否唤起大众的注意，更重要的是在于它能否唤起大众的情感共鸣。当下人们的生活节奏日益加快，充斥着各种不安定因素之下人们对于情感的需求越加强烈，家庭的温馨、荣誉感、爱情的甜蜜感都是人们生命中不可缺少的一部分，具有感性诉求的视觉图形在当今社会得以诞生。图形所具备的精神内涵和情感体验达到心灵和情感上的共鸣，成为了传递感情的重要媒介。图 8-2 运用插画的形式创作三个人物图像，人们能够很简单快速地感受到图形中人物所表现的情绪，愉悦开心激动的图形语言能够真正触及心底，实现内心情感的共鸣。

图 8-2　插画创作的人物形象

（四）艺术视觉体验的力量

艺术创作层面，图形的艺术创作已经成为现代设计的主要表现手法，被广泛运用于各行各业。艺术家根据图形本身的不同特性，基于不同的传播介质进行创作，通过图底关系，形式大小的对比，所形成的视错觉各种不同的图形视觉效果进行创作，凸显出图形的视觉力量，例如图8-3中，艺术家通过人物化妆及艺术化形象处理，将她巧妙的融合到背景空间中，使人物和空间建立起紧密的联系，成为空间画面的一部分，这种新艺术表现形式正是来源于图形本身的塑造力量，而对于模特来说是一种极具趣味的艺术体验，对于观众来说也是一种极具心灵震撼的艺术创造。

图 8-3　人物与空间的图底关系图

图 8-4　办公空间图形的视觉化元素

（五）视觉化的图形空间

空间中的图形可付诸于建筑结构及设计表现多方面，在室内空间中，图形符号不仅是功能信息的传递，同时起到装饰空间塑造空间及加强情感体验的作用。不同风格的图形设计能够营造出不同的空间视觉肌理、空间情境和空间氛围，营造独特的空间体验。例如，在办公空间中，图形的作用不仅仅是区域功能的识别，不同的图形风格和图形创意，所导致的空间氛围也是大不相同。基于不同企业的经营文化和理念，以及公司办公的性质和氛围，图形的设计方法和风格导向也是有很大不同。设计类创意类的办公场合，公司文化比较轻松活泼，图形创意上就需要一些大胆创新活泼的元素体现（图8-4），不仅是适合公司精神，同时也能够激发办公人员的灵感；而像金融类或者比较冷静严肃的场合，则需要一些稳重安定的图形元素。图形根据不同的空间环境表达出的识别性与导向性，营造出不同情感的办公文化。

三、基于视知觉理论的图形语言

（一）视知觉基本要素

视知觉，即视觉思维，是人的眼睛发现事物后对事物形态进行主动捕捉与扫描，寻找它们的边界，探究它们的质地，并产生相应心理经验的生理活动，视知觉的真正含义就是对视觉信息的积极探索与高度的选择性。

从生理学角度上来说，视知觉分为视觉接收和视觉认知两个部分。我们获取信息获得心理体验是通过视觉，听觉，触觉，味觉，嗅觉的共同作用，主要以视觉活动为主，且以图形为传播媒介以视觉为主导的生理活动。视知觉则包含视觉接收和认知的过程，而视觉接收的过程是人眼受到刺激获取信息的过程，它决定受众所看的现象，事物的形式色彩等表象特征，而视觉认知是基于视觉接收的层面之上大脑对其进行接收和辨识的视觉心理的反应过程，其中包括视觉刺激汲取、组织视觉信息及最后做出的适当的反应。

图与底，区分图形与背景的关系是人的知觉系统中最基本的一种知觉能力。当人观看物象时，其中的一部分成为知觉的对象，而其余部分则成为知觉背景，这种关系被称为图底关系，形基关系等，而在真实观察的过程中随时随地都体现着图底关系。不完整的几何形，缺少部分的图形根据人眼的视觉特征都会自动补足，而能够瞬间抓住人眼球的视觉中心为图，远离视线的部分即为底，图与底的关系是基于人的视觉焦点的变化而变化。

简化，格式塔心理学认为，人的眼睛能够自然倾向于把任何一个刺激式样，看成已知条件所允许达到的最简洁的状态。许多实验表明，当一种简单规则的图形呈现于眼前时，人们会感到舒适与平静，而这样的图形与知觉追求的简化是一致的，同时，格式塔心理学认为，构成一个形状式样的结构特征越少，就越简化，而这一结构特征不是指要素的多少，而是指形状结构的性质是否简洁。这种知觉追求的简化倾向，使人极易把视觉式样看成已知条件所允许达到的最简洁的状态，即能够从构图形象中排除不重要的部分，只保留那些绝对必要的组成部分，从而达到视觉的简化。

（二）人眼感知活动的视知觉特征

视觉体验过程的发生是一个复杂的心理活动与文化反映，是人的一种行为表现。不同的“看”的方法受到特定的认识论的引导，形式语言的产生正是一定的“看”的角度与体验分析方法的结果，也成为直接导致视觉艺术不同流派形成的原因之一。研究人眼观看事物的过程，分析人眼的视觉倾向和特征及视觉规律是图形创作的研究基础以及运用图形塑造空间体验的理论依据，感知活动的特征主要包含以下几个特征和趋势，即包含过去的特点，能动性和整体性。

1. 视知觉包含着过去

视知觉的产生与人的生活经验和体验有着紧密的联系，人们对于图形的认知总是带着自身的经验和记忆。不同的人对同一种事物的观看方式和认知方式都有很大的不同，从开始观看的点，到视觉信息接收过程中的注视点的转移，基于不同的个体注视时间都会存在差异，哪怕是建立在相同的形状和色彩之上，由于不同的生活经验和情感激发，对事物的认识都会有所不同。

对物体的视知觉活动包含着一个复杂的过程，它不仅仅是眼睛接受信息的简单步骤，还包括从视觉层面激发的其他知觉感受，例如触觉嗅觉感受等，是所有要素叠加累积的生理及心理活动。人的视觉具有一定的经验习性，从我们小时候出生开始便获得不同的经历，体验和记忆，这些记忆伴随着我们的成长形成一种特定的个人的记忆思维，决定着我们认识世界看待世界的视知觉感受，对于事物的平衡、形状、色彩的感知都会带着我们的记忆思维。当我们谈到一个倒立的三角形的时候，两点在上一点在下的三角形自然会出现在我们的脑海中，不同的人联想到的事物也会很不一样。

由此可知，在人观看和认知一个事物的同时，总是伴随着记忆和经验的影响，而那些具有清晰形状的经验图式，往往能够强大到足以抵抗记忆痕迹的干扰，我们得到的最新形象，是储藏于我们记忆仓库里大量形象中的不可分割的一部分，刺激物所拥有的力量和其能够唤起记忆痕迹的力量。图形设计中，艺术家和设计师也利用了这一属性创造出了很多有趣的图形，让人产生视觉的联想和想象。

2. 视知觉的能动性

视知觉的能动性是指主动积极的探索信息且赋予信息内涵和情感，包括除视觉之外的触觉味觉嗅觉听觉的感受，视觉的能动性主要是由于生活经验的参与，在引起视觉注意的同时联动其他五感的知觉感受。对于一些抽象形式的感知，我们常用类似“色泽甜美”“清新宜人”这一类词语用来表述视觉感受，同时又激发了我们的味觉和嗅觉感受。

视知觉的能动性首先表现为积极主动的探索信息，基于之前探究的关于受众的读图心理，每天面对大量的图形信息，人的视觉生理会自觉的进行选择，人类的视觉感即便在眼睛里就已经进行了高度的选择，因为眼睛只能接收和对某些特定的信息作出反应，从视觉信息的接收上来说，受众依据自己的视觉偏好有意识选择第一眼能被眼睛抓住的图形，受众依据自己的经验，情感和记忆主动探索信息，且能对其进行内容的认知，联想，等等一系列大脑活动和心理活动。在视觉感受中，任何一条划在纸上的线条，抑或是用一块泥巴捏成的一种最简单的形式，都像是抛入池塘中的石头，它扰乱了平静，使空间运动起来。因此，所谓观看，多数是对于活动的知觉信息作为外界的刺激物刺激着人的眼球，在视知觉活动中，一旦有外界事物的刺激作用，视觉能力则会自动的去探索信息，辨识信息。如果仔细观察人的眼球，虹膜扩散瞳孔放大是视觉吸引的生理特征，而知觉的能力又让其他具有高度的选择性和辨识性，不仅是对能够被吸引的事物，同时也能对看到的任何一种事物进行选择。由此可见，视知觉是一种主动地探索性的活动过程，是对客观现象的能动反映。

其次对于事物的视知觉感受区别于联想和移情的作用，人们常用一件事物去象征另外一件事物，借物抒情，用明月表达乡愁，用颜色来传递情感。而人的视知觉感受到的是物体本身的形状属性或色彩属性，同样会因为不同的生活经验和记忆引起不同的心理反应。红色具有热情，兴奋的特点，蓝色具有平和安静的特点，这些都是色彩自身的性质，能够被知觉所感知到的，而人们常通过色彩联想到其他的一个事物不属于视知觉的范围之内。

再者就是视知觉具有选择性（图 8-5），阿恩海姆认为“眼睛不仅对那些能够吸引它的事物进行选择，而且对看到的任何一种事物都能进行选择”贡布里希也指出“眼睛不是被动的而是主动的仪器，它是为大脑服务的，而大脑必须具有选择性，否则眼睛就会对大量的难以把握的信息的接收应接不暇”。

图 8-5　视知觉的选择性

日常的观察具有随意性和盲目性，而视知觉的审美活动是一种主动探索和选择的过程，且有意识地避开那些不想看见或不属于自己认知范围内的部分。我们每天在接触大量的视觉信息，绝大多数时间我们都会作出正确的判断，视觉的选择性让我们的视觉焦点停留在我们选择的特定的一点，而不是平均分配给每个点，这个过程中夹杂着视觉经验和记忆的作用，同样说明了视觉的能动性。而根据阿恩海姆的“视觉注意机制”的能动作用，视觉焦点和注意力也总是倾向于突出的打破秩序的那些，例如对于“完好形”和“非完好形”，虽然完好形更具稳定和平衡感，但是由于视觉审美的转变和视觉疲劳，非完好形更具刺激感，具有极强的分辨性和冲击性，即更加符合人们的视觉优先选择，视觉选择主要是出于图形和背景的分化程度以及人们主观意识的把控。

视觉的主动选择性让图形在背景中突出来成为我们眼中的主体，其余的事物自动远离我们的视线焦点。例如“万绿丛中一点红”，红色作为突出点打破了秩序整体，聚焦了人眼的视线，一下子就形成视觉焦点。舞台上的主角也因为衣服和妆容的突出一下子就从多数演员中突显出来，牢牢抓住人们的视线，因此在图形与背景的关系层面上，图形不管是基于形状色彩还是肌理材料，与背景的分离程度越高，越容易成为视线的焦点，成为人们知觉的对象。物体的背景与图形的分化程度影响是一方面，而欣赏者本身的主观意识也是一方面，因此，背景和图形是相对观察者而言的，能够第一眼形成视觉焦点的就是图形，其他的则为背景，这是基于人们自身的生活体验和经验而言的，研究图底关系也是扁平图形与空间背景关系的理论基础。

3. 视知觉的整体性

格式塔心理学的重点是视知觉的整体性，主要是指当我们视觉中获取不完整的形体时，知觉层面会激起视觉的主动修复完整，并刺激视觉主动追求图形的完整，平衡，对称以及简化。整体性是视觉心理最重要的特征，是一种整体知觉经验，它可以把不完全的变成完全的，也就是常说的“完形理论”的基础。中国的山水画的留白给予了那些看似残缺的部分无限的遐想空间，观众依据自己经验遐想自动填补剩下的意境空间；室内空间设计中，如何通过不完全的形态创造出视觉冲击力，是设计师能力的体现。

与此同时，谈道视知觉的整体性，也表现在视知觉的简化性上，当人观察事物的时候，人眼会自动捕捉事物的最基础的形态和特点，以最简单规则的形状呈现在大脑中，这是最本质认识事物的方式。正如阿恩海姆所说“人类眼睛倾向于把任何一个刺激样式看成是已知条件所允许达到的最简单的形状”，格式塔心理学不仅发现了头脑会寻求一个简单的形态，而且还要求有一个最好的或最确切的形式。人们根据自身经验摒弃那些不需要的繁杂的部分，对形态进行最大程度的简化和归纳，基于消费时代的视觉特征，简单化的图形语言成为设计师们创作的趋势。在广告和商业美术中，需要受众的注意力集中在短暂的一刹那，而为了一下吸引人们的眼球，往往选用最简单的图案如圆，方块，三角以及一些极具社会象征符号的视觉来进行创作。简单化的图形设计给人最明确清晰的视觉效果，去掉那些杂乱的视觉成分和繁琐复杂的意念，让人迅速领会设计师的创作意图，也符合当代社会的审美需求。

在对物象形体的表达上，整体观察有许多有效的方法。在复杂而微妙的曲线中，尽量以直线进行概括与归纳，尽量忽略一些局部，如传统中国绘画以“线”这种单纯的方式去概括抽象复杂的对象，使对象清晰、简洁。

（三）空间环境体验中的视知觉活动

在同一视觉环境中，或面对同一视觉对象时，人们之所以能得到不同的观察结果与体验形式，除了个体的差异之外，其最主要的原因即在于人的视角，视点和视线的变化，是随着人的视觉注意力与兴趣点的转移而产生不同的观看现象与结果，这种转移与变化主要体现在抽象与具象，正形与负形，中距与近距或远距等方面。分析空间环境体验的视知觉活动，旨在了解人在空间当中如何进行视觉活动，哪些形态或空间元素会成为吸引人们的焦点，以及现在感知空间的关键要素和视觉倾向，以便在艺术创作中更好的利用这些特性。

1. 以视觉为主导的空间感知过程

对于一个空间环境的认知主要是以视觉感受为主导，当我们进入一个空间中，我们的视线就会对整个空间环境无意识的进行扫描和探索，视线随着空间形态的移动而移动，基于图底关系及视觉观察过程中人的主观意识能动性，过程中可能会有某些形态，色彩，材质刺激到我们的视觉神经，当我们的视觉适应了整个环境之后，人的知觉形态会对空间当中某些无法辨识的形态内容进行本质特征的捕捉，最后就会对视觉中心和焦点进行观察和分析。在当代空间环境的设计中，人们对传统模式空间的视觉感受产生审美疲劳，传统普通的视觉信息已经无法刺激我们的神经，因此，如何采用新的创作手法创造突破传统视觉体验成为现今设计师考虑的一个问题。

2. 空间环境中的视觉注意和视觉焦点

所谓视觉注意，是指视线投向特定的目标，视觉被吸引到特定事物，视觉注意分为主动和被动两种，主动的视觉注意在于视觉焦点的明确。人眼在认知图形的过程中为什么会被吸引，会有虹膜放大，多次注视的视觉过程？因为人眼总是会一下子被视觉焦点和视觉中心所吸引，视觉焦点是人注目的中心，是一个空间的形态、内涵与意义的集体体现，视觉焦点会引导空间的视觉方向凸显空间最本质的特征。

空间当中视觉焦点的形成有多种方式，而创造视觉焦点的方法主要在于制造适度的差异性，即背景和图形的关系在空间当中的精巧处理。例如，安藤忠雄的光之教堂，光线通过垂直与水平方向上的十字形开口透射成为建筑的视觉中心，且极具象征意义。同样，空间当中运用图形的表现手法形成空间的视觉焦点，结合图形本身的色彩，形状的突出，人的视线很容易聚焦到图形的本身，快速地感受到设计师赋予空间的意义和理念，创造空间的特定的体验和情境化感受，形成独特的记忆和情感。

（四）色彩与空间视知觉活动的关系

谈及色彩对空间的营造，主要在于其形成视觉焦点的鲜明的属性优势，通常人们在视觉感知的过程中容易被饱和度，明度高的颜色所吸引，而当色彩依附于形，色彩凸显形体，两者共同作用，从背景中一跃而出，从而形成空间的视觉焦点。基于空间的塑造，色彩可以强化空间进深感、丰富空间层次和变化，增强空间的统一性和整体感，同时，色彩具有限定空间及传递情感，体现空间性格的作用，相比较形状捕捉事物特征的作用，色彩更具情感色彩，不同的颜色赋予空间不同的属性和风格，呈现不一样的空间表情。由此可见色彩对空间塑造的影响非凡，而相比较传统的界面装饰材料，运用图形图案的设计手法能够更加直观的呈现色彩，不需要繁杂的室内工艺和昂贵的装饰材料，以视觉肌理为载体的图形表达节省了人力、物力、财力，更好的塑造空间。

（五）视觉“简洁”化的室内设计形态

各种设计思潮以及审美趋势的转变之下，设计呈现出简洁的设计形态，室内设计也不例外，当前，人们常倾向于最简单规则的形态，在室内设计中，人们趋向于简化形态结构使其呈现出干净利落的形态，剔除了视觉中错综复杂的形态结构，使生活现实理想的形态与视觉形态达成一致，无疑是简化了视觉活动的认知过程，产生愉悦的心理体验。

回顾从20世纪八九十年代到目前的室内设计，风格从繁琐逐步趋向极简化。视觉简化的趋势对空间设计有着非常重要的意义。以视觉为主导的空间中如果缺乏对视知觉的重视，那么呈现出来的必然是一个杂乱不堪的空间视觉效果，这种空间对人的心理产生负面影响，让人产生不安定的情绪，更加无法获得良好的空间体验。运用扁平图形去创造空间无疑是保留了空间最简化的形态，除去了繁杂的工艺、形态，让我们的视线回归到体验空间本身，通过简洁的图形去感受空间的主题和情感。

四、图形审美趋势的转变

（一）马斯洛需求论的图形审美差异

马斯洛揭示了人类各种层次的需求，处于不同层级的个体在不同阶段有着不同的缺失与需求，这些缺失与需求正是不同个体在视觉审美认知差异的重要原因。在生理需求和安全需求的物质缺失性需求阶段，人的审美倾向趋向于满足最基础功能的阶段，人的审美不在于一些美学原则，而是主要着重于产品的功能性，是否能满足基本功能需求或者叠加到产品的材质技术，等等。在早期国内发展水平处于落后阶段，大多数人的审美在于“以多为美、以大为美、以奢为美”，在图形中的审美表现也是倾向于古典式的繁琐奢华，复杂的图形语言，到社会需求和尊重需求的精神缺失性阶段，人的审美原则基于基本功能之上开始关注精神文化的体现。图形所展现的信息内容之上更多的是要求图形所展现的文化特性和精神内涵，艺术家表现图形的方式越来越多，也更加注重图形所表现出来的一种价值观概念、情感、文化，品味。而到以自我实现需求和超越自我需求的成长性需求阶段，人的审美对于图形内在情感的表达和精神文化的体现愈加重视，图形中所展现的真善美以及基于个体的情感共鸣达到最高境界，图形的风格也由具象，繁杂转变为抽象极简的风格。

（二）极简主义的图形风格——扁平化设计风格

图 8-6　瑞士风格作品

20 世纪初包豪斯极简主义以功能之上的设计理念建立了现代设计的起点，包豪斯的设计思维是基于一种对新空间的探索。“包豪斯将这种地方性的视觉语言整理成强调功能性，体现极简主义风格的国际视觉语言”，极简实际上就是摒弃事物多余的部分，只保留最有用的元素，配合抽象几何的模块和清纯的色彩。后期的瑞士风格（图 8-6）也是最大程度上影响了扁平化设计，其风格倾向于抽象几何形式，以色块为主体，注重画面的结构划分，出现的扁平化设计恰恰是贯彻了这样的极简风格和功能至上的设计原则，摒弃了繁琐的装饰，视觉上体现扁平，信息得以直观准确的表达。

（三）文化内涵的追求

视觉环境的繁杂让人们每天都置身于各种信息的交叉包围中，各种平庸的信息内容，低俗的缺乏设计感和品位的图形充斥着我们的眼球，在这样的环境中，人们越来越倾向于真正有文化内涵的图形，于是强调民族化，个性化的需求日益高涨。越来越多的设计师也开始逐步的反思，开始关注图形设计的深层文化背景，发扬民族文化的精粹，将传统文化民族文化的元素提炼并运用到图形设计中，弘扬了民族精神，让人感受到中国文化情结的同时又不失国际性。

（四）个性化潮流化的图形诉求

在人类早期文明时代，我们所能见到的遗留在墙壁和洞穴内的图形都是以具象为主，因为当时的人们处于一个最基本的满足生理需求的状态，图形的目的主要是为了信息的表达和传递。到了 20 世纪，多彩绚丽的图形弥漫了艺术市场，不同艺术创作者带来的不同的设计风格引导着人们的视觉思维，安迪沃霍尔的波普艺术在整个艺术历史进程中成为经典，重复以及鲜明夺目的装饰色彩成为主流（图 8-7）并掀起了图形艺术思潮，人们开始追求图形中视觉的丰富感。近些年，人们的审美潮流逐步趋于极简，包豪斯的少即是多的设计思想，瑞士风格的发展带来了新的设计思潮，与此同时，因为视觉疲劳的出现激起了对个性化潮流化事物的视觉刺激，不同风格的艺术思想涌现，想要在各种思潮和风格交融的环境中想使自己设计的作品凸显出来，一个很重要的方法就是个性化的强化和扩张，加强图形之间的对比关系（图 8-8)，从而给予视觉新鲜和热情的感受。几何抽象图形，作为 20 世纪图形设计的基本特点，极大程度地符合人眼简单及捕捉事物本质的视觉特点，成为时尚

图 8-7　波普艺术

图 8-8　抽象几何图形

界的新宠，简单运用一些方向性的直线图形，点线面元素结合不同的材质和设计手法展现了新时代的艺术符号和特性，因此图形的潮流化和个性化都是紧跟时代的发展需求条件下，人的视觉审美的转变导向。

（五）抽象几何的图形审美趋势

抽象的概念，即从许多事物中舍弃个别的与非本质的属性，抽出共同的与本质的属性。纯粹的颜色，线条，肌理与形状足以表达一种氛围、状态思绪，成为能够唤起情感的独立的视觉语言。抽象艺术的产生标志着形式的彻底解放，抽象的形式表达可以不是去复制任何一个自然片段，可以不再以再现自然客观形象为特征，纯粹的颜色、线条、肌理与形状足以表达一种氛围状态和思绪，成为能够唤起情感的独立的视觉语言。

视觉心理学的理论认为，视觉感官对物象或图式的观察，辨认和认识是一种抽象活动，大脑通过感官组织起来的形式称为感官形式，而抽象是支配这个形式的力量，因为感官需要通过形式。因此人们用图形来概括事物的含义，如用单纯的形状圆，三角，方以及直线，曲线等标识物象的形态与结构，使表象变为具有本质意义的图式，使感官形式演绎为倾向秩序化的视觉形式，人的感知能力正是通过各种抽象形式的活动发展起来的，使不再局限于具体的视域范畴，从而可以超越时空与现象。

第二节　空间视觉肌理要素的演绎方式与情感链接

一、视觉肌理基本概念

肌理，是指材料表皮的纹理、形态和组织结构等形成的一种表皮材质的效果，是形态表面给人的视觉感受，是一种偶然形态的创造，依据人们的感官感受，肌理可以分为触觉肌理和视觉肌理。触觉肌理是指材料表皮的凹凸不平使人们产生或粗糙或光滑等触觉感受，得以让肌理的触觉感在瞬间传遍全身，从而形成对肌理的整体感觉，并引起了丰富的心理反应；而视觉肌理则是指材料表皮的纹理不同、疏密有别或色彩不一所产生的视觉感受，是可以只通过视觉获得感知的肌理语言。视觉肌理与触觉肌理最大的区别在于它不能被触觉在三维空间中感知其肌理构造和感，并且视觉肌理构成了肌理审美的主要内容，视觉肌理的界定范围主要是通过空间界面为载体以扁平图形的肌理形式来营造室内空间的创新手法。建筑空间中的图形包括建筑结构中的图形，独立的图形，适合图形及反复排列与扩展的图形，作为视觉肌理的图形是依附于空间表层的独立图形，而非是其他建筑结构的图形语言或者是设计的表现手法（图 8-9）。

图 8-9　空间视觉图形肌理表现

二、图形中的视觉肌理

视觉肌理的表现方式有很多种，用平面图形去表现视觉肌理能够形成独特的视觉语言和极强的情感功效，不同类型的图形从不同的角度去营造视觉肌理，是营造视觉肌理的新构成方式，例如：生态秩序的图形、节奏变化的图形、抽象图形及由时间和空间感的图形。

（一）生态秩序的图形视觉肌理

在大自然的造化中，有自然形成的秩序关系，肌理的形态特征和整体倾向自然天成，没有刻意雕琢的痕迹，如矿物中的周期性晶体结构、有序的分子结构、植物中对生或者互生的枝叶、奇妙的雪花晶体、蝴蝶身上的精美花纹、叶脉的纹路，还有生活中常见的环形的生长年轮有秩序地组成的树木的横断面，一群飞鸟被惊到时聚散的景象，等等，这些天然的图案纹路充分表现了大自然独特的视觉肌理，给人带来视觉上亲切自然的美感。

（二）节奏变化的图形视觉肌理

有秩序存在，就有对秩序的干扰，一方面由于对生活秩序的体验，对秩序的肌理产生了生理上的适应和心理上的需求，另一方面在有序和无序的两级之中，根据生物的本能和生活习惯作出了不同的适应性选择。赋予节奏变化的图形语言带来丰富的视觉肌理效果。图形语言正向排列规律，给人以稳定的感觉，大小不一的图形重组，看似偶然性的排列更加生动活泼具有节奏感。

（三）抽象图形的视觉肌理

“抽象意思是积极主动地从某种东西中抽取，或是某种东西被抽取出某些成分”，抽象肌理打破传统的局限，赋予新的艺术语言，风格的不确定性和多变性让视觉肌理中的图形设计更加丰富。用抽象的风格表现出了图形艺术的创作力和张力，看似几笔轻描淡写恰是运用抽象的水墨图形渲染出了别样的图形氛围和视觉肌理效果，而当今时代在极简主义抽象派画风的影响下也有越来越多的艺术家创作者用这种抽象的图形来创作艺术作品，抒发内心的不安，喜悦，激动或是焦虑浮躁的情绪状态。

（四）具有时间感的图形视觉肌理

肌理本身具有时间性和空间性，具有时间感的图形也让我们感受不同时期的肌理特征。小孩子光滑白皙的皮肤，老人的满脸皱纹，包括自然界中的许多肌理效果，树木的斑驳年轮，大地的皲裂线条，都让我们感受到肌理的时间感。

（五）具有空间感的图形视觉肌理

肌理中基于人视错觉的原理，艺术家常用二维图形表现出仿真三维的图形构建出具有空间感和纵深面的视觉肌理效果，视觉肌理的空间感依据观看者角度的不同和心理产生的不同变化而变化，具有空间感的图形肌理效果常常会突破原有的空间模式，丰富了空间表情，也会让受众获得不一样的心理感受（图 8-10）。

图 8-10　二维图形丰富三维空间语言

三、空间设计中视觉肌理的营造

视觉肌理，是室内空间重要的装饰元素，是表现室内空间形态的视觉元素，并影响着我们对室内空间的视觉理解，室内空间形态主要是由建筑结构、建筑空间界面、建筑装饰饰面、家具陈设以及室内绿化构成，它们是空间中视觉肌理呈现最主要的载体，设计好这些元素的肌理形态，有助于提高整个空间的设计氛围和品味。

（一）顶棚界面

顶棚是室内空间形态中的顶界面，也就是我们所说的室内天花，是室内空间形态设计中的重要部分，依照一般视觉习惯，当人进入一个空间的时候，总是情不自禁的往上看，顶棚形态的视觉肌理是空间形态的重要组成部分，它的图形肌理表达对空间竖直方向的限定性起着重要作用。

（二）地界面

作为室内空间形态中的底部及人们生活行走的基础且与人们接触频率最高的一部分，更是在年代更替中改变最少的一个界面，最初营造室内地面是从防尘、防潮等实用功能出发的，这体现在原始社会时所使用的素土夯实烧炙改造地面的方法。如今随着科学技术的进步和时代的发展以及人们视觉审美的转变，通过地面形态表现视觉肌理逐步显现，我们对于地面设计的要求不仅仅在于其实用功能，更在于其美观程度所带来的精神享受和文化内涵（图 8-11）。

图 8-11　地面图形的视觉肌理

图 8-12　墙面图形的视觉肌理

（三）墙界面

墙面作为室内空间形态的垂直组成部分，是室内空间形态的侧界面，是最易于改变和打造的一个界面，与室外空间形态中的墙面肌理相比，室内空间形态中墙面的视觉肌理设计对人的视觉影响更加重要，因为人一般与室内的墙面的距离较近，不仅注重整体肌理的效果更加在乎其细微的肌理变化。墙面视觉肌理的营造运用色彩艳丽、生动活泼的元素表现出极具艺术化的空间氛围（图 8-12）。

（四）家具陈设中的视觉肌理

建筑装饰饰面是在室内空间形态设计中用来附于建筑结构表层的多样视觉感受的修饰材料，它极大地丰富了室内空间形态的视觉效果。在空间视觉肌理的设计中，装饰饰面试视觉肌理呈现的一个关键元素。中国传统的屏风，作为室内空间中的隔断元素，往往运用写实的中国绘画风格打造出具有中国特色的空间效果，在空间中无疑是一道充满诗意的风景线。家具的材质具有最直观的视觉效果，厚实的木头、粗糙的石头、光滑的玻璃、笨重的钢铁、轻巧的塑料，不同的家具材质，给人以不同的视觉效果，带来不同的心理感受，同时令人产生许多情感的联想。木制的家具陈设展现出柔和的木纹线条和亲切舒服的视觉肌理效果，结合椅子编织的纹路和地面毛毯已经皮制品的视觉效果，烘托出简约却又不简单的空间风格。

第三节 扁平图形在空间视觉肌理的表达

一、扁平化设计及扁平图形

“扁平图形”字眼主要提取于扁平化设计，扁平化设计的名称是由英文名为“Flat Design”（扁平化设计）而来，这个概念2008年由Google提出，但是扁平化设计的起源来自“瑞士平面设计风格(Swiss Style)”以及著名的建筑大师密斯·凡·德罗提出的“少即是多”的概念。用“少即是多”概括扁平化设计的风格是最贴切的。扁平化设计作为一种新的设计潮流，在近几年超乎寻常的速度席卷全球，并渗透到设计的各个领域，这种风格的核心理念是：去除多余、厚重和繁杂的装饰效果让信息的传达更加高效，同时在设计元素上强调了抽象、极简和符号化。

扁平化设计以用户为中心，是一种简而不乏的设计风格，与极简主义保持和谐的调性，符合当代用户的视觉情感语境和心理情感语言需求（图 8-13）。

图 8-13　扁平化风格下的图形设计

（一）扁平图形的概念

“扁”形容物体平而薄，“平”形容事物时表示平整不倾斜，无凹凸，像静止的水面一样，与别的东西高度相同，不相上下。扁平化设计的视觉符号包括图形、文字、色彩、排版等，扁平图形是作为扁平化设计元素的一部分，对图像进行扁平化，遵循扁平化设计的基本原则，大范围的呈现在许多交互界面中。扁平化设计在图形设计中以简洁矢量规整化和抽象的图形为主，所有元素的边界都干净利落，没有任何羽化、渐变或者阴影，让每一个图形看起来都是扁平的，而不是给受众一种凹凸感或可触感，色彩多为明度较高的和谐色彩搭配。扁平化设计的图形多为矢量图形，以点线面为基础。例如矩形，圆形，方形等简单形状，在保持有效可用性的前提下尽可能地保证设计的直观性与便捷性，使设计特征一目了然。根据交互设计当中扁平化的特点分析出扁平图形应用于室内空间的方式，摒弃那些繁琐陈旧的施工工艺诸如凹凸、阴影、斜角、渐变、材质等运用大理石，实木等立体材质的装饰手法，直接以空间界面为视觉肌理的载体运用扁平化的图形语言呈现方式来向受众者传递信息，使用户的关注点能停留在所传递的信息本身。

空间中扁平图形的定义：即扁平化的二维图形，对于室内空间当中的扁平图形的理论阐释和应用并没有很明确的说明，我们根据交互设计中的扁平化的概念进行提炼，同时综合平面图形及视觉肌理的标准来定义室内空间中的扁平图形。图形分为立体图形和扁平图形，这里的扁平图形指的是空间当中只作为视觉肌理且直接以空间界面为载体不具备任何立体效果的平面图形的表现方式，图形风格和色彩充分表现当今扁平化设计的思想。

（二）扁平图形与三维立体图形的视觉体验差异

图形有扁平图形也有三维立体的图形，三维度即视觉对象反应为高度，宽度与深度三个维度，因此在视像中呈现为立体形态，并在物象间产生空间感。一般而言，三维度的视觉方式具有视觉表象的真实感，所有的物象关系与形式因素体现为一种线性关系，它以焦点透视为基本法则，以科学的解剖学、透视学、色彩学、明暗光影规则及构图学等技法理论，作为形式建构的基础，以真实的再现对象作为目标。三维立体图通俗的讲就是利用人们两眼视觉差别和光学折射原理在一个平面内使人们可直接看到一幅三维立体画，画中事物既可以凸出于画面之外，也可以深藏其中，给人们以很强的视觉冲击力，这主要是运用光影、虚实、明暗对比来体现的。三维立体画改变目光聚焦位置（通常是把视点落在立体画后面合适的位置）的目的在于让立体图上相邻的两个重复图案“看起来”恰好重叠，并利用重叠图案之间的差异来产生立体感。当代的三维立体图形主要作为视幻觉的表现及空间独立图形的装饰作用，与此同时三维立体图是需要人眼进行主动的调节焦距，等等困难的要求，看过后会感觉眼睛极度不适，而且并不是所有人都能看出三维立体图的特殊效果。

图 8-14　三维立体空间

图 8-15　二维扁平图形

扁平图形(图8-14、图8-15)作为二维图形的特征即视觉对象只反应高度与宽度，不反应深度，因此在图形中之呈现出平面形态，没有体积感与空间感，空间没有灭点与纵深感，呈现为平行排列的关系。一般而言，二维度的视觉方式是以平面样式与散点透视为基本法则的，以非理性特质的一系列方式为出发点，进行自由的表现。在扁平图形的视觉感知过程中，人们的观察室着眼于平面，着眼于线，扁平图形的二维度的视觉形式体现于诸多艺术表现类型当中，比如原始艺术，现代土著艺术，涂鸦艺术，图形设计，图案纹饰艺术等。从早期的中国半坡彩陶艺术到一些洞窟壁画，希腊瓶画，中国汉画中，往往呈现为一些互不关联的单个图像，完全没有近大远小的透视关系，画面采用垂直投影画法，视线与对象最富特征的面保持垂直，强调物体的正面显示，与此同时，这些图形在轮廓方面都表现出极其准确的程度，最简洁的捕捉住对象的特征和结构。

相对于三维立体图形呈现审美简洁化的趋势，二维扁平图形直观的再现了图形的特征，让视觉活动变得简单，加上色彩的辅助，符合人简单化的视知觉特征，不仅仅是作为一种装饰图案，扁平图形是一种趋势，一种手法的创新。以如今的扁平化设计之下扁平图形中的单线图即单线条插图来分析，如图 8-16，单线条插图风格平易近人，有吸引力，因为它旨在用古怪的插图来简化复杂的想法，这样的图形风格在像 Samsung 和 Casper 品牌已经得到广泛的商业运用。而在一些三维立体画中，以一种视觉游戏的方式呈现，在瞬间会造成一定的生理及心理的情感体验，但是从某种意义上来说，这样的立体化图形更多的是被用于艺术创作，在室内空间或者其他商业产品中运用会造成一定的视觉差异和视觉错乱。

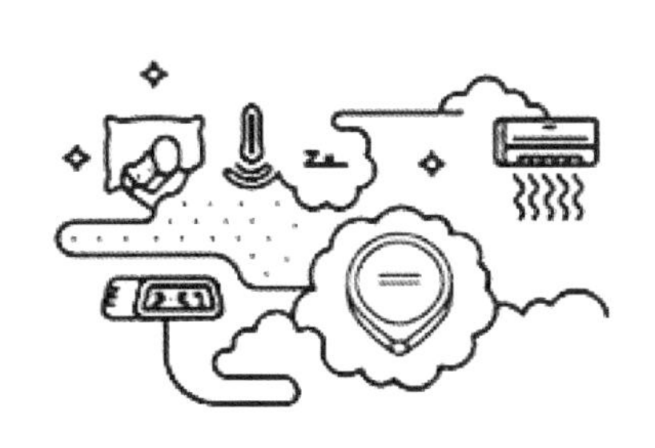

图 8-16　扁平化风格下的单线条插画

二、以室内空间界面为传播媒介的扁平图形

技术的进步和发展让图形语言逐步渗透到空间设计当中，扁平图形作为一种二维平面化的图形语言在空间的塑造和表现中有独特的力量。三维立体图形让受众更加关注图形本身中产生的图形信息，一般只作为装饰图像，而扁平图形相对来说无需阴影和体块感，创作作品时更加容易塑造和表现，除了作为独立装饰之外对于空间主题和体验的塑造和表现外，艺术化空间的创造表现、新手法和设计理念的营造起到了极大地促进作用（图 8-17）。

图 8-17　墙面及地面肌理的效果

（一）以追求空间体验为主要特征的室内设计

体验是服务经济的延伸，它在室内设计中的运用是一种新的思路与巨大的变革，在空间体验的消费过程中，受众消费的目的不仅仅在于空间本身的功能属性，人们需要某种知觉感受和情感的交融，空间的体验比空间本身更加重要，它作为重要的附属价值影响着人们对于空间的评价。建筑师安藤忠雄所说："通过自己的五官体验的空间，它比什么都重要，要进行深入的思维过程，是自我进行对话交流的心路历程，在内与外、局部与整体、理想与现实、西方与东方、过去与未来、具象与抽象、单纯性与复杂性两极之间，渗入自己的意志并且升华，人们体验生活感知传统的要素是在无意识中成为自身的一部分。"

人们在空间中所期望感受到的不仅是设计师创造的氛围和空间感，而是空间所传递出来的情感表达，空间体验的趣味性艺术化以及个性化时尚潮流的趋势都是人们视觉和知觉作用共同产生的。基于现代社会高度追求消费心理和情感诉求的需求，空间设计师在当代的室内设计中充分考量空间受众的心理过程，将自身和空间受众都融入到空间体验的设计过程当中，从而能够给消费者创造一系列的生活体验和记忆，真正设计出打动人心的作品。

当代环境背景之下形成以视觉为主导的体验过程，视觉体验的方法，就是人们为了达到一定的对视觉对象的深度认识，在特定的方式中通过观察进行分析与体验，是人们以某种视觉本体的方式所展开的艺术形式认知活动在同一视觉环境中，或面对同一视觉对象时，人们之所以会得到不同的观察结果与体验形式，究其原因，除了个体的差异之外，其最主要的原因在于人的视角，视点与视线的变化，是随着人的注意力与兴趣点的转移而产生不同的视觉结果。

（二）视觉体验过程

体验经济的时代背景对空间体验有着新的要求，首先是主体主角化，空间体验中的主体主要包括设计师以及受众，其余的存在现象即为体验的客体，以往的设计中都是将设计主体以旁观者的角色出现，而体验设计之下需要设计主体作为体验的一部分且与客体进行互动，从而增强体验感。其次是体验的连贯性，体验情节的连贯性就是体验通过一系列的编排，形成一个富有情趣、内涵的完整体，从而达到强化吸引力的作用，使消费受众在体验前后及过程中都能获得很好的体验。最后是需要设计师以浓郁的情感，创造空间的情感，从而激发人的情感，切入设计的核心，设计师要根据自己的内心及受众的生活经验和情感体验的差异化创造极富情感力的空间，而不是停留在表面的形式，相比较奢靡浮华的空间设计，简单化的形式语言更加容易表达情感，传递情感力量。

图 8-18　柏林犹太人博物馆

以位于德国柏林的犹太人纪念馆为例（图 8-18），通过建筑中的形态结构获得的空间的情感体验是建筑的核心价值所在，且空间的体验感充分连接了设计者受众及空间存在内容三者。设计师李伯斯金作为大屠杀幸存者的后代，在建造纪念馆时，李伯斯金并没有以中性立场来作为设计的观点，而是把焦点仅放在数字和情感体验上，设计不但不抚慰人心，而是直观地将这道伤痕具象化为曲折破碎的空间，展现在世人眼前，空间当中形态的曲折、夹缝、微弱的光线都充分流露出李伯斯金的精神世界。纪念馆中的物质表现，例如死亡者的人脸空间不仅是视觉的体验，附加了听觉、触觉的体验，从而获得情感的共鸣。李伯斯金这样形容自己的作品："在我设计的曲折建筑之中，是片虚空间，这片虚空间支离破碎，穿过侧廊，穿过走道，进入办公室，又从中折出。我想，整个犹太博物馆的精神都在那片虚空间之中"。李伯斯金曾说，他总是把这栋建筑想成某种文本，是要去读的，这就是犹太博物馆最动人之处。

有一天，两名犹太老妇人来参观博物馆，她们生在柏林，侥幸逃过大屠杀后侨居英国，在伦敦标准晚报特别安排下，她们战后第一次回到柏林，李伯斯金陪着她们缓缓走进大屠杀塔。"我们进到里头，一道金属门在我们身后被重重关上，毫不留情，当时正值冬天，塔里没有暖气，可以听到塔外对街学校的孩子们嬉戏声、菩提大道上的车水马龙、博物馆里的交谈声。我们就跟战时的德国犹太人一样，都从正常生活中被隔离出来"，两位老妇人泪如雨下。

（三）艺术化个性化室内空间的塑造

新时代下各种各样的空间创作涌现，平淡无奇的空间设计充斥着我们周围的环境，人们越发追逐艺术化个性化的空间体验，新鲜奇特富有个性的空间设计给人们的视觉体验和心理体验上都带来了刺激作用，唤起了人们内心的情感共鸣。基于不同消费者的体验特征的差异化，艺术化个性化的空间塑造需要融入个体的追求和喜好，从而营造出满足消费者身心追求的空间体验。艺术家们将自身的情感表达融入到空间体验中，给予消费者新奇的体验心理，越来越多的设计师也探索各种新奇的手法运用到空间设计中，成为现代设计中的一股新力量。

以日本 NA 住宅为例，通过建筑体块的分隔和透明创造了一种极具趣味性的艺术空间，这座 914 平方英尺的透明住宅是设计师藤本壮介为一对年轻的夫妇所设计，它坐落在日本东京一片安静的街区里，与周围典型的日本高密度住宅区的混凝土墙壁形成鲜明的对比。受居住在树上的概念启发，它宽敞的室内由 21 块独立的、不同高度的楼板构成，以满足业主像流浪者一样居住在自己家的愿望，该住宅既是连贯的一间房，同时也是一系列房间的组合，被称作"分离与凝聚的单元"，宽松的功能区设置与独立的楼板为不同规模的活动提供了适当的环境，当两人想要亲近时，住宅提供有私密空间，一群客人又能分布到整个住宅不同的空间里。设计者藤本壮介说，"一棵树的有趣之处在于，它所形成的各个空间不是隔绝孤立存在的，而是在一种独特的关系中相互连接，散落在不同树枝上的成员可以进行跨越树枝的交流，这是发生在高密度居住空间里珍贵的时刻。"同时这种极简的设计风格让业主和路过的人们获得了清新简单的视觉体验（图 8-19）。

图 8-19　日本 NA 住宅

（四）主题情境化室内空间营造

体验设计需要一个“主题”，无论是什么类型的体验空间，主题都可需要让体验的行为更清晰鲜明，可以说它是体验的灵魂与内核。“主题性的室内设计是指在室内设计中围绕一个或多个主题进行设计，抽取主题元素的特色，通过设计元素和设计符号的象征意义表现空间的思想和情感，让进入空间的人能够感受到场景化的情景，进而激发情感并与潜意识产生共鸣，使整个空间演变为体验场所”。

室内空间中主题立意是空间的“灵魂”，由于“主题”的融入，使得室内空间产生了“场域”效应并以此叙述着其空间的“思想”和“情感语言”，情境是一个人在进行某种行动时所处的特定背景，包括机体本身和外界环境有关的因素。主题情境设计要求空间有一个主题中心思想，整体设计围绕中心思想展开，主题往往是设计者对现实生活中的观察、体验、分析、研究以及对其处理、提炼而得出的思想结晶。空间的主题性和空间情境感之间有着直接必然的联系，没有主题的室内空间就像是一个没有灵魂的场所，空间与空间中的人无法产生心灵上的共鸣和情感上的丰富体验，而有主题有创意思想的主题空间更加能够营造空间的情境感，体现出空间的设计价值，创意思维和文化背景。

主题空间的营造主要是基于多个界面，视觉肌理的营造主要包括顶棚、地面、

图 8-20　空谷餐厅 Hollow Restaurant

墙面、建筑饰面、室内陈设和绿化六个部分，包括两个元素及两个元素以上应用的空间设计，运用扁平图形构建空间的视觉肌理，形成充满艺术气息的空间主题，主要从空间主题的表达图形信息表达和寓意，图形扁平化的风格表达，视觉肌理呈现，设计美学色、意、形、质及受众心理分析多个层次进行分析研究。例如空谷餐厅 Hollow Restaurant（图 8-20）是一个两层空间，正中央是一个两层的空心空间，整个设计围绕主题元素“花朵展开”，一簇簇的花朵形状装饰贯穿上下两层，花瓣形的吊灯，花簇形的玻璃，花朵形的吧椅和休息茶几，细节的处理十分巧妙，他们将优质的服务与清新、有趣的室内空间结合起来，成就一个饶有情趣的并且受大众欢迎的优质用餐空间。

（五）室内设计形式语言的童真化倾向

后现代文化影响下人们生活态度的最主要特点就是游戏性及去责任感倾向，在他们的文化消费品里，童真化的审美趣味倾向更加明显。随着时尚的不断童趣化，各种各样的追求“可爱”“萌”“Q”的设计形式语言弥漫在整个设计领域，在这样的设计趋势的影响下，室内空间设计形式语言的表达也将这种童真化的设计纳入其中，所谓“童真”设计，指一种以追求可爱、轻松和更平面化的效果并能引起年轻观众共鸣的设计风格。

动漫文化的发展带来了这样童真化的设计语言，漫画的主动性和谐喻性，能够满足传媒时代人们的这种浅表性的思维习惯，动漫艺术广泛深入到各个层面，各种生活和传媒层面也深入到网络中。19 世纪末，日本浮世绘流传到欧洲引起了一阵东方艺术风潮，对西方艺术产生了深远的影响，现在，日本的亚文化也日益成为设计主流之一。日本艺术大师村上隆，基于日本年轻一代的御宅族群体，以日本动漫元素为主进行创作，并将其置入了新语境之中，通过组合、夸张、变形置换为一个新的，足以代表新波普艺术的符号，表现出浓烈的亚文化风格（图 8-21）。

这样童真化的设计趋势同样体现在室内设计中，动漫元素以及卡通形象的运用也越来越普及，像儿童空间那样涉及不同空间类型的表现都运用了这样极具趣味的设计元素，同样，在追求趣味的家具设计中，童真化的设计语言让空间更加活泼生动又极具趣味性（图 8-22），设计师充分考虑了空间对象即儿童的心理活动和生理特征，运用了充满幼稚力的图形语言去表现空间，赋予空间亲和力和活泼性，让他们仿佛置身于一个美好的童话世界里。

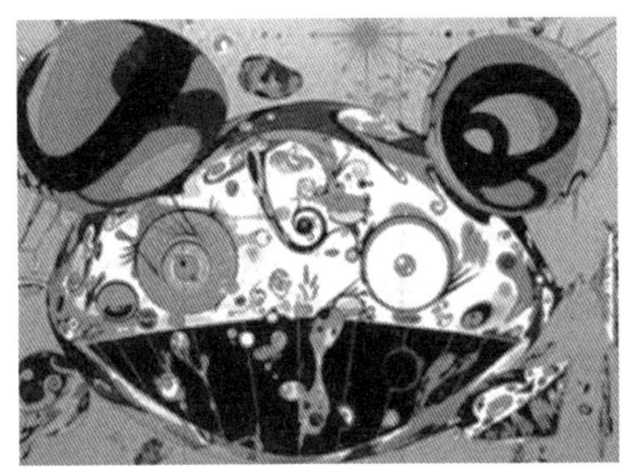

图 8-21　亚文化风格卡通形象

图 8-22　针对儿童空间的童真化设计语言

（六）以图像消费为主要特征的室内设计

当代中国的许多消费领域已经被图形图像所覆盖，无处不在的图形信息形成以“图形图像”消费为主要特征的视觉文化，在“图像”消费的影响下，当今室内设计中大胆运用了图形图像的表现手法。作为空间中的视觉肌理，或用于墙面、地面抑或是作为装饰图案，传统的、具象的、抽象的表现手法越来越受设计师青睐，这种新颖的表现手法不仅很大程度上地节省了人力、物力、财力，且易于变化和传递信息，富有趣味性，满足不同空间和不同对象的需求。创意图形结合空间中的色彩、灯光营造出巧妙的空间氛围，一种平面化的室内设计风格风生水起（图 8-23）。

图 8-23　空间中的图形创新设计和表现

图形作为当代室内空间中不可或缺的装饰语言要素，在全球化浪潮之下室内环境的民族性及地域性的文化特征逐渐丧失，文化特征的缺失和受众的审美疲劳下，室内环境的设计开始注重强调人文关怀，主张以象征性和描述性手法来塑造视觉空间，崇尚隐喻和装饰，注重对历史文脉和多元文化的表达。在基于图像的发展，读图时代背景下图形的塑造力量不容小觑，当代图形整合现代艺术和绘画思潮的表现形式，语法和形式，表现力得到前所未有的释放，图形符号经过重新组织和设计，在表现个性和营造情感方面，更加高效的传递信息且更具感性力量，而图形的表现手法也强有力的突破了传统平面维度和印刷媒体的限制逐步渗透到空间设计中，成为塑造空间体验感的新趋势和新的表现手法。而数字化的媒体技术发展，让图形的传达和表现越加呈现多元化的方式，图形艺术成为当今时代特征的图形语言。

从视觉文化和审美消费的发展来看，激增的媒体产生的大量视觉图像逐渐改变着人们接受信息的方式，随着视觉信息日益膨胀和视觉经验不断丰富，人们的价值观念、思维方法和生活方式也在逐渐改变。图形符号和图形语言通过视觉渠道产生的快感，正在不断刺激和促进审美消费，消费的价值也从原先的获取物品转变为寻求对环境的体验审美追求。图形语言是有效营造室内空间环境体验的重要手段，它不但可以传递空间信息，生成空间意义，还能渲染空间氛围，在情感和文化层面赋予空间特殊的魅力。

三、扁平图形作为空间视觉肌理的感知特征

（一）空间视觉焦点的形成

从体验的角度看，空间形式之所以能够产生吸引力，原因之一是因为其中存在着某种符合人的本性的规律，而元素与秩序在一定意义上与人的知觉本能和情感变化有相一致的条件。空间设计中运用扁平图形的元素，具有以视觉肌理为传播媒介，通过形式扁平及高度概括化、色彩的鲜明性、突破传统空间视觉体验的特点。以传播媒介来看，空间视觉肌理为主要的表现媒介，视觉肌理是通过空间当中的顶面、地面、墙面等主要的空间界面为载体实现的，因此视觉肌理的表现在空间当中可形成主要的视觉的中心，可以让受众进入空间最初感知到的。从形状的扁平来看，图形没有任何立体化的视幻觉效果，高度概括的简洁化极大程度地符合人眼感知的视觉特征，基于色彩的角度看，扁平图形的饱和度、明度都较高的颜色相对饱和度、明度较低的颜色，具有前进感与膨胀感，简化的形状结合鲜明的色彩，将图形本身与背景区分的更加明显，成为整个视觉的中心和导向，也成为塑造整个空间的主要基调。

（二）突破传统视觉体验和情感体验

传统视觉肌理的营造大多基于材质本身的纹路，而运用扁平图形作为视觉肌理一种新的表现手法，赋予空间不同的空间体验。视觉的丰富性、个性化可以满足人们追求新奇的娱乐心理。娱乐时代人们追求的趣味性和时尚化在扁平图形的表现中体现得淋漓尽致，突破传统视觉体验的图形风格并将其与空间设计相结合，会让人们产生好奇心、愉悦感和兴奋感。

第四节　空间体验的扁平图形

一、体验经济下的室内设计新语言

（一）体验经济下的体验设计和消费理念

随着全球经济一体化步伐的加快，中国的经济得到了迅猛的发展，同时也推动了人们生活水平的提高和生活理念的进步，我们已经从农业经济、产品经济、服务经济步入到了体验经济时代。体验经济时代下的体验设计同样表现出体验的本质特征，“以身体之，以心验之”即身心需求的同时满足，设计中的体验表现在各个方面，商品本身的视觉呈现和美观程度，空间中的环境体验，文化属性的体验，等等。设计师在设计的过程中要充分了解消费者的心理需求，偏爱属性，生活经验和行为方式等皆以此为基准为消费者设计个性化的体验。

从农业经济到工业经济到服务经济再到体验经济时代呈现出不同的需求点和消费状态及消费心理，在体验经济中，消费者购买商品不仅是满足一个功能的需求，人们选择一个工业产品会在意它的外观美感体验，选择一家餐厅吃饭更加注重餐厅的环境体验和空间体验。商品的附加价值所带来的差异化特征，赋予商品本身以及服务本身更多的体验特质，给予消费者在满足基本功能需求之下的精神体验享受，同时也给商品带来更高的经济价值，而想塑造不同的体验感，从而吸引消费者或者让消费者从满意的购买者转变为忠实的购买者，则需要设计师创造一种消费者和商品之间相互作用的体验方式，能够让消费者真正获得体验且享受这样愉悦的过程。体验经济下，体验营销的提出对体验产品的创造具有指导性意义，其主要特征包含以下几点：

第一，要重视消费过程的感性特征，使消费者在消费过程中感性与理性互动。在传统的营销模式中，创作者都将消费行为看作是理性的消费行为，且把消费者的购买过程看作是一个理智的决策过程，认为商品本身的价格、功能性是消费者选择的第一目标和关键要素。而体验经济时代下，情感因素是影响人们购买商品的关键要素，只有在重视消费者感性特征的前提下才能够创造体验产品，进行体验营销。

第二，强调消费者与空间设计的互动性，将消费者本身也作为体验设计的一部分，让消费者充分参与到商品的整个体验过程中，这样消费者掌握了完全的主动性，能够主动积极的去体验，完成购买。

第三，强调消费者的主观性。基于人们的不同生活经验和体验，以及不同的教育背景，文化背景等，消费者购买商品具有一定的主观性，创造者在设计消费体验时需要考虑消费者的差异性和主观性，以满足不同体验个体的需求。

第四，强调商品体验与商品购买的持续性。体验是一个过程，所以消费者购买商品的体验过程包括购买前，购买过程中的体验以及购买后的体验过程，这是一个连续的过程而不能仅仅关注单独一个部分的消费体验。消费者通过多种信息化数字化的方式获得商品的印象体验，依据个人情感和功能需求以及购买印象进行购买和商品的真实体验，完成购买之后商品的体验感仍将继续且这份记忆可以保持一段时间，消费者会根据记忆和情感决定是否再次购买，商品的后续体验对于商品获得忠实消费者尤为重要，而扁平图形的空间运用正是基于消费性质的空间运用给人创造个性化的空间体验。

（二）消费行为的娱乐休闲化特征

当今社会处在信息爆炸的互联网时代，各种新形式的符号、图像、媒介刺激着人们的感官，使得人们逐渐背离传统文化的表述方式，人们更加倾向于“非传统、非主流、非典型性”的审美取向、消费方式以及体验形式。人们热衷于消费享乐与精神快感的体验，娱乐文化逐渐成为大众推崇的对象，游戏、消遣、反叛、新奇等景象成为如今的叙事方式与语言特色，娱乐时代悄然来临（图 8-24），人们不再是固化的追求传统的文化模式，更加沉溺于娱乐，休闲特质的文化模式，好看、好玩成为人们追求的主流。

娱乐时代背景下人们的消费特点也受到多种因素的影响，首先是趣味性的表达和个性化的营造，大众早已厌倦传统的信息传播方式，生活在嘈杂的社会环境中，人们向往趣味化和与众不同的体验。深入挖掘对象的娱乐性，创造多种呈现方式和塑造方式，丰富人们的精神世界，娱乐作为一种最古老的体验模式，在当今呈现出更高级、更亲切的体验模式，在体验经济的模式之下，人们会接触到不同于以往的更多、更新的体验方式，娱乐的情感传递时通过感觉被动的接收。而面对娱乐性，几乎没有人会排斥这些趣味能让自己获得愉悦满足心理的体验需求，在空间的消费行为中，同样表现出一种对娱乐化休闲化的新鲜的生活方式的追求，游戏特性的消费空间更加吸引消费者且能创造出个性化的空间体验，给消费者心理层面形成愉悦的体验心理和情感。

娱乐化的体验中主要包含几个特征：第一，具有趣味性。趣味性是一种愉悦的精神刺激和心理体验，面对众多平庸的设计体验，消费者也越加倾向于趣味性的空间体验，娱乐休闲化就是要将“游戏”“玩”的特质带入设计中，可以通过数字化科技平台给消费者创造刺激的趣味性体验，也可以简单的运用趣味性的图形激发人们的探索心理和游戏心理。第二，具有吸引性。吸引性的关键在于发挥其娱乐性质将消费者作为角色融入设计的主题中，不自觉地被吸引到空间中。第三，具有时尚性。时尚性是特定社会的趋势下人们的思想、语言、文化、情感的特征所表现出来的一种方式和理念，呈现当代时尚元素或者创造新时尚是体现娱乐性的一种方式，是消费过程中对体验的注重，如今的消费者对于商品的价值需求不仅仅是商品的功能本身，商品的附加价值甚至比商品本身更加重要。第四，能够创造价值。娱乐性和休闲化的特质不仅可以给空间本身创造价值，同时也是给消费者创造出一种新鲜的娱乐模式和生活方式。

图 8-24　娱乐时代的来临

二、体验的空间视觉肌理营造

（一）空间体验的主体

空间体验中的主体，包括设计师和空间的参与者即消费受众，设计师基于个体的差异和情感来塑造空间及空间体验，并将受众融入其中，引导受众去构建场所感和空间主题的意象，给使用者带来独特的个性化空间体验。受众在体验的过程中通过视觉及其他感受的一系列作用，获得设计师表达的信息和传递的情感，并基于自身的经验和记忆产生不同的情感共鸣。

（二）空间体验的客体

体验的客体包括外在的现实世界及其内在的多重要素的关联，在空间的体验中，人们通常关注体验的对象，主要包括空间的视觉形式、界面的处理、所用的材料、空间色彩关系、结构、功能。内在的联系主要是在于人与环境之间的情感联系，感悟现实生活中场所与场所之间、场所与生活之间存在相互渗透与共生，彼此之间交感的结构关系。

空间体验的主体和客体存在必然的联系，而影响体验感的因素主要包括：（1）主体参与程度，主要是受众对象的参与程度，积极主动的参与还是消极被动的参与都影响着受众在空间当中体验的程度，与场所的共鸣程度以及主体和客体之间的内在联系。（2）体验的指向性—体验的指向性主要包括定向型和发散型，如博物馆空间中因为其存在定向流线的体验引导则为定向型，而园林这样多条分散线路的空间一般为发散型体验，影响场所感获得相关信息的广度与深度主要是取决于体验的指向性，分析空间体验中的主体与客体，以及其塑造空间体验的要素对于空间体验的塑造有着十分重要的作用和意义。

（三）空间视觉肌理中的表情传递

室内空间的视觉肌理承载着室内空间个性的表达，它以自身的特性体现着室内风格的趋向，使身临其境者产生独特的感性认识，视觉肌理的表现力、视觉传染力以及视觉感受传递着空间的表情，是空间给予观者的第一印象。空间视觉肌理的呈现和表达主要是通过两方面：首先是材料本身的视觉肌理，包括纹理质感构造组织，展现了材料本身质感，同时体验到材料的视觉和触觉感；其次是基于界面的图形创作所形成新的视觉肌理。

1. 材料的视觉肌理

人以独特的视觉经验对材质的特质产生敏感的感悟和复杂的情感体验，利用直觉去体会材质充满生命意味的个性，并通过设计，综合地加以体现。在室内装饰材料的运用中，设计师利用材料质地的特性和差异性来创造富有个性的室内空间环境。空间中的视觉肌理的表现主要是通过木纹本身的纹路和质感，传递出亲切，朴素的空间表情，营造了温馨的室内空间。

2. 图形表达视觉肌理之一——写实图形

写实手法的图形往往是选取生活当中被人熟知又喜爱的一些自然题材元素，比如花卉、自然风景、动物、四季变换，等等，能够很好地表现事物的特征同时具有亲和力，给空间当中创造出清新的自然气息和生动的氛围，如图 8-25 中设计师用画笔形象的描绘了自然树木的场景，赋予空间清新的美感。

图 8-25　设计师绘制图形的场景

图 8-26　空间当中的图形语言表现

3. 图形表达视觉肌理之二——几何图形

几何图形的表现方式是室内空间设计中符合时代气息又比较常见的一种手法，结构简单，运用点线面等抽象几何元素进行图形的重构拼贴，营造出统一却又不失品味的空间感受。信息爆炸时代，人们对图形的审美日渐趋于简洁，加之极简主义等理论的提出和应用，与写实具象繁杂的图形语言相比，几何抽象图形的表现方式更加符合当代人的审美要求（图 8-26）。

4. 图形表达视觉肌理之三——装饰性图形

装饰性的表现手法，是运用装饰性意味极强的图形语言去表达文化和空间面貌，设计师运用概括、变形、夸张等艺术手法进行空间图形的创作，这就要求设计师有扎实的绘画基本功和良好的专业素养。现在很多建筑体的外界面和室内空间界面的创作，包括城市公共空间的创作，都与一些艺术家合作，用极富艺术渲染力的视觉图像来烘托空间的氛围，成为视线的焦点。

（四）基于视觉肌理的空间体验互动

主体体验到空间的氛围环境是主客体的联结互动的过程，视觉肌理的营造和表达影响着主体受众对于空间的直接体验，视觉肌理的表现主要是基于空间界面，包括顶面、墙面、地面等，这些界面是空间最主要也是占最大表现体块的载体，界面形成空间，也形成空间氛围，空间包围着受众。人眼主要的视野对象基本都是在于主要界面范围之内，因此相比其他设计手法，视觉肌理的表现在塑造空间体验上具有极大的优势，能更直观清晰地表达空间主题和信息及情感，传递空间表情，达到客体与主体之间的互动性。

当今室内空间中主要表现界面装饰的材料包括混凝土类、软硬墙砖类、墙漆涂料类、纤维纺织类、皮革类、绿植类以及其他装饰挂件，运用图形去营造视觉肌理在当代室内设计中主要是通过最简单有效低成本的墙漆涂料或软墙砖。

墙漆涂料类主要包括墙漆涂料以及壁纸类目，这种环保的手法不仅仅是运用在墙面中，同时也可以延伸到空间当中的不同界面，涂料类与其他装饰材料相比具有质地轻薄、色彩鲜明、变幻丰富以及耐水、耐污、耐老化等诸多优点。同时涂料还可以起到增加墙体的使用寿命、改变室内明暗度和调节室内色彩的作用，可用于所有常规建筑或室内的墙面装饰，涂料能够轻易的绘制出不同的色彩，营造不同的空间氛围，很好地表达出他们渴望的空间氛围，创造人性化的空间体验。

壁纸作为一种经典且应用广泛的室内墙面装饰材料，具有丰富多变、铺装简单、价格适宜等，所以在众多国家和地区得到相当程度的普及。英国、法国、意大利、美国等国家的室内装饰墙纸普及率达到了 90% 以上，日本的普及率几乎是 100%。壁纸的种类可谓极其丰富，按材质可分为纸质、无纺布、PVC 材料、金属、植物纤维等，按图案和装饰风格也可分为古典、现代、抽象以及卡通、人物风景、花鸟虫鱼等，涵盖了当前所有可适用的装饰元素，图纹精致，立体质感，凹凸多变，在实用功能的基础上，凸显空间在不同的装饰效果、风格品位都得到完美升级，当代壁纸的发展也表现出多样化和个性化。

三、扁平图形营造室内空间视觉肌理应用案例

艺术家的创作过程是基于自身的个性，经验和诉求使旧的内容重新复活，传递自己的思想，他们总是能够运用独特的语言和艺术表现引导着潮流，破旧创新，丰富我们的视觉体验。他们的设计思想和独特的艺术表现手法影响着空间设计等多个领域，结合现代艺术思潮来分析扁平图形作为视觉肌理在空间当中的应用和体验的塑造，个性化的表现方式和突破传统的创新的空间氛围贯穿整个空间体验的过程，达到视觉和心灵的双重体验突破。

案例之一："百水先生"的炫彩视觉空间

奥地利艺术家百水先生是一位极富想象力和创造力的艺术家，它拒绝理论，相信感官领域，一生排斥直线和刻板，厌恶对称和规则，创造了别具一格的平面抽象，既具装饰性又色彩艳丽的绘画风格，令观众仿佛进入了抽象梦幻的童话世界（图 8-27）。同时又将这种独特的图形语言表现手法运用到建筑外墙面和室内空间，以建筑表皮和空间界面作为绘画的表现载体，丰富梦幻又色彩鲜明的扁平图形，或充满童趣或醒目夸张，创造出了有创造性和感染性的空间表情，给予建筑体和室内空间鲜明的灵魂。

图 8-27　百水先生作品

案例之二：百水公寓

从设计表现来说，他在建筑体的重新设计和规划之前，先将建筑体的设计转化为绘画作品，在他眼中，世间万物都是富有独特艺术和绘画风格表现的物件，而后期真实建筑体的设计只是绘画的再现罢了。也许是这样极富创造力和个人独特的艺术语言才能展现出最美的世界，百水先生的创造带给后人无数的灵感和设计启发，扁平图形作为视觉肌理塑造空间体验的可行性优势和创新性。位于奥地利维也纳的百水公寓和百水博物馆（图 8-28、图 8-29），可以用这两栋建筑体及室内空间来分析百水先生将扁平图形运用于空间中独特体验。

图 8-28　百水公寓外景

图 8-29　百水博物馆

百水公寓是位于多群体居民楼中，作为一个改造项目，因为原有建筑体的残破不堪，百水先生运用独特的绘画风格使百水公寓焕然一新，通过建筑外部的独特的形式语言，使其从周围一片建筑中脱颖而出，成为整条街道一道亮丽的风景线。

百水先生用几何抽象的色彩体块作为整个建筑外部和室内空间的视觉肌理，用童话般的图形语言传递着美好的情感，色彩互相交错，整个建筑体从里到外更像是在欣赏一幅儿童随意涂抹的水彩画。外墙面上，红、蓝、黄、紫、红，多样鲜艳的颜色拼在一起，让人目不暇接，在整个街道之中凸显出来，也似乎把整个街道都渲染出了喜庆的童化氛围，室内空间中地板和墙也用涂料涂成各种颜色，每个色块之间都有深色的线条相隔，似乎像孩子还难以把握手中的画笔，所有的线条都搞得弯弯曲曲，没有一条是直的，色块里的窗户高低不齐，大小不一，形状各异，完全是随意插进去的。

论述整个空间的体验过程，鲜明亮眼的色彩突破了人的视觉感受和认知，建筑体在街道中因其色彩和表现风格完全被凸显出来，走过街道的人们都会不自觉停下来多看几眼且试图从生动的外表之下去寻找建筑的内涵和意义。绘画的图形语言从建筑体延伸到室内空间，形体的凸显搭配绚丽的色彩依附于空间界面，在整个白色空间当中脱颖而出成为视觉焦点，视觉的震撼和刺激让原本就不大的公寓楼直观高效的传播着空间的信息和情感，趣味性和个性化的空间体验深深融入了百水先生童话般的艺术创作中，给我们创作了一个焕然一新的世界。

案例之三：KUNSTHAUSWIEN 百水博物馆

百水博物馆位于百水公寓的不远处，是为了收集百水先生的作品建造的，这座房子原本是家具工厂，而现在被改造成了博物馆（图 8-29）。不仅用于展览百水先生的作品，同时也展览一些具有国际声誉的艺术家的作品，建筑第一层是一个咖啡馆和博物馆中的商店，出售百水先生的作品书籍和卡片等，咖啡馆因其独特的艺术氛围在维也纳极负盛名，往上两层是百水先生的绘画作品展览及其他一些与百水先生相关的艺术家的作品展，空间在图形的包裹之下颠覆了传统的建筑及空间设计理念，表现出时代的潮流和创新。整个外墙墙面是由黑白色彩的几何图块组成，以每一个小窗为分割点，清晰的图形体块充满童话色彩和想象力，装饰着一个个小窗，让整个建筑体从街道中一跃而出，使人被博物馆所吸引。咖啡馆室内空间中几何艺术绘画图形，延伸到建筑体的每一个柱子以及各种细部一直延伸到空间内部及地面，空间显得浑然不可分割，因占地相对较小，艺术的表现氛围和个性化的体验更加通透。几何色彩体块以墙面作为载体，绘画部分与其他剩余的界面形成鲜明的对比，无需多余的装饰，简单的绘画语言在形成空间视觉焦点的同时，渲染出了一个梦幻的艺术世界（图 8-30）。

图 8-30　百水博物馆一楼咖啡厅内景

空间中的图形汇聚成了空间的视觉中心，人们不自觉地忽略空间的其他部分，图形成为空间信息传达和情感表现的主体，从体验消费中的附加价值来看，一楼的咖啡馆中商品本身和独特的艺术氛围融合成整个体验的过程。从丰富视觉体验开始到形成空间场所感及独特的艺术体验，再到形成记忆，童话般的咖啡厅赋予商品之外的体验价值，香浓的咖啡，甜点融合艺术空间的独特体验在触及顾客内心，相比传统的古典或现代的咖啡馆，因为其独特的艺术氛围让咖啡及甜点的品位一下子得到提升，趣味化的图形语言塑造了空间体验。

图形与空间的融合艺术，其实早在远古时代的岩洞壁画就有所呈现，而百水先生的艺术将建筑景观室内空间家具，等等都融入绘画中，用他的艺术语言去描绘整个世界，将内外空间界面作为百水艺术的载体，在历史的进程中，不同的形式语言呈现不一样的建筑和城市风貌，艺术思潮的喷涌而出和不断的创新给我们带来设计理念的启发和借鉴。

案例之四："草间弥生"的圆点艺术化空间体验

草间弥生是世界女性艺术家的佼佼者，她以独特的圆点符号向人们解释着内心抽象世界里的真实与幻境，草间弥生运用大大小小的圆点，来营造一种无限延展的空间，刻意地制造连续性，模糊了真实的存在的界面，仿佛置身于捉摸不定的真实世界与幻境之间。草间弥生的圆点不仅是作为空间的塑造元素，同时能够强烈的表现出创作者内心的情感与精神内涵，也显示着图形与空间的融合与发展。

草间弥生经典作品《波点偏执》（图 8-31），纯白色的圆点在正红色的空间界面中营造出独特的视觉肌理，覆盖了空间的顶面地面墙面以及空间中的所有物体，艺术化的感染力展现出草间弥生极强的作品风格，传递着草间的精神和情感世界。大小不一的圆点赋予不同的空间形状，没有任何其他的装饰用具，简简单单的图形表现塑造了空间独特的视觉体验和精神体验。圆点本身就具有灵动，抽象不定的元素体验，大大小小的圆点融合于空间界面中，打破了空间的界面概念，圆点与圆点之间相互吸引牵拉，空间呈现出特殊的张力和运动感（图 8-32）。圆点凸显弱化了真实空间的形式感，呈现出一种独特的艺术体验。

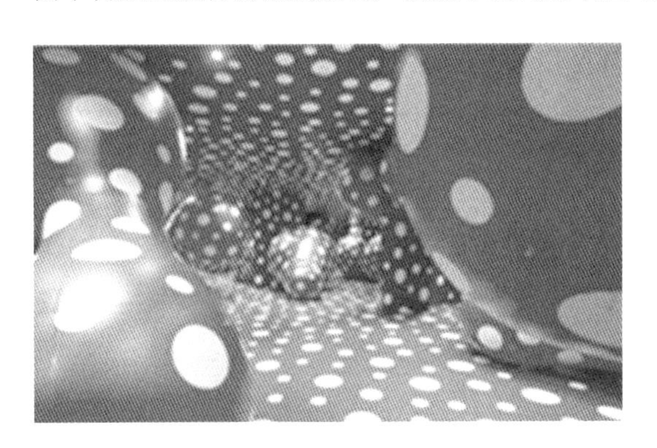

图 8-31　草间弥生的波点偏执

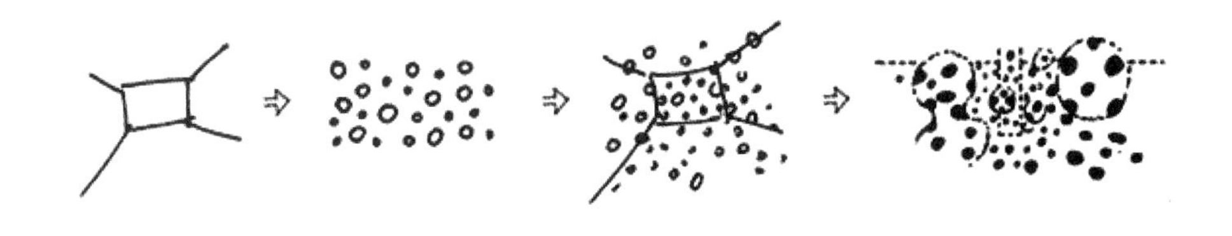

图 8-32　圆点与空间的融合

而在另一幅同样是运用了圆点元素的《为挚爱郁金香之永恒祈祷》作品，草间弥生用彩色波点元素来营造整个空间，五彩缤纷的圆点延伸到整个三维空间中，给

图 8-33　为挚爱郁金香之永恒祈祷

人们呈现出了一个丰富的视觉感受（图8-33。受众走进空间的同时，每一个圆点似乎都形成一个视觉焦点，而颜色分明的图底关系也让人们强烈感受到空间的圆点意象，走在空间中感受到的不是一个空间的多个面，而是一个无穷无尽的虚幻世界，无数个圆点交融淹没了空间的多维度，也淹没了自己。弱化了的数量感和空间感，带来的是心灵上的莫名混乱，仿佛走进了草间弥生虚幻的精神世界，当人们被圆点空间所包围，记忆中满满的圆点符号，基于视觉和直达内心的体验更加强烈和通透（图 8-34）。

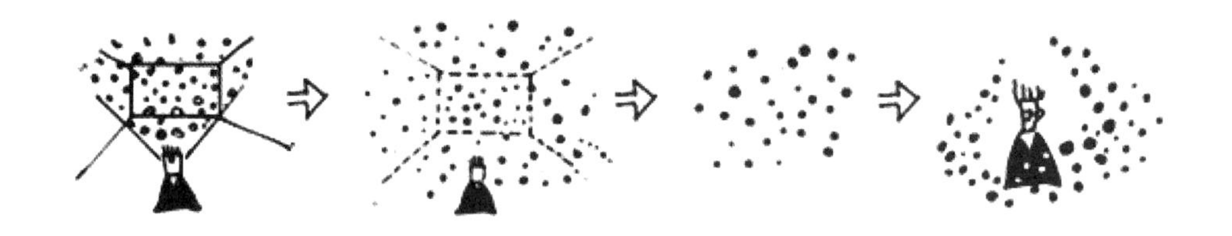

图 8-34　《为挚爱郁金香之永恒祈祷》圆点空间的体验过程

草间弥生基于自己的艺术思想进行艺术的表现和创作，让受众在空间当中感受到她的精神世界，圆点对于她来说不仅是一个表现手法的传播媒介，还是一种符号，一种意象。将圆形扁平化，减去了球体的立体化和厚度，运用大小不一的抽象的圆点与几何扁平图形结合，五彩缤纷清新亮丽的颜色，配合白色简洁的墙面，极度平面化的形式语言削弱了空间界面的分隔，单一单纯极简的造型手法表现出扁平化设计的特点，并将所有空间元素融为一体，营造出了极强的视觉冲击力和表现力。扁平图形的运用打造出了有趣、丰富、独一无二的圆点空间，空间的所有元素都作为空间的视觉肌理，且作为信息传播的媒介，主题的表现清晰，传递出艺术创作者草间弥生深渊式的精神世界和情感体现，正像弗洛伊德所说的那样，“在无穷尽的幻象中一遍遍地放大和复制自己”，通过最简单、最有生命力、大大小小、密密麻麻、深深浅浅的圆点组织排序。草间弥生的圆点空间表现出的时代感和潮流感源于她独特个性的艺术灵魂，草间的人生经历给予她丰富的创作记忆和灵感，每一件作品也表现出其背后的思想和内涵。圆点作为设计表现最简单的元素，却也最深刻的传达着艺术家赋予其的意义，同样在草间的原点空间中，简单的扁平图形呈现出艺术化个性化的视觉肌理，带来生理上的视觉震撼和心理体验。

案例之五：“村上隆”的扁平图形空间

村上隆，日本新波普艺术的领军人物，基于新时代日本文化，社会和风俗，艺术的扁平单一无深度的表象提出了超扁平的文化特征，他发现了日本御宅族的审美观和价值观，以此进行艺术创作和表现。在 2000 年村上隆在美国发起了超平面的运动，基于东方绘画语言和西方现代艺术理念，将童年的记忆融入成人世界的想象当中，他运用其独特趣味性的装饰手法和充满日本动漫符号的图形表现了别具一格的艺术风格。从外观表象上看，这些作品传递出科技高速发展时代平面视觉成为人们阅读的主要媒介，传播的平面化以平面图形为主导的视觉体验成为主流，同时揭示了人与人之间缺乏交流缺乏深度，道德感丧失的思想上的平面化，思想上的高度和突破传统艺术体验让其作品衍生出越来越多的商业化产品。

村上隆最负盛名的太阳花系列（图 8-35），以不同表情不同大小不同色彩的樱花组成了这幅画，画面均衡有序并没有因为数量众多而呈现杂乱无章的视觉体验，画面中心的花朵相较周围要突出一些，容易成为视觉焦点。而在色彩上，太阳花系列中主要呈现出童稚化用色和平面化用色的特征，童稚化用色基于他之前提出的《幼稚力宣言》表现为颜色的纯净和较高的明度，同时注重画面的色彩和谐，使人获得很舒适的视觉体验，平面化用色是超扁平运动的文化特征，大多都是平涂色彩只注重色彩层面的丰富和层次，对形体结构都不予表现。在村上隆的太阳花系列的个展中，运用太阳花图案形成空间的视觉肌理，放大了原本绘画作品的艺术特征，空间中的人们仿佛被太阳花给包围着，极度扁平的太阳花交错相融，而每一朵太阳花又似乎具有不同的象征意义，欣赏这样的空间，绚丽夺目又极具愉悦感的空间氛围，让人获得突破传统空间体验的经验和情感。幼稚力十足和童趣化的绘画元素形成艺术家的独特风格，在建筑空间中，很多艺术家都同样将自身个性化的艺术绘画融于空间视觉肌理中，创作出各具特色的空间体验。村上隆提出的扁平化宣言和幼稚力宣言，在表现社会精神风貌的同时也掀起了一种独特的艺术思潮，扁平、童趣的设计语言得到彰显。

图 8-35　村上隆太阳花系列作品

以扁平图形为表现手法的空间视觉肌理营造丰富了空间的文化，给予人们突破传统个性化的视觉的空间体验，满足人们的消费心理，赋予商品附加价值，也是成为当代艺术家表现空间的借鉴手法。读图时代的出现，人们对于图形的敏感度和认知度越来越高，从以前单纯的文字信息，到现在覆盖大街小巷的图形语言，图形成为设计师艺术家创造者和读者之间传递信息的媒介。以“图像”消费为主要特征的视觉文化的兴起成为一种当代现象，它是在话语文化后尾随而至的一种新的文化形态，图形图像已经成为这个时代最丰富也是最具攻击性的资源。相对于三维的立体图形，扁平图形所表现出来的抽象简洁，醒目的色彩，无阴影的装饰风格开辟了设计手法的新风潮。

〖第 3 部分〗要素

第九章 时间要素的链接与交叠

第一节 空间中的时间要素解构

一、空间内的时间解析

（一）时间属性概述

时间是组成宇宙的众多维度之一，但是它又具有极强的模糊性，时间在人类社会形成和发展中产生，是因为古人认识到时间对他们生活、生存所起到重要作用，人类发现猎物的时节性迁移、农作物按时的生长成熟、日夜作为大多数生物出没的重要节点、太阳起落引发了冷暖的感知，可以说，人类对时间的感知是在生存的利弊中产生，随着春夏秋冬的季节变迁，白昼、黑夜的周期性更迭，促使人类对时间产生了模糊的概念。对于空间来说，空间中的时间是无形的，难以触碰到的，但是它却是营造空间氛围，满足受众情感需求的重要因素。时间分为自然和人文两个方面，自然时间是运动中光影和季节变化、更替的往复，是不以人的意志为转移的确定而抽象的概念，人文时间指的是因人类的发展，在一定空间场所中所产生的文化、历史及场所记忆而产生的时间体验，对于人文时间来说，自然时间是它存在的客观基础。

如果把空间比喻为一个立体的文本，那么人作为一个审美主体，对于空间的解读则是实现时间与空间的转换，只是在这一转化的过程中需要主体的介入，随着时间逝去的轨迹，实现空间在人视觉和触觉等感官形成综合感受，最终汇聚成受众的心理经验和记忆模型，但同时受众所形成的经验和记忆又激发他们承受着原有的存在感。因此，同样的空间，不同的人群获得的视觉经验存在迥然不同的结果，正像海德格尔他在《存在与时间》中所表述的："在大部分时间，我们体验事物的方式是随时随地的。"受众的审视是以其自我为核心，在其中感受空间的过程，受众心理的感受总是受到时空偶然性的影响，一切以时间、场所和存在的条件不同进行随时随地的转化。画家达利的作品《柔软的钟》，提示人们关于时间的思考——时间并非一成不变的恒态（图 9-1）。

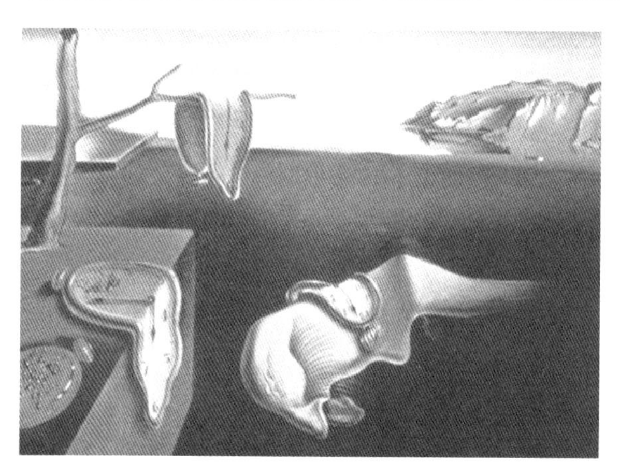

图 9-1　达利的作品《柔软的钟》

时间是历史长河中的连续片段的瞬间，从空间意义上说时间是场合（场景），历史总是在时间和空间中展开。爱因斯坦的相对论出现，指出了时间，空间都要随运动状态的变化而变化，使人类对世界的认识从以往的时间与空间是分隔的，转变为时间与空间是结合在一起的，这是 20 世纪认识认识论的一个最大的飞跃。"一个坐标系的时间坐标依赖于另一个相对移动的坐标系的时间和空间的坐标"，这样四维空间的概念得以确立在这之前的概念里空间是一个平直的几何体系，可以用三维的坐标来表达，而时间是一个独立的一维连续体，并始终均匀的无限延续，它与空间没有密切的关系。

不管艺术家们能否真正理解爱因斯坦的时间观，但新的时空观影响了新的艺术形式。立体主义是最早把时间——空间概念转化为视觉形象的艺术派别，把时间的同时性在他们的艺术作品中客观地展示出来。表现时间的特性方面，爱森斯坦的电影蒙太奇理论打破了线性的编辑方法，把剧情、画面在时间的空间内自由地组合，以产生更大地心理效应，这样新的时空观也同样影响到现代建筑设计上，在现代主义建筑设计中，新的时空观扮演了一个十分重要的角色，它意味着从过去建筑的三度空间理论向四度地空间概念转变。现代派建筑的重要贡献之一，是把三维的空间论发展为四维的空间论，发现了时间在建筑空间中的重要作用。所谓的四维空间，就是人类在具体活动实质空间（三维空间）之上再加上一个瞬间取向的知觉空间即时间维度，使建筑空间从传统的以“空间”概念为主线转变为以时间秩序为线索，并通过建筑的空间组合把时间因素清晰地表现出来，时间、空间和运动的关系也是当今空间设计中必须十分重视和综合考虑地问题。

（二）静观空间与时间的关系

空间是相对静止的，空间环境随时间的变化而产生视觉的变化，人与建筑空间处于相对静止状态时，人在空间中对时间的体验是单纯的时间延续，从早到晚，日出日落，一年四季，春花秋月，这些周期性更替现象，都在时间延续中展开。随着时间的流逝，空间的“容颜”在不断改变，可以说时间是空间不怠的流程，空间是时间永远的容器，时间是空间历史的循环，空间是时间驰骋的天地，时光随着季节的变化，光的强弱、色彩、投射的面积形状都会有周期性的规律。这种不断变化的光效，对空间的处理十分的有益，使人们对空间的时间感知十分鲜明，与生活紧紧相连。建筑物的开窗，不仅仅是为了采光，更是为了人的生活能看到户外的景色，人的生活与大自然连在一起才和谐舒适，光与影最能表现空间的时间感，良好的光影空间设计，能把时间进程清晰地表现出来，使空间产生流动感，由于光影是动态的，所以时间强化了空间的动势。中国建筑空间对于时间的感知是十分重视而且是十分敏感的，因为中国古代哲学是以“天人合一”为核心，并有阴阳五行的学说来指导人的生活饮食、起居和各种行为活动。人们要进行什么样的生活、行为，一方面，要弄清楚时间（年、季、月、日、时辰），根据时间最后做出行为活动的决定，因此空间必须十分清楚地表达时间的流程。另一方面，中国的各类艺术都是十分崇尚自然的，阳光是人能最直接最易体验到的自然恩赐，阳光与时间结伴而行，因为人们对建筑空间艺术处理十分重视光影造成的艺术效果，在经常享受时间艺术的同时，又感知到时间的流逝和空间的“变化”，即使人固定在一个位置上，也会感觉到空间是在不断的变化之中的。

（三）动态空间与时间的关系

现代派建筑的重要贡献之一，是把三维的空间论发展为四维的空间论，发现了时间在建筑空间中的重要作用。所谓的四维空间，就是人类在具体活动实质空间（三维空间）之上再加上一个瞬间取向的知觉空间（即时间维度），由于这种时间因素的加入，揭示了从建筑的静态空间转向动态空间的变革，强调以空间与空间之间的相互联系、穿插、渗透和丰富的层次关系，建立空间“阅读”秩序或根据自己的意志自由的浏览观赏，新的时空观是现代派建筑与以往建筑的分水岭，它在现代主义运动中扮演了重要的角色。

时间和运动是人对建筑空间感知的基本方式——建筑是物质实体创造的三维空间，在一个固定的视点上，三维的建筑空间事实上看起来像是一个二维的画面，人对三维空间的把握有赖于人们自身的运动达到视点的转换，而任何的运动形式必然包含着时间的延续，人对建筑的体验是人在建筑空间中伴随着时间与运动来实现的，人对空间真实的感知，是时间与空间共同作用的结果，“横看成岭侧成峰，远近高低各不同”，静止的定点观察，可能只会看成岭或只看成峰的片面性。

图 9-2　毕加索的《丹尼尔—亨利·卡恩韦勒尔》

图 9-3　杜尚的《下楼梯的裸女》

以运动和时间来表达视觉感觉，首先是由立体画派绘画创造，使不同视点的形与色同时存在、同时出现，他们以人在空间活动中的视觉感受为基础，并以动态的形式来表现人在空间活动中的进程。毕加索的《丹尼尔—亨利·卡恩韦勒尔》（图9-2）、杜尚的《下楼梯的裸女》（图9-3）都以主观认识对客观形象重新组合，它取消了绘画的深度，增加了第四维度——时间的维度，即同时性。可以看到在同一时间里所看不到的不同时间里的形象，将不同视点的形与色同时存在、同时出现，他们表达的不是瞬时的画面而是以二维画面来表达对客观空间内事物动态的主观印象，其中包含了作者视觉记忆的储存，所以最后的印象是现在、过去记忆以及孕育未来的印象综合。詹姆斯·乔伊斯认为："时间不是一系列连续的片段的瞬间，而是一个被扩大了的'现在'的密集时间，它是一个聚集着过去又孕育着未来的现在时。"关于这样的时间概念，无论是建筑空间还是立体派画像，都包含着视觉片段视像的叠合与记忆的储存。

人对建筑空间的知觉组织——人对建筑空间的动态感知是人对建筑空间刺激进行综合的知觉组织过程，在多种多样的视觉刺激中（包括记忆储存）进行筛选、综合，得出主要的、突出的形象为知觉对象，最后完成总的较为完整的印象。它们可能是由部分到整体，也可能由于记忆的储存，整体先于部分的存在，尽管整体不是部分的简单相加，但部分的作用是不可忽视的，因为人在建筑空间中的各位置、各个角度对空间的每瞬间的视觉片断叠合并综合加工后，才获得空间的整体视觉印象。综合加工的方法即按照知觉组织率（相识率、接近率、封闭率、继续率等）组织成知觉场，尽管它是因人而异的心理组织能力和审美能力，但局部和片断多次重复叠合以及记忆储存的共同作用会产生极为深刻的完整印象。

图 9-1　波尼丘的作品
《在空间里连续性的独特形式》

建筑的立面只是建筑在某一时间段局部"定格"的剖析，它是一个动态运动的过程，如果没有时间展开，建筑空间亦无法展开。建筑空间与时间的连接，使空间呈现出极其丰富的层次变化和时间空间美的视觉享受。

观察者在建筑空间的相对位置的不同，所得到的视觉印象是不同的，这些变化着的视觉印象经过头脑的加工整理，形成对建筑空间总的完整的审美感受，所以，人在空间中的活动是功能演进的过程，同时也是心理变化的过程，欣赏与体验是人对建筑实体的客观三维空间的基础上加上人的主观感受所产生的美感效应。

动态空间，即人对建筑空间产生的是随时体验而非瞬时体验，是动观而非静观。动态空间的感知是从空间序列由于人的运动逐步看到各个空间各个部分的，空间与空间之间互相连通渗透，从而形成整体空间印象，是个连续的动态过程。虽然与电影有相似之处，但比电影更全面，更具有综合性印象，所谓动观与静观、核心与边缘、团状与线状等空间关系就是空间加时间的概念。例如，波丘尼1913年创作的作品《在空间里连续性的独特形式》（图9-4），以静态的雕塑表现动态的运动。运用建筑造型语言，创造“流动空间”和“时间空间美”是当代建筑空间审美特征和空间基础，同时也是设计者主要的审美追求。空间之所以流动是因为感受空间的主体——人的自身运动的结果，建筑中的主体与客体的关系，主体人的活动及移动的方式成为现代建筑空间关注的焦点，并成为“时间空间美”的有效载体。

如果我们忽视了三维空间中融入的动态时间维的条件，就忽视了建筑欣赏的特殊性——知觉组织工程是一个动态的综合过程，不能了解建筑空间的不同界面在动态方式上的关系，也就无法领悟空间过渡的感受，无法理解空间是如何逐渐展开的，它是如何以各种视觉元素通过时间与空间取得动态的调和与协调，也就无法感受它所诱发的魅力所在。

人对建筑的体验，是空间的历程的体验，建筑物所构成的空间是建立这种体验的工具和通道。张永和先生在谈到传统园林时指出，“我对留园的外表毫无印象，甚至没有建筑的形象，记得起来的时重重叠叠的空间，我对留园印象很深。”时间容纳了人的行走、徘徊、驻足、休憩、观赏和思考，甚至还有生命中的暧昧与浪费。著名建筑师贝聿铭在日本设计桃花园博物馆时，通过独特的构思经营和创作理念，创造了犹如传统的东方园林的空间——由一连串的空间组合而成的情感体验。或许人们无法回忆起建筑的立面关系，但空间的开合与流动所传达的时难以磨灭的人对空间的愉悦，人在其中行进过程所感受的时“宁静而安谧的山峦，美丽而灿烂的山花构成的对自然的尊重，在朴素的建筑语言中，谦逊的态度表达‘天人共融’自然与建筑的和谐”（图9-5）。

图9-5　贝聿铭建筑作品——桃花园博物馆

二、自然属性的时间表象

（一）自然时间的光影表象

室内自然光影的变化同样蕴含着时间在空间中流动的痕迹，光影本身就是一种具有特殊感受的艺术形式，如秋天洒金般的夕阳透过树木的枝干，在室内的地面和墙体上投射下的斑点，在微风的轻拂下濯濯摇曳，或是在寂静的深夜月光映照下的庭院，竹影透过开启的窗户，仿佛是动态的水墨画。自然光影随着时间的流动在物体上留下不同的形态，既是时间的痕迹的即刻性存在的表象，也是时间的不间断流动行的本质。

光影对人的心理的变化有着丰富的意义，在周边室内空间环境中，人们根据眼睛所看到的空间的尺度和构成形式，以及室内的布局方式和室内陈设的不同会产生不同的情感反应。在众多因素之中，光、色和建筑空间的形式是最主要的，这些因素直接干预到人的情绪感受，使得人们或是愉快、或是厌恶、或是情绪激昂、或是意志消沉，在空间中，适度明亮的光照使人愉快、积极、富有交流的欲望，而幽暗的环境中，人会形成闭塞、压抑、恐慌的情绪。人有着动物的本能，对光有着好感，心理上有着极强的趋光性，利用人趋光性的特点可以把人的视线和注意力引向特定的空间和氛围中，从而达到很好的布局效果。例如，在郎香教堂的设计之中，法国建筑大师勒·柯布西耶利用光影对心理的作用，运用强对比的手法，将人导入空间之中，排除杂念，而只关注由光影造成的神秘性的空间氛围中。可以说，光影是人把握空间的一种符号化语言，不同的文化人群，会有着不同的解读方式，所以设计师在运用光影的同时要能够拥有其他的综合要素来理解文化上的区别，才能更好地发挥其作用（图 9-6）。

图 9-6　勒·柯布西耶建筑作品——朗香教堂

（二）室内光影的展现方式

光的存在是空间得以被人所感知的绝对性条件，而由于光随着时间的变化带来的室内空间的光影强度和形态的即时的转变，使得光影成为时间存在的重要因素之一，光影是自然时间存在介质，自然时间作为一切时间概念存在的基础，古人对自然时间的感知，更多是通过昼夜更迭、四季周转来形成的模糊概念。日常生活中，我们往往通过光影的移动来辨别时间的存在，可以说光影能够决定一个空间的性质。

1. 光影塑造空间

空间的设计在一定程度上可以说是对光的设计，好的光影可以增强人对空间在意识上的感知深度和层次，空间的气质随着人们引入光影的手法不同而发生转变。大自然的不断变化，自然中的气候、温度和日照的角度、强度也随之改变，也就造就了光线的丰富多彩，自然光线的非凡的创造性，它对物体形体和空间的塑造，有着极强的效应。同时在一定的时间节点，展现不同的空间的基本形态，日光使得室内产生千变万化的、富有动感的斑驳影像或者五彩缤纷的物体形象。

人们可运用光影产生的明暗对空间做出界定，在空间中光影明暗的界线形成空间范围的边界，同时光影有着不同的强烈程度，因此光影所形成的边界线，也许很明确，也许模糊不清。因此用光来划定空间，塑造空间范围是一种丰富而富有动态的围合方式，空间的范围可大、可小，空间的界线可清晰、可模糊，具有很强的灵活性。

2. 光影增强空间动势

时间是永不停止的，作为时间表象的光影同样也是在流动的状态，随着太阳的运动，在自然状态下的光影也有着强弱的变化，这种光影变化能够给物体带来丰富视觉效果。室内也因为光线的加入而变得更加的有活力，运动感强，光影给人以不同的空间气质享受，可以说光展现了空间中的无时无刻不在变化的物质属性，这种不断的变化对空间的作用，使得人们能够强化对空间和时间的感知。光影对空间的影响是对人心理的影响，人在空间中，享受到阳光塑造的时刻变化的空间，从而感受到时间的进程和流动感，使得空间更加具有表达情感的氛围和意境，满足受众的心理。

3. 光影调控情感

室内的光影是通过光对空间的塑造和对空间的动势的影响，以光的不同存在形式如反射、折射等原理，以明暗、光影投射的角度，和明暗范围的不同，形成不同的是能够引发人心理反应的空间，从而引发人们在空间中的情绪变化。光的明暗对比程度和光影形成的空间色彩因素是决定空间氛围的重要原因，由于场所情感诉求，投入的光影能够渲染出一种与其他教堂氛围营造手法不同的视觉效果。使得人们能够摆脱人工环境的干扰，与自然对话，形成一种比较纯净的神性（图 9-7）。

图 9-7　室内光影的展现方式

三、人文时间的概述

（一）日常生活的时间感

人们日常生活的时间是普遍存在而又不易被人所察觉到的一种形式，室内的岁月痕迹增加人们对使用物品或空间的亲切，在不知不觉中对其产生亲和的感受。建筑空间的存在，既已有了时间的痕迹，而人在室内的一切的存在和活动，也只是随着时间的向前，就越发的增添了人对空间的归属感和亲切力。

在自然环境中，时间在不断的前行，季节性的循环往复，秒针、分针、时针，日日夜夜不停的转动，在昼夜中记录下时间的交替与季节的轮回，也在这个过程中见证着生活的变化，仿佛是无从察觉，但都在生活的万物上留下过往的痕迹，可触摸、可感知。材料的褪色、变质、腐蚀都是在日常生活中的时间规则下引起的，而对于人来说，时间是人活动的重要尺度，日常生活中的时间不仅表现在人生活节奏的快慢，生活规律的常态上，还表现在生活中的社会文化和社会制度等多个方面。时间虽然管理者人的一切行为、文化和对物质生活的追求，反之人的活动、文化和日常生活中都留有时间属性的痕迹。

日常生活时间是实现人存在的一种基本的时间单位，日常生活的时间是内化在人身体和行为之中，它展现的人和周边事物的关系，因此它的存在与我们周边生活密切相关。生活的时间是一种非片断性的连续的时间流线，对于过去的生活经历所能做到的是给现在的人以顺延的感受，而现在的时间痕迹也能扩展到对于未来展望。在空间的设计之中，我们必须考虑到这一因素，将其引入空间的塑造之中，空间便有了对于日常生活的延伸，在空间设计之中设计师应该通过对生活的时间节奏的掌控，营造出满足日常生活的空间形式，使得人们对新空间有旧的情感。室内空间是属于人的，是为了人提供服务的场所，它既能使人不受风雨侵扰，又能够让人满足精神上的需求，室内空间因人的存在而变得有意义。

人生的绝大多数的时间都是在建筑空间中的，不管是简陋的，还是豪华的，总会享有那一片天地，对空间的向往是一种对美好生活的希望，而日常生活的点滴总会刻印在空间的每个角落，最终会成为一种精神的寄托。在岁月的变迁中，人们的生活习惯都会与空间所融合，空间述说着的语言是个人生活的缩影，而在人的干预下，空间将存于时间之轴上刻下烙印。

人的日常生活的影响空间就像是一滴浓墨溶于清水，慢慢散开，化有形于无形之中，最终看似因熟知而无所感知的时候，空间已完全散布着主人的痕迹，仿佛这时的空间和人一样有了生的气息。它在时间之行中，也会变得斑驳而富有了记忆。曾经崭新的墙面已在不知不觉中变得斑斑点点，仿佛斑纹般满是岁月的痕迹，厨房的潮湿处或已留有青苔的印记，老旧的木制楼梯，伴随着蹒跚的步伐而吱吱呀呀，家具已失去原有的光彩或脱落了漆色，也许呈现出锈迹，这一切都是在日常的时间中、空间中和人的活动中逐渐的留下时间的脚步。

（二）社会文化的时间痕迹

社会文化的时间概念是社会学的原理，它是以标志和符号形成一个整体，并且具有节奏性，并且也是作为社会组织结构的代表，社会文化时间的存在是以社会事件的发生作为参考节点，它可以用来标记、记录一个事件的发展，它既存在于关键时刻，又会有停滞的某一时间段，社会文化的时间可以界定为一个时间段内的特殊事迹，反映了集体节奏和脉络。在相同的地理环境影响下，在人类社会文化的发展过程中，纯粹的自然时间不能够完全的代替社会文化时间，包含着人的情感，也标记着人的发展过程，如神圣的回忆、开心的时间、工作的时间、童年的岁月、收获的时节以及欢乐的时刻，这些情感与时间的结合，是不可分割的，时间与集体、团体经验的、发展、节奏和韵律紧紧相关。

当代人的社会文化正在经历了颠覆性的变化，现实生活中，人们已经失去了很多对过去时间纪念的实物，却留下了对过往的记忆，但是这些记忆是跟随着时间逝去的，人们对现实生活存在不满意的反应，是对过去时间的追溯和捕捉，是体现构建自我认知与维持自我身份，这种追忆始终存在并持续发展下去。

在空间中，社会文化给予它体验的附加值，空间中加入了充满岁月沧桑人的情感因素而被赋予了文化意义，实现人对空间的认同，增加其吸引力。在这样的空间中，时间的记忆成为主角，功能随着人们的需要，或延续以往的状态，或改变了既有的存在方式以更好服务于受众，但是时间感在其一系列的变化中并没有完全消逝、推倒重来，而是在存在中发展，在发展中转变。人们在创造这些空间时，基本上采用两种方法，无论是在一个全新的空间中增添过去的器物，来增加曾经的记忆，或是在原有的旧址上进行重新的改造，但他们都是给人带来记忆的认同。

在室内空间装饰中，加入了一些具体时代的具体物象，物品成为一种符号语言，以符号化消费是后现代消费社会的主要特征，社会文化成为空间再创造的重要手段，对社会文化时间的记忆是介于物质化的空间特征和精神文化的空间要素，从而实现了具有记忆符号表象的空间再现。显然，给予物质化特征和精神要素的组成的社会文化的空间是一个经过重新构架起来的空间，是介于真实与非真实之间的空间，带有集体记忆的历史空间的功能改造，是另一种社会文化的空间体现，这一类的空间主要是城市的工业遗产的改造。城市原有的工业建筑由于在现代社会经济技术发展以及文化生活等方面无法满足人们对其需求而退出历史舞台，但是它是一个城市的重要记忆，是社会文化的重要组成部分，激发着伴随其发展的一代人的依恋情怀。许多老工业区被改造成创意艺术中心或是城市景区，它所带来的时间感，唤起了人们对于那段工业时代的回忆，强化了民众时代的共同记忆，在顺应时代的发展中，留给后来人以特殊的空间场所。

空间的社会文化是依附于某一时代人群的集体记忆，而不像日常生活中的个人情感，具有相似经历的集体记忆，具有普遍存在的集体的时间痕迹，集体记忆不是一个既定概念，而是一个社会建构的概念。

（三）历史文脉的时间感

历史文脉本身就是一个较长的时间概念的人文文化，而历史文脉的空间是基于文化的沉淀在空间中的展现，这种展现可以表现为建筑空间的整体的空间气质，当然也可表现为历史节点的遗留，经过设计师的组织和重构，实现历史与当今的结合，构成全新的空间。

文脉的解释首先是在语言学领域出现的，在古希腊时代就产生对文脉的认知，“文脉主义”是西方兴起反抗现代主义提倡后现代主义风格的口号，“文脉主义”是后现代主义抗议现代主义建筑设计刻意的追求单调、刻板的设计样式，以及现代主义风格忽视历史文脉、推倒历史、重构价值取向的历史背景下产生的一种理念。后现代主义在城市规划上厌恶现代主义忽视城市历史、割裂历史的脉络联系、缺乏历史的痕迹，现代主义过分追求科技带来的技术性和过分强调功能需求，使得空间失去了灵活和没有满足人情感的诉求，从而使得空间环境变得死板，失去人情味，同时也使得城市规划上出现千篇一律的同质化的后果。

后现代主义城市是要对于失去的历史文化结构和历史文脉的承接，在形式上强调要在过去文化、地域特色和民俗上找寻其发展和设计的参考，并凭借这些参考获得设计的灵感，从而使得历史的遗存、过往思想运用到建筑设计之中，是设计也不会是生硬的复原古代的形式，而是以现代人的生活状态和思想习惯植入于历史文脉中。通过借鉴、改造等设计手法来实现，从而使得建筑的氛围是传统与当代的结合，能够被当代人接受，“文脉主义”的概念是罗伯特·斯特恩在其后现代主义建筑书籍《现代主义运动之后》中第一次提出，在空间中通过对文脉主义思想的应用性研究，人们可以在空间中追溯自我的情感认同，增强人对于建筑空间或者一座城市的归属感。

对于历史文化，我们或是一脉相承或是深受其影响，而历史文物承载着丰富的历史信息，赋予空间以一定的历史感，人居住其中将情感与空间的历史气息相融合，实现文化上的认同和归属。对室内空间而言，历史文化是一种传承的时间概念，它是延续一个城市或地区的文化和历史特色，历史文化也可以说是室内设计发展的基础，传承文脉，是其获得发展的必要前提条件。室内空间设计，应该注重体现历史文化的脉络，应该认真研究过去空间的规律，遵循着人在空间需求的功能和艺术相结合的要求和原则，创造适宜的空间，发掘文化和地方特色，关注空间与人的相互连接，尊重强化人的体验，积极地察觉历史文化在空间中的延续。

第二节 时间交叠的情感诉求

一、日常生活的时间痕迹

（一）丰富空间的整体感知

日常生活的时间在这里可以从狭义和广义两个方面来说，狭义上，就是日常人们的行为与空间的互动，在空间中形成有时间痕迹的空间特征。而从广义的角度来讲，生活中的时间是在空间的时间体验，生活时间是人生活、工作等一切经历与存在的基本时间。人们衡量、估算生活在时间长河的点滴的变迁，它体现的是人与物、人与空间之间的密切关系，他的存在方式是一种人的内在体验，而这种体验与人的日常生活互相关联。

日常生活的时间是持续不间断的，而不是呈现片断式的存在方式，对于过去人们生活的最初的日常生活经历总是会对人们后来的生活带来影响，而现在的时间却又会被人无限的延伸到未来。因为日常生活的时间对人影响如此之重，所以在空间设计中要求设计师应着手于将时间纳入空间的氛围营造之中，使得空间的氛围成为日常生活空间的有机延伸，而设计师可以通过对生活时间的把握来塑造空间氛围，使其更符合日常生活的轨迹，对于大多数人来说，在这种空间中将更能感受到亲切感和空间的延续感。

通过对空间秩序的营造和对空间的融合与交汇手段的使用，从而能够展现空间的转折、呼应与虚实协调的效果，再结合人们在日常生活中所经历的熟知的生活场景和生活空间氛围，将日常生活的不同节奏，如工作时的快节奏，休闲时的慢生活贯穿于空间之中，增强空间的整体性，丰富了人对空间的感知。安藤忠雄设计的日本本福寺的水御堂，它就是从日常生活的时间角度出发，通过创作出不同看似随意的行进路线，其布置节奏不仅在于体现建筑的时间性的流动，更是在于对于人在生活中对于路线的随意感的行为模式。例如，安藤忠雄设计的日本本福寺“水御堂”佛堂建筑，地上部分有着长长的片墙，弧墙与圆形的莲花池，这些组成部分构成了形式在空间上的呼应关系，改善并丰富了山顶的面貌，片墙的延伸突显了山丘的坡度，强调了山顶的高度，衬托出草木的丰茂，莲花池水以其宁静与清透柔化了山的刚毅和混凝土墙体带来的清肃氛围，莲花则以其生生不息的力量呼应着整个场所的深层精神，仿佛将其带入到平静与内心深处，使得空间有一种融入环境的感觉。随着路线的展开，建筑空间在人们的行进中逐渐显露和清晰，人们或以熟悉的心理情感漫步其中，或陷入异于日常生活的体验，心理感受也随着不同的时间体验不停的起伏，心里的感受也扩展了此建筑空间，也丰富了人们的日常生活时间的经验。场所因人们的参与而变得更为生活化，在人对其熟悉的基础上，也更易于被人们所感知、接受。

（二）重置生活的节奏

时间是人类的生活尺度、活动过程及反映，时间的体系往往随着人类的需求而调整，人类的需求又因为科技的进步而改变，这个体系的改变与人们如何在社会中生活息息相关。人们的生活节奏在不断变化，时间体系在这个过程中起着决定性的作用，时间表不断调整从而顺应人们的对于时间的分配与使用，时间不断地被压缩和重组给人们的时间安排带来了极大的自由度和多样体验。生活节奏不仅取决于由时间表所决定的日常生活时间，还受到个体内部生物钟时间的影响，时间表则受制于社会的制度和文化等多种因素，生物钟时间主要由地域性文化决定，总的来说，研究生活节奏主要是从日常生活时间出发的，必须从人和时间的关系角度入手，人的存在与活动组合成的时间系统就是“日常生活系统”，透过日常生活的具体呈现，有助于进一步探讨过于抽象的时间议题。

现代生活以钟表时间为标准，现代人在各生活领域的活动，越来越具备工作的特性，讲求计划性与成效，以及目的取向，在面对各种社会角色的活动需求，人们会通过时间预算的调配来决定各个活动应该在何时且花多少时间完成。通过每天固定的行程表示生活能持续的和谐运作下去，而时间性会影响个人的行动空间形态，即个人对于时间的安排方式，会影响其在都市空间中的移动与停留方式。而都市空间也会借由时间来影响个人参与活动的意愿与方式，例如，地点的开放时间及到达地点的时间长度，在土地使用分区上，也因居民往返各活动区域的时间成本，来决定每日的工作、居住等，并积极地调配个人的时间预算，以完成每日生活需求。

最能反映生活节奏的便是城市的日常生活，例如成都的生活节奏便是舒缓而休闲的，作为著名的文化旅游城市，成都的建筑至今仍保留着历史的情怀，很多旅游景点也是传统韵味十足。成都人的休闲方式也比较传统，打麻将、吃火锅和喝茶等都是成都休闲的代名词，漫步在成都的大街小巷中，面对眼前似曾相识却又陌生的场景会让人产生穿越时空的心里感觉，无论是眼前所见还是心中所感都能勾起无尽的回忆。成都的生活节奏不仅与当地人的日常生活时间有关，也与成都作为历史旅游城市这个大背景分不开，地域性的特点也造就了地域的时间表。代表高节奏、高强度生活的城市便是上海，作为巨大型现代化城市，在全国范围内，上海可谓遥遥领先，然而与成都相比，少了一份闲适的情怀，其生活节奏明显更快，有人曾形象地说，磁悬浮象征着上海的速度。

（三）过去的经验记忆与当下时间的延续

人类在对事物发展和变迁过程的感知，总是以日常的生活时间来把握，并以此来获得人与周边的一切的相互交流，对自我和对空间的认知上，每个人都有不一样的体验，这种体验、认知都是建立在记忆的基础上的。受众从物质要求、空间活动和自我的经验记忆等三个方面获得对空间的解读，物质是基础，只有物质性的空间才能被人所感知到、活动则是人能够体验不同的空间氛围的重要因素，只有在空间中活动才能更多的产生与空间的互动。基于这两个因素，更多的还是人的经验、记忆的作用，人们在物质空间中，以活动加强互动关系，以经验、记忆，实现对空间内涵的含义解读，因经验和记忆的不同，场所给不同的人的情绪感受也会不一样，这三个因素紧密相连、缺一不可，共同形成人对空间的感知，在特定的空间环境中，由于过去的时间记忆参与，使得人有似曾相识的感觉，因而人能够很快地融入到空间的生活之中，形成空间与人情感上的呼应。

人们在一个熟悉的空间中，减少某些物件也许就会不可避免的产生焦虑和缺失感，改变整个空间的风格也会导致人们产生疑虑与时空的错位，如果对某人的美好记忆有一定程度的了解，并将其扩大，则会产生对于空间的依赖和对过去的沉湎。因此，在空间设计中，如果过分强调未来和超现实，不可避免地会引起不安，因而可以通过对过去痕迹的强化来增强现实感受，实现精神的共鸣和感官的刺激。

在墨西哥的日落教堂的设计中，将周边的景观借入建筑之中，并且组合人的经验和体验，以作为教堂的功能来引导人们的感受，实现特定的场所记忆作用于一个空间，能够达到似曾相识的感受。日落教堂从外形上来看，仿佛一个抽象的多面几何体，但是设计却符合传统的古典比例，以开放式的取景方式，借周围景色于其中，镂空式的十字架设计，明确表明了空间的功能。当清晨的一缕阳光通过十字架的空隙照射到坚实的混凝土的空白画布上时，教堂的空灵与静谧，使人真切的感受到置身于圣洁的教堂中，再没有陌生的焦虑与缺失。

二、社会文化的时间载体

（一）作为集体记忆的载体

集体记忆是由 Baker 和 Kennedy 提出的概念，人们以自我的记忆为出发点，然后找出与同时代人之间有着相似生活经历的特征，并在这些特征中归纳总结出普遍意义，以此来实现对自我身份的认同和自我价值的认可。对于某些群体来说，集体记忆更是实现对其自我经历的文化社会构建的元素，进而达到一个与他相同的特征的文化背景的认可，Halbwachs 指出，集体记忆不是一个既定的概念，而是一个由社会共同建构的概念，在具有相同背景下的群体中，记忆是有个体成员所拥有，只是这种记忆是植根于普遍存在的群体体验之中的。集体记忆是一个群体性的记忆，尽管它是个别人的单独体验，却是在一定的历史背景下，人们共同拥有的经历，所以对拥有共同集体记忆的人，可以说是属于一个有特性的群体，因此集体记忆可以划定一定的身份和区域的界限。集体记忆包含了许许多多的概念，从物质到非物质的各种存在，它是人们经历过时间冲刷，保留在记忆深处的代表其身份的标志。

集体记忆具有很广泛的含义，而在集体记忆的延伸处，由霍布瓦克提出集体回忆的概念，集体回忆更加注重时间的当代性，它是通过“再现形式”即文字、图片和影像作品来不断的经由当代人的加工处理，呈现在人们眼前。如今，由于数码技术的发展，大量的“二手记忆”传输给人们，某些故事或情节被不断的复制和重构，受众不一定都经历过像70后、80后那样童年玩过的滚铁圈、打弹珠，但是被集体回忆的反复输入，仿佛自己也曾经历过，形成理所当然的集体记忆的错觉感，从而使得某一些人群形成了一种共同性，就形成同一个地区、城市或民族的想象共同体和认知。

在室内空间设计中，就是利用这种想象共同体的作用，我们通过叙述或者构建，在使用形象化的图形或文字语言，将一个时间记忆内容进行物质的处理，这种方式使得场所超脱时空的限制，把同一个时代的生活经历构成进室内空间的设计上，采用这种方式的构造的精神空间，人们与过去相连接，产生精神和情感的共鸣现象。

（二）集体记忆的符号化解读

正如Halbwachs所指出的，不同的地域、不同的人群有着不同的集体记忆，而布迪厄关于地域中更加强调了人的身份符号代表的象征意义，地域的集体记忆不仅仅是物理概念阐述的空间特征，更是一种符号性的组织语言，是非实体的文化意义。地域性的集体记忆在一定意义上可以巩固和重塑人们生活的意义和情趣，更能被后来的人认可并得到进一步的发展和传承，某一特定区域中的集体记忆是人文和地方习惯所连接构成的，它表明了某地的某时人群的大多数的生活状态。

在集体记忆的而组成的因素中，人是最为关键的因素，而地域性的人群又是保持集体记忆多样性的关键，例如，对于上海的石库门文化来说，人是体验的主角，而以人群来说，从外地来的后来人对于石库门的感情和认知，对比于生活在其中的本地人而言，会有很大的差异。而其缘由自然是经历，是否与其发生过某种特殊的情感交流，对于老上海人来说，在不同的时期，所体验的是石库门的辛酸苦辣，石库门是伴随其成长的切身记忆的遗存，它充满了认知记忆和情感杂糅在一起的历史遗留的厚重感，以及对其发自内心的感怀，充斥了个人与集体记忆的片断。在时间中认知空间，在空间中体验时间，这个过程中是人与事，所形成的记忆留存，必将影响一代人，也必将向未来传递和发酵。

1. 作为集体记忆载体的空间的精神体现

塑造空间元素是多样性的，以集体记忆为载体的空间形式也是十分丰富的，不同的空间特征，从不同的方面满足不同的人在情感上多样性的需求，在这个情感化的传播过程中，以用户需求为出发点，通过设计师运用符号化的视觉化的语言，将大众的历史性的文化观念、审美意趣、价值取向等导入到空间之中，同时注重使用者的反馈，与社会文化的反应，最终形成一个满足大众情感需求的空间。

2. 作为记忆场所的空间

城市化的滚滚洪流带来的是社会的快速演变，随着后现代主义猛然的冲进我们的视野，在这过程中，它整合了记忆碎片，提供了记忆停留的驻地，于是产生时间和空间共同作用的效果。时间，带着文化的传统和个人的经历，它横贯着生活的一系列的事件中，指引着我们队过去的岁月的回望；空间则留存着记忆，是记忆发酵和再生产的场所，它的出现和存在的核心是由于空间与时间的作用，对于个体有很大的亲和力，连接着现代人的心理感受。

3. 作为精神媒介的创意空间

对于过去的老工业区或是工业用房被改造成具有现代创意感的空间，创造性地利用原有空间富有时间痕迹的场所，结合流行于现代的创造性的空间特征，组合成有时尚感的创意艺术中心，即使只保留了细微的甚至难以察觉的时间痕迹，但还是表达了怀旧心理对于场所的需求，更是现代人在追求具有现代时代感的进一步探索，也是满足主体与空间的更好的结合，增强主体对空间亲和力的增值与协调。

在城市化进程中，这些创意性的空间在空间和布局统筹规划中为其提供较为合理的存在条件，它的生存状态不仅仅与此时此地的情形相关，更与该空间巨大的社会文化息息相关。创意空间，不仅为受众提供服务，尤其是精神的需求有了更好的寄托，创意空间是呈现的主场状态与具体的形象符号相结合，所以在受众进入这些空间时，能被其熟悉的符号化语言和时尚的现代化语言，充满美学意味的时间历史给人们带来不同的感受和精神的寄托。

4. 作为身份表征的空间

在不同的生活背景下成长的人，对其自我身份的认同有着极大的不同，而以集体记忆为基础营造的空间氛围，是区分社会群体的极好的识别条件，它是一种生活方式和品位行为的体现，是有形与无形的意识形态的划分。不同群体的受众，总是带有自己这个群体所独有的特性，进入不同的氛围空间和不同品位的场所，并通过选择不同的行为和生活方式来证明其身份特征和与社会的关联性。

同时在空间的设计中会主动性的选择受众，一个具有个性化的空间并不是面向所有人的空间，并不是在规则上拒绝其他人的参与，而是在空间的组成和空间氛围的营造上，受众对于自我的群体认同和文化认同，并以此为区分，从而能够认知自我的身份、品位和生活习惯的独特性，划定不同的群体共同体。

5. 作为自我失落的依托的空间

部分的自我失落是因为社会的快速转型，人们面对极大的生活压力，在过度的追求物质生活时，蓦然回首，对精神生活落后和不满的失落，也是在追新求异的背景下对过去时间历史的怀疑，在忽视历史的基础上，建立起的现代建筑。交流显得冷漠，招呼成为礼貌，人与人，人与空间的亲和力正在消逝，人以格式化、标准化的处事方式来生活，冷漠成为必然，而精神失落也是成为不可避免的现象。

以集体记忆营造的空间，是以符号化的语言与现代化的手法，调整空间的氛围，受众面对熟悉的符号和氛围，是一种与过去生活存在的对话，就仿佛是汪洋里的灯塔，面向未来会产生无知的恐惧。但是对于过去，人们能够有把握的能力，未知总会给自己带来过多的彷徨，因此空间的体验的视觉化语言和对空间的整体感受，弥补了自我缺失，更能在现有的基础上指引未来的生活。

三、历史时间的空间叙述

历史文化的重组，表面上是历史遗留或具有历史文化符号的具体实物，通过一定的原则和排列秩序在空间中组合，但是更重要的是该遗留物所代表的内在时间链接组织。历史文化重构是对历史文化的打破和重新组织，或将已经支离破碎的历史存在，以一定的逻辑和手法进行重新的链接。历史文化是立足当下，借助历史分期学说，将人文时间划分开，相对现代的、未来的时间而言的，其内容应当是历代存在的物质、制度和精神文化实体和意识形态。

（一）历史文化的重构的空间类型——古宅改造

对于中国的大量的古代民居因为人们生活习惯和需求发生了重大的改变，对住宅的场所功能也有了更新的改变，例如，现代住宅的设计中起居室为中心，将各个空间加以连接。传统的空间布局中，是以院落为中心的布置方式，在配套设施方面，传统民居也无法满足越来越物质化的现代人的需求，因此对古宅改造是必然的行为。

改造是通过设计师对建筑空间的内部功能的考虑，进行重新的编排，在根据现状的使用功能，对历史时间和现代时间的结合，将保存和重新构造代表历史文化时间特征的物件的同时，引入具有现代特性的器物，以不同的链接方式，编排出不同的空间气质，满足现代人多样性的需求。

1. 复古风格的空间

现代设计中复古风格是一个很广泛的概念，具体的来说，它是包含着民族传统风格和设计史上的经典风格样式的复制与模仿。在每一个独特的民族传统艺术文化中，都有其具有特殊风格、个性的地方艺术符号来作为标识，在时间历史的发展过程中，这样的艺术文化符号逐渐发展成为超越一个民族群体的审美符号，它所代表的是民族整体意识中美好的象征，是一种特殊的情感符号。复古风格在推崇民族的传统风格的同时，也有对过去经典元素风格的再装饰，这些经典艺术风格是一种具有特定形式的，同时体现时间和该时间段的地域、人群的特定的社会文化心理和情感表达。复古风格将这些具象元素综合起来，在空间中重新组合，将元素中所带有的时间情感和地域文化特色的内容进行重组，形成满足现代人精神需求的特色空间。

2. 博物馆空间

在博物馆的设计中，更是注重时间的秩序性，在它的空间中更加擅长对时间的重构，在将过去的场景状态通过一定的手法展现给观者的同时，体验到过去的情感并能够做到传达的文化精神。对于博物馆而言，其目的就对于时间的收集，它是一个广泛的获取和组织，历史时间长河中的信息资源，以某种手法将其以特定的表现形式和相适应的空间中传递情感和信息的场所。历史博物馆其所陈列的，代表的是人类发展的某一阶段的历史或是在纪念某些事和人，它超越了时间和空间的限制，通过设计师的表现，将人类文化发展的成果，直接生动地展示在受众的面前，它展现的是空间与时间的错位与重组，它们共同组成了关于文化在历史延展中的记忆。人在其中，时间仿佛在倒退，又以其持续使用，在日常生活中仍在不断的变化，让人在回忆过去时体验时间的流逝。

（二）历史文化重构对空间影响

现代人的时间节奏受到现代生活的影响，时钟表现出来的时间以可见的形式影响、控制着人们生活的节奏，这种影响和控制渗透在每一个接触于现代生活的人。人在空间中活动，时间是重要的体验因素，它是人活动的基本尺度，根据不同时间长短和舒缓程度，改变人在空间中体验的节奏快慢，而这种改变的时间并不是真实存在的时间概念，而是人们在社会文化的发展过程中形成的心理时间。心理时间的概念是由法国的哲学家亨利·伯格森首次提出的，时间不同于空间，在空间中人们可以凭借实体来作为界定，从而很容易被感知到，而时间对人来说，是一种极度抽象的概念，人们只能够通过外在形象来感觉到它的运动，亨利·伯格森认为对于以往的人来说，时间是持续不间断的，在其发生过程中人的意识并不能对其有丝毫的作用，但是在其提出的心理时间概念下，时间是可以存在于人的意识世界之中的。在意识世界中的时间，人们通过作用于意识的行为或方式，可以达到对时间感知的变化，这时的时间有着过去、现在、未来的状态，也完全可感知其静止状态，在这些状态之间，并不是互不相通，独立的存在。而是通过不断的互相干预、渗透、融合和拓展，这一个变化的过程中，是人能够体验到时间带来的丰富性，从而引发情感的多样性，对伯格森来说，心理时间是意识存在的本体，是生命的本质存在。

（三）空间历史时间重构对于受众的意义

历史文化重构是对历史文化的打破和重新组织，或将已经支离破碎的历史存在，以一定的逻辑和手法进行重新的链接，历史文化是立足当下，借助历史分期学说，将人文时间划分开，相对现代的、未来的时间而言的，其内容应当是历代存在的物质、制度和精神文化实体和意识形态。

对于历史时间的感受，是人们对于已存在的历史片断和意识时间在人脑中所组成的画面式回忆，在这过程中，在已固定的历史文化的时间节点下，人的潜在的时间观念中，随着回忆呈现逆推的活动方式。在这连续的意识活动中是人经验与时间的组合，空间的作用是为更好的组织起这图像化或模拟情景的表现形式，人们所能够感受相似性、体会时间的流逝、探寻历史的发展脉络，更好的实现人寻求对历史、对根源的过去时间的体验，这也是室内空间的重要作用。

在四川成都的水井坊博物馆的设计上，刘家琨将历史时间保留在空间的场所的营造中，同时将现代的场景融入到整个环境下，实现了历史卷轴般，从古至今不断延续的酒文化的组织画面。水井坊博物馆的设计是为了展现中国的酒文化的主体性展示场馆，水井坊作为一处从元朝开始存在的古老的酿酒空间，一直延续到今天，600多年的历史发展，从来没有断裂过，在其设计中也将这种未曾断裂的场景延续下去，并向未来继续前行，在场馆中，保留传统的酿酒工艺的生产生活场地。从博物馆的设计上来讲，空间以酒文化作为场景的发展线索，在空间中，不仅将过去的酿酒遗址作为一种过去时间追溯的展示，更是将现在的时间体验植入到空间中，从而使得整个空间在对满足人情感需求的营造上，得到全面、丰富的展现，使得人们在空间的游览的过程中，既能够对过去的遗存的追溯，也能够体验到古老工艺在当今发展的现状。

第三节 时间要素的链接模式

一、交汇的时空观

空间与时间是相互依存的，时间是空间存在的前提，或许说不存在没有时间的空间，从一个空间的形成、演变和衰落的整个发展过程都有时间的参与。时间是空间中的运动表象，也就是说对于空间的时间认知，可以通过具体形成的运动观察到，时间与空间之间是相对可变的，同时我们也可以理解为对于人的时间和空间感受也是相对可变的、发展的，它受到人的心理精神的影响。

（一）空间与时间存在的同时性

空间与时间是相互依存的，时间是空间存在的前提，或许说不存在没有时间的空间，从一个空间的形成、演变和衰落的整个发展过程都有时间的参与。建筑作为一切艺术中最依赖实质层面的表现形式，可以使置身其内的人们对场所与历史事件的共鸣中获得时间的存在感。历史旧建筑的改造与更新，就是将历史人文资源与日新月异的城市发展很好的结合起来，创造出符合人类文化多元共存的“精神家园”（图9-8）。

图 9-8 新旧建筑构件的结合表现

时间是极具抽象的存在维度，不通过具体的表象是无法去感知时间，因此，时间是无法脱离空间而被人独立思考的对象。空间中对时间进行解读，并不是去关注了解时间本身，而更多的去探讨人与周边环境在时间作用下所形成的相互影响，所谓的时间可以理解为具体的运动形式，这种运动形式是人或环境及世界万物的动势，而非抽象的时间概念，曾经有过对空间和时间的关系的相关性上，建立以时间为基础的空间模型，模型以具象的空间形态描述了时间特性。叔本华对时空转化有着明确的对应式的终结：时空具有唯一性，不同的时间都是唯一时间的一部分，而不同空间也是在这片空间中唯一的存在，时间的绵延性可以与空间的无限性相对应，时间的先后感相当于空间的设计中的始终。由于空间的对应关系，人们就可以实现时间与空间的转化，基于时间与空间的相互对应的关系也能够通过形态化的空间来把握时间感。

由于在人的感知范围内，人们通过视觉、触觉、嗅觉等感知，对时间的察觉不像空间那样能够捕捉到，时间对人而言，没有其本身带有，如空间那样被人感知的媒介，人们对时间的感知和由来只能存在于人的思维活动中。德国哲学家康德把时间和空间看作一种先验的直观形式，也就是说，将空间归纳在“外部感知的形式”，而时间是以“内部感知的形式”的方式存在,“外部感知形式”是一种具有显性的特征，人可以通过五感直接的感知到，“内部感知形式”能通过人的思维活动生成意识的概念，如果将这种“内部感知形式”的抽象概念以语言、文字、图像化的方式表达出，只能通过“外部感知形式”，时间与空间的同时性完全是符号化的人的认知过程。在室内设计中，在表达空间中的时间感受，设计师也是从外部可被感知的形式入手，实行时间、空间化的营造。

（二）时间与空间的相对性

在物理学上，爱因斯坦提出狭义相对论，其解释为对于不同的参考系，时间与空间有了新的测量结果，在“尺短钟慢”的论述中，表述了受物质运动特性限制的时间、空间具体特性是可变的，但是这种变也是有条件的。根据狭义相对论的理论原理来说，如果在物体的运动过程中，其速度能够达到光速时，一个人处于静止的参考系来看察是，物体的运动方向，物理长度将变为零，时间就完全的静止了。“尺短钟慢”只是一种主观的观测结果，无论物理的长短，还是时间的快慢，都是人采用不同的参考系所造成的结果，对于空间和时间而言，其表述为受物质运动特性限制的时间、空间就有可变性。

在哲学理论上，马克思哲学将时间、空间和物质范畴紧密的关联，物质是客观存在，并且是独立于人的意识之外，时间与空间也是同理，马克思主义哲学提出时间是物质运动过程中的持续、不间断的，而运动着的物质延展性形成的就是空间。时间与空间是不可分割的存在形式，例如在《辩证唯物和历史唯物主义》中提出：“时间和空间的具体形态，具体特性是可变的，有条件的，因而是相对的，”“空间的广延性或伸张性是随着物质运动的变化而变化的，”“时间的间隔性是随物质运动的变化而变化的。”

综上所述，我们可以理解为时间与空间之间是相对可变的，同时我们也可以理解为对于人的时间和空间感受也是相对可变的、发展的，它受到人的心理精神的影响。时空的相对性，人在不同状况下所感到的时间感有差异性，提供了理论依据，也就是说人的时间感受受到了周边环境的影响，例如，在中国古典园林的设计中，通过景观的组织形式和转承关系的不同，实现“步移景异”“曲径通幽”的心理感受。因此，在不同的心理和记忆状况下，设计师在室内空间中通过对空间的组织、营造，可以为受众提供多方面的多情景的时空感受。

二、时间要素的链接艺术借鉴

舞台话剧给室内设计以很大的启发性，在空间的序列的安排上，在时间节奏的把握上，借鉴已经成熟的舞台艺术，可能会达到意想不到的效果。话剧《推销员之死》

通过情节的跌宕起伏和现实与想象的交替，构成丰富的时间节奏，这种交替并不是杂乱无章的，而是有规则的，不堪的现实让人想起美好的过去，美好的过去过后还是要面对不堪的现实 ，这种循环往复的交替变化形成一种强烈的节奏感。安迪•沃霍尔的《帝国大厦》的电影是单镜头，固定画面的记录式的电影，这一种集聚人情感的手法，通过单一空间的存在，将空间作为一个引导情绪的钥匙。在电影《疯狂的石头》中的剧情安排，采用平行时间轴线的手法，通过不同的故事轴线来完整的讲述整个事件，通过将多种相交叉的故事线索共同的组织进一个空间中，虽然单独来看，每条故事线都能把空间的属性和所要传达的氛围营造出来，但是综合的来说，相交织的故事线索，更能做到相互印证，强化空间的氛围，同时也能增强室内空间的丰富性。

安迪•沃霍尔的《帝国大厦》的电影是单镜头，固定画面的记录式的电影，影片以每秒 24 帧的速度总共拍摄了 6 小时 36 分钟，但是安迪•沃霍尔还是以他在其他电影中处理的相似的方法，以每秒 16 帧的播放速度进行，整部片子共 8 小时 5 分钟。于当时的人来说，与其是一种艺术，更不如说是一种嘲讽，开始播放的半个小时内，首映的 200 多位观众就走的差不多了，安迪•沃霍尔的影片处理手法所产生的效果，是一种集聚人情感的手法，通过单一空间的存在，将空间作为一个引导情绪的钥匙，然后通过参与者，其结合自身经验的想象，最终形成情绪的迸发。就像《帝国大厦》的播放过程中，在前半个小时的所留下的人，在一成不变的镜头画面中，随着观影时间的发展，心中情感被层层的叠加，过程中人们对大厦本身产生了充分的遐想，在影片播放到 6 个半小时时，黑夜降临，帝国大厦的所有灯光在瞬间全部被点亮，此时，全场爆发了强烈的欢呼和掌声，在这瞬间，也许是观众的想象在这一个时间中得到补充，情感得到宣泄。

对比室内设计采用的手法，都是运用符号化的语言，以人文时间的相对静止状态作为切入点，把人的情感带入到空间所营造的氛围之中，并以此为契机，激发受众的时间感的回溯和情感的宣泄。例如广州的巴打怀旧茶餐厅，餐厅的设计上营造一个特定时间节点的怀旧空间。在这个空间中，时间被定格在一定的时间点内，在空间氛围的塑造上，他们将代表广州老旧时间的怀旧器物组织在餐厅内，同时在墙面上以手绘的形式将过去时间段的场景，以画面展示出来，画面中都是一些很具广州特色的符号化语言，例如海珠桥、木棉花、大排档等。这个场所形成对于情感的寄托，它表现的是拥有者对于从小生活的环境的怀念，设计以符号化语言，将空间定格在固定的时间点内，视图找回过去的时间记忆。

基于电影的结构概念，我们可以推导出室内的时间链接序列方式，通过将多种相交叉的故事线索共同的组织进一个空间中，虽然单独来看，每条故事线都能把空间的属性和所要传达的氛围营造出来，但是综合的来说，相交织的故事线索，更能做到相互印证，强化空间的氛围，同时也能增强室内空间的丰富性。例如，在中国国家博物馆的陈设中，有一个基本主题是《古代中国》，作为中国国家博物馆的基本陈列之一，“古代中国陈列”共 10 个展厅，以珍贵文物为主要见证，系统展示中国从远古时期到清末的漫长历史进程，全面展现中华文明持续不断的发展特点，在展品组织上，多条故事线从政治、经济、文化诸方面共同叙说的主题的完整性。

如果按照正常的故事叙述顺序来描写《记忆碎片》的话，将是一个很普通的故事，讲述的是一个不幸的短暂记忆的人被人利用，在被人利用的过程中产生的满足失去记忆，填补人生目标的杀人故事。但导演在对电影处理的方式上，采用了倒序的手法，将已经放生的情节，不断地穿插进当前的事件发展之中，形成极大的逻辑冲突性，使人带着思索进入故事的讲述中，影片中，时间的错位给人带来强烈的冲突感和疑惑性。

同样的道理，如果在室内空间中，也利用时间顺序的颠覆来尝试改变人所拥有的惯性的时间逻辑，同样也能做到，使得空间呈现出新奇感，同时，不同于影片的过去和当前时间的时间断裂的短暂性。空间中的时间可以追溯到社会文化时间和历史文脉之中，因此在惊奇之中，也可以通过对过去的时间概念的讲述，引起人的情感认同，最终形成这种多元多体的混合式空间和多样的情感表达。

三、时间叙述的链接模式

（一）时间叙述的链接模

时间化的空间的存在是人们对于时间带有的情感的诉求，对于空间设计而言，其不同的表现形式都是人们对于情感不同需求的存在，在时间化的空间中，时间是具有多样的、十分丰富的素材，不同的时间方式表现出不同情感和不同程度的情感传达（图9-9）。单点式发展是集合过去的代表性时间特色于一个空间中，在空间中，给人传达的情感不是跳动的时间节点的变化，而是情感的某一时间点的回望。线性的叙事手法来源于时间的维度观念，线性叙事是无数时刻点在某个特定的时间指向下组成的时间序列。在多元式的空间中，是时间的历史转化，是过去与更过去时间的颠倒往复，也是过去与现实的穿插，因此，在其表现效果上，以其强烈的冲突，激发人的情感迸发。

图 9-9　光影创造时间的流动感

1. 单点式发展方向

单点式发展是集合过去的代表性时间特色于一个空间中，在空间中，给人传达的情感不是跳动的时间节点的变化，而是情感的某一时间点的回望，时间流动的特质在这种空间已经失去了意义。受众在参与到空间的内容时，思绪和情感是集聚的，这种集聚的情感表现是对空间所含意境感受的悲欢，并没有对时间流逝的怅然若失的心理变化。好的单点式的时间运用于空间时，更多的就像梦境一样，这种梦境就像很多的怀旧性的主题餐厅，在餐厅的设计上，设计师是综合运用了一代人的集体记忆的共同特征，其所展现的时间则表现出静止的特性，人们走到这一空间内，只是感知到内容传递的当时人的情感，获知过去而不是真的去了解空间内时间的一点点的发展变化。所以在单点式的空间中，情感的感受是断点的、不连续的，它的存在更像是一个触媒，它引起受众的情感，但不会去引导人情感的转变，在空间中产生共鸣的人，其情感的延续更多的是自我的历程在这触媒激发下的泛行。

这种单点式的形式，也可表现为瞬时的、即刻的时间体验，这瞬时是我们在空间中随时感受的时间感知，与空间的形成和空间布局及空间内的构成关系有着紧密的联系。在空间中，人的感受，随着时间的运动，人的运动的行为发生转变，产生的心理感受也变得随时随地，形成瞬时的情绪变化。对于形成瞬时感受的空间而言，其时间感的营造方面，有一定的形式，它们或是像立体主义艺术一样，通过序列的重叠，或是摄影作品中采用多重曝光，使得不同的情景进行交融，或是如中国山水画，近实远虚的场景，也能产生时间的感受，这些时间感受是人在空间中移动所能瞬时察觉到的，对它们的组织形成情感的起伏。

2. 线性发展模式

空间中时间的线性序列是时间点的有序排列的结果，点的时间感受是固定的时间节点，但是通过有效的组织，以一定的发展方向，则会产生如时间线的故事情节。在空间的体验上，不再是单一的风景形式，而是多重的组织序列，它们之间相互链接，变化过程随着序列沿着特定方向前进，空间也随着时间的发展不断的展开，因此空间的视觉感受会变得丰富、多彩。

单线式发展：空间中时间的线性发展模式是建立在时间节点的存在基础上的，其按照一定的方向构成线的演变，法国历史学家维因认为构成时间发展的故事情节，仿佛是构成历史发展路径和行程中的一个个元素。每一个人都会有自己的一段路程，每一段路程都同样的正确，从而在同一个历史的背景之中，可以组成出的不同的故事情景，在空间中也一样，在同一个空间中，不同的时间线段所建构的是不同的空间感受，造成更加丰富和多样性的空间氛围。

历史是一个多方面的存在，在对历史进程的组织中，设计者可以通过选取任意一条线索，构成对历史的解读，因而空间中，对于历史时间的解释，并不是需要做到完全全面的展开方式，它可以是单独的一个种类。一条线索的展示，让参与者以设计者所构建的时间、知识序列进入到历史的情节之中，通过历史的发展前进感知到时间的序列这种秩序的发展也伴随着技术的革新与发展得到越加真实的情感体验。

在过去，表现时间的陈列空间中，人们常常采用单独实物，配以文字和图片来叙述时间演变背景下的社会生活和历史文化的发展，但是实物所蕴含的十分复杂而又独特的历史文化背景，以及其变迁过程并不是这些文字、图片所承载的内容能够翔实的表达出来。随着计算机的发展，人们可以通过计算机技术实现场景的复原，但是这种发展还是有点过于呆板，受众不能与场景进行互动，因此在此基础上，应该增强空间中所展现的时间秩序的真实感，以情景化的舞台语言来阐释时间背景下的历史文化和思想情感，以虚拟性的展品互动，来实现更多资讯的传递，综合运用，实现整体的时间发展的多样和丰富。

并列式发展：在对历史的研究中，人们提出了横向和纵向的概念，横向的发展是同时代历史事件，纵向的内容则是上文所阐述的事件情景所组成的时序关系。在空间中，时间的并列式发展是时间的多个单线式发展，以其各自的发展脉络来营造空间的情景，但在其各自阐述的过程中，每条时间序列，有共同努力，从而能够营造一种新的情感或增加原有情感的厚度，这种建构的空间，其复杂性较单点或单线的时间序列更为的复杂和多变，其传达出的情感也具有多样性和丰富性。

在很多的大型博物馆的综合类展示中，将更多时期的代表性物品展陈出来，例如瓷器、书画等，同类的展品以朝代的更替来排布，让人们可以了解在时代变迁过程中，不同时间段的发展背景和文化特色，并很好的做出对比，对其差异性有很直观的表现。

多元多体的混合式：自然的时间是永远向前发展的，并不会因为某些原因而停留，更不会逆行，但在人类的历史文化时间概念中，时间是人们不断的前进和追溯的循环往复的过程。就行欧洲的文艺复兴的兴起，将古希腊的历史文化符号再次运用到中世纪后的欧洲，现代的古典主义复兴将古典文化再一次在当下的空间中重演，这种重演当然不是完全的重复过去，时间是流逝的，赫拉克利特曾说过，人永远不可能两次踏进同一条河流。在空间中的时间也是一样的，在多元式的空间中是时间的历史转化，是过去与更过去时间的颠倒往复，也是过去与现实的穿插，因此，在其表现效果上，以其强烈的冲突，激发人的情感迸发。

美国费城的富兰克林故居是后现代主义设计大师文丘里的设计作品，文丘里在空间的组织上采用将历史与现实进行融合的后现代主义手法，在空间中融入历史文化的痕迹，这使得观众在游览的过程中，体验到时间的交互带来的丰富的空间感受。富兰克林故居的主体空间位于地下，通过地上的红砖划定区域，将人们引入到主题空间之中，在地上的设计，保留原有的遗址特征，以象征的手法，用门框、窗框隐喻建筑形态，使人产生联想。而以红砖组合成的空间范围，人们以地面上的历史遗留感的设计，引入到地下现代感的空间形式中去，历史与现实在整个空间中获得统一，丰富多样的时间在此时、此地实现了融汇。

（二）时间链接的设计原则

本书分析的时间是以当前的时间节点为基础的人文时间，在设计方面对人文时间的运用是具有普遍性的，设计师可以根据其设计空间所需要的场所精神，按照一定的方法来组织符号化语言，从而塑造出特定需求的空间。因为不同的设计方式或不同的传达意境，使得组成空间的符号语言也有所不同，例如，当前普遍的时间怀旧餐厅的设计中，具有集体记忆的器物通过不同的组织来划分不同的空间类型，但因其地方和时代的独特性，空间有着迥异的主题气质。但是在现今的设计中，很多的怀旧餐厅中存在着大量的对符号语言的乱用情况，以数量堆砌空间的氛围，强化空间的时间感，如果在对符号不分类和不了解的情况下，往往是事倍功半，使得空间给人带来疑惑不解的感受，人进入这种空间中会不知所措，这样既造成资源的浪费，又有害受众的精神体验。

同样，在不同的人文时间的组织当中，也应该注意时间的序列的合理性，不同的时间的组织，更会加剧人的情绪感受。例如，过去时间与现在时间进行序列的组织，其能给受众带来新奇、豁然开朗的心境，但在过去与现代的时间组织上，要做到节奏的缓冲与情感的预热，让受众在设计的时间序列中做到思想上的准备，在做好铺垫的引导下，过去与当前的时间冲突，才是较为缓和而能被人接受，否则空间就会给人有断崖式的情感波动，造成受众的不明所以，使空间失去整体性与节奏的连续性。

所以在时间序列的设计过程中应该做到对时间符号的理解，并做好类型的分类。同时掌握受众的情感需求，在传达的过程中，做到循序渐进，使其情绪经过不断的酝酿，然后得到升华，在结尾处，进一步得到缓冲，从而完成情绪起伏的循环。

1. 人性化设计原则

人性化设计原则是以人为核心，同时涉及人的自然属性和人的社会属性，还要能满足人们的物质功能需求和人们精神功能需求，它并不是具体的设计方法，而是基于人出发的一种工作方式。在室内的设计中，要树立人性化室内设计观念，这不仅是对人性的关爱，也有利于社会的可持续发展，因此，我们首先做到以人为本，满足人们不同的心理和精神需求，其次还要明确如何在物质满足精神需求的前提下，用人性化设计原则改善空间环境。这样的设计可以使人们在室内环境中找到归属感和认同感，同时，还可以增加空间设计的情感价值、附加值。

2. 可持续性原则

可持续发展是既要满足当代人的需求，又不能无节制的损害后代人满足需求的发展能力，这里的可持续指现有的生态系统在受到某种干扰时仍能保持其生产能力，当今人类的生存环境日益恶化，人类需要积极、主动地保护自己生存的自然环境，合理的开发与利用各类自然资源，维持和平衡生态已经到了刻不容缓的境地了。因此，我们要根据可持续原则的条件，调整自己不科学的生活方式，在现有生态资源允许的范围内，进行资源的合理开发与合理利用。

随着经济的发展和物质需求的满足，当今人们也越来越注重自己生存和居住环境的健康，中国各类室内设计提倡简约化设计，摒弃过度消耗资源和能源的装修模式，在可持续理念下，将自然引入室内，对资源做到尽可能的利用，减小消耗。

〖第 3 部分〗要素

第十章
主体要素的文化图景变迁与转型

从广义角度看，所有的人群受众都是建筑空间中的主体要素，而放眼当下之建筑环境生态：新的空间营造材料、空间语言层出不穷，其背后所代表的新的文化现象，新的技术手段也吸引着新的人群 -- 新生代。新生代青年作为主体要素——“建筑中的人”的最活跃、最好奇的一部分，素来都是新的建筑实验的先锋，无论是作为创作者还是具有较强体会与接受能力的使用者，新生代都表露出了不同于其他年龄人

图 10-1　新生代

群的想象力，这也正代表了当下建筑创作和体验过程中最能和社会经济发展紧密相连的部分（图 10-1）。因此，研究新生代人群的经济文化生活，将主体要素的转型动向结合建筑空间创作发展的动向进行讨论，无疑是探寻未来建筑空间发展的必由之路。

第一节 主体要素的文化图景变迁

未来一段时期，当下社会的主要建筑使用主体：生于 20 世纪六七十年代的社会人群与他们所代表的消费理念，正逐渐被新生代人群的消费理念刷新。本节内容通过对新生代主体人群的文化——青年亚文化的基本特征进行分析与观察，再将其作为一种要素纳入空间设计思维考察，意图找寻“主体要素的变迁究竟对于空间设计发展有何意义”这一问题的答案。虽然新生代人群这一主体以及代表他们的青年亚文化在参与社会的文化生产和消费过程当中必然存在着各种截然不同的异化，但其差异表现之间也存在着某种一致性，将会反映青年文化的共同价值取向。希望通过这一分析过程，准确地提取出新生代人群在文化审美、观念、行为、经济消费等多角度上的需求和思维模式，并迁移到新生代的建筑空间设计、消费文化层面上来，作为后续“设计转型问题”的解题依据。

一、主体的表层具象文化

新生代的表层具象文化是青年文化中最浅显易懂的一层。大致涵盖的范围例如网络文化，服饰文化，文艺活动等新生代族群微观现象。这种文化核心是基于一种对现实社会的文化熏陶感受而形成的。新生代表层具象文化在年轻人日常生活中极容易被接受与传播。当其群体生活在同一文化氛围当中，自身潜移默化地会带有这种文化影响下的意识特征、价值判断，并通过行为的相互模仿追逐达到成员之间彼此认同的状态。同时，新生代对文化元素有着活跃的二次创作能力。

（一）网络文化风潮

互联网属于新生代主体时代的“新媒介”，这一新兴媒介空间的诞生过程，与当下中国新生一代的成长历程几乎重叠。互联网随着计算机，手机等数字技术产品走向廉价与普及的过程不可阻挡地进入了人们的生活，而新生代群体顺理成章地成为了它的见证者，使用者和建设者。在网络这一虚拟的空间中，人的网络化生存具有很高的自由度和信息交换频率，因此伴随着新生代对网络空间的使用熟悉过程，也催生了特性各异的青年网络文化现象。

学者马中红在对青年亚文化在网络空间上的族群生态研究中指出四种定义：技术派，迷一派，新部落，视觉系。当下新生代互联网生活中，前两者形式则较为常见。技术派指代在网络空间中喜好运用技术手段维系现实与网络之间平衡的群体。他们的具体形象是以：“黑客”“极客”“掘客”面貌出现的。技术派青年普遍热衷于技术以及相关产品，因此他们对于电子设备有着比较狂热的追逐，他们大多拥有良好的教育背景和网络技能。这反映了一部分新生代在现实生活中的满足感可以借由高智力劳动产出来获得，对于技术的亲和性会导致他们对具有科技感的美学风格充满兴趣。

“赛博朋克”和“蒸汽朋克”（图 10-2）是一些技术青年十分喜欢的美学形象，两者的共同特征是都具有科技感和机械美学的酷炫造型。而区别在于 “蒸汽朋克”美学指导下的空间显现出一种原始的粗犷美感，大量的蒸汽机械构件组成了空间的细部，形成一种粗粝的美感；而“赛博朋克”则融合了网络空间、未来科幻技术等元素的幻想风格，带有很强烈的未来感和现代气息。蒸汽朋克是复古科学技术下的语言，赛博朋克是展望是猜想形态的科技语言，两者与建筑空间相结合，都会产生一种视觉经验上的冲击力。由此可见，网络文化风潮下的部分艺术视觉元素，对建筑语言具有参考作用。

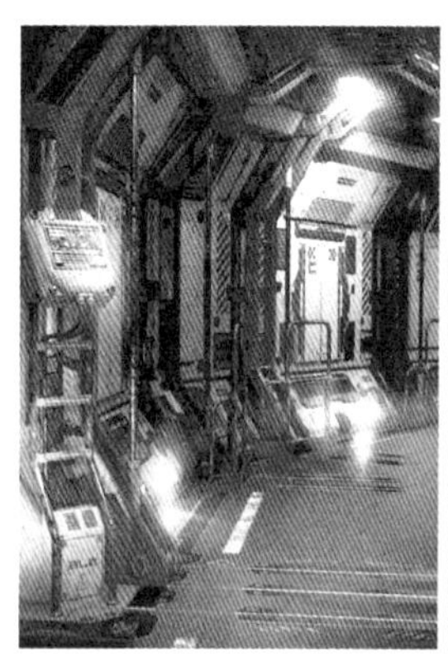

图 10-2　蒸汽朋克与赛博朋克空间

（二）时尚和视觉追求

除网络文化之外，随着生活水平的提高和物质资料的丰富，青年文化群体在生活产品的视觉上也有着自己的设计文化需求。诸如服装，数码产品，阅读产品（纸媒和其他平台如Kindle 阅读器，手机阅读）潮流。内在上反映了新生代面对知识爆炸的社会，已经逐渐习惯了运用碎片化的时间攫取新的内容。在这些消费品被青年亚文化吸收并壮大的同时，也显现出迎合青年亚文化的趋势，并且相应的产生了围绕某种产品的青年群体的生活方式和信息认知途径。当下新生代对各种形式的设计产品都有比较明显的设计感需求，这种追求和模仿不仅仅是处于“好玩，潮”等好奇和从众心理。更深层次的也反映了这一人群对于设计产品品质与外观的要求常常是兼顾的；同时也反映了这一人群非常乐意接受新的生活方式的变革。当这种意识成为一种习惯，新生代对未来的空间设计要求必然会带入同等的判断思维：既要空间质感，又要空间文化内涵；而这种趋势在2016～2017年之间“北欧设计风”爆发式地流行的现象下已经可以初见端倪了。北欧设计的家居风格之所以在新生代之间流行，不仅仅是源于商业上的如宜家家居品牌的推动作用，更重要的是源于当下年青一代对“有品质的空间”的渴望，北欧设计风满足了大量年轻人对“廉价但不劣质，流行但不庸俗”的空间品质要求。

（三）“ 独立小众 ” 的文艺活动

文艺活动是目前新生代人群满足自身娱乐需求的主要行为方式。譬如现今草莓音乐节，独立实验话剧演出，产品周边线下快闪店等形式的新生代群体文化活动正朝着个性化，小众化的趋势发展。越来越多的青年人通过网络建立活动消息联系与发布的渠道，灵活地组织各种共同爱好的松散群体。小众文艺活动的产生和“小众”这一标签的火热无法分开。我们无法确认“小众”一词之于新生代是首先具有概念还是首先依据行为被定义出来，但它在新生代人群当中的定义微妙而有趣，并发挥了巨大的分类作用是毋庸置疑的。而“小众”的分类作用现象，可以参考当下新生代主体的音乐获取方式。当下中国最火爆的两款音乐手机软件网易云和虾米音乐，都在音乐口味上极力迎合年轻人，在音乐界版权意识越来越强的背景下，两家公司展开了激烈的竞争：占有音乐版权资源并且努力拓宽其风格种类；同时两款软件都提供了强大的标签筛选功能、评价功能和推荐功能。这和整个社会资源发展的趋势是分不开的：大量文化资源都在新生代面前标榜质量与个性、获取与分享的便捷性。从音乐选择这一问题视角来看，当下文艺活动的许多新形态正是为了不同青年的口味而存在的。通俗来讲，这一群体可以说是“喜好中还有喜好”“挑选中还有挑选”的群体。即便是同一种爱好，新生代也能在其中找到与他人不同的个性化倾向。

二、中层观念文化

（一）家庭观念

新生代的家庭观念相比其父辈具有明显区别：独生子女家庭构成方式，使得他们更加看重家庭中成员的个人感受。由于网络的存在，当下社会中新生代家庭成员的交流有时也通过网络途径。亲子关系相较于以往的集体意识模式，正在走向成员的独立，使得大部分时间内家庭成员的关系显现出一种“疏远和隔离”。家庭观念的变化使得新生代主体在家庭内部需要更多话语表达的空间，个人的隐私空间，今天的新生代越来越在意个体的独立人格养成，而家庭这样亲密、简单的小型社会关系之中的观念改变，会自然地影响到新生代的权利意识、社会意识判断，使得它们在公共性场合也同样十分注重表达自我和争取利益。除此之外，家庭观念对交流能力也具有一定影响，无论是在亲密关系中的情感表达、自我角色感认知，还是在陌生关系中对于人际关系地位的衡量、自身应当展现的社会形象要求，当下新生代都有自己独有的标准。

（二）审美观念

新生代的审美由于其不确定性和包容性，一直是社会当中非常活跃的审美主体和审美意识传播者。青年群体由于追求时尚新潮事物的内在驱动力，天生的文化亲和性质决定了他们在当前消费主义背景下表现出了几种明显的趋势：

（1）私人化倾向。透过新生代的音乐口味，服装风格，电视节目的选择，沟通行为方式等表征可以明显看出现今新生代的审美是多样化，私人化的。一方面由于社会经济发展，代表审美观念的各种意识得到了很多自由生存，选择的空间；另一方面，新生代青年乐于通过表现自己私人化的审美品位来获得内部群体的文化建构与认同。典型的例子就是豆瓣网站的发展壮大历程，其中很大一部分原因是新生代人群非常乐意在属于自己兴趣的标签下进行讨论，上传图片与见解，而这些兴趣标签具有庞杂的主题。并催生出现了“标签青年”这样的文化风潮，即在介绍自己的同时于名字后面加上一长串以“/（斜杠）”为分隔的兴趣爱好，职业技能，人生经历等，以此立体地展示一个人的精神文化形象（图 10-3）。

图 10-3　豆瓣网讨论小组与草莓音乐节

（2）集体标签仍然保存。“文青”是一部分喜好文学作品，文艺生活方式等青年的群体标签。从它以及样属于集体标签的“猫奴”（指代对于宠物猫有依赖情感的独居青年），“搬砖民工”（从事劳动与回报比例较低工作的青年）之类的词语，会发现今天新生代的“集体”意识相较于以往的“集体”有很大的区别。导演贾樟柯有言：“在我们 20 世纪六七十年代大部分情况下要讲‘我们’，今天的年轻人却越来越少地用到这个词语，取而代之则更多地说‘我’。”从这段话展开来看新生代的集体标签，便不难发现本质：新生代的“集体”是一群生活品位，收入层次相近的人自发靠拢形成的松散化的群体组织，而不是屈服于社会政治意志下的强制化分类。相较于以前类似“我们是共产主义接班人”这类的“他者标签”，当下新生代标签显得语气更加缓和，带有生活化气息并显露一丝自嘲的意味。扁平化的网络信息带来了扁平化的、快速的族群匹配模式，新生代可以在网络中轻易地通过表达自我来找到同道中人，即便这种爱好在常规情形下显得非常格格不入甚至怪异。“集体标签”这一状态发生变迁的后果，使得当下新生代相较于以往脱离了群体便难以生存的 20 世纪六七十年代出生的一代，有了更强的陌生环境适应能力、独立的自我价值审视，也就自然产生在设计选择上求新求异的追求。

（3）审美泛化。美泛化是指目前新生代文化群体带有的一种文化趋势。由于文化的发展和繁荣必然导致观念和审美的多样性，计划经济时期的思想禁锢也在经过改革开放几十年的建设历程后得到极大的解放，因此在信息传达越发扁平化，审美对象越加丰富的情形下，各种层次的审美被集中到一起，形成近似于乱象的状况，往往使得年轻一代在得到更加自由的选择权利的同时，也不可避免地使他们丧失了判断。这也是设计现实实践、设计美学发展带来的必然问题，因此如何面对标准模糊化，私人化的审美并进行合理的取舍，是当前在审美泛化情形下设计师面临的重要问题。

（三）道德伦理观念

从道德图景来看，新生代青年仍然受传统价值观念影响。社会公共价值观当中的正面反应，在这一代身上仍然十分鲜明：譬如家庭责任感，正义感，对于是非判断的冷静态度等；但是与此同时新生代青年也十分注重个人感受在道德当中的比重。“小民意识”在新生爱群体中也是非常流行的道德观念：我不伤害他人，他人也不要用道德标准来绑架我。这也体现了独立意识的增强，对于社会传统的反抗会潜移默化地影响到新生代的道德选择。

（四）政治观念——亦步亦趋

新生代群体的政治观念形成情况较为负责，其群体政治态度不仅受到 20 世纪 80 年代以来政治动荡导致的政治关注度普遍下降的影响，也受到了市场经济转型带来的自利型思想的波及，而当下在这两者影响之上，又加入了一个新的因素：网络政治。新生代生存的社会是一个舆论力量等待被修正和定义的新时期。因为网络的存在，人民讨论和参与政治的门槛被大大降低了。无论是人民和政府，都试图积极地运用这一个前所未有的平台进行政治建设和批评，同时信息也被高度地分类并列化了。总体来看，新生代在政治上的一些特征体现有如下几点：第一，在政治价值选择上，既存在着积极的自主参与意识，又不可避免地具有个人功利主义的倾向。第二，新生代虽然在政治关注度上关注国家大事，对国家进步充满自豪感，但参与政治民主的学习素质和理论知识不足。这一点从当下许多大学马克思主义思想课极高的逃课率表现便可以一窥端倪。同时还存在着相当一部分政治冷漠的青年群体，作为和极度关心政治却缺少素养的“愤青”之比照。这也侧面说明了这一群体内部的政治态度是充满矛盾性的（图 10-4）。

图 10-4　新生代的政治价值选择

（五）职业观念——多元善变

新生代面临的职业环境与父辈截然不同。尤其是 20 世纪 90 年代青年的教育资源变化，更促使了在择业观念上青年人的选择导向发生变化。

首先不可避免地出现的现象就是：在获得了良好的教育的同时，新生代也面临着学历贬值的尴尬境地。新生一代基本学历水平的不断攀升，教育背景日趋多元直接导致了他们在走向工作岗位时面临着比前几代人更加激烈的竞争环境；而已有的学历水平也在被后来者逐渐追平和超越，这对于社会整体发展来说是一件好事，但对于其群体内部的价值观念和择业选择之影响却兼有利弊。

其次，较为鲜明的一点职业观念变化就是：择业标准有时显得非常模糊，并且这种模糊的趋势是双向的，同时存在于企业和个人求职者之间。一方面当今的社会经济发展涌现出新的经济模式转型必将带来许多新兴岗位，如近几年电竞行业和直播行业等，其招聘标准自身还在处于不断完善的过程；另一方面，新生代对自己的职业定位早已不是上一辈人“从一而终”的观念，无论是行业内部的频繁跳槽还是行业之间的跨界转行，对于当下年轻人来讲都已经不算新鲜。

（六）性别平等浪潮

新生代的性别平等的浪潮体现在对于性别的宽容度以及权利意识的觉醒。同时这种觉醒在当下新生代青年群体中显得十分开放与自由，甚至在老一辈眼中是严重的大逆不道：因为即使是同性恋，一样能在这种氛围下得到应有的尊重甚至是追捧，这在以往的时代传统中本是非常离经叛道的。其中在目前最有代表性、最尖锐的话题就是有关所谓“直男癌”和“女权癌”的讨论。这是相对于父辈甚至略显传统的80 后早期人群，新生代在性别上最鲜明的特色现象。因为在以往的社会道德以及讨论空气自由程度下，女性向来是辅佐男性地位而存在的——无论是家庭还是社会分工上，同时这样也比较符合东亚文化下的一贯思维；而上述两者的讨论现象出现打破了这种一成不变的局面，代表着新生代群体正在对于自身性别与他人性别因素影响下的生活方式，行为准则价值、观念等展开思索与批评，释放出了性别意识觉醒并逐渐发展的明确信号。所谓“直男癌”和“女权癌”是指，攻击“直男癌”的一方（往往是 90 后群体中的女性），自发地在互联网上分析生活中男性人物的行为原因以及背后所代表的价值取向并加以记录：诸如吃饭为女方买单的习惯体现了素养，选择衣物时对于审美的观察表现了男性的文化素质与性取向，而冠之以“癌”的特征则是指代此类在女性话语价值下并不显得聪明、通情达理、带有体贴性质的男性达到了无可救药的地步，如癌症一般病入膏肓；相反地，攻击“女权癌”的一方则大多为表述能力与逻辑思维比较优秀的男性新生代网民，他们实际上苦不堪言的问题核心在于，隐藏在解放女性权力与地位光辉下的一部分女性，事实上超越了客观与理性标准下的公平，刻意地突出和放大女性的弱势角色、不公平遭遇，以期望能够运用此种道德优势获得更多的社会现实利益，也打破了许多他人的底线。这种相对自私粗暴的女性行为价值观念同样难免遭到新生代男性青年的抨击（图 10-5）。

图 10-5　新生代女孩的性别认同与审美异化

表面上，两种群体在基于各自的利益或性别立场互相攻击，事实上，体现了当下年轻一代对于性别的认同、外界的评价达到了之前没有过的热情与关注。可以说这一带新生代群体并不是性别平等主义的发端，但是他们的确是这种思想精神的催化剂：当下青年无论在经济上、社会评价上都有自己的一席之地，更毋言他们几乎统治了除官媒以外大部分互联网评论的阵地。这样的讨论热烈进行只是从现象上反映了当下青年对于各方面生活体验的需求，即便是两性关系当中的舒适度，自我在社会环境下的性别评价，对他们来说都是自身形象的一部分值得被注意。

三、深层文化心理结构

文化心理结构有着“同化”的显著作用，这一过程是指人会主动把通过自身认知获得的经验和感受纳入到自己的知识体系当中，而处于经济因素，生活习惯，等等差异，每个人获得的文化心理是有差异的。而另一方面，文化心理结构当中也会发生“顺应”的变化，接受了经验和体会的主体如果不能完成同化，就会顺应客观实物的一些特征达到新水平的同化，而这个过程往往是痛苦的。

工薪阶层在社会文化的话语权向来具有非常重要的影响力，但从其文化形象和性质来看，其影响力的主要产生源头是其阶层数量的庞大和价值观念的普遍认同导致的。然而，新生代的工薪阶层是广大的一层人群，而新生代的工薪阶层是大量青年草根文化，通俗文化的缔造者。当下“大众青年”所接触的艺术形式和设计语言显然和汉密尔顿所定义的波普艺术那样：是快速的，短暂，低廉而易忘的。他们日常所接触的一切物品品质难免和收入挂钩，商家也非常乐意他们的消费者是这样易于管理的易于分类的，因为他们的需求往往千篇一律。

白领阶层青年的年薪构成大约在 15 万～ 20 万之间，他们的收入水平决定了消费层次，这其中自然包括一套带有完整体系的文化品质定位。其中“精英感”是一种比较鲜明的特色，这种特色也必然区别于工薪阶层的文化，最鲜明的冲突就是一部分“精英感”强的年轻人开始自觉区别于一些传统观念下的正常行为，比如不合时宜的节俭，使用随处可见的生活用品等，并将这些冠以“Low”的形容词加以鄙夷。同时还有更加激烈的收入分配不均带来的阶层争论，但在新生代身上被自嘲式地化用了：“屌丝”（形容一个人收入与素质低下、眼界狭窄），“高富帅”（出身显赫或富贵，掌握许多令人羡慕的社会资源）一类的称呼大行其道，甚至引起官媒重视，导致在报刊媒体场合严禁使用这类词语。这些现象充分说明了这种文化力量对抗是十分明显的、不可忽视的。即使大部分学者认为这样的现象有失严肃性，并不足以被引入学术研究，但是不可否认的是新生代青年人对自身的认识和解读远远比过去时代的人群更加敏感而精准。无论是来自工薪还是白领阶层，他们的声音都代表了青年群体内部在社会地位的自我评价上的认识（图 10-6）。

图 10-6　新生代体验式的精英消费

显然，深层次的文化心理结构观念来自于自身的消费水平，深入到白领青年的各个行为当中。一个形象化的场景：2015 ～ 2018 年期间，白领青年的典型形象是坐在星巴克里使用苹果电脑办公，时不时拿出一款中档车的钥匙或接几通夹带英文的电话。这样的人群假若成为室内设计业主，必定会要求区别于市面的家具选型，有品质感的硬装材料等，这就和他们挑选合适的手机一样的观念，其中还夹杂了消费文化下的一些情绪：恐惧与骄傲。恐惧情绪来源于逃脱被本阶层同类人群所抛弃的本能，骄傲则来源于于正确的、合乎身份的消费可以让他们达到一定程度上的炫耀、满足和体面。不得不提及的是：当下新生代青年群体内部之间也存在着由于收入、学历、审美差异而导致来自群体内部的意识斗争。同时一些新生代群体也在对于其他年龄群体的生活方式产生不满之时肆意地表达。这种表达汇集于审美形式标准上，通过生活中各种物质条件的区分达到了宣泄，空间也在此之中。

第二节 新生代主体的消费特征

一、追求便捷性

近几年随着阿里巴巴，京东等大型电商的快速发展，中国建构了逐渐完善的网络购物服务体系，物流行业的高速发展或和售后服务越发规范，促使新生代越来越依赖于网络购物。年轻人在整体的消费人群中属于消费较为活跃的一部分，而其网络消费行为逻辑中，最大的一个先决因素就是便捷性。国内经零售业济发展的速度与电子商务的蓬勃正好迎合并培养了新生代的消费习惯。当下新生代的日常生活中，“领快递”已经是和吃饭喝水一样司空见惯的事了。

二、态度明确

“视觉动物”和“性价比狂人”是新生代消费观念中势均力敌的两种态度。这反映了新生代在购物行为中，对产品的视觉和功能都有明确的目标需求，“冲动”中带着几分精明。如果消费品本身的外观不够讨人喜欢，那么则对它的功能方面的了解欲望会大打折扣。这样的态度从何而来？最为直接的因素是由于全球化的经济发展带来的强烈影响：国内新生代连道德与社会评价都趋向于西化，更何况消费观念。经济因素导致了在这种形式下消费观念的改变：物欲强烈，毫不掩饰对于视觉要素的贪婪，追求精致。同时期望用消费物来表达自己的态度。

有一个有趣的现象在新生代中非常流行：客厅的经典“老三样”布置方法正在逐渐被新生代所舍弃。所谓“老三样”是指“沙发，茶几，电视”，而这种现象的背后原因和新生代青年“宅文化”的壮大发展是不可分割的：新生代青年有许多时间是在独居空间中度过的，衣食住行和娱乐需求都可以在不出门的情况下得到解决。沙发和茶几显然在青年人的独立空间社交当中淡出了，尤其是这两样室内家具的休息功能、对人群的汇集功能，和 20 世纪 80 年代之前的使用情境完全不一样了。对他们来说，沙发约等于床，电视远远不及手机和电脑重要且有趣，而茶几的角色就更加尴尬，新生代不会像老一辈人一样经常把居住空间当成会见朋友的场所，更极端的情况下，一些新生代宅文化的狂热爱好者甚至不需要客厅的功能划分，他们觉得自己的卧室空间已经足够精彩了。

三、消费多元且艺术化

新生代青年所处的文化环境是一个更加开放和变化迅速的场景，是“多元和流变迅速的一代”。这种多元体现在他们群体生活的各个方面。主要分为几个主要的领域：（1）人生价值观念；（2）技术领域变革；（3）文化表达途径。如果说人生价值观和技术领域变革是使得新生代青年被动地接受新的环境因素和概念植入的话，基于新媒体、传统媒介的一些文化的表达途径则是他们表达自身群体的一种方法。而在当今社会环境之下最大的特点就是，这两个过程都是充满着前所未有的自由和宽松程度的。而在整体的新生代人群可表达领域与渠道当中，艺术活动是各种文化内容里比较代表性的一片领域。

除此之外，新生代面对的艺术环境，艺术品呈现方式也更加多元化，趣味化。可以预见的是，当代艺术家的许多创作行为，正在不断地影响着新生代青年的审美高度，提高着青年人审美的上限，并且昭示着种种即将转化为空间形式的艺术手段。只是由于当代艺术的一些造型艺术片段由于其先锋性，常常需要社会容器对其进行一段时间的消化才能转化到大众阶层被理解和使用。商标崇拜是这一代人的突出特征，处于经济快速发展的中国社会下，一些资源富集地区的城市如苏州和上海首先展现出了国际化的趋势，大量的商品种类充斥着消费市场，在商品总量上，平均的设计水平都在快速提高，众所周知设计和商业结合紧密程度向来很高，因此其实作为体量巨大化的设计空间消费，无可避免地与其他被设计的商品一样需要在青年群体面前展现好玩，奇异和体验有趣的概念，以调动他们的消费欲望。新生代也乐意将自己的生活消费融入艺术化的多元消费当中。

第三节 新生代主体的空间设计乱象反思

一、设计师对新生代的误读

目前的室内设计在针对新生人群的细分市场处理能力上仍然有很大的空间，这其中的主要原因就来源于设计师对这一群体的误读。

如果将新生代作为一种设计文本进行解读，那么对其需求本质特征的判断过程就显得尤为重要。这种判断不仅仅应当是对于微观上的新生代对于材料、颜色、肌理，文化形象的一些偏好研究；更应涉及对于这一代人精神气质的思考。开展设计工作之前把握对象的需求一直是设计师关注的要点：这关系到“如何为新生代设计？”以及为“新生代设计什么？”两个问题的解决程度，由此影响设计的针对性。然而当下存在的问题则是：室内设计对于新生代正占据消费主体的变化反应仍然不够迅速，同时存在着既有的一些思维定式。譬如，一些设计存在标签化倾向，粗暴地将新生代的设计理解为特立独行、叛逆、戏谑、不负责任甚至低俗化等概念，仍习惯站在道德优势上判断新生代需要：因为新生代群体在文化角色上目前仍然常常与“亚文化”联系在一起。事实上亚文化并不是不健康的文化或者反文化，这种景象的原因与新生代群体目前处于上升地位但仍处于主流文化边缘的境地是分不开的。当前新生代的设计文本应当被研究和合理地解读。在这一点上，新生代室内设计文化理论研究方面可以借鉴美国对嬉皮士青年文化的研究批评历程，抑或英国伯明翰学派的一些文化研究方法，对当下新生代的设计语汇进行比照分析。

（1）对新生代文化的关注不足。目前设计市场占主导话语权的设计师与消费方仍然以 20 世纪 70 年代生人的群体为主。青年虽然已逐渐显露出未来的设计文化趋势，但是实际上仍然缺乏关注。近几年来，随着越来越多的新生代人群成为各种空间的使用主体和甲方，室内设计行业越来越受到这一人群品位喜好的影响。事实上在中国的设计市场环境下，目前这一现象可以说是消费者的审美进步在倒逼设计行业品质的进步与提升。

（2）居高临下的道德优势。虽然由于近年来，新生代群体的社会形象逐渐从“叛逆，无责任感，争议性”发生了转变，并通过一些公共事件的表现如汶川大地震，北京奥运会等得到了媒体肯定。但是可以肯定的是，主流文化圈话语权对于新生代仍有一段距离。与此同时，长期以来的社会偏见仍然存在于主流群体当中。新生代实际上一直处于被关注，被解读，甚至被监视被批评的一个亚文化群体。由于“幸存者偏差”的效应，个别事件常常被媒体放大，并且认定为是整个一代人的通病。对于现今设计师来说，当这种文化视角普遍存在于社会之中，那么基于这类既有成见的认识，道德审判的习惯自然就会迁移到对于青年人文化生活，艺术审美的解读上来。谈及新生代青年，言必称“浮夸”“随便”“个性张扬”“温室花朵”等刻板的印象。在这样的整体风气导向下，室内设计师对新生代的设计关注也显得步伐迟缓：这不是作品总量扩大就能解决的问题。由于没有鞭辟入里地对待新生代青年的理解研究，在这设计中的直观体现就是诸如上文所谈的“低级符号运用”，而青年文化的精彩部分有自己动人的一面、有质感的一面，反而很难在当下的青年空间当中见到运用。

（3）标签与辨识度。对于新生代室内设计方案的揣摩和分析，离不开对人群对象的归类和总结。新生代需要通过空间的传播来获得文化上的自我认同。举例说明，在近几年比较出色的一些青年书店和图书馆就是一个青年阅读方式的空间体验要求。2017 年设计师俞挺设计的苏州钟书阁（图 10-7），就打破了书店的刻板印象，运用轻质彩色金属材料在书店中做出非常大胆活泼的彩虹色空间形式。以往书店在传统意义上讲是非常严肃的场所，这在内涵上是因为书店和图书馆空间链接了读书这一严肃的行为——读书在过去代表了更重要的责任，国家崛起与个人仕途等关系是分不开的。但在今天社会环境宽松的范围下，读书对于新生代来说甚至是一种放松方式、约会方式——甚至上个厕所也可以去书店解决。这背后的动因自然一方面是和整体社会知识水平提高，书店不再是门槛性建筑空间（以往社会读书也显得奢侈庄重），更加随意；另一方面，诸如“猫空”“诚品”书店等新业态的流行和成功以及传统纸媒产业、阅读习惯的衰落也导致了书店为了吸引顾客，开始注重空间品质，而品质感的前提仍然是给人以探索欲和话题性。

图 10-7　2017 苏州钟书阁空间设计

二、新生代主体的设计需求

新生代需要从设计作品的语义角度增强这一群体的文化自我建构与可读性。这一趋势可以向视觉传达设计方面的变革学习并且找到答案。2016 年，许多互联网公司都对自身的企业形象 VI 系统进行了年轻化再设计，目的就是把商业的战略市场侧重于新生一代的现在与未来。比如其中具有代表性的视频网站优酷，不仅仅将整体的标志设计风格转变成了时下最受年轻人喜欢的 Lowpoly 低面化设计，更将公司的品牌理念侧重于围绕年轻人打造文娱体验。

新生代青年对于主流文化在文化学视角上具有反叛和屈从的双重性。但同时他们的文化语言也受到了互联网这一新兴媒介的冲击，以 20 世纪 80 年代的中国青年在 2000 年左右于网络上创造草根与恶搞文化为开端，现在的新生一代在对于文化符号和现象的戏仿与拼贴行为已经越来越熟练，但值得注意的是，新生代在对其他文化进行解构和戏仿之时，会自然地加入自己的理解达到“化用”的效果，这也是他们与之前的青年不一样的地方。如今不管是对于生活美学还是视觉快感的需要，新生代对于“独特”的要求实际上是获得一种自我期望的表达，在网络上他们是活跃的传播者和内容生产者，在现实生活中对于空间品质的选择与要求也具有相同的行为逻辑（图 10-8）。

图 10-8　人体创作更注重内心的读白

所谓后现代的杂糅，在本书范围内是指运用青年文化符号对空间进行创作之时要把握空间的语言处于一种丰富而不失规律的原则。正如后现代建筑师对现代建筑单调、过于纯净的形式反思一样，当下青年空间排斥的也是过于沉稳的一些设计语言，空间当中的软装配饰和颜色选用要结合不同的场景主体展现出活力和拼贴感，并不给人以束缚的体验。

三、行为——空间方式的转变

新生代在未来的多种类型空间中的行为需求和精神体验需求需要在设计建造方面给予关注。很多情况下空间设计关注的改变正是由于这种行为空间方式的转变带来的根源上的变动。

（一）信息媒介——空间交互

新生代青年的空间使用和在空间中的交流行为相较以往发生了很大的转变。无论是从社会性的人际交流模式上还是目前的交流手段和工具的变化。在 20 世纪 90 年代以前，手机和网络并没有如此深刻地改变人们的生活。如今互联网和各种移动设备早已从人们定义的“入侵人们的生活”逐渐演变成人们“正常生活的一部分”。比如现在的新生代年轻人坐在一起吃饭，经常会有一定比例的时间是在各自翻看自己的手机。互联网使得人们经常“心不在焉”，身体出于某种空间定义或者约定俗成的行为状态之下，但是意识和交流的注意力已经在互联网上了。当前的文化局面越来越强调“看与被看”的关系，“隐私和公共”概念的差别也由于信息媒介的发展变得模糊不清，这些因素在空间当中必然会对人的交互心理产生影响。

从设计角度来看，空间当中的每一个细节元素都在传递着信息。如何在当前“文化奇观”随处可见的现状下，一瞬间抓住空间体验者的注意力是不得不去考虑的。常规设计流程当中，将理想化和艺术化的设计作为某种空间设计手段作为某种空间方案似乎显得非常格格不入，因为大多数情况下的设计受制于施工和造价以及技术等原因。但是在当代艺术的许多领域，艺术家不会再创作过程当中考虑到这些限制因素，因此会做出比较具有突破性感官体验的作品形式，其在美学意义上的思维也必然比大部分世纪行场景的艺术性来的要强。这种优势带来的探索和启发，室内设计行业应当积极第去学习和解读借鉴，并且转化为现实空间当中交互手段的可能性，如此过程进行成果转化，会拓宽许多新的空间设计手段，事实上好的空间设计尤其是针对青年人的，会更加强调新鲜艺术以及观念的吸引力。

（二）情感媒介——空间故事

对于使用者来说，空间体验不可能是先验的，必须是实在地身处于空间之中才能获得一种“在场感”，照片上的建筑总归要与实地游览过的建筑有着很大的差别。这一点在梅洛·庞蒂的知觉现象学理论指导下也能得到合理的解释：建筑空间场所需要依赖于人的感觉去体会；但同时也不可否认，在进入一个空间之前，使用者假如已有某种对于空间内涵的想象，那么在空间中的一些细节的体悟就会产生某种叙事性和情感的链接，设计师也可以通过对空间尺度、材料、动态部分、触感等细部的设计强化某种带有故事情节的体会。有关于空间叙事性的研究，古往今来的建筑理论家都做出了很多探索，他们看到的是“如何传递情感”这一原理与建筑设计手法之间的关联。在空间设计当中，情感依赖审美标志物和记忆线索来传达，也依赖于一个好的空间故事。既可以是一部完整的小说式的主题空间，也可以是琐碎的，有交叠感的碎片式空间，两种路线都能体现出不通过的空间文化特色。比较极端化的例子就是，大多数带有文化主题性的场所在设计时可以参考一种展览的方式。众所周知，美术馆和博物馆经过世代的变迁之后，越来越注重展品与观众之间的关系、甚至物品本身的“讲述能力”，包括一些艺术家与建筑师的回顾展，整个观展路线基本都结合了艺术家的创作故事，运用作品的时间轴串联起人物的一生。这是非常标准典型的一种空间人物故事。为什么这种方式是一个不太恰当的极端例子呢？主要还是由于各种空间类型的逻辑并不能全部和美术馆的场所条件以及设计目标相提并论，但是这种从情节到时间，从局部到整体的设计思维，是可以被借鉴和学习的。

（三）消费方式——空间功能

消费方式的改变必然带来空间利用方式的改变从给空间功能带来新的改变。2010 年以来的手机业务剧增和电商新零售的冲击，已经导致了从社交层面和实体经济（尤其是快消行业）的既有模式受到了冲击，首当其冲的是购买行为和人与人的交往发生了巨大变化：社交大部分通过微信和电话，真实场景下的交流只有在非常必要与亲密的关系中才会出现；其次购物行为越发转换为网络与线下对接。一些超市、仓储形式的商场、大型综合体也出现了十分冷清的经营状况，这都在暗示着空间设计师；未来是有一部分人不需要出门的，或者说出了门也不一定会在原来的空间里做同样行为的事。同时，原有的空间设计方法也会在某一天突然转变：当下淘宝、京东电商“新零售”概念指引下，无人超市随着扫码支付和人脸识别等技术的进步已经逐步展开试点与推广，不仅仅节约了大量人力成本和维护调度成本，也将直接改变以往超市贩卖空间中收银区的设计。

还有一个非常实际的例子可以说明问题：2015 年以来电子竞技的发达导致了一大批“网咖”（网咖是网吧和咖啡厅的结合经营模式）陆续出现在市场上，也有一些主打电竞主题的酒店推出了相应的房型选择，而网咖一开始所走的路线也仅仅是更好的环境，附带性的酒水消费，等等，但短短几年，已经出现了针对新生代高端消费人群的网络场所，其室内设计也朝着越来越品质化的方向前进。是明星周杰伦在深圳投资建造的魔杰电竞网咖，其空间设计一改传统概念下网吧是“社会藏污纳垢与犯罪温床”的形象，展现健康文明和精致消费的意向，同时非常好地照顾到了当下年轻人的聚会模式，设计了许多聚会分区和无烟区以及各档次消费。

第四节 新生代主体视角下的空间设计转型

一、空间设计转型策略

当下空间设计的转型策略问题应当从立体的角度去分析和解决。设计师，业主，设计行业是三个分析此问题的主要视角，而这三个视角又分别具有各自不同的诉求。总体来说，新生代目前面对的设计生态环境需要被设计从业者有意识地从大局观上进行优化。整体转型策略应当特别注意目前社会经济模式从“功能＋情感”到“功能×情感”的转变现象（图 10-9）。何谓“功能＋情感”？这是一种传统的设计思维方法：我们从商品社会下的交易经济模式发展而来，在以往的交易过程当中，人们的注意力更多地集中在对于物的需求上。这也导致了设计师在出售设计时往往更在乎设计的“物性”，倾向对于设计服务和设计品价值进行思考和研判，而用户一方则倾向于设计结果的实

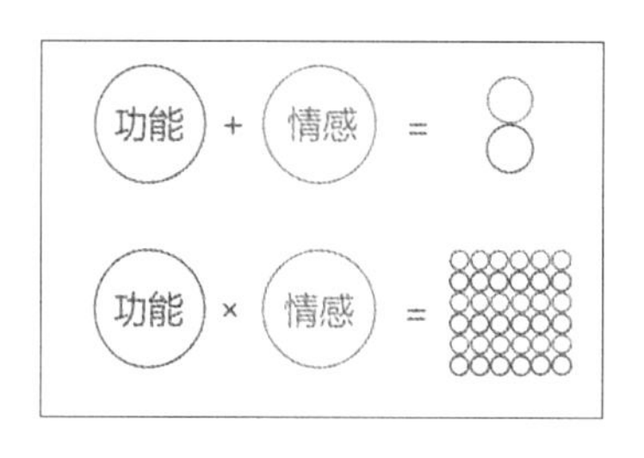

图 10-9　功能与情感的关系结构转变

用性考虑。毫无疑问，这样一来双方在整个设计生产关系中各自秉承着一种十分机械的状态，并且思维呈现明显的线性，往往是先解决一部分甚至全部功能的要求条件，再回过头来补足设计的人情味和情感表达的部分，往往效果十分有限，而更多的情况则是毫无情感关怀和体验。

在当下经济飞速发展的情况下，设计的变革不仅仅关乎技术，也关乎思维；而思维认识往往是经验主义的，通过行业不断涌现的各种案例，有影响力的涉及传播，影响着设计师进行思考，这难免会有一段时间的落后时期。今天的消费更多是面向一种“功能乘以情感”的状态，设计应当从一开始就把情感因素考量放进设计流程当中。犹如编织关系一般，当情感和功能整体呈现有序的编织之时，整个设计结果是被放大的一种状态。

二、新生代消费引导策略

苹果公司已故设计师乔布斯曾经说过：“用户可能并不知道自己真正需要什么。苹果产品会为它们带来新的生活方式。”这句话的意义表明：好的设计具有解释用户需要求或者创造与定义新的需求的能力。作为文化上活跃积极的群体，新生代青年产生的消费文化具有巨大的传播影响力和自身的文化塑造能力。设计师抓住消费群体的需求进行设计，往往只能追随受众的脚步亦步亦趋，尤其是空间设计这样相对体量较大，系统性复杂的设计来说，往往完全以用户为核心的设计会导致设计语义含混不清甚至质量下滑。在这种情况下，设计行业应当反思自身对于文化塑造能力的要求。当代青年群体最核心的流动性来源于其信息的快速流动，在这种浪潮下，各种各样的生活方式以及视觉符号和标签的总量是不计其数的，青年群体往往不缺乏能够代表自身消费文化的符号。以往青年物质比较贫乏并且思想受到一定程度的禁锢和统一。在今天这种解放的语境下，符号本身的质量是最受考验的。基于目前社会整体除纸媒外的文化阵地（微博，微信，视频平台等）追求娱乐性，流量经济的大趋势，新生代在未来需要的往往是比较有质量的“话题性设计”，这样说来好像设计的价值取决于曝光度（传播手段），实际不然，设计即便是在目前消费环境下需要被“炒作”和平台推广，其得到这种资格的前提也依赖于设计产品自身有足够吸引人的设计心理捕捉。

另一方面，设计师要注重在消费引导中对新生代群体设计情感体验的关照，找到“文化景象中的图底关系”。这需要设计社会学和设计哲学理论的研究支持。伴随着近年来体验经济的火热，“体验”一词也越来越多地被人提及，但在大部分商业概念下这个词汇的实际意义实际更偏向于服务体验设计。“体验”一词带有时间性概念，无论是一瞬间或一段时间内的视觉感受，还是长期生活环境下的体验，都强调体验过程性的质量。近年来，宜家家居在中国市场获得很大成功，究其原因可以看出除其设计产品质量相较于国内比较过硬以外（实际质量并没有好到非常夸张，产品一样具有一定的良品率），最重要的一点还是设计品购买和使用的体验给人带来了耳目一新的感觉。浸入式的空间意向体验，培植了新生代的空间消费模式。

三、转型视角下新生代受众的发展方向

对于空间设计师来说，新生代提升了空间设计变化的速度。虽然不及工业设计和平面设计那样迭代迅速，但是当下的空间设计在新生代面前正处于一个“今天创造，明天过时”的情境，因此新生代是需要被不断快速精准解读的群体。新生代拥有着强大的“挑选”和“屏蔽”主动权，他们的空间视觉喜好也会轻易变化。在这样的情况下，室内设计行业应当思考空间体验对于新生代在设计美学选择上的影响效应，从而增加自身被搜索到的可能性。

实际上导致当今以及未来新生代空间设计转型的因素是新生代所代表的亚文化部分，这是新生代空间设计的灵感源头。新生代的青年文化实际上所反抗的不仅仅是主流文化，在艺术与审美意义上，更多的反抗表现在针对大众传媒这一商业机器在生活美学选择上的文化观念输出。他们的本质需要是通过空间设定来获得与主流文化之间的符号区分。

就目前来看，在空间设计意义上主流媒体、装饰行业对于新生代喜爱的设计风格处于一种“收编”的姿态。然而这种地位关系不会长久的一成不变，一方面，青年文化自身正在展现越来越多正向价值的积极性，也逐渐获得一种主动性去自发生产新的空间形式；另一方面，社会阶层的流动最终会导致话语的更迭。这种更迭的好坏、方向在未来取决于这一群体的最终文化气质，未来的设计流行局面必然与新生代群体总量的受教育程度和审美喜好息息相关。文化话语权正在由边缘地位逐渐向中心靠拢。随着时间的推移，新生代亚文化会逐渐与主流文化进行结合并最终确定主体地位。从设计的角度来讲，这种现象的直观显现就在于“年轻人喜欢的东西”越来越多地充满市场；而这种去边缘化的趋势和青年群体对于设计品核心价值的选择有着密不可分的联系。

设计中媒介的运用对于吸引新生代群体有着非常重要的作用。目前最有力的媒介就是互联网 APP 产品。举例来说，对于新生代租房群体目前就存在一款针对性比较强的移动端应用“自如”。其 APP 的核心运作模式是抓住青年流动群体在大城市当中的职业流动性强、业余时间比较孤寂的用户痛点，从经济性和社会族群、设计品质与趣味感四个方面进行资源整合，发挥剩余空间资源的优势，突出高品质的整租单人住宅空间和集群化的青年社区出租空间，以吸引源源不断的新生代房客进行高频率的入住与迁出。在这样的模式之下，由于空间的使用需求始终被创造出来，将会为设计师创造出非常大的设计市场（图 10-10）。

图 10-10　自如网对新生代的租房需求的敏锐捕捉

设计品牌的口碑传播也是未来空间设计当中非常重要的一环。建成项目的社会影响大概分为两个维度：一是建成项目产生往往会产生美学问题讨论；二是已建成项目的使用评估和二次功能开发带来的经济效益。这两方面的影响决定了设计师创作的青年空间在新生代群体之中是否能够引起注意并成为一种设计现象持续地发光发热。

媒介优势会放大新生代人群的需求，从而对他们的消费选择产生影响。在消费心理被研究的如此精准透彻的当下，设计师也应当有意识地关注传播媒介对自己作品的加成作用。同时，设计师要对建筑空间设计生产关系作出正确的理解。建筑空间设计与工业产品设计有明显区别，工业产品使用频率高，应用对象广，生产和使用周期短；空间设计对象较为固定，更换频率低，设计周期长。新生代的空间消费习惯与审美更不能一朝一夕养成，所以才会要求设计师合理地利用这种间接经验关系对潜在业主进行引导（图 10-11）。

图 10-11　喜茶品牌的市场发酵效应

新鲜媒介的传播有助于年轻一代的审美提高，大量图片轰炸、低成本的获取知识途径导致现在的新生代青年往往触类旁通，即便不经过专业的设计院校培训，一些兴趣爱好者挑选空间材料的眼光并不见得输给设计师。同时，不断出现扩大边界的亚文化，也是的今天的设计师不可能掌握种种所谓“风格”一类的空间定义，“风格”这一词自身在中国室内设计的领域的内涵也早已显得暮气沉沉（以往类似“欧式风格”更是被学界与行业强烈批判）。真正应当注意的是某种特别的审美口味、倾向，在某种品质标准下只要业主喜欢的东西背后有一定的文化色彩，都能通过精致化的空间设计手段作出不粗俗的韵味，这是设计师在今天需要的核心能力。媒介加速了新空间案例的更新速度。空间形象也难免地在高速的媒介传播中被符号化了，网络化消费社会的语境下符号的生命周期是非常短的，这就要求设计师的空间作品形象要不断地推陈出新，或是稳扎稳打把一种风格做成范式，最后融入新生代文化成为一种生活性格，才能在新生代的选择中占有一席之地。

从语言学角度讲，设计师在新生代的设计生活中扮演了“翻译官”的角色，设计人员凭借专业知识将不同的亚文化爱好转换为空间中可视化的艺术语言。同时设计师还扮演了“雕塑家”的角色，他们参与了新生代文化的解构和建构过程。具体而言，当下的联合办公空间的设计与改造即展现了这一过程：先是闲置空间的利用与社会分工的自由化导致了联合办公空间的出现，从而产生了对这一类型空间的设计需求；在空间使用过程中，逐渐形成一种创业文化氛围，最后在设计师手中，这种文化氛围被提炼成一种干练硬朗，充满活跃交流意味的空间形式，再一次地影响了更多的年轻人的生活方式。所以，设计师在新的时期必将由于新的经济关系出现不断地用艺术手段对新的空间模式进行塑造，而他们不得不考虑这种塑造会对新生代生活方式产生某些影响。经济关系导致的空间利用方式变化是转型的主要原因，而设计师则负责文化上的软环境转型建设，这是一种需要艺术和设计支持的互惠关系。

试想在从前，一个空间假若不是国家或省市级的建设项目，有着巨大体量、超高的与预算、强势的纪念性，要怎么样才会达到被一代人或某一特定群体所铭记？答案明显是依靠重复的使用和记忆的串联。而在今天信息高度发达的情形下，这些因素中又加入了另外一条：话题性。新生代生活在一个话题性爆炸的时代，一个“发微博比报警管用的时代”，任何东西都可以被甚至不得不被舆论检验，只要它具有一定的知名度。而这种检验是社会的，是全方位的，必然也是高标准的。如果在新时期一个设计师为新生代产出了颇具影响力的项目，那么这个项目一旦在互联网的评价下得以立足，那将很难说它是不优秀的。因为网络的声音是非常具体、层次丰富的，一份作品既要接收失真的攻击，也要接收体验者的反馈评价，业主的看法，旁观者第一印象的评价以至于建筑专业人士的看法，这将是一份非常严格的检验。

设计师在面对转型问题时其所具备的专业能力得到了越来越多的来自新生代的检验。这种检验是一种“看不见的”检验，是基于整体社会环境的进步的检验：行业水平提升、外部竞争者涌入、业主素质提高、舆论平台反馈的多方面检验。因此这就需要设计师主动察觉契机与危机。但在转型中最主要的两种检验来自以下两种方面：被检验的主要维度之一便是空间的品质。何为品质的反馈？其实是指空间在长期生活中所反映出的应有素质，而不仅仅是落地成型那一刻的设计预期，或者是简单的图面“摆拍”效果惊艳。应该说建筑学发展到今天，无论是建筑本身还是空间片段的品质，早已不是建成之后就可以一劳永逸的情况了，使用者长期与空间发生联系，会不断产生各种各样的问题与社会评价，此外有质量的长期维护也是许多关乎空间品质非常重要的一环。设计师在这样的情景下带有一定的“服务者”身份，他需要对业主空间负责的部分越来越事无巨细，这也是个人定制化的消费经济模式正逐渐显露所带来的影响。由于处于一种被随时检验的情境，设计师自身也应当不断调整自己在各种设计时期的定位。这是要求设计师有一种积极的节奏意识，不断做出新的关系思考。设计师在新的设计关系中不仅仅是要不断审视自己的主从关系，也要努力适应新的复合性与专业性的工作环境。准确把握新环境下的空间消费主体在审美及行为的需求，真切将主体要素在文化图景变迁之下的设计转型（图 10-12）。当下许多空间设计师还处于画图谈单的低水平工作预期里，而行业内比较优秀的事务所和公司已经要求内部室内设计师有着多种学习路线：无论是对空间和照明设计的理解，还是软装配饰，以及对业主的生活需求理解上，专业的人做专业的工作才是提高生产效率的必经之路。

图 10-12　新生代的生活空间形态

四、转型视角下的传统空间文化

传统文化内视要求设计师考虑到新生代的空间设计当中应当对于题材的设定与材料的选用保持一种文化自信。无论是风格考虑还是空间规划都应当在主动吸收借鉴国外优秀空间案例手法的基础上，抽象为自己的一套理论方法，当下的中国室内设计案例，仍然存在集中的直接抄袭运用现象，其实很多“抄袭”背后的原因也应该客观地看待。抄袭本身是毫无争议的错误行为，但是一味地批评抨击而不反思背后的本质根源是逞口舌之快，并不解决问题。今天的新生代人群在对待传统文化方面具有一定的宽容度。设计案例抄袭外国而不挖掘传统的现象诱因，不是因为传统本身出了问题，而是传统以一种什么样的形象和气质出现在新生代人群之中。设计师在传统内容和新生代人群空间的连接上起到了非常重要的作用，可以说设计师作品的好坏，直接决定传统形象在新生代人群中的评价与传播。即便是传统文化形象中精华的部分，也需要设计师加以形式语言的转换才能良好地传达其本意。

保持传统的一方面在于向后挖掘，另一方面在于培植自己新的文化传统。今天的流行假若加以精心设计和沉淀，就会成为未来时间内相对优秀的传统，这是一种辩证运动的关系，同时在看待传统的问题上，应当保持一定的“中国性”。就室内设计空间而言，自中国产生室内设计这一学科以来，很少有人会谈传统。一方面是大部分人其实曲解或者说狭隘了室内设计传统的意义，认为这只是一种时间标尺上的限定。毕竟现代意义上的室内设计来到中国不过几十年的光景而已。不像欧洲和美国等国家，谈及时间标尺上的室内设计，可以追溯到 19 世纪许多王公贵族的私人府邸装饰，并雇用了大量女性室内设计装饰从业者的起源，以及近现代欧洲，美国接连建立的室内设计学院。而欧洲和美国的许多室内设计学院也确实继承了很多优秀的传统，这不仅仅是在于体现本土特色文化的室内装饰上，更重要的是形成一种行业传统，他们在近百年的时间内，形成室内设计师比较有体系的工作方法和思维战略。美国很多室内设计院校甚至是归属于时尚专业或纺织服装专业，这使得设计师们对于潮流和时尚的快速节奏变迁十分敏感，虽然他们的社会地位并不像建筑师那样被承认且加以尊重，但是他们有很好的传统文化自我认同。反观国内设计，一旦谈及传统，便以“中国室内设计还很年轻”为由忽略了设计传统建立的重要性，其实传统并不仅仅是需要时间的养成的，更多是一种在探索中对于本土文化素材取舍，学习语言的能力，不然即便发展时间足够，方向也很容易出现偏差；并且可笑的是，国内行业的大量低水平公司的带头作用反而使得“粗制滥造”“快速变现”“低级讨好”成为一种传统，这非常不利于传统文化在室内设计中发展，也是许多所谓“新中式”室内设计空间设计作品呈现出浮躁、空洞粗浅的原因之一。

下篇｜建筑空间的载体、媒介及语意

〖第4部分〗载体

第十一章 象境之合
——空间审美意识的建构

第一节 意象与意境的融合

建筑空间的意象和意境，其背后具有特定的文化内涵和形成原因。“象境之合”是营造有意味的空间所需要完成的目标，而“象”与“境”在空间当中的体现形式具有各自本质的特征。什么是空间意向？什么又是意境？怎样才算是富有美感的空间？这样的问题要想完全明晰其答案，需要先将上述两者对空间审美意识建构的重要作用分析透彻，进而通过其在空间中的表现和对受众的影响而得到证明。

一、空间意象的建构

我国传统的意象造型习惯强调立意造象、以象尽意的原则，所谓“立象以尽意”，立象尽意，有以小喻大，以少胜多，由此及彼，由近及远的特点。“象”是具体的，切近的，显露的，变化多端的，而“意”则是深远的，幽隐的。艺术形象以个别形象表现一般，以单纯表现丰富，以有限表现无限。建筑意象的发生，就是精神文化对建筑设计者的发生，再由设计者对建筑实体的物质反应。建筑是一种空间结构体，这种三维形态的结构体不仅是人们生活的物质场所，同时也是文化价值的体验，从历史唯物主义的观点来看，人的思维活动是人的社会存在的反映，作为物质载体的建筑，映射着社会形态、文化传统或者个人观念的痕迹。而所谓建筑的意象，即是指导建筑师规划设计的理念及其所追求的艺术境界。

二、空间意境的本质特征与呈象模式

在普通大众眼中，空间往往是静态、无活力的；然而从设计角度揣摩，空间是可以有生命的，空间可以像人一样，有神韵有情感。当注入与人相关的情节，如文化、地域风土人情等，空间就可以有生命，从而产生与人之间的对话，通过设计手法归纳、界定和重构，可以营造出视觉与情感共振的空间意境。塑造意境空间，关键的问题在于如何让空间与人、与使用者对话沟通。“意境”是创作者将客观景物与主观情思相结合，再次创作出寓景于情、情境交融、气韵生动的艺术空间形象，通过空间形态、空间的体量以及材料语言等艺术形象，使空间的景色和情感完美的融合，营造出幽深意远的审美境界，让空间具有生命感、心理归属感和文化认同感，使空间成为人与自我精神的媒介，从而给人精神层次的体验与沟通。好的设计，是空间的内外交融，也可说是大空间，小空间的融合，其具体手法常见的有相辅相成、相反相成等。

第二节 空间材料语言的知觉、意境、体验与表意方法

材料语言，借由听觉，视觉，触觉多种角度丰富着人在空间当中的知觉体验。“观物取象”是的材料语句的主要建构方法，这其间包括：维度与构图，主角与配角，演进与逆转，若即与若离等常用表意方法。此外，空间中的材料还具有语用效果：唤情，发想，猎奇，引趣，这些效果、方法，构成了空间审美意识的种种细节。

一、材料语言的意境、知觉、体验

空间体验是什么呢？是通过身体感知空间里的各种媒介信息，从而得到见仁见智的独特空间经验：限于每个人的修养不同，所得到的体会也不尽相同。人们观察感悟建筑的渠道常常是通过在建筑中生活并与空间发生各种联系，让身体和知觉在空间中进行体验；而在人与空间的互动过程中，空间往往处于比较被动的位置，人相比空间来说能动性更强，可以对环境做出适当的调整，从各方面感受到它的一切。在所有的空间中，材料是构建建筑空间最基本的要素，人们的直观感知对象就是材料，它们具有一种很独特的能力，可以让受众通过知觉来领会一个项目的意图和精神，因此设计师越发感受到材料的审美功效，开始思考材料与空间体验的关系，探究材料在空间氛围和空间意境表达上的可能性。在建筑空间中，材料对知觉的触发可以把空间提升到具有生命色彩的层面，材料的肌理、色彩、温度、气味、声音触及着人的 “五官五觉”（视觉、触觉、嗅觉、听觉、味觉），从而让大脑产生不同的感知和认识，产生令人沉醉的情境美。深入理解人们对材料的直观感知上来体验空间，分别从视觉、听觉、触觉等方面来分析知觉特性和由其引发的空间意境体验感，对空间营造是极其重要的。

“人的眼睛是艺术的父亲，视觉艺术的形象胚胎首先是由眼睛塑造的，眼睛的潜在力量如此巨大，以至物理学家、哲学家、医学家，心理学家都竞相研究人的视觉的奥秘。这种研究对于艺术尤其是视觉艺术的创作与欣赏意义重大。”我们通过双眼感受有形的世界，在五官体验中，视觉是知觉系统中最重要的一类，因为人类主要信息都来自视觉，视觉准确性很高，当代建筑设计领域中，对建筑和空间的感

受与体验往往是从视觉开始的，人们在欣赏一些优秀设计作品时，常常被建筑和空间强烈、夸张或者突出的视觉体验所震撼。在空间的视觉体验中我们可以观察到所有空间界面的形状、颜色、质感、凸凹，界面与界面之间的关系，界面如何以某种运动流线交替出现，形成何种效果，设计者如何组织这些界面等，然后还能观察到空间本身的形状，高低大小宽窄，以及空间的序列更替与效果，在视觉接收到的信息当中，作为界面载体的材料，被视觉感知到的不仅仅是材料本身，还有材料表皮是什么样的色泽，什么样的质地、什么样的形态。所以我们会用色彩、形态、肌理等元素来描述其物性的视觉特性。与此同时，材料组合带来的视觉感知也会给予我们欺骗，使我们得到与事实并不相符的知觉感受，这是利用材料的某种特定组织手法带来的错觉，就好比光的折射性让原本直条状的筷子在水中看上去折断了一样。在装饰设计中，设计师们常常利用视错觉原理，组合材料，使空间体验变得更为完美。“形态”是材料结构形式的总和，多数是展示材料自身的外形特征，以其独具的形象引发观赏者的视觉感知（图 11-1）。对于意境空间设计来说，场所精神的表述准确是最为重要的，材料的形态特征是塑造空间形象，使场所精神被视觉感知，并引发联想的最重要途径之一。视觉思维的理性组织可以使材料具备完美的形态。形态若是完美，便可以立刻给观赏者带来愉快的知觉感受。根据材料的外观形态可以分为线、面、体，借助切割、焊接、弯曲、抛光、涂饰等加工工艺，结合艺术形式中的秩序感，不同的形态也对应着不同的视觉感受与心理感受。当材料以不同的形态出现时，在空间中形成的美感与气韵造就了空间的灵魂，带动出空间的生命力。例如材料的线形态所带来的视觉空虚性给空间带来了节奏感与通透感，块形态以其体量的充实与稳定带出空间的饱满感，面形态则给空间带来整体与协调感。

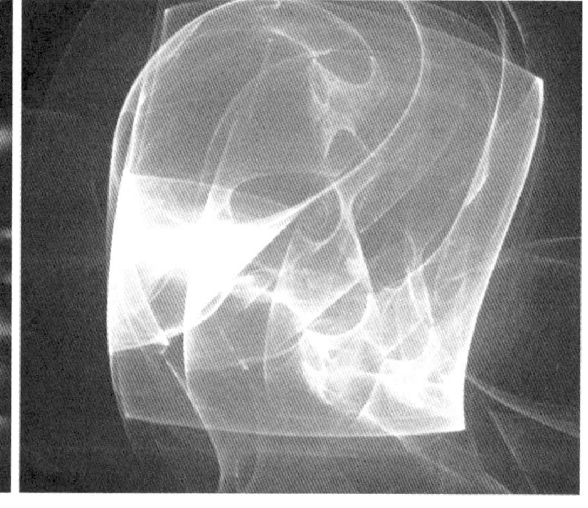

图 11-1　形象引发观赏者的视觉感知

材料的线形态是空间设计中最常见的形态之一，线形的特点是空间中的界面形成是线性的有序排列，人们对材料的主观变动和改造，使其元素结构有了艺术性的秩序，使人的视觉产生大小、主次、虚实、节奏、韵律等视觉美感，以常用木材为例，木来自于自然，也是设计者最青睐的材料之一，往往通过简单的拼接手法就能营造出独特的空间与氛围，拼贴艺术深奥却被常用，建筑空间内诗意般的韵律感很多来自于简单的线形态的拼贴的方式。线性形态的有序组合，使空间形象更生动明确，其排列出的形态成为精妙地划分空间区域的方式，使空间隔中有连接，断中有连续，视觉上虚实结合，若隐若现地呈现出优雅且含蓄的朦胧美。

块形态作为空间设计中的另一种常见形态，给观察者一种化繁为简、化杂乱为条理的视觉呈现，块形态的组合不断采用重复、对称等艺术手法，让界面秩序井然，鲜明生动。砖是常用的以块形态组成空间界面、展现独特审美效果的建筑装饰材料之一，砖作为最古老的建筑材料之一，塑造能力强，可精可简，沉着质朴，在建造中可以轻易实现各种非常细微的平移或者旋转，砖因其特殊的形式，在建造中的操作自由度会受到限制，这些操作的自由和限制是可以清晰的定义出来的，它们都是一些基本的物理关系，比如构件之间的碰撞和倾斜，各砖块在结构上的关联效应等等。在建筑设计师的手中，通过对砖的重新组合，砖又重新焕发了生命力。

图 11-2　红砖美术馆

以董豫赣设计的北京红砖美术馆为例（图 11-2），红砖美术馆是国内知名的当代山水庭院的园林式美术馆，它主要采用红色砖块作为装饰元素，同时结合部分青砖用于建筑设计。从进入建筑的圆环形的大门，到大堂内下沉式的广场，角结构的条形窗，中间悬挑框形的巨大红砖墙，每一处都是块装形态的砖体用不同序列和造型进行组合，呈现浑然一体的墙面装饰效果。红砖砌就的圆、方、角，在视觉中形成跳动的韵律，展现着自然、人工、历史的三重美感，凸显了独立的艺术价值。砖块搭建时留出的孔洞，在各个方向、多种视觉角度都能观看到趣味十足的孔状建筑光影，在这种光与影的追逐中，建筑内外的活动有了视觉的交接，激发了互动的欲望，赋予整个建筑空间无穷的活力，体现出内敛的审美情趣。

面形态作为空间形态中最为常见的形态，是各种装饰材料组合表现的最终呈现，面作为围合空间的最终形态，可充分表现建筑空间的表情。面形态最有特色的表现材料是清水混凝土，清水混凝土表面平整光滑、色泽均匀、棱角分明、天然庄重，有一种贯穿整体的秩序感和通过墙面表现出来的完美感。建筑师安藤忠雄就喜用混凝土材料，他把混凝土材料在建筑中发挥得淋漓尽致，他对清水混凝土的处理侧重于建筑表皮的质感，不仅仅是对混凝土体量感的塑造，带圆孔的清水混凝土墙面给人原始质朴的粗粝感，灰调子让空间显示出沉静简约的品质，当自然的光线、微风从精细设计的缝隙流进空间时，清水混凝土演奏出一曲光与影的旋律，禅意扑面而来，与一杯苦茶的滋味一致，不容分说的生硬气氛与老僧入定般的纯粹素净渲染出寒素枯涩的美，将西方建筑的豁达与东方建筑的婉约如此巧妙地糅合在一起，产生出神奇的意境效果。

色彩是美感中最为普遍的大众化形式，无论身处任何环境，色彩都是诱导人们视线的有效途径之一。色彩是眼睛的诱饵，它是感情的语言，人的视觉对色彩的感应程度要比对形态的感应程度来得更为直接，给人带来的情绪渲染力也更为强烈，色彩可以是一种情感，是人们感知世界之美最重要的手段之一，色彩作为一种具有灵活性、生动表现性的设计语言，人们会因对色彩的观察和认识，感知色彩所引发出来的各种心理反应和联想。从视觉心理角度分析，人们在黑夜中看到远处的灯光与黎明时看到初升的红日，最先感受到的是灿烂的色彩，而不是形体，随之感受颜色带来的情绪变幻，可能会因红色引发兴奋与激动，会因蓝色感受到平静和忧郁，会因黑色感受到沉沉着与稳重，也会因白色感受到纯洁与质朴，会因粉色感受到浪漫与甜蜜，也会因绿色感受到自然和平和，会因紫色产生沉醉感和高贵感，也会因灰色而感到雅致与低调，会因黄色感到快乐和温暖，也会因橙色感受明媚与灿烂。协调的色彩让人们感觉舒适，矛盾的色彩让人们我们感觉不安，色彩可以作用于肤色服饰、住宅家居，也可以作用于饮食营养、性格情感，色彩对人们来说是一种有轻重感、有大小感的可视性思维，它也是我们感受世界，感受一切的载体。

色彩作为室内视觉感知的特征之一，在审美上决定了空间意境的一系列丰富的内容，是造型艺术形式中最为活跃、丰富和敏感而富有表现力的视觉因素。色彩在室内设计中，涵盖了所有的装饰材料、家具及生活中的一切用品，甚至室内空间中所有的墙面，它是最具影响力的元素。色彩使建筑空间更瑰丽更鲜明，更增添了变幻与生机。

色彩也是提高空间氛围的一个重要指标，通过运用合理的色彩搭配和组合是一种较为经济且易于产生装饰效果的设计手段。室内设计师艾格尼丝·伯尼说“从一开始就要把色彩当做是一个三维存在，它为你将面对的空间提供些许线索，它是你自始至终都离不开的东西”。对色彩进行设计可以明显改变一个空间的尺度感与空间层次，独特的颜色可以推进并吸引观众，使空间感觉更小，也可以后退，使空间感觉更大，暖色和暗色调倾向于推进，在狭长的空间里，采用暖色和暗色可掩饰其狭长，冷色和亮色调倾向于后退，低矮的空间里用冷色和亮色可以变得宽敞。这些影响可以用来增强或隐藏一个空间现有的特征。

图 11-3　瑞典 Humlegard 公寓

此外，色彩能够赋予事物以美感并表现情感，这是人们看到美丽的色彩后产生的联想造成的。包含感情的色彩有助于概念性的发展，传达出公开的寓意和潜在的关联。瑞士设计师组合塔姆 & 维德加德设计的斯德哥尔摩公寓（图 11-3），将色彩直接与周围公园四季变化的颜色相关联：从冬季的灰色和黑色，到夏季艳丽的深绿色，再至秋天的橙色，红色和黄色。项目选用了大面积的多色拼花地板和墙裙来营造立体空间概念，这个空间的设计明显背离了传统的瑞典室内设计风格，采用了欢快、明艳的色调和强烈的对比风格，给人一种奔放、无拘束的感觉。设计师从前辈的作品中取材，使用多样的色彩和图案与作品的意境相呼应，室内色彩多变却不凌乱，在色彩的重叠与搭接中设定了一个秩序，使得多样的色彩在空间中进行流畅的过渡，如同一曲动人的旋律，没有一丝杂音。看似随意的铺设，其实都经过严谨思考的结果。一般室内设计的选择都会避免使用过多的色彩，从而能够较好地控制空间的格调和整体的风格。但是这两位设计师用绚丽的彩虹色来装点空间。通过对令人眼花缭乱的色彩的把控，创作出了令人惊艳的空间。

肌理是指材料本身的肌体形态和表面纹理，是物质最直观的表现形式，存在于生活中的各个角落中，它可能是简单的格构，也可能是组合的图案，或者是肌理产生光影的变化和光影变化产生肌理。肌理的质感或粗糙斑驳、或平滑光洁、或纵横交错，属于材料的细部特写，是个性特征的表象之一，也是材料与材料之间相互区别的重要特征。肌理是可识别的，以其丰富的各种形态、纹理，通过视觉被人们认知与辨识，而后将其以新的设计手法和技术，恰当地运用于艺术创作中。

在室内设计中，肌理可分为“自然肌理”和“人为肌理”，材料的自然肌理最初是无意识的，有着客观的结构方式，是天然形成的，未经加工的，我们称这种肌理为“自然肌理”，例如木材、石材、竹子等材料的表面纹理或切面纹理。“人为肌理”是以人为加工为主形成的新肌理，是对材料进行有意识的特征强化，以新的配列组成崭新的组织结构。例如织物、金属、玻璃等材质上的各种凹凸纹理。以织物为例，织物的纹理能捕捉和转换光线，能产生光与影的戏剧交替性，垂下的褶皱带来丰富的质感，在装饰效果中，织物的肌理会给项目增添趣味性。像织物般的“人工肌理”若一一列举可以不计其数，每一种新肌理都丰富多彩，展现了全新的视觉感官效果和前所未有的表现力。

“自然肌理”和“人为肌理”的运用为设计师和艺术家开辟了一个崭新的天地，被不断地借用、微缩和创制，肌理有千百种：珠贝、麻线、皮革、木饰面、大理石、薄纱、金属、玻璃，各种花色、各种样式被不断的挖掘运用。面对复杂的各种肌理，巧妙的、有秩序的利用其繁简、疏密、凹凸等特征进行衬托与对比，此时肌理已不仅仅是一种形式，更是创造新形象的一种手段和设计语言，每一种肌理都含有一定的意味，都代表着物象特点，充满了时代性，展现出审美价值。材料肌理的丰富律动，变幻万千为观赏者提供了自由的想象空间，它们的形式感和结构上的逻辑性，带来多样的视觉品位和富含秩序的视觉感受，给人一种奇幻的美感，赋予了艺术创作更多样的内涵及生命力。以香港尖沙咀的Saboten（胜博殿）餐厅为例，整个室内空间的亮点是无处不在的绳织物，它们配合日式四瓣花图案让岛国之风扑面而来。这些纵横交错，螺旋纹肌理的麻绳被设计师赋予了新的装饰意义，从天到地，或编织成顶棚，或形成具有折面效果的立体墙面，它们代替钢筋水泥成为空间元素，被安排在空间各处。材质虽然单一，却依然层次丰富，创造了浑然一体的空间效应，激发着观者的内心感受。绳织物原本质地粗犷，却在此因重新的编排而尽显沉稳感和力量感，这种柔软质地的材料替代硬质材料同样创造出惊艳的立面装饰效果，充分诠释了当代设计力求不断突破创新的强大力量（图11-4）。

图 11-4　材质赋予空间的视觉感受

自然介质指一切与自然相关的物质，例如天空、植物、山石、水流、阳光、风雨等自然物。自然介质独具的形态、色彩、质感有一种难以言说的美。植物的曲线、水的轻灵、光的变幻等这些多姿多彩的自然介质拥有着让环境立刻生机盎然的能力。随着城市化进程的不断加快，我们生活在钢筋水泥的城市中，离自然也越发遥远，对生活方式的思考，让越来越多的人们开始渴望回归自然，亲近自然，依附于自然是人类的本质。基于这种状况，追求自然。与自然融为一体的设计理念应运而生，渐渐成为现代建筑设计、室内设计的主流。在室内空间设计中融入自然元素，让空间与其周围的水、光、空气和植物等自然元素进行对话，展现出天人合一的玄妙的气质，充分体现出传统文化的精髓，满足了人们返璞归真、回归自然的物理需求和精神需求。

将植物引入室内空间，已是室内设计的必定环节，植物的运用使内部空间兼有自然界外部空间的气质，植物的表现形式多样化且艺术化，植物经过艺术的种植会更具表现力地展示其形、色、质等物理属性，散发出某种特定的情感语言，激发观赏者的联想和想象，反映出场所的精神和性格。李建光设计的福州三和茶道馆，设计中大量的使用了“草”“木”等自然元素。空间中未加修饰的原木造型天花与地面草地形成相互对应，一面的落地玻璃窗将室外绿植、景观引入室内。茶道馆的天井处，一株枯木立于平静的水面上，周围围合着高低错落的原木桩，池底黑色鹅卵石清晰可见，灵石、枯树、原木、绿植，依托水的灵气，用最无声的语言传达给人们禅意的气息。设计者对植物采用烘托、隐喻、模拟、抽象等手法，诱发观赏者产生与环境主题一致的精神联想，进而强化主题气氛，与空间中的其他造景元素共同形成意蕴深远、气韵生动的环境空间。当植物景观被赋予不同的文化精神，其所营造的空间激发人们的联想中枢，主动引导人们用心去感受、去体验。植物的妙用，引起了审美的愉悦，甚至心灵震撼，使人们与场所的精神在心灵上得到对话，达到情感共鸣（图 11-5）。

图 11-5　李建光三和深圳茶道

水作为人们生活环境中最重要的组成部分，与人类的生存和发展息息相关。由于人类有亲近自然的心理，生活中最常见的水不仅是人类生理需求的必需物质，更是人类居住精神的重要象征。亘古以来，人们就喜择水而居，追求建筑与水环境结合，水是人类和自然沟通的桥梁之一，它唤起了人们对自然的向往与渴望，水的常见形态是液态的，建筑设计中常常将水的液体形态引入设计，但水不仅仅只有液态流动形态，如降水、潮汐和水蒸气等。当设计师充分解析水的分子形态，将水赋予别具一格的美学意义。以降水为出发点，可以思考界面有水没水时的变化，可以借助落水与积水的形态丰富设计；以潮汐为出发点，可以思考水位高低的变化，借助水的场地形态作用于空间设计，以水蒸气为出发点，可以考虑水蒸气带来的空气湿度的变化，使其作用于吸水性材料，引发肌理的特殊变化，作用于建筑空间表皮设计。当水的形态与建筑空间结合运用时，各种形态的水体让建筑空间充满了自然的气息，其亲和力使空间更富含活力。建筑空间中的水作为场所精神的气韵之一，除了本身具备的功能意义外，还具有美学意义，对人们的精神世界产生了强烈地冲击，空间中人与水的互动让人产生了丰富的情感，烘托了空间氛围、增加了空间意境。

水的常规液态形态，在中国历代造园造景常被运用，所谓“无水不成景”，可见水与中国人的精神意识的密切性。直至现代，液态水的美学意义也作为场地装饰被不断运用。北京的铂悦会所，以“山”“水”为设计主轴，“山”“水”本于自然，源于自然，人即天地万物中的一部分，人与自然是息息相通的。项目运用大量石材，并置入液态水景，山水交融仿佛是一幅诗情画意的画卷；石材取于山中，勾勒出中国文化的仁慈、仁厚、宽容像山一样的稳重；水景源于自然，秀出中国文化的智慧、优雅像水一样的灵动。山水交汇在繁华喧闹的都市里，为业主提供了一个清静优雅的世外桃源。空间在结构上大胆突破将原先平顶的空间改造为带采光的挑空区域，使原本呆板的空间活灵活现。挑空区作为刚进门进入室内的第一印象，错落有致的水幕墙和前置的水景呼应，形成一种完美的画卷，精雕细琢的铜质牡丹花，把中式空间演绎的灵动又不失庄重；两侧的推拉门与隔断把空间既独立而又贯通。设计楼层间的贯通，使空间产生了流动性，加之采光天窗的设计，使这个世外桃源展现得淋漓尽致。

水因为具有纯净的意向，柔和流动的特性，一直以来都是建筑大师捕捉和渲染的对象。水的一些其他形态都可以成为某个特定场景中氛围和意境的塑造者。赫赫有名的水之教堂就是水体的场地形态与建筑空间结合的最成功典范。水之教堂以“与自然共生”为主题，由建筑师安藤忠雄设计，坐落在北海道夕张山脉东北部的一块平地。教堂由水池、正厅以及L形的围墙组成。安藤忠雄在场中挖了一个人工水池，水是从旁边的河里引入。水深经过精心设计，只需要很小的风就可以看到明显的涟漪，站于水池边也会容易感受到水的颤动。L形的围墙用来阻挡人们的视线，当人们转过围墙时会突然看到开阔的水面，在踏入教堂的第一步时就感受到灵魂的巨大冲击。正厅的大门直接面向水池的，进入教堂正厅，眼前是空灵而不可接近的十字架，四周是绿色静谧的自然，微风吹过，水面泛起涟漪，带给人一种似乎悲伤却又充满希望的感觉。当暮色四合，蜡烛点亮的时候，顺着蜡烛的轨迹望向十字架，宗教圣洁的感觉自然升起，意境悄然而起。水与建筑空间的精巧结合真正达到了建筑与自然的共生。

空间中对水元素的运用，并不是对水简单的直观的运用，而是通过水带来空间体验的变化。水形态的可变性能赋予空间全新的、令人惊叹的审美意义。以玻璃作为建筑的屋面，玻璃原本是用来使更多的光线射入屋内，提升空间的亮度。假如把普通玻璃空间中便出现了建筑与水的互动，晴天的时候玻璃屋面反射阳光，具有一定的遮阳作用，透明的屋面可以为人们带来不一样的清爽体验，在阳光的照耀下屋面又会变成七彩广场，激活空间的趣味意境（图11-6）。

图 11-6　意大利自由广场苹果店水幕布

水的水蒸气形态，影响着空气中的湿度变化，继而作用于吸水性材质的表面，经过艺术处理形成别具一格的肌理形态。众所周知，木材经过日晒雨淋后容易变得破旧不堪，建筑师 Jason Payne 在设计一个农场建筑项目时，非常巧妙地利用了最常见的水蒸气带来的审美意义，借用木材的吸水性特点将建筑的不利因素变为有利的因素，把原本的劣势变成优势，成为设计的一大亮点。该项目的建筑外观采用了薄木片做为建筑表皮，借助日照、湿度、温度的变化让薄木片在湿度中产生了弯曲，薄木片变成翻卷无规则的不确定状态。每一块木材都在日照与湿度中承载着时光的流逝。这一设计正是借助水的湿度特性使材料得到了重塑，也让其具有了全新的审美意义（图 11-7）。

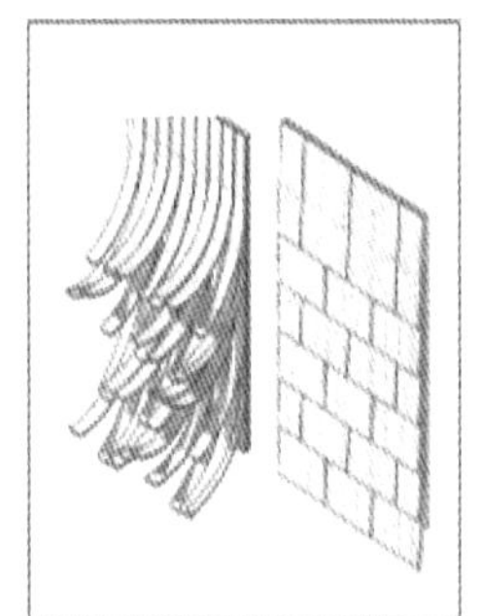

图 11-7　水的“湿度形态”审美

光是世间万物的存在被人们感知的前提条件，没有光就没有视觉感知，是光将世间万物展现在了大众跟前，光赋予世间万物以生命。在我们可感知的物质世界中，室内空间及其形态在光线的照射下发生了变化与联系，明暗对比让事物的细节得以展现，显露出其属性的相关构造。在四季的交替更迭中，同一天内的不同时段，光的性质和照射的角度的也在不断变换，这使得光不仅仅是一种感知的媒介，同时还具备了很强的装饰性。光在空间中直射、转折、反射、穿透、衰退、消失，丰富了我们的视觉领域，为室内空间带来了更为多样的色彩，给予大众不同的心理感受，引发生活里的乐趣。设计师利用光与一切事物碰撞时所呈现的丰厚内涵，重视光在空间中的视觉传达，重视光对空间意境的精神建构及其给予人们的多样的情感体验。

随着建筑文化与建筑技艺的迅速发展，设计师对光在设计活动中运用也不断提高，安藤忠雄认为“建筑空间的创造即是对光之力量的纯化和浓缩。”我们将光的外延意义按装饰层级划分，依次分解为照明光、空间光、艺术光、精神需求光等。“照明光”是设计利用光的自然属性进行照明，“空间光”是设计利用光塑造空间，“艺术光”是利用光表现和提升建筑及建筑空间的艺术性，“精神需求光”则涉及精神、宗教，体现人精神上对自然和灵性的诉求。这几个层次若运用到位，便可称为设计中最物美价廉、最得天独厚的积极元素。闻名世界的万神庙，就是古人对“照明光”与“精神层次光”的最杰出诠释。万神庙内部大厅是一个直径与高度均为43米的惊艳的圆形空间。仰头看万神庙大厅的穹顶，有一个直径约9米的露天大圆洞，阳光从穹顶涌进大厅，突出着神来自天上的意境。穹顶犹如苍穹，投射进来一大束漫射光，比喻着光明来自神灵，使得建筑格外的庄严与神圣。

乔治·凯布斯先生在《视觉语言》中提到：“因质地而发生的明暗变化，对于我们感官上的刺激，不仅仅只是视觉上的。当我们看到不同的材质，如草地、混凝土、金属、粗麻布、丝绸、报纸或毛皮时，我们所能感觉到的，不仅仅是这些材质的视觉效果，也包括他们的触觉（柔软的、冰冷的、舒适的），视觉与触觉其实已融为一体。”触觉感知是视觉感知的联觉效应，遍布在人体皮肤表面的触觉感受器使得触觉形成，人通过身体表面的触觉感受器去接触那些有凹凸质感的材料，这些物体表面起伏变化的结构造成了不同的感受，输送给人们的大脑，获得了不同的触觉情感。某种程度上，触摸比观看更能让人深入地体验到这种材质的特质，例如材料的软硬、粗滑、冷热、薄厚。

在空间的体验的过程中，为了对空间效果有更明确的感受，我们往往会用手、皮肤等触觉器官对空间内的建筑装饰材料进行直接的触摸鉴赏。通过触摸，我们能感受到石块的粗粝感与厚重感，大理石的光滑感与细腻感，我们也能感受到木材的温度，平时经常忽略的地板，会带着它的纹理材质，导热性，干湿度汹涌的从脚底涌上来，触觉感知能使我们更真实、更真切地感受所生活的空间，丰富我们自身对事物的感受。

材料丰富多变的质地状态都会给人心理带来微妙的影响，在“2015年数码阿拉伯花纹装置艺术节”上，米格尔·雪佛利尔设计了一款极富生机和互动的地材图案，这个地材是一个巨大的传感控制装置光毯，它用数字媒体再现了摩洛哥的传统艺术，当观众触碰地面，与图案一起互动，图像就会不断变幻，缤纷的数字场景所组成的图案，使人联想到马赛克拼图，藤蔓花纹，以及各式窗花。复杂的几何图案创建了一个场景变幻万千，当人们身临其境时图案不断生成，形式不断变化，环境不断更新的场景。该设计利用材料的触觉感知，让人们感受到了空间与众不同的奇幻之美。借助不同质地的材料给人的触觉感受也不同，材料的触觉感知已经成了现代设计的一个主流，如何在设计中合理利用触觉因素给人以良好知觉体验，也渐渐成为凸显空间意境的重要手段之一。

人们在进行空间体验时，除了视觉、触觉的感知外，听觉往往也对空间情境的感知起到举足轻重的作用。听觉感知即听世间上的一切声音，例如微风习习的声音、溪流的潺潺声、鸟鸣声、钟声、琴声、笛声。每一种声音都能加深我们对周围环境的理解，听觉协助着视觉、触觉让我们能更完整的感受空间的环境。

在建筑空间中，将声音融入设计环节，对空间环境的氛围营造产生的极大的价值，以往对空间环境进行装饰时，我们通常只是想到利用视觉感知和触觉感知，让建筑材料发挥其审美特性，声音的引入让知觉感知拓展到了听觉领域，让我们发现空间原来是可以发声的，它让人更加真切地感受到生命的存在及其意义。在设计的过程中，从优美的声音中吸收创作灵感，推动空间艺术创作思维与方法的革新。

中国古典园林就对“借声”这一手法运用到了极致，远借暮鼓晨钟，近借山泉叮咚；夏借鸟语蝉鸣，秋借雨打芭蕉；晨借梵音颂唱，暮借渔舟晚唱，每一种声音对于美景建筑及建筑空间彼此相得益彰，意境深远。在中国古典庭院空间中，每一种自然介质都在被巧妙地借用，例如借用风声通过墙体上的窗洞摩挲松竹，发出萧萧鸣声，与山石、腊梅共同谱写独特意境；借用雨打芭蕉，残荷雨声让亭阁别有诗意。如西湖的景区的“柳浪闻莺”，灵隐寺的“梵音诵唱”都是听觉在空间意境中的绝佳因素。毗邻灵隐寺的安缦法云酒店就是运用借声达意手法的杰出代表作，安缦隐匿在一大片诗情画意的绿色当中，仿佛就是世外桃源。原本的法云古村落，经过古法细密的改造修缮后，变成47栋独立的院落。院落中挑高的人字屋顶，悬挂的古老风扇，幽暗的柠黄灯光，木质的简洁家具，石头的台盆以及各种精致的小物，让心变得宁静。阴霾天气的小雨，淅淅沥沥，与花香水影相互衬托，为整个空间增添了一份禅意。灵隐寺的钟鸣与梵音传来，让喧闹与静谧，俗世与梦境，尘缘与隐居，仿佛一线之隔，脱凡常俗的空间意境油然而生。

彼得·卒姆托在《气氛》一书中说道“是什么能使我感动？是所有的事物，事物的自身，人、空气、噪声、声音、以及材料的肌理还有形式——那些我能欣赏的形式，那还有其他什么也能让我感动呢？我的情绪，我的感情（觉），这不禁让我想起柏拉图那句名言，‘美在于观者’。也就是所有的美感都来自于自我自身”。这个“境由心造”观点也阐述了“意境”的美来自于知觉体验。材料质感化的感官体验和空间情感化的场景体验都可以归纳为知觉体验，也就是现象学所谓的通过把握感受本身所获得的体验。而空间中的一切材料都是观者本身所感受的对象。任何材料，自然的、人为的，甚至落日、海浪、神圣的天光，他们的共同之处都是在于通过特殊符号的巧妙运用赋予了空间特定的意义，使空间拥有自己的个性，同时使观者的感受和想象具有明确的意向。通过空间的场景化，观者与空间建立起特定的情感联系。场景化的空间具有更多的意味，因此也容易产生“意境”认同。

二、材料语句的组构——观物取象

“观物取象”中“观”是指用知觉对外界事物进行观察。“物”指的是世界上的一切事物，在空间设计语境中，指一切可被运用的装饰材料；“观物”是知觉感受的一个过程，“取象”是思维运动的过程。在室内创作中，任何一个作品都经历了观物取象这个艺术探索过程。对于空间意境营造来说，材料是表现一切情境的物质载体，“观物取象”即是了解一切可利用材料的形态、质地、颜色对其进行加工重构，开发其新的审美价值。“立象尽意”是指当装饰材料按艺术秩序进行空间表现时，结合融入情感与文化内涵或精神，达到寓情于景、情境交融的状态。“观物取象”与“立象尽意”是一个递进的过程，在这个递进过程中，“意”的表达是设计的“语境”，材料的取与组合是设计的语言，Miguel Chevalier 在语用学的构建方式下，材料语言的表意构建可以看做是：材料的形色质 + 组合方式 = 材料语句的组构；材料所展现的新的“象” + 知觉体验 + 情感意志 = 材料语意的表达和体验。因此材料的构建也可以看做是物象、形式、意义和读者四者之间的互动关系，这四要素缺一不可。

在空间设计语境中，“物”是指任何一种可以被利用的自然材料或人为材料。这些不同的材料有着不同的形态、肌理、质感，材料的物性特征不同意味着情感诉求和技术手法也不同，而对于材料来说，设计师是它们的伯乐。任何一种材料都有特性，材料没有传统与现代之分，设计师对材料观察、理解，决定着材料语言的无限发展空间。细究材料自身的物理结构属性，发掘其属性表现潜力；进一步发掘材料的感性特质，作用于建筑的形式或者空间形态。“能够做什么”“能成为什么”。设计时强调材料的感官属性，才能更具创造性地运用材料，不同的材料，造型五花八门，即使是同种材料，形态依然变化多端。

以生活中最常见的木材为例。木材是一种古老的建筑材料，人类活动的最初建筑是以木材为主要建造材料之一。木材来自天然树木，风、阳光、土壤、雨水，都可以造成木材在颜色、密度、形态上的独特性。木材这一天然材料，被广泛地应用于生活的各个领域。在建筑中，它可以是建筑的结构，也可以是空间的表皮，更可以是空间中的家具或器皿。我们在观其特性时，从一棵树的横截面，可以看到其不同的生长类型。最外面的是树皮，木芯年轮是木的形成层。常见的各类树都有不同表皮纹理，年轮等特点多被用来做装饰面板，用以凸显纹理清新自然，庄重沉稳的特点。从纵切面和横切面进行观察，树皮、年轮、髓心、髓线等肌理的呈现，也多不相同，木的切面不仅仅有装饰感，还带着浓郁的时间感，木材的欣赏价值继而被拓宽，运用形式也被拓宽，木的横截面作为装饰形态常被用于马赛克的款式，可以直接作为立面装饰元素，以点的形态出现在立面中，无规则的组合让空间有了焦点形态，证明了木的横截面在室内空间中“能成为什么”。年轮是对木进行横剖得到的形态，如果对木材进行纵剖，那得到的是木的另一种形态。这种形态常常被用各种木装饰饰面的层压板或者是木条。若是切割为薄片，则是木屑条的形态，稍之加工就可以成为另外一种装饰元素，更有将树皮切下，取其凹凸形态作为界面装饰。由彼得•卒姆托设计的圣本笃教堂曾获得（图 11-8）1988 年普利兹克奖。该教堂建在一座小山坡上，周围是茂密的森林，山坡和森林作为教堂的背景为教堂增添了令人惊叹的自然景色。设计师利用的是现代材料和技术，借助树皮的形态作为建筑表皮装饰，看起来非常原始却别有风味，并且恰如其分地融合了当地传统的民俗文化。教堂内部都采用木制材料，屋顶看上去有如一个船体，由简单的木柱和横梁支撑着，屋内布满木凳，展现着无比精湛的木工艺。该设计因为从木形态的细微之处着眼，使整个建筑彰显出人文主义色彩。

图 11-8　卒姆托•圣本尼迪克特教堂

一切材料在一定程度上都有一种质感，材料的质感直接影响着设计的效果。“观物”的过程中，除了观其形外，还应观其质，质地是材料的一种固有本性，是材料表面一种极其微小的三维结构，质地的肌理越细，表面就越平滑、光滑，反之则粗糙。同一种属性的材料，质地不同，其装饰效果也不同，以金属材料为例。钢、铝、铜、铅、锌等多样的金属及其合金具有不同的性能特点，可以满足人们的不同追求，而对金属的二次加工十分重要，使金属的应用范围更广，金属材料可以被精细加工成多种随心所欲的不同的肌理形态，这些不同的肌理形态和不同种类的金属丰富了设计师们的设计语言，金属材料由于其拥有突出的色泽和质感在建筑设计中扮演着重要的角色。光滑的不锈钢及铝材具有现代感，铜材则华丽、优雅，铁及铁锈则古拙厚重。强化质地的特征，往往会出现令人意外的装饰效果。从西班牙古根海姆博物馆银光闪闪的钛合金外观，到上海世博澳大利亚馆红赭石色的特殊合金表皮，再到以镜面不锈钢为表面，树映成趣的小屋，还有以钢架组成的北京奥运会主体育场——“鸟巢”，这些建筑都选用了金属材料作为他们的表皮，物性虽一致，质性却不同，运用材料质地的特色，才有了意趣不同的作品（图 11-9）。

图 11-9　金属的质地

材料的三大特征是形、质、色。观察和了解材料时，除了观其形，观其质外，也要观其色。任何一种材料都是有颜色，并且这种颜色是与生俱来的。颜色也是材料最活跃，丰富的视觉表现。细分材料的色彩，又可以分为表面色、立体色、透过色。砖、石材、混凝土拥有的就是表面色，木材、织物等是立体色，玻璃因为能使光线与颜色透过，是透过色。在进行建筑或建筑空间设计时，设计者通常会定义几种颜色的配比，通过对材料色泽的观察，选定具有相关色性且色度搭配的材料进行设计组织。以石材为例，石材种类较多，颜色也较多，同种颜色的石材可以有不同的品种供设计选择，如白色的石材有爵士白、雅士白、雪花白，咖啡色的石材有浅啡网纹、金啡网纹、深啡网纹等。

在建筑空间创造和设计过程中，维度是一个最基本问题。“观物”是观其细节，“取象”是对“物”，对装饰材料进行整体性的组织，组织的过程脱离不了维度和构图，维度即是长宽高的尺度，构图是指比例，而比例与尺度是两个经常被联系在一起的颇为相似的概念，相似却并不相同。建筑空间是三维的，包含长、宽、高，比例是空间中各要素之间三个度量方向的数学关系，尺度比例往往关系到人所产生的心理感受。在“取象”时，如何让装饰材料依附于空间表皮时产生强烈的视觉冲击，借助维度和构图，不失为一个很好的手段。2013 年斯德哥尔摩家具展上，科瓦达特（kvadrat）这个欧洲知名纺织品牌以自身的品牌材料为元素，借助于对空间维度和构图的把握，完成了一次材料与设计的完美结合。1500 片条带状的织物从顶部挂垂，为整个大展厅创造了一个较为闭合的小空间。设计师精心的控制了每条织物的尺度，将长短不一的织物有序的编排，层层叠叠的织物形成一个别致的帷幕，其面域的比例在整个区域空间中恰到好处，使空间出现了一种奇特的视觉效果（图 11-10）。

图 11-10　科瓦达特斯德哥尔摩 2013 年家具展厅

建筑空间是由若干不同材料组成的有机统一体，这些材料因自身表现力的不同，在重构过程中和立意指导下，有清晰可辨的主次关系。设计中对焦点或亮点的强化必须伴随某些次要元素的陪衬，主次关系是对整体性与差异性的诉求，整体性要求空间中的各材质、各元素统一和谐，若主次不分，会让人感到平淡无奇，而材料或元素之间的差异性，让设计者选择了其特质进行主次分布，空间才有了焦点或亮点，感知出空间在主从关系下的整体美与差异美。

在“取象”过程中，对于材料组织与构成的处理，还存在着平铺直叙的设计演进与中断逆转变化的问题。演进与逆转是材料组构的节奏与韵律。演进与逆转好比音乐的乐章，演进是有条理性、秩序性的有序排列，形成一种律动的形式。逆转，近似突变，是一种波浪起伏的律动，当形、线、色、块整齐而有条理地排列出现，或富有变化地连续排列时便可获得演进的韵律感。概括的说，演进是单调的重复，逆转是富于变化的节奏，是演进中注入个性化的变异形成的丰富而有趣味的反复与交替。在空间设计中，演进与逆转的运用增强了材料组织与重构的艺术表现力，使空间氛围更具冲击力。在建筑空间构图中，一种或几种组成部分的连续运用和有组织地排列所产生的节奏感，使空间充满了空灵的气韵。而在空间界面的处理中，某些组成部分作有规律的增减变化形成韵律感，使界面高低错落，起伏生动，增加了材料的表现力（图 11-11）。

图 11-11　节奏

虚实相济是中国古代先知们从社会万象中总结出的最富哲理意味的美学规律，是我国最具民族特色的艺术表现手法。虚实关系作为处理空间与实体的图底关系被运用于建筑和环境艺术设计中，虚实是意境空间的主要手法。在建筑空间中，“实”是那些可视可见可触的具有形状、色彩、质地的装饰材料和空间形态，以及由它们构成的“实境”。“虚”是空的，无形无色，不可见不可触，但确可感，虚实共存，相生相长，空间创作中，虚实作为“取象”的一种艺术秩序，是通过一系列对比式的形态来呈现的，例如疏与密、围与透、隐与显、明与暗等。在空间设计中，大空间与其中小空间的围合是设计的首重，选定材料进行围合“取象”，木构架的排列间隔中透露着森林的气息，木构架是起到“围”的作用，留下的镂空是“透”。木构架在围合过程中是“显”，镂空则是“隐”。

三、材料语用的表达——立象尽意

在意境的创造过程中，先有“观物取象”，才有“立象尽意”。从设计者的角度讲，创作的“象”必须具有高度地概括性。“象”以意蕴丰富、可以有多种多样的形象出现，让人通过自己的思维和想象去体会和领悟，从这些象或者是象的组合中，观察者通过感知与推论，获知作者想要表达的“意”，这个“意”就是意境，有时虽然难以言表，却被感知，可以说，在设计创作之前，“意”便已经定位了，“观物取象”是意境的表达方式，“立象尽意”是意境构建的结果，在空间中“意境”的营造也是情感序列的构建。情感是一个空间的气场，是空间内部向外释放出一种类似于空间延展性的东西，这个向外延展的区域空间就是气场，也是空间的情感。进入一个空间没有气场，设计可谓失败，空间有了气场就有吸引的力量，它不可见，需用实体要素的形来烘托，通过这些烘托引发人内心的某种情怀和共鸣，但它也不仅仅是实体形的简单塑造，是有一个抽象的理念在统领一切，这个抽象的理念是空间的灵魂，它时时刻刻掌握着全局，以免空间的气场脱离精神的轨道。它所有的材质和装饰最终都是为呼唤情怀而存在的，旨在让进入空间的人感知空间的气场、情感和思想。空间是客，人是主。犹如玩玉，琢琢磨磨，反反复复，在拿捏中贯通气韵，慢慢形成自己的气场。有意境的空间，能呼唤人情怀的空间，没有繁复的古代符号化堆砌，没有富贵逼人的装饰，只有淡淡的一切味道都很简单，纯粹的文雅。两三个简简单单的材质靠在一起就能感到它的底蕴、品味。往往最简单的材料的本色出现，就能勾勒出最美得意境。如手工随意抹平，单一且不平整的混凝土，不经装饰、素面朝天的铁板，一束白光，一盆植物，几块置石，几株枯木，唐情宋韵的气息便扑面而来。再微小、简单的材质也能寄托情感，呼唤情怀（图 11-12）。

图 11-12　唤情

发想是在意境体验中的一种心理现象，发想源自于空间设计中的线索。线索是某个极其微小的设计点，这些微小的点可能并不涵盖在常规的艺术秩序中。发想的诱发大多来自于情境的诱发，利用空间中任何材质都可以触发其产生，而其中的关键是找到情与境之间的某种关联。这种关联引发了人们的想象。在某个院落中，植物被引入室内空间，内部空间立刻充满了自然界的气质，但最为点睛之处是，将一幅描绘妇人摘花闻香的装饰画立于绿植的前侧，整个情境瞬间引发了最直观的联想。仿佛妇人摘得是此时此刻空间内这株绿植上的花，妇人陶醉的神情让整个空间弥漫了花香，这种相得益彰的材质组合诱发了感官的联觉，空间中充满了绝妙的意境。

新西兰有座令人让人印象深刻的教堂，没有使用一般常见的石头建造，取而代之的是树木，会呼吸、会茁壮的活生生的树木。树叶随着铁架包围了整个教堂，稀疏的树叶让阳光挥洒进教堂内部。树木在这个特定的场合能散发出一定的情感语言，提高了体验者参与的积极性，激发观赏者的联想，反映出教堂的场所精神和性格（图11-13）。

图 11-13　发想

所谓“引趣”，是指引发趣味的一种设计方式，也叫趣味化设计。趣味化设计是“意境”在当代设计语境下产生的一种设计语言之一，它通过创造有趣、愉悦氛围来产生一种有意义的情感体验。引趣是设置设计客体的趣味性，让其与设计主体内发的情感会通，它强调趣味对体验活动的功能作用，它更关注设计所蕴含的文化内涵。“引趣”意味着设计方式的不通俗与不平凡，它用最强烈的形式表达着感官快乐，活力的视觉画面除了表现趣味的内涵外同时展现着理性的思维，体现着美学的特质。Casa Brutale 是 OPA 建筑事务所在希腊爱琴海的悬崖上建造的一栋令人脑洞大开的别墅。该别墅的趣味性令人叹为观止。别墅三面镶建在垂直峭壁面，剩下的一面面向壮丽海景，由整面落地玻璃构成。入口在地表之上自入口向下走五十级台阶来到室内。别墅设有客房、存储间和浴室。钢化玻璃房顶上是座与水平线齐平的泳池，采光穿透泳池直达室内，漫射着整个空间，波光粼粼仿如置身水晶宫，柔和了建筑本身的刚硬感。该项目成功的展现了设计的趣味性，激发了体验需求，满足了人们差异化的个性要求，用“趣味”引导了意境的诞生（图 11-14）。

图 11-14 引趣

“猎奇”是在空间的情感体验中寻觅惊奇与意外。“猎奇”就是在不可预知和不能确定的前提下，体验某种意外和悬念，引起人们对下一个惊喜的期待。“猎奇”的营造是用超现实主义的手法将空间中的元素的进行艺术处理与组合，处理后的客体是一种虚无性的景观或者幻想。这种惊奇的体验由感官来触发，可以是视觉的、触觉的，也可以是听觉的，例如光影的戏剧化效果或是数字传媒的运用。在这个过程中，体验者对于空间中各种独具匠心的“意外”产生兴趣，自发主动地参与其中，投入思考，细致入微地感受奇特的意境氛围。曲折的不锈钢镜面树立在连绵起伏的草皮上，周围散落着五颜六色的花，镜面材质与光影完美结合，盗梦空间般地游走在梦境之间。曲折延伸的界面模糊了现实与梦境的界限，开启视觉与感官的双重绝妙体验。

第三节 空间的审美意识过程

从上文分析探讨可见“意境”是“观物取象”“立象尽意”的过程，即将客观景物与主观情思相结合，通过再创作而获得的寓景于情、情境交融、虚实相生的艺术形象。显而易见，“意境”说的精髓在于物、象、意、境四者之间的渐进和互动关系。“物”是客观事物，“象”是“物”的再创造，“意”是主观思想和情感，“境”是人们对这个新艺术形象的感官体验，四者合一是“意境”的本质。

一、“意境”的审美特性

“意境”有两层涵义，第一是强调情与景、意与象的统一。情与景有在心在物之分，即在物者为景，在心者为情。“情”是艺术家注入自身感情对景象的艺术认识或心境。“象”是一定时空时间内的人物、景物及其相互作用构成的景象。而“意”是艺术认识借助于新创作的“象”所展现的精神内涵。当情与景、意与象统一，便生成了一种互生互渗、互融互合的情景交融的艺术表现状态。情境交融（图 11-15）可以分为两种形式。一是“景语”形式，即寓情于景，景中含情。艺术表现对象的重点是“景”，景为主，情为次，艺术特点是“境多于意”，以“境”胜。第二种形式是“情语”形式，即情皆可景，以景达情寓理于景。这种形式的特点是“意余于境”，以“意”胜。而当“情境交融”时，则以“意境”胜。“情景交融”主张在景物描写中显现作者的思想情怀，通过对景物的巧妙点染，让创作者的感情渗透在景物之中，使欣赏者能感受到，却又说不出表现在哪里。“情境交融”是作为“象”的本源的客

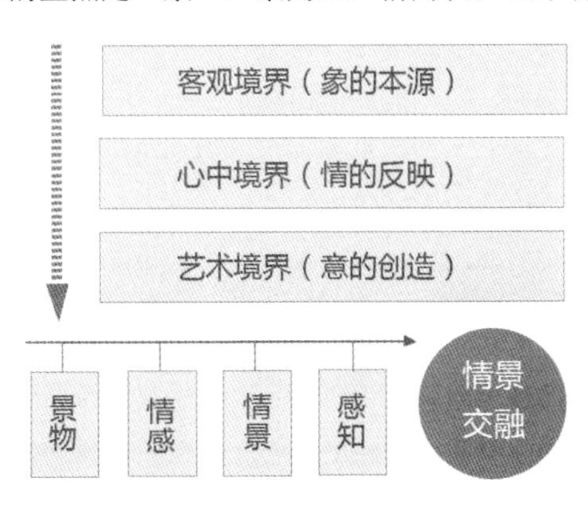

图 11-15 “情景交融”的构成

观境界、作为“情”的反映的心中境界、作为“意”的创造的艺术境界作用于景物、情感、情景、感知的一种递进式的境界形态。情与景、意与象天然妙合，浑然一体，所以情境交融的另外一个表现也是“物我不分”。王维有句诗很形象地描绘了这样的意境：“人闲桂花落，夜静春山空。月出惊山鸟，时鸣春涧中。”句中无法具体确定哪些是写景，哪些是写情，景中有情，景不再是死景，而是活景。这一花一山，一鸟一涧中，处处表达着宁静、和谐、融洽，人景沉浸在空灵、清静之中。这种空灵、清静是作者心境的象征，物之性、人与情融为一体，物我不分，天人合一。物性已是我性，物貌已是我情，在物我的情态同构中，无情实物被有情化，达到“一切景语皆情语”境界。情境交融是意境生发的重要方式和手段。

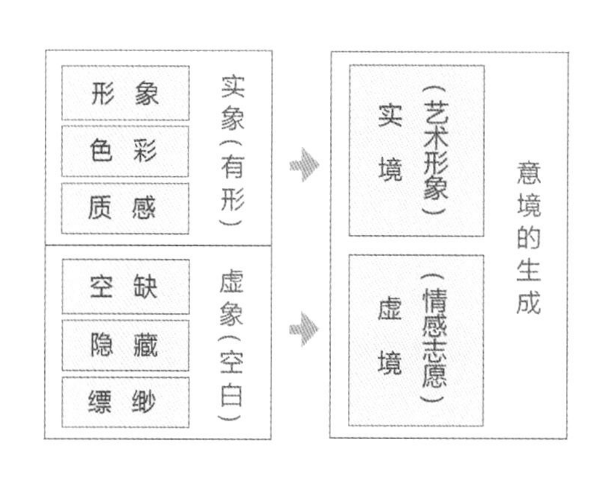

图 11-16 “虚实相生”的构成

“意境”的第二层涵义强调实象与虚象，真景物与真情感，强调对意象的充分、完美的传达。“实象”和“真景物”即实境，是实体形象［文件］

或可直接感知的艺术形象（图 11-16）。“虚象”和“真感情”在“实境”中的充分与完美表达是“虚境”，也就是艺术形象所表现的无形的艺术情趣和氛围，以及引发的情感联想和想象等审美境界。“实境”作为真景物是可感触的、可捉摸的，用直觉可以感受到，不思便可得。“虚境”作为真感情是虚幻的、难以感触、难以捉摸的，需要通过“实境”诱发和引导出感悟和联想才能领略。“实境”则需要在“真感情”的统摄下进行艺术加工。“实象”在意境中是稳定的，“虚象”在意境中是神秘的。“实”是实体形象和艺术形象中有形、有色、有质的部分。“虚”是空缺的部分、隐藏的部分、缥缈的部分。“虚”即为空白，“虚象”的空白是结构性的，“虚境”的空白是功能性的。“虚象”的空缺、隐藏、缥缈成为召唤想象的结构空间，有着耐人寻味的诱惑力。结构性的空白使得“虚境”取得生意盎然的气氛和情趣，是空白的功能性。“虚境”的审美效果在“余味”。虚实相生成为“意境”独特的结构方式，揭示意境审美的特殊本质和规律。重意境，在某种意义上说，就是重虚实。虚与实结合而生气，气是虚实之魂，气韵生动者为上。虚是实境的无限延伸，是审美心理活动辐射出的微波，它从实境中引发，而又超越实境，虚是艺术的灵魂。然而，没有实，就没有虚，虚生于实。虚是在实的基础上通过大脑的想象创造出来的，虚和实虽为一对相对的概念，但两者之间互相渗透，互相联系与互相转化，以达到实中有虚，虚中有实的境界，从而大大提升了审美趣味，加强了意境的空灵感。“虚实相生”代表着中国古代人的世界观，从根本上体现了中国艺术的审美精神。

1.“意境”引发新的空间审美

因为表现载体不同，意境也各不相同，随着多年来意境说的发展，各类学者将意境研究广泛引入到多个文艺学科中。本书中笔者将对“意境”的审美特性研究转向“空间意境”研究方向，从空间的感知角度探讨空间中意境的审美特性。

2. 直觉性

在空间意境体验中，直觉被视为最快速的感知途径。经验表明，在人们感知意境美时，往往是没有经过深思熟的推理，而是被空间内某些直观的“象”或“景”的形式直接打动、感染。直觉是瞬时的、模糊的、跳跃的，是见到一个事物的当下，心中便能清晰地触及其本质，领会其情趣与意志。空间在审美体验上是否满足“意境”的评判标准，首先就是看直觉感受被触发的力度与深度，是否感知情景交融。直觉感知的那种物我同一、不可言传的暗示，就是空间意境之美。

3. 感官性

笔者在前文探讨“境”时，对“境”做了解析，“境”是色、声、香、味、触、法，与“六根”（眼、耳、鼻、舌、身、意）统称。由此可见“意境”是可以被感知的，感知的载体感官，且意境的感知并不是某一种感官的单一功能，而是多种感官的联通过程。感官可以是视觉的、听觉的、触觉的、嗅觉的、味觉的（图 11-17），这些感觉相互联系、相互渗透、彼此打通，感觉与感觉之间产生挪移。感官是体验意境的基础，人体的一切机能都可以对美感有贡献。在建筑空间中，感官可以把空间提升到具有生命色彩的层面，颜色似乎有了温度，冷暖似乎有了远近，画面似乎有了声音。运用感官，不同艺术之间可以相互借鉴，艺术的互通，使“意境”更加多元化。

4. 想象性

空间意境是虚境，乃实境的衍生，是心灵的产物，意境中包含着创作者的情感，人们除了直觉感知，感官感知外，还会激发联想感知，想象一直贯穿在意境的欣赏活动中。想象是人拥有的最基本的心理能力，任何艺术活动都离不开想象。在建筑空间审美感知中，人们通过感官直接感知实境，在记忆中描绘其形象，通过分析、提炼，引领情

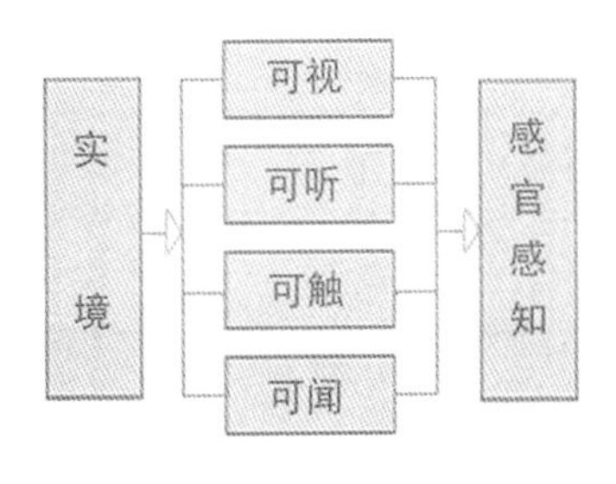

图 11-17　空间意境的“感官性”

感向四面八方游弋，捕捉其中的美。想象与感觉不同，想象是随心所欲的，想象可以让空间的艺术表现更有分量，更生动。空间意境是飘忽的，正是由于“想象”把可见、可听、可触、可闻的实境变成更为意蕴深远、气韵生动的不可言说的意境存在。

5. 骨骼——强化边界相对关系

空间意境的载体是空间，空间是建筑物的主要形态，在我们进入一个建筑时，首先感受到的就是空间的存在，这种感觉是边界强化所引发的空间形态和尺度带来的。空间形态与尺度是空间艺术美的基础，也是最主体的部分，直接关系到空间意境的最终效果，同时空间的形态和尺度又是其他后续设计进行的前提与依据。不同的空间形态和尺度，会引起不同的感官感受和情感体验，其所隐喻的空间意蕴也各不相同。

6. 边界的“沉”与“垫”

边界的“沉”是指在边界围合时，将基面的一部分下沉，在较大的背景中分离出一块空间区域，基面下沉形成的垂直表面则形成该区域的界限，可见的边缘形成空间的墙。这种地面内低外高而形成错落空间，有一种隐秘感、宁静感和保护感，也常又称为“地坑”。“沉”式空间是地上与地下空间的过渡，它中断了地面，却依然保持为周围整体空间的一部分，虽然削弱了这部分与周围空间的联系，但是却加强了这一区域作为独立空间的明确性，是空间转换的重要节点。它打破了人界定空间的惯性思维，空间界面通过简单的手法进行处理，相比传统界面变得更为复杂，以造成观察者刚刚进入就对界面进行多义解读，使空间兼具功能性、趣味性、艺术性，展现出文化气息与自然氛围，散发着独特的空间意蕴。如位于苏梅岛北部的波普海滩的 W 酒店（图 11-18），其超具后现代风格的设计，既时尚又颇具创意。一个个巨大的像莲花般的下沉式沙发休闲区静静的坐在天海之间，与蔚蓝的海水融为一体，极具空灵、闲适、宁静的意境。

图 11-18　边界的“沉”

边界的“垫”与“沉”恰恰相反，“垫”是升高部分室内地面，使升高部分形成一个平台或台座，从结构上或视觉上来看，台座部分更为突出醒目。“垫”式空间的第一作用是用来区分空间，抬高的地台可以当作退避周围活动的休息处或者作为一个平台观看周围空间，同时因势利导，营造氛围。垫台设计造价相对低，空间通畅性好，且不影响采光。垫台形式多样，可方、可圆、可弧、亦可阶梯状。家居设计中茶室、书房、棋室等常用垫台来分隔空间，且可以从视觉上很有效地营造出相应的性质和氛围。空间中“垫”的形态常常不由自主的便成为空间核心，且无需其他大张旗鼓的装饰，仅借助错落有致的形态就能引起了大众的探索欲望，触发审美沸点（图 11-19）。

图 11-19　边界的“垫”

图 11-20　边界的“凹”

图 11-21　边界的“包”与“含”

7. 边界的“凹”与“凸”

边界的“凹”是指室内某一墙面或局部角落凹入的空间形态，通常在住宅建筑中运用比较普遍。凹入的空间因受到的干扰比较少，所以更具宁静感、安全感与领域感，私密性良好是它的显著特点，所表达的空间情感也更为内向。人们的探幽心理使得凹入空间比那些一目了然的空间更能吸引参观者的视线，促使他们迫不及待地享受这种隐秘带来的安全感和实实在在的安静与闲适。根据凹入形态的特点，在室内设计中多数利用它作为休息空间，如餐厅、茶室、咖啡厅等常将凹入空间作为雅座使用（图 11-20）。

边界的“凸”与“凹”正好相对，“凸”的界面部分围合的空间对于内部空间而言是“凹”的形态，而对外部的空间来讲是向外凸出的形态。如果凹入给人的是聚焦、包容、亲密的心理感受的话，凸出则给人的是主动、发散、膨胀的感受。当凹成为虚时，凸便成为实，外凸形态让建筑有了更强的延伸性，更挺拔、更富于变化，在增强建筑的设计感的同时，又增大了空间的实用性。“凹凸”制造了界面围合，制造了墙体，又消解了墙体。在这种相对的情况下，边界的强化使空间得到了转化与升华（图 11-21）。

8. 边界的“包”与“含”

边界的“包”与“含”是对一个大空间的再次限定，在大空间内用实体性或象征性的手法再限定出若干个小的空间范围的一种空间形态。在这种空间形态中，一个大空间在其容积之内包含一个个小空间，两者之间容易产生视觉及空间的连续性。这种包含的形态，形成颇具层次的空间体验。大空间与所包含的小空间的功能各不相同，小空间更具象征意义，“包”与“含”式的空间是开敞式与封闭式的相结合，共性中彰显着个性。这种强势弱化的边界的相对式处理手法，让空间界面从硬质逐步走向流动、柔软，从实体弱化为流通的区域。通常人们在比较空旷的空间中工作、交流、学习、谈话或进行某些文娱性活动时，会觉得被干扰，缺乏私密性，空间因为过大而没有亲切感，似乎封闭的空间更适合心理需求，但是封闭的小房间又会给心理上带来沉闷、闭塞的感受，在大空间内通过对边界的处理，围隔出开放式的小空间，这种办法可兼顾两者，界面的界定虽然模糊，但依然可以起到空间领域划分的目的，因此在许多建筑类型中被广泛采用。有些公共大厅常用“包”与“含”的方法，通过规律性排列的形式来构造空间形态，重复的韵律，增强了私密感与亲切感，使人们的心理需求获得了更好的满足（图 11-22）。

图 11-22　边界的“交”与“错”

边界的“交”与“错”是指当我们在明确的三维空间中时，将二维的界面用立体的思维方式和视觉习惯，将其赋予三维的情境表达出来。我们在观察一个城市时，常常被它车水马龙、立体交通的景象所震撼，这种景象显示出一个城市的活力与繁华壮观。现代室内空间设计创作中也常把这种室外城市立交模式引进室内，不再是封闭的二维六面体和静止的空间形态。这种立交模式的形态即为边界的“交”与“错”。在边界的交错穿插中，各种界面交叠、反转，对空间的形态进行多义地演变，模糊了视线的灭点。层状化的边界不断交叠却又各自保持完整，造成空间的错觉，丰富了室内景观，增添了室内环境的活跃气氛，二维和三维的反复转换，激发着观察者对空间的深度解读。这种边界交错式空间对于大量群众的集合场所如展览馆、俱乐部等建筑尤为适合，“交”与“错”兼具着分散和组织人流的功能。交错、穿插空间形成的水平或垂直方向的空间流通感也使空间的效果得到明显的扩大，为空间体验增添了独特的审美效力，现今越来越多的某些规模较大的住宅也开始使用这种空间模。

9. 体积——空间体量

空间体量是指建筑物在空间上的体积，包括空间的长度、宽度、高度，它创造了超越平面的空间关系。空间的体量大小对于参观者的心理感受产生着很大的影响，可以说用空间体量来表现意境是一种更为经济、节约，更具使用价值的设计方式。它可以根据不同的意图分配空间，建筑的空间往往是巨大的，他不可能像一件雕塑品或一副绘画作品一样全部一览无余地展现在眼前，需要从体量上总体规划，让其具有空间连续性和独特性。大小完全相同的空间，被体量比较大的构造物围合，和被体量比较小的构造物围合，给人的空间感受并不相同。空间体量是微妙的，建筑师可以通过空间体量的大小创造出丰富的空间体验，这里的空间体量是一个心理感受。两个空间有大小、高差的对比就会产生不一样的心理感受。

观察者在空间行进的过程中能够意识到空间各种维度带来的深度与高度。体量的深度与高度的存在让空间有了距离的变化。例如一个与人们的视平线和基本身高相关的垂直高度，它就能影响某个垂直界面给予视觉的冲击力。仅有身高一半高的垂直面可以限定空间领域边缘，但提供不了围合感。当与视平线同高时，垂直面可以产生一种围合感，同时也能保持与周边空间的视觉通透性。当垂直面高于我们身高时，它就将一个个空间分割开来，形成单独的空间。当超过我们的身高一倍、两倍甚至数倍时，除提供了一种强烈的围护感外，甚至为空间带来了强烈的延伸感。体量的变化可以显著地感受到理性与非理性、具体与抽象等对立的两级间诗意的转换。以欧洲的教堂为例，欧洲最隆重的建筑就是教堂。它们的显著特征是拥有较大的体量，尤其是中庭高度方向的体量增加尤为震撼。教堂内部倍于身高许多的倍透光穹顶，寓意着信徒们在此空间中与天对话，表达了对神性的追求，让教堂充满了崇高的光辉，凸显着纪念性的意义。而中国的天坛圜丘作为祭天和祈祷的地方，同样是与天对话，在体量上与西方教堂建筑恰恰相反，但依然达到了人渺小的效果。仅仅在广度上做了里外三层阶梯式汉白玉栏杆的围合处理，没有西方教堂高耸的顶部，却出色地创造出高难度、特定的“崇天”境界，给人“天人合一”的感受，提供了触发联想的明确向导。没有追求高度，却与天更近，在意境上似乎更胜一筹（图11-23）。

图 11-23 “体量”构建意境中西建筑比较

10. 外衣——装饰材料的选用

如果说空间的形态、空间的体量与其良好的比例赋予了空间优美的形象，那么装饰材料就像空间的表情，通过组织方式和材料的自然属性显示着空间的性格与格调。对很多人来说，空间的细部装饰像别有风味的菜，品尝起来津津有味，这些装饰由各种各样的材料组成，对于空间来说是一种锦上添花的附加物，它让建筑空间更加美观或更有意味，无论是精雕细刻还是言简意赅，装饰材料的选用是形成“风格”与“意境”的主体构成。早期，设计师在选择材料时多半考虑材料的物理属性为主，随着时代的发展，越来越多的设计师倾向于将材料还原成某种不可预测的、戏剧化、符号化的价值存在，设计师对材料语言熟知和运用的程度决定了设计作品的高度和艺术成就。材料在某种程度上，也许比空间形态和空间体量对空间意境的表现更为直观，它与空间的关系恰似母亲与婴儿的关系，材料虽然在物性上并无生命力，但是却可以成为承载人类情感的容器，是情绪表达的最佳手段。恰当地使用材料的光泽、形态、色彩、肌理、透明度，充分利用不同质感所带来的对比，既可弥补建筑空间的缺陷，又能够敏锐地响应环境，使空间展现其“接地气”的自然状态，传达其场所精神。此时材料作为空间的表皮变成活跃的角色，它用自身的装饰美传达着的空间属性，展现了丰富且迥异的空间情境。本书便是从材料语言角度作为出发点结合空间形态详述了其对意境空间卓越的表现力。

11. 气质——文化与精神的引领

林徽因文集中提到：“建筑是全世界的语言，当人们踏上一块陌生国土的时候，也许首先和人们进行对话的就是这片土地上的建筑。它以一个民族所特有的风格，向人们讲述着这个民族的历史，讲述着这个国家所独有的美与精神。它比史书上记载的形象更为真实，更具有文化内涵。”[1] 可见设计的最高层次是具有文化内涵，文化对于设计而言是最具说服力的精神内涵。在全球一体化的时代背景下，国际潮流以前所未有的速度迅速传播，但地域概念却日渐清晰，使室内设计文化各成一派。在设计中，适当的融入传统文化，不仅仅是将地域文化自我延续，更能以文化底蕴引领设计深度。文化与精神是所有设计作品的灵魂，灵魂赋予设计本身才使设计有了打动人心的生命力。没有文化引领的设计，只是符号的堆砌，是文化与精神的引领让艺术作品充满了人文关怀，它们是意境的气韵，文化与精神也是未来设计最重要的基础和核心价值。

二、“意境”引发新的空间审美

因为表现载体不同，意境也各不相同，随着多年来意境说的发展，各类学者将意境研究广泛引入到多个文艺学科中。本书笔者将对“意境”的审美特性研究转向“空间意境”研究方向，从空间的感知角度探讨空间中意境的审美特性。

在空间意境体验中，直觉被视为最快速的感知途径。经验表明，在人们感知意境美时，往往是没有经过深思熟的推理，而是被空间内某些直观的“象”或“景”的形式直接打动、感染。直觉是瞬时的、模糊的、跳跃的，是见到一个事物的当下，心中便能清晰地触及其本质，领会其情趣与意志。空间在审美体验上是否满足“意境”的评判标准，首先就是看直觉感受被触发的力度与深度，是否感知情景交融。直觉感知的那种物我同一、不可言传的暗示，就是空间意境之美。

1 梁从诚 . 林徽因文集 [M]. 天津：天津百花文艺出版社 , 1999.

〖第 4 部分〗载体

第十二章 模糊之美
——人文情怀之精神畅扬

第一节 模糊与非理性的空间内涵解读

多元文化下的建筑空间创作背景，阐释“模糊空间”这一理论的来源及变化发展，并提出模糊空间的概念。在总结室内模糊空间特征的（整体性与不确定性）基础上，得出模糊空间概念的内涵和外延。

一、多元文化背景下的当代模糊性空间

1975 年，来自美国的数学家约克以及他的学生研究得出“周期 3 蕴含混沌”的

理论，并将其集结成文发表在《美国数学月刊》上。这是“混沌”一词，首次出现在自然科学领域，由此正式宣告了混沌学的诞生。混沌学包含以下具体理论内容：分形；普遍无序论；不规则论；内在随机论和整体论。在我们的常规概念中，“混沌”代表的往往是原始的、未加开发的、迷茫的状态。而在混沌论中，代表的是在一个确定的系统内部，由于某些不确定因素的相关作用，在时间的作用下演化成宏观的复杂现象。1979 年 12 月，混沌科学的创始人洛伦兹通过演讲《可预言性：一只蝴蝶在巴西扇动翅膀会在得克萨斯引起龙卷风》一文，而提出的“蝴蝶效应”是对混沌理论的最佳阐释。大意是由于一只蝴蝶在巴西的飞舞，可能导致美国得克萨斯州的龙卷风。这些在我们看来毫不相干的事物，由于细微的依存关系，也就是非线性关系，都可能带来不可想象的互动和结果。我们的世界是以一种无序和有序深度结合的方式呈现出来的，是偶然性和确定性的调和，是非预测性和预测性的共性存在，是自由意志和决定论的深层统一。无论是混沌论还是“蝴蝶效应”都是将复杂的非线性思维作为认识世界的基础，揭示了一个充满无序与随机因素的模糊的世界图像。他们相信世界是变化、发展、普遍联系的；时空是不可分的，是整体的、非匀质的、不规则的，不受决定论支配的。

20 世纪 80 年代，我国处于解放思潮的大背景下，模糊美学的研究在模糊数学、耗散结构论、唯物辩证法等自然科学和社会科学的启发下，逐步形成和发展起来。王明居先生通过《模糊美学》和《模糊艺术论》的撰著，对审美活动中的模糊现象进行了探讨，对中外历代零星的模糊论美学思想进行了系统地梳理，初步形成了模糊美学开放性的理论体系。模糊美学突破传统美学限制，以“开放的、流动的、活跃的、发展的、富有革新精神的”姿态，倡导与经典美学相背离的多值逻辑，将不确定性引进美学范畴，使之成为既确定又不确定、既有序又无序的科学。所谓模糊论，其实是对模糊现象的认识。它主要以主、客观世界中大量存在的模糊事物、模糊性、模糊状态为考察对象。模糊美学其实是模糊论在美学领域的深化、拓展和深层次的研究。它针对大自然中、人类社会生活中所存在的大量模糊形象、模糊形态、模糊心理等模糊现象，以及这些模糊状态存在的塑造方法、塑造目的以及塑造后产生的思想内涵或象外之境，并采用模糊数学中的多值逻辑去阐释各种模糊现象。

文化的发展存在着极大的不平衡。19 世纪末 20 世纪初，受萨特存在主义的影响，西方及俄国美术界反理性的实验之风盛行，传统的文化观、艺术观大受冲击，传统的和谐规则也面临极大挑战。非理性文化观倡导审美与艺术的本质——自由，不应该受任何风格的影响与限制。任何人为的理性规则都是束缚，艺术家们纷纷在自我感受中寻找创作灵感。丰富的个性化语言实现了外在形式的突变，最终形成了艺术语言中充满个性特征及怪癖的格局。当代艺术开始展现一个更为广阔的自由世界，体现当代社会的复杂和多元，形形色色的美术创作不断冲击着既定的艺术与审美概念。俄国至上主义画家马列维奇采用动态、零散、抽象、富有表现性的线条突显自由、冲突、偶然、奔放的形式律动感。法国立体主义先驱毕加索否定传统透视法，将完整的形态加以肢解和几何式简化，把不同的视面整合于一面，从而获得一种整体的、多视维的综合印象。德国的表现主义则通过对客观形体进行夸张、变形以及破坏式的构图，表现出一种神经质的迷狂色彩。表现现代生活变化，注重动态运动过程的未来主义；超越秩序法则，寻求视觉和精神刺激的抽象表现主义；在生活与艺术之间寻找平衡，面向大众、面向生活消费品的波普艺术等。近代西方文化的全球化传播，使得非理性、反传统的文化观迅速扩展传播至建筑设计与室内设计领域，带来了空间审美造型的颠覆变革，也与深层的观念表达、精神意蕴表现及功能方面的探讨相联系（图 12-1）。

图 12-1　近代西方艺术的非理性文化现象

简单性、纯粹性、明晰性是现代主义一直倡导的，在同质、量化、均匀的设计中，人类逐步认识到现代主义对人性关怀的缺失，简单很可能是只存在于道德层面的伪命题。复杂设计观正是建立在这样的认识论基础上。后现代主义的代表人物文丘里在其著作《建筑的复杂性与矛盾性》中提出：“我喜欢基本要素混杂而不要‘纯粹’，折衷而不要‘干净’，扭曲而不要‘直率’，含混而不要‘分明’，既反常又无个性，既恼人又‘有趣’，宁要平凡的也不要‘造作的’，宁可迁就也不要排斥，宁可过多也不要简单，既要旧的又要创新，宁可不一致和不肯定，也不要直接和明确的，我主张杂乱而有活力胜过明显的统一。”一系列的“既……又”、“宁要……也不要”，显示出文丘里强烈而坚定的建筑美学，对复杂与矛盾的钟爱，开启了建筑与室内设计领域复杂的设计观。当代建筑与空间设计师将空间置于混沌、复杂、暧昧、多元的系统中加以观照，运用模糊性的复杂思维思考和设计空间，关注设计的偶然性、随机性、不确定性、不规则性，关注人与设计、设计与社会、社会与环境的纷繁复杂的关系。当代建筑空间不再局限于对形式、功能的确定性的单一关注，逐渐融入对人类的生存状态、世界本原的深刻思考，强调生活内容、主体状态、主观审美感受以及心理追求，使空间具备更大的不确定性和自由度，同时兼具综合性、多义性、矛盾暧昧性，以及兼容并蓄的、错综复杂的创作意识。

任何时期文化和美学的变革总是以某一具体领域的变革为先导，同时，任何具体领域的变革又往往与特定时期的文化和社会思潮的激荡和感染紧密相关。现代自然科学和社会科学综合发展中共同出现的关于物质运动的不平衡学说，表现出一种共同特点：强调物质的非线性运动，强调不确定性，强调互渗性，试图以多值逻辑代替经典科学中的二值逻辑。当他们进入建筑学领域，推动了思想文化领域及认识论的大变革，打破了人们的思维定势： 在有序和无序、静止与运动、确定与变化这样一系列正反对立项之间，根据需要自由地组合，简单可以包孕复杂性，复杂也可以遵循简单的规律。那种非黑即白、非此即彼的二元对立思维已经没有立足之地。混沌科学倡导的混沌思维、模糊美学体现的非理性模糊视角改变了人们机械主义的、静止的、独立的、受绝对论支配的宇宙观和人类中心说。在这一视角下，世界不再是稳定、有序、静止，确定的，而是非平衡、不规则、能动与不确定的。同时，混沌科学为人们认识空间，认识世界提供了一个多元、多维度、富有弹性、变化、开放、可调节的新思维、新视野，从而把空间设计的考察对象拓展到无限的四维时空（即三维空间和一维时间），强化空间设计的立体性和多层次性。

新的理论，给予我们新的认知。在这一基础上，模糊性的研究自然而然成为我们研究人类、社会、自然的新的出发点。然而，上述各种研究多呈现在自然科学特别是物理学、数学领域。对于人文科学，模糊性由于涉及主体本身的相关作用，表现尤为混乱，取得的成果也难为人们所接受认同。在创造、运用、感受与理解空间的过程中，模糊性、复杂性将给我们带来无法想象的冲击与跃迁。混沌论、模糊美学、非线性科学不是凭空而出的，而是针对大自然中、人类社会生活中所存在的大量的复杂、模糊、混沌的现象，为我们揭示出充满无序与随机因素的混沌的世界图像，使人们从复杂的层面认识思考事物间的关系。当代空间设计中大量存在的模糊性同样不是无依据的，是针对室内空间中难以描摹的模糊现象。空间创作的复杂化思考，空间的形态与特征展现出令人难以置信的复杂表情。就像日本设计师黑川纪章所说的，设计创作应关注现代主义所排斥的“废物”“不确定性”“异质元素”“无常”“变化”“模糊”“分形”等因素。空间的性质、特征、范畴很难作出非此即彼的判断，它常介乎彼与此之间。另外，在人的思维过程中有模糊思维的存在。现代科学表明，分布在大脑皮质的 150 多亿的神经细胞，彼此间形成了极其复杂的联系网络。每一细胞都可以与其他细胞产生两千多种的联系，这就显示出神经细胞的不确定性和不稳定性。神经细胞作为神经系统的基本单位，负责人脑中信息的接受、编码、储存、整合、传递等任务。神经细胞也叫神经元，由树突、轴突和细胞体三个部分组成。

外界信息通过树突向内吸进，经过细胞体，最后由轴突输出信息。其中轴突作为神经元之间的纽带，实现信息的传递。也是在突触中，各种信息实现了融合，你中有我，我中有你，相互重叠，彼此沟通，相互区别又相互联系。这就为亦此亦彼的模糊思维提供了生物学上的依据。

二、模糊性空间的内涵

（一）模糊性空间和室内模糊空间

空间形态相互渗透，空间功能不确定，空间认知的个体差异化，使得空间含混多义，变化多样，为空间承载大量的、复杂的信息提供了可能性。上述空间类型均无法用二值逻辑来确切限定空间特征的属性，在不同程度上既可隶属“彼”，亦可隶属“此”，是与多值逻辑相对立的，一种过渡的、动态的、不定的、形态内涵丰富的复合性空间，这里将它们称之为模糊性空间。具体说来，模糊性空间可以划分为两种类型：一种是由物质要素（三大界面、家具、陈设）形成的实体空间的模糊，即物质空间的模糊；一种是由于人的认知差异而形成的空间体验和感受的模糊混杂，即认知空间的模糊。物质空间和认知空间的模糊是本章研究的主要内容。物质空间是客观的，而认知空间是主观的。室内模糊空间更多的是物质空间的不确定性而上升为空间认知体验的含蓄性。通常情况下，物质空间的模糊和认知空间的模糊是交叠与并存的。

模糊一词，英文为“ambiguous”“fuzzy”，解释为“Like Fuzz”或“Indistinct（inshape or outline）”——“绒毛状的”“形状（或轮廓）不清晰的”。在《现代汉语词典》和《辞海》中将其解释为“不清楚、不分明”。此外，《辞海》还进一步说明，“事物所具有的归属是不完全的属性。它表示事物属性量的不确定性，可以借用精确的数字形式来表达事物模糊性的属性。”从《辞海》的解释可以得出“模糊”是指事物的属性、体量或数量、形状没有明显的界限，没有清晰的分界点。就像热水和冷水、日与夜、感性与理性之间没有明确的临界值。处于中介过渡状态的“温水”，就不能简单地判断为热水或者冷水；傍晚的天空，明暗掩映，也无法随意地表述为白天还是夜晚。模糊在自然、科学与哲学中有广泛的存在与运用。如我国传统的阴阳哲学，强调阴阳的融合、共存，强调“虽有分，而实不二”。而20

世纪六七十年代查德（L·A·Zadeh）建立的模糊数学、模糊集合——集合内的元素介于0（不属于）与1（属于）之间，很好地诠释了模糊的意义。在0与1之间还有 0.1、0.2、0.3……的存在，根据不同的隶属度，无限接近于“0”或“1”，但又不是“0”或“1”，不是非此即彼的二元对立式存在。如骡子，不是马也不是驴，但有马与驴的某些特征。模糊就是这样的一种状态，是暧昧的、有弹性的、流动的，富有很大的包孕性、宽松性、中介性和不确定性。它不是非此即彼，而是亦此亦彼；它不是非明即暗、非暗即明，而是亦明亦暗、若明若暗。其实，模糊的含义非常广泛，具有很大的不确定性。它可以是一个运动过程、一个存在状态，或者一种思维方式、某种事物间的关系。模糊是人类感知万物，获取知识，思维推理的重要特征，它比“清晰”所拥有的信息容量更大，内涵更丰富，更符合客观世界。“模糊”表达的是一种折衷的观念，融合的价值，具有一种杂交性，从而触及了事物的本质。模糊性是客观世界在人的认知思维中产生的客观事物的关系与特征。它反映的是人类自身对客观事物的认知过程中形成的整体印象以及认知主体的大脑对客观事物认知关系的思维特征，而不是客观事物的内在固有属性。这些关系与特征通常具有不确定性，似是而非，亦此亦彼，不分明，不清晰，朦朦胧胧……模糊特征。从思维上看这一过程和结果是主观的，但其反映的是事物却是客观实在。

19世纪开始，建筑师、建筑理论家、美学家或者哲学家从不同的角度，出于不同的理论依据对建筑空间有各自不同的理解。从物理学上，空间可以被认识为界面围合而成的三维实体，是物质的；从认识论基础上，是知觉空间，如康德等美学家认为的空间能刺激审美感知；从无意识论角度，可以概括为心理空间；而从存在论基础上又是意义空间。不管出于何种角度，我们可以综合得出空间是由建筑各个界面围合成的领域，是从自然空间中分割出来的，具有相对的独立性；是在一个三维的环境中创造的三维乃至四维空间，以三维的实体占据空间、生产空间，人既可以由外部欣赏它，又可以进入其中体验它。人对空间的认识是基于知觉系统对现实环境的总体直观把握，结合思维系统中想象的精神构筑的综合，是高度抽象的，同时也是真实客观的反映。爱因斯坦在狭义相对论中提出的“时空连续统一体”理念，促使设计师们将时间融入到空间形成四维空间。人对空间环境的认识，是其在环境中随着时间和位置的变化，通过各种感觉来得到的。恰如鲁道夫·阿恩海姆所说的，“知觉要占用时间”。在《辞海》中，将“空间”描述为：在哲学上，与“时间”一起构成运动着的物质存在的两种基本形式。空间指物质存在的广延性；时间指物质运动过程的持续性和顺序性。空间和时间具有客观性，同运动着的物质不可分割……。从《辞海》对空间的解释中我们可以得出，空间是物质存在的基本形式，是一种广延性和客观性并存的秩序，是各种事物活动并存在的“环境”，空间和时间与物质不可分离，同时空间与时间也不可分离。

“模糊”一词，本身的概念就带有很大的模糊性，对其解释是基于“清晰”、“明确”的否定。这也决定了“模糊”问题不能仅凭条条框框的约束即可分门别类地进行概述。当我们界定模糊性空间的具体含义时，不能简单地认为不明确的、不清晰的、性状不明的建筑空间就是模糊性空间。基于此对模糊性空间的表述几乎进入一种无力的状态。日本著名建筑师黑川纪章，将日本本土“灰”文化与建筑叠合，提出的灰空间（gray space）对模糊空间的阐释有一定的借鉴意义。“灰空间”其实是一个在国内建筑学领域内逐步形成的约定俗成的专有名词，特指三维空间范畴内的一种从建筑内部空间向外部公共空间过渡的，且有顶面遮蔽的中介区域，是介乎室内外之间的插入空间，一种第三域。黑川纪章在《日本的灰调子文化》一文中，阐述了“灰”的概念。“灰”继承了日本艺术“利休灰(R. ikyu C-rey)”思想，一方面是指红、蓝、黄、白等多种色混合后形成的一种色彩，这些颜色是由各种基本颜色混合后产生的一种色谱范围极广的混合色，是“没有色彩的色彩”；另一方面指与“非黑即白”的二元论思想相对应的矛盾性和模糊性。

黑川纪章认为日本传统建筑“缘侧”——因有顶盖可认为是内部空间，但又开敞故又是外部空间的一部分——是典型的“灰空间”，其特点是既不割裂内外，又不独立于内外，而是内和外的一个媒介结合的区域。除此之外，建筑物的雨棚、檐下空间、柱廊、底层架空层等都是具体的灰空间的形式。相对于“灰空间”，模糊空间有更为广泛的内涵外延，一则继承了“利休灰”哲学思想范畴——与传统非黑即白、非此即彼的二元对立相对抗的。并且引入模糊数学、模糊美学等模糊科学的研究对象——模糊性现象。模糊性现象是指客观事物发展过程中的中间环节所存在的不确定性、不明朗性，存在着亦此亦彼、相互关联的过渡状态。具体到空间系统，指空间界面、空间形态、空间功能属性不明确的现象，以及由这系列现象引发的主体知觉差异。

（二）室内模糊空间的特征

1. 整体性

室内模糊空间的一大特征，就在于它的整体性。而这整体性主要表现为知觉的整一，是指知觉的对象虽由许多部分组成，但人们并不把对象感知为许多个别的部分，而总是把它知觉为一个统一的整体，将连续性的姿态通过平面的穿插叠加于同一画面。在室内模糊空间中，整体空间印象的叠加而形成的空间感受的模糊，是对空间的整体印象，而不是支离破碎、一盘散沙、各不相关的物体形象的拼凑。通过视觉、触觉等感觉对物体进行观察，给大脑提供物体形状、颜色、材质等多个部分的信息，再通过观察者知觉的组织过程，便形成了整合的空间知觉。这一整体性是知觉的整体性，而不是指客观事物本来的整体风貌。它着重把握的是空间的整体而不是沉醉于局部的风采。局部的细枝末节被省略去，轮廓、印象却被保留下来。各个部分在交融渗透中，不断地将自身消弭在相互联系中，并重新组合为统一的整体的轮廓、印象。个人对空间的总体印象是混沌的、笼统的、朦胧的，是局部片段的叠合，乃是一种体现意境的整体美。像在拼贴空间中，各种元素整合于室内，显示出风格的纷披夺目，摇曳多姿，表现为风格与风格之间本身界限的模糊；同时，也表现在风格的彼此交融，相互渗透，将各种风格相互叠加在同一空间同一室内环境中，从而流露出多义性、混沌性、模糊性。这样一种风格上的模糊就建立在整体空间环境考察的基础上。另外，模糊空间的整体性和混沌性是分不开的。如在塑性空间中，空间界面就呈现出混沌的胶着状态，这种混沌使空间结构呈现出不可分割的整体状态，故形态的混沌性乃是产生结构的整体性的一个原因。塑性空间的模糊特性也恰恰表现为整体空间形态的不确定性、流动感。要注意的是，模糊空间的整体特性具有格式塔心理学所揭示的“罗积效应”，即强调整体大于部分之和。整体是由部分组成的，但并不是简单的相加，而是各个部分有机结合的结果。在这种有机结合中，集中地突显出各个部分共同的特点、性质和规律。部分是整体的部分，整体是部分的整体。格式塔心理学的重要人物沃尔夫冈·科勒也说过：“整体并不是独立存在的各个部分简单结合起来的内容总和，恰恰相反，正是整体赋予了各部分特殊的功能与属性，这些特征只存在于局部与整体的关系框架下。”（图 12-2）。

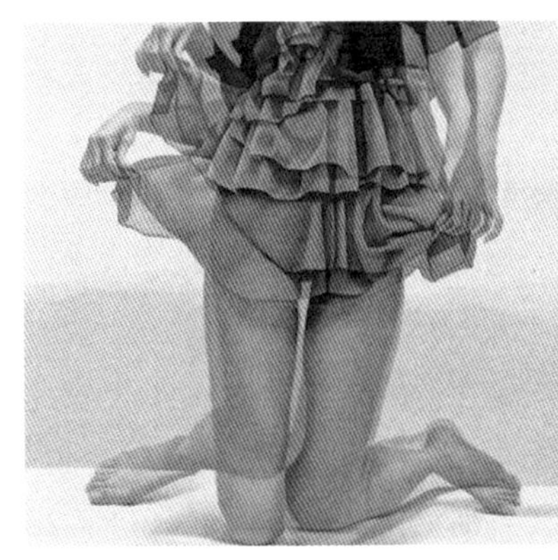

图 12-2　连续性姿态的叠加画面

2. 不确定性

模糊空间的另一个显著特征是不确定性。它是针对确定性而言的，指事物稳定的特征。确定性是可以用语言来准确描述、用数学精确表达的规律，是一种以理性思维为基础的机械的认识观，是指事物稳定的特征。不确定性指事物不稳定的特征，很难说是一种完全的对确定性的“逆转”，准确地说，是对确定性的补充，它对世界的认识更为全面和完整。首先，室内模糊空间的不确定性是在时间维度上去考察空间量度，也就是说不确定性往往处于变化、流动的运动状态。黑格尔在《自然哲学》中指出：“运动的本质是成为空间与时间的直接统一；运动是通过空间而现实存在的时间，或者说，是通过时间才被真正区分的空间。因此，我们认识到空间与时间从属于运动。”布鲁诺·赛维也说过：“在建筑中，人是在建筑物内行动的，是从连续的各个视点察看建筑物的。可以这样说，是他本人在造成第四维空间，是他本人赋予这种空间以完全的实在性”。在运动中，不断出现新的空间画面，孕育着捉摸不定的、内涵复杂多样的、飘来忽去的不确定状态，因而能给人们以多种审美感受。而在物质形态表现为模糊的空间中，“步移景异”的感受尤为突出，在不同空间位置，获得的环境信息也在不断转变。通过时间和空间上的整合，空间是不确定的，它显示出易变性、多样性、复杂性、飘忽性，因而它具有模糊的特征。其次，认知空间的模糊所表现出来的不确定性强调的审美主体——人的差异。每个人作为哲学意义上的主体是多重的，变幻不定的，无时无刻不处在“当下”状态与历史经验、文化观念的系统影响下，因而它富于不确定的这一根本的特性。在这种意义上，空间已经作为一种“叙事”而存在的，成为一种“文本”。空间作为文本不断被新的主体“阅读”，不断创作新的意义。文本是一个永远变化着的“主体空间”，指在永无止境地展开意义游戏，所指永远处在变化之中。而且主体本身大脑皮层的神经细胞就具有不确定性的反应。前文在模糊思维的论述中已经涉及，这里不再重复赘言。

3. 互渗性和过渡性

模糊的另一个特征，就在于空间的渗透性和过渡性。而空间的渗透往往是通过中介（也称为中间环节）的过渡与桥梁作用，让此一空间与彼一空间发生联系、影响、作用、流动。有了中介，事物与事物、空间与空间就不是孤立的、分割的、僵化的，而是相互渗透、相互交融、相互关联、相互转化的，达到亦此亦彼的境界。在模糊空间中，充当中介的是不同的界面或者多种界面而形成的中介空间。它们相互交织，彼此沟通，你中有我，我中有你，这就形成了相互渗透、相互过渡、相互补充的模糊空间。因此，互渗性和过渡性是模糊空间的根本特征。

此外，模糊空间中交织着各种各样的模糊性，涉及各种各样的模糊关系，势必造成多种多样处理模糊关系的设计手法。这些手法的共同特征是把握空间中的某对矛盾，巧妙地利用对立面的“中介过渡”，在相互渗透、相互过渡的关节，大做“亦此亦彼”的文章。正如文丘里在《建筑的复杂性和矛盾性》中提到的：“我爱兼顾，不爱非此即彼”，“是黑白都要，或是灰的”，“通过兼收并蓄而达到困难的统一”，不要“排斥异端而达到容易的统一”。比如公共空间和私人空间的过渡，通过界面的不同程度的开放设计，达到空间之间的不同程度的交融、渗透。既开敞又封闭，既大又小，亦内亦外，亦实亦虚，亦动亦静等亦此亦彼的特征。空间在中介过渡中存在着含混性和不确切性。

第二节 模糊性空间的类型界定

本小结从两个大类入手：物质性的模糊空间、认知意义上的模糊空间。在物质性模糊空间的分类前提下讨论了四种情况：形式模糊、界限模糊、形态模糊、功能模糊，并据此分类具体描述其空间表现的特征。之后从认知模糊空间分类入手，分别讨论了：风格模糊、意向模糊、意境模糊、知觉模糊，以及与之相对应的四种空间形式：混搭空间、迷幻空间、观念空间、动态化空间。

一、物质性的模糊空间

当代建筑设计与室内设计趋向于“模糊”，主要体现于物质空间的模糊和认知空间的模糊，具体表现为空间形态、功能和空间关系等的综合层面。从认知科学的角度，模糊性空间是人在认知客观世界的思维反映中形成的，是人对客观事物认知程度的判决特征所决定的。模糊空间是对空间审美和造型的颠覆变革，也与深层的观念表达、精神意蕴表现和功能方面的探索相联系。

物质空间的模糊化处理一方面是出于使用者多元化、多样性的审美需求，一方面是贴合主体变化、混杂的使用需求。艾森曼说：“我们必须重新思考建筑现实在媒体化视觉中的处境。这就意味着移换人们所习惯的建筑状态。换句话说，要改变那种作为理性的、可理解的、具有明确功能的建筑的状况。”论述表明，媒体化时代诱发了对于模糊化空间的追求。而空间的性质在很大程度上是取决于作为限定其范围的物质实体——界面的属性。物质空间的模糊依靠界面以及界面围合而成的空间形态实现。人们在空间中的行为活动决定了空间的使用性质以及功能要求，而活动本身带有很大的偶然性和变化性，于是就导致了空间功能的含混多义。要求同一空间内功能多样并存的可能，使空间具备广泛的适应性，从而最大程度地接受主体各种活动以及审美需求并反馈激发其某些行为和思考，具有浓郁的人情味。

（一）形态的模糊——异形空间

异形空间主要表现在空间界面一种模糊的、非匀质的、不规则的状态。异形说的是形式上的夸张与变异。异形空间表现的是三维空间界面形式上的一种随机、非标准化、超乎寻常的联系，通常有着自由化的形体，消解了传统的界面关系。由于构成空间形态的基本元素区别，异形空间可以划分为塑性空间和折线空间。前者采用的是曲线、曲面，后者则是折线、折面。

概括起来说，异形空间主要有以下几个特点：

（1）对于曲线、曲面或不规则的折线的运用，将其延伸，空间表现为不规则的多边形、塑性等，这种空间相对于“箱型”或规则空间是一种变异，不能用简单的语言或方程加以描述。空间形态上，通过曲线、曲面、折线、折面的运用，使之在体量上获得了某种突破理性逻辑的内在品质，这种品质更易助长空间的情感化和表现性，以及空间感受的动态化、模糊感。

（2）除了表面上的曲线、曲面、折线外，异形空间包含着一种对于现代主义式的清晰、理性、明确、纯净的“盒子”空间的质疑和分解，这样空间界面不再是简单的三维围合，还意味着对传统空间的突破，其追求的是塑性、斜面、折线等复杂、随机的、非常规的空间形态。

（3）异形空间中各元素之间没有确定的比例关系，大小长度混杂，元素之间的生成关系不能用通常的方式、方法去推理或归纳，从而塑造一种反常规的空间气氛和心理感受，使之具有不确定性、动态性、流线性乃至怪异的形体特征。

（4）空间呈现无方向感或尽量消弭方向感，不受单一作用力，没有前进或后退、升起或坠落等的一种混沌的布朗运动状态。

（二）塑性空间

塑性空间拥有雕塑般的形式，曲线的、不规则的，没有特定的秩序，也没有确定的原则。与其说空间是“建造”出来的，不如说其是“塑造”出来的。其中各种构件没有明确的状态，大小、形状和排列方式都不守成规，有时候甚至在不同的构件之间也没有明确的界限，混沌组合在一起。将空间与实体，内部与外部，封闭与开放紧密相连，不同体积的错位穿插形成的界面扭曲和咬合。本质上并没有脱离传统的六面体空间的框架，它的最大特征体现为空间围合界面的塑性变形。通过各个面的塑性变形，获得有机曲面形式，打破简单几何形体的呆板，形成空间的变化与张力。

随着当今数字技术的高速发展，为摒弃传统三大界面概念的异形空间的塑造提供了技术支持。流体般的塑性形态，空间界面和家具相融合的变幻莫测的曲线，以及“空间之间柔和的过渡，相互影响、渗透，并尝试着创造出类似于自然界的，不具备明确定义的模糊空间”，在先进的施工技术面前不再停留在设计师想象的画笔下。在众多设计师中，扎哈·哈迪德无疑是最神秘、最富创造力的建筑师之一。其源自于自然景观的设计灵感，使得空间表现为限定的细腻和细微，给人神秘、新奇、动荡、迷幻的气氛。在其设计的马德里的美洲之门酒店中（图 12-3），就渗透着向自然学习的曲线和各界面柔和的过渡，空间表现为流动、交织和模糊的特点，构件组合强调渗透、交互、糅合，实现了空间的无穷连续和流动。空间中所有的构件，包括地面、墙面和顶面，乃至家具，都整合成一个连续的光滑曲面，形成了一个界面几乎全联系的塑性空间。这一设计手法甚至延续到灯具的构思上。非匀质、弯曲、柔性的有机形态，为使用者提供更为复杂，更为多样的空间感受和体验。设计师塑造了软化的、液体般的外观形态，使人目不暇接的、极具流动感的、时空连续的、多维的空间形态。置身其间，人们仿佛遁入一种熔融状态的介质中。

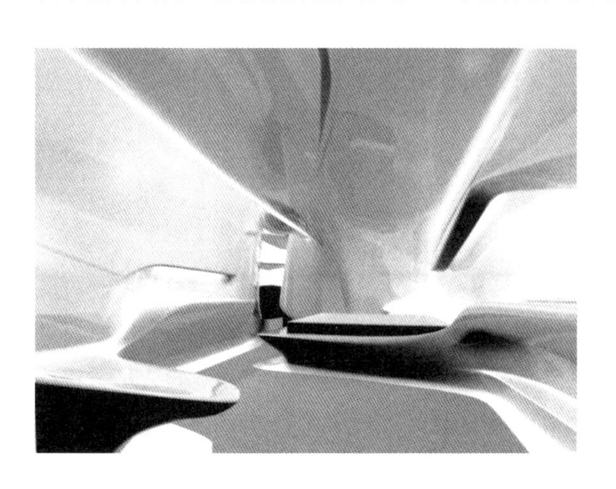

图 12-3　美洲之门酒店（扎哈·哈迪德）

（三）折线空间

相较于塑性空间，折线空间则是由折线这一形式元素构筑的，一种跳出常规的非垂直定式的不规则空间类型。在空间设计过程中，包含了不确定性和偶然性，追求模糊、不确定性和变化性，理性的确定的比例关系在这里化为直觉的、大概的交错关系。由 UNStudio 事务所设计的 Theater Agora 市场剧院建筑立面和室内，是异形空间中折线空间的典型代表。这座位于荷兰 Lelystad 市的建筑，犹如一只振翅欲飞的小鸟。室内外统一采用了三棱形结构，各种大小的体块近乎于无序的三角形并置结合，象征着艺术家们无法被熄灭的艺术火焰。在这里戏剧艺术和建筑空间完美地结合在一起，在这里空间的规则、秩序的法则都被突破，呈现出一种反和谐的、自由的、生动的形体结构。看似“混乱”的不规则与无序，其实在一定的角度或层面上，也包含着一定的“规则”和“秩序”，就这样，在有序和无序之间、秩序和反秩序之间、规则和非规则之间表现出一种矛盾对立的“模糊”状态。

（四）界限的模糊——不定空间

界面作为构成空间的基本要素，它的处理关系到空间的封闭、开敞和流通。这里所说的“界限模糊”是指空间与空间之间的绝对分隔的模糊，在隶属于此或彼之间的往往呈现不明确的状态，通常表现为界面的混沌暧昧。由于人在意识形态和行为模式上有时存在徘徊不定、模棱两可的现象，“是”与“非”的界限并不明确，反映在室内空间中，是超越绝对形式或功能的，在围合与透空之间具有空间渗透性的中性空间。界限模糊的不定空间实质上是“灰空间”的室内延伸，是一种空间属性即可隶属于此又可隶属于彼，或者说是既非此又非彼的中介状态，兼具公共与私密、开放与封闭、室内与室外的不定 (图 12-4)。

图 12-4　室内外边界模糊转换的住宅

从手法上来看，基本上通过对地面、墙面（隔断）、顶面的错置，扭曲变形或交错叠置的特殊处理，塑造不同开放程度的空间形体的穿插渗透，从而给人在行进过程中带来多维度、多视点、多层次的全方位视觉感受。增加了空间形态的不确定性和延展性，空间变得模糊、多义。形状的交错叠置、增加和削弱、预知与变幻莫测、正常与反常之间，相互穿插，多种复合，同时体现界面又是模棱两可、含混不清的。

空间界面的模糊表现在界限上，是对固定空间形态和界面关系的否定，是一种不确定和混沌的空间意象。界面关系的模糊混沌，相互穿插、交叠，构成不明确的空间组合关系；有时候是同一个空间，而有时候又表现为两个空间，随着人的行为动向而转换。毕竟人们在注意选择的情况下，接受那些被自己当时的心境和物质需要所认可的方面，使空间形式与人的感知相吻合。没有明显的空间分割形态，在界定的空间内，通过界面的局部变化而再次限定的空间，完全靠观者或使用者的联想和心理感受来实现。在静止与运动、秩序与混乱、确定与变化之间可以自由地选择，非此即彼的二元对立已经没有立锥之地。

普拉达纽约专卖店的室内设计就表现为模糊的“界面”特质。店内的一层与二层关系模糊，一个下陷的坡道与台阶将空间的两个层面相互联系和转化，这样，二层地面就具有多种性质和意义，它既是二层空间的地面，也是一层空间的墙，还是一层空间的地面。一层空间和二层空间转化和流动、通透与流动。没有传统的地面、墙面，随着室内空间的波动而变化，地面和墙面相互转化，人们时而步入地面，时而踏入墙面，体验新奇深刻。墙面和地面在确定和不确定间相互转化，一层空间与二层空间有时是同一空间有时又是两个空间，连续波动的结构制造出复杂模糊的空间形态。

不定空间的另一种表现是空间界面的缺省。在水平或垂直方向上，通过对界面的碎裂、掏挖、切割等处理，形成既无明显空间界面，又在一定程度上规定空间范围类型。空间形态并非完整状态往往需要格式塔式的“完形心理”根据部分形体的启示来划分空间范围，极大地丰富了空间的变化和层次。“缺省”的部分强调的是“透”，剩余部分则强调“围”，“围”与“透”共同显示出空间的层次和深度，使内部空间摆脱了沉闷感和封闭感，空间显得轻盈而通透，形成内外空间彼此的交融，产生空间的心理延续。

on-a 设计的位于西班牙的恩帕里伊布拉维休闲吧，为了满足吧主提出的“一个独特的吧台空间”和“吧台空间与周围的空间融为一体”的需求，设计师将白色的金属三维纹理引入了吧台的设计，它既是酒吧室内设计的“母题”，又是酒吧的整体支撑结构，也是空间划分的虚化界面。这种精细的三维金属构件，2000 多个形状各异，与 RGB 系统荧光灯构筑的不定空间中，白色结构实现了以色彩划分区域的功能。光与金属构件构成的空间网络，既体现酒吧空间的整体性，有一个总体氛围，又使这些小空间功能独立，空间分离（图 12-5）。

图 12-5 恩帕里伊布拉维休闲吧（on-a ）

二、认知的模糊性空间

在建筑空间中，界面、陈设、家具、装饰等就是认知模糊空间的可表达性思维。这些元素构筑的物质空间，由其模糊传递出大量的不确定性，为空间承载多种信息提供了可能。也正出于此，空间的不可描述性表露无遗，是主体空间感受的虚幻和感受机制不可描述的双重作用下的含蓄。从认知主体来说，作为一个随机变化的复杂有机系统，不同个体基于立场、审美素养、观点的差异，很难对本身模糊的物质空间产生一致的理解与感受。“景外之致”、 “象外之象”往往是多义化、含糊不清的，所谓认知空间的模糊由此而来。另外同一个体由于自身情绪、心理的变化和模糊思维的影响，在不同时间维度下也会有不定的感知。符号学家苏珊·朗格认为：“建筑是一种造型艺术，不管有意无意，它首先获得的是一种幻想，一种转化为视觉印象的、纯粹想象性或概念性的东西”。建筑或空间作为一种审美对象，在使用和体味的过程中，是同观赏者的主体意识息息相关的。在当代室内空间的审美过程中，更突出强调审美主体——人在这一过程中的重要性。换言之，在我们欣赏一个空间时，视觉印象或想象力或某些概念性的东西，受主体的个性心理制约。而“个性心理的文化积淀决定了对事物的感受有自己的敏感点。他感受自己感兴趣的和能感受到的，遵循自我心理的文化积淀来感受对方的特性。”有时事物的特性会遭到主体的篡改、拒绝，甚至是否认，他所感受到的恰恰是不那么重要的因素。主体的知觉体验是复杂的，一系列的差异势必导致空间认知的多样化，而空间对不同的审美主体来说，形成的就是认知空间的模糊和多元。相较于物质空间的模糊，知觉模糊空间的模糊性层次结构较为复杂，体验也更为抽象。

（一）风格模糊——混搭空间

对于室内空间，风格是其中物质存在的内容与艺术形式在知觉主体大脑中形成的统一的综合特色。空间中的一切成分，包括一品一物乃至任何细枝末节都与风格息息相关。在设计中，当设计师将出自不同时代、地域、文脉的元素、符号、物体，并置、毗邻、重叠、拼贴于同一空间，构成了关系复杂、意义延伸的空间集群。这些物质实在经过拼贴和集成，脱离了原来的属性和风格，能指进一步扩充，具备了新的含义，使人产生诸多联想。由此，多种单一风格在同一空间内拼合，实现风格多样性的有机交错。这种错综复杂的交叠现象，将原本特征明确的单一风格状态转化为与其他风格接壤的中间模糊地带，这就形成了风格混搭的模糊。

混搭使空间在总体上呈现出多元化，一种兼容并蓄的状态，表达了对多元文化的极大的包容性。无论是相近风格的混搭，还是大相径庭的对比突出的拼贴，传达的是设计师内心世界的信息，是观念的情节性表达。形式、造型、色彩、材质等既是艺术符号，也是文化符号、观念符号。将“现成品”集结于空间中，是对已有文化的再生产，对已有的文化意义的再创造和再组合。混搭创造了一种不同元素并置的戏剧效果，而赋予空间以新的意义和形态。在空间语境中，“现成物”被赋予一个新的视角，空间语义得到升华或转变。其实，混搭空间的集成要么以某种风格为主调，将其他作为点缀的风格串联起来。深入推敲形态、色彩、材质、制作工艺等方面的总体构图和视觉效果，轻重缓急、主次分明，使得空间具有某种情节性，达到一种类“形散神不散”的境界，这里我们姑且将其称为“情节式”混搭；另外一种，则是以物体本身所具有的物理特性或精神内涵为着手点，这些集成、拼合在一起的元素、物体不管是否属于某种风格，必然存在内在的联系性，或出于色彩、肌理等物质层面的，或出于某种精神内质、文化意义上，呈现为某一方面或多种方面的关联、协调或一致，称之为“关联式”混搭。位于上海新天地的 Pavillon de Costes 餐厅，其室内设计将包括苏式园林和传统中式建筑的诸多东方元素在内的东方风情作为主调，将散落其间的西方元素串合在一起，就属于“情节式”混搭。贯穿餐厅上下的宝塔式中庭、飞檐、美人靠、雀替等装饰细节，包间的葫芦形、扇形的隔断门洞传递的苏式园林的借景韵味，甚至是石砌的石库门门头等一系列中国古典元素纵贯其中，东方情节应运而生。再看烛台、靠垫和桌布上的绣花、舒适慵懒极具法国拿破仑时代风格的古董座椅、欧式丝绒靠椅，以及宫廷落地灯等西方文化元素在空间中零星点缀，营造出美轮美奂的奢美色调。在此，东、西彼此接近，纵横交叉，相互渗透，东、西之间又飘忽无常、变化有致，难穷其妙。这些物件象征的是江南园林的写意、中国传统等级制度、西式宫廷的奢华、东方文化的神秘，又或者什么象征也不是，仅仅是装饰本身，迎合消费者多元的审美需求。空间语境因为文化和个体差异而差别化，餐饮空间在消费者的认知中模糊化（图 12-6）。

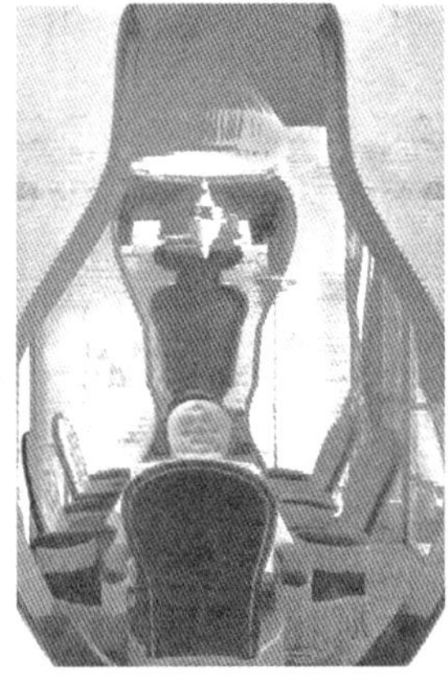

图 12-6　Pavillon de Costes 餐厅

前文已提及的 Soft Citizen 办公室，属于“关联式”混搭空间。各种质朴、自然、本真的原生态建筑材料是关联的中心，各个物件由此集成、重组于空间环境中，空间韵味一蹴而就。苍老的枝干、毫无粉饰的水泥建筑构件、线团缠绕而成的灯具，以及各种木块、砖石运用，糅合了怀旧复古风格、现代风格和当地特色的家具布置，每个人都有自己的解读和兴趣点，有原意有新解，有人看到的是材料赋予空间的“朴素”的本貌，有人感受到的是材质意蕴的冷漠、坚硬、肃穆，有人体味的是物件背后特有的怀旧风情。

（二）意象模糊——迷幻空间

“意象”有“意”和“象”，从设计师或创作者的角度看，“意”指客体化了的主体情思，是内在的抽象的心意，源于内心并借助于象来表达；“象”指主体化了的客体物象，是外在的具体存在，是意的寄托物。从欣赏者和使用者的立场看，则先有“象”再有“意”，就是苏珊·朗格所说的“物质从它的表象中抽取出来，成为纯粹的直观物——一种形式，即一种意象”。苏珊·朗格认为当艺术作品不代表任何事物时，它所呈现出来纯粹诉诸人的视觉即作为纯粹的视觉形式而与实物没有实际的或局部的关联时，它就变成了意象。在迷幻空间中，所有物体除去本身所具有的功能特质外，成为一种形象化的存在。这里，形式不再那么“纯粹”，在形成整个空间意象的过程中，肌理、色彩与形态等因素综合在一起，没有一个单独的因素可以起到绝对的主导作用，意象更多的是为感知而存在的某种东西，它纯粹是一种虚幻的“对象”，具有直观属性。这种直观，涉及个人的身体和知觉的记忆，是体验者本身的“文化记忆”和设计师通过空间“语汇”给出的双重译码之间的交流和碰撞，带有主观性、多义性、混沌性和模糊性。

迷幻空间从人的思想情感等精神维度的表现以及体验维度认识和思考空间，形式、功能、结构、材料、光照等物化形式都是思想情感表达和空间感官体验的手段，设计师将复杂的思想结构和层次展现在设计创作之中。空间的本质意义在于精神范畴，一方面是设计师深刻、复杂的人性思考，一方面是体验者对于时空错位、荒诞诙谐体验的需求表达。总的来说，迷幻空间的特色表现为：（1）意在表现某种复杂、深奥、隐晦、模糊的精神意象和区别于常规的空间感受，远远超过了传统空间的表现范畴。（2）设计师往往利用夸张变形、特异截取、扭曲错位的设计手法，视觉化空间中各个要素，追求形式的超然（甚至不惜牺牲功能的实用性）。（3）空间形式的意象化，造成多维的空间感受，人塑造空间，空间又影响着人的感觉和行为。迷幻空间中，人们往往超脱与现实之外，行为也超常表现出自由化、不羁化、虚幻式。位于东京的“Urban Interiorities”夜店，采用了由外而内统一的形状曲折、色彩瑰丽、装饰华美、变化多端、扑朔迷离、富于梦幻的空间风格，空间界面和家具融合成变幻莫测的曲线，营建出一种神秘、新奇、晕眩的空间意象，使人产生无尽的幻想。有人可能会觉得空间过度刻意追求形式，将功能置于次要地位，过分玄幻、故弄玄虚、令人难以接受；但也有人会觉得艳丽的色彩、抽象的图案、动态夸张的线形形式，扭曲的造型手段，形成了令人难以置信的空间，它具有自由性、混沌性、多义性、变幻性，是常规的酒吧空间无法比拟的。然而，这样多种因素（色彩、灯光、形式）的交合，多元而复杂，很难简单地用“是”或“非”去评定。在这里，体现情感的物质媒介具有高度的抽象性、象征性，赋予意象化的特点，它的意味是难传的，甚至是奥妙的。例如，入口空间拥有如花卉般的中心放射状，配以枚红的色彩搭配以及布幔式的界面装饰材料，有人会觉如入虚幻世界，有人会觉如临大自然的神秘深处，空间本身成为形象化的意象，具有蕴藉含蓄、言难尽意的模糊美。吉林艺术学院咖啡厅创造出了雕塑般的流体结构，出自于设计师对社会学、哲学、心理学、生物学、文学、艺术的深刻思考。也正出自于这样的复杂心理和自我意识难以用正常的、规范的、有序的手法去表达，使用了借代、隐喻、扭曲、塑性等手法表现出设计语言语义的深刻和复杂。“象”是具体的、清晰的、显露的、直观的，而“意”则是深远的、幽隐的。在似与不似之间，像与不像之中，创造了一次崭新的超自然体验。大众的每次体验都是意识与潜意识的重合。空间的意义不在于对涉指的主题的复制，而是以其表现性激发人们对它的阅读，是一种记忆的复苏。这一超自然的形态，涉指的意义存在于每个体验者的历史记忆中，具有个体性、模糊性、多义性。

（三）意境模糊——观念性空间

象与意之间存在的并非一一对应的关系，象与境就更为混沌。所谓象外之象，象外之境，境外之致都是主、客观交融的产物，探讨的是 “象”与“象外”，“言”与“意”，“形”与“神”，“虚”与“实”，“情”与“景”之间的关系。象是境的基础，意境是设计师创造的情感空间，它运用形象，而意在象外；描绘景致，而求得却是寓情于景。人们在使用空间的同时，自觉或不自觉地与空间交流。从审美心理的层次上说，意境是一种审美心理状态，在这种状态上，心并非贴附于象上，而是游于象外，是人的“心境”。具体到室内空间，是人对空间的体味，对整体环境的认识和把握。这种心境，具有朦胧的只可意会不可言传的无穷意蕴，表现出超然物外，是空非空，似有还无的意味。这种审美尺度是看不见、摸不着的，只能凭借心意能力对它进行模糊地把握。观念是一个词义颇为复杂模糊的概念，基本含义同“思想”或“想法”。观念性空间强调空间设计的精神意味，认为空间与形体是思想观念的物化结果，建筑可以“超脱物质的形态而存在”。从根本上来说是设计师的思想观念的表达，有形的事物是思想观念的物化。屈米说过：“艺术家提出想法和观念要比作品这个物件更重要。这在建筑领域也适用。”在当代空间艺术中，空间与设计的思想性与精神意义被普遍关注，观念或概念的分析与表达成为当代设计的重要特征。观念性空间基于人的精神维度和思想情感的意识表达，或体验层次认识和思考空间的本质意义。空间中涉及的一切形式、结构、装饰都与思想情感的表达及体验相连接。蒂勒·斯考菲地奥认为建筑空间应该暗示和激发新的行为，并且形态本身带有过去活动的痕迹，是历史和未来在当前空间中的浓缩结合，其设计多表现为观念空间。空间中的物质是对于他设计观念和想法的强调，是将空间视为超越物质的精神文化现象。在“后退的家·接待室”（Withdrawing Room）这样一座古旧房屋的改造设计中，设计通过空间形态和过往陈设存于脑中的历史形象来唤起房屋的记忆。在这个两层空间中，设计师将整套家具悬浮于空间上方，并特别处理成看不见的楼板形象，给人一种漂浮的失重感。而事实上，楼板并非真实的存在，只是一种记忆，过往空间形象通过点、线、面的描绘印入墙面也印入房主的心里。

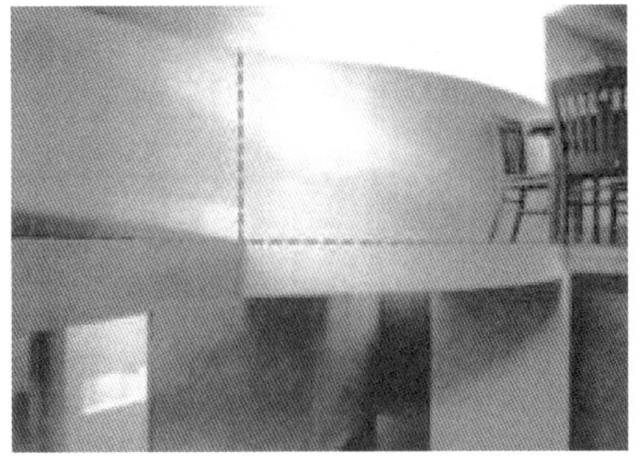

图 12-7　蒂勒·斯考菲地奥“后退的家·接待室”

屋子的地面断裂，外廊下面的地面散落着作为记忆之物的钉子、砖头等施工时遗留的物品。靠墙的沙发可以转动，表现出装修之初空间的初始状态。这样一种将“感觉世界”和“真实世界”相连接的空间，含而不露，引而不发，通过“实在”与“虚空”的交替，空间既存在于观念的“记忆”中，又可在现实环境遍寻出踪迹，是是非非、虚虚实实，是记忆还是现实，模糊间个人自有定夺（图 12-7）。

（四）知觉模糊——动态化空间

人对建筑空间是随时体验，而非瞬间体验，即动观而非静观，动态空间的感知是由于人的运动而逐步看到各个空间部分，空间与空间之间相互连通渗透，从而形成整体空间印象，是个连续的动态过程。动态空间实质上是人类具体活动之上叠加一个瞬间取向的知觉空间，这是时间因素的加入，强调空间之间相互关联、渗透、丰富的层次关系，建立空间“阅读”秩序及延伸活动流线，或根据自由意志浏览观赏。时间和空间的叠加是动态化空间的最好阐释。对动感的表达源于对时间的迷思，是一种流动的真实，不再受笛卡尔空间的限制而进入爱因斯坦的空间。“时间不是一系列连续片段的瞬间，而是聚集着过去又孕育着未来的现在式。”人们对于空间随时获得一种即刻的反应，同步而又直接，并从这些随时的知觉中引发快乐空间界面的动势设计——富有动感的线和面造型进行组合，和空间序列的“随机”（缺乏秩序感）处理。界面组织赋予连续性和节奏感，易于构成形式富有变化和多样性的空间形态，即“流动空间”的创造。常常使视线从这一点向那一点转移，通过不同空间体积的感受使知觉组织处于动态的综合过程。位于时尚之都米兰的 Corian Lounge 展示厅，是由设计师 Amanda 打造的动态空间，该设计是空间通过视觉上的扭曲变换而产生运动的效果。设计师将“水起涟漪”的灵感通过 Corian 这一特殊建筑材料赋予置物架、座椅、墙面装饰等室内陈设，将空间形成一个整体的流动连续体。随着个体的移动，视线的穿越和限定随着空间界面的虚实变化而定。由于条形板间隙的疏密变化以及不同位置上的扭曲，观察者在移动过程中随着视线移动，对空间状态产生时而静止时而流动的影响。简单与复杂，凝固与流动，事物本身的正反两面在空间中碰撞。与 Corian Lounge 展示厅相比，东京 Meguro 运动化办公空间（图 12-8）更为强调人的主观作用，是动态化空间的另一种表现。体现在人对于物体动态连续的、多方位的观察上，这种时间量度下观察所得的空间感是色彩、质感、肌理、形体等全部的整体印象。空间内使用了 6 块带有不同大小、位置错落的 U 形凹口板墙，分隔不同的功能区块。每面墙板上最大的 U 形凹口连接形成走道，当员工在此处穿行，会强烈地感受到不同的功能区域的独特之处，空间内部的面貌随着游走而不断变化，宛转多样。视角由于不停地追逐，不断地看到新的角度、新的变化，而不断地得到新的感受、新的乐趣。不断出现，又不断消逝，它们相互承继，有机联系，浑然一体，显示出飘忽不定的流动状态。

图 12-8 Corian Lounge 展示厅

第三节 模糊性空间的表意方法

本节从宏观上叙述了模糊性空间的建构策略问题：追求复杂性、塑造多样性、空间功能复合化、空间意蕴的含混处理四个方面。

进而进一步讨论了具体的细节设计手法：视觉冲击、形式的交叉与重叠、视觉图案的泛用、逆反思维等。

一、当代室内设计中模糊空间的建筑策略

（一）追求复杂性

查尔斯·詹克斯对后现代的建筑价值观，对复杂思维的思考，在这里有一定的借鉴意义。他指出：（1）与单一性价值相比，多元价值更受欢迎，想象产生创造力。（2）与过度的简单和“极简艺术”相比，“复杂和矛盾”更受欢迎。（3）与线性的动力学相比，复杂和混乱（混沌）理论在解释自然方面更基础，也就是说，在行为中“更多的自然”是非线性的，而不是线性的。（4）记忆与历史在 DNA、语言、网络和城市是不可避免的，它们都是创造和发明的催化剂。长久以来，简单被视为金科玉律，被视为世界的本质。然而，以往人们更多关注建筑的简单性是受到研究手法和方法的局限，无法构筑复杂的建筑和空间。现代突飞猛进的计算机技术为我们建构复杂化的模糊空间提供了技术支持。复杂性是对简单化与直线性思维的反叛，是对传统二元对立观的思辨。空间装饰上的变化性，实现的是人们审美观念的复杂性；空间功能的多样化，满足人们复杂的需求；而空间意义上的含混，实现人们情感意趣的多元。模糊空间的复杂性包含了一切不受局限的、可以充分发挥或选择的可能性。拼贴、变形、截取、夸张、特异、错位、并置等手段用以表现空间的模糊、含混、矛盾和多意，进而传递出客观生活的复杂和多样。

（二）塑造多样性

模糊空间的多样性的塑造涉及物质形态和心理认知两个层面的处理。主要表现为以下四个方面：

（1）空间界面和陈设的可移动处理，实现空间形态的多样化。

（2）空间界面的塑性表达。固定的空间形式，在人的流动中，即在空间中融入时间要素，实现了空间形象的多样化。这里所说的固化的空间形式，隐藏着空间形态的塑性、非线性的处理与表达。在人的移动中产生步移景异的多样性和流动感。塑性空间不受固定审美法则束缚，呈现出随机形态，具有人为法则作用下的建筑物所不具有的、满显活力的多样与生动性。

（3）空间功能的复合化。不管是出于建筑构件的可移动化处理还是空间本身所蕴藉的功能的多样化，对不同的使用人群或不同的行为方式来说空间具备不同的功能特性。空间功能的复合化从人的需求的多样化和不可预测性出发，融多种功能于一身。因此复合性空间的塑造也就是模糊空间的多样性的塑造。

（4）空间意蕴的含混处理。模糊空间中，涉及设计师到使用者的信息传递与解读的过程。个体差异自然涵盖了信息摄取的不稳定和自选择性，也包含了个体本身的时代、地域、生长环境、受教育程度等各方面的差异，空间意蕴的含混处理使得不同个体在空间的解读中实现了多样性。

（三）挑战和谐性

建筑和室内设计领域的“非和谐”探索是对当代特定时代多元化审美观的满足。当代建筑和空间需要的是另外一些东西，是空间之间的穿插与对抗，是各种建筑构件之间的矛盾和冲突，是同质性和异质性的混合，是有序和无序的对立统一。就像屈米所说，“在建筑设计中，任何追求和谐、一致和尽善尽美的动机都是于事无补的，至少是不合时宜的。”何况“非和谐”的审美观在后印象画派，表现主义画派，俄国至上主义以及立体主义画派的崛起，以混沌理论为代表的非理性主义文化观念的广泛传播，早已颠覆了人们的理性认识，在思想文化基础上不断动摇和谐的观念。人们期待空间上的异变和反和谐。此外，在空间造型与审美方面，设计师们对新地造型理念、新空间、新形式的寻求，使空间造型走向开放，审美观念趋向丰富，使“和谐”这一古老美学词语的内涵不断复杂，“非和谐”其实是对“和谐”的拓展。

模糊空间的各种设计方法是对传统的预先确定论和秩序论的否定，关注随机与自发性的空间需求的变化发展。表现“破碎”、“断裂”、“冲突”等各空间中的“非和谐”意象。在空间的形式和审美方面，极大地突破了故有的审美观念及和谐原则，也表现着复杂的精神与文化内涵和功能技术方面的需求，具体可以归结为以下几点：

（1）散乱。总体形象上表现为支离破碎，疏松零散，变化万端。在形态、色彩、比例、尺度和方向的处理上极度自由，超脱现代主义式的已有程序和秩序。

（2）残缺。有的空间故作缺失状、破碎状、残缺状，刻意避开完整，力求不了了之状，令人愕然，耐人寻味。

（3）突变。种种元素和各个部分的连接常常很突然，没有预示，没有过度，生硬、牵强、风马牛不相及。

（4）动势。大量采用倾斜、弯曲、扭转等富有形态的形体，使之产生失重、失稳、错位、倾倒的不安态势。

（5）符号化。通过从古典的、历史传统和实践经验中提炼出的具有象征性的符号以及符号的拼贴，符号寓意的形体的穿插塑造模糊空间。

二、当代室内设计中模糊空间的表意途径

模糊空间本身与现代主义式的盒式的六面体空间存在较大的对立性，涉及的手法相较于传统的理性的规则与范式会有较大的突破与颠覆。模糊论强调的是不确定性、复杂性、多义性、变化性等一系列与确定、简单、明晰等规则的对立。此外，模糊空间的意识形态是基于社会文化发展后的波动影响，建立在更为人性、更为本原、更为深刻的思想基础上的，空间构成方式势必有所颠覆，具有一定的随机性。这里简单地概括为视觉形式语言的冲击化处理，相对于常规逆反思维的运用，空间语言形态的扭曲变形，空间要素的多方位的拼贴与集成以及分解与重构这五大类。

（一）视觉形式语言的冲击化处理

形式语言在空间界面中交叉、叠合，通过细密的线条和图案的编排，利用感官错觉将图底关系变得模糊不定，抹煞了所见、所感、所想、所知之间的对应关系，使之变得含混不清。图和底成为互相咬合、相互牵制的一个整体，不能各自独立成立。形式主体往往是抽象的几何图形，不断重复和变形，具有很强的图案性和装饰性，诉诸媒介传达出一种视觉、感觉层面上的似是而非的非理性。在静止画面上造成动

态的视觉效果，强烈的视觉冲击力，是对认知规律的挑战。

视觉图案被广泛的运用于空间的各个界面（或大部分界面）中，目光所及都是铺天盖地的视觉图案，通过二维图像将空间的三维性、立体感、透视性弱化，使得界面模糊不清。形成个性张扬，各种倾斜度的线条、块面相互交织，变幻出无穷的内容，表现得很“过度”的视觉空间，图和底之间含混不清，观者会产生游离于现实之外的梦幻般的感知（图 12-9）。

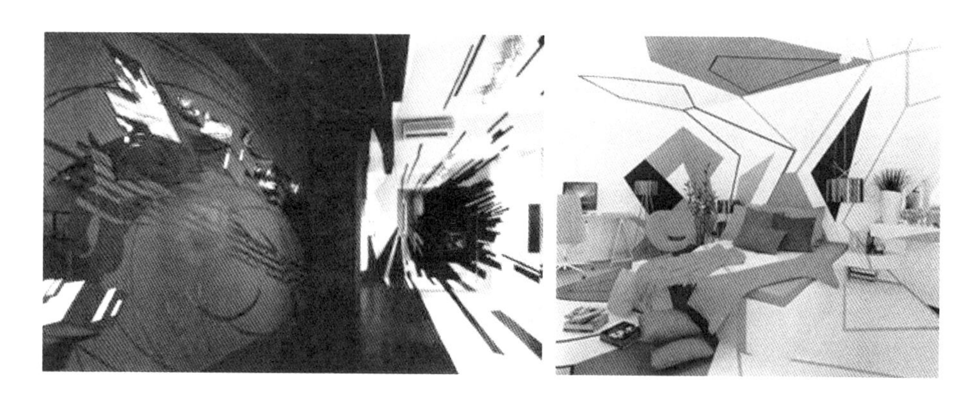

图 12-9　形式语言在空间界面的运用

（二）逆反思维的运用

逆反思维就是从完全相反的角度去思考问题，是一种与传统思维方法相对的思维方式。在室内模糊空间的形成中运用逆反思维的方法进行设计的目的是为了改善空间，创造崭新的视觉和心理形式。是一种空间体验的逆反，行为心理的逆反，使用经验的逆反。这里主要介绍反尺度、反透视、倒置的设计手法。

反尺度是我们在和其他形式相比中去看一个空间要素的大小，是物体的相对尺寸的关系，包含着与他事物的对比。反尺度就是打破了人们根据以往固有经验获得的某些空间形状和尺度上的感受，突破常规比例尺度框框，相对于其他物体尺寸表现异常。空间中那些特别提供来容纳我们的形体和尺寸的特征（如门、窗）会吸引我们的注意。如果相对于这些部分或是空间构件，或是陈设装饰品看起来太小或用不着那样大，我们会马上注意到它。这样一种反尺度的处理给空间带来了巨大的视觉冲击力。这种突兀的视觉冲击，在给你们带来惊喜的同时，也多了一份疑惑。因为“我们从建筑物的某些特点中阅读出尺度，这些特点主要与这个世界上那些我们头脑中最能暴出一致性的物体相联系”（图 12-10）。

图 12-10　超尺度视觉信息传达的混淆

图 12-11　科斯茨咖啡馆

反透视其实是大小的视错觉的运用。视觉的恒常性认为，人们倾向于将物体看成是恒产不变的。比如，从远处看一个人，虽然视网膜上的映像比在近处看这个人小，但是对这个人身材大小的感知却是不表的。尽管物体被感知的方式发生变化，但是由于人的视觉的恒常性，人被感知为一样大。反透视就是将远处的物体刻意放大，近处缩小，形成一种远大近小，而视觉经验告诉我们物体是近大远小的，打破人们根据过往固有经验获得的某些空间形状和尺度上的感受，利用相反的方式创造出更具新意的空间体验。斯塔克设计的科斯茨咖啡馆表现出反秩序、不规则、反尺度等异变的效果。超常尺度的粗大柱子间夹杂着一段楼梯，楼梯是反空间反透视的，形态尺度怪异，下窄上宽，上面有个巨大的钟盘突兀地面对人们（图 12-11）。这样的设计效果复杂、矛盾、模糊，与常规相悖，使人感到新奇的同时，具有幻想的意味以及情感混沌的迷思。

倒置是采用了“反”、“倒”的空间理念。通过改变对陈设物品或建筑构件的约定俗成的构成和使用方法，将物件反吊成为顶棚上的装饰品，通过逆反日常生活的重力经验造成感觉和直觉的冲突，给人带来紧张感、不安感，从而留下深刻的印象。包括陈设品倒置和空间结构构件的倒置创造出更加大胆新颖的表现形式满足功能或视觉上的需求，给人以奇妙的错觉。

（三）空间语言形态的扭曲变形

时代的发展极大地改变着人们的审美意识，和谐的范型和常规的比例尺度不断被突破，当代设计师普遍表现着复杂、不规则、反秩序的异变特点。通过将某些建筑元素扩大、夸张、扭曲、变形，刻意打破协调、稳定、规则、比例，探索和追求一种打破固有形式和比例束缚的空间形式。这些空间往往让人觉得与众不同，富有震撼力、活力和创造力。

变形，是对现实生活中的事物的本来面目的扭曲，是对真的形态的逆反，是真的本质的变态描写。它可以被视为物体在形状上的偏离。一个简单、静态的几何形通过推拉、扩张或收缩，使形体具有一种内在的张力和运动感。这我们主要指的是空间界面的弯曲、不规则扭曲和折叠形成的变形。卷曲本身具有条理性、重复性和连续性，因而可以使室内空间环境既有变化又有秩序的效果即多样统一的境界。会使竖向、横向元素消失，将物体或空间连接成一个整体，形成垂直与水平方向的自然延续。这种处理手法常常比较活泼而具有运动感，它引导我们的视线以一种柔和缓慢的、连续不断的、不受阻挡的视觉流的形式从一处转移到另一处。不规则的扭曲和折叠都是对形式的不规则化处理，是指在形式的各个局部在性质上差异化，形式彼此之间的关系，按照前后不一致的形态组织起来。不规则的形式一般是不对称的，比规则式更富有动态和表现力。库哈斯提出“关注‘场’的活力，发现差异，制造差异，创造野性的空间或知觉的连续，是对于复杂交叉的当代建筑问题的临时的、灵活的解决方法。”空间内部的不规则化的变形处理，也就是制造差异，提升场的活力的方法。

不规则的扭曲，增加了空间的不可预测性，使空间形态更加生动。从不同视点观察到，其形状戏剧性地变化，使人们对空间的总体难以把握。但是，物极必反，空间如果以不规则扭曲的面为主导，进行体量组合，往往会造成视觉的凌乱和破碎。随着模糊理论和混沌思想的兴起以及当代审美趋向于多元化，完整和谐的建筑形式被消解，空间传统的功能意义和价值以及传统六面体的确定性受到质疑。不规则扭曲的面为主导的空间，也纳入到人们的审美范畴中。

（四）空间要素的多方位拼贴与集成

“拼贴”包含了“拼”和“贴”的意思，“拼”即将各种材质的元素、物体组合在一起；“贴”是采用某种方法将一物质附着于另一种物质上，结合为一体。拼贴就是将多种元素各类事物并置于同一个空间，是一种“集成”的手段，硬性地将不相类似的事物放置在一起。

设计师更多地在于形成各种物品之间的衔接关系，在于把它们罗列在一起，以寻求空间的联系与和谐。在拼贴的过程中，选用的拼贴材料具有各自的意象，这些意象叠合在一起，共同产生一种整体的象征。拼贴而成的空间不再仅仅是元素的搜罗和堆砌，成为一种有意味的形式。“有了立体派才有拼贴画的思想，才能使一个时间层次重叠在另一个时间层次之上，从而避免了图像表面的平板化。”这里指出了拼贴的精髓，拼贴实现了不同时间在同一对象上的叠合。三维空间中的叠合，也就是符号、材料、形式、影像等突破了表现对象时间、空间的限制，避免了时间不可逆转的一维性，在同一时间下并置在一起，赋予空间超时间的叠合之美。科林•罗在和弗瑞德•科特合著的《拼贴城市》中指出，“拼贴不仅是一种技术，而且是一种思想状态。”空间中的各种要素拼合在一起，共同传达着不尽相同的有意义的内容，却内含着设计师赋予它们的统一的思想状态，而且试图引起观者的丰富的联想。根据拼贴对象的差异可以划分为侧重日常材料选择的波普式拼贴，以历史的建筑语汇为基础的风格样式的拼贴，赋予空间“文化性”、“趣味性”和“多元化”的表面形式，以及更为深刻思考模式上的或是基于空间设计理念，或，对建筑既存环境的特定呼应的综合式拼贴。

（五）分解与重构

分解完整与和谐的形式系统，在设计中追求散乱、动荡、倾斜、失衡、残缺的感觉，予人以强烈的视觉和心理冲击。分解的对象可以是现实中的任何元素，将局部元素从中分离出来，然后重组在一个新的空间语境中，分解与重构在设计中的运用，也是为了更广泛更丰富的信息传达。分解一个图形（无论是具象还是抽象）其意义在于能在这个被分解的图形中获取新的视觉元素，进而以此构成出与原来图形完全不同的“完形”面貌，即在原初或形象地被分解，为重新构成新的空间提供了基本的“原料”。分解后的事物显现着不守规矩的恣肆、放纵的形态；表现空间与结构的运动、分裂、聚合、激变等感觉；显示出动荡、失衡、扭变冲突之类的意象。利用分解与重构的手法将原本完整、简单的建筑“解构”成不规则的碎片，再以相互冲突、对立和扭曲等方式进行重构，来造成紧张性视觉感受和丰富的空间体验。破碎的目的是为了打破建筑及空间中现存的秩序和组织逻辑，并通过夸张地表现破碎所导致的不稳定感和断续感来创造出一种动态的异质性空间体验。

扎哈设计的日本札幌餐厅平面布置呈现出一种反常、奇险、不规整，实际上是用了解构的不稳定构图。构图中多处运用倾斜线，塑造出一个支离破碎的不稳定形象。一步入内部，便会获得令其放纵的强烈的心理暗示。分解后的形呈现出各种各样的不规则探求非平衡的运动感及奇险的构图效果。与四平八稳的构图相比，失衡的不稳定构图具有一种不安分的生动之感。这个以“冰与火”为主题的餐厅，分为两层。一层为“冰”的世界，大量的金属与玻璃通过运用象征性的移位表达出寒冷的冰窟。尖锐的、不安定的几何形片段充斥着整个空间。步入二层则是烈焰的归栖地，橘红色的火焰柱喧腾着奔向屋顶，洞口随之扭曲变形。桌面、椅面、地面等各种反光的表面将光亮发散到各个方向，来到这里就像是进入火山的内部，奇异的景象变幻莫测。变形的空间附着在色调分明的物体上，大量冲突对立的元素在空间中充斥，这一切都在表现噬人的动感与力度，动荡、不稳定扑面而来（图 12-12）。

图 12-12　日本札幌餐厅（扎哈·哈迪德）

分解打破了传统的观察和认知，将物象作全方位的剖析、肢解，再通过重构获得更强烈的视觉表现和多重的语义表达。这种穿插的斜线和零散化的形态意味着对原则的破坏，为空间增加一种空间、时间上的意义变化，趣味、模糊、暧昧、多义的效果。这是一种新的阐释与反讽，是新的理解和体验。在一大群交叉密集的线条中，有一些继续向前，逐渐拓展为一个面、一个体块；另一些则先留在原地，然后在空间中不断翻转、放射、变异和延伸。空间特性呈现出一种破碎的、断裂的、残缺的状态，也表现为功能的交叉、叠置。

〖第 4 部分〗载体

第十三章　文化意境——传统建筑的艺术载体

第一节　中国传统建筑的形式特点

一、中国传统建筑的物理形态

建筑具有民族性，几乎每一个民族都有自己的建筑形式。历史悠久而不断发展，这正是中国文化的特征，同时也是中国建筑的发展历程。相比于其他古文明的发展来说，中华民族的文化几千年来几乎从未被中断过，而随着文明的延续，中国建筑体系也成为最古老的营造方式之一。

几千年来，中国传统建筑经过了漫长的发展过程，逐渐形成了若干与其他建筑体系明显不同的独特气质。中华民族的建筑文化是独一无二的，世界上没有哪个民族像中国这样，如此执着地热衷于土木结构及其群体组合。梁思成在《中国古代建筑史绪论》中指出：“从中国传统沿用的‘土木之功’这一词句作为一切建造工程的概括名称可以看出，土和木是中国建筑自古以来所采用的主要材料。这是由于中华文化的发祥地黄河流域，在古代有茂密的森林，有取之不尽的木材，而黄土的本质又适宜于用多种方法（包括经过挖掘的天然土质、晒坯、版筑以及后来烧制的砖、瓦等）建造房屋。这两种材料之掺合运用对于中国建筑在材料、技术、形式传统之形成是有重要影响的。”中国传统建筑的主要建筑材料是木材和砖瓦，主要结构形式是木构架。木架构由横梁、立柱、顺檩等主要构件建造而成，各个构件之间以榫卯节点相连接，构成富有弹性的框架。木结构优点突出，主要的承重构件是柱子，外围墙体均只起围合作用而没有承重负担，同时由于墙壁不承重，这种结构给予了建筑物极大的灵活性：外墙隔热防寒、遮挡阳光，内墙分隔室内空间。室内可以不设隔墙，外墙上可以任意开窗，甚至可以建设没有墙壁的敞厅。由于木构架结构形似现在的框架结构，木材所具有的特性使木构架所用的斗拱和榫卯保留了适当的伸缩范围，因此一定程度上减少了地震对木构架所造成的危害，有利于防震榫卯抗震。一句话概括其特点就是“房倒屋不塌”（图 13-1）。

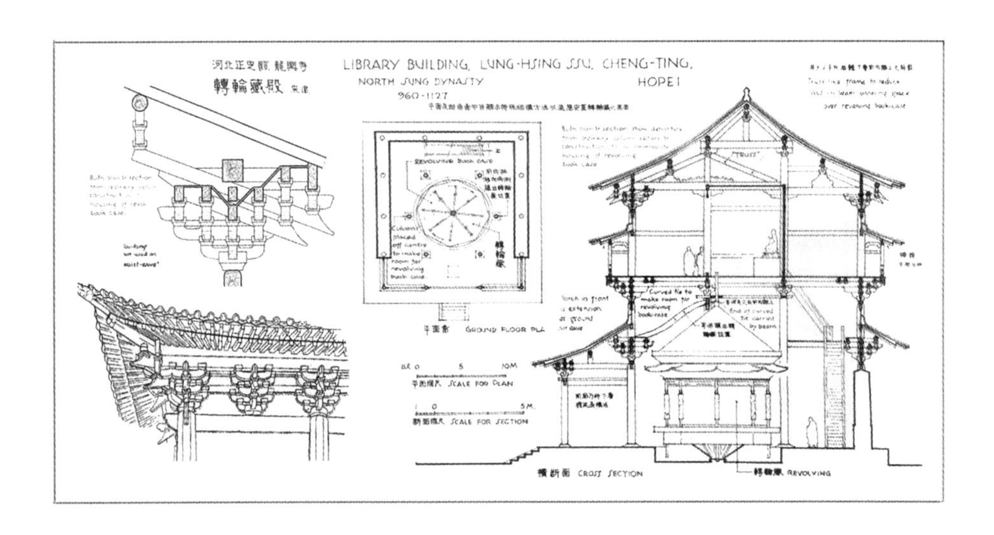

图 13-1　河北正定隆兴寺转轮藏殿

（一）以木构架为房屋主要结构形式

中国古代建筑的主要特点之一是房屋多为木构架建筑。砖石结构建筑就全国范围和历史发展而言，始终未能大量使用。众多木构件组合成框架体系，同时采用均衡对称的柱网平面格局。结构体系分为抬梁式、穿斗式、干阑式三种。

（1）抬梁式。在房屋前后檐相对的柱子间架横向的大梁，大梁上有重叠几道依次缩短的小梁，梁下加瓜柱或驼峰，把小梁抬至所需高度，形成三角形屋架；在相邻两道屋架之间，于各层梁的外端加檩，上下檩之间架椽，形成屋面呈下凹弧面的两坡屋顶骨架。每两道屋架间的室内空间称“间”，是组成木构架房屋的基本单元。

（2）穿斗式。与抬梁式在柱上架梁和梁端架檩不同，穿斗式把沿每间进深方向上个柱随屋顶坡度升高，直接承檩，另用一组称为“穿”的木枋穿过各柱，使之联结为一体，成为一道屋架；各屋架之间又用一种称为“斗”的木枋联系，构成两坡屋顶骨架。檩上架椽，与抬梁式相同。

（3）干阑式。用纵向柱列承檩，檩间架水平方向的椽，构成平屋顶。椽实际是主梁。

（二）中国建筑独特的外形与营造方式

由于木结构建筑有着变化的基本单元、别具一格的悬挑结构、巧妙的节点做法、标准又灵活的模数制、多样化的屋顶形式、优美的屋顶曲线、生动的屋顶瓦饰 ，以及丰富的建筑群组、对比强烈的宫殿建筑色彩、建筑艺术处理和建筑结构的统一等方面的特色，所以人们对其艺术特点的研究长久以来兴盛不衰（图 13-2）。

（1）外观分三段。木构架房屋需防潮和防雨水淋灌，故需要高出地面的台基和出檐较大的屋顶，遂在外观上明显分为屋顶、屋身和台基三部分。不同等级、规格的建筑，其屋顶、屋身、台基的规制、尺寸、材料以及许多细部做法都有详细的严格规定。在外观形式上，传统建筑的三段中最引人注目的是屋顶，它是传统建筑中最重要的组成部分，所以有将中国建筑说成是“大屋顶建筑”，从屋顶的形式就能分出建筑的等级。

图 13-2　传统房屋的结构形式

（2）屋面凹曲、屋角上翘的屋顶。用调节每层小梁下瓜柱或驼峰高度的方法，形成下凹的弧面屋面，使檐口处坡度变平缓，以利于采光和排水。中国古代建筑的屋顶除两坡外，重要建筑的屋顶还有攒尖、庑殿和歇山等形式。

（3）重要建筑使用斗栱。在较大的木构架建筑中，在柱头承梁、檩处垫木块，以增大接触面；又从檐柱柱身向外挑出悬臂梁，梁端用木块、木枋垫高，以承挑出较多的屋檐，保证台基和构架下部不受雨淋。这垫块和木枋、悬臂梁经过艺术加工，即成为中国古代建筑中最特殊的部分“斗”和“栱”的雏形，其组合体合称为“斗栱”。斗栱是我国传统建筑中的重要构件，它是根据木材的受力特征，结合中国劳动人民的审美观念，由众多劳动者创建而成的。它伴随着中国传统建筑的发展而发展，在中国传统建筑中的地位犹如欧洲古典建筑中的柱式的柱头，具有很好的装饰性。但与欧洲柱头不同之处在于，它还是符合受力特征的承重构件。斗栱这一重要构件，一般是建筑物立柱与屋架之间的一种过渡，在较大型、较高品位、较重要的中国建筑上，斗栱是常见的。斗栱是与立柱相联系的屋架的有机构件，是中国建筑文化一项突出的技术与艺术成就。

（4）以间为单位，采用模数制的设计方法。中国古代建筑两道屋架之间的空间称一间，是房屋的基本计算单位。每间房屋的面宽、进深和所需构件的断面尺寸，都有一套模数制的设计方法。把建筑所用标准木材称为“材”，“材”分为若干等，以材高的 1/15 为“分”，“材”高是模数，“分”是分模数。中国木构架房屋易于大量而快速组织设计和施工，采用模数制设计方法是重要原因之一。木构架房屋不需承重墙，内部可以全部打通，也可按照需要用木装修灵活分割。木装修装在室内纵向或横向柱列之间，分割方式可虚可实（图 13-3）。

图 13-3　斗栱

（三）中轴对称的院落式布局

中国古代自台榭建筑衰落消失后，除个别少数民族地区外，很少见由多种不同用途的房间聚合而成的单幢大建筑，主要采取以单层房屋为主的封闭式院落布置。房间以间为单位，若干间并联成一座房屋，几座房屋沿地基周围布置，共同围成庭院。其重要建筑建在院落中心，但四周被建筑和围墙包围，外面不能看到。院落大都采取南北向，主建筑在中轴线上，面南，称正房；正房前方东、西两侧建东西向房，称东、西厢房；南面又建面向北的南房，共同围成四合院；除大门向街巷开门外，其余都是向庭院开门窗。庭院是各房间的交通枢纽，又是封闭的露天活动场所，可视为房屋特别是檐廊、敞厅的延伸或补充。

所谓庭院模式是指某种事物的标准形式，中国传统建筑呈现出一种形似性：间→幢→院子→院落。这种高度一致的群体组合方式，是中国传统建筑所共同遵循的一个标准形式，即“庭院模式”。这种院落式的群组布局决定了中国传统建筑的又一个特点，即重要建筑都在庭院之内，很少能从外部一览无余。越是重要的建筑，必有重重院落为前奏，在人的进行中层层展开，引起人可望而不可即的企盼心理。这样，当主要建筑最后展现在眼前时，可以增加人的兴奋和激动之情，加强该建筑的艺术感染力。那些“前奏院落”在空间上的收放、开合变化，也能反衬出主院落和主建筑的压倒一切的地位。中国古代建筑，就单座房屋而言，形态变化并不太丰富，屋顶形式的选用和组合方式又受到礼法和等级制度的束缚，不能随心所欲，主要靠考庭院空间的衬托取得所欲达到的效果。从这个意义上来说，中国传统建筑是在平面上纵深发展所形成的建筑群与庭院空间变化的艺术。

（四）以方格网街道体系为主，按完整规划兴造的城市

中国古代关于城市的营建模式，《周礼·冬宫·考工记》中有叙述“匠人营国，方九里，旁三门；国中九经、九纬，经涂九轨。左祖右社，面朝后市，市朝一夫。”这种规定对以后中国都城的修建都有很大的影响。

中国古代的大中城市内大多建有小城，在内建宫殿的称宫城，建官署的称衙城或子城。宫城或子城大多建在全城的中轴线上，四周布置若干矩形的居住区，其间形成方格形街道网。每个居住区四周用墙围起，四面或两面各开一门，由官吏管理，以控制居民，并实行宵禁，实际上形成若干个城中的小城，称“里”或“坊”。坊内用大小十字街分为十六格，格内建住宅。城内商业集中设在一两个小城中，定时开放，有专官管理，称“市”。这种把居民和商业都放在小城中控制起来的城市，

后世称之为“市里制城市”，这是一种封闭性很强、带有军事管制性质的城市制度。在排列整齐的坊和市之间就很自然地形成方格形的街道网。

以间为房屋的基本单位，几间并联成一座房屋，几座房屋围成矩形院落，若干院落并联成一条巷，若干巷前后排列组成小街区，若干小街区组成一个矩形的坊或者大街区，若干坊或者大街区纵横成行排列，其间形成方格网状街道，最后形成以宫殿、衙署或者钟、鼓楼等公共建筑为中心的有中轴线的城市。

二、中国传统建筑的空间气质

中国建筑的传统手法，即对称与不对称的布局，轴线的巧妙安排，以及空间的层次、空间的序列、空间的连接、空间的渗透、空间的分割和空间的融合等手段，在有限的空间里形成丰富多彩的变化效果。中国传统建筑艺术的独特理论，作为空间设计的理论依据，如中国传统建筑的“意境说”、“因借说”、“自然说”等。中国传统建筑中的各种理论，创作思想首要是人文主义思想，各种类型的建筑主要是为了现实的人，尽管人的等级差别很大，但是其总的尺度是较易使人接受的。中轴线和对称布局也一直是传统建筑空间构成的重要法则。在中国传统建筑的时空观念中，都要求明确和实用，强调古朴、淡雅、幽静的潜在情趣与外环境的共鸣。在对群体空间组织上强调是时空观念，采用多层次、序列感、对外封闭、对内敞开的空间格局。

（一）延伸扩展的构图空间

中国传统建筑空间形态是伴随着中国传统建筑的发展而完善的，并逐渐形成自己的特点。中国传统建筑空间形态上基本都是由门、堂、廊及其“延伸”的空间所构成。建筑平面上来看，可以归纳为门、堂、廊三个组成部分，以及由此“延伸”出的各种空间院落体。

中国传统古建筑历经数千年的发展，早在夏商时期已有院落式建筑群组合基本成型的实例。西周陕西岐山凤雏村建筑遗址就是一个严整的四合院实例。整个建筑群由二进院落组成，前堂与后堂之间用廊子联接，门、堂、室的两侧为通长的厢房，将院落围成封闭空间，院落四周有檐廊环绕（图 13-4）。周代以后，门堂分立基本上成为了建筑的一种标准形式，并由此形成了中国传统古建筑中的“门堂之制”。有堂必立门，门与堂之间，堂与堂之间采用院落、门或廊等过渡空间相连。门、堂、廊及其“延伸”空间构成了中国传统建筑空间形态的基础，并由此形成了中国传统建筑这样独特的空间形态。它们不但是建筑功能构件，更是映射建筑气质，表现思想、文化等精神意义的重要手段。

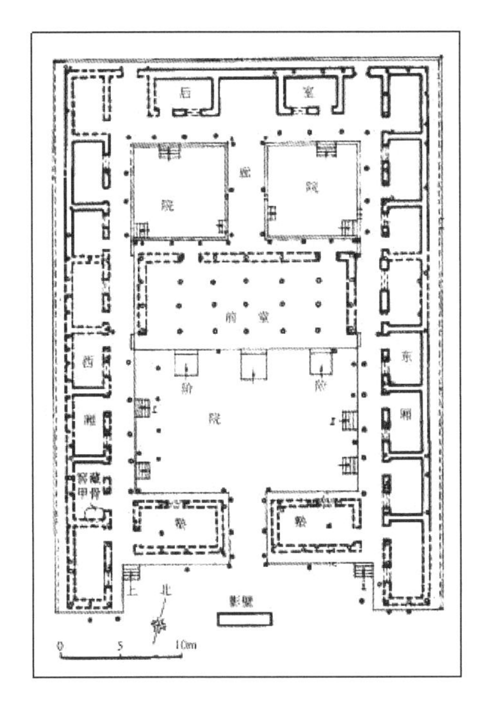

图 13-4　西周岐山凤雏村遗址平面

（二）以人为本的尺度空间

中国传统的建筑是建立在“人治”与“礼制”的基础之上，虽然也有“祭天”、“拜神”的行为，但是宗教神权只是作为统治阶级的工具利用，并没有凌驾于皇权统治之上。所以我们看西方建筑历史，总是一些尺度异常高大的教堂建筑，通过非常人的异象尺度、体量，视觉上映衬人的渺小。而中国的建筑更多的是皇权代表的宫殿建筑，以及实用主义的高墙筑堡。中国传统建筑设计是从以人为本的实用主义出发，很少出现极度夸大的现象。并且通过宗法礼制的约束，规定各种不同的建筑等级、尺度大小，各个级别之间不得僭越。

用宗教建筑类比，宗教是统治者的利用工具，其建筑也从不能超越皇家建筑，它只不过是神的居所，一个修身养性的场所，一个本质内敛的空间，展示宗教文化而已，并不需要夸张和强调。殿堂按其中供奉的神像的大小设计建筑的高度，其他建筑依旧以人为尺度设计，充分体现出实用主义的思想。形式不是最重要的，精神才是至高无上的，这与西方教堂建筑有着最显著的区别。正是在中国传统文化中内涵的人本思想、实用思想，反对浪费讲究节约精神的作用下，中国传统建筑空间形态形成了从使用者的实际出发进行设计的“以人为本”的尺度空间。

（三）科学理性的有机空间

中国传统建筑空间构成的特点之一就是有序和有机的。建筑的平面以“间”为单位，序列展开，由一间或若干间构成单体建筑。单体建筑平面的大小由开间的数量和间的架数决定。开间不同，房屋等级不同，取阳数分成一、三、五、七、九开间等不同级别。十分隆重的用九开间，也有十一开间的特例，如北京清朝故宫太和殿。单体建筑的平面形式基本固定，但却有其广泛的适应性，可用作各种不同的用途。但单体的建筑并不足以构成功能完整的使用空间。中国古代建筑，小至住宅，大至宫殿，都是由单体建筑序列组成的群体构成。这样的布局每个单体规模无需建得很大，但却可以根据使用目的和要求通过组群的方式有机地扩大、展开，而且不受时间的限制，具有可持续发展的特点。

中国传统建筑用“间”这个基本单元，从平面与竖向重复演进。从整个建筑群的角度出发，各个单体建筑可分开单独建造，并且同时进行，体现出中国传统建筑空间的有机性串联模式。

（四）不变应万变的灵活空间

中国古代的建筑体系为木构架，类同于现在的柱网框架结构，墙体作为一种分隔空间的手段，而不是成为承重构件存在，所谓“房倒屋不塌”。 中国传统的建筑设计创造出很多非常成功的建筑空间分隔和组织方式，而在建筑体的内部，正是这样的分隔形式，可以创造出灵活变化的空间形态。在这样的基础上，墙体处理也呈现出多样化，可以同时兼顾实用性与艺术性要求。就整个单体建筑而言，由于外墙不承重，可有可无，形式灵活，门窗亦可自由开启，因而根据不同的需要都可以演化成不同形制的建筑空间。通过侧界不同方式的围合，既可以界定出封闭的空间，也可以拓展出开敞的空间。就整个建筑群而言，也可以通过自身的调节，使各个独立的单体建筑之间以及单体与环境之间，展现出封闭或开放的状态。

中国古代木构架建筑体系的空间概念类似于我们今天所说的“流动空间”。这是一种以不变应万变的空间形态，具有广泛的适应性，并且表现为一种灵活的、有机的、生态的空间形式，体现着中国传统的哲学理念。

第二节 传统建筑的哲学观点

文化是人为了满足自己的欲望和需要而创造出来的：针对自然界，创造了物质文化；针对社会，创造了制度文化；针对人自身，创造了精神文化。物质文化、制度文化和精神文化为构成文化大系统的三大子系统。物质文化子系统包括：人们为满足生存和发展需要而改造自然的能力，即生产力；人们运用生产力改造自然，进行创造发明的物质生产过程；人们物质生产活动的具体产物。制度文化子系统包括：人们在物质生产过程中所形成的相互关系，即生产关系；建立在生产关系之上的各种社会制度和组织形式；建立在生产关系之上的人们的社会关系以及种种行为规范和准则。 精神文化子系统包括：人们的各种文化设施和文化活动，如教育、科学、哲学、历史、语言、文字、医疗、卫生、体育和文学、艺术等；人们在一定社会条件下满足生活的方式，如劳动生活方式、消费生活方式、闲暇生活方式和家族生活方式等；人们的价值观念、思维方式和心理状态等。

文化的三个子系统组成了文化的三个层面。表层是物质文化，为技术系统；中层是制度文化（或称群体文化），为社会学系统；深层是精神文化，为意识形态系统。作为与文化母体同构对应的建筑文化，也是由以上三个层面构成。建筑作为人们营造活动的物质产品，作为物质文化的特征是显而易见的。建筑的营构中注入了制度文化的内涵。以住宅为例，帝王之居为宫室，官僚贵族之居为府邸，百姓之居为民居。中国传统建筑的营造必须符合“礼”制，建筑所用材料、开间、着色、装饰等都有严格的等级制度。因此，制度文化构成了建筑文化的中间层面。建筑文化中包含了精神文化，精神文化建构了建筑文化的深层层面。建筑体现了一定的哲学思想，而哲学是文化之精华部分。中国古代的哲学主张天、地、人三材合一，《老子》提出“人法地、地法天、天法道、道法自然”的原则，这种哲理也是指导建筑营构的最高准则。所以，中国传统建筑以“象天法地法人法自然”为意象，以象征主义表达五大观念系统。

一、宗教导向

中国传统哲学思想很大程度上依附于宗教哲学思想，道教、儒教、佛教都可以说影响着中国的哲学思想的主流。中国最早的时候几乎没有完整的宗教体系，只是崇祖、崇天，是一种观念加文化行为的结构形态。

（一）道教

中国古典哲学对宇宙如何形成、生命如何产生等问题有很深入的思考，最有代表性的是道家哲学。道家哲学的根本范畴是“道”，老子对“道”进行了描绘，“有物浑成，先天地生，寂兮廖兮，独立而不改，周行而不殆，可以为天下母。吾不知其名，强字之曰‘道’”。“道”是天下万物之母，老子曰：“道生一，一生二，二生三，三生万物。”老子曰：“人法地，地法天，天法道，道法自然”。强调人来自于自然，追求天与人在自然生命上的一致性，满足人的生活方式、心安自得感的需要。天地人之间法则是相通的，这种法则并非以人为依归，而是以天地、自然为依归。这也许是道家思想中给人以天人合一、自在出世、无为而治的印象之根本原因所在。玄学以“道”为旨归。道本无为，道本自然。“自然”有三层含义：其一，未经人力污染、改造的大自然、自然界；其二，人体自然；其三，人的心灵自然，即一般未经社会伦理“污浊”所濡染过的心灵，或虽经“污染”却重新加以洗涤的心灵。所谓“淡泊、无为”就是这样的心灵自然。

道家哲学感悟天地自然无为而成的大美存在，在以人为主体的存在与外物的关系分析中，以及人自身的多种存在关系分析中，实现人的生命生存和创造自由的审美自然观。庄子说：“天地与我并生，而万物与我为一。”老子讲“无为而无不为”。道家立足于“自然无为”，强调“天人合一”中自然和谐的一面，即注重人的自然属性，倡导依顺天地阴阳秩序以便实现“天人合一”。提出“法自然”、“因其固然”、“法天贵真”之说。老子饱含爱慕自然的感情，主张万物复归其根源，人不要积极有为，以实现“燕处超然”之精神自由，追求自然清净，自我解脱和自由自在之道，进入“天和”状态，这是一种自性的发现与复归。道家这些深邃而丰富的文化哲理，构成了中国园林建筑的文化背景。而道教提倡人与自然的结合，追求超逸，提倡体悟天道，“虚其心”。中国传统建筑以庭院为中心，这个院即是一个“虚”。

（二）儒教

儒教是中国专制社会长期形成的特殊形式的宗教。儒家学说是由直接继承了殷周时期的天命神学和祖宗崇拜的宗教思想发展而来的，这种学说的核心就是强调尊尊、亲亲，维护君父的绝对统治地位，巩固封建宗法的等级制度。儒家学说崇尚仁义和礼乐，提倡不偏不倚、过犹不及的中庸思想，重视伦理道德的培养与实践，强调重民、纲常、道统等思想，宣扬以义制利、经世致用的价值观。

宗法家族观念是中国传统文化的重要内容，尤其是儒家所倡导的宗法伦理。受这种观念的影响，宗法成为中国传统建筑渲染的主题之一。就宫殿建筑而言，皇家以天下为家，是国家的大家长，同时又是皇族这一姓氏的家长，因此在宫殿布局中分为“前朝后寝”。前朝部分是皇帝作为“一国之家”家长活动的场所，重在处理国家政务，故建筑的等级最高，气势最为宏大，装修华丽，渲染皇权的至尊、威严主题。“后寝”部分是皇帝作为“一姓之家”家长活动的场所，重在处理宗族内部事务，故建筑的规模相对于“前朝”而言，就要小一些。

（三）佛禅

佛教发源于印度，最早在东汉时期传入中国，并在中国文化土壤上形成了一个叫中国佛教宗派“禅宗”。佛教传到中国后与中国的传统文化互相影响、吸收，发展为中国的民族宗教之一，更成为中国封建文化的重要组成部分，对中国古代社会历史，对哲学、文学、艺术等其他文化形态，都发生了深远的多方面的影响。

禅宗文化不仅吸收了以往佛教诸派思想以及玄学思想之所长，而且还融合了中国文化中有关人生问题的思想精髓，从而与华夏民族注重现实生活的文化传统构成水乳交融的整体，成为与儒、道并称为传统文化的三大成就之一，它提出通过个体的直觉体验和沉思冥想的思维方式，从而在感性中通过悟境而达到精神上一种超脱与自由。在禅学看来，人既在宇宙之中，宇宙也在人心之中，人与自然并不仅仅是彼此参与的关系，更确切地说是两者浑然如一的整体。为了在人的生命历程中展现出这种自然宇宙与人的整体境界，禅学认为，内心的体验便是达到这一境界的关键，这是因为宇宙万物的一切都是人心所生。

二、中国传统建筑古典哲学的意象

我国传统的意象造型强调立意造象，以象尽意的原则。所谓“立象以尽意”，立象尽意，有以小喻大，以少喻多，由此及彼，由近及远的特点。“象”是具体的，切近的，显露的，变化多端的，而“意”则是深远的，幽隐的。艺术形象以个别形象表现一般，以单纯表现丰富，以有限表现无限。

意象是中国古典美学史上的一个概念，而“意”与“象”两字原是两个并列的概念。“意”指客体化了的主体情思，“象”指主体化了的客体物象。古人以为“意”是内在的抽象的心意，“象”是外在的具体的物象；“意”源于内心并借助于象来表达，“象”其实是意的寄托物。意象即“意”与“象”这彼此生发的两个方面的相融和契合。美的艺术应该是“意”与“象”的统一。因此把意象作为统一概念，其内涵包括以下两个方面：其一指艺术家运用形象思维创造出来的心物相契、虚实统一、令人回味无穷的艺术形象；其二指在审美中，“意”与“象”交融合一，升华所成就的艺术表象。

（一） 意象的哲学之思

中国文化绵延至先秦时期，各种思想开始萌芽，哲学观、美学观也开始了一体化的演进。“象”杂糅在哲学家们的哲思中。《老子》讲：“道之为物，惟恍惟惚。惚兮恍兮，其中有象，恍兮惚兮，其中有物。”“大音希声，大象无形。”“象”是有无、虚实、恍惚、主客体的混成物，道是宇宙万物的终极本体，流布世界，以“象”现道，观道是冲破有限界、体认无限界的唯一有效的方式，老子所谓的“象”是一种超越了具体的“物”、“形”、“状”，在意识世界和实在世界会通中的存在。

（二） 意象的审美情趣

魏晋南北朝时期是“人的自觉”时代，审美和艺术同时也进入自觉时代。艺术空前发达，抒情诗文和山水画占据主流，诸种流派、风格逐步趋于成熟，意象说也随之到了一个新阶段。此时的意象说在语词构造上仍大量地分言，首次将意与象合二为一的是汉代王充，他在《论衡·乱龙》中说：“夫画布为熊麋之象，名布为侯，礼贵意象，示义取名也。”此处的“意象”指的是以“熊麋之象”来象征某某侯爵威严的具有象征意义的画面形象，它与易象的高度抽象性不同，只是在借代和象征的手法意义上而言，和孕育于心灵、表现为多种艺术形式的审美意象相距甚远。

（三）意象的歧义状态

“意象”一词的广泛使用是在唐宋时期，然而由于人们理解上的不同，造成用法上的歧义。“意象”多义性局面的造成，一方面是由于它是一个合成词，“意”指主观性，“象”指客观性，二者结合时可以各有偏重，泛化理解。另一方面则是“意象”含义未固定，为使行文活泼，不少人将其从文艺学领域移出。“意象说”大多从艺术创作或接受两层面出发，将“意象”看成集知、情、意于一体的以直觉或感兴方式呈现的心意状态。“意象”的生成需要“万取一收”、“离形得似”、“返虚入浑”的过程，他总结了王孟诗派那种闲情逸致、禅意画境的创作经验，将“意象”规定为创作前的一个必不可少的“虚浑”阶段，是符合实际的。

（四）意象的成熟完善

明清时期是我国统一的多民族国家巩固、封建制度渐趋衰落而资本主义的萌芽时期，学术文化思想在明中叶以后出现了复古保守和变革求新两股思潮的对抗，各类艺术逐步齐备，诗文、小说、戏曲等各方面都产生了总结性的理论著作。意象说进入了比较成熟的阶段。这时意象一词被普遍使用，其频率超过意境，且涉理渐臻精核。意象本体表现为脑机制的感兴状态，感性与理性、认知与情感、抽象与具体等熔为一炉。前代关于意象的审美特征，大多是一种感觉式的模糊描绘，宽泛难揣，明清时期则开始加入理性认识。

第三节 传统建筑的文化意向

一、传统建筑的意象分类

象征主义是中国传统文化的重要特色之一，也是中国传统建筑文化的重要特色之一。这与中华民族的特殊思维方式有关，而象征主义就是这种特殊思维方式的重要特点和标志。象征的思维方式和表达方式表现于中华民族的语言、风俗、宗教信仰、文字符号与艺术等各个方面，建筑艺术上也是如此。中国的传统建筑，从立意构思到平面规划、建筑造型、装饰装修，处处都映射着象征主义的神奇光彩，洋溢着象征主义浓郁的情趣。从帝都宫苑，到寺观庙宇，乃至遍布神州大地的村落民居建筑，概莫能外。中国传统建筑中传达意象、用于象征表达的题材成千上万，按照其思想观念可以分成五大系统：

（一）追求与宇宙和谐合一的意象

从审美的角度看，中国传统建筑所表现出的生态观与中国哲学是密不可分的。人与自然是一个整体，而对这样“天人合一”的哲学思想来说，“天”是古代哲学中最重要的基本思想。“天人合一”这里有两层意思：第一层是指在中国古人看来，人的生存环境作为生命之寓所与人的生命是一个统一的本体，而不是单纯的认识对象；第二层是指中国古人以小宇宙比类大宇宙的观念和方法。

天人合一、自然至上对寺观建筑的选址形成了决定性的影响，高山幽静的自然环境成了寺观建筑共同的选址标准。道家的一个重要特点便是崇拜神仙，这都或多或少直接或间接地影响到建筑，古代的宫观建筑可谓是哲学与宗教的结晶。宫、观是道教祭神和举行法事仪礼的场所，也是某一道派的传教点。道教创立之前的道家认为“仙人好楼居”，楼乃高层建筑，所以道教早期建筑中多楼阁与台，即使普通房舍也多在二层以上。《东观汉记》有“公孙述造十层赤楼”，《道德经》有“九层之台起于累土”的说法。有诗云“山不在高，有仙则名；水不在深，有龙则灵”，所以道教的宫观多建于山上，且四周青山环绕，鸟语花香，松柏苍翠，观内则幽静深远，一楼一台，一塔一炉，一花一木无不显示出教徒们成仙得道的愿望；即便是城市中的道观也是古树参天，优雅深邃，极力营造人间仙境。

（二）向往佛国宇宙的意象

在中国的传统建筑文化中，处处都体现了对美好事物和理想世界的追求、向往。神仙的逍遥不死和佛国的极乐永恒都使人们梦寐以求。建筑中的金刚宝座塔——曼荼罗就是象征着以须弥座山为中心的九山八海式的佛国世界。

佛教最初的宗教空间的基本形制是石窟，石窟最早的出现形式是禅窟，也叫罗汉窟。这是一种专为禅僧修习的小窟，一般多分散，且各自独立。这种静寂的空间形式适合于禅僧端坐冥想，行思修炼。佛教崇拜经历了一个从礼拜一般象征物到礼拜佛塔，再到礼拜佛像的过程，石窟的发展也是按照这个过程进行，形成了佛教建筑的标准形式。佛教在中国的传播过程，实质是两种文化的相互渗透，中国文化对佛教建筑形式的发展进行了同化，从最初的“舍宅为寺”开始，就注定了佛教礼拜空间要按照中国的模式进行调整、同化。

中国建筑文化一向以都城之中的宫殿、坛庙之类为其主角，此乃王权文化、官本位文化与敬天祭祖的传统文化使然。魏晋南北朝时期，由于经济条件的制约，以及从思想意识上支持王权、官本位和敬天祭祖文化的儒学、经学的暂时收到压抑，处于相对萧条的历史时期，使得佛教建筑挤兑宫殿、坛庙、都城的文化地位而成为历史时代的建筑代表符号。所谓“招提栉比，宝塔骈罗”，并非虚言。

（三）宣扬儒教文化的礼乐意象

中国古代是受礼法约束的等级森严的社会，形成以“礼”为表现形态的建筑等级制度。儒家的思想核心是“仁”，强调遵守等级制度的“礼”。“礼”是人的行为规范，它的显著特点就是对长幼、尊卑、贵贱有着严格的规定。“礼”同时又强调整体利益，个人只能在既有的规范等级内安分守己，各个等级之间是不可逾越的。“礼”是行为规范，“法”是行为禁约，两者相辅，以不同人之间的严格差异，保持人的尊卑贵贱关系，巩固政权。

自汉朝武帝之后，整个漫长的中国封建社会里基本上以儒家思想为行事依据，中国古代建筑在各方面的发展也都受到儒家思想的制约。由于“礼”被统治阶级提升为一种非常重要的原则，有关建筑的内容就不仅只具有参考意义，更成为必须遵守，不可移易的典章。中国很早就把建筑的内容和形式看做王朝的一种基本制度“礼”，与建筑之间的关系就是当时的都城，宫阙的内容和制式，诸侯大夫的宅第标准都是作为一种国家基本制度而制定出来的。中国传统建筑中典型的“主座朝南，左右对称，强调中轴”的平面布局原则，主要是受儒家思想影响的结果；住宅中“北屋为尊，两厢次之，倒座为宾，杂屋为附”的位置序列，也完全是礼制精神在建筑上的体现。“礼”的意识融会到古代大部分的建筑制式中，从王城到宅院，从内容布局到构图和形式都反映出礼制精神的追求。

（四）生殖崇拜意象

生殖崇拜是人类最古老的崇拜之一，由生殖崇拜文化发展而产生图腾文化崇拜，由图腾崇拜文化产生祖先崇拜文化。而生殖崇拜文化作为后起文化的深层结构，呈稳定的结构形式，具有永恒的生命力，成为中国传统文化的重要内蕴。

生殖崇拜是先民世界性的现象。中国先民的生殖崇拜文化与天地崇拜、日月崇拜、山川崇拜相结合，形成了天地人合一的哲学体系以及相应的宇宙观，成为中国传统文化的深层结构，渗透到中国传统文化的各个方面。中国传统风水之美学智慧在于它的崇生，即由生殖崇拜文化发展而产生的生命崇拜，这是中国传统风水文化的精华所在。择吉避凶、繁衍纳福乃风水之主旨。

（五）祈福纳吉的意象

祈福纳吉，这是民间建筑装饰中运用最广泛的题材，民间将其概括为福、禄、寿、喜、财等，其主要内容包括：交合化育、延年增寿、招财纳福、功名利禄等（图13-5）。这些题材最贴近百姓生活，以朴素的语言表达民众对生命价值的关注，对家庭兴旺的企盼，对富裕、美满生活的向往，以及对自身社会地位的追求。常用的交合化育题材有：凤穿牡丹、喜鹊登梅、松鼠葡萄、麒麟送子等。延年增寿题材有：八仙庆寿、子孙万代、鹿同春、万字锦等。招财纳福题材有：天官赐福、三星高照、玉堂富贵、招财进宝、万年富贵等。功名利禄题材有：五子登科、马上封侯、一路连科、加官晋爵等。

图 13-5　传统建筑雕刻中的吉祥图案

二、传统建筑的意象化

中国传统哲学富于思辨思维，就其在方法论上的表现，传统哲学研究方法注重意识形态，注重整体观念，而对具体的思考不充分，容易陷入一种类模糊思维。建筑史学研究注重对于具体现象的分析，用例案出发，从技术角度具体剖析。建筑意象的使用状态伴随着相关学科的发展，建筑学界对意象问题的关注逐步增多，意象一词的使用频率也相当高，但大都将其视为一般性概念借用，如“静的意象”、“园林意象”、“宗教意象”、“空间意象”、“后现代意象”、“数的意象”、“光的意象”、“色的意象”、“听觉意象”等，诸如此类，不一而足，在不同的层次上与不同的角度上混用，任取所需，随意性相当大。在内涵上，意象一词与建筑表象、形式、图象、造型、思潮、形态等不同类别的概念划上等号，呈泛化局面，较少全面系统、规范地将其作为范畴及与建筑的深层关系进行研究，更有甚者在论著中对意象不作界定，任意行文。目前学界对建筑意象的看法概括说来有两大类：一是认为意象就是指建筑形象具有的某种“意义”，但它又不一定是具体的“什么意思”，只是形的某种感觉倾向，在建筑创作中，可以通过语义的各种手法，如象征、暗示、隐喻、形的本义等进行表现；一是认为意象就是人们所经历的物象环境所建立的心理图式，也就是感觉中的心理图象。前者以“意义”为核心，界定太宽泛，宽泛者如将建筑意象分为传统文化意象、新建筑意象、自然意象、社会风情意象、科学技术意象等，意象判别标雕不一，且无所不包。后者以“图式”为核心，界定太过于写实，从具体感觉形式入手研究特征。

在中国古代建筑那里，建筑意象指人们被建筑典型形象引发深远联想而获得的一种美感，常被称为建筑意境、建筑境界，它们之间可互指互换。如有的将古建意象（古建意境）分为伦理境界、天道境界、诗意境界。伦理境界指古建通过宫殿、四合院等将人们的联想引向儒家的政治关系和亲缘关系；天道境界指古建的平面、空间、造型等给人以阴阳平衡、有无相生、自然至上的感受；诗意境界指通过古典诗词展现的古建意境。这些古建意象（意境）实际上是从传统的“形”和“道”出发，指在古建筑物上所表现出来的设计手法、精神理念，偏重于一种情调。这种概念内容在中外建筑中都有存在，并没有突出中国古典建筑独特的状态，过多地套用艺术意象范畴。总之，建筑意象与古建意象的研究状况，存在着泛化与偏狭理解、中西古今相混、望文生义等方面的不足。中国传统建筑作为历史是一种客观的存在，演绎着古人的生活，其最高意义与价值不在于物理事实，而是在于与人的关系中产生的自足的生命体验，此存在状态谓之古建的生存。它既有实体化的一面，又有过程、心性的一面，即意象化的一面。中国传统建筑意象化存在是传统建筑意义与价值的生成状态与基本精神，传统建筑的生存的追寻有两条路径，一是此情此景，今人之感；一是沿波讨源，探找原状。本文主要是后者，在同情的理解中追寻中国传统建筑生存的“本真”。

中国传统建筑的意象是在中国古代历史中人与建筑的关系范畴，古人借助建筑通过意念、行为、隐喻等去掌握和体认世界，使客体（自然、人生）与主体在体验中达成内在的同一。所谓意象化就是作为传统建筑意义最高显现、最有概括性的意象在建筑本身及古人情思、行为中的表达，传统建筑意象全面、典型地渗透在作为文化体的建筑的诸类型与层面中，是与西方不同路向的独具特色的建筑意义与价值的根本生成方式。传统建筑的意象化是在直觉、情感、行为的导向下、理性认识（对人工的建筑体、对外于人的世界）和具体物象（形式的、空间的）之感知交融，它可以通过整体、局部、主体、分类等方面得到解读。所谓“化”，就是内在规律全面涵盖，并以贯之。

中国传统建筑几千年来呈现一种大同的趋势，其意指的就是传统建筑的形象固化和类型同化。形象固化是中华民族对自然、人生、宇宙生成本质一体掌握的意象化，它是人与外物的最基本的深层关系，一经生成，便在民族的原型意识中积淀下来，从内在机理上制约着建筑的传承风貌；类型同化则由于传统建筑在古人那里并非纯体量、形式的感知物，而是或以建筑物为核心，在场所中把握人与自然、体会人与人的和谐。或以建筑为意符，在意念中感悟天、地、人的沟通整饬，建筑类型在同一模式下局部、细节区分（如斗栱、屋顶、门等）即可。传统建筑在意象中生存，最终落实于个人的体验，这种体验不是冲突性的，而是融合的。意象是外在自然人化与内在自然人化的结果，传统建筑的意象化是其本质的最高实现。传统建筑意象化的主体性有三重内容和含义，即具有族类性质、群体性质和个体性质，三者交错渗透，是一种复杂的组合体。族类意象是传统建筑在整个中华民族的认同一致的内在根源，群体意象则是由一定数量个人组构的共同倾向，阶级、民族等的建筑意象有通约性，而个体意象是在前两者影响下、制约下的局部或者当下的创新体验。

〖第5部分〗媒介

第十四章 记忆的媒介
——体验的空间视觉语言

第一节 记忆媒介的建构

一、记忆媒介的运作机制

（一）记忆媒介的特点

人经历过生活中事件的过程会形成印象存储在大脑中形成记忆。大脑是记忆的载体，随着时间的流逝，记忆由其他记忆磨损模糊，旧的记忆被新鲜的记忆覆盖、代替。但被覆盖的深刻记忆不会消失，它存留在大脑中等待着重新被刺激、被挖掘，这种刺激大脑回忆的物体就是记忆媒介。正如心理学家卡尔·荣格说过：“人类的所有思想不过是人类的集体记忆而已，人类历史也是如此。”[1] 而记忆媒介则是刺激大脑回忆的载体。

记忆具体可以简单分为“记”和“忆”，其主要组成是识记、保持、回忆和再认三个环节[2]。识记即物体作用于感觉器官，人主动或被动的记住。识记是一切记忆的开端，分为认识和记忆，通常同时发生，人脑会对识记的事物保持一定的印象；保持则是强化识记内容或加深认识印象的一种过程，将对这种事物的印象转化为自身经验而作用于其他事件中，是识记的一种升华；回忆和再认是记忆的主要运用方式，回忆是回想曾经见过的现在不在面前的事物，通过提取记忆将其在人脑中重现，再认则是运用记忆确认面前的事物，是曾经感知过的。记忆的三个过程相辅相成、相互制约，保持来自于识记的过程，保持又是回忆和再认的前提条件，而回忆和再认又可以检验或强化识记和保持效果，三者缺一不可。记忆往往是反复识记的过程，在反复识记中将两个事物产生联系进而保持记忆，此后只要提及其中一个便会不由自主地联想起另一个。如果事物具有一定的意义或明显的特征，则更容易记忆和联想，不单被感知的事物能够被记忆，我们对于事件的思考、情绪、动作，尤其当这些给予我们的冲击较大时，都能被记忆，这是由于我们使用思维、情绪和动作等方式将自身与事物联系在一起，给予了事物特定的意义。例如在博物馆观看名画时，我们对于这幅画的记忆仅仅停留在感知其颜色、形状、构图、配比、细节等，但是当临摹这幅画的时候，我们加入了自己对于这幅画的理解，揣摩大师的想法，学习其技法等，以笔为媒介，我们与画产生了大量的联系，进而对这幅画的记忆更为清晰，甚至能够回忆起临摹时的想法或动作（图 14-1）。

图 14-1　记忆媒介传播

所以记忆既是对过去的反应，也是我们应对未来的经验，记忆使时间得到贯通，而作为商家要利用记忆增加用户体验或提升知名度，必将利用记忆的特点和规律，将记忆赋予产品或服务，使其和用户心理达成一致，可以说产品和服务是记忆的媒介，其具有现实性，它本身是能够感受到的，同时又具有非现实性。产品和服务应当能够“会说话”，与人产生互动加深客户体验，进而加深记忆。

记忆不仅作为过去生活记录的载体，也可以存储过去生活的情感。因此记忆媒

1　于一凡．城市空间情感与记忆［J］．城市建筑，2011(08):6-10.

2　陈辉．关于歌唱记忆的过程分析及运用［J］．四川戏剧，2011(05):118-120.

介所触发的记忆也包括情感，这种情感是过去时间段的情感回忆和再回忆勾起的新的情感体验，两种情感的交织从而丰富了记忆。我们五官接触到信息传递给大脑，大脑接受信息并了解信息，这个过程是媒介信息通过视觉传递的过程，可以说通过记忆媒介是记忆情感的引导线。记忆的关键是把抽象无序的视觉特征转变成形象有序的记忆片段，这是其中的一种规律，而现今的商家更希望寻求一种方式，遵循记忆的规律让更多的人接受并增强对品牌的认知和记忆，从而达到宣传、标识的效果。如何让空间达到这一效果是我们需要讨论和研究的内容。

同时，我们人眼所见到的所有信息传递给大脑后，借由人脑再加工后利用语言向外传递信息，所以视觉和语言从来密不可分，如同一般的电子计算机，输入编程也就是信息进入电脑的过程，由电脑自动识别编码并依据编码作出相应指令，显示所需要的页面或图片，这就如同人类语言的产生过程，可以说语言是记忆的媒介之一，而视觉是记忆的基础。

（二）记忆媒介是个体记忆的延伸

个人记忆对于个人的存在意义具有决定性的影响，丧失了记忆的人也就失去了记忆情感，正是这些记忆情感才是丰富人生的重要内容之一。个人记忆如果没有记忆媒介的刺激与引导，很难无中生有，凭空活跃。个人的历史历程是记忆的不断积累，过去记忆越精细则个人的历史就越详细。然而个人记忆随着事件的发展不断淹没、覆盖，最终大脑无法承载庞大的记忆数据。并且记忆的内容很难撇除依附物凭空回忆起来，之前的记忆由没有受到外在刺激最终形成潜在记忆而埋没在日常事务中。因此人们只能将记忆依附于具体的外在事物，由此形成媒介引发个人的记忆，使得人类记忆既得到合理的解放又能无限延伸记忆存储，同时，如果没有个体对记忆媒介的筛选与编辑，记忆媒介也不可能发挥其作用。记忆媒介的选取并不是随机的，只有个体筛选出最具有个人记忆特征的媒介才能成为媒介，作为记忆的刺激物。因此记忆媒介并不是独立于个人记忆而存在的，只有个人记忆与记忆媒介相互结合，记忆才能有发挥的余地。由此得出，记忆媒介是个体记忆的延伸（图 14-2）。

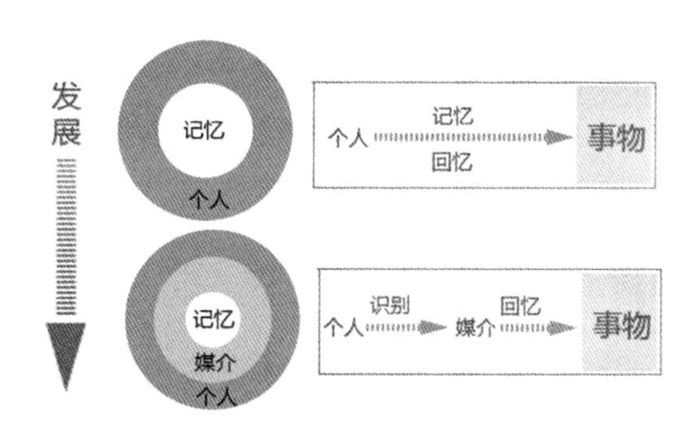

图 14-2　个人记忆媒介发展

（三）记忆媒介与集体记忆的社会性互动

记忆的形成是一个编辑、筛选的过程，这个过程不能排除于社会集体而单独存在。因为记忆媒介所记录的事情是事件发生时个人与环境产生交流所形成的，个人周边环境的影响取决于周边人对事件的看法和行为，因此记忆媒介所存储的内容可以说是个人与集体的事件交流，个人吸收他人的情感融入到自己的记忆媒介中去。群体中每个人的记忆媒介都不断吸收周边其他人的记忆情感，正如集体记忆是构成我们认同的活生生的过去一样。也就是哈布瓦赫所说的不同的个体对集体记忆的“社会建构”的过程，因此记忆媒介是集体个人记忆的综合体，是个人从集体吸取养分，融入集体的凝聚物（图 14-3）。

集体记忆的主体所拥有的记忆是在城市长期性组团聚居中产生的，与城市环境、历史人文等进行充分互动发酵后，借由记忆传递出来。因为只有通过长时间的互动交往，才能够把握和融入城市的节奏，记忆的个体只有充分参与了各种实践活动，了解城市或组团的潜在规则、人文底蕴、风俗习惯，了解集体的情感、观念后，融入环境，才能够和城市环境产生共鸣，从而产生集体记忆。对于城市的审美特征来说，是能够为人所接受并理解，并随着长时间的接触从感性认识上升到理性认识，从而理解城市的整体个性特征及特点，形成一定的审美特征，这个审美特征是依据城市特色产生，故而包含了城市的社会层面，与政治、经济、文化、社会、科技、建筑特色、价值取向等相关。

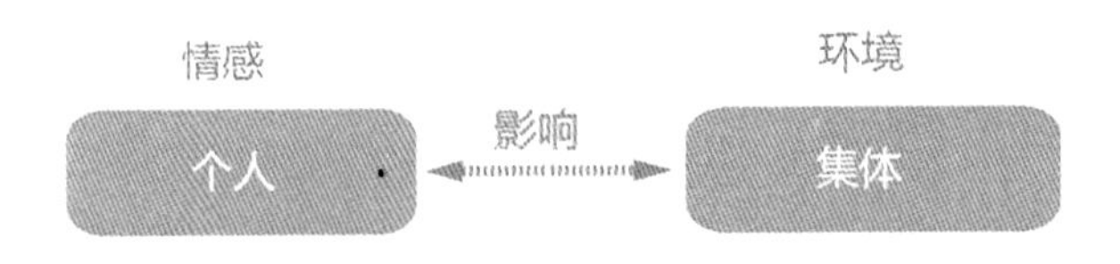

图 14-3　集体记忆媒介相互影响

对于城市，其集体记忆的主体可分为观光游客和常住人口，对于观光游客来说，他们对城市的记忆并不是通过在城市中居住所获取的，而是通过走马观花式的观光、各类地图攻略的介绍、影视、新闻甚至是导游讲解获得，由于时间较短，他们不可能和城市有较深的互动了解，其记忆往往是片面、表面、直观的，往往集中于城市最有特色的地方，例如：具有他国建筑风格的环境、色彩突出的场景、旅游景点、区域标志性建筑物等。而对于常住人口来说，他们对于城市的感知更为深刻具体，他们所有关于生活的记忆片段都以城市为背景，所有工作活动也都是将城市的节奏化为己用，根据城市的节奏调节自己的个体节奏，又用自己的节奏改变城市的整体节奏，相互影响，相互制约，他们更为了解一个城市的内容与形式的特点。对于一个城市而言，其发展是一脉相承的，因为其内在文化和城市记忆从时间跨度来说是具有承接性的，也就是说，其城市肌理和空间表达与记忆是连续的，这种关联就代表了我们在分析空间视觉化语言这一课题时需要剖析城市或者说商业空间的文化记忆媒介，进而分析和推断出其关联性的传承脉络，所以说，这种记忆媒介的分析对于了解商业空间的视觉化语言的形成和发展具有重要意义。

所以设计作品就需要引起体验者的轰鸣，将过去和现在连接，给以这个城市底蕴和特色的空间语言，在假定的空间中重新回归特定的时空，如过去或者未来、室内或者室外、现实或者虚幻等，与他们在这个时空产生连接，仿佛置身于一种虚拟的空间从而融入空间。对于城市的居民来说，城市本身的底蕴和特色并不能完全吸引他们的注意力，但是信息的力量足够强大，在传统的背景下放入新鲜的记忆语言，在视觉空间中加入新的记忆媒介，与原住民产生新的互动，无论两者对于该空间有什么样的解释，解释有很多的可能性，但是不可能脱离两者的时代背景，即文化、社会、种族等时代的烙印。商家的宗旨是吸引消费者的眼球，而从这点出发，用户的体验性显得尤为重要，而记忆媒介承载了用户体验。

（四）记忆媒介与社会记忆的互动

记忆媒介是个人记忆的综合体，是集体记忆的凝聚物。因此记忆媒介在个人记忆与集体记忆之间形成特殊的纽带，建立起相互联系的关系。社会记忆是大众共同认知的记忆，具有一定规范性，当集体记忆具有规范性时，集体记忆也就有了社会记忆的基础。规范性的记忆是群体社会共同认可的，他能控制许多方面的记忆的传播途径，如古代统治者宣传儒家思想，建立书院，可以说规范性在一定程度上就是权力性。个人记忆形成集体记忆，集体记忆上升至社会记忆，这其中离不开记忆媒介。作为纽带和桥梁角色的记忆媒介，从个体记忆中成型，向集体记忆吸取养分，同时还负担着将个体记忆融入社会记忆。因此，只有记忆媒介与社会记忆进行有效的互动关联，社会记忆才能长足发展（图 14-4）。

图 14-4　记忆媒介发展特性

社会记忆蕴含着社会文化。媒介的文化记忆分为空间、记忆和媒介，三者间具有承接、摒弃和发展的关联。正是通过媒介等文化载体将情感、知觉等抽象意义固定与表达从而记忆下来，才能实现对文化的跨时空的重现。雅各布在《美国大城市的生与死》[1]中写到：“城市的人行道，孤立来看，并不重要，其意义很抽象。只有在与建筑物以及它旁边的其他东西，或者附近的其他人行道联系起来时，它的意义

1 ［加］简·雅各布斯．美国大城市的死与生［M］．金衡山，译．南京：译林出版社，1961.

才能表现出来。”这个道理在记忆媒介中也可论证，记忆孤立的看意义不大，仅是个人或某一部分人的私有物品，但是将记忆赋予媒介中，媒介保证了记忆的连续性和可传递性，扩大了影响面和受众面，同时，记忆有其特殊的功能，记忆往往包含了文化的范畴，如同梵高的油画《向日葵》，作者将情感和对事物的理解用画笔展现，这幅画便成了向外界表达作者情绪、感觉、知觉的媒介，后来者透过这幅画可以了解作者的想法，进而了解当时的时代环境等。如果说记忆赋予了媒介生命，那么媒介对记忆的反作用则体现在其存储和重构，媒介通过记忆展现了文化的深度和广度，将记忆变得可视，进而可以解读并分析其内在含义。从记忆媒介的存储、重构、排列等去剖析空间的运转和文化的传播方式，对于这一视觉化语言的解读有助于分析空间的构成和记忆媒介的作用方式。

对于一个城市而言，其发展是一脉相承的，因为其内在文化和城市记忆从时间跨度来说是具有承接性的，也就是说，其城市肌理和空间表达与记忆是连续的，这种关联就代表了我们在分析空间视觉化语言这一课题时需要剖析城市或者说商业空间的文化记忆媒介，进而分析和推断出其关联性的传承脉络，所以说，这种记忆媒介的分析对于了解商业空间的视觉化语言的形成和发展具有重要意义。

二、记忆媒介的演化更新

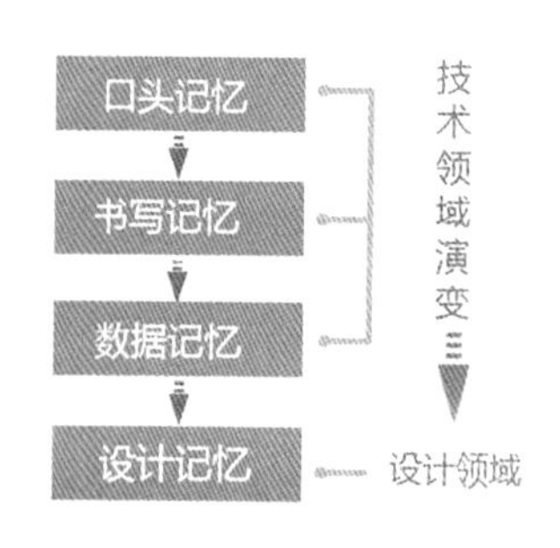

图 14-5　记忆媒介演化更新

阿温特·托夫勒的《第三次浪潮》叙述了记忆的三次浪潮。第一次浪潮在原始社会，食物的匮乏和技术的落后迫使人们用大脑记忆，个人记忆与集体记忆共同存储在大脑，并由口头叙述传承下来。纸笔造就了第二次浪潮，人们通过书写将文化、故事保留下来，组成了大型的记忆传播系统，任由借阅。记忆第一次由人脑转移至了人体之外，实现了将记忆外置的可能性。信息技术的革命造就了第三次浪潮的爆发式增长，它将外置存储记忆功能挖掘到极致，还将外置存储功能变作一种可携带、便携利用的“提取中心”。第一次实现将记忆作为大规模可传播、可任意提取的数据形式。第三次浪潮实现了将记忆“外包”的功能，人只作为记忆情感的受体，感知情感记忆的个体（图 14-5）。

阿温特·托夫勒的《第三次浪潮》主要关注记忆的直接传播，即从历史技术发展角度讨论记忆的传播手段。从设计角度来看，这种角度具有一定的局限性。记忆媒介的演化更新应不仅局限于平面、口头、存储介质等容器上。记忆的传播需要第三介质，但传播的表达手段可以是多种多样。若跳出技术革命，则能发现更多承载记忆的载体：幼时玩耍的小河、破旧的太师椅、老人的烟斗，都能给人记忆情感的波动，这些载体可以是小物件、空间、风格，甚至是空气、水流，而这些载体恰好是设计表达手段的一部分。因此，从不同角度看，将传统记忆媒介引到设计层面的记忆媒介是可行的。

我国的现代化建设都以功能为主要前提，当前社会主要缺失的是物质发展的文化需求与精神依靠，芬兰建筑师阿尔瓦·阿尔托也曾提出“现代设计的最新课题是要让合理的手段超越技术范畴，走进人的内心。”与内心紧密相连的是记忆的提取，假若人们所在空间是只能感受到物质空间，没有任何情感释放，那人们与空间是割裂的关系，这个空间是苍白无力，没有生动可言的。在历史学、哲学、文化研究、传播学等诸多领域，记忆方面一直都是一个重要的研究内容。网络和新媒体技术的飞速发展加快了传播学、社会学、心理学等对于记忆的研究，记忆媒介作为记忆研究向媒介研究领域的延伸，成为了多学科情感研究的创新点与突破口。为了加强设计中人与空间体验的联系，从而更好地提升城市空间的影响力和场所精神，运用记忆媒介对设计进行研究是合理的。

三、媒介和记忆的选择与建构

媒介作为记忆运作机制的一部分，必有其规律和建构机制。

（一）个体记忆媒介的筛选

个人与场景、物质经常接触所产生的情感。个人活动的集体化产生集体环境，个人生活在群体之中，活动范围、生活习惯甚至宗教信仰都受到集体环境制约，二者不可分开。为了利于分析，在此将个人从集体环境中脱离，单独讨论个人生活习惯对于个体记忆的影响。

个体记忆产生于生活，形成于生活。人们在日常经常发生情感表达的地方会产生深刻的记忆，这种记忆会产生依附性，它会附着在空间物体形成记忆媒介。个人记忆有两种：短期记忆和长期记忆，短期记忆是对外在内容的瞬时记忆，如记忆一个电话号码，短时记忆也可以记忆感觉，瞬时的感觉记忆更能加深对外在内容的感知，如对某人的第一印象就是类似感觉记忆，这种感觉记忆会伴随影响对他人的评价，空间中感觉记忆会影响对空间的第一感觉，进而影响对后面空间的理解。

长期记忆是短期记忆的延续，对短期记忆的不断刺激会形成长期记忆，正如艾宾诺斯的遗忘曲线。然而个体记忆中的长期记忆与艾宾浩斯曲线略有不同，重复背诵性记忆也可以形成长期记忆，但这种长期记忆不存在感情因素，只是机械地将诗词客体刺激记入大脑。个体记忆的长期记忆是记忆个体长期参与其中，伴随情感宣泄，由情感刺激加深记忆，记忆内容可以是我们刻苦学习的书桌，幼时玩耍的草地，甚至是棉花糖。

图 14-6　个人记忆与集体记忆

但个体记忆形成后并不是稳固不变的，随着时间流逝，个体记忆会越发抽象并情感化，媒介也会跟随这种特点变化。如小时候经常玩耍的地方，青年时回想起该地会是那时的树、那时的人或那时的天气等细节，中年时回想起也许是那时玩耍的人等发生事情，老年时也许只回想起那时的心境了（图 14-6）。个体的媒介在青年时也许是空间，中年时是树，老年时可能就是一个符号了。若在一个记忆深刻的记忆媒介中不断发生其他情感的记忆，那么记忆情感会与之前的情感冲突，媒介原先的情感回忆或许会被覆盖或转移。

媒介的选取也会影响记忆的提取，重现性的媒介能将记忆场景复原，抽象性的媒介可能只能抽取当时记忆情感，即越具体的媒介所表达的内容越具体（图 14-7）。那么，个人的记忆媒介是如何形成的？个人对过去事件中深刻的印象寄托于外在物，当再次接触到外在物的时候，个人对当时情景会浮现脑中，其所蕴含的情感也会随之迸发出来。这种具有寄托关系的外在物便是个人的记忆媒介，它具有两种特征：情感寄托与释放情感。个体记忆媒介的形成不仅可以是某个具体物体，也可以是抽象的空间布局甚至是气味，只要是可以寄托个人情感的东西都可能变成自己独特的记忆媒介。

图 14-7　个人记忆媒介特点

过去物质贫瘠的时候，电视是奢侈品，家里有台电视便能聚集周围很多邻居前来观看，看带有雪花的电视节目时，周围总是坐满了人，相互聊天，相互嬉闹，个人在这群体之中所听、所看、所感都是由于电视机所形成，这台电视机便有可能成为个人的记忆媒介，在日后的生活中，看到这陈旧的电视，便会联想到过去的时光（图14-8）。

图 14-8 老旧电视与老黄历

但个人记忆媒介的选择并不是唯一不变，通常记忆媒介的形成是造成事件发起的源头，但个人的感受并不是如此客观，它与集体记忆、社会记忆不同。个体记忆媒介选择具有一定个人主观性，它与个体的教育程度、关注度抑或年龄等相关。也许，当年围聚在一起看电视的日子里，个人关注的焦点并不在电视剧情上，关于当时记忆媒介的选择也就不一定是电视机了。因此，个人记忆媒介的形成主要为两点：一是寄托情感的外在物；二是过去事件中个人情感关注焦点。

（二）集体记忆的固化塑造

斯图亚特·霍尔说过："民族认同不是与生俱来的东西，而是形成和改变于再现之中并与再现相关联。我们仅仅因为'英国性'作为英国文化的一套意义系统逐渐被再现出来的方式，才知道什么是英国的。"集体记忆媒介的选择是大众集体对某物的积极交流中形成的，而记忆媒介则是形成的结果。

集体记忆媒介的意义来源于地区群体使用模式和与场所自身的感官联系。某物与当地行为模式具有强烈的关联，例如古井、古桥等，在苏州同里婚嫁喜庆时，当地人必须走过三座古桥才能象征幸福美满，这时古桥已经具有仪式性的心理寄托，群体的记忆媒介就此形成。

集体媒介的建构是如何形成的？乔治娅·卜迪娜和伊恩·本特利指出若媒介彰显了它在形成他们自己的个人和社会认同感中所担当的重要作用，达到了完全将媒介是为自己的一部分的程度，那社群的情感则会赋予该媒介。中国古井是旧时代生活的中心，当地人们在古井周围打水洗衣，儿童在它周围嬉戏玩耍，大部分的生活时间都与古井相关，很多重要事情都是在古井周围完成，这必然会有古井与当地人群情感的积极联系。“小时候，每年夏天，家家户户都会把买来的西瓜用丝网袋装着吊到井底，浸上几个小时后再把西瓜捞上来。这西瓜吃到嘴里，格外清凉。”“以前，老邻居们一吃完午饭，就拿着一盆衣服或碗筷往井边赶，涮碗洗衣的同时聊聊家长里短。”需要强调的是记忆媒介只是人们情感的承载物，其重点在于人与人或人与物之间的交流，人们在一个空间中所汇聚的情感集中在此空间中的物体上便是记忆的媒介了。

乔治娅·卜迪娜和伊恩·本特利所指的媒介是人与情感直接互动所附着的媒介。媒介的建构过程并非只有直接互动产生，即使我们没有直接接触记忆媒介的构成源头，也会常常被他人自己的识别性方式强加影响，即人们产生的共同认同方式会影响他人的判断。共同认知群体通过选择媒介，放大媒介的情感要素，增强媒介的传播效应使其他人被迫接受观念，从而扩大媒介的感受者。最常见的案例则是春节等浓郁的节日气氛，通过年夜饭、放鞭炮等传统行为加强对年味的感受，进而影响环境周边。

（三）社会记忆媒介与权力性

许多个人记忆通过交流形成集体记忆媒介，当在集体记忆中引入权力性的时候，它就变成了社会记忆。社会记忆与集体记忆的区别在于集体记忆的约束性是隐晦的，社会记忆的权力性是显性的。因为权力性的特征使它掌握了大部分传播途径，规范了传播内容，这使权力性的社会记忆在不同时代深刻影响着社会整体的价值走向。因此社会记忆与国家强调的价值观相关联，如过去社会宣传的农村宣传标语等（图14-9）。这些记忆的形成依附国家对于社会阶段性的发展计划，其记忆媒介的形成

图 14-9　权力性的社会记忆

亦是与国家政策息息相关。其记忆媒介的提取亦是以时代背景为主要对象。关于时代背景下的记忆媒介形式具有很强的主题性，如“大锅饭”时代等。因此，社会记忆媒介的形成主要为两点：一是时代背景的特点；二是社会宣传手段造就的社会整体气氛。

（四）社会与历史的演进

共同认知群体所认同的媒介其中有的相对稳定持久，如作为民族国家层面或与人核心尺度相关的东西。有的是昙花一现，短暂的事物；有的是局部性的媒介，只存在于少量人的共同认知里，事物不是永恒不变的，记忆媒介也是如此。记忆媒介的建构需要恰当的选择媒介，而选择的媒介在某种程度上是建构人们自身认同的需求，因而是具有流动性的，其核心价值是价值观的变化。正如20世纪科学打破了迷信的桎梏，人们可以以更广阔的视角去观察周围，建筑装饰从以对神的崇拜转为其他更广泛的内容。古代社会记忆媒介的选择很多受制于传统文化观念，如阿摩斯·拉普卜特的《宅形与文化》中宗教和社会文化也可以影响宅形建构。中国的风水若与生活起居相冲突时，物质上的生活必须让位于文化因素，这决定了宅形的高度、布局和选择地点。传统社会信息传播的有限性也限制了媒介的传播速度，有的媒介只能存在于某个地域，地域媒介由于长期处于信息桎梏而无法更新。随着科技的不断深化，工业化打破了封建传统思想，人们对于媒介的选择从宗教或地域生活转为更旷阔的社会视角。从一个外在且相对独立的局部选择转为依赖人类社会群体领域，并在这更大空间内成型，其转变的关键就是价值观的变化。现代记忆可能是小时候的墙或自行车抑或是电视等，科技与舒适为主的思想观念占据主导地位的今天，对媒介的选择从单一或局域逐渐多样化，信息的交换速度也使得即使个人记忆媒介也能成为地区集体记忆媒介，比如明星效应，对著名设计师固定情感手法的模仿。此时在众多杂乱的媒介选择下，记忆媒介的选择不仅仅局限于地区情感、生活情感，还囊括记忆媒介传播性与流行本质。

如当年人们对娱乐手段的记忆是电视机、乘凉等，而在数字化时代的今天，娱乐的手段变成了电脑、手机。当人们从过去感知到现在，对于娱乐手段的记忆由电视变成了电脑。在固定的记忆的时间段中，回忆当时所需的记忆媒介（电视机、乘凉等）仍没有变化。但对于娱乐手段的记忆媒介的选择却多样化起来（图14-10、图14-11）。

图 14-10 20 世纪 80 年代的娱乐手段

图 14-11 21 世纪的娱乐手段

（五）记忆媒介的遗忘曲线

奥古斯丁将记忆描述成“图像、声音和味道通过感观的大门和通道进入这些空间，分门别类加以储存，回忆时再同样分类再现。”[1] 但人脑的记忆存储是有阶段遗忘性的，正因为如此我们才能不断地接触新的信息，对于司空见惯或者不感兴趣的时间、地点、场景、事件等我们会或多或少有些遗忘，仅仅只保留我们想保留的或者情感起伏较大的时间点，我们也许能说出这个场景的主题，但是对于这个场景的某些细节也会模糊，这个场景的保存是以片段的形式加以储存，当时存储的记忆片段也可能随着时间的推移慢慢遗忘。但对于没有接触过的比较少见的信息或者引发了强烈共鸣或情感起伏的事件及场景，记忆个体往往印象深刻且存储时间更长。比如一个从没出过国的个体第一次漫步在意大利的街头，与众不同的建筑历史和人文环境会刺激大脑皮层，肾上腺的分泌会导致情绪的剧烈起伏，大量的讯息会从视觉、听觉、触觉等方面传递到脑部，给予一个强烈的信号，可能长久之后，说起这次的意大利之旅还会回想起相当多的细节，甚至再接收到某种类似的信号，比如意大利街头随处可见的街边遮阳伞，都有可能会使记忆个体回想到某些记忆片段，从而再次加深记忆。由此我们可以看出对待个体而言，如何在商业空间中给予个体以强烈的刺激，无论是哪方面的刺激，都会有利于强化记忆。媒介自身所赋予的记忆并不存在着遗忘曲线，具有遗忘曲线特征的是人们对于特定记忆的联系程度。媒介若具有明显的记忆特征更快地刺激人们对过去事件的回想，记忆特征较弱的媒介形式是很隐晦地刺激人们的记忆，只有在不断了解媒介形式的演化或对记忆具有深刻的印象时才会短时间刺激记忆的浮现。

我们可以看出对体验式的商业空间而言，赋予媒介以有效的、强烈的空间语言有助于这种记忆印象随着产品或空间的不断刺激而完善，记忆也在不断巩固。这是

1 邵鹏 . 媒介作为人类记忆的研究 [D]. 浙江大学 , 2014.

体验式商业空间的优势，体验式意味着产品或空间与记忆个体有着互动关系，而互动关系作为一种新型的、更趣味化的媒介形式，更加有可能吸引个体参与其中，从而加深记忆进而带来商业效益。但现如今商业空间已遍地高楼甚至形成商业街，如何在众多的同行里脱颖而出，其商业空间的视觉空间或者说视觉媒介处于突出位置，而对于记忆个体而言，重复而有意思的或者让人感觉舒适的空间会加深对于互动的理解，从而加深印象。和电子计算机不同，如果不加以删除，计算机的数据会永远保存，但记忆不会，对于印象深刻的记忆如同窖藏多年的老酒，越存越香醇，反之则基本会完全遗忘。商家在选择记忆媒介来体现空间语言的同时，对于想要表达的空间情绪可以通过多感官媒介加强商业空间的丰富性。使个体印象更加深刻，进而强化记忆，通过空间的视觉化语言加强体验式空间的互动感。使用这种记忆规律进行产品推广或提升知名度，当推向市场后，人们会有特定的记忆印象，从而在某一特定时期进行发散联想，加深印象。

第二节 基于空间记忆媒介的传播

一、记忆与空间情境的传播

记忆可以通过空间显现，也可以通过时间表达。设计师需要依靠空间展现，通过设计空间界面，加入设计思想形成设计。空间即是最终产物，时间则是连接不同空间的传播手法。过去的时间称为记忆，人的记忆不是一个完整的内容，而是由不同事件组成的片段，每个事件背后都会留下印象深刻的空间或物体，这个就是记忆媒介。因此，记忆、媒介与事件、空间密不可分。

（一）记忆与事件

空间的发展会留下时间的印记，而时间的印记是由事件的发生造成的。事件的发生会改变城市的形态，如战争事件或修建庙宇等会改变城市的布局，个人不同事件的发生也会在空间留下不可磨灭的痕迹，组成空间的个人密码，当我们去注视这段历史痕迹时，它才能被激活并回忆起来，因此个人的“历史事件”会成为个人记忆的密码，关联着个人情感和记忆。如小时候每年在墙上记号自己的身高，事件的行为会形成一种抽象的视觉感受，即使事件不复存在，看到类似的标记就会回想到当时的情景。如果事件一开始便不存在，即使看到明确的身高标记也不会有所反应。

在心理学上，能够体现事件与记忆的最常见的例子是非条件反射和条件反射，在这里，我们不去讨论非条件反射这种人与生俱来的较为低级的能力，共同关注由后天的外部刺激与有机体之间建立起暂时性联系的条件反射。条件反射可以分为第一信号系统的反射和第二信号系统的反射，第一信号系统是人与动物共有的以具体食物为条件刺激建立的，最著名的实验是巴普洛夫做的狗的唾液条件反射，这项反射的条件是给予“一定的食物”这一事件，而由于狗的身体记忆或者说是生理记忆导致了胃液和唾液分泌“一定的量”这一现实情况，这种典型的事件与记忆相联系的实际例子，是身体的记忆决定了分泌唾液的量，确实，分泌胃液和唾液是正常的生理反应，但是在实验中，我们不能忽视的是事件这一变体对记忆经验的触发，在实验中即便食物并没有真正进入狗的胃中，身体记忆器官“胃”依旧依照入口的食物量确定胃液的分泌多少，是以往的应对事件的大量经验形成了记忆，记忆成就了经验并反作用于后期的经验，这些经验和记忆也由于长时间的潜移默化镌刻在了我们的基因里代代相传。

“南朝四百八十寺，多少楼台烟雨中”，杜牧的《江南春》可以说是记忆与事件相联系的典范，由看到众多寺庙在烟雨中若隐若现、朦胧飘忽，联想到这些寺庙的历史背景——南北朝时期建造，进而联想到当时统治者笃信佛教，建造大量寺庙，劳民伤财，战乱纷飞，生灵涂炭。这些事件又引起情感的抒发和升华，发出繁华不在、物是人非的感慨，表达了万事万物都随时间褪色化为古旧的记忆留在后人的心中。给予这些情感生命的是“寺庙”这一现实存在的物体，而“寺庙”承载的是当初那些历史背景下发生的事件，这些事件引发了后人从书上或口口相传等方式留下的既定印象，而这些记忆、印象与情感产生共鸣进而丰富了寺庙本身作为实物的内在内涵，事件和记忆就此有机地统一在“寺庙”这一载体中。由此及彼，是事件引发了记忆的回响，同时，记忆升华了事件的内涵。

（二）记忆与空间

说到实际空间，我们第一反应就是存在于脑海中的曾经见过或经历过的场景，这些存在于我们脑海中的记忆片段，绝大部分都是与空间相关，因为我们不能抛开空间独立存在，只要我们对事物有记忆或理解，都是在脑海中存入一个空间场景并在其中注入具体内容，这也是记忆宫殿这种记忆方法的一种基本原理。

记忆中几十年前的街道窄小、车辆不多，甚至街道直接存在于居民区内，左右两边为没有围栏的住宅区，院子外是商贩的摊位，吆喝声、还价声此起彼伏，嘈杂和热闹是当时街道的记忆符号，这样的街道不仅仅承载了当时的运输功能，在此基础上还承担了生活功能。由于没有明确的围墙限制和商铺位置，商业和生活糅杂在一起，密不可分，减少了商业化的规则感，更多的是随性和人文主义。再回忆起曾经的街道时，会产生人与人亲近的密切感，将空间和情感杂糅在一起。媒介是唤起和刺激人类记忆的重要工具，而空间是媒介的传播认知范围。认知空间与实际空间有所不同，实际空间是有空间真实三维体积的，由实实在在反映在现实世界的物体和界限所构成。认知空间是印象空间，不同人在认知空间时有不同的见解。对于相同空间大小，小朋友的认知空间要大于大人的认知大小。即使成年人之间的认知空间也是不同，老舍笔下的北京与鲁迅笔下的北京不尽相同。年龄、价值观的不同造成空间认知的不同，对于空间的不同认知决定着记忆的情感走向。

空间中媒介的叙事方式、述说语言也能够加深人类对于空间的认知、印象和情感体验。拉博普解释空间设计时曾经突出过塑造空间环境的三个要点：建成后对于环境的意义；对环境意义的总体性；主体对于环境的认识受到观念的影响。这三个方面概括起来即意味着“人”对于空间环境的理解是空间环境塑造的意义，而这一切都是基于单个个体“人”的主观集合后形成的群体特点。人对于空间的印象不是统一的，即便是同一个场景，对于人的刺激也是从不同角度体现。从被刺激对象，即“人”这个主体的主观感觉来说，由于个体受到的教育程度、家庭环境、社会环境、能力习惯等不同，对于刺激源，即空间场景的理解就会产生偏差。例如，对于一个工作在高楼大厦的知识分子，可能看到埃菲尔铁塔受到的刺激远不如在“风吹草低见牛羊”般一望无际的大草原来的多；于草原上的牧民而言，草地可能已经司空见惯到麻木，但对于一线城市中的人来说，这些刺激可能让他们终生难忘。由此可见，场景的大小、色彩、建筑风格等对于人的感知系统的刺激是建立在人的主观意识及本身已经养成的空间意识上。

因此，对于空间和记忆的探讨，不能简单地仅仅考虑建筑场所的语言及构成方式，更应当了解主体在日常生活中对空间的需求和感受。正是这些主体决定了空间特色的存在，而主体的记忆往往来源于场所中媒介的叙述语言。

二、记忆时间的绵延性与媒介的选择

空间中时间的感知是对时间长度的感知。与牛顿的“绝对时间观”和奥古斯丁的“上帝创造”“思想延展”的时间观不同，柏格森的《时间与自由意志》认为时间是一种纯粹流变的意识形态，具有很强的延绵特征。柏格森在书中论述：“任何状态的延续都是对目前感觉或过去时刻记忆的增加。这便构成了延绵。内在的延绵是一种记忆的持续生活，它将过去延长到目前。目前，或者以一种特殊的形式，那种过去形象不断增加；或者，更可能是以一种持续变化的特性，那种随年龄增加而变得越来越沉重地拖在我们身后的负荷。如果这种过去不能保留并存在于目前，那么就不可能有绵延，而只有临时和暂时性”。延绵性的时间将对时间的感知相互渗透，最终成为一个整体。对时间的感知是对过去时间的感知，即记忆中的时间，因而记忆时间也具有延绵性。这种延绵性将记忆与事件、场所、空间联结起来，使三者成为一个感知整体，整体的感知将事件、场所、空间的媒介重新糅合筛选形成新的媒介。

空间的记忆媒介与空间化的时间一样，是时间延绵性的固化，它的本质是将时间固化在空间时间中的一个点上，它是停滞的时间。因此空间中的记忆媒介与柏格森时间的延绵性有一定的冲突，但并不矛盾。时间的延绵性在于人们在空间中的知觉体验，重点在于人的体验过程所积累的心理活动，对空间体验需要适当的表现手段，即需要将时间的体验固化在空间中并显现出来。因此空间中的记忆媒介是时间延绵性的引路石，由空间中的媒介引导人们对时间、记忆的感知。

如何把握真实时间需要具体的方法论——直觉，通过当下对时间延绵的感悟来描述延绵的本质，即延绵的思。媒介的选择在于通过对记忆的反复感悟，来筛选记忆情感重叠最多的媒介。“至于通过对自身意识的反省，才能把握连续、真实的时间。”对于记忆情感的品尝只有通过对记忆的不断回味才能感受到，不断回味的过程就是不断筛选记忆媒介的过程，通过筛选过后的记忆媒介能直观感受到当时的记忆情感，缩短情感和记忆的距离，不需要再次费心劳神地在脑中思索情感的由来。

三、固定点的选择扩散

当我们在了解感知一个城市时，最先了解的是这个城市的历史，而历史大多沉淀在城市的建筑物中，当这个建筑物承担了城市的大部分人文、政治、情感意义，就成为了标志性建筑物，也是我们在城市行走时的重点目标。大部分的观光客在了解一个城市的时候，最先记住的就是城市的标志性建筑，以期在建筑中了解这个城市的历史、人文景观、政治以及时间脉络，正是这些赋予了标志性建筑作为城市代表的全部意义。哪怕我们从未踏出过国门，也会对一些世界闻名的建筑有所印象，当提起希腊，首先想到的是雅典卫城、帕提农神庙、胜利神庙等，这些独一无二的、承受过岁月洗礼的特色建筑存在于观光客长长的行程中。游客每到一处景色便寻找独特的刺激点，以便加深此处的印象。同理，在记忆中我们常会寻求刺激点来深化记忆印象，在空间中这便是固定点。固定点记忆的感受是这段时间流线的感受，也可以说固定点的选择决定了前一段记忆的感受和影响后面将发生的事情的主观理解。我们所记忆的过去并不是完整精细的，很多时候只会记得当时的感觉或局部。为了加深记忆，人们会不自然地选择代表物来存储自己的记忆和情感。每当看到相似的固定点，记忆和情感变会从固定点提取出来。即使是枯燥无聊的时间段，我们亦会寻找一个固定点来描述这段经历。然而时间段的情感并不是稳定不变的，固定点选择的记忆感知是对这段时间段的总结，它具有一定稳定性。当人们看到一件值得怀念的事物时，所回忆起的情感只是固定点所传达的，期间的情感变化无处可寻，即固定点的情感影响了人们对过去情感的认知，结果影响了原因。“爱屋及乌”是一个恰当的比喻：结果——“爱屋”导致影响对周围物体的主观感知——“及乌”。

第三节 记忆媒介的空间视觉化语言塑造

要让空间的视觉化能够在记忆媒介中体现并引起共鸣，我们必须联系当代的城市生活方式，思考建筑的生成。商业媒介建立在城市的生活方式上，与生活、工作等密不可分，同时也由建筑内空间的呈现依托于建筑的结构，这也就决定了其不可能脱离我们原有的认知环境，个体原先的生活环境、文化层次、宗教信仰等文化概念会导致同一时空概念呈现出不同的个体状态。记忆主体的文化差异就决定了记忆的不同方向。在我们记忆中的欧洲小镇依旧保持着砖或木质的建筑纹理，粗糙的浅色砖制地面，富有变化的墙面外观，建筑似乎每个都不一样，但似乎好像又有些内在的或细节的相似之处，让它们呈现一定的规律，进而融为一体，这是欧洲小镇的特点，也是历史和记忆的一脉相承。墙面和地面的斑驳成为向人们诉说过去记忆的媒介，用一种无声的空间视觉语言表达这个城市的文化和内涵。在成百上千年的历史中，房屋的建筑师思考和分析的是建筑的过去、现在和未来，考虑的是建筑和环境的起、承、转、合。在这些历史悠久的小镇上，首先需要思考的是人文环境，进而尊重城市的传统，选用与原有建筑相同或近似的材料，在体量、密度、环境、风格等充分遵照历史传统后，考虑具体的设计问题，故而在一定程度上保留了城市的建筑肌理。使用的材料是自然材料，与原有环境和建筑匹配，所以给人以和谐的观感，更能激发空间体验者的共鸣情感。我们无法将后现代建筑加入这样的环境中，不仅仅是风格不同，更多的是表达的感情与环境激烈冲突，破坏整个结构和场景的情绪，导致空间语言的混乱和驳杂。对于当事者来说，记忆来源于体验，在这样一个老式街道里，时间和年代并没有多少意义，所有建筑、自然、人文环境等空间媒介赋含的都是古旧的记忆语言，如何在空间中表达情感和引发共鸣，让体验者忘记时空等维度又对场景和场景所表达的内涵意义记忆犹新，这种西方的人文景观带对体验式商业空间在空间改造及视觉语言的诉说上具有指导和借鉴意义。

同时要了解商业空间和城市空间的区别，城市因为历史原因导致了大量的传统建筑消失在记忆中，在历史事件的推进下，那些记忆中的古都已高楼耸立，那些挺立在传统老城中的现代建筑带来的不仅仅是经济的腾飞，还有对过去文化的告别，甚至是毁灭。这种损失不但是经济性的，很多的是文化的消逝，进而导致了大量的传统文化的断层与“失语”。由于地域辽阔，气候多变，古人运用智慧和积累，依照长时间形成的聚居习惯，创造了传统建筑和传统技艺模式，丰富了空间环境和类型。如福建土楼、北京四合院、上海小巷、安徽马头墙、江南古镇等，这些都是和生活息息相关的个性化场所。虽然我们也在不断保护，但是依旧抵不过现代建筑复刻的力量。不得不承认，这些特色建筑正在一点点消失，即便是建筑外表皮依旧耸立，但是其人文意义和内涵已远不如从前，仅余象征意义的传统建筑如垂暮之年的老人，颇有些悲凉伤感。

但是，对于商业空间来说，由于并不存在这些问题反而能更为突出空间的视觉化语言，商业空间的体量远不如一般城市，但对与多元素的组合度却比城市更为容易，因为城市的功能太过庞杂，对于区域的划分会显得尤为复杂，要考虑到环境的层次、建筑的空间间距、人文的内涵意义和社会政策要求等，而商业空间虽然也需要考量，但远没有城市那样面面俱到，它更像城市的剪影，甚至是多个剪影拼合而成，接口处不像城市那样过渡明确，甚至为了加深印象、突出视觉语言还特地将空间的视觉冲击力加强，参照了园林景观中的移步易景、借景、框景、对景等手法。例如：在商业空间的现代金属外框中，利用鹅卵石、竹子、字画等常见的中式景观的素材制作框景；或是如苏州永旺梦乐城一般，在极为现代的建筑入口处加入中式的小桥流水、红灯笼、太湖石、鲤鱼、石凳等元素，组成一种极为符合苏州特征的场景，与后方流线型的上下分层、圆弧状的观光电梯形成对比。玻璃门缓缓打开，这样一幅极具冲击性的场景出现在眼前，往往会听到游客的惊叹，而此出入口为人流量最多的美食区中心，在此休息的观光客最为众多，这个场景构建了一种冲突但又和谐、尊重传统但又脱离传统的场景，在中西方文化交流和碰撞中加深客体印象，从而达到体验记忆的目的。

一、记忆媒介的塑造原则

（一）物质化重塑

图 14-12　亲人烧饭的记忆场景

新鲜的记忆在大脑中总是明确的、立体的，人类对赋予过去情感物质的记忆的形态就是物质化的记忆媒介，它是过去记忆中某个物体在记忆中的样子，它的出现能刺激人们回想到当时的情景，从而引发人们对过去的回忆与追溯，如出现旧时的灶台时，人们就会回想到当时在那儿的热气腾腾的香气（图 14-12）。物质化的记忆媒介并不是完全照搬旧时记忆之物，人们能记住最近记忆情感宣泄空间中的细枝末节，随着时间游走，记忆越发模糊，人们慢慢会遗忘不重要的细节，最终留下空间中某个物体或符号。当沉睡的记忆受到外界类似或相同物体或符号刺激时，记忆才会伴随着情感苏醒。记忆的模糊需要记忆媒介重新塑造，抛却事物的细枝末节，只留下大体的事物发展，最终重新锻造记忆媒介。这时的记忆媒介是对记忆中物质的重新塑造，是对物质的抽象化。

直接所指性塑造即具有直接指向性的记忆媒介塑造，在叙事学和语言学中，阿斯曼夫妇认为记忆从心理活动到演示活动，只有通过“述说”或“书写”的方式实现。即“想当年……”“那时候……”通过语言的叙述，记忆从一个模糊混乱的区域逐渐变得明细透彻，叙述的内容才可变成能够认知、建构和交流的文化现象。同理，直接所指性符号是将记忆从一昏暗繁杂的不明确态度转换到清晰明了的环境。直接所指性符号是将众多类似情感记忆媒介聚集起来并把其中的共性部分提取精炼，即提取生活共性。

区域生活的人们具有相同或类似的记忆媒介。共同的生活居所聚集着周边人群，人群聚集的地方最容易产生情感的交流，因为人的行为、文化、理念总是呈现一种地理的谱系分布。不同地域的人们因不同文化、习俗而产生各自不同的“地方性符号”，这种符号凝结了当地地方共同的情感认知，即生活共性的场所容易产生记忆媒介。如婚庆祭祀，共同象征之物（永结同心锁）所产生的情感具有一致性。

（二）精神的体现

集体记忆的主体所拥有的记忆是在城市长期性组团聚居中产生，与城市环境、历史人文等进行充分互动发酵后，借由记忆传递出来，因为只有通过长时间的互动交往，才能够把握和融入城市的节奏，记忆的个体只有充分参与了各种实践活动，了解城市或组团的潜在规则、人文底蕴、风俗习惯，了解集体的情感、观念后，融入环境，才能够和城市环境产生共鸣，从而产生集体记忆。集体记忆多数产生在艺术、科学、宗教、制度、礼仪、风俗中，它是人们地域共同文化的体现。集体记忆不仅体现在社会规范性的作用上，也会影响个体记忆的生活环境，例如传

图 14-13　古人新年放爆竹

图 14-14　古代尊师重道的座位布置

统节日或祭祀典礼，周围的环境气氛使人们注意在相同的时间上，喜庆的气氛造成欢喜的个人记忆，隆重的气氛造成庄严肃穆的个人情感，从而达到个人记忆一致性。如过年的晚上无人不放鞭炮，鞭炮作为喜庆象征已经成为社会共识（图 14-13）。

记忆媒介的空间视觉化最根本的是保留情感，情感是记忆的重要内容。若媒介缺乏情感内涵，那记忆媒介不仅不能“精炼”，甚至记忆再现都不可能实现。正如乡村博物馆的片断性的截取和纯粹物质保留，常常显得凌乱混杂，很难有效激活或引导人们真正进入记忆。在保留情感结构时，需要整体把握的思路，在不同环境中比较情感的细微差别，弄清情感结构的始末，将共性情感保留下来。即做到有主次、有重点地对记忆资源进行整合，将情感去粗取精。

1. 情感化记忆媒介不是原始记忆情感的完全再现

情感化记忆媒介是站在现在体验过去，并不是再现之前那时情感的流露。记忆情感是回味过去时间段所体验的情感，是站在时间的流逝、物质的改变、精神变迁的立场去看过去。情感化记忆媒介需要对记忆进行理解，把握过去对于现在的意义，才能将前后时间的情感串联起来。若仅仅再现旧时当时的情感，那符号载体会将过去与现在割裂开来，情感不能完整表现于空间中。

2. 情感化记忆媒介不需要完全保存记忆的真实性

时间会让记忆变得模糊，在主观理解记忆过程中，人们分不清什么是想象的、什么是真实的。时间可以使想象的东西变成真实，也可以使真实变得模糊。这种记忆并不是虚假的记忆，而是人们对于记忆的理解所造成的误差。保罗•康纳顿区分社会记忆和历史重构，其意义就在于承认主观理解记忆的合法性。徐贲在《人以什么理由来记忆》中叙述：“就关爱的关系而言，记忆不只是一种知性的记忆，而且更是一种感情的记忆。也就是说，记忆不只是‘知道’（如记住孩子的生日），而且是‘感受’”。记忆不管客观真假都会形成人们的记忆情感，进而影响人们对于外界刺激的反应。

（三）哲学的内涵

社会记忆的“权力性”会影响个人记忆媒介，即上层建筑的观念、意识和哲学影响下层基础。如孔子的哲学思想符合当时封建需求，由统治者吸收并宣传发扬，进而影响个人的生活与教育，最终形成个人观念影响个人记忆的媒介选择。如孔子的尊师重道、孝敬长辈的思想，依然体现在家庭布局上（图 14-14）。

二、塑造记忆媒介的空间视觉化语言

（一）个体记忆媒介空间视觉化语言塑造

个体记忆产生与生活，形成于生活，个人记忆媒介的选取塑造不能凭借客观分析，应依附于个人的生活环境、情感经历。在情感经历的时间流中，人们自身的社会发展需要不断侵蚀记忆的追寻场所，卡尔维诺在《看不见的城市》中这样解释城市的印象诞生："不同国家的男人都有一个相同的梦。他们看到暗夜中一个女人在无名的城市中奔跑，他们看到她长发裸体的背影，梦想自己能追上她。在曲折多弯的路上，所有男人都丢失了她的踪影。梦醒之后，他们动身去寻找梦境中的城市，但除了发现彼此都在寻找之外，他们一无所获。于是他们决定按梦中的样子建造一座城市……这就是卓贝地城。"在现代发展过程中，城市的不断变化将过去不断覆盖，新的形式掩盖了记忆的追寻场所。在科技、生存发展的同时，情感的追寻也是必不可少的，这是扎根土地的根本因素，追寻个人独特的深刻记忆，选取与个人历史进程中一直相随的物体，并凸显出来，现代文明的发展需要记忆情感的链接，需要"新旧"的结合。

因此，对于个人记忆媒介的空间视觉化塑造应注意以下两点。

1. 个人记忆媒介的选取应与个人情感历程相联系

格式塔心理学着重把意识感知与形式之间的整体关系，即人主观判断形式之间的构图关系，是主客体之间互动的过程影响人类心理的一般性机制。记忆媒介所传达的是片段化形式，人们感知处理速度若出现一定长延迟性，人们会对空间的印象产生模糊，只能根据自己已知的碎片印象进行拼凑，并且若空间印象边界分隔的不明显，连续的大脑处理会造成知觉停顿，这种现象很容易出现主观臆造的感受。所以人们通过记忆媒介感知片段记忆，大脑会自动填补剩下的记忆，从而拼凑完整记忆，引发过去的情感体验。格式塔心理学在研究外在形式规律对于人心理完形效果可以归纳为组织规律。良好的组织规律对于心理情感感受具有一定作用。分为以下几点：

（1）记忆关系

记忆关系不仅限于平面图片，也是空间概念。若墙面是"底"，那门就是"图"。若门是"底"，只要将把手有意识地处理，则门把手可为"图"。本质上图底关系是用"底"烘托"图"，是一种渲染设计主旨的手段。描述空间记忆情感与图底关系表达一致，情感的宣泄需要铺垫手段，把握情感的多种起伏状态，抓住情感关键高潮部分，将剩余情感作为“底”。

（2）事件起因可为“底”，事件结果发生的情景可为“图”

人不会记得梦的开始，只会记得梦境中的高潮。人们通常只会记得事件的发生高潮部分，模糊事件的起因，因为高潮部分的刺激远远比初始更为强烈，情感波动更大。在空间中情感表达过程中，铺垫情绪、抓住重点可以将空间情感有目地表达出来。

（3）经常接触的地方可为“底”，经常触碰的物体可为“图”

我们的生活往往在惯性轨道上行进，经常陪伴我们的是日常生活小事。在经常接触的日常生活中，常常接触的地方是人们亲切的地方，人们往往熟络它们的造型、肌理、花纹甚至年代，是人们印象深刻的地方。在这熟悉的环境里，频繁触摸的物体经由身体感受与五感连接，更能留下情感的记忆。

（4）日常生活为“底”，与日常作息相违背的事件可为“图”

波澜不惊的生活里出现一点涟漪，人们的好奇会驱使我们了解它，记住它，对它品头论足。这一来二去，人们对它的印象便留了下来，当再次发生相似的东西，人们便会立即回忆当年的情景，这时日常生活为“底”，与日常作息相违背的事件便为“图”了。

（5）与群体价值观相近的物体可为“图”

春节、清明节、元宵节、中秋节、端午节、重阳节等具有浓郁中华民族传统文化特征的节日，经过千百年来代代相传，已牢牢植根于中华民族精神与文化的土壤中。这些节日会形成喜庆的气氛，带动着人们的情绪，大群体的情绪波动会改变人们的行为习惯，如过年吃冰糖葫芦的习俗，及时与平常无异的东西，也会由于环境整体情感渲染而记忆犹新。人的眼睛倾向于将复杂的实物形态归纳总结成赋予秩序

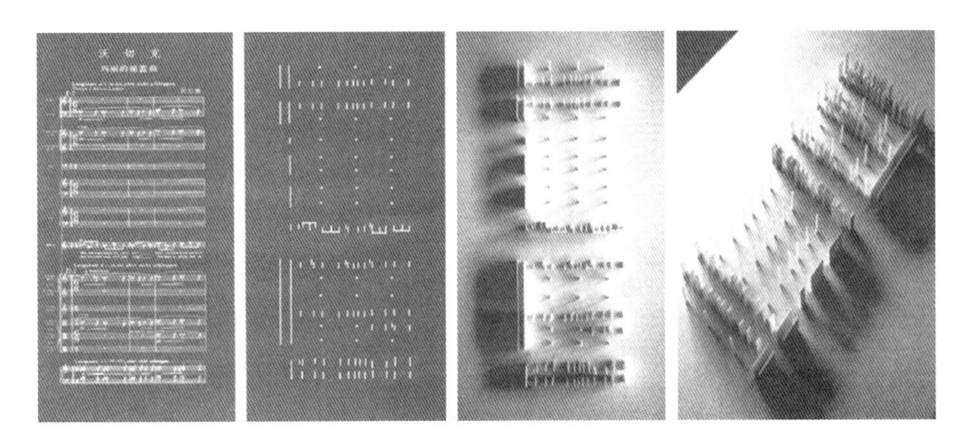

图 14-15　由音乐演变建筑

感的形式，简洁的规律形式使心理感知明确清晰。空间组织统一、一致，良好的连续，因此空间中所选取的记忆媒介要具有情感关联性，情感描述有良好的组织，如关注媒介的摆放，形式与内容保持一致，达到人心理的节奏感。在王昀的《论音乐空间与建筑空间的对应性》中他探求了音乐节奏对于建筑空间节奏的关系，分析音乐乐谱和建筑构成的联系并肯定这一结论（图 14-15）。

节奏是空间情感波动的音乐，适当把握好节奏的走向可以控制空间的布局，重点在于视点和空间的流动。如把入口放置在墙壁正中央，人们通过门口可以看到空间对称的两侧，视野一目了然，空间放置记忆媒介情感类型不宜过多。若将空间变得狭长，视点就会偏远，动感加强。若把门向两边偏移，人们的视点就会随之偏移，空间流动感加强。再若将入口处附近放置一段分隔物，人们的视野就会受到限制，想要看清空间全貌必须顺着空间走动，视点会随着人们走动而移动，在转角处会产生不同的视点，在不同视点处可放置不同类型记忆媒介。哥特式建筑内部布局具有很强的冲击性，内部导向节奏紧凑，左右两侧对称布局形成十字形平面，逐渐指向圣坛。骨架券仿佛从柱墩射出，直指天穹，近乎对称的结构和装饰使空间动感强烈，主题明确。密斯的作品巴塞罗那展馆确立了流动空间的概念，简单的形体，没有繁复的装饰，墙的位置灵活不封闭，纵横交错、互相穿插，人在空间中走动能够形成多个视点布局。

2. 现代文明的发展需要记忆情感的链接，需要“新旧”的结合

陈从周先生说“中国美学，首重意境，同一意境可以不同形式之艺术手法出之。诗有诗境，词有词境，曲有曲境，画有画境，音乐有音乐境，而造园之高明者，运文学绘花音乐诸境，能以山水花木、池馆亭台组合出之，人临其境，有诗有画，各真奇妙。”诗经《蒹葭》通过描绘乡水景色营造出了一种空灵、飘逸的意境美，《黄鸟》通过对黄鸟的行为和所看之景描绘出凄凉、悲壮之美。诗经是将生活所感提升到艺术层次，而艺术来源于生活，生活产生情感，情感堆聚才能迸发心境，不管如何造作，一切都离不开生活。室内空间设计根本上说是为人所服务的，空间所承载的情境也应是从人出发而表达的。设计空间的心境若离开大众生活，又怎能被大众所感知、所接受？

设计靠生活的记忆而存。设计所蕴含的文化与记忆更多体现在人们脑海中对空间内在美、意境美的感知，人对物体的感知过程即是认知过程，在对物体认知的过程中，过去的经验给予人们极大的帮助，在经验的参与中，人们通过对比物体与过去的区别，来整合两者之间的差异与相似点。现在形成的经验也会为未来的未知物体提供帮助，在这一系列的过程中，过去的经验在认知中会提前形成“认知预示”来影响人们对现在物体的认知。所以文化延续、记忆传承涉及人们过去记忆的认知。

而城市是不断发展更新的，设计显性的、复原式的空间在一定条件下会阻碍城市的发展，使人不断沉浸在过去的构造和形式中，因此需要将设计与记忆的抽象化结合，逃出复原式的空间设计，而生活在当下的人们本身便是隐性文脉代代相传的介质，人的思维方式、情感需求、价值审美等意识形态体现了记忆隐性需求。人类作为体验主体，依照其不同的隐性需求，可发掘记忆的共同点，在“旧需求”的层面上寻求“新形势”。

在 CAA 希岸联合建筑事务所设计的北京胡同房屋改造中（图 14-16），设计师在重新布置房屋布局的同时，考虑到对过去记忆的维护。在保持房屋大关系的基础上进行改造。该项目位于北京老地标建筑北京站西侧，是一侧的房屋。房屋以钢结构用以承重，形式上保留了原有木结构，在最大程度上还原建筑的历史存留。承重结构对于其他媒介来说很隐晦，但由于主人对房屋的留念，使它仍然成为个人记忆媒介。房屋利用原有挑高，隔出二层，增加卧室。天顶圆窗的形式表达了保留传统四合院形态的愿望。

图 14-16　基地位置

设计的建筑外观与之前并没有多大变化，保留了大量原生态的建筑结构，替换的肌理样式也是按照原来的模样挑选（图 14-17 A）。二楼居住空间顶面完全保留四合院建筑结构形制，将原有的建筑结构完全外露显现出房屋的属性，是建筑室内中记忆保留的关键一笔（图 14-17 B）。客厅和餐厅为满足居住人生活起居要求，结合居住人的性格特点。颜色采用跳色蓝色与建筑的木色相互衔接，在承重柱继续使用原有的承重结构和材质，保留记忆的遗存。在二楼的楼梯处同样采用这种处理手法（图 14-17 C）。

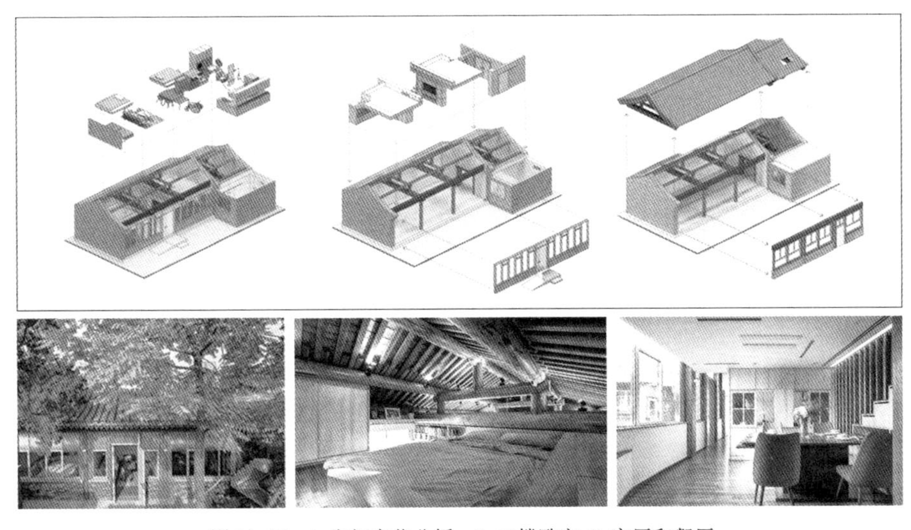

图 14-17　A 空间变化分析　B 二楼卧室　C 客厅和餐厅

（二）集体记忆媒介空间视觉化语言塑造

集体记忆媒介的选择是在大众集体对某物的积极交流中形成的，而记忆媒介则是形成的结果。地区群体使用模式导致了具有共同的情感记忆。共同的情感记忆可以是某单个记忆媒介，但更多的是众多记忆媒介的集合。把众多记忆媒介组合在同一空间中并不是单纯的摆放，混乱的堆积只能造成记忆媒介的堆砌之感，对于集体记忆情感的引导会混乱不堪。因此众多集体记忆媒介应是有规律的、按照原生活的活动层次放置。与个人记忆一致，这要对集体生活进行深入了解，了解社群的交流场所与交流内容，了解当年流行之物，剖析当年集体流行实质，流行的物体很大程度就是大众所认可的、能够相互交流、有大机率进行情感互动的集体记忆媒介。集体性生活造就了当代流行文化的产生，流行文化或共同生存的空间中能够产生众多相关的集体记忆媒介，当他们组合在一起时才能引起强烈的心理感受。因此如何将众多记忆媒介有选择的塑造、有层次的塑造是本章的重点内容。

记忆物件的摆放并不是随意摆放，它是有其本身的节奏和韵律跟随的。随意的摆放最终只能造成记忆显现的杂乱之感，让人理不清头绪，让人感觉这些媒介只是物件的存放场所，这并没有展现出记忆媒介的功能与情感。艺术源于生活，古今中外，优秀的作品都是对原生活情节的再创作。不管是曹操的“对酒当歌，人生几何！譬如朝露，去日苦多。”还是杜尚的“小便池”作品《泉》，他们都是提取生活的一部分进行艺术加工而成。若作品离开了生活基础，设计也就离开了大众，成为形而上学的东西。扎根于生活，截取生活情节的一草一木加以改造创作，在这里，记忆媒介成为了集体记忆生活的凝聚，一种来源于生活的艺术选择过程。因此，集体记忆媒介空间视觉化塑造应具有下列节奏和内在规律：

1. 注重原空间、原生活的流畅性

陆文夫的散文《深巷小庭人家》:“小巷子里一天的生活也是由青年人来收尾，更深人静，情侣归来，空巷沉寂，男女二人的脚步都很合拍、和谐、整齐。……脚步停住，钥匙声响，女的推门而入，男的迟疑而去，步步回头，那门关了又开，女的探出上半身来，频频挥手。这一对厚情深意，那一对不知道出了什么问题，男的手足无措，站在一边，女的依在那牌坊的方形石柱上，赌气、别扭，双方僵持着，好像要等待月儿沉西。”寥寥数笔，却生动刻画出苏州小巷夜深人静的空间和男女二人生活事件。若把文本还原空间，则发现陆文夫并没有用重组、破碎、旋转等具体传统的设计手法，只将声音引入空间，叙述脚步的清晰便将空间特征描述出来。而“脚步停住”“钥匙声响”“推门而入”“步步回头”“关了又开”“频频挥手”等流畅行为将生活之趣写得惟妙惟肖。设计同理，完整的空间，配上人们流畅的观赏行为，便能组合出一组散文般的美感。

2. 强调留白之美

虚实结合、虚实相间，散文设计不会将空间填满，适当的空白会留人念想。留白是中国传统文化惯用的表现手法之一，它追求心理联想，从而使欣赏者能够用想象来填充视觉意象的空白处。在设计中，留白不一定是留出空白之处，可以是着重描绘空间的某部分，适当忽略其他地方的叙述。丰子恺散文经常运用留白，用极简洁的线条勾勒大致的轮廓，虽似不经意，但着实用心。在人物上只注重描写人物的特定姿态或行为变化，在景物上只注重描写某物的变化，读者从这些变化中便可读出事态的变化。如《怀念李叔同先生》中只描绘李叔同的衣着变化，省略大量不同时期李叔同的活动历程，但从衣着变化中便可阅读出李叔同的生活经历变化。从“丝绒碗帽，正中缀一方白玉，曲襟背心，花缎袍子，后面挂着胖辫子，底下缎带扎脚管，双梁厚底鞋子，头抬得很高，英俊之气，流露于眉目间。”到“漂亮的洋装不穿了，却换上灰色粗布袍子、黑布马褂、布底鞋子。金丝边眼镜也换了黑的钢丝边眼镜。”90后是较为特殊的一代，在科技迅猛发展的同时，这一时代的人从出生到成人经历了翻天覆地的变化，科技淘汰了一系列的老物件，而这些老物件则组成了90后儿时的全部记忆。在上海有一家名为“过去进行食”的90年代记忆的博物馆里，营造的场景是学校的教室及男女生寝室，以完全还原场景再现的方式勾起了经历过那个年代的人的记忆。

在这个博物馆，一进门就像穿越了时空，瞬间拉回到90年代。我们习惯了现代化灯火通明的教室，有大而通透的玻璃，桌椅崭新且灵巧，黑板平整还有电视机和投影仪，在这样惯性的思维和记忆下，猛然进入一个古朴而笨重的教室，在视觉和精神上的刺激是可想而知的，当那些现代化“白色”的印象从我们脑海中退去，“暖黄色”的过去就在我们眼前铺展开来。比起这些“白”，我们记忆中的“黄”离我们的距离更近。

图 14-18　博物馆门口

大门口的布置是寝室的玄关入口处（图14-18），左侧是浅绿色的冰箱上放着老款微波炉，旁边是一个已经淘汰了的小钢琴，对面是当年电影的海报和杂志，诚然，杂志和海报现在依然很畅销，但是那些印在封面上的曾经辉煌的人，勾起的是对于那个时代某一领域曾经辉煌过的人物的非一般的唏嘘和热情，曾经辉煌过的电影明星、篮球健将、动漫人物，80、90后曾将他们当成偶像，与之产生过精神的碰撞，这些火花虽然随着时间的推移、明星的过气或者动画的完结变得很小甚至消失，但是记忆不会完全磨灭，这些泛黄的纸页也如我们的记忆，褪色但是存在过。

当我们观察到这些东西的时候，大脑会自动与我们所处的时代同类物品进行比对，我们能明显地看到这些东西与我们现在使用的完全不同，我们对这些东西似曾相识，于是大脑自然的转向大脑皮层，搜寻是否曾经见过，当一旦发现这些东西是过去在我们身边的、长期使用过的、与过去的“我”这个主体有过部分联系的，哪怕这些联系仅仅是我认识这个杂志上的明星或者我看过这部电影等微小的联系，也足以唤醒我们的记忆和共鸣。当我们置身于这样的场景中，现实就会离我们远去，而相对的，记忆会把我们拉回过去，重新回到儿时，那种激动和似曾相识依靠的就是旧时的物件，在老物件中承载了我们对遥远过去的回忆。

在墙边还有学生宿舍纪律卫生评分表的黑板，如果说前面的冰箱、杂志、海报还没有将观光者拉回那个时代，这样一个由木板上涂黑色油漆制作完成的凹凸不平的黑板可能会让观光客更加能融入场景塑造的大环境中，这类黑板陪伴了我们的童年，在那个缺少物资资源的年代，简易、粗糙却诚意满满。

再往内走是男生寝室（图14-19 A），到处挂满了球衣、足球、CD和球星的海报，在那个年代，我们听音乐没有手机、电脑，只有厚重的随身听，买的都是CD，如果这些摆设没有办法让人回忆起过去的点滴，那门窗和桌椅呢？全木质的窗子和可以收纳的桌椅，斑驳的漆，现在看起来已经不能再旧的制作方式。不仅仅因为物体本身的古旧，其古旧的特点更多地体现在物体的生产制作上，这类没有现代技术支撑的参与工艺，恰好承载了“曾经”这两个字的最大含义。进门第一间是“男生宿舍”，樱木花道、申花队球衣、贝克汉姆海报！！这个铁皮双人床就是我们那个时候小学宿舍里的双人床。桌上摆了一台Windows系统的电脑，那个时候会玩电脑的男生可牛气呢，搞出屏幕保护模式就能在同学面前显摆大半个月了。窗台上放了两张周慧敏的卡片，还是镭射卡。以前学校门口的小卖部里都有那种明星卡售卖机的，就跟扭蛋机一样，扔个硬币进去就能“嘎嘎嘎”转出一张明星卡来，是哪个明星都是随机的。镭射质地的卡比普通印刷的卡贵上一倍，属于土豪的标配。男生宿舍下铺贴了一张苏慧伦《鸭子》专辑的海报，宿舍还有当年的磁带和播放机。

男寝对门便是女生寝室，同样的贴满了当年各类的当红歌星、明星，而细节之处在于老式的电话和电话卡，在这个人人都有手机，座机基本退出生活舞台的年代，这样的场景能够勾起对于当年在室外或者街边电话亭用电话卡打电话的记忆，还有为了追星买了很多贴纸，在本子上写下喜欢的歌词，以及当年很流行的随身电子游戏机，回想起当年看到同学们有不甚羡慕的样子。

正是这些旧摆设的堆砌以及小的细节之处的点缀，让参观者能够在这些场景中每看到一个亮点都会更加进入这个场景，当拿出现在和过去对比时，由于对美好时光的留恋而宁愿沉醉其中。

宿舍出来，可以进入教室了（图 14-19 B）。门口放置着陈旧的报纸。以前的窗子没有那么大的玻璃，窗框层叠是我们对室外景色的记忆，桌椅没有那么纤细，全木质的桌椅板凳古朴、厚重且耐用，脑海中可能还残留着凳子松动时的摇曳的嘎吱声，黑板没有那么干净，毕竟木质凹凸不平的纹理即便是涂上了黑色的漆也掩盖不了，总会留下一团团白色的擦拭痕迹。黑板上是必定要挂一副国旗，如同当年胸前的红领巾，那是时代的印记，是灰黄色的教室中一抹鲜红的印记。在这样的场景下流连，耳畔似乎还能听见朗朗的读书声。

图 14-19　A 男寝室　B 教室

我们也会学着鲁迅在桌子上刻字涂鸦，或是刻上某些难以明说却让当时的自己热血不已的壮志豪言，刻上喜欢的人的名字，或者信手涂鸦，这些痕迹慢慢沁入木纹里，留下木头的伤痕，当我们再次遇见这样的桌子，抚摸这些涂鸦时，我们不知谁留下了它，也不知自己曾留下的痕迹在被谁抚摸，更不知这承载了多少届学生创作的桌子现在何地，我们在摩磋这些涂鸦的时候，会回想到曾经的自己，天真烂漫的岁月，继而会心一笑。

无论是门窗、桌椅、黑板还是装饰或涂鸦，这些都是我们记忆中沉睡的老物件，我们曾经以为再也不会遇见而选择沉睡或遗忘这部分记忆，但当我们再次遇见某一个的时候，我们会不胜唏嘘，可能会嫌弃这么古旧的东西还有谁会使用，但是，当这些东西聚集到一起，重现了我们记忆中那个环境，我们的记忆会直接把我们从现代拉扯回古代，即便不是身体的穿越，也是灵魂的回归，由这些摆设或老物件组成的场景本身就带有当年的味道，它们单独出现时还不够明显，但是一旦组成一个完整的空间，其视觉冲击力和代入感就会呈几何倍数增长，其浓烈的时代香味会扑面而来，即便丧失了嗅觉，也会从毛孔中沁入你的身体。

3. 保持众多集体记忆媒介所处空间的可达性

集体记忆媒介应是有规律的、按照原生活的活动层次放置，此外空间的可达性对于集体记忆的触发也是非常重要的。空间视觉可达和空间路径可达可以保证人们在空间中视觉和个人不受阻碍，相对于个人抑或社会记忆媒介，集体记忆诸多的媒介搭配空间尤为必要，空间的井然有序会使媒介有规律可循，有目的地引导。

在陆邵明、马成的海盐县武原镇护城河旧城改造中，针对旧城改造记忆场所整合做了细致的调研和理论研究。护城河原先的挖掘是为了保护一定面积的城邦安全，配合高耸坚固的城墙拒敌以保证本邦安全，并提供给城邦一定的水源，其承载的是安全和实用的功能，在现在社会不断融合周边土地的情况下，护城河由城市的最外围变为城市的内部，随着城市化进程的不断深入，原先在老城区的较为古旧的部分面临着被更替的命运，护城河作为原先的城市外围用于拱卫城邦的实际效用和现在作为城市中部承载城市文化的精神意义载体，在这场新旧更替中有着举足轻重的作用，由于其特殊性质，在完成对其修复和整合的过程中，必须让它重新焕发生机和突出其特殊地位。

护城河在历史文化中承载了变迁发展的空间痕迹，是保存城市变迁过程的重要证据，在修护护城河的前提下，如何让其焕发新的活力是首要问题。虽然还存在诸多问题，但是其先天优势也显而易见。将护城河与点状分布的城市历史景观节点相互联系，与历史性建筑物相互呼应，在其本身的空间结构设计上加入新挖掘的城市文化载体，扩宽其内在的含义，丰富其文化历史和空间特色，提高护城河作为城市景观带的新的向心力和可识别性，以统一的主题使这些点状分布在护城河周围的历史文化建筑形成相互间的折线状联系与带状的护城河交织，扩大护城河本身的辐射面积，产生向外的吸引力，扩大其影响范围以包裹进更多的城市空间，将本身的包容性放到最大以加大与城市及城市居民日常的生活的联系（图 14-20）。

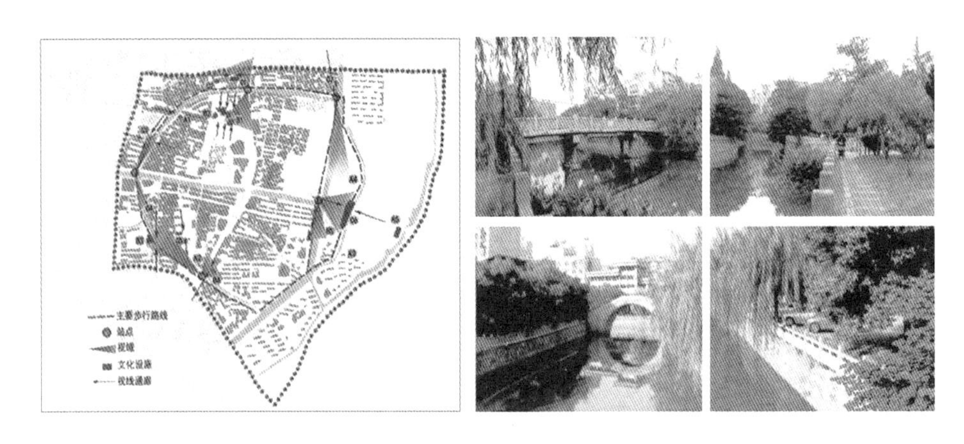

图 14-20　记忆场所分布和护城河现状

改造策略：

（1）记忆与空间联系与整合

护城河（图 14-21）的线性流动空间特点使它成为天然的沿岸记忆空间的连接线，同时护城河作为水系也是景观系统中重要的组成部分。从图底关系上看，海盐县护城河在不断发展扩大中，其护城河与东西向贯穿城镇的盐嘉垢组成的水系仍然清晰，

图 14-21 护城河图底关系变化

但其完整的回路由于多处局部堵塞无法形成完整的回路，记忆空间布局无法有效地相互衔接。因此，在改造中首先沿着水系堤岸结合绿化将破碎的水系图底关系连接起来，形成环形绿色廊道。将堤岸的破碎化现状整合为带状的环形回廊，加宽了堤岸的面积以求与周边的历史建筑物产生关联性，而在景观节点少的区域进行再设计，形成较为开放的滨水空间，在西侧、北侧区域其景观要素较少，可以增加绿化和开放式空间节点，即打造曲尺弄、文昌路、海盐茧库等几个集体记忆场所为中心的滨水开放空间节点，其设计原则以还原并保留城市本身的历史风貌，贴近其建筑特色为主要目标，塑造真实完整、系统统一的景观风貌区，在建筑空间上保留基本联系。新形成的城市风貌群既保留了原先的建筑风格，在视觉上保持了人的空间连续性和特色性，同时依托于水的流动性与周边环境景观节点产生关联，在游览时可以产生心理的连续性以丰富城市的风貌，并切实地提高周边居民的生活品质。

（2）创造记忆视觉廊道

除空间记忆场所的空间联系之外，视觉的可达性对于记忆的理解与体验具有相对重要的意义，即视域的通达及视域的大小在记忆呈现上有至关重要的作用。在创造记忆视觉廊道之前首先要保证空间步行系统的完整和可达性，才能让人在行走的过程中体验记忆的空间变化。

因此，整个护城河设计以滨水步行为主，车辆通行为辅，以连接各类公园如闻琴公园、海滨公园、青少年活动中心，使步行游览成为游客观赏的最佳方式，人行

系统和视觉节点将以开放性的聚合与发散为基础，在步行系统中辅以地面铺设、景观小品、标志性建筑物，或以开放、私密等特殊心理需求为指向。在后期的改进中，沿护城河边界设计的滨水廊道及穿插于各区域之间的小型步行道路，甚至利用了曲廊、天桥、绕行等方式增加了步行游览的多样性和通达性，并利用视觉上的高低落差及视觉连接性加强城市作为一个有机整体的包容性。在整合完成道路与道路间、道路与节点间的相互关系后，各区域间的连续性增强，整体的步行系统通畅度及关联度有显著提高。同时利用开放性绿地将与护城河有一定距离的景观节点纳入整个护城河景观系统中，开放空间随之放大且将河岸沿线的视觉空间扩大一倍，整个景观廊道的开放性与可看性达到了质变。

视域的通达及视域的大小在景观效果的呈现上有至关重要的作用，由于涉水景观大多在临河曲线较为流畅的开阔的广场上，集临水、戏水、观水为一体，因此选取了视觉通道以巩固记忆空间视线轴线。在特殊的文化建筑周边将记忆元素引入停留点已达到指引导向的作用，对于文化性和历史性建筑吸引观光客有着促进作用，且将建筑纳入到景观带中，加强城市的特定符号联系，在做好景观带的同时与文化主题相融合，在整理步行区域的同时引入文化特色建筑，划分遗存建筑保护区，形成滨水文化回廊，以划分文化、生活、展示及历史，吸引游客并提升城市居民自豪感和归属感。同时以就近的记忆场所为目标点，来确定护城河视觉廊道的边界形态，保证视觉轴线中视觉的可达性，方便控制新建筑的高度与样式。

由于护城河为环形的先天优势，在设计景观带连接文化区域时能够打破直线形或曲线形的桎梏，在设计旅游路线时能够由任意一点进入旅游规划的路线，沿河岸回到起始点，在浏览中能够深入体验城市的风貌，并了解城市变迁的历史。海盐县护城河文化区域的改造完成了旧区新颜的目标，让护城河与文化区产生交集并相互融合，整个城市的一体化在护城河沿岸得到强化，无疑是一场成功的变革。

（三）社会记忆媒介空间视觉化语言塑造

众多个人记忆能够通过媒介形成社会记忆，而许多时候，具有认同功能的社会记忆也会深刻地影响着人们的个人记忆。这就涉及权力记忆的概念，权力性在有的社会有的时代很微弱或者不存在，但在有的时代和社会就非常强大，因为掌控了一切记忆途径，所以可以主导所有社会记忆。这里所说的“一切记忆途径”就是指传播权力记忆的各种媒介。权力性所宣传的社会价值与当时环境息息相关，所以社会记忆媒介具有很强的时代特征。对于具有时代特征记忆媒介塑造，可以从时代物质条件或时代阶段出发。人们对于时代的记忆大多基于物质水平基础进行回忆，物质条件框定了当年社会生活情感的基调，如战争年代对于艰苦生活的情感、大锅饭时代归于集体作息的劳动回忆。在当时时代物质基础上或时代背景下进行社会记忆媒介的塑造，就是对当时身处环境情感氛围的塑造。因此对于社会记忆媒介空间视觉化语言的塑造与主题性的空间塑造互为相通。对于社会记忆媒介的空间视觉化塑造应专注以下几点：

1. 了解当年时代背景

时代背景造就了社会整体的情感基调，这与社会、国家所处的发展阶段紧密相连。社会发展阶段的不足必将加大宣传力度，鼓励社会积极发展。权力性通过掌握的媒介传播渠道，向社会展现出社会发展所必需的环境，人们处在社会整体环境中，自然会带动情感，积极融入社会整体氛围中。

2. 关注时代物质基础

了解时代背景侧重了解选取社会记忆媒介的情感内容，塑造记忆媒介则需要联系时代物质基础。时代的物质基础是记忆所处时代的物质表现，即这些物质手段所塑造的环境是承载记忆情感的具体材料，随着时间的发展，时代物质材料对于现代大多是“陈旧”的，社会记忆媒介的空间可视化塑造可以是旧材料物质化重塑。即将情感与材料中可以展现记忆情感部分摘取下来，可以是颜色、形态或纹理等，再将其重新塑造，形成记忆媒介。

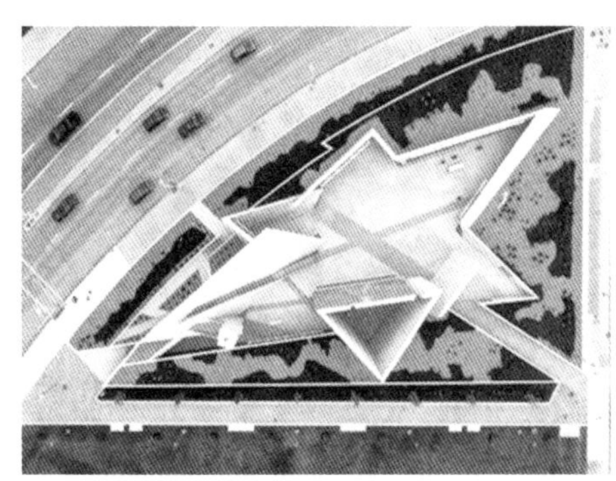

图 14-22　渥太华国家大屠杀纪念碑鸟瞰和外观

渥太华国家大屠杀纪念碑的建筑（图 14-22），该纪念碑是为纪念成百上千死于纳粹手上的无辜民众而建立的，为了纪念旧社会的残酷记忆。纪念碑位于大街转角地带，面对的是加拿大战争博物馆。该纪念碑由六个三角形体量构成，形成六角星的形状。六角星是当时纳粹迫使犹太人佩戴六角星的符号，便于纳粹进行识别和赶尽杀绝。建筑的三角形的空间则代表着纳粹对不同民众划分类别，方便进行识别和杀戮。建筑内部空间分向上动态和向下动态，分别指向未来和回忆。建筑每个三角形空间都会放置着巨大的单色照片，上面记载了当年纳粹在此杀戮的情景。这些照片无形中为游客指向前进的路径。在中间的集会空间，“希望之梯”慢慢升起，穿过了一面倾斜的墙壁，指向议会大厦所在的方向，喻意了幸存者们为加拿大做出的宝贵贡献以及他们在加拿大发展中的重要地位，同时揭露了种族灭绝者的危险行径。

3. 感知“文本化”的社会记忆

在当时时代物质基础上或时代背景下进行社会记忆媒介的塑造，就是对当时身处环境情感的氛围塑造。因此对于社会记忆媒介空间视觉化语言的塑造与主题性的空间塑造互为相通。记忆借助于空间视觉化语言来表述，记忆情感是在人与物之间的情感交流中构建的。社会记忆大多是叙述社会整体的生存现状。莫里斯·哈布瓦赫曾说“回忆是在与他人及他们的回忆的语言交流中构建的。我们回忆许多我们能找到机会去讲述的东西。讲述是一种‘详尽的编码’，一种使经历变成故事的翻译。”因此社会记忆情感是在人与物之间相互述说，相互讲故事中形成的。而叙述的过程即“文本化”的过程，表述一段记忆就是在讲一个故事，将故事表现在空间中，那么“文本”则成为我们阐释社会记忆媒介的手法。个人记忆媒介“文本化”与社会记忆媒介相比，文本化过程类似“自传”。其内容带有个人主观色彩。社会记忆媒介的环境塑造带有很强的时代背景，这与主题式设计有相似之处。同时，文本化所涉及的内容也非常广泛，其素材的表达、场地层次结构、与周围环境的关系等都代表景观的叙事语言，而商业空间除了有这些共性外，还有自己的特殊语言，就如同世界上没有两片相同的叶子，每个空间都有其独特的特点和叙事主体，这是在空间产生过程中缓慢积累下的层次，每一个小的变动、细节的增减、颜色的变化，都是空间媒介语言的转换，其多样性和多变性就导致了空间的叙事能力不断变化和扩充，媒介研究的正是这些细节的多样性是如何影响空间的故事和语言。《西雅图派克市场构成：关于公共空间的旅游叙事分析》一书中，着重讲述了西雅图著名的派克旅游市场的基本情况和特点，研究游客们参观旅游点后的叙事分析，通过多种方式来阐述游客的亲身体验，为公共空间的设计和媒介提供批评指导，空间的视觉化语言提供了一种新的理解和体验空间的方法，其互动性和体验性远高于其他方式，使空间具有深层次的意义。无论是从空间的角度还是人的角度来说，视觉化使双方产生联系，使人更易于理解、感知和记忆空间，促进空间和人的互动、互相解读。

中国古典园林是叙述能力极强的代表之一，园林经常是按照居住人追求的心境、世界观、治世思想来塑造。参观者通过观赏园林，阅读空间剧本，可以了解居住人的审美、价值观，在解读的过程中与自我的价值观念相互交流，无需言语拉近人与人之间的距离。建筑大师路易斯·康认为，创造力来源于秩序，他提出设计师通常会按照自身的生活方式与习惯，进行秩序的营造、空间的排序。在空间设计过程中，重视元素之间、场景之间的承继关系，或事件的客观发展与空间的关系，也就是对空间或时间顺序进行排列。在浏览古代遗迹的空间，在感受遗迹的同时也会感受到空间排列带来的时间变迁的记忆感受。

北京故宫作为封建时代思想代表建筑群之一，是用时间和空间要素体现皇权的不可侵犯。从现代来看，其漂亮的叙述手法仍然可以感受到当时的威严，同时感受到时代变迁所带来的历史沧桑与当时社会地位。主要手法使用连续封闭式空间，逐步展开的建筑序列承托出三大殿的宏伟。进入大清门口，周围旋律由青灰砖的墙变成红墙青瓦，这是百姓城郭向宫殿的转换。从大清门到天安门经过一段狭长的道路，两侧颜色装饰单调重复，空间收敛，压抑异常。走出千步廊，空间骤然开阔，面前正中天安门，对比强烈，压抑与开朗的强烈对比产生出对皇权的畏惧。第二节奏，天安门到午门之间有端门作为过渡，此过渡空间仍以收缩形的视觉体验对比午门两侧拉宽的空间和之前天安门宏大的气势。午门由于两侧墙壁分割，依然给人以狭窄紧迫的感受。午门采用最高的阙门形制，由两侧低矮朝房衬托，威严逼人。走过午门，就是空间的高潮部分，庭院宽猛增至210米，空间豁然开朗。内金水河从面前缓缓流过，增添几分秀气，与之前压抑的气氛形成鲜明对比。联排的柱子台阶直指三座殿宇，殿宇通过8米多高的白石台基托起，色彩鲜艳，采用红墙黄琉璃瓦，太和殿中檐庑殿顶，中和殿攒尖顶，建筑主次十分明确。三步节奏将建筑的宏伟壮阔和皇权至上情感油然而生，从而产生出时间过境之感。此类空间可以按时间或空间序列进行设计，但不应仅限于时间和空间的表象，按照时间进行设计，其设计中心是对时间演变过程中物的变化。民间红色一般用于喜庆或庄重的日子，设计将其置于建筑空间中可以引起对该空间的重视，这种庄严之感会从生活中提取出来并伴随着建筑序列的变化而越发明显。若只限于表达物的发展或人的表面成长，那设计变成了机械再现场景的手段(图14-23）。

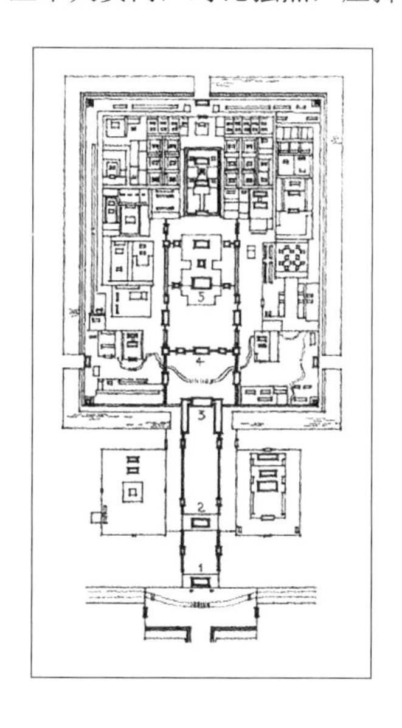

图 14-23　故宫平面图

(1) 文本化设计空间特征

文本化空间所体现的是预见、预示、建构的社会记忆空间，文本化空间是设计所描述的可能性的场景，一切都可以呈现为不确定的、潜在的或仅仅是假设的或纯粹引导的情节，就如电影侦探剧中线索都指向同一方向，结果却出人意料但又符合情理之中。贝聿铭的日本美秀美术馆，我们在此之前可能对此美术馆已有了解，但在到达目的地的路上放置引桥与隧道仍可以增加游客对那里的渴望和想象。

如齐康的南京大屠杀纪念馆，整个纪念馆的基调都是灰色的，灰色的墙、灰色的十字架、灰色的阶梯、灰色的大钟，整体都是灰色的，肃杀的气氛凸显了空间的主题（图 14-24）。

图 14-24　南京大屠杀纪念馆

文本化事实是按照逻辑的反向思维或事物的正向发展进行设计。它可以将主题提早呈现出来，这样的空间主旨一目了然，适合特定场所。在人口密集的城市中心地带，普通品牌要想在知名品牌或快餐休闲的环境下取得眼球优势，简单明了的商业空间就显得尤为重要。最常见的手法是将所卖的物品直接置于门面橱窗内，能使购物的人们清楚看到空间主题。

空间叙事按照故事发生的结局、原因、高潮等因素反向排列，即最先发生的故事放在最后或文本中间叙述，把空间结局提前到起始部分，即在视觉的开始就将空间的高潮部分显露出来，之后再慢慢品味其中的味道。在空间次序上多斯・巴索斯就认为，时间是一种局限性的机械记忆，此空间对时间的把握更为模糊，重点放在中心主旨的表达和空间叙事的合理化方面，甚至不会讲究时间过渡。拜占庭的圣索菲亚大教堂，采用的是集中式的布局，内部既统一又曲折多变。一进入内部，逐渐缩小的半穹顶显示出明确的向心性，突出中间穹顶的地位。穹顶脚底，每个肋柱下都有彩色玻璃。在空旷幽暗的环境下，这圈窗户使穹顶宛如漂浮在空中，绚丽的色彩效果让人如临幻觉。两侧空间透过柱廊与中间相通，增加了主体空间的层次，可以在品味主体之余慢慢品味建筑的滋味（图 14-25）。

图 14-25　拜占庭的圣索菲亚大教堂内部

⑵ 旧记忆空间的布局手法

情感记忆借助于空间视觉化语言来表述，可以运用“文本”作为阐释记忆媒介的手法。罗兰·巴特认为，世界上任何事物都能够运用叙事手法加以描述。不管是严格按照空间序列设计还是随性的摆放，其本质都是对于记忆情感的文本化叙述。在小说中，主人公在不同场景发生各种波澜起伏的故事，都需要庞大的故事背景，而这故事背景实际就是塑造不同故事发展的空间，通过不同的空间转换推进故事情节的前进。在《倚天屠龙记》中频繁的空间转移，描绘了张无忌、赵敏、周芷若等人在不同空间中的情节发展。经典的“花开两朵、各表一枝”就是对同一层次的两件事进行表述，在同一时间段发生不同的空间转换，目的是用不同事件对同一主题进行不同角度描绘，相互呼应，推进故事情节的生命力。《水浒传》中杨志押送生辰刚，同时叙述晁盖等好汉智取生辰纲。两件事情同时发生，空间在黄泥岗交汇，展现杨志与晁盖等人的斗智斗勇，叙述了梁山英雄聚义的开始。

1）多记忆主题并存空间

多记忆主题并存空间是同一空间中选取若干个小记忆主题共同描述同一情感阶段，通过相似情感空间的渲染，强调被渲染情感的重要性，引起观赏者的注意，加深对空间情感的印象。玛莎·施瓦茨的拼合园作为小型屋顶花园颇具特色，由于气候干燥，加上屋顶难以敷设土层，玛莎·施瓦茨就用塑料代替植被。日本庭园类型和法国庭园类型拼合在同一空间中并存产生的冲突之感，表现出的是对传统庭园形式与材料的嘲讽（图 14-26）。

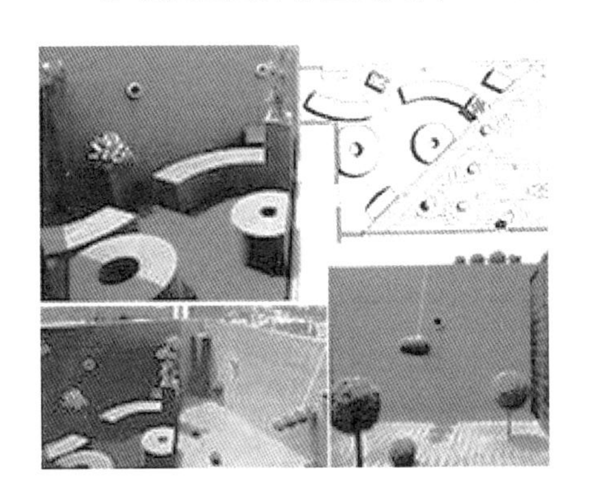

图 14-26　玛莎·施瓦茨的拼合园

再如传统街道两侧是琳琅满目的商品

店，　每一侧都极力表现着商品的价值属性，只有两侧的共同存在才渲染了街道的繁华与热闹。若随意去掉一侧，街道的封闭性减弱，那种激情的气氛就不会存在了。

2）残缺物体与空间

对于残缺美，人总是倾向于补齐它。我们在感叹断臂维纳斯的残缺美时，总是情不自禁地去想象完整的维纳斯形象。考古界在修复建筑遗址时，会有意使用与遗址材质明显不同的材料，可以让游客一眼看出哪个是原有的，哪个是新增的。在空间游荡时，古时的陈旧气氛并不会被现代材质所破坏，反而旧址现代材料的冲突组合使人们重点关注破碎之处的故事，空间叙述的突然截断无形中催使游客深入了解遗迹的发展，使人们更加感叹岁月或战火的变迁。

空间中断然截止的气氛同样会让观赏者感受到残缺感，心理会留下一点遗憾，空间主题若与自己记忆深处有些许相似，人们便“乐于”用记忆来补全空间的遗憾。在观赏战火纷飞留下的遗迹时，人们不仅感叹战火的无情和岁月的流逝，还会幻想若没有经历战火摧残后遗址的形象。因此，断序本质上说就是心理补全活动，是对空间暗示（如遗迹碎片等）的积极想象。日本的枯山水注重心理补全活动，通过树木、岩石、天空、沙地等寥寥数笔的摆放，在心中描绘出海洋、山脉、岛屿、瀑布等宇宙万物，塑造出一种淡泊宁静的世界观。枯山水形象地表达了一沙一世界的思想，禅宗的哲学意境和极少主义的美学堪称绝妙（图 14-27）。

图 14-27　枯山水

⑶ 空间回味的整合

快速浏览空间时，人们感知空间具有延迟性，在空间中所获得的视觉、听觉和嗅觉体验需要经过大脑处理才能感知，而大脑处理的过程即是与个人体验记忆存储相关联。这种延迟性造成人们在快速感知空间时感受到的是上一时段的空间情感，即快速浏览空间时人们总是不经意地体验“过去”。随着空间的游走，人们对“过去”的体验逐渐整合，才能对这一空间产生整体细致的总结，空间的体验是在对“过去”的回味中完成的。正如在体验遗址时，一开始所看见的景物只能形成碎片式的印象，并不能形成整体印象。只有在观赏过程中整体印象才能逐渐成型。因此当下正在发生的事情在下一刻便成为记忆，成为记忆情感的一部分。这促使要求设计良好的空间环境，以形成深刻的记忆，促进记忆遗忘曲线的抑制。

⑷ 记忆中空间材料的选取

对记忆媒介产生的认同大都源于当地特定的材料使用，在旧时代这种认同具有很强的稳定性。即使由于风格受到强烈的变化也是基于当地选择的材料改进，其性质也是稳定的。中西方建筑的发展史便是很好的例子。科技的发展和技术的进步打破了这种稳定性，人们可以运用更多的材料去构建物体。

材料不仅仅是材料体现出的自身物理属性，同时还包括材料的质感所传达出的心理感受。从这一角度出发，材料并不属于客观物体。粗糙的墙面质感展现出稳重、粗犷的感受。光滑的地面传达出精致、修饰过的情感。室内材料不局限于墙面屋顶，声光色味等都能为人所感知，如同蓝色代表忧郁一样，其他物理因素也能让人产生固定的联想并具有其特定的象征意义，而形状、颜色和声音在设计中极为常见，构成空间的叙事语言。由于商业空间的封闭性，各类自然环境之声如蝉鸣鸟叫、风吹树叶、雨打芭蕉等无法成立，商业空间往往利用人工录音合成等方式模拟自然界声音或播放通俗音乐，人工音乐和自然音乐同样具有空间感染力，对空间的语言塑造具有积极作用。而光感必定带来层次和阴影明暗关系，设计师往往喜欢利用透光性差异较大的材料突出表现光影转折，如同光之教堂利用突兀的明暗转折和光的散射产生神圣感，光影可以用于空间的强调，层次的丰富和动静的变化，扩展了空间层次和空间语言的复杂性，同时，加强了空间和主体的对话。

1）连续的情感链接

戈登·卡伦先生写到："视觉连续"可以"将无序的因素组织成能够引发情感的层次清晰的环境"，"可以把城镇按人们的设想编排成一出连贯完整的戏剧"，其意义在于"激发人的记忆情感"，可见设计者将建筑、媒介、语言等视觉化元素丰富也是一种建筑空间的艺术。这门艺术更加侧重于如何调动受众的情绪进而引起共鸣并加深印象，如何将空间设计与现实条件并驾齐驱并糅杂进入社会、文化、生态、体验等层面的价值，配合视觉、语言、比例、空间等感官条件，让一个空间的层次呈现多元发展，一个成功的空间设计应当是使时间和空间概念模糊化，社会和物质环境和谐、层次分明而渐进式的。"看"是设计的主要方面，大多设计都是以"看"为先导，外部构建的表现形式影响人们对空间记忆的认知，中西方建筑的空间造型语言的表现，是以视觉系统为主导，而视觉为中心的思想早已成型。记忆媒介的文化嫁接搭配，对空间造型变化影响的认知偏向，形成了各不相同、稳定而规律的搭配方式（图 14-28）。

图 14-28　中西方建筑装饰

2）设想感知的实现

通过视觉，我们会想象物体的重量、质感、轮廓，即视觉触发了“设想感知”，人们通过触摸、证明或修正之前对物体视觉“设想感知”。乔治·贝克莱将视觉和触觉联系起来，认为若无触觉记忆的参与，我们视觉所产生的距离感，质感或光感的理解就无法完成。触觉的记忆产生与过去的生活经历留在皮肤的感受，通过触觉，能产生比视觉更具有刺激的情感导向。这就是为什么我们会情不自禁去触摸“古董”的原因。

声音具有引导性，宁静、空间、光线的组合便能产生出建筑的陈旧感。室内声音的营造常常表达空间的寂静安宁，正如空间中常常会放置一缕青烟。声音不仅可以是故意设计的，也可以是材料中蕴含的。陈旧材料自然会蕴含时间的流逝，这种流失自然伴随着声音的意向，是由于声音的方向性衰减过程与时间流逝的主观感受相同。人们在聆听声音时，会与空间主题相联系，有助于拉近空间与人的距离。西班牙摩尔民族王宫赤城宫殿的狮子中庭，潺潺的流水声跟随着行人的脚步流淌，让人感受到空间与人同在。

3）动态材料的感知

儿时糖果店的味道，蛋糕店的芬芳，每一个空间都有它独特的味道，即与空间主题相关的味道，嗅觉和味觉会唤醒被视觉遗忘的记忆。例如吐鲁番的葡萄是当地人印象最深刻的物品了，晾晒房中放置着悬挂的葡萄，随着时间流逝，葡萄慢慢失去水分，酸甜的气味便会扑面而来，当地小朋友很喜欢在这附近玩耍，这种味道会伴随当地人一辈子。每每闻到这气味，满满的回忆便会从鼻孔中散出，独特的味道凝聚了人们的情感色彩。每个室内家庭都有独特的味道，这种味道通过鼻子口腔进入人体，会唤醒人们对于家庭的独特感受。味觉和嗅觉诱导我们进入生动的“白日梦”，让我们联想起与视觉遗忘的回忆（图 14-29）。

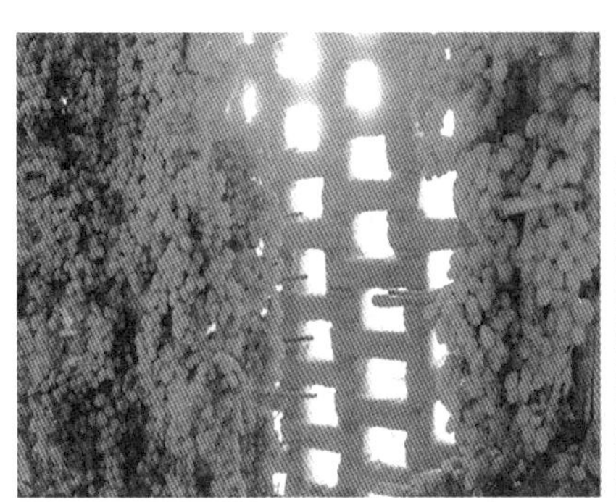

图 14-29　吐鲁番的葡萄房

4）感官糅合

梅洛·庞蒂的哲学观中把人的身体作为体验世界中的中心，《身体，记忆和建筑》中也是将身体和知觉作为建筑体验的重要方面。二者把身体作为丈量空间尺度的尺子，也是体验空间情感的器官综合体。通过空间游走，双脚测量距离，身高与空间高度形成对比，阴脚下投影感受着环境的温度。用手触摸墙壁，能感受到材料所留下的时间，用手打开大门，是连向不同空间的钥匙，多重感受最终形成印象综合体。空间情感由记忆媒介保存，而情感释放需要身体感受。感受的过程是将自己与空间同化，用身体的角度去看，去想象自己成为空间的感受的身体。想象与空间相互交流，用身体去触摸，把自己看做客体去体验。宋代苏轼的《题西林壁》“横看成岭侧成峰，远近高低各不同。不识庐山真面目，只缘身在此山中。”即诗人从主客体不同角度去观察环境，会形成不同的印象结论。宋代诗人叶绍翁《游园不值》“应怜屐齿印苍苔，小扣柴扉久不开。春色满园关不住，一枝红杏出墙来。”空间进深，环境阴凉，墙面高度用“屐齿印苍苔”“柴扉”“红杏出墙”三组词体现出来，诗人用脚去空间测量距离与温度，小扣柴扉，看红杏出墙表现出诗人体验空间的高度与寂静。这首诗用诗人一连串以身体为中心的行为动作将体验空间的情感细细地溢出来。弗兰克·劳埃德·赖特的流水别墅就是印象综合体的例子，恰当的体积，肌理与周围流水，森林相互融合交织，声音，味道，色彩，质感使人的五感相互碰撞，形成丰富的空间体验。

具象的记忆媒介容易符号化，水、光等记忆媒介符号化因通常没有物质形态很难让人们广为感受到。自然元素因为具有特定的季节性和区域性，如不同地域有着不同特色的种植，可以强化场所的地域性，因此空间中能够恰当的注意这些自然元素可以增强空间记忆媒介体验程度。

（四）记忆媒介表现语言的重构

1. 光影记忆的符号重构

传统的城市街区的光影变化远比灯火通明的道路更诱人。记忆中的光影印象可能无法成就实际的景象，但站在暗淡的光线和阴影下面，视觉的清晰感和思路的明晰被麻痹，空间明暗削弱了人本体的存在，思路回到记忆从前。“醉里挑灯看剑，梦回吹角连营。”夜深人静、万籁俱寂之时，黑暗的灯光下思潮汹涌。柯布西耶的朗香教堂（图 14-30）那可塑性的艺术形式和粗犷的材质形成良好的视觉效应，光线从大大小小不规则的“窗户”泄露出来，与室内昏暗的环境融合形成富有安全感的神秘空间，人们处身置地可以感受到自我存在的削弱和思绪的倾泻。安藤忠雄的光之教堂亦是同理，祭坛墙面是镂空的十字光带，光从孔中照射进来形成神圣的视觉效果，安藤忠雄把光影运用在具体造型上，将抽象自然与十字造型结合形成独特的精神气氛。

图 14-30　柯布西耶的朗香教堂

室内空间中通过降低光线强度，不规则的分布，可以让空间更加舒适宜人。阿尔瓦·阿尔托的山纳特赛罗市镇中心幽暗的会议厅内部能够塑造团结气氛，加强演讲宣传能力。

2. 水记忆的特征重构

宋代郭熙在《林泉高致》指出“水，活物也，其形欲深静，欲柔滑，欲汪洋，欲回环，欲肥腻，欲喷薄，欲激射，欲多泉，欲远流，欲瀑布插天，欲溅扑入地，欲渔钓怡怡，欲草木欣欣，欲挟烟云而秀媚，欲照溪谷而光辉，此水之活体也。”天生的亲水性使人们经常寄情于水，“抽刀断水水更流，举杯消愁愁更愁。”是李白力图摆脱精神苦闷但却无法排遣的抑郁心情。“滚滚长江东逝水，浪花淘尽英雄。”是杨慎对古往今来，世事变迁的感慨。水不仅是要素，也是情感线索。在西班牙的阿尔罕布拉宫的狮子中庭，纵横两条水渠贯穿庭院，形成为十字形，水渠的交汇处，伫立一座喷泉，上面雕刻着 12 个大理石狮子像，与中午拥挤的时间不同，大清早空间的寂静伴随着涓涓细流，还有空气中水汽的味道，阳光慵懒地倾泻下来，在马蹄形券廊上形成斑驳的阴影，身心沁入其中，怀古之情飞向远方（图 14-31）。

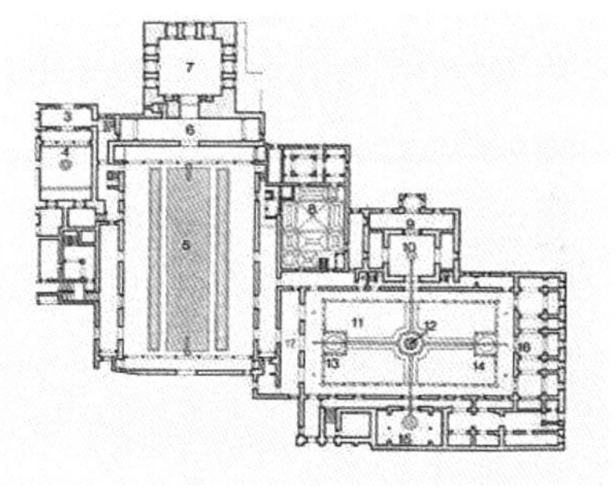

图 14-31　西班牙的阿尔罕布拉宫的狮子中庭

〖第 5 部分〗媒介

第十五章　兴趣的媒介
——情趣因子介入与营造

第一节　娱乐时代下的空间情趣

不同的社会发展程度使得人们的生产与生活方式产生了差异化，进而影响了人们的审美趣味与娱乐方式。对于古代文化而言，人们较为强调的是社会责任与道德教化的伦理层面，追求大众性、秩序性、确定性的正统思想，形成了“立于礼而成于乐”的社会形态。而当今社会处在信息爆炸的互联网时代，各种新形式的符号、图像、媒介刺激着人们的感官，出现了解构性的文化以及破碎化的精神意象，使得人们逐渐背离传统文化的表述方式，人们更加倾向于“非传统、非主流、非典型性”的审美取向、消费方式以及体验形式。人们热衷于消费享乐与精神快感的体验，娱乐文化逐渐成为大众推崇的对象，游戏、消遣、反叛、新奇等景象成为如今的叙事方式与语言特色，娱乐时代悄然来临。

一、娱乐时代与情趣空间设计

彼德·埃森曼认为当代文化是具有奇观性的文化并会受到信息和媒体的煽动，人们对现实的追求不再是深度的阅读，而是热衷于追求奇观文化的视觉表象。奇观文化以视觉表征的形式展现在人们面前，并凭借媒体技术得以迅速传播，各种类型信息充斥在媒介载体上，它要求用时尚新奇的形象供大众消费，并以热点现象刺激着人们的感官，为大众带去片刻的欢娱。当今社会，人们为满足内心的需求与期望，不再单纯地探究文化的情理性与艺术的精髓，人们逐渐抛却了传统的释义，以新颖的视野与角度去延展文化的维度，以“娱乐”、“戏说”的方式对待文化，自我置换文化“所指”的符号意义，沉溺于炫耀、狂欢、放纵的视觉表征与图像效果之中，追求精神的快感享受。

随着信息社会的发展以及大众主体地位的提高，时尚消费不再是上流社会的特权，并逐渐成为全社会性的行为，人们通过竞相模仿以获得形象的符号性来象征阶层地位或个人价值。事实上，时尚起源于 19 世纪末西方社会，精英阶层利用高端的服装、饰品、生活方式等方面来彰显自身的身份与地位，即炫耀性消费，而这些代表阶级的符号逐渐被新富阶层模仿与学习，这就迫使精英阶层要以新的符号来实现阶层间的分化，而这些新的符号又会被进一步的效仿。受时尚流动性与传播性的影响，时尚的接收群体从精英阶层逐渐扩展到大众阶层，开始在全社会范围内风靡。随着消费价值向度的延伸，不再局限于上层阶级影响下层阶级，而是出现了“由下而上”的互动模式，逐渐打破了时尚的阶层性，实现了多维度发展的社会景象。同时，由于题材与类型的泛化，人们对于时尚的涵容度的越发增长，常规的事物难以满足人们的审美取向，大众追求的是更加新奇的符号代表，周而复始，时尚的更迭速度与日俱增，现有的时尚方式随时都可能被大众抛弃，“快销”成为主流形式。正是时尚的快速更迭，引发了人们审美水平的不断变化，追求更新奇的欣赏方式与阅读层次。

多元化媒体技术的出现以及数字化媒介的侵袭改变了信息的传播方式，文字所代表的传统表述形式逐渐被“图片”、“影像”引发的视觉表征所替代，这种高效快速的信息方式不断刷新着人们的体验方式，人们不再热衷于诗词的意境之美，而是追求快感之上的欢娱与精神之上的享受。在享受信息多元化的同时，也带有色彩地去追求信息的内容，对快感的消费以及对性与身体的热衷重构了人们的社会认知形式，并改变着人们的价值体系。在虚拟信息构建的世界中，人们追求主体存在的意识化，戏谑与游戏成为当下信息释义的代名词，人们乐于享受新奇与娱乐的景象，情感体验成为不可或缺的一部分。而信息的喧嚣与表层化却逐渐造成了人们审美的疲劳，呼唤着高级的趣味形式，人们希望在获取快感的同时，更可以享受到内心满足。而大众对于趣味的时代需求，正是建立在情感之上的趣味，是积极正面甚至是引人深思的意趣之美。

随着不同地域间文化的融合互通，世界呈现了开放性与多元化的景象，大众群体不再拘泥于单一性、主流化的价值观。大众力图在生活中以颠覆常规、突出个性的非常态的角度来审度世事，以满足超前的内心体验以及独异性的个体意识。通过游戏文化来建构大众认知与娱情方式，思维跳跃、幽默拼贴、夸张随意的表述方式成为普遍现象，以规避传统认知中的宏大正统，从而达到精神与心理的狂欢消费。真实与虚拟的消解、现实与历史的差异，将娱乐意趣呈现出随心所欲的“本真”状态，改变着人们的价值体系， 影响着人们的行为方式与审美趣味，人们更热衷于多元化与个性的景象。

随着社会的高速发展，物质需求已经很难满足人们日益增长的欲望，人们迫切地需要情感的释放与精神的满足，来消解信息负荷带来的心理压力。空间作为衣食住行的载体承载着人们的行为活动，但在娱乐时代下自由与非主流的审美取向影响着传统的空间形式，人们不仅需要其满足物质性，更是将其作为一种景象甚至是奇观来消费。后现代的情感需求转变成了精神性的体验与情感的欢娱消费，即在设计中更多地融入情感层面的趣味与欢娱，情趣化设计逐渐受到大众的关注。阿联酋迪拜相关政府机构为促进当地的经济增长，建造了大量吸引眼球的空间形式来提供视觉与精神消费，以此来招揽全球各地的游客，成功得把具有场所性的空间转型成为具有精神消费性的产品。情趣空间承载了时代的娱乐泛化以及文化的游戏消费，作为人们情感体验的信息容器，能够刺激人们感官的同时，还需要给人们提供心理层面的满足。

二、空间的情趣

娱乐时代之下，人们追求突破传统叙事的游戏消费，乐于享受视觉感官带来的欢娱， 而这种娱乐往往是片刻的、瞬间的，并不能真正地带给人们内心的满足。而情趣化设计就是要通过营造高级趣味的情感表达，使得在获取欢娱的同时，还会收获精神上的共鸣。

情趣的含义是基于“情调趣味”的基本释义，是情感与特定趣味形式的融合，并会受到时代语境的影响呈现出具体的释义。情趣是建立在趣味、愉悦基础之上的情感表达，基于“趣”而立于“情”，或者说情趣是以“趣”为基础，用“情”得以升华。情趣作为情感意态的一种，具有持续性、稳定性的感性态度，可以影响人们感知世界与思考生活的方式，也可以影响人们的行为方式，对人们的处事方式以及价值观的形成有着重要的价值。情趣是娱乐时代背景下人们对生活一种情感要求，这种趣味的呈现并不是低俗与矫揉造作的，而是通过积极、正面的愉悦要素使人们获得精神上的享受。愉悦与趣味是让人快乐、使人高兴的事物，能够激发人们产生积极的情绪，使人们获得心情的放松与思维的活跃，并主动地投入到环境之中，这也是情趣最为根本的特性。作为高级的情感表述方式，情趣集合了审美趣味与文化内涵，情趣并不是简单地糅杂情感与趣味的关系，而是情感与积极性趣味的综合表述，是不同情感形式的循序渐进与过渡升华，是精神意味的体验与情感意趣的感受。

情趣化设计糅合了时代与社会的需要，它是人类需求层次的高度体现，是物质到精神层面的过渡，人们更乐于探寻美好的事物来满足精神需求。它是基于后现代的设计产物，后现代反对一味地追求功能主义而推崇文化与情感，强调用自由随性的形式来表达空间所蕴含的精神层面，孕育了情感化的设计背景。同时，情趣化设计也是娱乐时代之下审美变异的产物，娱乐时代下人们抛却了理性与形式，大众诉求与自由、诙谐、幽默的审美方式与情感诉求，受众主体乐于享受兴奋、满足的娱乐精神。

情趣化设计建立在受众的精神需求之上，试图将生活中的情调趣味意识化、情感化、行为化，从价值导向的基准出发并秉持快乐至上的理念，以设计物、空间与环境的相互融合来营造新的体验方式。如果说，情感化设计服务于社会群体的价值感官与行为体验， 那么情趣化设计则更侧重于在某种价值认同之下的个体差异化选择。正是因为情趣化设计具有主体性的情感色彩，使之成为情感的补偿形式，从而填补着人们对多层次精神体验的需求。情趣化设计是多种意识形态与思维方式相融的一种状态，基于情感却高于情感，是构建在趣味之上的情感，又是情感之上的高级趣味。情趣化设计，既可以使事物呈现新鲜有趣的状态以满足人们对精神欢娱的需要，也可以引发非秩序性的事物节奏来丰富人们的情感体验，还可以促进事物与环境的融合，从而给人们带来情感的反思。

空间情趣的内涵从情趣化设计引申而来，是空间情趣化的具体表现，通过结合大众群体的心理与行为特征，赋予空间要素一定的情态意趣，使空间呈现出特定的感知意向与情感诉求，从而给人们带去愉悦的空间体验。在已有审美趣味与文化内涵的基础上， 空间情趣是通过展现与众不同的形态特征、组织关系或情境意象，形成具有情调意味的空间层次或氛围关系。

受众的认知过程是呈过程性与层级性的，所激起的心理感受包括了直觉、联想与想象、理解与升华、顿悟与共鸣。由于空间情趣的体验过程与受众的认知活动是密切相关的，情趣的感知与体验也存在一定的过渡性与层次性，从视觉层面的接触再到意识层面的反馈都反映了人们的心理与行为特征，其过程涵盖了直观浅层的趣味，是人的直觉体验、无处不在的情节引发想象与联想、无声胜有声的情境带来的艺术意蕴的升华、寓意深厚的情感引起共鸣等内容。

空间作为文化的载体呈现着文化的隐性涵义，空间情趣作为特殊的信息形式自然要受到文化的影响，不同文化背景下的人们会因其所在的社会环境与所接受的地域风俗的不同，形成差异化的价值与审美取向。由于受众持有不同的审美取向，面对同一个空间就会接收不同的信息结果，即体验到差异化的情趣感受。例如，库哈斯设计的央视大楼以大胆、前卫的形象完成了摩天楼在空中联结的技术难题，形成视觉奇观，却在国内受到了诸多质疑，各方偏激的评论甚嚣尘上。文化对某种事物特有的作用力即是文化涵构，文化涵构以空间与文化的密切关系为基础，影响着人们对事物的解读与释义，同样也影响着人们对情趣信息的解码，是空间情趣不可或缺的信息解读方式。

同样，文化涵构也会在一定程度上影响情趣信息的侧重点，娱乐时代下文化涵构的呈现并不是它的实用性，也不是它的象征性，而是文化的游戏范畴所决定的。在体验时代，人们追求视觉层面带来的冲击和快乐，体验与游戏是对文化的情感需要。游戏文化已在诸多环境、场景中崭露头角，例如电影、戏剧、歌曲等领域，电影的《一步之遥》正是一个好的说明，电影采用明线和暗线交织的叙事方法，将具有历史原型的人物、 事件糅杂在一起，整个故事着实荒诞、怪异、混杂，却处处为文化的隐喻表述，以揭露社会的善恶美丑，可谓是娱乐文化的典型案例。在空间设计的过程中，通过把带有文化符号性、象征性的信息或“空间语言”通过有意或者无意地组合、混杂在一起，将文化重置扩散，赋予它新的语义形式，以形成情趣化的空间。

情感是情趣化设计的基础，而文化涵构则影响了情趣信息的表现与接受方式，情感与文化是情趣不可或缺的情感向度与文化作用力，它们的综合作用建构了空间情趣的整体性，用来传达空间精神内涵与文化底蕴。

三、空间情趣的视觉表征

空间既有物质维度也有精神维度，承担着两种价值体系，它是“物”与“意”的载体形式，而“物”与“意”并不是简单的割裂关系，“物与意合”是情趣在空间建构中最基本的关系。通过“物”的表现来传达“意”的精髓，这就是将人与空间紧密联系在一起的方法。“意”则是空间情感的表达方式，而“物” 相当于情趣空间呈现的表情形式，表情与情趣是相互影响的作用（图 15-1）。空间表情是情趣空间特有的形象表露，是空间所特有的语言，是空间形态、结构与细部的综合体，并直接建构了空间的美感与艺术性，人们可以通过感官感知、体会情趣的意境之味。

表情的解释主要有两种，一是人们思想感情的表达，另一种是人们通过面部或肢体、姿态变化所呈现的感情。表情包括了面部、语言声调以及肢体动作或姿态的表现形式。达尔文认为，表情是通过基因遗传下来的情感表述式。通过表情的显露，人们可以将主观的情绪或感受传达给其他群体。从传播学的角度来说，表情的传达之后必然会伴随着受众的接受过程，表情的传达实际上是人类信息交流的传播过程，确切地说是非语言性的传播方式。作为信息符号的表情，表情讯号的发出以及表情信息的接受涉及了人类行动的“能指”与信息的“所指”，并伴随着符号的编码与译码。人与空间都可以传递信息，可以把表情的涵义延伸到空间的维度之上，通过表情来传递空间独特的信息， 即表情化空间。

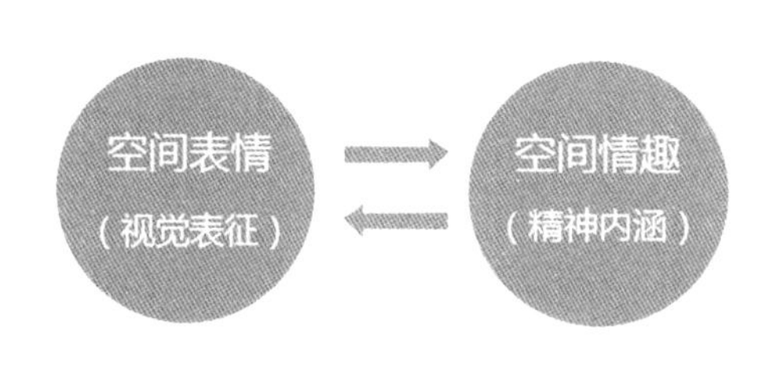

图 15-1　空间表情与情趣的关系

空间同表情的传达过程一致，空间作为客体发出信息指令，观者作为主体来接受信息并进行解读信息。表情化空间，是将空间的表情信息以“能指”与“所指”的方式传达给大众，“能指”是空间表情所产生的空间形象，“所指”是特定的空间场景所传达的审美价值与道德教化意义。即设计师利用不同的“语言”方式来表述空间的内容，这是信息的传播过程。同时，人们通过对空间表情的阅读，可以感知并体会空间的视觉表象所呈现的内涵与意义，这是信息接收的过程。表情化空间就是将空间信息化、符号化， 设计师将自身的艺术思维以物质层面呈现出来，以可感知的信息传递给观者，观者通过对表情信息的解读从而体会到具有情趣意味的空间情感，整个过程涉及了抽象思维的物化，而这物化的表征又被观者转化为意象，而表情作为中间的桥梁连接了设计师与观者的关系，以信息的形式表现在观者面前。

空间表情是建立在表情化空间的基础上所呈现的信息，即受众在“阅读”空间的过程中所接受的视觉表征。空间表情所带来的视觉观感代表着情趣化的情感信息，如诙谐幽默、惊喜意外、纯粹趣味，特定的表情有着独特的信息涵义。空间表情作为情趣的视觉表征，并不是空间形象的简单表述，而是带有情感色彩的叙事表述。如同人的表情一样，空间的表情也是带有喜怒哀乐的，而这些情感特征则正是情趣所赋予的生命力。由于空间情趣信息的复杂，表情的呈现自然也会有抽象与具象之分，具象表现则是集合了空间要素之间的关系所展现的表意信息，而抽象表现则是受到地域与时间的作用使之成为非表意的信息。由于空间情趣会受到文化涵构的影响，作为情趣的视觉表现，空间的表情自然也会受到文化的作用力。不同文化背景下的观者面对同样的表情信息，自然会有不同的情趣感受，即空间表情是情趣信息与文化综合作用的产物。

空间情趣是空间内在的情调趣味，是抽象的、难以描述的思维意识，这也就决定了空间表情是综合的信息体，而不是局部、细化的空间元素。空间的结构、材料、色彩等要素是信息表现的子单元，空间表情的形象表露并不是空间中子单元的简单表现，而是空间中诸多视觉元素的叠加、重置和再定义过程，以综合性的空间形象呈现，以给大众带去可感触、可体验且具有空间意味的场所感。

第二节 情趣空间的媒介与受众解析

空间是人、事、物与时间交织，蕴含着各式各样的信息，媒介即信息，空间作为特殊的传播媒介，有着独特的传播要素与模式。而情趣作为特殊的空间情感表达，是在空间传播学属性的基础上，传递着特定的情调趣味。大众文化的快速发展提升了受众群体的地位，在传播活动中，受众能否接收到传播者传递的信息，能否正确理解传播者的意图，这些都与受众群体的特征密切相关。研究受众的心理特征，认识他们的审美过程，对于情趣空间的设计研究有着重要的意义。

一、情趣空间的信息传播

空间作为物质性与精神性结合的载体，需要综合考虑两个层面的相互融合，形态、结构与图底关系等物质性表现正是符号的“能指”，也是设计思维的具象体现，人们需要通过视觉感官来获取表层信息；而空间所蕴含的内涵、意义及场所精神即信息的“所指”部分，是设计思维的抽象表现，蕴含着设计师对生活的思考以及个人情怀等精神性要素。信息能指与所指相结合的过程，需要将空间媒介化与信息符号化的编码过程，并需要受众通过结合自身的思考与经验等方面做出译码，整个过程是将空间的本体形象与人们的思维世界有机结合的过程。

空间是一个复杂的信息综合体，涉及了物质性与精神性的要素关系，涵盖了载体的抽象与具象表述，信息主要包括约束性与模糊性两种形式。约束性，就是以人体工学与空间规范为基础，以限制性、准确性的语言方式去限制空间各要素的形式，例如空间尺度、色彩与光照在不同空间需要定义在不同的数值范围。模糊性作为主要的空间信息形式，诠释着空间物质与精神相融的多义性，空间会受到文化与地域、自然与环境、生活与社会诸多方面的影响，色彩、肌理、材质以及造型等元素之间的联系其实是相互碰撞的，不同元素之间的结合会形成不同的语汇方式，空间是一个充满变量的元素组合， 这也就代表了空间信息的模糊性与复杂性，同时也决定了空间传播与大众媒体的差异。鉴于空间信息传播的特殊性，为了更好地联系各方之间的关系，需要设计师在设计构想阶段综合考虑受众群体与周边环境，而受众群体也需要与空间积极地互动交流，以充分体会空间的功能性与精神性。

拉斯韦尔教授提出了著名的“5W”模式，认为信息传播是一个有指向性的过程，主 要包含传播者、传播内容、传播媒介、受传者以及传播效果这五个传播要素（图15-2）。该理论对传播理论的发展与研究奠定了坚实的基础。事实上，这其中也存在一定的问题， 他认为传播过程是正向的、单行线的，但在真实的语境下，受传者往往会通过信息反馈机制对整个传播过程产生逆向的影响作用，受传者在一定程度上也充当着传播者的角色。信息的传递需依托于一定的载体——媒介，媒介连接了其他四要素的关系，并通过相互作用，以形成完整的传播过程。空间既是人们居住与交往的空间，也是文化积淀的产物，其设计过程涵盖了人、事、物与环境之间的关系，需要考虑各种因素的作用力，比一般媒体的信息传播复杂得多，以共性传播规律为基础，并呈现着自身独特的传播过程。

图 15-2　拉斯维尔的 5W 模式

（一）传播者

作为传播的起点，传播者决定了传播内容的形式，在空间设计中，传播者的职责就是产生信息，即将设计理念以符号化的语言表达出来，通过媒介的传递，推动着整个传播的进程。传播者的角色是多样的，决定、参与、影响设计的人员都属于传播者。设计师的思维方式与思考结果对空间功能与造型起着最重要、最直接的作用，业主也会依据自身的需求对空间提出建议与意见，从而影响空间的设计效果，同时，法规的制定者、项目工程的监督与审核人员在不同的设计阶段也会产生一定的影响。从图纸设计到模型制作，再到建筑的生成阶段，不同的传播者给予不同的作用都会导致不同的建造结果。不管是直接作用于设计过程，还是间接影响设计效果，以上提到的人员都属于传播者的范畴，对信息的内容形式都有着一定的决策能力。

（二）传播内容

空间中的传播内容指的是设计想法与意图的集合，在一定程度上包含着设计师对社会、文化与生活观念的独特理解与感悟。传播内容是抽象的思维表现，是经过设计师不断思考所得出的设计方案，并会受到外因的影响而在一定程度上有所改变，正是由于这种渐进式的设计修正，才会提炼出最为精华的设计思维，使传播内容更具感染力与说服力。由于传播者与受传者在审美取向、价值观念、教育水平上存在差异，受传者未必会完全理解设计师所传递的信息，可能会出现一定的认知偏差。如果传播者和受传者之间有着较多的共同话题，那么受众就会在整个信息传播过程中更好地理解设计意图，以产生更多的情感共鸣。设计师需要结合空间所处的基本环境，并对受众群体做出一定的调查，以了解受众的真实需要，使得设计更具人性化。而在情趣空间中，传播内容则指的是设计师本身的情趣化设计思维，并融合了设计师对文化与情感的独特理解。

（三）传播媒介

媒介是信息的中介，对于空间而言，媒介即空间本身，是空间各要素的综合体现， 是抽象性，也是具象性信息的综合呈现。由于空间是物质属性与精神属性的结合，作为信息的载体，媒介也同时兼具物质与精神两个层面。传播媒介本身就是空间物质与精神要素的信息集合，其物质性是空间形式、结构、材料、肌理与技术等方面的融合，精神性则是空间内涵、意义、场所精神与意境的融合，物质性是精神性的基础，精神性高于物质性。受传者通过感官体验接触到媒介的物质性，并通过自身的联想与想象进行一系列的思维加工，得到“心中形象”。同时，媒介本身也会受到社会与文化的作用，是对宏观环境的符号映射，设计师需要站在社会背景与环境视角之下，去综合把控空间与环境之间的关系，并赋予到媒介信息之中，使之更好地被受众所理解。

（四）受传者

受传者，即信息的传播对象，在空间中，受传者即空间的受众群体，最有效的受传者是空间的使用者，他们与空间有着最直接、最密切的接触。受传者也是信息反馈的来源，他们对空间有着最直接的理解和感受，他们的审美趣味以及对空间的态度影响着传播者的设计活动，在很大程度上他们的反馈决定了空间的价值。在信息社会下，受众的地位逐渐提高，使用者对于空间传统、被动单方面的接受也趋向于主动反馈，形成了双链路的信息传播与反馈机制。同时，专业的设计人士作为较为特殊的一个群体，他们有着较为完备的专业技能与知识系统，对空间的鉴赏水平超过了一般使用者与大众群体， 会用更为独到的视角去阅读空间，对空间的理解会显得更有深度。作为空间的“品评者”， 新闻媒体人员是不可忽视的一个群体，他们不仅要通过阅读空间来获取信息，还要将获取的信息以他们的视角再次传递给普通大众，在一定程度上控制着普通大众的信息源。

通过传播四要素之间的相互作用，可以更好地理解设计师与受众之间的关系，从而更好地构建设计的信息传播过程。同时受众的反馈机制也体现了其在传播过程中的重要地位，有利于实现以受众为中心的设计，促进设计传播的有效性。

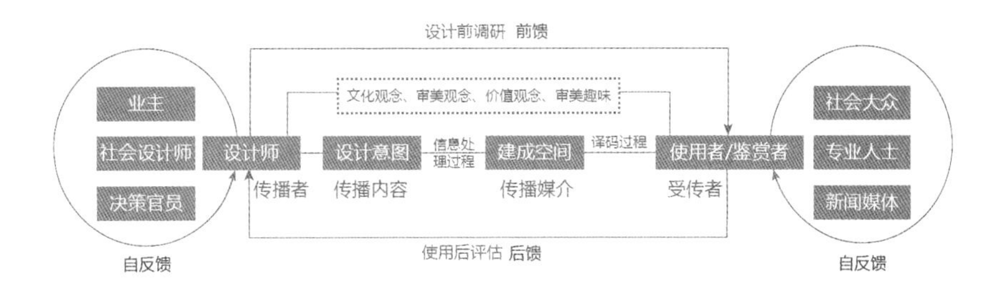

图 15-3　空间设计的传播过程

空间设计（图 15-3）具有大众传播的典型特点，具有特定的传播过程与要素关系，但其涉及复杂的传播者群体并受到受传者反馈机制的影响，在一定程度上并不符合线性的传播模式，事实上，空间的传播过程主要由创作系统、欣赏系统以及反馈系统组成。传播者对空间信息处理之后以符号的形式传递出去，受众注意到信息并进行一定处理，如过滤出某些次要信息、提取凝炼其中的要义，整个过程涉及了符号的编码与译码，最后将信息再次反馈给传播者。整个过程的反馈机制是一个复杂的过程，并不是单线进行的，而是在传播者、受众以及他们之间建立的单双向结合的交流。在传递空间信息之前，设计师还存在着“前馈”，在构想设计方案的时候，设计师会进行一定的实地调研，了解当地的文化与民族风情，并根据业主的建议不断修改方案，在一定程度上这些过程的综合作用会影响设计方案的最后呈现。除去前馈，直接使用者会在使用之后提出关于功能性与美观性的建议，其他设计师以及社会报道人员也会对空间的文化涵构、内涵意义等进行评价，这就是重要的后馈作用。另外，设计师作为传播者，也会接受来自各方对于空间的建议，并进行一定的设计调整与优化，使得空间形式能够更加完善，这就是“自反馈”过程。空间的传播正是涉及了前馈、后馈、自反馈的传播过程，得以形成了完整的传播进程，较传统的传播过程显得更为复杂，这也是空间传播最主要的特点。为了在空间中更好地传递情趣化的信息，需要兼顾不同的传播环节，并结合不同环节的特点，制定特殊的设计手法，从而实现情趣的营造。

在情趣空间中，作为传播者的设计师除了传播基本的物质与功能信息，最主要的是传递情感与精神的意趣。在信息编码阶段，通过构建超越常理、颠覆传统认知的设计方法，将情感因子赋予在空间媒介之中以形成特殊的兴趣媒介，并以视觉化的“语言”展现在受众面前，如具有特殊意味的细部与形态表情或路径与序列关系。在解码阶段，受众通过阅读空间、浏览空间，或与空间进行多元化的互动，激发大脑中思维意识化活动， 并通过一定的联想与想象，进而理解传播者的设计理念，并引发一定的反思。在情趣空间中，从设计师的编码到受众的解码过程是一个正向的信息传播过程（图 15-4）。同时通过一定的后馈机制，再将自身的空间感受反馈给设计师，进而完成情趣化信息的整体性传播。

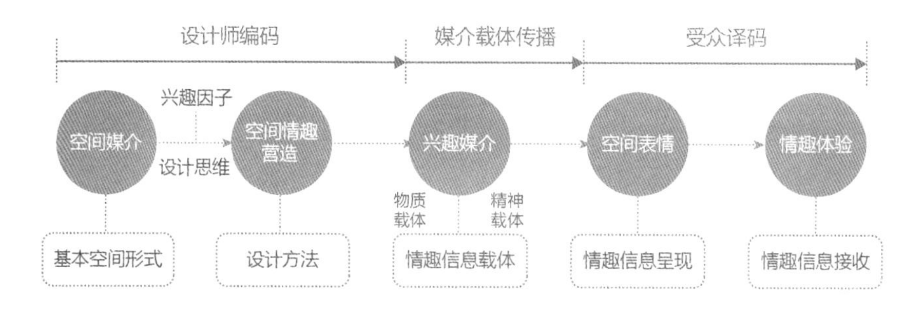

图 15-4　情趣空间中信息的正向传播过程

由于情趣化设计是空间情感营造过程中的一种设计手法，其所涵盖的空间范围是非常庞大的，小到家庭住宅大到商业娱乐空间，凡是体现特殊情调趣味的空间都可以作为传播的媒介，因而其使用者的范畴十分庞大。同理，作为其他受众类型的群体，如专业设计师、新闻媒体工作人员，也会通过一定的渠道接触到空间，进而引发个体性的感受，最后将自身对空间情感与精神层面的理解，通过后馈机制反馈给空间的设计师。设计师在接收到反馈信息之后，会积极地进行思考，可能是改进设计，也可能是对设计师的设计手法与风格产生一定的影响。当然，情趣化空间的最终设计成果需要相关项目负责人或政府官员的审核，由于不同地域对文明的开放程度存在差异，也会影响对空间中特殊表现形式的接受程度，会根据具体的场景环境，并依据当地的法规、项目要求和文化特殊性提出相应的修改建议。

二、空间媒介的兴趣化

对于情趣空间而言，媒介不单单是信息的载体，更是传递着情感与精神意味。在营造情趣空间的过程中，需要在媒介中融入有情感或情绪特色的语汇形式，以构建精神性的信息载体。对于情趣空间而言，媒介的兴趣化作为基础性的建构语汇，起着信息单元的作用，而为了形成这种特殊的媒介形式，需要在其中融入兴趣的因子或元素，以营造出特殊情趣的空间感受。

空间不仅为人们提供着必需的居住等物质环境，还传递着社会关系、文化底蕴等信息，并提供视觉上的欢娱与精神上的享受，空间以物质与精神的载体不断冲击着人们的感官以唤起人们感知。空间与人的互动交流实际上是接收不同信息的过程，是与空间信息交换的过程，空间是信息传递的载体，是人与环境的媒介。在传播学中，大量学者对“大众传播”给出不同的描述方式，但基本包含这三个要素：受传者拥有庞大的群体基数，且很难明确他们的性质；传播者是机构性、组织性的群体；以某种机器为途径大量复制信息。为了区别传统传播业中的大众媒介，诸如电视电影、报刊杂志等形式，将那些非传播业中的传播媒介定义为“类大众媒介”。而同时，这基本的三个要素也体现在空间设计之中，是十分相近的关系，基本符合传播的规律与媒介特征（图 15-5）。

图 15-5　空间的类大众媒介

在空间传播过程中，受众与空间有着紧密的联系，可以通过阅读空间获得感官上的满足，也可以通过行为互动与之直接“对话”，又或者通过切实地使用空间来满足生理与精神需求，受众的角色涉及了直接使用者以及欣赏者与评议者。随着空间类型的不同，人们在空间中进行的活动自然需要与场景相关联，不管是生活工作还是休闲娱乐，都可以在特定的空间中进行。空间媒介与大众媒介一样，受众群体十分庞大，而且随着对受众群体的细分，人们对空间的依赖与使用程度也是不一样的，受众与空间的关系是极其复杂的，需要考虑多重因素。

空间中的传播者即设计师本身，因受专业与技术水平的限制，社会中从事建筑与室内设计的人毕竟是少数的，而受传者却有着庞大的群体，这就决定了设计师群体的基数自然是少于空间的受众数量。设计师决定了空间信息的内容，并通过具体的空间媒介，将信息传递给受众。当然，受众也会给予一定的信息反馈，但因后馈会因受传者群体的分散可能不能及时传递给设计师，信息流的走向主要是从传播者到受传者，但受电子信息媒体的影响，这种双方的信息交流显得更加快捷、有效。

而空间信息的传播则是设计师的思维转化，将抽象的思维模型以特定的图纸、纸质模型或电子模型表现出来，并交付给特定的建造与施工人员，使抽象的信息最终以实体三维空间展示出来，并可以承载大众的基本需求，整个过程以特定的设计流程可以不断地被复制，新的建筑与室内空间便层出不穷。虽然空间的复制能力与传统媒介相比有所区别，但所起到的效果是近似等同的，是以一种可“批量生产”的模式来不断产生新的空间形式。

通过以上三要素的相互作用与影响，空间以媒介的角色向人们叙述着它特定的信息语言，受众通过与空间的信息交换，来获取个体性的、情感性的空间感受。整个过程符合传播学的基本流程，并呈现了空间的特定属性与群体形式，借助媒介特性可以更好地梳理空间信息的传播过程。

媒介是物质性与非物质性的信息载体，以人们的感觉器官可感知的物态呈现，作为具有联结性的传播工具，连接着传播活动的各方群体。对于空间而言，以物的视角来看，空间是特定的一种形式或形象；以人的视角来看，是人们感官获取信息的中介。空间同样具备着媒介的属性，通过设计师的编码将空间语言符号化，并在观者译码的作用下，实现信息的转化即情感化信息的转译，从而理解空间的理念、内涵或意义。

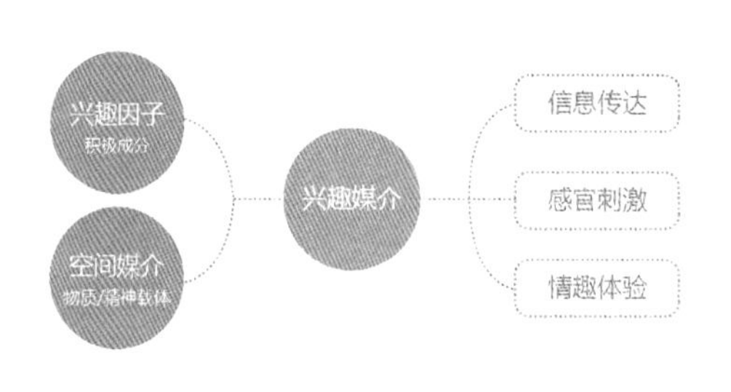

图 15-6 兴趣媒介

兴趣的媒介（图 15-6）是空间媒介与兴趣因子共同作用的产物，即在空间设计过程中融合了积极的情感因子，将空间情感以一种叙述性的语言方式、以一种符号化的信息表述来呈现在观者面前，使之能够刺激感官从而引起受众的重视，刺激人们积极地参与空间并与空间互动，从而让人们体会到丰富的生活情调、多元的价值观以及特殊的审美趣味，收获情感性的精神意趣。实际上，兴趣媒介就是通过特殊的空间形态与秩序关系， 刺激人们积极地融入空间或环境之中，激发人们的主观能动性，甚至是唤醒创作的欲望， 从而获取情趣化的体验，以对人们的思考或行为方式产生一定的影响。

三、情趣空间的受众解析

大众文化的快速发展提升了受众群体的地位，在传播活动中，受众能否接收到传播者传递的信息，能否正确理解传播者的意图，这些都与受众群体的特征密切相关。研究受众的心理特征，认识他们的审美过程，对于情趣空间的设计研究有着重要的意义。

在传统社会的认知中，按照阶级人被划分成三六九等，下层对于上层而言是一种仆从式的从属关系。大众社会初始之时，“大众”的概念并没有完全成形，甚至被认为是乌合之众，基层群众相互分离且没有强大的力量，社会并不认同大众的地位。随着大众传播的发展，群体之间以信息聚合方式形成了新社会形态下的“大众”群体形式，通过庞大的基数获得了强大的民主力量，不再是“被动”式地服从，而是主动性地追求，并成为了信息传播的主导力量之一，与主流文化与精英文化并存，受众中心论随即产生。在传播活动中，受众中心论强调要正视受众的地位，建立与传播者间互相制衡的传播关系， 从传统社会下的从属关系转向大众社会下的平等主义。

大众社会下，不再推崇标准化的媒介类型与行为模式，而是以大众的需求为重点，迎合“快餐化”的消费理念，将文化以一种“消费”的视角供大众消遣，抛去传统美学的永恒性而迎合瞬时性的刺激与享受，构建游戏化的精神体验，也许这是趋时或媚俗的， 但它却是符合时代要求的，是更具生活化的审美取向。事实上，受众的兴趣、性格、教育背景、文化层次等方面都会影响媒介的信息表达，为了更好地传递情趣化的信息，既需要满足大众的物质需求，更应该注重受众的精神欲望与情感需求，他们的需求、注意、认知等心理过程是不可忽视的。受众的心理过程是信息接收的基础，只有正确把握人们对于信息的需要，才能更好地引导人们对于信息的解码过程（图 15-7），即呈现了对受众解析的过程。

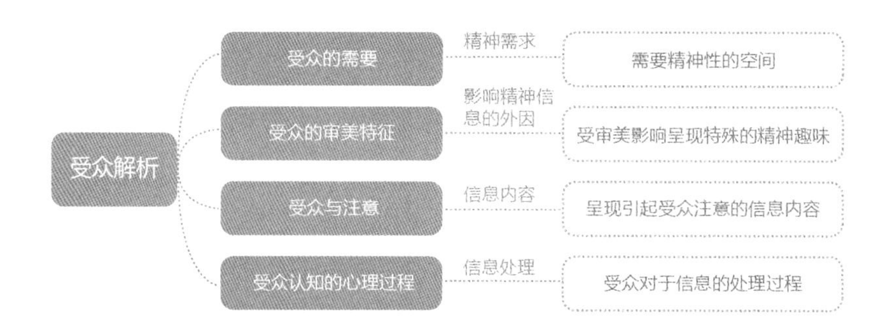

图 15-7　对受众的解析

马斯洛认为人类最基本的需要涵盖了生理、安全、爱与隶属、尊重、自我实现的需要。而后，他又增加求知与求美的需求，扩展成七种需求（图 15-8）。人们一旦满足了底层需要，就会主动去追求更高层级的需要，低层级到高层级是呈现 递进式发展的，该理论显示出人们对于需要是从物质性向精神性过渡的，同时也反映出人们在不同阶段需要满足不同的自我需求，也反映着人们对于空间需要的变化。

需要层次	层级关系	具体要求
生理需要	最基础、最优先	衣食住行或性等
安全需要	个人保护机制	人生安全、摆脱失业等
爱与隶属	人际交往	建立社会交往，获得爱情；隶属于群体
尊重	社会地位	希望得到他人重视、信赖以及高度评价
求知	对知识与环境的欲望	对周围事物与环境的探索
求美	审美需求	要求匀称、整齐、美丽
自我实现	最高级	人生志向与抱负、个人理想与追求等

图 15-8　需要层次的内容

在空间的发展过程中，同样需要满足人们物质性到精神性的需求，虽然不能与以上七种需求一一对应，但却可以近似满足七种层次性的划分。从最初房屋遮风避雨的功能， 到设置一定的保护性装置以免受到动物的攻击，到融入社会交往与邻里关系，再到各种使用功能的一应俱全以及对空间形式美的关注，并主动追求情感空间与文化空间，空间的形式总是与人们的需要共同发展的，不断去满足人们不同层次的需求。情趣空间的出现正是体现了娱乐时代人们对欢娱与快感的追求，对个性化、非主流空间形式的青睐， 与人们当代的精神需求是紧密契合的。

需要层次论以需要的层级为主体，竹内郁郎提出的“使用与满足”与其研究视角并不相同，主要论述了需求的过程（图 15-9），认为有着复杂需求的受众在一定目的与动机下与媒介接触，会受到不同媒介因素的影响（图 15-10）。这在侧面说明了与事物接触过程中，受众会受到外因以及自身需求的影响，进而影响对事物的判断。而受众与空间媒介的接触过程也是极其复杂的过程，不仅需要把握人们不同层次的需求， 还需要注意的是，当人们主动去满足自身某种需求的过程中会受到某些外因影响，在情趣空间的设计过程中，需要设计师结合社会条件对周围环境以及受众群体做好一定的调研工作，以确保情趣信息的准确传达。

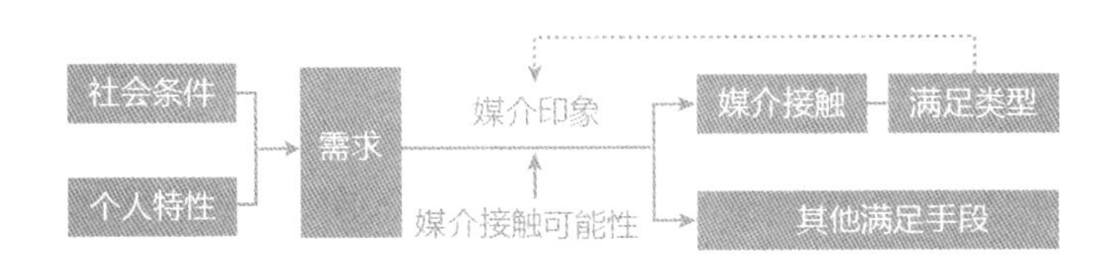

图 15-9　使用与满足过程模式中需求因素的地位

使用与满足因素	具体要求
需求起源	符合社会条件与个人特性
需求目的	特定的需求，物质到精神—衣食住行或情感层面
需求条件	身边是否有可以接触的媒介
接触行为	依据个人经验，判断是否可以凭借媒介满足自身需求
接触结果	得到满足；或未得到满足
接触影响	影响最后的接触行为；修正对既有媒介的印象

图 15-10　使用与满足的含义

在情趣化的空间中，信息的重点表述内容是“情趣”，既需要满足空间的物质性需要，也需要与情感性、精神性要素结合在一起。情趣作为情感的高级形式是建立在功能之上，在与环境融合的基础上，是对空间的艺术美感与内涵意义的需要。将马斯洛的需求层次与情趣化信息集合，可以得出情趣空间的需要层次，在不同层次表现不同的趣味类型，使受众可以在空间体验的过程中收获深度不同的情趣感受，从而使情感得以升华，引起人们的共鸣。

在满足这种情趣需要的过程中，需要考虑到空间媒介与环境的关系，并融入情感化设计的 3 个层次，使得整个空间体验的过程是连续有效的。功能作为空间最基本的使用需求，可以将情感化的叙述语言融入空间的功能性与物质性，通过特定的思维方式建构媒介的兴趣化来表现空间形象。具体表现为，可以利用具有趣味感的空间形态唤起人们感官的注意，给人们带去愉悦与快乐；也可利用空间陈设多功能的使用方式，发挥人们的主观能动性，在行为互动的过程中增进与空间的互动交流；还可以构建具有层次感的路径关系，在不同节点设置转折形成突转的氛围，在丰富空间层次的同时也可以呈现出生动的空间序列；或是利用情感化的空间语汇，融入自然与生活的力量，赋予空间有机的亲切感；最后，通过构建空间的场所精神，升华空间的意象，将空间的内涵以一种 “此处无声胜有声”的形式娓娓道来，在整体上形成富有情趣的空间形式。

在各种信息刺激之下，人们逐渐丧失兴趣，对信息的选择性越来越挑剔，对事物标准的解读也越发具有个体性，不再是均质、平庸的选择取向。为博得人们的眼球，利用奇异的形象或意外的情节刺激人们的感官，利用含混隐晦并不明晰的信息形式使人们产生对事件真相探索的好奇心，以一种不断超越的审美趣味刷新着人们的体验。各种媒介技术的拼接使得生活与梦境、现实与虚拟糅杂在一起，向人们展现非现实的、虚幻的世界，追求意识之外的、新奇的体验形式。

娱乐时代下，受众的审美方式在一定程度上影响着人们对于情感的特殊需求，也影响着对情趣化信息的审美趣味以及鉴赏能力。在构建情趣空间的过程中，需要重点考虑受众的审美特征来把握人们对于情趣化信息的释义。

第三节 兴趣因子与媒介的建构

空间作为一个复合的概念，包括了建筑、室内以及软装饰等部分，以媒介为载体， 向受传者传播着功能、形式与情感等内容。兴趣媒介作为中间的媒介力量，集合了物质性与精神性的要素关系，糅杂了兴趣、趣味等情感因子与媒介形式，需要特定的设计思维使之形成。在生成兴趣媒介的过程中，需要媒介的物质性作为基础的建构内容，也需要兴趣因子赋予其情感色彩，并通过媒介的移情将媒介的信息表现以空间表情的形式传递给受众。兴趣媒介在情趣化信息的传播过程中是以空间的物象所呈现，空间表情则是受众的视象，而受众情趣体验的过程即是心象生成的过程。

一、兴趣因子特有的设计思维

在信息的传播过程中，兴趣因子作为媒介的情感因子代表着不同意味的情感特征， 而建构这种兴趣化的因子需要特有的思维方式，即与常规背离的思维。这种思维方式是对已有经验或思考方式的颠覆，并与现有的传统定势拉开距离，创造全新的方式与路径。思维作为设计灵感与理念的集合，是设计的源头，设计师若要把特定的情趣传达给观者或受众，就需要在实现功能与美学的基础之上，将趣味、情趣与之并重。兴趣因子是利用“情绪三因子论”来创造快乐情绪的影响因子，并构建事物形式的异化、常规定律的背离以及传统认知方式的颠覆，它可以触发人们积极情感的产生。

常态思维建立在人们既有生活经验的基础上，是常规的、传统的、大众惯用的思维。而脱离常规的思维方式往往是与现有行为方式的不协调，它是利用生活的陌生化，创造出既熟悉又陌生的感觉，使人们出现短暂的精神脱离，它让人们为之一惊之后，幻化出感性思维，触发人们的联想与想象，可以刺激积极的思考，引发认知的波澜。“符号学认为，在人们的观念中，反复出现的事物、形态、节奏韵律、结构形式或法则规律，就会构成意识性的常态或固定的行为方式。这种经常出现的事物会逐渐变得没有特点、魅力，失去对人们的刺激能力，人们会习惯它们的存在。而偏离或突破常规的组合形式或结构形态，极有可能会焕发新的生命力，呈现出偏离态。”偏离常态是以常规为基础， 但并没有完全违背常识，而是一定的偏离与陌生化，呈现出新鲜且不难理解的景象， 以吸引观者的注意。偏离常态是打破原有的状态或结构形式，以一种异变、有趣的方式呈现出与已有认知不同的形象，形成一定的感官刺激，给人们带来惊喜或意外。镜子是生活中不可缺少的工具，通过反射呈现出事物的形象，但当它从固态变成液态时，就会变成点缀空间的室内陈设，水镜通过模拟水滴滴落或流动时的状态，可以形成一滩水渍或一汪清泉，新奇而趣味。也可以通过不同事物之间的陌生联系，建立一种看似无关却似曾相识的视觉表现，呈现出一幅画面或一个场景，进而丰富人们的体验形式。名为“棱镜”的装置艺术作品，将各种颜色的绳子固定在昏暗冰冷的混凝土墙壁之上，作品位置上方是一处天井，随着光线的倾入，色调的暖与冷形成强烈的对比，绳子仿佛是经过棱镜反射之后散开的光线，射到了墙壁上。看上去熟悉的光线效果，却是通过绳子的组合作用使得光线变成了固体，随着视线角度或所处位置的不同，在不同的角度可以看到不同的“光线”效果，十分新奇（图 15-11、图 15-12）。

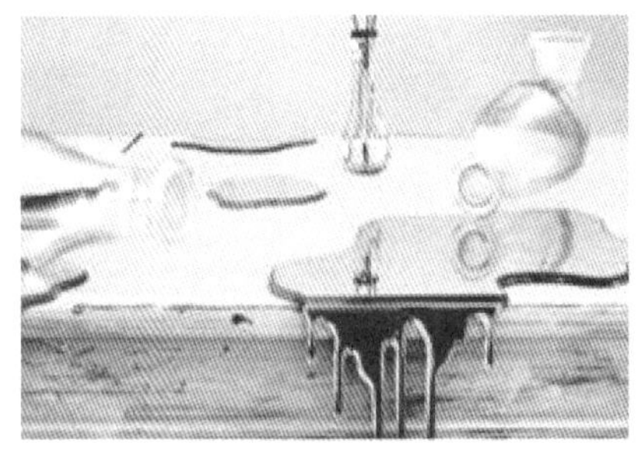

图 15-11　水镜子

图 15-12　棱镜

逆向思维是通过建立与现实的相反视角来颠覆人们的已有认知，展现事物全新的一面，引发前所未有的情调趣味。逆向思维是正向思维的颠倒或反向，与正向思维是矛盾的关系，这种正与逆向的对立性可以是人进我退、人动我静，用逆向的表述方式来呈现事物不同的景象。对于灯具来说，灯原本是发光的道具，但是“影子也是光亮的”灯具却用灯具的影子来发光，利用相反的光影关系形成了趣味的景象，甚是让人们惊喜（图 15-13）。思维的逆向往往会呈现出奇制胜的效果，可以利用视错觉带来功能或形象的异化，来建立陌生感十足的画面感，激发人们的感官体验。在生活中壁画是人们欣赏的艺术品或陈设品，可日本 YOY 设计工作室的壁画不是用来看的而是用来坐的（图 15-14）。它从正面看是一个画着欧式沙发的壁画，但走进之后却发现可以直接坐上去， 还有扶手可以倚靠，其实它是利用了人体工程学形成了特殊的座椅弧度，是一款简约且曲面形的板材坐具，与现实生活壁画的功能形成一种反差。逆向思维是设计的新视角与方法，不是故意唱反调， 是提倡在解决疑难问题时，突破定式思维，从小概率事件去思考问题，换个视角重新看待问题的始末，以找寻解决问题新的出发点。

图 15-13　影子灯具

图 15-14　“壁画家具”

不着边际是将不相关的事物糅合在一起，使得事物呈现出新的面貌，或不走寻常的处事路径，或脱离既有的逻辑思维方式，或不按常规的方式呈现事物的状态。这种不切实际或不扣主题的做法往往是利用全新的视角去审视生活与行为方式，通过对现有状态的不断思考与探究，以通过建立某种不相干的联系创造出新的事物。正是这种本不可能联系的事物连接在一起构建出了某种冲突，呈现出前所未有的物态，也可能会引发全新的美感形式。United Nude 由荷兰及英国设计师创立的品牌，其灵感来自建筑美学，通过对结构力学与艺术美感相结合，呈现了类建筑样式的鞋型，把建筑穿在脚上简直就是全新的体验（图 15-15）。鞋子与房屋建筑本是生活中毫不相关的事物，设计师却深度挖掘了事物之间的联系，创造了全新的事物形象。

图 15-15　UN 鞋子

图 15-16　绵羊造型陈设

在设计中，也可以将生活、自然等概念作为素材库，利用不同领域或不同规格的“形” 去碰撞出灵感的火花，创造出与众不同的艺术形式，营造独特的趣味感。正是这不按常规的屡次尝试冲破了世俗与思维固化的限制，探求了无限的设计可能性，以形成独特奇异的景象。某电信局的大厅中有很多绵羊造型的室内陈设品，令人惊奇的是绵羊的头部和腿部却是老式电话的听筒，本不相干的绵羊和电话通过形体的组合却呈现出格外有趣的情景（图 15-16）。同样，AXE 香水公司将某女生宿舍楼的立面变成了一块巨大的日历， 每个窗子代表每个日期的格子，每个窗口处还站着一个虚拟的女生形象。其实这是一个品牌广告，通过日历格子与建筑立面的结合，就好像在说用了 AXE 香水每天都可以吸引不同女生的注意，真是一种奇妙的体验。以特定人群的视角去看待同样的事物，用同理心去转化角色位置，往往可以呈现出特定群体常规视野之外的物象，给设计带来了广阔的视角。西班牙的慈善机构发明了一张奇特的海报，其主题是禁止虐待儿童，大人们看到的只是一张受惊男孩的头像，儿童们才可以看到这张海报完整的信息，即求助电话，如果他们正在受到暴力虐待，可以随时请求援助。其实上，施暴者很有可能是孩子们的亲属或是孩子周围的人群，海报是利用了透镜技术，将两张图像合而为一，计算出只有孩子们可以看到的区域，并在这区域内提供求助信息，而该慈善机构希望受到家暴的儿童看到这张海报之后，能有勇气拨打求助电话，得到实质性的有效帮助。受不同年龄或体质的影响，儿童、老年群体、孕妇、成年人等人群处在一个特殊的群体范围，看待事物角度不同，对事物的理解程度也不尽相同。不同地域与文化背景下的人群，受教育的程度会有差异，导致每个人也有着不同的价值观以及思考方式。不同群体受生理与心理因素的影响自然有着不同的需求与理解，利用转化角色的设计，以某类群体特定的需求，通过差异化的理解与认知方式， 来创建不同的事物状态，这自然会引起观者的好奇之心，营造出奇特的趣味形式。

二、有意味的媒介载体

图 15-17　有意味的媒介载体

人具有主观能动性，所具有的创造力是无穷无尽的，设计师一直在用各种各样的奇思妙想来展现出空间中有意味的媒介载体，或材料的奇异组合，或色彩的随意搭配，或形式的维度突破（图 15-17），以呈现出新形式、新体验的空间。有意味的媒介载体是情趣化信息的物质表象，是设计师抽象思维的具象化，受众通过阅读这种信息载体形式来收获特殊的情调趣味。

兴趣媒介是由空间中的元素与兴趣因子作用而成，介质的糅杂与堆叠使空间脱离了点、线、面、体的基础造型，特殊效果的造型、材质、肌理、色彩与光影相互结合之后呈现出了特定的空间表情，给观者带来视觉的冲击以引发不断的联想和想象，进而形成与众不同的情调趣味。

（一）造型

媒介的造型是利用不规则的几何形体之间的集合，使得空间的形状、细部、尺度、体量或比例关系呈现出超越常规的状态，以愉悦大众的感官。造型是媒介载体中不可或缺的介质，观者通过对空间的阅读，可以较为直接地感受到情趣化的空间信息。可以大胆地对已有的几何形式进行拼接或组合，三角形的斜面处理可以打破建筑方盒子的常规造型，使空间具有节奏感，日本有很多空间通过对造型的特殊处理，使之成为一道美丽的风景线（图 15-18）。或是融入圆形、多边形、方体或柱体，也可以对规整的体块进行形体关系的重构，在秩序中建立无序，给空间增加莫名的吸引力。Mineral House，通过对规整方盒子的斜切处理，并在入口位置打造了不规则多面体的“凹陷”空间，看起来好像被人挤进去了一块，它特殊的造型使其投影面积才四十多平方米，在东京拥挤的城市道路里显得十分抢眼。还可以利用有机造型的设计方法，或引借植物形象，或模仿人物和卡通形象，通过形体之间的碰撞，形成独特的场景关系，创造出生动有趣的空间形式。韩国 Wind House 地面部分由两个单元空间构成，每个单元都有着基本的功能空间。而站立在中间的是一座金色鱼鳞片包裹而成的塔式空间，里面有着生活起居所需的功能分区，好似“猛然”高起的“异质体”，怪异的造型好似被风吹过一样，又好似窥视远方的望远镜，给人们带去了无限的联想。同时对空间界面的特殊处理，使之形成留白的形象，构建并不完整的状态，调动观者自主进行心中的完形，使得空间与观者之间有着莫名的有机联系。伯恩茅斯艺术大学有一个机形状的蓝色画室，画室墙壁上倾斜的大玻璃窗仿佛建筑的大眼睛，可以透过玻璃窥视外部环境中的一切，其实“大眼”窗是为了给内部使用者提供足够光环境而建造的，却聚集了独特的趣味感。在后现代设计中，特殊造型的建构方法得到推崇，并在当代得到进一步发展，在满足基本功能性的同时，打造个性化空间或明星建筑，让空间充满时尚感与标志性是许多设计师追求的方向（图 15-19）。

图 15-18　斜面处理的空间

图 15-19　A Mineral House　B Wind House　C 蓝色画室

（二）材质与肌理

材质与肌理是空间介质中重要的组成部分，刻画着空间的图底关系或界面形象，不同的材质会引发质感的差异，材料之间的对比既可以增加空间的层次关系，也可以给人们带来丰富的视觉与触觉感受。墨尔本普拉汉酒店（图 15-20 A），从正面望去，17 个巨大的混凝土管道从酒店内部的就餐区直通街外，勾起路人想进去一探究竟的好奇心。在室内环境中，通过水泥管、玻璃与木质界面结合而成的围合空间，不仅给客人提供了较为私密的用餐环境，也展现了雕塑艺术一般的原始美感，不同材质的对比衬托出空间的粗犷与硬气，有助于减弱围合空间带来的拘束感。还可以通过结合新材料或新技术的使用，唤起空间界面、细部或陈设的新活力，使空间呈现全新的表情信息，在丰富空间形象的同时，还可以给人们带来与众不同的视觉享受。在《引人兴趣的媒介》一书中，原研哉就通过探讨不同材料之间的新运用，以唤起人们的造物欲望。位于西班牙海滨的四季住宅（图 15-20 B），墙体利用了聚碳酸酯使得外部光线可以透过空间界面，在室内形成斑驳的光影关系，营造温暖惬意的氛围；夜晚的室内灯光可以将空间点缀成橘色，整个建筑像自体发光一般闪耀着整个山坡。这种特殊的墙体材料使得空间更为通透，在白天和夜晚可以呈现不同的光景，与周围环境形成不同的呼应关系。

图 15-20　A 普拉汉酒店 B 四季酒店

（三）色彩

在视觉感知中，人们对色彩变化最为敏锐。色彩关系可以直接影响人们对空间的感受，或热烈兴奋，或朴素文静，或华丽张扬，或典雅柔美。不同明度和色相的色彩可以营造不同的空间氛围，鲜明的对比色可以不断地刺激人们的感官，使空间表情具有戏剧性；夸张的色彩效果更是可以形成强烈的对比，让观者穿梭在真实与不真实之间，为空间情趣的营造增上浓墨重彩的一笔。乌德勒支博览会新礼堂，采用不同明度的黄、粉红、蓝色的花瓣形座椅，像是色彩渐变的花海一般，随风“荡漾”，整个空间显得清新与明快。视觉的装饰作用是引发注意力的诱饵，对空间美感与魅力的表现起着最为直接的影响作用，是其他空间形式难以企及的。全新的拉奎拉音乐厅，是由三个倾斜角度不同的立方体构成，每个建筑体块的外立面由落叶松木板包裹，并用五颜六色的环保涂料进行装饰，色彩不同的装饰木条就像是跳动的音符一般，使得整个建筑显得优美而灵动，给观看演出的观众带去一个好心情。不同色彩也可以利用色块之间的组合关系自然地形成功能分区，既可以活跃空间的节奏感，还可以塑造丰富的空间维度，刺激观者的视觉感官。东京 Apartment House 家庭住宅（图 15-21），外表是非常朴素的方盒子，里面却呈现出变化多端的场景。通过对各个房间进行三维切割，使得每个房间都有一部分区域可以融入中心的共享空间，并利用不同色彩将不同区域进行划分，既保留了每间房间的个体性，又有相交的公共区域来促进家庭成员之间的沟通交流，整个空间好似四维空间一般，显得生动而有趣。

图 15-21 Apartment House

（四）光影

光与影之间密不可分，是一种灵动的自然之力，光影带来的虚实关系可以为空间带来丰富的层次与秩序感，是情趣营造过程中不可缺少的一部分。路易斯·康认为：“光融合了情感，超越了时间，把人与永恒连接在一起，以一种无形的力量冲破一般的造型手法。”光影是超级纯粹的“装饰”，是宇宙所赐予的神圣力量，本质中带有生命的律动。

场景关系会随着光影的变化呈现出不同的空间性格，光、影的形态离不开时间维度的影响，时间的作用可以让光影更有特色，而人工的干预会赋予光影更丰富的形象。剪影式光影是通过墙体、界面、道具、细部特定的形状，以一定的反射与折射作用所呈现出的光影关系。在传统园林中，常用不同形态、尺寸的窗洞或间隙，在光影的作用下，形成虚虚实实、隐隐约约的形象，依稀可见的景致、错落有致的影像总是给人们勾勒出自然与文化交织的画面，天地日月，相映生辉。东京方格屋(图15-22），通过对木质材料与玻璃的间隔处理形成了方格交错的界面，既保护了一定的私密性，又为室内提供了一定的光环境，光线通过方正的格子射入室内，经由漫反射，使得光线更为柔和。同时还是室内空间的收纳柜，在提供功能性的同时营造着空间的美感，一举多得。而选择性光是从高处以一定斜率将光引入空间之中，通过光束的照射， 空间中界面、道具与细部的轮廓会更加立体，场景也会被映衬地更有韵味。位于日本滋贺县的夹缝屋（图15-23），由狭缝代替了所有窗户的采光功能，混凝土外墙上有60条长斜线，无窗框的玻璃直接镶嵌在混凝土沟槽中，有的玻璃垂直，有的会呈一定角度。光以不同斜率透过夹缝射入室内，所呈现出的错综复杂的光线关系让整个空间显得充满情调。光影的衬托会将媒介信息呈现出情感的“画外音”，形成从简单到繁复、从纯粹到纷杂的层次关系。

图15-22　东京方格屋

图15-23　夹缝屋

（五）结构与构件的承继

结构与构件承载着空间的基本功能，必须满足结构力学与相应的建造技术，是空间不可缺少的一部分，或支撑空间，或替人们防风避雨，或为空间通风排水。而兴趣化的结构与构件是在满足基本功能性的前提下，通过结合艺术美感与审美趣味从而将精神性的追求融入构件的设计之中。在满足实用性的基础上，通过对结构或构件进行一定形态的组织或体量上的设计，使之打破常规的形式，融入情感趣味或生活记忆。H 住宅由两组木质柱网支撑着整个空间，每组都包括了四根 Y 形木柱，二层空间就像鸟窝似的落在 Y 形 “树枝”上。而每组只有一根木柱与混凝土结合，另外三个则是直接架起来， 显得略为单薄，让人们惊奇于它们是否可以撑起房屋，但形式简约的木柱却提供了坚实的承载能力。木质结构柱还可以度量孩子们的身高，记录孩子们的成长过程，此时的结构不再单单是支撑性功能的作用，而是岁月与时间的记录册，好似作为家中的一员慢慢融入家庭之中。还可以打破单纯的结构形式，将空间中的结构或构件与其他功能性的空间元素结合在一起，如家具或室内陈设或空间界面等，以形成多功能的空间形式，人们可以通过使用或互动与之交流，赋予多层次的功能效用与情感体验。Conarte Library 中的书架并不是简单地收纳图书，还起到了墙体与穹顶的作用，可以将阅读者完全地包裹其中，有助于形成凝神沉思的阅读空间。室内的台阶既是交通路线，也设置了可坐的座位，人们一伸手就可以拿到穹顶书架上的书籍，同时座位随着高度的升高颜色会慢慢变浅，直到快要消失一样，坐在中间会感受到有趣的视觉平衡效果，整个空间充满了潜心阅读的场所意味，将趣味与意境很好地结合在一起。同时，还可以通过特殊的技术形式或节点作用，使其起到连接空间各要素关系的作用，起到主题性的提纲挈领作用，使空间形象更加饱满。阿玛尼纽约第五大道店，有一个辐射形的旋转楼体，它是由钢格板构成，以带状、流动、不规则的曲线形式连接着各楼层，从不同的角度看会呈现不同的形态，好似旋风一般，又好似倾斜而下的瀑布，将整个空间面与体的场景完美地融入其中，让整个空间充满生动性和戏剧性（图 15-24 ～图 15-26）。

图 15-24 H住宅

图 15-25 Conarte Library

图 15-26 阿玛尼楼梯

（六）陈设语汇的参与

室内陈设的作用是装饰与点缀空间，涵盖了家具、陈设、饰品以及器物等内容，陈设是表达空间情感的重要符号与媒介形式。陈设是空间特有的语言形式，当这些信息符号汇集在一起时，就会形成不同叙述方式的语汇，以营造效果不同的空间感受。陈设虽是空间物象的集合，但在融合了材质、色彩甚至光影关系之后，就会呈现精神性的意象。为了形成具有情趣意味的空间感，需要将人与空间紧密联系在一起，功能、形式、行为互动以及情感因素的结合往往可以赋予陈设品特殊的意味形式。惹人注目的形态可以直接抓住人们的视线，刺激人们产生积极的审美趣味，可能是一盏五彩靓丽的灯具，或一张戏谑的壁画，却可以起到画龙点睛的作用，直接影响空间的氛围；也可能是一面起伏的山形屏风，或一把由鲨鱼嘴作成的椅子，巧用形态可以引导人们积极地理解空间形象。另外，在满足陈设品功能性的前提下，可以融入人的行为与活动，使得人们积极参与到空间之中并与环境相融合。可以是在使用家具的过程中对多元形态的组合与拆解，也可以融入趣味游戏与活动形式，行为的交互往往会激发人们的主观能动性，刺激人们主动探求空间，进而增强对空间的印象。澳大利亚小木屋新建的塔屋包揽了工作间、卧室、厨房餐厅、图书室等功能，“空中之网”是其特有的空间陈设，镂空的网作为休息与游戏的床，为孩子们打造了一个专属的玩乐区域，孩子们可以像蜘蛛一样在网上爬来爬去，也可以像袋鼠一样跳来跳去，愉快地享受闲暇的游戏时光，墙体的书架上还放置着各种故事书，在这里既可以玩耍也可以读书，给孩子们营造了一个良好的成长环境。陈设品是集实用性与装饰性的空间要素，具有多义性的信息表达能力，可以调动象征或隐喻的处理手法，使陈设呈现特定的文化、技术或艺术的信息，特殊的空间释义往往会激发人们积极地思考，让人们主动探索空间的深度与涵义，进而增强与空间的精神联系。TMW 博物馆的大厅是一个新建的钢结构的玻璃盒子，中央是一个个由玻璃纤维材料制成的多功能家具，这些像树一样的公共设施是人们可坐可躺的公共家具，同时还作为大厅室内环境的灯柱，当夜晚降临，它们会散发出柔和的光照亮整个空间。这些“树”形家具巧妙地隐藏了厅内的结构柱，透过玻璃天花板还可以看到老建筑的建筑外观，提供了明确的路径与视线关系，提高了新旧建筑的使用性与联系性，同时也起到遮阳以及吸声的作用。树形状的座椅将功能性与美观性完美地结合在一起，象征着技术与自然之间的关系，营造了温馨而宜人的气氛（图 15-27）。

图 15-27　TMW 博物馆大厅

（七）技术的召唤性

数字化媒介技术的日新月异使得空间呈现出包罗万象的场景关系，在冲击人们感官的同时，还改变着人们阅读空间的方式。依托于计算机不同维度的塑造能力，空间设计早已超越了图纸、模型、图像成型的模式，数字化、参数化的设计方法逐渐成为主流， 扎哈等一批明星设计师更是将线性、非线性空间推向世界的舞台，改变着人们对空间的传统释义。3D 打印技术可以实现快速成型，重新定义了事物形体产生的方式，给人们带去了全新的消费方式。装置艺术则突破了功能与实用主义的限制，抛去了人们固有的认知方式，以创造不止的设计思维向新事物、新领域发起挑战，并通过不断的试验使媒介形式更具活力，给人们带来交互式行为互动的同时，也重新定义了艺术的价值。虚拟现实技术、屏幕投影技术与全息影像等数字媒介通过展示虚拟与现实共生的视觉影像，重塑了人们对媒介的定义，以唤起受众新的感知方式。虚拟现实技术通过构建虚化与梦幻的场景，呈现出非现实的虚拟世界，提供一种沉浸式的情感体验。而屏幕投影技术更是将虚拟、立体、动感的影像直接呈现在观者面前，如上海世博会的《清明上河图》重现了宋代的生活方式，通过描绘一幅幅真实生动的景象，细腻地诉说着历史的故事。全息影像则是突破了平面图形的二维模式，呈现出第三维度的立体形式，甚至是展示出四维化的空间，可以使得真实场景下的人、事、物与虚拟场景之间建立某种无形的联系，形成特殊的互动与体验形式。技术化的数字媒介依托科学地利用与声、光、电之间的关系，不仅提供了动感化、立体化、可触性的展示效果，更是通过提高观者与空间的行为互动增强了人与环境的沟通交流，给人们带去新奇美妙体验方式的同时，也在一定程度上影响着人们思考的方式，甚至是冲击着人们的生产与生活方式。

三、媒介因子的情感特征

材料本质上呈现的是物质属性，并不具备精神的要素，只有通过环境的力量或空间意义的影响才能激发出观者的情感。同材料一样，媒介本身也是物质性的载体，只有注入设计师的主观能动性，融入特有的情感意识与精神意义使之与空间、环境紧密地结合在一起，才能点燃情感的火花，形成媒介特定的情感特征。媒介因子的情感特征是综合了不同形式的情感与情绪特征，所呈现出的不同的情感意态（图15-28）。

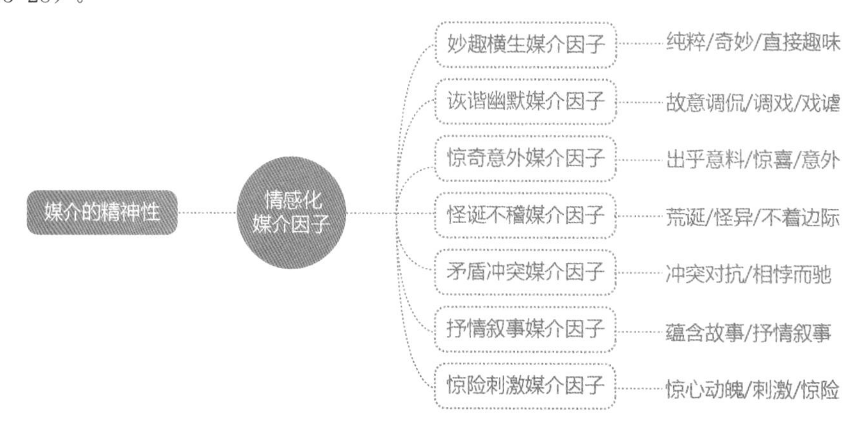

图 15-28　媒介因子的情感特征

“妙趣横生”重在呈现纯粹性、奇妙性的乐趣形式，这种趣味的体现可能是直接性的趣味，也可能通过调动人们的社会经验与生活常识，间接地表达较为隐晦的乐趣。首先，利用形、色、质或结构、功能的仿生可以塑造出有机的空间形式，这种空间往往具有极强的亲和力，容易形成直接趣味。通过对动植物的直接引借或模仿，即抽取生物的形态、结构或组织关系，不进行艺术加工或较少进行艺术加工，以形成体貌多变的外观与新颖生动的形象。在世界各地有着不同的仿生空间，如猫屋、鞋子物、篮子屋等都是对形态的模仿，让人看到之后往往会心一笑。法国南特“鸟窝”咖啡厅，通过提取鸟的设计元素形成了独特的空间装饰效果，其中收银台是一只伏在地面上的鸟儿，而吧台和椅子则是蛋壳的形状，整个空间显得生动活泼、可爱至极（图 15-29）。

图 15-29　鸟窝咖啡厅

除了对形态的模仿之外，还可以利用动植物的形体关系形成特有的空间结构或构件，在起到基本支撑作用的同时，可以唤起人们的感官刺激，给人们带去欢乐。法国巴黎长颈鹿儿童看护中心位于巴黎，将长颈鹿的形象作为建筑一侧的支撑构件，其活泼可爱的形象不但为入住的儿童带去了欢乐，也为周围的环境送去了快乐，极大程度触动了人们内心最本真的情感（图 15-30）。同时，通过间接模仿和抽取自然界的造型、结构组织方式，设计师根据自身的抽象思维对其进行艺术加工，形成有机生动的形象。其次，以儿童视角，即逆成人视角的设计思维来塑造空间形式，用以打造出童心之境。社会群体往往会由于长时间受到伦理道德以及规章制度的禁锢，可能会失去对事物的好奇心与激情，而儿童不受约束的原发性往往会使其具有

图 15-30　法国巴黎长颈鹿儿童看护中心

无穷无尽的想象能力，他们可以用最原始、最质朴的思想与情感表达出极富生活性与真实性的艺术形式。另外，互动性强的空间可以带来深层次的交流，获得的趣味也更为长久，可以利用多功能的空间或家具增进人与空间的“对话”来增强空间的活力。“排骨棒”贩卖车，坐落在印第安纳波利斯艺术博物馆公园内，它是由一个体量巨大的黄杨树改建而成，它既可以贩卖小零食，还作为孩子们玩乐的秋千架，其特殊的造型总是惹得孩子们绕着这个看似像“排骨棒”的建筑跑来跑去，大人们也可以坐在“排骨棒”下的就餐区休息或聊天，其乐融融，实现了整个空间的多元化使用。

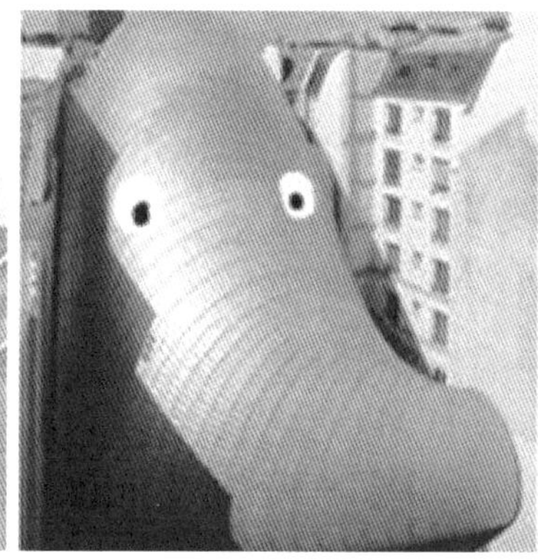

图 15-31　诙谐的百代基金会改建项目

伦佐·皮亚诺的百代基金会改建项目，以随心所欲及不逾规矩的浪漫，来表达发自内心的天真。诙谐幽默的媒介因子带有调侃、调戏、戏谑的意味，又含有娱乐性与消遣性，它是基于雅俗共赏的大众性，利用游戏的态度将动物或人的丑态、拙陋或乖讹融入设计之中，以形成有趣的意象。较之妙趣横生的积极性、褒义性的趣味，诙谐幽默带有略微贬义的情感意味，显得较为“造作”或“故意”，是对观者一种刻意的逗笑，可能是一种滑稽，可能是一种嘲讽。幽默是对事物别出心裁的编排，或对事物层次的故意贬义，又或是脱离常态。当人们的认知与意外的、具有游戏性的信息相背离时，就会在期望与结果的落差中收获愉悦；而把生活中崇高的事物平俗化，优雅的事物贬低化，也会形成幽默的感觉；当传统的道德理念、风尚标准失去应有的世俗制约之时，人们也会体验到超脱的快感。可以将动物身体某些部位直接嫁接到建筑外观或作为空间装饰，如在造型、陈设或表皮的设计中融入动物肢体的整体或某部分、植物的枝叶或花朵或果实，其形态本身并不属于空间的一部分，却故意用搞笑、滑稽、无厘头的方式将空间与这些不相干的事物联系起来，以带来奇异的表情空间（图 15-31）。也可以通过对生活中平俗、逗乐元素进行提取和升华，使得“物件”事件化，通过与空间的融合以形成特殊的空间形象。在展示空间中，设计师经常会使用夸张的互动装置或行为艺术给观者带来幽默趣味，往往这种奇异的景象会刺激人们的视觉感官，给人们带来欢乐。

惊奇意外的媒介因子，是一种违背常理的事物形态，以“奇特与夸张”为中心，利用标新立异的思维方式营造出意料之外的空间形式。这种媒介因子毫无定势可言，如世界各地的明星建筑就是利用博人眼球、新潮奇特的方式来定义时尚与潮流，以展示令人神奇惊叹的空间设计。最大化地发挥个性化的设计理念，迥异于传统的审美取向，生活方式就会形成一幅眼前一亮的光景，通过对空间中的造型、材料或秩序、层次关系的逆常规处理以形成组合、交错的形体关系，可以塑造出层叠错落的层次关系（图 15-32），构成繁复的空间形象。蛇形画廊，是通过无数白色钢柱间的组

图 15-32　意外错落的房子

间的组合与堆叠所形成的通透空间，钢柱虽是较为生硬的几何构件，但却通过材料与结构之间的巧妙组合，使空间呈现出有机灵动的姿态，像云又像森林。在不同的视角下观看，不同密度的柱子集合在一起会呈现出透明度不同的空间，在阳光的映衬下显得虚实有致，给人们带去非同一般的惊喜。又或者使用“先抑后扬”、“峰回路转”的方式来处理空间路径以及各层次之间的关系，也会形成惊奇的感觉。这种前后场景的变化实际上是通过场景、体量或秩序的某种对比，实现不同节奏感的空间形式，使得人们在不同的空间节点可以感受到不同的空间形象。同时，还可以在空间中运用特殊的物理现象或化学反应，以呈现出奇异的场景关系。霍尔认为，在物理现象作用下，水是一种现象的滤镜，因其可以改变光线方向在空间与场景之间建立某种逆转的关系。除了水有着这种滤镜的作用，其他材料也可以在一定程度上实现反射、折射或漫反射，也可以化学反应产生一定的新物质，通过“量”或“质”的改变使得在特定空间场景中融入其他画面。日本的“镜子”咖啡厅将镜面作为建筑的两个山墙面，两面墙体并不在一个平面上，而是呈 90 度的夹角，两墙中间绽放着一株山茶花，在镜子的反射下，神奇地呈现出三株同时开放的景象，好像幻象

之中的空间关系，甚是让人们惊喜（图 15-33）。

图 15-33　Mirrors 咖啡厅

荒诞、怪异、不着边际或不合常理，让观者觉得莫名其妙是这种媒介因子的特点。这种媒介因子本质上是感性与理性的背离，将现实中不存在的事物以“怪诞”的形象呈现出来，往往可以呈现出奇制胜的景象。高迪作为新时代运动的代表人物，他通过运用自然的曲线并集合复杂的结构创建了不规则的建筑与室内造型，诠释了怪诞美学的艺术价值。荒诞空间在继承高迪设计风格的基础上，通过扭曲、怪异、失衡的边界、轮廓或结构形式，以形成怪诞弯曲的空间形式（图 15-34）。空间建立在三维体块的维度上，特殊的结构与组合关系可以使得空间脱离点、线、面、体

图 15-34　怪诞弯曲的空间

的秩序关系，以形成大胆、怪异的空间形象。荷兰鹿特丹的 Cubehouses 是由 40 个独立住宅组成的住宅群，以巨型的六边形为结构柱，支撑着倾斜的方体的房间，形

成了上大下粗的建筑群体，倾斜的主体空间看起来好像快要掉下来一样，形式极其前卫。

冲突对抗与相悖而驰是矛盾冲突媒介因子的特点。这种冲突，可以是传统与现代、民族与地域、本土与国际的继承与对立，也可以是个性与共性的对抗，归根结底是不同地区文明程度之间的对抗。除了地域文化之间的冲突之外，还可以抛去引力或重力的束缚以形成现实与非现实的对抗，以塑造脱离“力”作用的景象，很多建筑正是采用了这种因子形成了冲突的空间关系（图 15-35）。玩平衡的大车店，在房子的中心位置建筑开始悬挑，一半体量悬浮在山坡之上，一半体量伏在草地之上，使得空间有着开敞的观景视角，整个房子好像不受引力的作用以一种特殊的高差关系营造了矛盾的空间形式。设计师通过严密的结构计算使这种平衡成为了可能，不稳定的空间形式以游戏化的设计效果引发了人们的注意，形成现实与认知的对立，冲击着空间设计的传统形式，使其在周围景观中独树一帜。

图 15-35　“脱离”力束缚的空间

文丘里认为建筑本身就是复杂矛盾的，多层次、混杂的建筑形式与意义比纯粹直白的空间显得更有价值与意义。通过对技术或结构的特殊处理，可以造成细部、界面或场景的转折、断裂、缝隙与堆叠，以形成具有异质感的空间表情，给场所空间带来含混多义的解读。在克莱因瓶（Klein Bottle）住宅中，整个住宅了打破方正的体块，设计师通过抽象的几何学将线性的二维平面以折纸状呈现并通过不同的斜率连接在一起，形成了多面体的混凝土外观。受建筑表皮的影响，室内空间的天花以及墙体界面也形成了斜面转折、交错的体块关系，仿佛空间各处都受到了外力的影响，各界面都发生了一定程度转折，呈现出繁复的空间形象。当各局部要素之间呈现出矛盾、复杂的空间关系，要素之间差异性就会变得模糊，趋于无序的节奏变化会使得空间信息形成超载，进而给人们带来繁复的空间感受。这种矛盾与冲突多是不确定或错位的视觉形象，是基于后现代含混、折衷的基础之上，又在数字化设计的浪潮中得以丰富与传承，具体表现为，或超越形式的束缚， 或增加空间的层次性，或形成对立的空间情节，或注重空间意义的表达。矛盾的媒介因子会因其特有的冲突性信息表现，造成空间情节的突转，塑造不同“性格”的空间形式。

“抒情叙事”就是糅杂了叙事性与故事性的语汇形式，通过对符号的提炼、对修辞手法的使用，将空间的非物质性以故事的形式娓娓道来，这种叙事性包括直接叙事和间接叙事。直接叙事是通过视觉表征直接来表述空间的情感，以唤起人们的注意。可以运用具有特色的形态特征、对比强烈的色彩关系或繁复柔美的光影效果来构建空间的形态或氛围，形成柔和丰富的情境美。通过流畅的流线或曲面形式来构建建筑外观，较容易形成柔和丰富的情境。米兰世博会的阿联酋馆，用流动的曲线型勾勒出建筑外观，蜿蜒成彼此平行绵长的墙，在沙脊和沙丘质感的动态设计语汇中品味到沙漠式景观的韵味。特殊材料的使用往往会达到事半功倍的效果，如木质材料具有极强的亲和力，通过特殊木质的结构或造型所形成的建筑表征往往可以形成特殊的空间韵味，营造温暖且有情调的空间形象（图 15-36）。东京大学的大和普适计算研究大楼，建筑立面与底层天花上布满了层层叠叠的木质面板，这些面板是由一根根细长的木条组成，十分有韵律感，好像波浪一般。当日光穿过玻璃照射进室内，在木板层间隙的作用下，反射与漫反射的光交织在一起，形成了参差不一的光影效果，整个空间显得十分亲切而细腻。

图 15-36 大和普适计算研究大楼

惊心动魄与惊险刺激是其主要特点，这种因子善于利用悬念营造出神秘而紧张的空间氛围，可以与平淡的生活节奏构成强烈的对比，在一定程度上有助于精神与情感的宣泄，缓和人们焦虑的心理。“英国间谍小说最早将惊险美学搬上舞台，同时在间谍影视剧艺术中得到广泛的发展。”惊险刺激的元素驾驭在逻辑的理性之上，是惊险美学设计化的表现，对解释的迫切希望、对快节奏的渴求、对未知世界的窥探等方面都可以给受众带来特殊的快感，满足人们内心的欲望与需求。惊险刺激可以通过营造高差环境，营造一种“浮”在高空之中的错觉。当人们位于高处自然会产生不稳定的感觉，这种不稳定会让人们没有安全感，带来紧张害怕的感觉。在芝加哥威利斯大厦中，观者可以站在高400米的透明玻璃观景箱里俯瞰城市，这种“悬空”好似让人直接立于空中，给观者带来了强烈的刺激感，让体验者直呼过瘾（图15-37）。高层建筑往往可以利用高差优势融入刺激的因子关系，通过视错觉呈现出惊险的场景关系，让人们感受极限环境。滨海湾金沙休闲度假酒店（图15-38），主体部分由三座高55层塔楼组成，而连接三座塔楼的桥梁是一个面积庞大的空中花园，里面种植着各式各样的绿色植物，人们可以在里面漫步或休憩。而高空泳池是其主要设计的亮点，整个泳池乍看上去好像山崖之巅上一望无际的碧波之水，俯瞰着海滨，边界向地平线蔓延，仿佛没有边际一般飘在空中。但事实上，水漫过边界之后，会流入不远的集水池，通过这种视觉的错觉处理，营造了一种不稳定、不安全的氛围，给游泳者一种惊险刺激的体验效果。

图15-37　芝加哥威力斯大厦

图15-38　新加坡金沙休闲酒店

四、媒介的表情信息

某些二维的艺术表现诸如绘画、摄影、音乐作为空间中的子单元，只能部分进入人的感官体验之中。而空间作为功能、审美与体验于一体的信息系统，可以直接调动大众的感官，包括视、触、听、嗅甚至是味觉，并尽可能地同时唤醒大众的体验维度，空间给大众带来的观感和审美趣味总是比其他艺术形式要鲜活许多。而人们通过视觉感官接收到的是情趣化信息的视觉表征——空间表情，空间表情是媒介载体的信息单元组合所成的空间形象，是通过信息整合之后形成的视觉信息，是物质性媒介与精神性情感因子的集合，表现为带有情感色彩的空间细部、形态、场景以及符号等方面（图 15-39）。

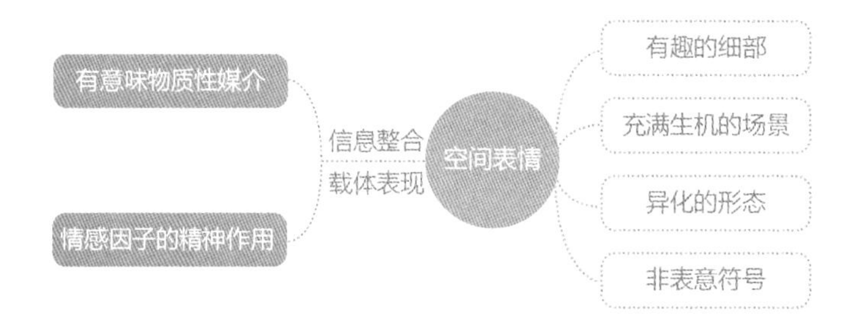

图 15-39 媒介的表情信息

细部是设计中独具匠心的地方，是设计师情感阅历的见证。细部不是简单的空间局部，也不独立于空间之外，是基于色彩、材料、肌理或构造等方面并融合了生活、文化与技术的力量，所形成的空间情感形象的缩影，是空间细节的体现，是基础性的表情信息。细部需要与空间其他要素相统一，也要与自然、环境相呼应，承载着空间的感染力，是空间的情感精华，这也是细部对于空间而言具有重要意义的原因。不管是欣赏盖里建筑的奇态异形，或享受着扎哈空间的速度与激情，还是品味着卒姆托的返璞归真，体验是最重要的，细部饱含了时间与文明的印记，也体现着设计师的创造力。兴趣媒介影响下的细部是娓娓道来的叙述性空间语汇，在这里人们不仅可以认识新的生活方式，更是向未知的世界更进一步。

场景并不是戏剧中的场面，是在节点位置空间各要素之间有机组合而成的“画面”，对空间各节点起到承上启下的作用。场景化空间离不开复杂的界面表现，其以特殊的画面形式使此节点与彼节点呈现出有机的互动性，并形成了紧凑的空间节奏。隈研吾设计出了能与外部交流的透光建筑，他将光纤植入名为卢昆 (Luccon) 混凝土中，光纤与混凝土的组合建造了新的界面形式，若将混凝土中的光纤切断，这种建筑材料即会变得通透，室内的人群可以看到室外人群的活动，使得本不联系的人群之间有了独特的互动形式，虚实之间若隐若现，妙趣横生。

同时，场景的承上与启下体现的是不同场景之间有机与互融关系，通过建构一幅幅连续的画面，以联系空间各要素之间的关系，这种联系并不是简单的功能性联系，而是在空间的引导下通过融入人们的行为或活动方式，所呈现的趣味的非秩序关系。N 住宅共用了 3 层建筑外壳，每层墙体上都是不同尺寸的方形空洞，甚至住宅顶面也是镂空的，整个空间好似被间隙连接在一起。通过界面的虚与实，在花园与居住空间之中建立了模糊的界限关系，实现了空间层次的有效过渡（图 15-

40）。层叠的墙体好似构成了一个虚空体，透过通透的外立面好像一眼就能看穿整个空间，里面的内部空间好像没有私密性，一般直接暴露在城市街道上。特定的场景以饱满的画面形象活跃了整个空间的氛围，起到丰富空间序列的作用。场景的承上启下，也离不开对空间节点的特殊编排，可以利用蒙太奇手法形成非秩序的缓冲节点，也可以在灰空间设置敏感地带使前后空间关系更具戏剧性，以形成具有情节性的空间形式。

图 15-40　N住宅

形态表征是人们通过视觉感官接收到的表情信息，为了传递情趣的精神要素，需要在形态的构建过程融入异化的设计形式。受众在阅读空间的过程中，异变的空间形式会瞬间抓住观者的眼球，不断地刺激受众的感官体验，通过融入自身的想象以引发丰富的审美意象。异化是利用新的视角与思维方式，以突破常规的思维方式赋予事物新的形态体征与生命活力，可以是对空间形式夸张化或破碎化处理，以形成冲突的快节奏形式； 或是对空间的仿生化、流线处理，以形成有机的缓和形式。异化即是通过构建冲突的空间形象以构建节奏感十足的空间形式，或是通过有机的空间形象以形成充满生命力的空间形式。

异化形态的冲突即是通过颠覆常理性的造型、尺度与比例关系来建立与常规秩序相背离的景象，生成崭新的、与原有状态相区别的事物形态。大屋顶住宅，整个空间被巨大高耸的屋顶覆盖，屋顶的大体量与房间的小体量形成鲜明的对比，仿佛一顶硕大的帽子盖在房间之上，像是屋子会被压坏了一样。屋顶上还预留了几个空洞，附近的树木可以穿过屋檐继续生长，使得住宅与自然之间有了奇妙的联系（图 15-41）。冲突的处理方式往往可以赋予空间多变的层次感与无序感，使空间更具有“性格”，人们会被这繁复多样、错综复杂的表征所吸引，主动探求形式背后的空间意义，进而增强与空间的互动交流。具体的处理方法，可以是建立扭曲的空间形象，或对空间轮廓线进行尖锐或拐角处理，又或使用不规则的形状，来构建不和谐的空间体量关系，以形成冲突与矛盾的空间关系。东京目黑区的某座住宅，采用四壁黑墙的细部处理，外面看起来极其封闭黑暗，“头大脚轻”的体量给人以“黑棺材”般的怪异造型，内部看似密不透风。当进入室内时，却意外地明亮至极，豁然开朗，给人好似穿越时空的感觉。实际上，设计师利用螺旋上升式围合的外墙将整个住宅围住，同时该墙向上开敞倾斜，与内部空间形成一个宽大的缝隙，这个缝隙成为了内部采光的必要条件，可以从四面八方引入光源，让室内空间显得异常光亮。正是这种不和谐的空间体量关系，形成了室外形态与室内光环境的强烈对比，看似闭塞的空间外观却突出了内部空间的主体感，从而给人们带来趣味体验。

图 15-41　大屋顶住宅

符号作为空间媒介，是人类思维的抽象表现，也是事物形象的语意集合。空间表情作为空间的视觉表征，也是符号的非表意载体。大众时代下，空间的符号抛弃了统一性、秩序性和稳定性，早已不是传统意义上的形式，而是在娱乐文化与特殊大众性的价值取向影响下所形成的具有社会性的符号中介。空间作为设计师与受众交流的信息媒介，是一种特有的语言表达形式，具有能指和所指的涵义，是语义性的符号集合。而因情趣化信息的复杂性，空间符号的表现具有含混性、多义性以及隐喻性，符号之间的关系既暧昧不清又相互游离。空间表情的非表意即是对含混性、隐喻性空间语言的表述，主要是将空间细部、界面以及体块视觉化，再将其以拼贴的形式组合起来。利用符号之间的重构可以模糊空间形态、界面、体块的关系，来消解时间与空间的界限，将传统的秩序、等级在叙述中碎片化，以取得现实的非现实化与虚无化，向观者传达不可名状的意趣。曼谷严汇旺区的蝙蝠侠旅馆是由旧公寓改造而成，“暗黑”的外表，内部却是丰富多彩， 在保留了一些古老空间元素的基础上，进行了不同概念的合并组合。曾经的大理石接待台被再次利用，其背景墙由各样的时尚杂志铺满，将历史的痕迹嫁接到现在的空间之中，曾经的古老与现在的时尚形成强烈对比，冲撞、对比、跳跃仿佛时刻迎接着夜生活的到来（图 15-42）。这种表情信息的释义是对时间与文化的嫁接，是对事物元素的抽取与提炼并使其成为象征或隐喻性的空间信息，这种繁复、富有内涵的表情信息展现的是一种对过去的尊重，是一种怀旧情结的体现。

图 15-42 蝙蝠侠旅馆

五、媒介的空间移情

移情是人们通过感官所接受到的信息，形成直观的感受进而影响知觉表象，并逐渐与情感连接互融。空间的审美与感知活动是过程性的体验形式，观者通过亲身感受空间的视觉表征、序列路径与艺术形式，不自觉地产生联想与想象，引发对空间的共鸣， 与空间融为一体，这就是心理学中的移情。兴趣媒介的传播就是为了移情，设计师首先需要打动自己，并且利用特定的媒介形式引起某种联想，同时媒介可以较为准确地表现出设计师所要传达的情感。对于空间媒介的移情过程，可以利用情感化设计的三个层次， 即对本能、行为和反思水平的设计。空间媒介作为建筑与室内空间主要的传播途径， 承载了物质层面的功能性与情感层面的体验性，通

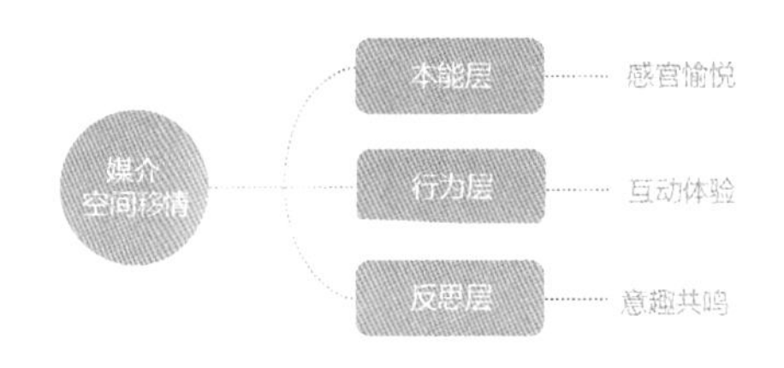

图 15-43 媒介的空间移情

过在媒介与受众之间完成本能层、行为层以及反思层设计（图 15-43），可以将空间的物质表象以语意的形式展示出来，构建完整的情感基础，将空间的情感趣味更好地传达给受众，进一步表述空间的内涵与意义。

本能层是观者最直接的心理感受，是一种无意识感觉，本能层对媒介的移情起着基础性作用。媒介的本能层是由空间物态或形体特征所引发的，可以直接对人们的感官产生刺激，在一定程度上影响人们对空间的初始印象，产生于人们的意识与情感之前。为了引发受众的好奇与愉悦，可以利用七种媒介因子来融入设计灵感，将打破常规的语汇形式融入视觉形象之中，来抓住观者的注意力进而构建愉悦感官的本能层，更直接有效地表现空间的魅力，更好地传达空间的情趣意味。

在空间的接受过程中，人们对空间的认知最初起于直觉体验。这种直觉除了听觉、触觉和其他难以言喻的感官之外，主要是通过视觉与知觉活动的捕捉，而视觉是我们接触空间最直接的形式。对于空间而言，人们通过视觉感官获取的信息即是兴趣媒介的物质性，这种物质性可以刺激人们浅层的直觉，并通过一系列的心理活动进而激起观者的情感波澜。媒介的这种物质性，糅合了空间造型、结构与尺度体量的关系，是具象形与抽象形结合而成的综合性视域表现，是视野范围内表象信息与隐性信息的综合。视觉层的具象表现，可以通过呈现有机、无机的空间形象，为空间注入趣味与情感的因素。也可以利用复杂冲突的空间形象，刺激观者的感官，实现本能层的情感化设计。还可以利用观者的心理反馈机制，将建筑表皮、空间环境以及室内陈设以整体或局部的场景、层次与细部关系呈现在观者的面前，形成不完形的兴趣化媒介，利用这种残缺的、中断的关系引发人们完形的心理自驱力，积极地完成空间形象的“填补”，来获得美感与趣味。

行为层是建立在空间的功能性与使用性基础之上的，通过人与空间的行为互动，从使用到参与，从参与到体会，让受众获得主体感的情感交流。行为层是一个完整体验的链路关系，是一种交互性的体验形式，可以引发一连串的精神反馈与心理反应。人们在空间使用的过程中，通过亲身体会新奇有趣的行为方式，可以更好地理解与领会空间的价值或艺术内涵。

在人与空间之间通过媒介建立某种联系，刺激人们主动地参与到环境之中，通过行为的互动可以使人们更好地理解空间，有助于将空间的魅力与意义以一种有效地沟通与交流方式传递给受众，从而实现空间的移情。在家居空间中，组合家具有着多种形式的形态关系，它可以更好地激发人们的创造力，使人们在分解与组合家具之间收获积极的情感体验。百变小屋以三个多功能的木格单元实现了空间与家具的有效组合，每个木格单元都具有多种功能，通过随意抽取或组合以形成不同功能的空间形式，在节省空间的同时， 也增强了使用者的使用乐趣。其实组合家具是将人们的使用习惯以一种看似无序的状态组合在一起，通过无序的形态关系来激发出人们造物的创造力，以形成有趣的互动形式。行为层注重“用”的效能，多层次的互动体验超越了视觉与形态表征带来的感官刺激，引发了更深层次的精神意趣。哥本哈根镜之家，其山墙和门不单单是功能性的构件，而是一面哈哈镜的镜面，人们总是乐此不疲地站在哈哈镜面前，欣赏自己扭曲模糊的身线，显得极其有意思。哈哈镜的设置不仅可以反映出周围的环境和活动，更是给大人和孩子们提供了一个独特的游戏，使得人们融入到空间与环境之中，从而形成情景交融的情感意味。

反思建立在空间视觉表征与行为互动的基础上，是人们对空间思考之后所做出的评价，是基于感性与理性思维的情感反馈，是高级的思维活动与心理感受。反思层是人们对媒介信息的解码，是在生活、文化以及社会的影响下所做出个体性的思维判断。在空间媒介的作用下，人们通过逐步地融入空间，在与空间互动之后，自发地产生联想、想象，进而主动地思考与理解空间的精神内涵，进行个体性的反思活动。反思是由浅入深的过程，不单单表现为表层的情感，还有着引人深思的力量，甚至是对人们产生意味深长的教化意义。反思层是对空间意义的深度探求与思索，是对空间的艺术形式与文化内涵的凝结，超越了媒介的物质性与非物质性，表现为具有意趣韵味的空间内涵。

反思层所带来的趣味往往会引起人们的情感共鸣，带来精神性的体验，甚至会对人们的生活与思考方式产生影响，是具有教化意义的情调意趣。为了让人们在反思阶段感受到更深刻的情感体验，可以融入有趣的互动形式，刺激人们的主观能动性以产生潜在的创造力，在互动的过程中积极地改造空间并与空间进行精神层面的对话与交流，从而让人们获取快感之上的深度趣味。可以通过借用隐喻或象征的设计手法，激发人们主动地思考，去探寻符号背后的真实意义，使得人与环境之间建立了某种联系，从而获得主体感。还可以引用文化与艺术的力量，唤起人们对过去、对历史的注意，并通过具有艺术意味的空间形式对自身形成一定的教化意义，有助于人们更好地理解空间的内涵。

第十六章 情境的媒介
——性别倾向的情境设定

第一节 性别差异与空间性别设计的缺失

随着男女平等的观念的深入人心，两性本质上的差异渐渐被人们忽视，变得模糊化，性别平等是建立在差异基础上的平等，空间设计中性别分析的缺失给女性带来了不同程度的心理压力和负面影响，看似客观中立的性别平等视角本质上仍是以男性为中心来进行空间设计与规划，忽略了女性在空间中的情感体验，是对女性特征和女性权利的漠视，女性在公共空间中仍处于边缘地位。而消费时代的到来和飞速发展的社会经济，创造出多种多样的消费空间模式，以女性为代表的独特消费文化和审美思潮潜移默化地影响着当今的空间设计，涌现出越来越多的女性特色空间及女性专属空间，体现女性文化是未来社会、文化及市场发展的新趋向。

人们对空间的体验是身体性的、千差万别的，而最大的差异便是男性与女性的差异。男性与女性对空间的感受和需求是有差别的。空间是有性别属性的，无论空间的设计或使用都充满了性别差异，性别空间自始至终存在于社会的发展过程中，它的存在是历史的选择，是社会因素同性别因素相互作用的结果。在空间设计中应充分考虑两性的差异，树立性别的观念，使设计更加人性化，满足不同性别使用者的真正需求，创造出更加人性化的空间形态，使我们的空间设计真正的实现“以人为本”。

一、男女有别

（一）生理差异

男女两性之间的生理差异主要是由生物学意义上的因素（包括生理结构和生理功能）所支配的。由于两性身体构造的不同，男女在体型和体能上存在差异。男性骨骼一般较为粗壮和突出，肌肉发达有力；女性骨骼较小且平滑，皮下脂肪多于男性。且由于男女胸部构造存在显著差异，因此男性体表曲线直而方，整体呈倒三角形，身体线条充满刚直与力量之美；而女性体型圆润、柔美，身体线条充满曲线美。

女性身体的肌肉较少、关节较小，在体能上弱于男性，这使得她们抗疲劳能力较差，活动量和运动能力不如男性，更倾向比较舒缓、强度小的活动，更追求舒适。此外，男女在身高、体重等人体尺度方面也有着明显差异，总体来说男性比女性身材高大，而同等身高情况下，男性上身较长，女性则上身短、下身长。

据研究表明，两性的植物神经系统也存在很大差异，女性的比男性的植物神经系统更为发达，构造更加复杂且影响范围更广，因此，女性要比男性在触觉、嗅觉、听觉和视觉上的反应更加敏感。由于女性特殊的内分泌系统及不断发生变化的生理周期循环，使得女性的情感神经系统非常敏感，她们更容易快乐、悲伤，情感的表现更为细腻和明显。女性敏感的神经使得她们感觉敏锐，善于观察体会，但是在保持注意力集中和情绪稳定上不如男性，易受暗示，更容易被外界所影响。

（二）心理差异

因为生物学因素及社会文化环境的影响，两性不仅在生理上存在差别，心理层面上也有着不同程度的区别。总体来说，女性要比男性的心理活动复杂和丰富，男性心理更为坚强、独立、果断、理性、有强烈的攻击性和控制欲；女性心理则较脆弱、细腻敏感，需要被保护和照顾，无较多的控制欲，更加善于交流和沟通，情感体验较为深刻和细致。

不同性别在思维能力方面也存在差异，但两者之间的差异主要表现在男女思维方式的各自特色上，从总体上看具有平衡性，没有显著的差异和高低之分，普遍认为男性更擅长抽象思维而女性则偏于形象思维。男性思维有较高的逻辑性，判断问题时更加客观；而女性思维则较为具象逻辑性不强，认识事物及判断问题时，往往具有故事性、比喻性及强烈的主观色彩，比男性更易受外界环境及自身情感的影响。由于社会环境和家庭教育等的影响，女性的兴趣和注意力集中在人和生活领域，较男性更加注重细节，但整体感较差。女性内心往往细腻丰富，对待事物常常有着浓浓的主观色彩和情感倾向。这些心理差异都会导致两性审美和空间感受、需求的差异，女性在体验空间时更加注重细节，看重空间体验过程中内心及情感的变化；而男性却更注重空间的整体性和功能布局的把握，更喜欢主宰空间。

（三）审美差异

爱美之心，人皆有之。在生活中我们常常看到这样的现象，小女孩喜欢各种洋娃娃、毛绒玩具，爱玩过家家；小男孩却对线条硬朗、硬邦邦的变形金刚或玩具汽车着迷，喜欢舞刀弄枪爱玩打仗游戏。审美作为一种高级的精神活动，不仅存在主体个性之间的差异，不同性别群体的审美眼光也有着相当程度的分别，既受到两性各自的生理及心理差异的影响，也有社会审美模式及时尚潮流的作用。由于文化的不同，不同民族、地域的男性与女性在审美方面必然有所差别，在分析时不能以偏概全，从审美的普遍特征和普遍现象来分析不同性别的审美差异。

女性在审美上相比男性体现出了敏感、细腻、直观及情感性的特点，不论在日常生活还是设计方面，两性的审美有着显著的差异。例如，男性在选择产品时更注重产品本身的功能和实际价值，女性擅长具体形象思维和较强的情绪记忆能力，使得她们对产品造型、外观包装上的考虑对于男性消费者，更容易被产品的外观所吸引。再比如在消费过程中，与男性注重结果不同，女性更看重消费过程中空间的整体氛围及感性化的空间体验，善于体味空间中色彩的变化、光线的明暗及质感的呈现。

二、两性的空间需求差异

（一）基本需求

由于与男性在体型、体能上的差异及女性细腻敏感的神经，使得女性对空间的需求较男性有诸多不同，相对而言女性更注重空间的细节，有更多感性和感情因素，大致表现在：领域性与私密性；舒适度与便利性；安全性。

领域性与私密性：据研究表明，女性之间比男性之间的交往距离要小，同性间的亲密度高且多喜欢结伴而行，对空间领域感及私密性的要求相对较高，这也是现代诸多女性餐厅、女性会所等女性专属空间出现的重要原因，领域不清的空间环境会让女性产生防卫、焦虑不安等心理，例如在两性公用的美发店洗头时，通常选择旁边无人或女性旁边的位置；同乘电梯时，如四周均为男性则会让女性更为不安。因此，女性空间设计中，空间领域性与私密性的营造显得尤为重要。

舒适度与便利性：由于女性细腻敏感的生理及心理特性，女性对空间的舒适度及便利性相对男性有更多要求。除了最基本的采光、通风、隔音等基本物理环境的要求外，还要考虑视觉及触觉的舒适性，及行为的舒适性即便利性等要求。比如良好的视觉距离和感受、舒适的家具尺度及材料质感、合理便捷的空间流线，在购物和娱乐环境中有无为女性设置的储物空间、卫生间是否考虑女性特殊需求等，这些在空间设计中都应予以考虑。

安全性：男性与女性除了在意识、观念及思维方式等方面存在差别外，更重要的是身体的差异，不仅女性在力量及生理构造上相对男性来说是弱小的，在公共空间中往往表现出比男性更多的身体焦虑，甚至社会文化对女性的定义也是柔弱的、需要保护的，女性在社会上始终被归为弱势群体，因此女性对空间安全感的需求比男性更为强烈，在设计时应将空间中的安全的隐患降到最低。

（二）审美需求

与男性相比，女性的思维方式更加形象及感性，这个特点使得女性具有丰富的情感和想象力。而女性发达的神经系统令女性对美的感受更加细腻和敏感，这又导致了女性对细节的完美要求。这样的审美心理使得女性与男性相比对空间有着不同的审美需求。女性对空间基本造型元素的形式、色彩和材质肌理等更加关注，善于体会空间中光线的明暗、色彩的变化和质感的呈现，而男性则更注重空间的整体性布局和空间的功能性。在空间的审美需求上，男性更强调功能性，女性更强调的是一种美学。因此，建构有女性气质或女性化设计语言的空间，是符合女性审美标准，也是符合当下流行趋势的。

一般来说，在空间认知能力上，男性的视空能力及方向感优于女性，但女性对空间中基本元素的色彩和材质肌理感觉更强烈、体会更细腻，更易受空间环境氛围的暗示和周围人群的影响，对空间的安全或危险、压抑或开敞的感受更加敏感。在同样的室内空间中，能满足女性情感体验的、尺度适宜的、较为精致的空间场所常常更受女性喜爱。

（三）情感需求

心理学家认为女性的情感神经十分敏感，有强大的联想能力，而受社会文化影响的女性情绪活动更加外放，女性比男性拥有更加丰富、充盈和细腻的感情，情感体验也更为细腻和深刻。例如，演艺界一些女导演们在抒发和表达情感方面显示了特有的才气，她们比男性更加善于用波涛汹涌的情感浪潮来扩大那些要表达的主题。女性敏感的情感神经系统使得她们善于体察外界，也容易受到外界空间的影响而产生快乐或悲伤等情绪，喜欢心理上的轻松、舒适，渴望被人倾听、关怀，女性爱联想，幻想追求情感的倾诉。因此，女性在对空间的需求上比男性有更强的情感特征。与男性注重结果不同，女性对空间的关注除了空间细节和外在的形式美，还在意空间内在的意境美，女性消费者的兴趣比男性更容易表现在整体空间的氛围及情调上，注重在空间中的情感体验。空间体验对女性而言，可以宣泄个人情绪，获得与朋友情感交流的体验，也可以作为个人空间的补偿，还可以是展示自我的地方。商品的名称、款式、色彩以及购物、进餐、休闲环境中不同的建筑风格、装饰和气味、声音等均可造成某种独特情调的渲染，在这种特有的情调中，女性常常会因这一“情调”的感染而不惜高价享受。当代女性既要扮演相夫教子的传统性别角色，同时又要维护自身职场中的独立角色，她们需要一种宣泄压力或进一步提升自我的女性空间。

女性参与到空间活动当中，不仅仅是因为空间本身，她们参与的是令人愉悦的形式、体验和自我认同。

三、性别视角下的空间设计现状

（一）公共空间中性别分析的缺失

在性别视角下，公共空间的设计不能将两性的行为特征和生理、心理需求用同一标准衡量，应特别关注女性群体在空间中的行为方式、特殊需求和体验。然而长期以来，我国的公共建筑空间设计，对性别差异导致的不同空间需求及性别因素对空间功能的影响几乎没有考虑。

公共空间的安全设计忽视女性的特殊需求与环境体验，导致空间安全感的缺失。由于两性的生理及心理差异，女性在公共空间中往往表现出比男性更多的身体焦虑，与男性相比，女性对空间的安全有更多的要求。而城市公共空间和公共建筑的规划与设计中存在的所谓空间死角，即众人视线难以发现的封闭和隐蔽的空间，均使女性感觉不安全。此外，公共空间设计中大量的地下通道和标识不清、照明昏暗的地下停车空间常常让女性感到不安。一些阴暗僻静的地下通道，许多女性即使白天也不喜欢使用，而且部分地下通道照明设备不充足、管理不到位造成了很大的安全隐患。与此同时，随着女性驾驶数量的不断增长，地下停车空间的安全问题日益突显。地下停车场的安全问题是一个系统工程，而停车空间的合理设计与照明设施是其中很重要的一个方面。在台湾，为保障女性停车安全，高速公路局在服务区设置了夜间妇女专用停车位，该车位靠近服务区大厅，不但加强了照明设备、增设监控，还可请保安人员陪同至停车位。总之，即便社会赋予女性与男性平等的空间支配权，但女性仍无法获得同男性一样的空间自由，因此，在公共空间设计和规划中应加强性别敏感意识，在承认两性空间体验差异的基础上，变革空间建构中的中性或男性思维，使空间设计更加关怀女性需求，使两性能够真正平等的共享空间环境。

公共空间设计缺乏细节方面的性别敏感与人文关怀，造成空间使用上的不便利。例如，在商业空间设计中缺乏对两性购物行为差异的细致分析，女性花在非购物性闲逛的时间要比男性多很多，是女性休闲活动的重要组成部分，女性的特殊需求和行为习惯应给予更多关注。但是，多数商业空间中，为追求空间效果光滑如镜的地面使穿高跟鞋的女性不得不“留神脚下”，过多台阶、楼梯、电动扶梯的设置虽方便了顾客跨层选购，但更为孕妇、带小孩和推童车的女性带来了诸多不便，而商场内休憩设施的不足使空间不够人性化，又令陪女性逛街的男性不满，无形中加重了逛街人群的疲劳程度。同样，不同性别之间的接触在相对开放的公共空间中更加频繁，在设计中细节推敲的不足会给不同性别的人们带来心理上的别扭与难堪。例如，在超市中女性卫生用品和内衣的陈列方式，对私密性不做任何考虑，和其他物品一样暴露在外，不仅让女性不方便选购，令途经的男士也感到尴尬。

卫生间是体现公共空间设计细节的基础设施，有调查显示，由于女性如厕方式、如厕用时等因素，女性对卫生间的需求大约是男性的二到三倍，但是，在我国公共空间卫生间的规划问题上，只是狭隘的考虑男女平等，忽略了实际使用过程中的性别差异和性别细节，或是一视同仁、均等对待，或是厚此薄彼、男厕比女厕大，这样的简化处理方式使我们时常发现一些公共空间的卫生间呈现女性一边排长队的景象，尤其在商场、商业街、影剧院、旅游区、广场等公共场所尤为突出。此外，目前公共卫生间多用坐便代替传统的蹲便，考虑到卫生问题很多女性宁愿蹲马步也不愿坐下来如厕，结果适得其反，反成负累，卫生间照明系统设计不合理，化妆台、育婴室、儿童便池等设施欠缺，且很少有公共卫生间设置孕妇专用单间，可见，在卫生间问题上关怀女性，不仅仅是数量的问题，而且是“合不合用”的问题。公厕这种看似不足挂齿的小空间，却显示着一个社会对女性的关怀程度和态度，折射出的不仅仅是两性对空间感知与体验的差异，还折射出公共空间设计中的性别意识与人文关怀问题，甚至反映了这个社会两性平等的程度。

（二）居住空间中性别分析的缺失

在中国传统社会中，由于女性的社会地位较低，公共空间由男性主导，女性的活动区域只限于家庭内部，即使在家庭内部空间仍存在空间性别的不平等区分，女性活动的范围被限于居住空间中的有限角落。然而在当今现代社会，女性的社会地位和经济地位有很大提升，越来越多的女性参与到社会的公共生活中，但居住空间中不平等的性别区分仍然存在。

首先，在空间设计上仍以男性为导向。从西方国家的经验来看，男性对客厅、餐厅、书房更为关注，而女性则对居室、厨房、卫生间给予更多考虑，因为那是她们在家中的主要活动场所，在这三个空间中的停留时间也最长。因此，住宅内部各功能空间的分配和布局关系到不同性别的人们家居生活的舒适和方便程度，需要予以区别对待。但是多数居住空间设计仅仅从一般的使用功能出发，并没有考虑到空间的性别属性问题，或更多的只为男性考虑。

在大多数现代城市的住宅内部空间设计上都倾向于一个固有的模式来划分和规划空间，基本为大客厅、小居室的空间格局。相比与客厅的扩张，厨房空间在居住空间内部所占比重总是最低，甚至很多时候不如卫生间，因现代居住空间多配有两个卫生间。而近年来虽然我国女性在家庭中的地位不断提升，但就家务劳动而言，女性仍是家务劳动的主要承担者，男主外女主内的性别格局和分工仍占据当今社会的主流，女性在家中更多地围绕孩子和老人，并且在狭小的厨房、卫生间中劳动，还必须面对来自社会空间的更多压力。如今的居住空间设计，无视女性的特殊需求，仍是建立在男权意识框架下的空间模式。

其次，在居住安全问题上，女性群体自然的生理和心理特征使她们相对于男性而言更缺乏安全感，更需要安全的保障。但目前，我国的居住空间设计中并没有专门针对女性的安全进行考虑，多采用加固门窗、增加照明、增设保安等简单粗放的处理方式来解决问题，多数措施缺乏细节考虑，缺乏对女性群体行为及心理的研究，更没有从设计的角度去避免问题的发生。以女性的角度来看，居住空间的安全设计还需诸多研究和努力。

另外，女性主义理想家居模式很重要的内容，就是建立在公共空间和相互交流基础上的“集体主义”家居形式，例如西方女性主义提出的公共客厅、公共厨房，再比如我国计划经济时代的筒子楼，虽然都有明显的缺陷，但目前的居住空间设计似乎又走向另一个极端，住宅的私密性被过度强调，给社会交往制造了障碍。目前的居住空间模式基本是男权属性的，强调的仍是男性的价值观念和审美情趣。从女性视角出发，居住空间设计应由封闭的空间模式向开放式的空间模式转化，而不是一味强调私密性，使女性局限在家庭的狭小氛围之中，应加强女性同外部环境的联系，促进女性在公共空间中的交流。设计师应当加强探索关于女性家居理想的实践，而不应该抛弃和忽略。

还有居住空间内部设计也应当注重家庭的开放性结构，更多考虑女性家务劳动的需要，促进女性在居住空间中与家人的交流。现代女性多希望在居住空间中设计较大的厨房空间，可以和家人一起做饭，可以边做饭边陪孩子玩，有张舒适的椅子，煮菜的空档内可以看看报纸杂志，还要有可以做点心、喝咖啡的台面，使厨房除了满足其使用功能外，成为可以和家人交流互动的场所，解放女性厨房负责人的角色。而不是像现在多数居住空间规划模式一样，使以男性为核心的客厅空间居于主导地位，而把厨房空间放在角落，空间狭小，忽视女性的情感需求，缺乏人情味。

（三）公共空间的女性化

室内空间及公共空间作为建筑设计的延伸和发展，具有深刻的社会文化内涵，由于“男尊女卑”的传统性别观念的影响，在社会生活中女性一直处于被忽略的地位，城市规划及建筑空间也一直以男性为主导，忽视了男女两性根本的性别差异及对女性这一社会角色的认同。而在当今时代，社会经济文化的快速发展、性别平等理念深入人心和人们消费观念的转变，女性的经济地位更加独立，女性在街道、广场、公园、车站、酒吧、办公室等公共场所中所占的比重不断增加，女性逐渐从以家庭为中心的私人空间走向更广阔的社会生活空间。

有研究表明，如今女性在消费群体中所占的比例远超男性，女性正在成为商业消费的主力军，消费空间的女性化也越来越突出。商业区成为女性活动最集中的空间区域，女性主题餐厅、购物中心、美容院层出不穷，在日本东京还出现一条专为女性设计的商业街，称为“公主街”。女性休闲及商业购物空间的大规模发展，创造着越来越丰富的空间种类，甚至出现专属女性的消费空间如美容瘦身中心及专门的女性医疗空间如女子医院、月子会所等。女性休闲娱乐空间鳞次栉比，室内设计更加细化和专业化，对女性予以更多的关怀。不难看出，女性在空间中的活动比男性更为积极，女性以前所未有的活力渗透到空间的各个角落。女性这一特殊群体在这些空间中消费和被消费，女性化意识在各种类型的空间设计中越来越占上风，越来越多的空间形态呈现出女性化的特征，空间正在女性化。

室内空间女性化的现象并不仅仅是因为女权运动所倡导的女性平等地位，还有着更为客观的因素，由于生理结构的差异，内分泌系统及不断变化的生理周期循环，使得女性的情感神经非常敏感，她们更看重的是感性化的空间体验及空间的整体氛围。同时就心理特征而言，男性呈现出外向的、公众性的、理性的、刚强的、社会性的特点，而女性则呈现出含蓄的、偏向私密的、感性的、柔美的、自然性的特点。公共空间设计中女性意识的运用，能使空间氛围更加舒适、自然，缓解现代建筑材料所营造空间的冷漠感和距离感，使空间充满生机和活力；同样，女性化意识在家居设计中的运用能使家庭氛围更加和谐、温馨。

第二节 室内空间设计语言的性别倾向

人们对空间性别的感知一方面是基于自身文化背景和审美经验，另一方面是由对构成空间的形态、色彩、材质肌理等设计语言的判断而来。空间设计语言的性别倾向设定，应当依托社会文化所建构的两性气质，通过美学、心理学、社会学的角度对空间设计语言的审美特征和象征意义进行研究、分析而作出选择。

一、空间形式要素的性别特征

形式要素是室内环境最基本的构成部分，空间中所有物体都得以某种形式来表现，并决定着空间功能的发挥及影响着人们的视觉和心理感受。空间中的“形”包括：墙面、地面等空间实体的界面形状；由界面组合而成的空间形态；家具、灯具等内含物的造型及组合方式；以墙面、地面、家具等空间实体要素为载体的二维图形，即装饰图案。解析空间中的“形”都可将其抽象为点、线、面、体的构成，这些要素限定着空间并决定着空间的性质和基调，通过不同的视觉形式表现使空间中的人们产生不同的审美和心理反应。

（一）直线的刚劲与曲线的柔美

在室内空间中，线条主要指的是空间的轮廓或主要的方向，或空间实体及内含物的形状等，例如墙面的垂直线、顶棚的水平线、窗帘的弧线等。线是形态要素中最重要的要素，所有二维形式的面、图形及三维的体，都是通过其外轮廓线或外形线来表现不同的性格，不同方向、曲直、长短、粗细的线条或是刚强有力，或是柔情似水，给人不一样的心理感受。

点的运动轨迹形成了线，因此线具有一种方向感，直线是点运动的最简洁形态，常常让人感觉紧张、明确、简洁而理性。在室内空间中，有三种典型的直线：水平线、垂直线和交角线。水平线是直线形态中最单纯的，具有静止和安定感；垂直线挺拔、高扬，常给人以威严、肃穆的感觉，许多高耸的建筑就说明了这一点，两条直线交叉形成了折线，折线由于所含角度的区别会给人不同的体验，形成直角的直线最稳定，表现出一种自制和理性，例如中国传统木座椅就采用这样角度的靠背，正襟危坐；锐角的折线最紧张，最具动态，表现积极主动，超过直角以后，紧张感逐渐缓和趋向平稳。点的运动轨迹也可以是曲线，曲线都有不同程度封闭自身形成圆的倾向，不像折线那样锋利的角消失了，更不像直线那样简单、直率，曲线包含着隐忍、暧昧与含蓄，C 形曲线代表了一种成熟与包容的态度，S 形曲线则优雅、柔美，富于变化。

英国美学家和画家荷加斯曾在《美的分析》中对各类线条的特性展开了系统的比较分析，在他看来，只在长度上有所差别的直线装饰感最少，而相互之间在长度和曲度上都可变化的曲线更具装饰性。他还认为在最优美的形体上直线最少，波状线比其他各种线条更富美感，而蛇形线则灵活生动、更美、更舒服，赋予美以最大的魅力，有一些对象则同时拥有上述所有线条和蛇形线，比如人体，在他看来女性的形体是曲线的最佳体现。人体作为最典型的有机形态，男性的身体线条充满刚直与力量之美，女性的身体线条则充满柔软的曲线美。

曲线象征着传统美学中对女性美的标准：温和、含蓄、包容、流畅、优雅和富于变化，具有弹性和柔韧性。曲线是最具女性特征的线形，体现出女性优雅、柔美的感性特质，给人以圆润、优雅、柔和的女性性格的感觉。这与女性自身圆润、柔美的体型密切相关，女性的身体线条充满曲线美，一直被认为是美妙的、感性的、性感的，这种对女性的意象常常被反映在与女性相关的设计中。在各类为女性服务的设计中曲线是使用频率最高的造型语言，即便在当今室内空间设计中，简约主义大行其道，女性空间中也常常将丰富多变的曲线运用到空间造型和家具设计中，曲线（图 16-1）具有明显的女性倾向。其实不同线条的性别倾向是相对而言的，与曲

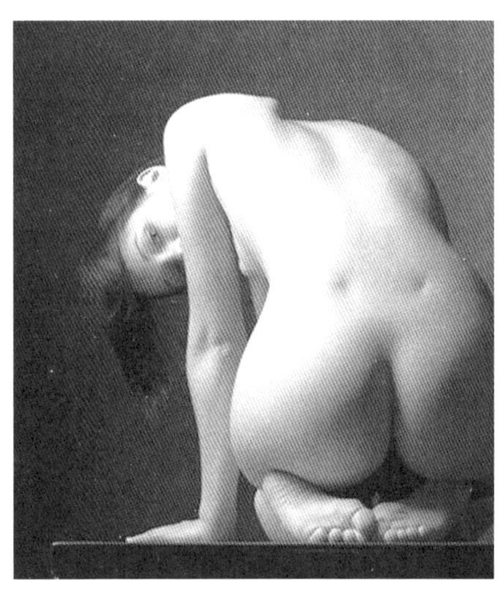

图 16-1　曲线具有明显的女性倾向

线的女性倾向相比，直线具有力量感、稳定感，硬直、明确，具有男子汉的性格特点，直线的视觉感受与社会性别文化所定义的和传统美学所表现的刚性男性形象是完全一致的，直线具有男性气质的倾向。

例如，在家具设计中性别化的趋势日趋明显，除最早区分性别的青少年家具外，某些洁具品牌在功能和造型上也有性别之分，比如同一马桶上针对不同性别有两种冲洗方式，而近来流行的双盆台设计也有同台不同盆的体现，男盆刚硬、方正，女盆则造型柔美。女性虽然由于年龄、性格、教育背景的不同对家具造型的喜好会有所差异，但因其本质的生理及心理特征，多数女性对柔美浪漫的曲线造型、类似花形的语言等设计元素有共同的喜好。因此，女性家具设计普遍采用柔美的曲线及各式曲面等造型元素，来表现温柔、飘逸、流畅、亲切等一系列符合女性审美情感和心理的造型形式。而男性家具则多以利落、硬朗的直线条造型出现，面与面的转折为强烈的硬连接，棱角分明，体现男性冷静、理性、深沉的形象气质，给人果断干练的感觉，和曲线造型的女性家具形成了鲜明的对比，形象地体现了不同线条的性别倾向。

再比如，在性别化细分更为明显的产品设计领域，针对男性的产品大都比较厚重，外观上多倾向于较硬的、带角的、充满力量感的直线条凸显男性阳刚之美，而且男士产品一般注重实用性与功能性，更喜欢有科技感和金属感的机器外观物体；而女性产品则走另一条路线，相对来说小巧精致、个性十足，有浓厚的装饰意味，一般以弧形曲面见长，与硬朗的男性产品相比更为柔和婉约。

（二）直率稳定的方形与柔和亲切的圆形

在室内空间中的二维形式的面主要有顶面、地面、墙面及门窗等，也可能是各种体块的表面例如桌面，也可能是本身呈片状的物体如镜子等。面的性格、表情对空间的美感和内涵的表达有重要作用，对空间环境的塑造有很大影响，其虚实程度决定着空间的封闭或开敞。空间中常见的面主要有平面和曲面。平面与直线很类似，位置不同表情也略有不同，水平面给人静止、平和与安定感；垂直面有紧张感；斜面则给人不安全的动感，效果强烈；曲面则给人温和、柔软及亲近的感觉。

面的性格和表情主要由它的形状决定，因此，面的视觉表现力与线条有一定的对应关系。长方形具有确定性和稳定性，在室内空间中最为常见；正方形则代表着理性和纯粹，其等长的四边具有强烈的秩序感和稳定感；三角形则有稳定性，变形或斜置的三角形具有动态，比方形空间更灵活多变；不规则形因其不对称而富有动态；圆形具有内向性及集中性，常用于大厅或纪念性空间的中心，创造出具有强烈包容感和围合感的空间氛围。

方形空间明确、清晰、严肃、沉稳，在室内空间环境中最为常见，具有规整、严谨的品质，有较强的单一方向性且较为稳定，并且很容易与建筑的结构形式协调，这使得方形被广泛运用到室内设计中，但它会使人产生单调的机械感。平面为三角形的空间具有强烈的收缩、扩张等突变感，比如在美国国家美术馆东馆的设计中，贝聿铭就采用三角形为平面和空间形态的基本构成元素。无论从心理学还是社会学的角度来讲，方形和三角形有男性气质的倾向。

从美学和心理学的角度来讲，一般方形、矩形给人以鲜明、直率、稳定、挺拔的形式美感，而圆形、椭圆形则有完整、圆满、中庸的形式美感，折线让人感觉生硬、机械、扭曲，弧面和曲面则令人感觉柔和、流畅、轻盈、动态和富有韵律。曲（圆是曲的特殊形式）与直和方相对，属于自然形态，方形象征着理性、秩序和确定，而曲则象征感性的、有机的、人性化的、不确定的和自由的。与方形、三角形或不规则形相比，圆形（包括弧面、曲面和椭圆形）以它独特的圆润和饱满的形态能赋予空间优雅、亲近、柔软、和谐等审美特点，给以直线和方形为主的建筑空间添加了不少动感和柔和的气息，传达出一种温暖、亲切、活泼、轻松、丰富的空间气氛，使空间更具女性的特点。与男性相比，女性情感更加细腻、注重知觉的体验，圆形的空间形态能与女性自身特点和心理诉求产生相似性，可以唤起人们本能的性别意识，更能使女性与空间产生情感共鸣。而且，自古以来中国就有着男方女圆的说法，圆代表圆满、流畅且极具包容性，人类长期的审美心理和文化习惯表明，圆形属于曲线魅力的形变，代表着丰润、亲切与可爱，与方形和三角形相比，圆形是女人味的、富有女性气息的。

在建筑史上，建筑设计和建筑话语一直显示着男性气质，室内平面多为中轴对称的长方形或方形，来象征等级、尊严、秩序和理性等男权社会的意识形态。而洛可可时期上层女性较多地参与到室内装饰领域，正是上层女性的审美情趣左右着洛可可的艺术氛围，室内空间基本没有直角，所有的空间形态都被柔和的、带有圆形特征的曲线和曲面充斥，墙面和天花以弧面相连，室内平面多是圆的、椭圆的或圆角多边形等柔和的空间格局，加上洛可可繁复的自然主义装饰和娇艳的颜色，扑面而来的女性气息，相对于庄严的传统和古典主义建筑，它转向自然和生活化，一些洛可可风格的卧室和客厅非常亲切温馨，也在一定程度上反映出圆形的性别倾向。

方形与圆形不同的性别倾向在其他设计领域更为明显。例如，在包装设计中，男性用品的包装通常坚固而结实，外观硬朗，用坚固、明显、利落的直线或折线构成的有棱有角的方形或菱形来体现刚劲、充满气魄的男性气质，吸引目标受众。而女性化的包装通常柔和而精美，以装饰性强的流线形、柔软圆形等流畅柔和的造型来凸显女性气质，方形与圆形的性别倾向在香水包装的设计中尤为明显。

（三）几何形态的理性与有机形态的感性

自然形态是存在于客观世界中非人为的各种形态，如高山、溪流等，有机形态是自然形态的一部分，指可以再生的、有生长机能的形态，不断运动与变化使其自身的形态生机勃勃，给人舒畅、和谐、自然的感觉；几何形态是由基本的点、线、面等几何元素构成的几何形物体，具有一定的规则性与封闭性，如立方体、长方体、圆柱体、球体等。几何形态是人类有意识地对客观物象抽象化、符号化的产物，构造整齐、线条明快、外形简洁。几何形态在设计中的运用是设计由传统走向现代的标志。

“生态女性主义”的兴起，使女性与自然之间有了必然的联系，它认为女性相对于男性无论生理及心理都更柔和、委婉，更加遵循自然的发展规律及原则，更倾向于自然，而男性自然征服者的角色是与自然相背离的。同时，在西方传统文化中，男女有着明显社会分工，女人负责哺育孩子和照顾家庭，与自然契合，所以将女性喻为自然，而男人负责征服和改造世界，因此将男性比作科学文化。如果有机形态是大自然创造的秩序，相对的几何形态可以看作人造的（科学文化）秩序。在自然界中几何形态是很少见的，它来自理性科学世界的规律总结，从传统观念来看几何形态有着男性气质的倾向，而女性则更倾向于自然。

西方 19 世纪末、20 世纪初一次影响相当广泛的“新艺术”运动（图 16-2），几乎涉及整个设计领域，该运动强调自然主义，提倡设计与自然相融合，放弃了对传统装饰的坚持，不论是吉马德为巴黎地下铁道系统设计的地铁入口，还是维克多·霍塔的室内设计以及高迪那充满自然主义装饰理念的建筑，都体现了他们对感性视觉审美的追求，主张回到自然。设计注重在作品中采用植物纹样等有机形态，注重

图 16-2　“新艺术”运动的代表作品

抽象地模仿动植物蜿蜒交织的线条和流动的形态，完全是对中规中矩、到处充满直线的、男性阳刚气质的设计风格的挑战，对新的艺术形式的尝试和探索。新艺术运动中大量采用植物、花卉、昆虫等自然元素为装饰素材，流畅的线形花纹和抽象的有机形态呈现出装饰性强、富有动感韵律、细腻而优雅的审美情趣，在设计史上常常被称为“女性风格”。

然而进入 20 世纪以后，工业机器时代的到来及大众审美趣味的变化，设计朝着简洁化、抽象化的方向发展，立体主义、构成主义、风格派以及理性主义等现代设计运动交替上演，但在造型特征和艺术语言上有着惊人的一致性，即抽象化与几何化的倾向，追求几何形体的形式美感，抛弃感性认识和视觉经验，强调理性的思维和观念。而类似包豪斯、乌尔姆之类的设计，虽然号称一切设计均是出于结构和功能的理性分析，但其本质仍是以单纯的几何形态作为造型语言，使消费者产生高度理性的情感体验。在对所谓“现代性”的追求中，在冰冷的机器美学的引导下，设计中一直以理性功能主义和结构的简约有序为审美中心，因此我们可以说以几何形态为主要造型语言的整个现代主义时期具有男性气质，与“女性气质”的感性设计完全分道扬镳。

例如，伴随现代主义设计运动发展而产生的几何形态家具，这些著名的椅子没有任何具象的繁琐装饰，只是运用规整的几何形态和结构语言来表达风格，传递时代精神，一般坐起来是不舒服的。而 20 世纪 50 ～ 60 年代有机理论延伸到家具设计领域，有机家具的概念是家具如同有机物的自然生长态势一样充满活力，脱离人工制造的影子，例如小萨里宁设计的郁金香系列家具就是有机设计的典型范例，再比如丹麦设计师雅各布森设计以自然界中“蛋”这个有机形态为灵感创作的蛋形椅，而深受理性主义理念影响的著名设计师阿尔比尼的雏菊椅也开始追寻有机生命的动态感，有机家具设计是对现代主义的修正、补充和发展，是对包豪斯风格的柔化。

同样地，在现代家居设计中，男性化的空间常常用直线、抽象简洁的几何形态为形式要素来进行设计，以体现男性理性、硬朗、阳刚的气质。女性化的室内空间中常常运用丰富的有机形态图案作为装饰纹样，例如以植物、花卉等自然素材为元素的装饰图案等，与理性的、规律的几何图形相比，错综复杂、充满动感韵律的自然有机形态的造型语言更符合感性的女性气质。花形是女性化风格的空间中重要的造型元素，以鲜花或花瓣为造型或装饰图案的空间界面或家具、饰品无不散发着迷人的女性气息。

二、空间色彩要素的性别特征

在室内设计中，色彩依附于界面、材质、家具等空间实体要素，是人们对空间的最直接印象，然后才是空间的造型、风格、功能等，色彩作为空间环境中最活力的因素在室内设计中占有重要地位。色彩具有丰富且强大的表现力，通过对视觉的刺激不仅使人们产生类似物理效应的感受，还作用于人们的心理和情感从而形成丰富的联想、想象和象征等心理效应，强化着人们对空间环境的感知。

（一）色彩的性别属性

色彩作为一种视觉符号，可以承载一定的知识结构和文化信息，并且通过色相、明度和饱和度三种色彩属性的描述，能依照人类的意图赋予其特定的抽象或象征意义，而受众依据自身的文化背景和生活经历可以予以解释，因此不同的色彩就有了相应的性格特征，即情感特征。色彩的情感特征与色彩自身因素、人们的生活经历有关，又受到人与环境关系的影响。色彩本身给人的心理感受是不同的，但是它性格的产生及所代表的意义还受到社会及文化发展背景的影响，并非绝对性的概念。例如，黄色在我国古代是帝王的专用色，象征高贵、皇权，而在伊斯兰教国家则是死亡的象征。在人类社会的发展中色彩不断被赋予新的象征意义，设计师可以根据色彩的这种特性反映出受众的心理需求和自身形象定位。

民族、地域、经验、年龄、性别、文化程度、生活环境等不同造成的差异，关系着人们对色彩的视觉经验从而引发的联想、记忆等心理效应，影响着人们对色彩象征意义的认知。但是人们对色彩性格的认知，总体上是相似的。例如，妈妈更喜欢给女儿买粉色衣服和芭比娃娃，而更倾向给儿子买蓝色衣服和汽车模型，大多数父母通过取名、孩子的穿着以及不同的教育和培养方式给他们的孩子规范了一个社会性别化了的世界。这种针对男女性别所做的色彩区别设计，反映了社会对男、女不同的性别期望，是社会对两性特质的最早要求，直接体现了社会所赋予的色彩的性别属性。色彩本身并不具有性别倾向和情感特征，由于人的社会活动与色彩发生联系，人们的心理活动加之社会文化的建构使色彩具有了象征及情感意义，色彩也被赋予了相应的性别特征。

（二）设计强化色彩的性别关联

据最新研究显示，性别的不同对人们的色彩好恶存在影响，男性与女性在色彩偏好上有着明显的差异，粉色是男性与女性偏好差异最明显的一种色彩，男性喜爱的色彩色调相对比较集中、大致相仿，女性则较为分散、因人而异。但各类研究均表明女性相对男性而言对色彩的喜好有以下特点：（1）对色彩更敏感；（2）更偏向纯度、亮度比较高的色彩；（3）更倾向暖色系色彩；（4）多种色彩的组合更受女性喜欢；（5）色彩的流行趋势更容易改变女性对色彩的偏好。相对于男性，女性的性格更加感性，女性比男性对色彩的感觉更为敏感，色彩对女性情感的诱发要比男性明显，女性跟色彩的关系比男性更为紧密。

男女在色彩偏好上的明显差异，一方面是由于两性生理、心理的不同，女性色盲比男性色盲的比例低得多，且两性对颜色的感知也有所不同，女性天生就具备对色彩更高的敏感度，可以更好地区分色彩并感知色彩情感。另一方面，个体的色彩偏好可能反映着一个人的性格、心情及境况，而不同性别群体的色彩偏好差异反映的实际是他们对自身群体特征的认同感，色彩的文化意义作用于人们的心理，建构着不同性别群体的自我意识。例如，如果男性使用粉色手机，由于违背了自身所属男性群体对色彩的性别意识，会被认为没有男子气概，而女性选用黑色或深蓝色手机往往给人过于理性、缺乏女性气息的感觉，因此，女性在选择手机时多偏向白色或较柔和的彩色系。

不同性别的色彩偏好是社会文化的反映，对色彩意义的认同也是对所处社会环境的认同。男性在选择色彩时，较为偏向深色的或冷色调的，女性则更偏向浅色的或暖色调的。简单的色彩搭配更受男性喜爱，而女性则偏好色彩缤纷。这与社会文化环境对男女两性气质的定位是分不开的，大环境下约定俗成的性别文化使大部分人对色彩的联想与感知存在着极大的相似性。男女两性在逐渐认识各自的性别特征包括生理的、心理的、文化的等，主动把自己归于相应性别群体后，会有意识地使自己的各种行为合乎相应的性别特点。这就导致了不同性别群体的色彩偏好。

不难发现，我们的移情能力会使我们对某件产品或某个空间产生男性化、女性化或中性化的感受，这样的感觉是我们依据自身审美经验，从线条、色彩、质感肌理、结构、体量等设计语言要素判断而来。这种现象在某些专为不同性别消费者的设计上更为突出，设计师往往会根据设计对象的审美偏好和性别特征来进行设计。毫无疑问，针对不同性别产品的色彩设计会有所差异，这与不同性别对色彩的喜好有关，也与不同性别群体的心理及行为特征有关，更与色彩的社会文化意义有关，而设计师则强化了色彩的性别关联，强化了色彩的性别象征意义。

（三）色彩的性别气质

下面依据社会性别文化所定义的典型两性特征，结合色彩的象征意义来分析不同色彩的性别气质：

蓝色：蓝色是色彩中给人感觉最冷的，给人最直接的联想就是海洋和天空，并且具有平静、理智、沉着、冷酷、准确的意象。由于社会性别文化所定义的男性是坚强的、沉稳的、理性的等，在专门针对男性群体的设计中，多用蓝色来体现冷静、理智的男性形象，强化了男性与蓝色的性别关联，蓝色变成了男性的象征。因此，在现代主义语境下的象征意义里，蓝色是具有男性气质倾向的色彩。

红色：通过对男女色彩偏好的调查我们可以看出，红色受到男女两性的同等青睐并没有明显的性别倾向。在历史上，红色是男性化的一种色彩，用来象征男性的活跃、力量和进攻性。在中国古代，男性官服的裤子就是大红色的，象征地位和身份，即所谓的“红男绿女”，红色是属于男性的色彩。在英国和美国，常用“Roy”为男孩儿取名意思就是“红色的”。但是，现代社会中，无论红色在设计中的具体应用还是红色所具有的各种象征意义，红色均不具有明显的男性倾向，反而来源于红色的玫红色、粉红色被视为女性化的色彩。可见，红色具有两性的特质，不同的明度和饱和度决定了红色的性别气质倾向。

粉红色：粉红色是男性与女性偏好差异最明显的一种色彩，粉色是甜蜜的专用色，是目前社会语境中最具“女性气质”的颜色，很多设计都用它来代表女性。例如“一切从粉红开始”，以粉红丝带为标志的全球性乳腺癌防治运动，是女性与粉红的又一次完美结合。粉色系象征着甜美、温柔、纯真、浪漫、诱惑和幻想，具有浓浓的少女情怀，是可爱的代表色，具有典型女性的气质，作为稚气与魅力的矛盾综合体在所有女性空间中使用最为频繁。近年来流行的粉紫色、粉蓝色、粉绿色等带有透明和糖果感觉的、甜甜蜜蜜的色彩具有明显的女性倾向。

紫色：融合了温暖红色和冷静蓝色的紫色，使之具有含蓄、深沉、靓丽、高雅等特性，给人以优雅神秘、高贵庄重的感觉，是浪漫的代表色，同样是具有典型女性气质的色彩。相比于具有浓烈少女情怀的粉色系更为稳重，更具质感，更具成熟女性的魅力，更多地体现女性妩媚、知性、坚强的一面。这个色系姿态优雅，富有神秘气息，配以幽暗的灯光效果，能营造出更具女人味的空间环境。

白色与黑色：白色明亮、干净，比任何色彩都纯洁、朴素，但缺乏强烈的个性，在很多国家白色被认为是无色的、没有力量的，是有女性气质的颜色，代表轻声、温和及和平。色彩时尚随着社会发展而变迁，法国革命后，资产阶级一反洛可可时期的奢侈、矫揉造作，追求自由、回归自然，那个时期几乎整个欧洲的女性都穿上了神圣、简洁的白色，成为世界性的时尚，甚至出现了认为五光十色的东西是粗俗品位的象征等极端想法，伴随着白色时尚出现了白色新娘礼服延续至今。相比于白色的单纯、干净、轻盈、神圣、清透温柔，黑色给人以沉稳、富有力量、坚固、冷静的情感体验，在诸多设计领域，都用黑色和其他色彩搭配来塑造低调沉稳的男性形象，与白色相比，黑色具有明显的男性气质倾向，而设计中白色的各种变色例如米白、乳白、象牙白等则比纯白色更清透温柔。

同时，在色彩的感觉中，还可以分出柔软和坚硬的种类，会给人不同的情感体验，呈现出相应的性别特点。色彩的明度和饱和度决定了色彩柔软还是强硬的感觉：低明度的深色调有强硬感，高明度的浅色调有柔软感，色彩的饱和度增加时更加强硬，反之则更加柔软；饱和度适中的色彩与白色搭配有柔软的感觉，高饱和度和低饱和度的色彩与黑色搭配则有强硬的感觉。室内空间的色彩规划中柔软的配色更加符合女性的情感体验，而男性化的空间适合采用强硬一些的配色，展现男性特质，引发情感共鸣。

同样地，不同色相、明度和饱和度的色彩相互搭配会呈现出不同的性别气质。通常来说，男性的色彩通常表现出冷静、理智、沉稳、硬朗、阳刚等男性特征，具有男性气质的色彩搭配为以蓝色为中心的冷色系或以黑色、灰色等无彩色为主体构成，以暗色调和深色调为主体现厚重感，明度、纯度较低，采用强对比突出男性的力量感。而女性的色彩通常表现出柔美、温顺、优雅、明亮等女性特征，具有女性气质的色彩搭配为以红色、粉色为中心的暖色色相为主体构成，以淡色调和浅色调为主体，尤其紫色最为体现女性魅力，代表女性的配色常偏粉，色彩明亮、纯度高，同时色调对比弱、反差小，传达出柔和的女性形象。

通过以上分析我们了解到，粉紫色是具有女性倾向的色彩，而黑灰色则具有低调沉稳的男性气质，即使在同一室内空间中，也可以用色彩来传递不同的空间氛围，赋予空间以相应的性别气质。与男性相比，女性对色彩的感觉更加敏感，色彩对女性的情感诱发比男性明显，因此女性化的室内设计偏向于色彩比较亮丽柔和及感性的色彩。由于女性柔和、优雅的情感特质，色彩搭配上采用较弱对比，柔软舒适的配色更能赢得女性的青睐。

三、空间中材质的性别印象

室内空间环境中所使用的材料种类繁多，各具质感。所谓质感，就是材料的质地、肌理、色彩、光泽等物理属性作用于人的视觉和触觉系统所产生的感觉特性，即材料的软硬、冷暖、粗糙或光滑、轻重等特质，而材质可以看作是材料和质感的综合。在构成室内空间环境的视觉要素中形式和色彩都依附于材质而存在，材料的质地、肌理等给人以触觉质感和视觉质感的双重刺激，比单纯的视觉形象更胜一筹。材质作为传递空间信息的特定媒介，其本身隐含着与人们心理相对应的情感讯息，而不同的材质给人不同的心理感受，这也给性别上存在差异的空间使用者带来不同程度的情感倾向。

不同的材质通常会给人不同的美感特性和心理感受，这些材质所呈现出的感觉特性，除了材质本身的物理特性以外，人们在日常生活中所累积的经验也影响着对材质的印象或感觉，因此，人们对材质的心理感受大都比较一致，具有相对稳定性。在室内空间环境设计中，拥有不同感觉特性的材料和肌理的组合会向人们传达着相应的性别讯息或情感体验。人们在与材料接触时，材质本身的质感、柔软度同时对人们的生理及心理产生影响，并引发与其生活经验相关的感受与联想，受到人们所处的社会文化背景的影响。

金属的性别印象：在室内设计中，金属材料中常用的是钢铁铝等，给人以冷漠、强硬的距离感，而金属材料中的不锈钢在室内中最为常见，经过细致处理，表面光滑的不锈钢带给人们精密、理智和卓越科技的情感体验，是理性美的代表。这些都与社会文化所定义的男性特征的语义很像，表面粗糙、颜色较深的金属原色与男性气质联想度更高。

木材的性别印象：由于其来源于大自然并经常出现在人们的生活休闲区域，使之散发出亲切、温暖的气息，同时木材充满节奏感和韵律感，自然优美的纹理，温润的触感，朴实却蕴含丰富的细节，带着犹如女性般的感性，柔和使人产生心灵共鸣。而竹子、藤蔓本身轻巧柔软，给人清灵雅秀、活泼生动的心理感受，加之它们均来自自然且材质温良，特别具有亲和感，与木材有异曲同工之妙。

玻璃的性别印象：一般玻璃的触感凉如冰块，而其透明、易碎的材质特性，使人联想到脆弱、轻薄的女性之美；玻璃因其透明的特性可以映射出环境中的其他物体，不同的光线能够使玻璃折射或反射出或是通体透亮、光影流动，或是变幻莫测、迷离神秘的视觉效果，经常给人以动态、轻盈、妩媚的女性美体验。

布艺织物的性别印象：布艺是女性化的装饰风格中最具代表性且运用最多的材料，甚至可以说是女性气质的物化，其柔和的质感及丰富的颜色、图案，弥补了现代室内空间设计中大量硬性材料的使用所带来的冷漠感。布艺不但在功能上满足女性的生理需求，而且还是传递空间情感的媒介，体现着人性的物化和物的人性化，色彩图案丰富、质感柔和的窗帘、纱幔和床上用品、布艺沙发等，无不体现着女性柔情温馨的感性情感特质（图 16-3）。

图 16-3　布艺织物

塑料的性别印象：塑料导热性差、受力受热易变形，作为一种质地轻盈、肌理多变、可塑性强的合成材料，性别色彩并不浓。但是它有着独特的自身优点且极富表现力。从几何形到流线形、从具象到抽象，塑造形体十分容易，表面的肌理处理自由度同样很高。它可以轻松地塑造出圆润流畅的线条、起伏自如的自由曲面，不仅能表现细腻光滑的质感还能表现半透明的晶莹剔透质感，可以和女性产生很好的互动。

陶瓷的性别印象：陶瓷材料可分为陶与瓷，两者材质有很大不同，这里将分别进行分析。与瓷相比，陶的质地相对松散颗粒也较粗，常给人古朴、厚重之感，有男性的敦实安全感。与陶相比，瓷的质地细密、釉色丰富，和陶的朴实正好相反，给人的感觉多是高雅精致、洁白细腻，这些感觉则容易与女性的某些特质联系在一起。

一般情况下，质地粗糙的、坚硬的、厚重的、冰冷的材料如金属、石材、混凝土等给人以男性性格的印象，一位男性设计师为自己设计的工业风住宅，裸露的砖墙和混凝土贯穿整个空间，男性魅力四溢流淌。而质地细腻的、柔软的、轻盈的、暖的、光滑的、有光泽的材料如本色木质、竹藤、布艺、玻璃、镜面等则给人以女性性格的印象，在美莱美容机构的空间材质上选用触感温润的本色木质、细腻光滑的陶瓷及镜面、柔软的皮质软包，呈现出鲜明的女性气质倾向。但是，表面状态相同的材质给人的感受也不尽相同。例如，表面粗糙的毛石和长毛织物，前者坚硬、厚重，后者触感柔软、亲切温暖；表面光滑、细腻的丝绸和金属，也存在着一软一硬、一轻一重的感觉差异。在当今社会，由于先进的表面加工技术能使同种材料呈现出不同的质感，因此，一种材料常常会因为材质特性、表面处理等而给人不同的性别印象。

材质各自的物理特性会体现出不同的性别意象，但作为整体效果的视觉呈现，还需要结合色彩及造型来表现。以金属为例，冷硬的质感给人利落、刚毅的男性性格的感觉，但配以曲线的造型和柔和的色彩却能体现出独特的女性风情。独特的造型、色彩加上适合的材质能传达更为丰富的情感，激发更多联想。

由于两性的生理、心理、审美等差异，相对男性而言，在材质的选择上，更偏向令她们感觉温暖舒适的、天然有亲和力的材质，例如拥有优美自然纹理、触感温润的实木材料及温馨的布艺织物等。女性的细腻敏感使她们更加关注与材料接触时的触觉感受，更偏爱柔软、光滑、光洁等感觉，厌恶坚硬、冷漠、厚重等感觉，所以柔和的、细腻的、光洁的材质更能满足女性的心理需求。设计者应关注不同性别的使用者对材质的心理需求，了解不同性别的人们对材质的体验感受，注重从情感的角度出发做出合适的选择。

人们对空间性别的感知是基于自身的审美经验和文化背景，并且对性别视角下的空间设计语言的研究是建立在男性与女性相比较的基础上的。其实，空间中形式要素、色彩及材质并没有绝对的性别属性和性别界限，都是相对而言，并且空间性别气质的表达还依赖形、色、质的搭配及组合作为整体效果来呈现。

第三节 具有性别倾向的空间情境设定

戏剧艺术与室内设计虽然在设计本意和表现方法上有所不同，但两者都是将抽象的文本以某种形式进行视觉化的表现，来传递某种信息或文化意义。本节主要借鉴戏剧情境的表达方法，如同向空间中的人们讲述一个关于女性的故事般来进行女性倾向的空间情境塑造，从情感和心理的角度来组织女性化的设计元素，将女性文化进行物化，赋予女性空间以情感和文化意义，而不是一味曲线、粉红等视觉刺激来塑造女性空间。

一、戏剧艺术与室内设计

戏剧是由演员扮演角色将某个故事或情境以语言、动作、舞蹈等形式表现出来的综合性舞台表演艺术，“情境”是戏剧用来表达主题的情节和境况，戏剧情境缔造着戏剧冲突和推动着故事情节的发展，是观众与剧中人物发生情感共鸣的媒介，是戏剧作品的基础。戏剧艺术通过充满想象力的舞台空间塑造、氛围渲染来生动地再现故事发生的虚拟场景，将抽象的文学剧本转变为一种可视、可感的现实情境，带给人情感触动和审美体验，它传达着社会生活及文化历史内涵。室内空间设计不仅包含着空间物理环境设计、工程技术、结构与材料等物质要素，还需要创建满足人们精神方面需求的空间审美、空间情感及空间文化性等心理体验。戏剧舞台设计艺术将情感与社会生活体验进行浓缩来塑造舞台环境，表达戏剧情境的艺术性与文化性，这是室内空间设计塑造空间情感和意境所追求的。戏剧艺术和室内空间环境设计在空间塑造、灯光色彩及符号的运用上具有众多共通性的方法和原则，对于戏剧而言是推动剧情发展与表达主题的作用，对室内空间而言则是设计理念与设计风格的具体表达方式，戏剧情境塑造的艺术性与独特审美特征对室内空间情境的塑造有很大的借鉴意义。

戏剧作品的艺术感染力和舞台效果取决于良好的戏剧情境的营造。舞台设计艺术交织着戏剧情境的时间、空间、意义及观众的情感体验，通过对舞台空间的情感和艺术处理，即舞台的场景设计及氛围营造，再现剧本中虚拟的故事情景，生动地再现戏剧情境。舞台空间设计是舞台设计艺术的主体，是故事情境发生的场所，是人们感知体验戏剧情境的依据。舞台空间的塑造与戏剧情境的塑造是一个统一及有机联系的整体，充满想象力和可塑性。一方面，通过借助道具、场景、多媒体和灯光等依据剧情发展需要以某种形式进行组织，利用现实场景再现虚拟事件的时空，这个时空是可以被观众所感知的现实空间环境；另一方面，符号化的舞台语言和演员戏剧化的表演，则塑造着舞台现实空间环境以外的想象空间。通过舞台空间塑造来将戏剧情境进行再现和艺术处理，组织和推动故事情节的发展，给戏剧演出注入新的活力并使剧情更加细腻丰富，实现现实场景与戏剧虚拟情境的融合，为观众带来视觉和心理的双重冲击和享受，促使观众融入到剧情中去，强化舞台表演艺术与人们情感世界的交流和共鸣。舞台设计艺术中最具感染力和影响力的是舞台气氛的营造。作为吸引观众的最有力武器，舞台气氛的营造是戏剧表演艺术中很重要的一项创作任务，通过对舞台气氛的渲染，赋予舞台场景以某种情绪色彩，强化观众的情感体验和情境感知，突出戏剧情境的张力和感染力，从而塑造鲜明的人物形象并有力地烘托主题思想。渲染舞台气氛的主要方式有：对具有典型符号意义及象征性的道具、场景的艺术加工；光影环境的塑造。烘托环境气氛推动戏剧情节发展的配乐。

同时，舞台设计艺术创造的戏剧空间充满着符号，有场景、音乐、灯光、道具的，有演员妆容、服装、身姿的，观众通过对这些符号信息的解读体验着戏剧情境。符号这种简化的形式非常适合传递某种空间信息，具有强烈的艺术效果。构成戏剧情境的符号系统可以分为两大类：一类是具体的图形性符号，例如人物符号、布景符号等；另一类是具有隐喻和象征意义的符号，例如灯光、音乐、色彩符号等。符号的运用在表达某一特定情境上具有非常重要的意义和作用，是用来组织舞台空间和营造气氛的元素，向观众传达信息的同时促进情感交流，可以升华剧情并有力地渲染故事气氛，增强舞台设计艺术的表现力和感染力，符号化深刻体现了戏剧情境独特的审美特征。以人物符号和色彩符号为例，在戏剧舞台表演艺术中，具有不同身份地位、职业、性格气质、品德的某一类人都被抽象成一种符号，主要通过面部妆容和戏剧服饰来区分。面部妆容代表着人物的性格气质、品德等方面，而人物的身份、地位、职业则以戏剧服饰来表现。例如，京剧中主要依靠脸谱来确定角色的身份及性格气质，赋予脸谱以象征性的意义，观众通过对戏剧脸谱的解读从而了解这个人物的性格特点及身份地位，脸谱成为某些文化含义与艺术信息的载体为演员与观众共同享有。在戏剧舞台上，利用色彩符号的象征和隐喻功能，通过对比、反差等方式可以很好地渲染故事情境的某种气氛或表达某种情感。例如：戏剧脸谱上勾绘的不同的色彩代表着每个人物的性格，黑色代表正直、无私，红色代表忠勇，白脸代表奸诈，粉红脸象征年迈等；以暖色调和活泼的色彩渲染某个情境的喜剧色彩，以低明度、低饱和度的冷色调来烘托悲伤情绪；还可以利用色彩来区分现实和梦境，用黑白隐喻现实，用丰富多彩来象征梦境。

良好的戏剧情境的表达需要舞台布景、灯光渲染及人物造型等方面的和谐与统一，而故事的完整性和生动性则取决于戏剧文本即剧本的创作，取决于剧本对生活题材及主题的提炼。主题是戏剧所要表达的内涵和中心思想，是戏剧情境的灵魂，是剧本创作和构思的出发点。我们生活在情景交融的环境中，各种生活原型和社会现象是艺术创作的灵感和源泉，如果照搬到舞台之上，戏剧就失去了感染力和艺术美感，戏剧更重视对外在社会现象本质意蕴的揭示。戏剧源于生活却高于生活，是对生活原型和社会现象的提炼与浓缩，是运用戏剧艺术语言重新进行的诠释。而且，良好的戏剧编排可以推动剧情发展，赋予戏剧情境以张力和表现力。由于戏剧在舞台演出时间、空间及观众等诸多因素的限制，故事情节、矛盾冲突需要在高度集中的场景中展开，才能使戏剧情境扣人心弦，剧本的编排就显得尤为重要。作家通过对生活素材的艺术处理和加工，对矛盾冲突、故事情节进行夸张和渲染，使时间、人物、事件高度集中，富有表现张力的情节使戏剧情境更加生动更加耐人寻味。一个完整的故事有前奏、发展、高潮和结尾四个阶段，依据戏剧所要表达的主题思想，对情节主次的编排、场次布局的序列安排，生动再现整个故事的发展脉络，使故事内容更加饱满，达到丰富的戏剧效果。

戏剧情境的良好表达和塑造主要通过舞台设计艺术和剧本创作来实现，舞台设计艺术使戏剧情境的表达充满吸引力、感染力和艺术性；而剧本的创作则建构了戏剧情境，赋予其以主题思想的深化、情节的张力及故事的完整性和丰富性，使其不只是虚拟事件时空的现实场景再现，反映着故事蕴含的社会历史文脉。其对室内设计的借鉴意义主要体现在：首先，在舞台空间塑造上，借助道具、灯光等不仅再现了可以被观众感知的故事发生的现实场景，还通过利用具有典型符号意义及象征性的道具，配以光影环境的塑造、推动戏剧情节发展的配乐赋予舞台场景以情绪色彩，艺术性地塑造和再现故事情境，塑造着舞台之外的想象空间。强化观众的情感体验和情境感知。舞台空间的塑造及氛围渲染的方法，对空间情境的生成提供了参考。其次，戏剧符号具有丰富的艺术表现力和特定的文化内涵，其在塑造舞台空间和渲染气氛时的大量运用，很大程度上决定着戏剧情境的吸引力和感染力。我们可以运用符号化的设计语言来塑造空间环境，戏剧符号运用的艺术性和方法原理为室内空间设计提供了实践性的理论支持，对如何加强空间的情感体验和营造特定的空间情境方面有很重要的借鉴意义。再次，戏剧创作对生活主题的凝炼和情节编排上的艺术处理给增加室内空间的艺术性有很大启示图（图 16-4），两位女性设计师考虑到酒店位于柏林动物园附近，因此突发奇想，把“动物园搬进来”，在餐厅你可以看到一只相当生动有趣的超大的“斑马”，与大厅中的柱子彼此呼应，再融合时髦风格，为酒店塑造了一个新奇和充满幻想的空间场景。

图 16-4　两位女设计师对场景戏剧性的表现

对室内设计而言，对空间主题的塑造和把握可以展现设计师的设计理念，并赋予空间超越物质以外的精神和文化内涵，室内空间设计还可以借鉴戏剧情节的编排方式来组织空间，强化人们对空间情境的感知。戏剧艺术对室内设计最大的启示就是将人、故事、情感融于一体，在室内空间塑造上要关注人们对空间的情感诉求和精神体验，空间氛围营造不止是为了空间功能性的目的和设计师的自我表达。我们应该借鉴舞台表演艺术的设计思路，把握空间使用者的情感和心理，建构一种人与空间进行情感交流的方式，使人与空间成为和谐统一、充满生命力和文化内涵的有机体。

二、空间情境的构成要素

室内空间环境是物质的，同时也是社会性的，它引导和控制着人们的行为和心理，又在一定程度上体现着人们的意图、态度和情感因素。室内空间是人们从自然界划分出来，根据其所处的地理及社会文化环境，基于一定的设计理念和物质技术手段，赋予其特定功能的人造环境。因此，情境空间可以理解为物质环境和精神环境相融合的特定场所，它将人内心世界与客观的物理环境有机地联系起来，通过隐含于空间中的情感与氛围，使人们对空间本身产生认同感和归属感，并参与到空间的活动中去来完成整体情境的塑造。它是空间限定下的一种人类感受，受到外界物理环境、人文环境及使用者自身生理和心理因素的影响。

任何类型的室内空间情境均由若干情境要素组成，包括：使用者；使用或活动方式；空间实体形态及构成要素；文化区位。以上四个方面是室内空间情境的基本构成要素。使用者包含个体或群体使用者的素质和特征属性，由于民族、宗教信仰、性别差异及个人教育程度、社会经历、人格特征的不同，对情境的感知会有所差别，赋予情境一定的主观意义；使用或活动方式即空间的服务对象使用空间的方式，构成了某种功能空间或某种空间类型的情境，例如休闲情境、购物情境等；空间实体形态及构成要素即空间的物质环境，作为构成情境的客观层面，设计者可以直接操作和控制；文化区位指空间所处地域的人们的意识形态和价值观念体系，包括人们的生活方式、审美情趣、文学艺术等。特定的文化因素支撑着空间中的情境，空间情境设计所追求的正是某种文化感受与体验。

空间中的形态、色彩、材质、光影、陈设等作为构成空间情境的实体要素，可以由设计师直接操作和控制，在很大程度上决定了空间的情境氛围。空间中的形态要素是构成室内环境的基本部分，空间中的所有物体都得通过某种形式来表现，给人以直观的视觉和心理感受。空间的形式要素往往被赋予某种功能，功能又反过来成全了造型艺术，使之具有某种情感暗示，是设计师展现人文思想和塑造空间情境的基础手段。构成空间形式的基础的点、线、面有着不同的性格和内涵，具有符号与图形的属性，点、线、面通过尺度、比例、韵律及层次关系等的组织及规划，赋予空间造型艺术以超凡的精神及审美情感。设计者通过这种方式创造出“有意味的形式”，将空间的情感和意义转换成可感知的视觉环境，吸引人们去参与体验。

而当人们进入某个空间时，视觉要素中色彩是最先被感知的。色彩不仅具有冷暖感、软硬感、轻重感、华丽朴素等心理效应，还具有一定的联想和象征意义，色彩的象征性更能明确地传递空间属性和内涵，例如粉红色的特性象征甜美、纯真，充满着含蓄、柔情、羞涩的少女情怀，是最能代表女性的色彩。而且，不同色彩的搭配可以烘托不同的空间情感氛围，相对于空间的其他构成要素，色彩更加直观鲜明并富有表现力，对空间视觉效果的影响极为强烈，在空间情感的表达上占有很大优势，对人的生理和心理感受有明显的影响，烘托室内空间的氛围与主题，强化人们对空间情境的感知。

室内空间设计中所使用材料的质地，和空间中的物体的色彩、形态一样能够传递信息，给人以视觉和触觉的双重感受，比单纯的视觉形象更胜一筹。不同的材料因自身结构、肌理、光泽等特性给人不同的心理感受，如冷暖、软硬、粗糙或细腻、厚重或轻盈。例如石材、金属、玻璃使人感觉坚硬寒冷，而布艺纺织品则使人感觉柔软、温暖，透明的材料给人以轻盈感，不透明的材料则给人厚重感和私密感。天然材料常给人朴实、自然的感觉，可以营造亲切自然的空间氛围，表面光滑细腻具有机械加工美感的人工材料，则可以营造出充满理性和现代气息的室内空间效果。不同材料交错的搭配赋予空间以视觉张力，给人多重的感知体验和感官想象，丰富着空间层次和人们的情感反应。

光影不仅可以塑造空间感，室内空间中形态、色彩及材质肌理的感知也脱离不了光线的影响，恰到好处的光环境具有充实空间、渲染气氛、调节情绪的作用，直接影响着空间设计的艺术效果。不同亮度和色度的光线在塑造空间的氛围中占有重要地位，最能影响人们的情绪。例如，亮度较强的光照可以使空间简洁明快，富有现代感，较弱的光线可以营造亲切的空间氛围；暖色调的光照可以使人感觉温暖、愉悦，使空间柔和温馨，冷色光则给人冷静、平和之感。运用光影渲染空间气氛的成功案例，如安藤忠雄设计的光之教堂，光透过十字形分割的墙壁形成了独特的光影效果，呈现出一个巨大的光铸成的十字架，仿佛使人们置身于神秘、充满希望的天主世界。光影的艺术效果是用一般造型手法无法代替的，它增强了室内空间的艺术感染力。不同的光环境会引起人们不同的心理反应，达到一种物质形态直接进入情感形态的直接超越。

室内陈设包括家具、灯具、绿化、地毯挂饰、布艺织物、装饰工艺品等，它们兼有一定的实用性和装饰性，通常位于空间中较为显著的位置，与人的距离更为接近，陈设物的质感、色彩和造型直接影响着空间使用者的生理和心理感受。在陈设布置上，有目的的、有计划的布置活动，对空间的组织利用、明确各个空间使用功能、识别空间性质、建立空间情调有很大的作用。室内陈设艺术具有很强的装饰效果，能够柔化空间，满足人们对空间情感和审美上的要求，是一个极富“人性化”的概念，它是最能表现空间意向、抒发某种文化内涵的载体，是营造室内空间氛围非常重要的手法。每一件陈设品都具有各自的意义和文化内涵，陈设品统一协调的综合运用，可以强化空间主题意境的表达，向人们传递空间的思想内涵和促进情感交流，在整个室内空间设计的氛围塑造中，起着画龙点睛的作用。

三、性别倾向空间情境设定方法

（一）有意味的空间主题

就像画家进行艺术创作一样，特定的空间情境需要借助生活中的题材和主题来营造。室内设计的主题象征着空间的精神气质，赋予空间超越功能之外的文化内涵，即场所精神。通过对创作题材的凝炼形成空间有意味的主题，赋予空间以灵魂，赋予空间以表现力和趣味性，使空间蕴含着某种情境的内涵与思想，使空间拥有了供使用者想象、体验和认知的可能性。在人们对空间情境的认知中，占据主导地位的是对空间主题的认知。因此，营造有性别倾向的空间情境，我们可以通过塑造有一定性别内涵的空间主题来展开体验的剧情。

空间中性别倾向的表达和女性情感的唤起需要与女性相关的题材和主题。情境题材来源广泛，例如现实中的女性生活事件和现象，以及历史、哲学、宗教、时尚、文学、艺术、电影中相关的女性文化等。有意味的主题是指积极的、有情感的、能赋予空间内容与活力的主题，在选择上要注意以下两点：主题的鲜明性，具有一定的诱惑力，诱导或调整使用者既有的空间体验以及对空间氛围和情境的认知，并与之产生情感共鸣；富有一定创意，具有一定的心理描绘即联想的可能性。

明确的空间主题使人产生强烈的归属感和场所感，主题不是虚无、抽象的概念，需要具体的承载形式。空间主题的完整性和鲜明性取决于空间形态、色彩、材质及陈设、装饰品等诸要素彼此的呼应及有张有弛的搭配与协调。塑造空间主题氛围时如果选择了某一元素作为主导，那么此时更需要有章法地、合理地配合运用其他因素，使空间艺术的“精神本质”、“题材”与“主题”的表现能顺利完成，使人们对空间的情境得以认知。基于一定的内容题材及空间主题来组织空间的各个要素，是建立在同一主题上的一种逻辑关系，人们可以通过联想、心理描绘等途径来体验感知空间的场所感，使空间不只是基于形态、色彩、材质等视觉形式上的呼应与连续的编排关系。形式吸引的是人们的视觉，而意境打动的是人们的心灵，因此在塑造主题时要讲究意象塑造，运用设计元素和设计符号的象征意义来表达空间的思想和感情，赋予空间以形神兼备的意象，激活人们参与体验空间的主动性。

这个案例选择了蕾丝花纹这一极具女性特色的服饰花纹为主题并进行抽象变形（图 16-5），尝试将二维的花纹图案延伸至三维空间之中，产生具有女性气质的柔性环境，提升美甲店的识别性和舒适性。花纹的位置和尺度都参考了内部空间之中人的视线关系。花纹将所有的墙面转变成半透明，跟随人的行走，不同的花纹相互叠加，多样的尺度和形状丰富着顾客们的环境感受。店面由黑褐色的热轧钢板封闭起来，仅留下一个透明的入口。当顾客从喧闹的商场走进店内，纯净、抽象的花纹空间能让人逐渐平静下来，明确的空间主题使人产生强烈的归属感和场所感，使顾客安心享受属于自己的美丽时光。

图 16-5 蕾丝图案为墙面的美甲店

（二）特定的主题道具

在戏剧艺术中，道具通常同舞台场景、灯光、角色等要素融为一体来表现具体的戏剧情境。优秀的作品中往往有着具体的、性格鲜明的道具与角色，例如中国戏曲舞台的道具往往以虚代实、以少胜多，既小而精又妙趣无穷：用一根马鞭就可以表演出骏马驰骋中的种种行径，仅用一把船桨就可以表现出舟荡漾在水中的多重妙趣。何为主题道具？有一种道具在戏剧中被称为戏胆，体量不大但有很大作用，它可能是一个玉镯或一把扇子，也可能是一幅字画或一本书，反复出现在剧情中对故事的发展起着特殊作用，成为人物性格、情感的见证或主人公命运的中心，如《杜十娘怒沉百宝箱》的百宝箱等。在戏剧中通过主题道具的反复出现来强化故事的主题。

从戏剧艺术中借用道具这一概念，主要是为了强调它的特征：（1）能所指、有所指及象征与隐喻功能；（2）事件性。室内空间中道具指的是构成空间的各个设计要素，包括形、色、光、质。空间道具对于空间场景是必不可少的，其与空间场景之间的图底关系就如同符号学中符号与片段之间的关系。

因此，女性倾向的空间情境的营造可以借助于女性化的道具要素来表现：柔软多变的曲线元素和丰富的有机自然形态；典型的女性化色彩、柔和舒适的配色；触感柔和的材质；柔和浪漫、昏暗静谧的光环境，还包括经典设计中的女性化设计元素、女性化的家具及陈设品等。在这里我们借鉴戏剧中符号的运用方式，将女性化的道具要素转变为设计符号，用符号化的设计语言来营造女性倾向的情境，设计符号不仅具有能被使用者感知的客观形式，还可以承载特定的意义。符号的来源主要可以分为两类，一类是将女性的形象或特征、与女性相关的生活物品或生活现象转变为具体的代表性的女性符号；一类是将女性化的道具要素转变为具有隐喻或象征意义的符号。道具要素的符号意义象征或隐喻着女性的形象特点、情感特质等，道具要素的象征或隐喻意义不但在形式上引发人们的视觉联想，更能触发人们的思维想象，从而产生移情作用与空间形成情感共鸣。设计师赋予空间以某种意义，运用“具象联想”、“抽象联想”等造型艺术手法，通过特定道具的诱导和主题道具的反复出现来展现空间的内涵，增强空间的吸引力和感染力，强化空间的情境。此外，在设计时要注意各个道具之间的关联性。

图 16-6　台湾芭比主题餐厅

案例 1，台北的芭比主题餐厅（图 16-6），整个餐厅以“芭比时尚”为主题，桃红色作为设计的主基调，融入芭比娃娃的各种元素，每个细节都经过精心设计。芭比作为主题道具来展现空间的内涵，从墙面装饰、家具、灯具到餐具、餐点都少不了芭比元素，随处可见芭比的身影，不仅服务生身着桃红色制服，连座椅都是马甲蓬蓬裙造型，还有芭比手提包造型的沙发，菜单、杯垫、吸管都印有芭比图案。在这个时尚梦幻的桃红色世界，令人们仿佛置身放大版的芭比娃娃屋，造型多变的芭比触动着不同年龄层女性的内心，唤醒女性最美好的回忆，给人深刻的情感体验。

案例 2，在柏莉雅女子会所的设计中，运用大量米白色软膜、纱幔、皮质软包等材料。极富梦幻气息的半包球式软膜结构的顾问间，犹如滴滴水珠般的灯具，加之极富女性形体线条美的座椅，仿佛向人们传递着肌肤柔嫩细滑、富有弹性的女性形象。温润的软包墙面、柔和统一的色彩、LED 的变幻照明，尽显女性的健康与时尚，其柔软舒适的体验更体现着空间的服务功能，使消费者印象深刻。在这个案例中以大量软膜材料为主题道具来诠释女性的特征，运用抽象联想的方式，给人们提供了丰富的想象空间，起着犹如戏剧舞台道具“以少胜多”的艺术效果（图 16-7）。

图 16-7　柏莉雅女子会所——林开新（亚太室内设计大奖赛获奖作品）

（三）充满活力的场景

某种特定的空间情境不仅融合了设计师自身的情感表达，还包含着特定社会情感体现的场所精神及其中所发生的有意义的事件。情境既非主观现象，也不是客观现象，它产生并存在于与人们和现实世界的交叉点上，体现着人与客观世界的融合，情景包围和俘获了个人。例如马致远的诗：枯藤老树昏鸦，小桥流水人家，古道西风瘦马。夕阳西下，断肠人在天涯。通过一幅萧瑟场景的描绘，使人们体会到隐隐的落寞情感。如果没有对“枯藤老树、夕阳西下”先验的感受，落寞的主题是难以表达的，从这里可以看出，情境是经验的，与人们的生活息息相关的。

情境是情感和意境的综合，是情与景的交融，意与象的统一。因此在女性空间的设计中，我们可以创造故事化、戏剧化的场景去吸引人们去体验和感受，类似于戏剧表演，根据设想的叙述性主题结构，随着一个个节点故事被展开，从而诱发体验、抒发情感。这个场景可能是与女性相关的某个生活习惯和生活历程的片段，也可能是小说、戏剧、电影中唤起女性情感的某个场景，也可能是历史上女性生活环境的时空再现。让人们一见如故，回忆起那些生活往事、曾体验过的情感，在心理上产生一种亲切感，情景交融从而形成情感共鸣。

这种场景化的设计方式增强了空间情境可被认知体验的氛围感和事件感，增强了空间的感性特征和品质，使空间中的界面属性、空间形态、色彩、材质、陈设及光线、声音等设计要素之间有了一种内在的关联，不仅仅是物质与功能的关系，更重要的是一种吸引人体验参与空间活动的情节链。要注意的是场景化的设计方式并不是对现实场景或者虚拟场景机械的模仿和照搬，而是如舞台设计艺术塑造戏剧情境的场景一样，运用设计符号这种简化的形式对某个场景的特征进行提炼与浓缩，并借鉴舞台气氛渲染的方法对空间氛围进行艺术处理，来定义相关空间的主题以及道具之间的结构关系，形成人与空间独特的对话方式从而赋予空间更多可能性的涵义，塑造着空间现实环境以外的想象空间，给人带来空间视觉和心理的双重享受，增强空间的意义和趣味性。

通过在空间场景中凝结的事件、活动和记忆，在女性的情感与客观的物理空间环境之间建立起一定的联系，使空间中的每个道具似乎在向我们诉说着女性的情感与故事，为女性的思想情感活动留有余地，使女性积极的联想、思考、回忆，去辨认形体、色彩、光影等的符号意义，在思索中建立起空间的场所意象，使之产生如同戏剧、小说的效果，将空间转换为一次值得记忆的生活体验。空间场景的叙事性如同一个发现过程，随着时间推移和空间场景转换，吸引女性参与到空间中去，让女性的“情”在“景”中自然流露，从而完成空间整体情境的塑造。

图 16-8　上海百利百享空间——闺蜜新概念聚会场所

例如上海“百利百享空间”是一个专为女性设计的新概念聚会场所，这里最大的不同是空间的主题由万千女性互动投票决定，形成了冬日小屋、巧克力梦工厂、梦想试衣间三大闺蜜聚会主题空间。闺蜜们不仅可以靠在温暖的沙发上分享生活和心情，又或者去巧克力梦工厂亲自设计一款巧克力高跟鞋，更有机会在梦想试衣间中搭配出不一样的自己，并配有专业化妆师及摄影师圆女性的时尚大片梦，曾经幻想过的聚会场景都可以在这里一一实现。将空间转换成一个参与性的生活现象或生活事件，丰富着女性的情感体验（图 16-8）。

（四）创造动人的情节关联

女性相对于男性而言，对空间的体验更细腻敏感，有较强的情绪记忆能力，善于回忆当时当地的情景，体验某种情感，也就是说女性更容易触景生情。在空间的体验过程中，女性往往将自己对空间的感知与某种生活情节融为一体，与女性自身的意识、情感、个人经历、文化背景等种种交织在一起，从而深化了她们对空间的情感体验，在内心留下对空间的记忆。设计师在进行空间设计时，可以在设计之初就融入与女性关联的情节素材，把握她们的情感需求所在，时刻激发她们的兴趣点。这些与情节关联的素材可以是设计符号的重复、变异，也可能是家具、装饰、绿化、软装织物甚至是标识的作用。一种可感知的有情感的生活情节串联了所有的道具与场景。

图 16-9　女性的洛丽塔公主情结

例如女性的“洛丽塔”公主情结（图 16-9）。现实生活中，随着年龄的增长，男性越发给人一种成熟稳重感，而女性却越来越不自信，对青春无限向往，对充满少女情结的东西爱不释手，对王子公主美妙的童话世界充满回忆和向往。“洛丽塔”如今成为女性追求个性化生活、体验多重角色的一种生活态度和方式，男性在情感中扮演着长辈、哥哥和情人的多重角色，女性则用一种天真、幼稚包裹着成熟扮演被支配的主角，享受着一种永远的依赖和安全感。家居装饰中童话般甜蜜梦幻的粉色系色彩，布满蕾丝和流苏的织物、纱幔，缀有亮片或珠珠装饰品，花草藤蔓图案缠绕的家具，富有夸张色彩的装饰物等仿佛呵护着女性对青春少女形象的向往和内心深处的公主情结，优雅中透露着活泼，性感中透露着纯情，受到各个年龄及不同阶层女性的青睐。

例如，每个女性或多或少都会有浪漫情节，对浪漫的追求也是孜孜不倦的，因此，我们可以将女性化的设计元素与以动植物形象为主要装饰元素的法式廊柱、雕花相结合构建空间的法式浪漫情调；也可以与清新自然的色彩、材质搭配打造田园式的浪漫；还可以巧妙地运用拱形浪漫空间，结合柔和优雅的浅色调和自然的光线，融入海洋元素营造独特的地中海式浪漫（图 16-10）。通过塑造富有诗意、充满幻想的浪漫氛围，建立起女性与空间的情感纽带，使女性化设计语言的表达不仅仅停留在表层的感官体验，使女性感觉到真正的归属感和认同感。

图 16-10　维多利亚风格的精致与浪漫

（五）体验的发生与情境认知

空间情境的最终生成，不仅是设计师对空间的物质环境和精神环境进行设计和艺术处理，还需要人们从认可环境到积极地参与到空间中的活动来完成整个空间情境的塑造。人们是在参与空间的过程中来感知空间的思想和内涵，以情感体验为基础从中产生联想和想象并与之产生情感共鸣，最终使人们确认所处的空间环境并对空间的情境得以认知。下面主要以空间体验的角度从三个方面来强化空间的情境。

1. 空间编排

室内设计往往不只是单个空间的设计，而是多重空间的组合，人们是在行进空间的过程中来感知体验空间的情境，怎样的空间顺序可以使空间情境更具表现力和感染力，有助于场所感的建立，关键在于空间的编排。在这里，我们主要借鉴戏剧情节的编排方式来组织空间，来强化人们对空间情境的感知。戏剧叙事注重情节发展的起承转合，讲求故事节奏的跌宕起伏，一个完整的故事有前奏、发展、高潮和结尾四个阶段，因此，我们可以这样来对室内空间进行编排：

起——故事前奏。这个阶段是空间序列的开端，是人们对空间的第一印象，如何塑造一个有吸引力的故事开头是设定有特定意味的空间场所的关键，影响着人们对空间的整体印象。通过在空间入口处设置悬念或暗示，预示即将展开的空间形象，从而来诱导体验、展开故事。

承——故事发展。空间的过渡和连接，起着承前启后的作用。在空间高潮出现之前，可以通过某些要素的反复出现如符号、道具等；或者有意识地重复运用某一空间形式；或者通过路径上特定尺度和数量的台阶设置，形成空间彼此的转折及空间体验的悬念。从而产生高潮出现前的暗示、引导、酝酿和期待，为高潮出现做铺垫。

转——故事高潮。空间的高潮是指在空间序列适当的位置出现的主题性场景，是最鲜明和最深刻呈现空间主题思想的部分，必须注意构思和安排，使其有一种情理之中、意料之外的艺术效果，形成空间的兴奋点及高潮，发挥其应有的作用。

合——故事结尾。空间的结尾，通常位于空间序列的末端，由高潮回复到平静，良好的结尾可以产生意犹未尽的空间效果，可以通过空间的不完整性结束导致空间体验的心理描绘或者如视觉、听觉、触觉、味觉等不同感觉的混合来结尾，使人们去回味、追思空间的高潮。

在空间序列前端所获取的空间信息往往影响着使用者对后序空间的理解，引导人们对空间氛围的感知，通过对空间进行戏剧性的编排，使得空间有了重点、主次与节奏，让原有的空间结构更具张力和艺术感染力，同时更好地突出了空间的主题，强化了人们对空间情境的认知。

2. 空间的互动性

主体与空间的关联程度以及空间的互动性如何，关系着人们参与空间的程度，是消极还是积极、主动还是被动的参与空间，这意味着空间使用者对空间场所感相关信息获取的多少以及场所感的共鸣程度，影响着人们对空间情境的感知。由于女性不断发生变化的生理周期循环使女性的情感神经系统非常敏感，虽善于观察体会但稳定性却不如男性，容易审美疲劳，因此我们可以通过重装饰轻装修、增加空间的可变性、提升空间的参与性来加强人与空间的互动交流，使空间富有亲和力和感染力，满足女性的情感体验，使其更快更好地融入到空间的情境中（图 16-11）。

图 16-11　柔性情调的商业空间

3. 空间的人性化关怀

女性因其生理及心理的独特性，不仅对空间中基本元素的色彩及质感感觉更强烈，对空间的需求也更加细腻、敏感，更加注重空间的细节，对空间的舒适度较男性有更多的要求。

视觉舒适性：在空间形态上，应尽量减少出现尖锐或不稳定的空间造型，以免产生女性生理或心理上的不适应，多以平缓的直线、曲线或曲面、圆弧形为主。色彩设计上，不仅要考虑女性的喜好和偏爱，还要依据空间的功能选择适合的色彩搭配，例如休闲养生空间不应大面积使用过于刺激的纯度较高的典型女性化色彩，以免产生不稳定的情绪。在依据女性的心理需求进行色彩设计时，还要考虑目标消费者的女性群体是哪一类，根据她们的年龄、性格、兴趣爱好、文化和教育背景，分析她们之间的共性与个性来进行具体的色彩搭配。

触觉舒适性：空间设计时所选材料的质感肌理给人的心理感受，同样影响着人们与空间的情感交流。由于女性对舒适性的追求，在室内设计时，尽量避免大量使用坚硬、粗糙、冷漠的材质，尤其与人们身体直接接触的部位，应选择柔软细腻、温暖亲切的材质，使触感圆润舒适，拉近人与空间的距离。

行为舒适性：这里主要强调空间尺度、私密性和空间布局对女性行为舒适性的影响。男女的生理差异形成了男女不同的尺度差异，女性更喜欢具有亲切感和人情味的空间尺度，因此在空间尺度上要满足女性的心理及行为活动要求，使空间大小适宜、氛围舒适安逸。女性对空间私密性的要求比男性要高，更喜欢在相对围合的空间中停留，在对空间的分隔、空间开敞和封闭程度进行设计时要加以考虑。在空间的布局和流线组织上，尽量缩短视线范围和路程，满足女性对空间安全性和便利性的需求。

〖第6部分〗语意

第十七章 多重语汇的叙述
——语言陈述与特征表现

第一节 多重语汇的历史溯源与背景

文化的发展状况与社会生产息息相关，随着社会的不断进步，文化形式出现多元化发展，人们的价值取向与生活方式也发生了深层次的改变。人们对精神和心理上的满足越来越高，对于室内陈设设计也提出了新的挑战，更注重人的情感、生活的情趣。多重语汇的叙述方法是室内陈设设计发展的新思维，运用语言学、符号学原理分析室内陈设语汇所包含的情感性、文化性等元素。在人类生活的环境中存在着各式各样的设计形式，从远古社会到不同历史时期再到当今的社会，通过人类自身不断的改变，创造出新的发展空间。基本物质需求已不再符合时代发展的潮流，在世界文化大融合的趋势下，将语境涵义注入设计的理念中，使设计更具有情感性、地域性、文脉性等独特要素。

一、多重语汇运用的历史溯源

（一）15 世纪到 18 世纪

这一时期，人们根据对流行时尚的探索，频繁地对不同领域的艺术进行更新，例如在建筑方面通过内部进行改造表达艺术感受、渲染艺术氛围。在这一历史时期出现了三种不同风格特征，即文艺复兴风格、巴洛克风格和洛可可风格。它们从各个方面反映着当时的政治、经济、文化现象。文艺复兴风格通常采用具有人文主义内涵的装饰母题，通过古希腊、古罗马的设计特征相互联结的构图形式，符合当时古典趣味的表现形式。例如代表男性雄壮、阳刚气势的多立克柱式，代表女性柔美多姿体态的爱奥尼柱式，两者都来源于对人文的探索。

巴洛克主义风格呈现出豪放雄壮、自由奔放、夸张浪漫、激情四射的风格特征。主要强调力度、变化和动感，在对称均衡的形式中，力求变化，强调层次感与深度。巴洛克艺术具有宫廷艺术的性质，繁复又具有对称统一效果的装饰，体现了“绝对王权”化的思想，奢华的配饰品工艺又增添了奇光异彩。形式上追求标新立异的表现形式以及豪放壮观的艺术风格。例如凡尔赛王宫室内镜厅(图17-1）。

图 17-1　凡尔赛王宫室内

洛可可主义风格使用更加精细的装饰。它是一种典型的贵族风格，其特征与精致、优雅、娇柔相联系。继承了巴洛克风格的豪华与壮观，但又注重细节处的奢丽纤秀，常用一些枝繁叶茂的植物作为装饰题材。这一时期的艺术来源宫廷，具有享乐主义色彩，更多地追求纯粹的装饰性，忽略实用性，表现出矫揉造作的特点，但在艺术上精湛的工艺技术却不可忽视。天花、墙面运用复杂多样的装饰线条，绘制精巧绝美的壁画，这些都体现出当时贵族生活的奢侈、享乐精神。这一时期出现了“室内装饰师”职业。设计师也开始更加关注美学与设计理念，不再是传统的工匠，在视觉艺术中得到进一步的统一，更加具有艺术特征、地域性和个性特点。

（二）18世纪到20世纪初

在历史长河中，这一时期经历了工业革命。城市进程加快，导致传统的建筑形式无法满足人们的生活以及生产的需求。因此，为了满足当时的政治、经济、文化因素的需要，企图从古典建筑的特征中寻找思想上的共鸣，产生了“复古主义思潮”。形成古典主义、浪漫主义和折中主义风格流派。

新古典主义由于当时人们对古代雕塑收藏具有痴迷的状态，因此具有庄重、理性、和谐与古典趣味的特点。室内的陈设多以具有建筑艺术美感或艺术品、收藏品、雕塑为主的元素，同时与建筑、景观相结合得以最佳展示。以追求真实、自然、崇尚经典的艺术形式为宗旨，采用传统的装饰题材，对古希腊、古罗马的古典形式具有浓厚的崇敬。虽然继承了古典主义风格的特点，但并不是全部照抄，而是通过提炼、加工，根据比例、均衡、变化、尺度等元素，对复杂的装饰给予简单化、抽象化的处理形式，高度凝练，细部装饰更为精致，新古典主义的出现为后现代主义奠定了良好的基础。

浪漫主义是对中世纪哥特式建筑的沿用，采用独具特色的尖肋拱顶、飞扶壁、修长的柱列等特点，营造出轻盈修长的飞天感，通过对形式美的追求唤起人们对哥特艺术的向往。

折衷主义的特点是任意模仿历史上的各种风格，具有较大的自由度。通过自由组合各种艺术形式，注重比例均衡、形式美的法则进行创作，折中主义思潮只是单纯的通过风格形式进行混合搭配，并没有创造出与之相适应的新材料、新技术。

这一时期，在富裕的中产阶级家庭中，室内陈设的主要目的是彰显主人的身份、地位，在书房、客厅摆满各种各样的收藏品，例如绘画、挂毯以及古旧的家具。由此可见这一时期的装饰形式打破了界面的简单改造，人们更加关注的是如何更好地将灯饰、织物、家具、陈设品置于室内中。

（三）20 世纪到 20 世纪 60 年代

现代主义的诞生占据着全世界发达国家的主流文化地位，正如格罗皮乌斯提到的，完整的建筑物是视觉艺术的最终目的，艺术家最崇高的职责是美化建筑。[1] 而现代主义的理性化、民主化、技术化等特征都体现在了现代主义设计中。因此，这一时期强调工业化、机械化、简洁化的造型和装饰，更加关注人性的需求，使商品的功能性发挥得淋漓尽致，得到高度重视。审美的变化逐渐从繁琐晦涩的表现手法转变为单纯的造型和简洁的装饰，极致的纯粹和简单的纯净美学，将技术与艺术融合于设计作品当中，例如巴塞罗那德国馆（图 17-2）。

图 17-2　巴塞罗那德国馆

（四）20 世纪 60 年代至今

随着后工业时代的来临、后现代主义的出现，逐渐看重主体精神、文化脉络、人与物的对话。主张以装饰手法来达到视觉的丰富，反对现代主义理性化、单元化的秩序法则，建立一种全新设计方式，注重文脉、地域与人性。通过解构、重组、戏谑的表现形式，打破原有设计的沉闷，创造新秩序，如采用重构拼贴，通过片段组合，将似乎不相干的元素组合成相关的统一体，立足于强烈的视觉形式效果。

1　董晓霞．包豪斯风格的延续 [D]．上海：同济大学，2007.

二、多重语汇运用的背景

（一）哲学背景

人类认识的进化并不是一次性完成的，而是通过不同视界的碰撞、融合而相互影响，不断进步，因此具有一定的偶发性。现象学强调消除主客观对立，最终目的是使认识的事物与人形成整体。存在主义认为理性主义忽略了人的个性差异，每个人都是独一无二的，不应该以笼统的思想去看待，人的发展是一个过程，因此要全面的看待过去、现在和未来的发展形势。

强调精神功能，弱化物质功能，强调精神、文化内涵，用“高情感”替代高技术。反驳形式追随功能的美学程式，“功能失去对形式的制约意义”。这种新的哲学观念，在一定程度上改变了人们的价值观、生活方式、文化素养以及消费模式等多方面的影响，多元文化时代的包容力和深入影响力提供了良好的文化氛围，当代技术环境下的传媒手段和渠道为传播提供了更为便捷的方式。

（二）时代背景

随着社会的发展，经济、物质丰富，人们的注意力由低层次的物质满足上升到高层次的情感需求，大众审美的发展更为多元化、开放化，更注重人文感受、情感表达、地方特色和区域文化。

科技信息时代的到来，视觉图像的传播也更加多元化、丰富化。这其中包括电视、报纸、杂志、互联网等为主的现代大众传播媒体，它们促使大众审美持续有效的发展。无论是在日常生活中人们对生活方式、目标和过程单纯的理解、把握，还是通过自身职业或爱好等因素寻求发现美的动机，在不同程度上都受到大众传播媒介的有意引领，得到不断的延续。每年的巴黎时装周新款发布，不仅带来了时尚产品，同时也催生了所有关注者对流行趋势的把握，带来了巨大的消费前景。视觉的传播对于审美流行具有重要的影响，现代社会的生活方式已经不再局限到个人自主的活动，而是更加丰富，人与人之间的交流越来越频繁，大众生活的形式越来越多样化，例如在不出门的情况下通过互联网就可以观赏到世界各地的美景。因此，每个人的生活都具有联系性，不可避免地进入整个社会的结构秩序中，反之每个人也会根据整个社会获得信息记忆、自身参照与认同感。大众媒体在技术上的优越性和传播的广泛性成为现代社会大众生活的重要影响。

（三）社会背景

首先，在消费特征方面，现代社会发展的过程中，人们通过自己的职业特点或经济实力在各种媒介资讯中获取大量潮流、消费信息。消费举止出现多元化的发展倾向，但总体消费品位、追求、价值观念更注重享受主义原则，日常消费的实用性、社会关系的实例性，地位商品的奢侈性是他们的消费价值取向，归为更加注重感官上的愉悦。因此，消费的文化品位、美学特征、享受愉悦的程度在消费举止与方式中越来越受到重视。分为五点：（1）消费结构转型，从生存的“必需品”消费形式转化为“非必须性消费”形式；（2）消费方式的增多，单一的消费方式已经过去，现在网上支付、快捷支付、快闪支付等形式层出不穷，为人们的消费行为提供了便捷性；（3）休闲消费增多，娱乐时代的到来，人们休闲的方式也更加多样化，开始注重精神消费、娱乐消费；（4）超前的消费理念，越来越多的年轻人加入到“月光族”的行列，与之前“保守型”的消费形成鲜明对比；（5）个性化与阶层性消费逐渐趋同。

其次，在生活心态与审美观念方面，审美观念的特点是文化的混血、目标的混杂、风格的混搭导致了每个阶层拥有不同的生活方式。消费方式的不同表明我们是什么样的人，具有什么样的生活态度，因此，通过消费可以看出生活观念和审美观念的差异。消费方式逐步从模仿型的消费转向形成风格与个性的消费方式。对于生活方式的形成是通过模仿流行的产物所产生人们身份地位的高低。阶层的划分不再是典型的欧洲人的情况，而是由消费方式、生活态度、自身品味、文化内涵等方面的因素决定，后者是大多数人通过模仿而形成的。

因此，根据模仿学习消费习惯到慢慢形成自己的消费方式与文化内涵以及身份地位，这就是为什么关注潮流、时尚、品牌的重要原因。在信息技术的不断推进下，消费方式开始形成属于自己的特点，即个性化、风格化的消费方式取代盲目跟风与模仿。

（四）文化背景

大时代背景下，人们的接受心理和审美情趣发生了改变。当下最流行的词就是“话题制造机”、“流行缔造者”、“韩流”，这些词对普通大众来说并不陌生，它们是最近非常火热的韩国组合——“大爆炸”的代名词，人们很快并很自然地联想到这个组合。从出道到现在一跃成为家喻户晓乃至全球关注的热点和焦点，这反映了大众审美的趋势，以及观众的转变。过去说到帅哥大多数都会想到阳光灿烂的外形以及具有亲和力的笑容，温文儒雅的气质，虽然这仍是大众心目中的“花美男”，但是他们已经不再是人们心中固定唯一帅气的标准。相反，男性的妆容、着装更加女性化，造型夸张，服装举止怪异。这体现了单一标准并不能满足人们的审美需求，而多元化的形式才能符合当今大众众口难调的要求，这也是时代给予新群体新的审美理解。因此，审美的范围得到了明显的扩大与延伸，使人们在日常生活中无时无刻不体验美、感受美的形式。直至现代社会，形成了主导文化、高雅文化、大众文化、民间文化等不同形式的文化。在现代社会中，人们对物质的需要不仅要满足使用功能，同时也要求具有一定的审美愉悦与文化认同。

图 17-3　上海无印良品旗舰店

消费文化受到巨大的转变，生活中的物质需求正退居于现代的消费需求，人们的生活方式从“实际需求”为主体逐步转向“精神享受”的发展趋势。功能性消费受到严重的衰退，而时尚、流行的情感消费更加受到大众的重视，即消费的目的不再是满足实际需求。例如：在 2015 年 12 月 12 日，无印良品在上海开设中国最大的旗舰店，而当天上午人们就早早地排起了长队前来购买（图 17-3），当天的累积刷卡次数竟然达到了 7000 余次，销售额超过了 215 万元，这个数字是无印良品对中国预计销售额的两倍以上。从上面的调查数据可以看出，人们不再只花钱去置办基本品了，而是更加强调自身的需求和个人风格的体现。因此，消费已经度过了“温饱型”的这个阶段，在时尚、潮流、品位等一系列元素的诱惑下，购物情结膨胀，一次一次满足自身的心理需求，追求更高层次的消费生活方式，由“温饱型”向“文化型”、“享受型”转变。

外来文化使人们产生了强烈的认可心理，“洋消费”成为一种潮流、价值取向。大多数群体属于两种文化（本国品牌与外国品牌）的混合体。他们中的大多数更倾向于追求国外品牌以及西方的生活方式、文脉特征，这也标志着文化的融合，通过不同的品牌、消费、生活方式等方面来展现自身独特的品味与内涵。人们在消费商品的同时不仅仅是在单纯地购买商品，更多地是体现了消费者本身所具备的文化心理和文化精神以及消费品所带来的社会身份符号价值，例如时髦、富贵、前卫感等象征性的元素附加在文化品味上。

第二节 空间陈设中的多重语汇元素

语汇，又称为词汇，是语言符号的合集。语汇是语言建筑的基础材料，它通过外部形式和内在意蕴构成，外部形式包含了语音和文字，而内在意义则是文字自身的理解与它延伸的涵义。一种语言有意义，是因为它结晶了人类对世界的理解，而室内陈设语汇的意义则是设计师对生活、对艺术、对文化、对社会等多方面的理解。因为室内陈设设计实际上反映着使用者的生活方式、精神情感、文化素养等方面的物化形式，透露着当时人们的交往方式以及伦理体制。室内陈设设计是使用群体在生活方式及其自身观念上的一种体现，因此室内陈设设计与语言形式具有一致性，都是通过“语言”这个媒介来了解世界、认识环境。

一、室内陈设语汇的相关论述

索绪尔关于语言学分析的影响在于提高读者或听众的地位，语言的含义取决于作者和发言人的意图，更依赖于读者或听众的理解和阐释。在理论的研究中，“语汇”不仅仅被用来定义其他文学种类的陈述，也包括艺术作品。在1969年茱莉娅•克里斯蒂托瓦的论文《符号学》中，她准确而生动地指出所有的文字内容都与同一语言、文学、视觉文化中现存的其他文字内容有着极为复杂的关系，这里的“语汇”泛指一切可以表达意义的媒介。设计师运用作品感动他人，需要通过研究语汇中的语言选择和语言表意功能，通过编码和解码的形式进行设计与解读。因此，从语言学和符号学的角度来探讨室内陈设语汇的外显性和内隐性问题的解读。

（一）行为心理学

心理学是研究人的心理现象及心理活动的科学。从哲学方面来看，人的心理是客观世界在人脑中的反映，通过周围事物和客观环境反映人的心理内容，而每一个所想、所做需要通过心理和行为完成。因此，两者相互区别，又紧密联系。心理和行为都用来描述人的内心活动与外在行为，人的内心活动由外部行为体现出来，因此人的行为是活动空间状态的推移。人的心理活动有三种形式：第一是认识活动，是人对事物的感觉、注意、记忆等心理活动；第二是情绪活动，包括由事件引起的喜、怒、哀、乐心理变化的活动；最后一种是人的意志活动，通过前两种活动为基础的行为活动。人的心理活动具有一定的指向性，称之为“注意”，通过加强刺激量或扩大注意的广度从而引起人们的注意。加强人们对环境注意的常用方法有：其一是加强环境的刺激强度，通过人的感官形式，创造出奇香、艳色等刺激；其二是加强环境刺激的变化性；其三是采用新奇突出、震慑人心的形象刺激。

记忆是人脑对外界刺激的信息储存，是对过去事物在头脑中的反映。记忆活动要有明确的目标；记忆的材料要进行理解；注意记忆材料的特征；多感官并用进行记忆；采用多种形式复习记忆。好的室内陈设设计其素材都源于生活，使观者深化其中的情境，回忆当时的情境。

（二）语言学中的符号因子

语言学是一种社会现象，是人类相互表达自身情感、传递信息的方式，通过语汇、词、固定短语、句子和语法的构成从而形成情感交流的符号系统。语言学不仅是室内陈设语汇研究的认识论还是方法论，从语言学的角度出发，借鉴语言学的分类形式和基本概念，把室内陈设中的元素与语言学中的“语形”、“语义”相互联结，剖析陈设中的内涵、意义，并加以分类、归纳，总结出室内陈设的独特语汇魅力，成为设计师所运用的语言形式。

首先，媒介体是人的感官能力的延伸和扩展。语言学的媒介是由文本构成的，这个文本如果没有读者进行阅读，它就单纯的只是一些文字符号，你需要通过认识这些文字中的字形、读音、意义，才能读懂其中的信息。其次，在文本的语言形式中，具有一定的指向性，即文字指称的实物和样式，它通过文字既可以唤起听觉，又可以唤起视觉，文字通过视觉和听觉两种形式给人们传递信息，视觉是通过阅读进行，而听觉是通过朗读进行文字的具体信息传递。再次，从听觉和视觉两个层次中可以看出，人们通过看到语句、文字或者听到人物说出话的语调、音质得到一段描绘的场景画面。因此，通过视觉从文本中获得的信息与通过听觉从说话人的口中获得信息是需要转换的，因为视觉看到的并不是真正的实体，而是与实体完全不同的文字；而听觉听到的也不是真正的场景，而是人物说话的语调、声音，它们都需要通过幻象和幻听进行转换。这个形象和声音都是幻视和幻听，因此，所有幻听和幻视到的，是语言所表现的实际目的。

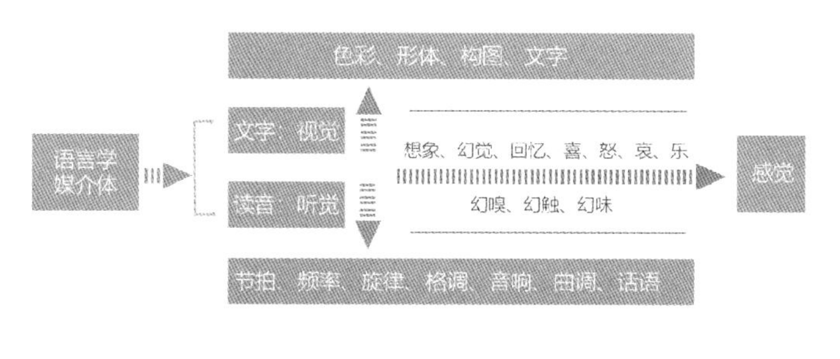

图 17-4　语言学媒介体的表现

在室内陈设中，视觉艺术基于人的肉眼看到的东西包括色彩、造型、材质等，这就是视觉可以接收的符号因子：听觉可以接收的幻视到颜色和形体，幻听到曲调和旋律，在此基础上幻想到一切感觉，包括喜、怒、哀、乐、回忆、知觉、注意等一切感情（图 17-4）。例如，“zhuo zi”的读音，又有“桌子”的字形，以及这个符号所指涉的生活中的实物——桌子的形体、色彩、材料、造型、用途，甚至所处的场景等。

由于一种感觉会与其他感觉相联通，无论是听觉艺术还是视觉艺术，每一个单独的艺术样式都是与其他门类的艺术样式相互渗透的。因此，通过语言可以感觉到的文学艺术与室内陈设设计具有联通作用，因为这些叙述方法和技巧在叙述本质上都是一致的。比如感受到刺骨的冷风，白雪皑皑的场景，向往温暖的壁炉都是对冬天的一切记忆。当你在一个充满冷色调的空间中，棱角分明的方形家具，不锈钢金属会给人冰凉、冷酷的感觉，从而联想到寒冷的场景，当有一盏泛黄的灯光时，就会给你带来温暖、光明的感觉，似乎身上的体温也逐渐升高。

（三）文学背景下的符号学

在文学背景下的符号学，根据不同的层次，文学作品的表达信息也不相同，通过文本所表达的话语信息，是由一段一段句子组成，而句子由每一个词语组成，要想了解话语中的概念内涵，首先要认识一个字或词的“涵义”，也就需要理解语汇义素中所携带的自身语义场所与文化语义场所，这是基本信息，在这个信息的基础上，读者能根据自己的所知和联想进行判断，其中联想包括两个方面的思路：一方面是正规序列，或者说是必然序列联想，这是文本给定的，是话语的蕴涵，即“读者共性的信息”。另一种联想是所谓自由联想，是由话语引起，由某一个词素或者某一个细节引起的非必然的联想，是读者产生的自由思绪，即“读者个性的信息”（图17-5）。例如，中国的成语“虎头蛇尾”，从字面意思我们可以看出描写的是老虎的头，蛇的尾巴，但是它内涵的意思指的是做事情开始时声势浩大，结果却有始无终，表示做事不能始终如一。

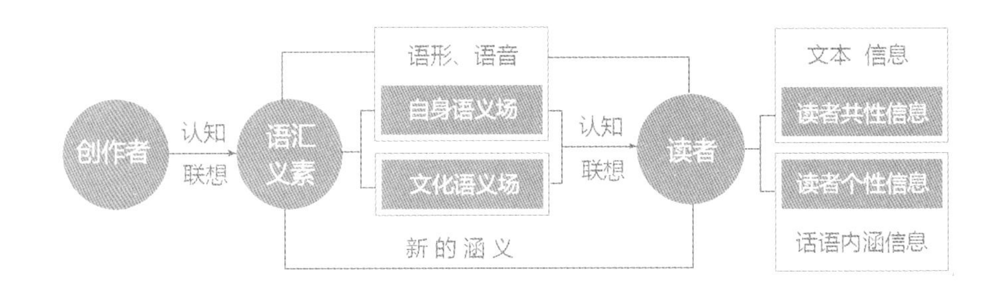

图 17-5　文学背景下符号的表现

作为符号的设计语言，语言自身被赋予意义的同时也被使用者赋予了新的解释意义。其中设计师给予的意谓，主要指用于广泛符号过程和系统中一些特定的、有限的符号系统，其确立和应用基于自身特点，即一种被赋予、代替或变型的重要能力。在查尔斯·詹克斯的《后现代建筑语言》著作中指出：引起一种广泛的交流模式变化；除了表达功能含义，也可以用来讲述和表达“新”的意义。[1] 设计师可以使用特殊的编码来让他们的作品成为重要的标志物（或标志组合）。这类编码不能被精确的定义但却能在很多例子中被表现和描述，就如同一种由有限符号构成的“亚语言”，彼此间不需要存在很大的差异。

图 17-6　格尔尼卡

1　安德里娅·格莱尼哲，格奥尔格·瓦赫里奥提斯．建筑编码——操作与叙述之间 [M]．武汉：华中科技大学出版社，2014.

在当代复杂而多元的社会文化环境中出现了“双重译码”系统，它可以使用专家和内行熟悉的前卫和精英式的编码[1]来传递信息，也可以使用普通使用者和其他人士熟悉的日常生活和流行编码来实现交流，以此实现不同视角间信息的转译。例如毕加索的作品《格尔尼卡》（图 17-6）表现的内容是残酷的战争场景，其中绘画内容上运用了叙述的方式进行。画面从左至右可分为四段：第一段突出了公牛的形象；第二段强调受伤的马，比喻在战争中，苦苦挣扎的百姓，画面中有一盏耀眼的电灯，整体看上去像是一只惊恐、无助的眼睛；第三段中明显的是从窗外伸出头的“自由女神”，她高举着灯火，像是在驱赶黑暗，象征着人们渴望光明，又一次强调战争给人们带来的磨难；第四段中有个男子躺在地上，手拿一支剑，最妙的是剑上开出的小花，象征着战士宁死不屈的精神。

二、语形在室内陈设语汇中的表达

感官刺激是最直接、最易于实现的情感，人类的感官通过刺激激发情感。在视觉、嗅觉、触觉、听觉等感官作用下感受周围的环境刺激，而这些刺激通过色彩、造型、材质、灯光等外在审美信息唤起情感共鸣。例如春天阳光灿烂、鸟语花香、空气清新自然，会给人带来愉悦、欢乐的心情。

康德指出，造型是给人带来愉快趣味的基础所在，造型本身在室内陈设语汇中具有交流的作用。首先，造型具有形式美的表现力。例如：方形是最常见的几何形体，它代表着纯粹和理性，给人以静态、严肃、稳定的感觉。圆形是集中性、内向性的形状，通常是稳定的、且以自我为中心的情感表现，例如餐厅中的圆形餐桌，体现了围合、凝聚的感受。不规则的曲线造型，自由、柔和，给人以柔美、动感的体验。其次，造型代表一种设计的规范，造型的特征也与线的特征有直接联系，棱角分明的造型清晰、明确、严肃，曲面或者圆形的造型则浑圆、饱满、动感。第三，随着人类历史文明的发展，使心理与生理产生了共鸣，形成大众普遍的审美情怀与文化品格。造型的美感不仅来自于自身，同时也来自于社会、文化、宗教等各方面丰富的内容符号。中央美术学院建筑学院博士朱力教授认为，曲是自然形态，与“直”和“方”相对，两者都具有其特点和象征意义。“曲”指宇宙自然中圆形曲体，例如宏观中的河流、山川、行星、天体，微观下的细胞、波纹，这些都是“曲”，具有人性化、自由、复杂的特点；“方”是人工形态的产生，受到人为作用，具有稳定、简洁、

1 “精英编码”这种编码通过教育和大量的训练才可以掌握和使用，指当代艺术、文化和其他相关美学标准。安德里娅·格莱·尼哲．建筑 编码——操作与叙述之间［M］．武汉：华中科技大学出版社，2014.

平衡的特点。

颜色知觉是人类视觉审美的核心元素，深刻影响着人类的情绪状态。在室内陈设设计中，色彩具有先声夺人的效果。首先，色彩具有视觉符号的特点。色彩的三个基本属性包括明度、纯度和色相，通过投射到人的视觉感官，人们受到刺激上升到主观情感色彩的层面上，因此，色彩能够引起人们更多的情感共鸣。色彩的距离感可以使人感受到凹凸、远近的变化效果，例如，明度较高的色彩，跳跃性强烈，色彩具有闪耀、凸显的作用；而同类色系的色彩，具有后退、凹陷的效果。色彩的重量感体现在明度和纯度之中，色彩的纯度和明度越高，颜色显得越轻盈，表现出轻飘、明朗、纯洁的性格，如浅黄色；反之会显得沉闷、厚重，表现出庄重、威严的性格，如黑灰色。其次，色彩语汇作为一种社会内容的视觉符号，具有历史韵味，色彩可以作为历史符号的属性来理解，例如，黄色在中国古代具有象征皇权的特征，代表权利与地位。第三，色彩可以将人的情感用实物表现出来，具有物质属性，色彩与人的情感有对应的关系。例如，令人忧郁的蓝色、舒缓疲劳的绿色、高贵典雅的灰色、淳朴厚重的棕色。通过色彩的重复、协调、呼应加强色彩的韵律变化，使色彩统一中有变化，形成和谐的整体，例如电影院中色彩斑斓的座椅，通过重复、对比的形式，使枯燥、黑暗的影院空间带来一丝新意与乐趣。

质感指材料通过表面产生的视觉感受，用来形容物体表面的特殊品质，如粗细、软硬、轻重。根据材料的质感不同，实体形态形成不同的表情，例如：木材、藤类编织、动物皮毛都表现出温暖、亲切的特性；玻璃、石材、不锈钢金属材质则表现出冷漠、冰凉、细腻、坚实的特性，因此肌理通过材料而存在，给予材料丰富的表情。肌理越大，质感越粗糙，会使人感受到稳重、朴实的特质；反之，肌理越小，质感越光滑，会使人感受到华贵、精致、柔美的特质。任何一种材料都由触觉和视觉两种基本感觉来感受。通过触摸可以真实感受到软硬、冷暖，通过观察也可以感受到实体的特性，例如凹凸、光亮等。材料的运用，具有满足使用功能和精神体现的要求。不同材料有着不同性格，例如木材显得温和、石材显得高贵、玻璃显得清透、金属显得灵秀等。这种情况主要是根据我们对过去相似事物与材料的联想得出的反应。

光是人们认识世界、了解世界的桥梁，是一切事物的源泉。在室内陈设艺术中，色彩、造型、材料都被光照赋予了更加强烈的视觉效果，例如，通过重点照明的形式，可以加强视觉的中心点，或者通过光的颜色变化，改变物体自身的状态，使单调、乏味的物体更加生动、形象。直射光会加强物体的投影，光影可以加强物体的趣味性、对比性和立体感。利用光照，可以增强视觉的中心点，提高陈设品的光照度。作为空间的重点，光在满足照明的功能后，还与影子形成令人怦然心动的景象。当光照透过遮挡物在地面照射出美丽的剪影、光斑，达到虚实相合、交相呼应、相得益彰的效果。

三、语义在室内陈设语汇中的表达

如果说感官刺激是使人获得情感体验最直接、最直观的方式，那么经过抽象化的符号所引发的情感，则属于高级情感，它的表达方式在于形式上的象征含义，这是最高层次的情感激发与体验。[1]

肖似型符号是运用造型上的相似性或模拟而构成的符号特征。陈设品以一种直观的图像式作为主体的造型，向我们叙述它的一切基本属性。肖似型符号通过与人的交流，运用现实环境中的一些具体事物、图形通过模仿、描绘的形式表征它的属性价值和当下状态，并告诉你它所具有的独特风格特点和深远的符号含义。例如，在“树形”书架中，书架摆脱了传统的格局，而是被设计成了一棵树的外形，增加了趣味性，随着书籍摆放数量的增多，“树”的枝叶也逐渐繁茂起来，当你在“树”下看书的时候，相信心情也会惬意起来。

指示型符号在能指与所指之间存在逻辑上的因果关系，通过提供的信息符号，被人们认知与理解，并作出相应的反应。例如一些指示牌的标志、提醒人们道路的标识都具有一定的指示性。草间弥生在设计中运用带有其个人符号化特征的“波点”，整个空间由白色背景下排列整齐的红色圆点图案构成，犹如生物细胞，却被称为“自我的忘却”。内部形态就像是生物的“神经”，展柜由无数的“细胞”构成，形成绽放的花朵，被命名为“心中永不凋谢的鲜花”。她的每一幅作品都以大大小小不同颜色的圆点为基础，运用不同的排列形式，形成不同的视觉效果，草间弥生将自己的生命比作无数圆点之中的一个，展现了她独特的个人符号特点（图 17-7）。

图 17-7　草间弥生的空间

1　李磊．“空间语意表达”在室内设计中的应用研究 [D]．大连：大连工业大学，2010.

马克思·本泽在象征型符号中指出，象征方式的表征与解释者或设计者相关，可以根据符号任意地选择媒介加以表征，可以是约定俗成的，也可以是稳定的系统。[1]例如在中国，鸳鸯象征夫妻，表示白头偕老，相濡以沫的情感；竹子象征君子，表示温文尔雅、坚韧不拔的精神。因此，在一些古代的民居建筑中多用一些象征吉祥如意的图案雕刻在窗户、门头、柱式中。

象征型符号通过比喻式象征完成，运用符号语言的意义与物体的功能属性与形态属性进行意义对应的关系，它还可以通过风格或主题的深入理解提炼加工。根据受众的修养、知识结构、情感认知等方面对象征型符号的内在涵义进行解读，因此，它是通过阅读来完成的，受众的理解越深刻，象征型符号向受众展示的内容越丰富，那么对于受众的生活世界也会由此变得更加充实，富有意义。

一件优秀的设计作品同时也是一种优秀的系统型符号。在中国传统住宅建筑中，屋檐、天井、门、柱、窗等形成特有的房屋符号，构成了中国传统居住建筑语言。它根据一定的秩序互相牵制、互相依托，系统地表达内在的意义及形成的规律。例如，在室内陈设中，运用中国古代建筑中的斗栱、匾额、天井、屏风等元素符号，这些陈设我们把它称为中式风格。

系统型符号将设计中的各个元素以符号化的形式联结起来形成风格意义，在更深的层次中这种系统性通常是设计的“原型”。例如，现代主义中的极简主义风格，将“形式追随功能”的设计形式推向鼎盛时期，注重“无饰之美”，寻求“少就是多”的美学理念。通过简洁且具有代表性的标识呈现出现代主义的特征与精髓。

四、室内陈设多重语汇的表达

室内陈设的多重语汇其中包括了地域性、文脉和情境元素等方面的整合，流行与精英文化的混合，“熟悉的”与“外来的”或异域风情的表达方式，“场景化”和“讽刺化”的布置，碎片化、多样化、小说化或“诗意化”的处理等。其中包含三个方面的表达：地域语汇、情感语汇和时代语汇。

1　海军．平面设计的符号学研究［D］．北京：清华大学，2004.

（一）地域语汇

地域语汇追求传统精神和地域文化的情感，在室内陈设设计之中其语意表达符合地域民俗文化特点。通过不同的自然环境、社会属性、人文精神形成了不同的语言、文化、道德、审美观念。例如，德国的设计特点是理性、逻辑性强；北欧的设计特点是简洁、质朴、充满人情味；意大利的设计特点是优雅、华贵、浪漫；中国的设计特点是稳重、醇厚、对称性强。因此，通过不同的文化特色、文化内涵及形态结构使人产生某种情感信息。

1. 模仿自然——对生态文化的保护

日本的禅意注重“简素之美”，追求质朴、闲静、寂寥的精神内涵。偏爱自然材料，例如竹子、砖石、纸灯元素体现出材质的简素本色。利用细沙、碎石的简单形式构造出自然山川、江河湖海的壮美景色，通过简单的造型表现出气势磅礴、潇洒雄浑的自然景象。运用日本传统的建筑符号榻榻米、枯山水、庭院的造景等形式融入其中，再结合日本的艺术形式如茶道、花道等传统的文化特色，形成一种独特的幽玄之美，体现出“一花一世界”的玄学精神（图 17-8）。

图 17-8　日本设计中“禅意”的表现

北欧的装饰以简洁自然著称，自然的原木色，简洁的线条，没有过多的装饰和雕琢，一切回归原始质朴。设计中充分体现木材的木质纹理，简洁、自然，符合年轻人的品味，轻松、自然、慵懒，体现出人性的特点。北欧风格常采用原木、石材、铁艺灯等自然材料，保留其中的原始质感，并注重整体的和谐效果。地处严寒的北欧国家，因为地域的局限，对蓬勃的生命力有着更多的向往，因此空间中大面积使用富有张力的色彩也是其一大特点。陈设以浅色系白色、米色、浅木色为主色调，通过自然的元素木材、石材、玻璃和铁艺展示出原始的质感，置身其中会给人带来回归自然的美好感受（图 17-9）。

图 17-9　北欧的表达

2. 祈求吉祥——对民族文化的延续

中式风格，整体恢宏大气、壮美华贵，材料多以木材为主，纹饰雕刻精巧瑰丽，图案中以代表吉祥如意的回形纹、代表百年好合的龙凤纹、保佑平安喜乐的祥瑞兽等图案为主，或繁琐精致、或简单大气。色彩选用上多以厚重的颜色为主，例如深沉的红色、高贵的蓝色、温润的黄色等。注重文化意蕴，代表中国文化特色的古玩字画、瓷器盆景、木雕屏风等元素的运用更显文化韵味和风格特征。

摩洛哥风格将几何图案大量运用到装饰中，如睡榻、床品、地板、天花等，不同风格的几何图案成为摩洛哥风格的代表。织物中丰富多样的图案与色彩为它的使用提供了更多的搭配选择，家具大多由天然木材和皮革制成，一般为褐色等深色系，给人以质朴的感觉。在工艺上崇尚手工，完全不带工业化痕迹。无论是家具还是饰品，细节之处的做工都极其考究，有的满布精描细刻的花纹图案，有的则是表面镂空或镶嵌贝壳。洋铁台灯是极具摩洛哥风情的一种台灯，包含了镂空、雕花等种种复杂的工艺，放在浴室或者其他角落里，很有神秘感。用青铜材料制作的壁镜也是如此，规则的多边形镜面闪着朦胧的光，再配以胡桃木的镜框，无论是成组挂在墙上还是单独摆放，都是一道美丽的风景（图 17-10）。

图 17-10　摩洛哥的表达

（二）情感语汇

情感语汇是表达物理应用功能同时又能达到情感表达功能，在各种符号的刺激下，使人形成不同的审美观念。对室内陈设设计来说，追求“个性”与“象征”的情感，需要通过丰富的情感表达个性的理念取代平庸与常规设计。在人与物的交流中，将情感反馈在主观设计表达中。它受审美观念的情感结构影响，但更主要的是其本身构成了设计意义的发生机制，它从根本上充实了我们的生活世界，发生了源源不断的意义直流。怀旧情感的表达已成为一种情结、一种品位、一种情绪宣泄的新世纪潮流。然而，对于当代人来说，怀旧不仅是对过去生活的追寻，还是对青春岁月的忘怀，都是人们的感性认识。今天看似的怀旧，无论是墙壁的斑驳，还是复古思潮的诞生、抑或是返朴归真的新作都是将旧事物换新颜的表达，是一种深层次的人文魅力与文化积淀的显示。

1. 复古情怀——对工业革命的标榜

图 17-11　后工业风格

“后工业风格”（图 17-11）强调粗犷、真性情的表达，斑驳的墙体，暴露的金属管道，整体裸露的结构骨架，不加修饰的混凝土是最好的表现形式，自然的木材是冷酷无情空间的调和剂。磨损、老化的旧零件组成的工业形式的家具、陈设品有一种怀旧情结。工业垃圾是它的常用元素，通过现代的生活方式进行重组、改装形成可供人们使用、欣赏的物品，给予它们新的生命价值，具有绿色环保理念，同时它也像是一位老者在诉说当时工业时期的辉煌成就，例如，废弃的车轮被用作墙面装饰。整体简洁的造型、干练的线条无一不体现出硬朗十足的男性特色。

2. 青春追忆——对青春岁月的感受

空间布置成教室的模样，课桌、椅子、奖状、黑板、世界地图、当时的偶像海报，回荡着《同桌的你》主题歌曲，这一切元素都是 20 世纪 80 年代的记忆。是否还记得英语课本里的李磊与韩梅梅，黑板上解不开的数学题，抽屉里还未打开的那封信，这些都是当下八十年代人对青春的缅怀。怀旧主题兴起，不仅满足了当代年轻人对青葱岁月的怀念，同时也成为高压下成长起来的一代人，对纯粹美好的精神家园的向往。

3. 东西融合——对中西文化的结合

海派文化是一种混合形式的精神文化，它体现当时的建筑文化、生活习俗与外来文化的融合。例如独具上海特色的“石库门”建筑元素代表了当时人们的生活情境。一批海外归国的学者将外来生活习俗带入并与中国传统文化相互碰撞、融合。再如独具特色的中式旗袍，将中国特色的旗服与外来的礼服相融合；灯红酒绿、彻夜笙箫的歌舞厅，将外来的洋酒、舞蹈文化加入其中；古典魅力的老唱片机、泛黄的旧报纸等每一种元素都在诉说着当时的繁华与多元化的融合。上海杂糅了各种文化，才形成了现在这样一种“海纳百川、中西合璧”的文化精髓（图 17-12）。

图 17-12　怀旧风情的商业空间

（三）时代语汇

时代语汇不仅要及时体现时代的变化，把握时代感和价值取向，还要体现时代语汇背后的文化特征。时代语汇的内在表现为设计本身所具有的秩序，这种秩序能够反映出设计所处时代的精神和时代特征。

1. 历史主义——对古典主义的再运用

图 17-13　哥特时代的表达

哥特时代追求浓郁阴暗的色调、复杂华丽的装饰、整体向上的动势，具有宗教主义色彩，表现了人们崇高的信仰。造型根据当时的哥特建筑为蓝本，例如飞扶壁、尖券、色彩斑斓的玫瑰花窗、三叶形图案等元素，体现出精美的雕刻、丰富的层次感，艺术技法复杂多样（图 17-13）。

图 17-14　巴洛克时代的表达

巴洛克（图 17-14）体现了奢华炫耀、极富激情、霸气张扬的情感色彩。装饰上大面积地使用大理石、青铜、金箔等材料，夸张而非理性且具有浪漫幻想意义色彩。艺术特征借鉴古罗马时期的柯林斯柱式、圆拱、卷涡等繁复的装饰手段，艺术技法复杂多变，运用雕刻、拼贴、镶嵌等多种形式的精雕细琢呈现出庄严、华丽的艺术效果。

洛可可时代由于崇尚娇纵奢侈的生活情趣，将装饰追求到了极致，运用曲线、弧线，制造出柔美的特点，纹饰上以贝壳、藤蔓、卷草、漩涡等元素为主，表现出细腻繁复、矫揉造作的特征，色彩上以鲜艳的浅色调为主，常用嫩绿、浅蓝等色调，装饰多采用金色。

2. 现代主义——对功能主义的诠释

强调朴实无华，常以白色为基调，简洁明朗，追求纯净的空间效果，偏爱立体主义构图，追求光影变化。简化装饰，综合考虑人的活动要素以及利用室外景物变化对室内环境的影响。注重光线的变化，追求更深层次的空间内涵，将室外环境作为活动场所的“背景”，而整体装饰单纯、干净，突显设计的最终目的是与自然的完美融合，相互映衬、相得益彰。具有明显的色彩倾向，陈设品多选用白色，材质上给予不同的变化，往往暴露肌理效果，例如具有自然纹理的大理石、醇厚陶瓷质感的装饰品、线条简单的家具等，构成了生动形象的异次元空间。

图 17-15　极简的表达

极简主义追求的是化繁为简，抛弃一切不必要的装饰，更多的是关注受众的精神世界。它是对抽象主义的极致运用，保留最本真、最纯粹的一面，通过不断地削减、变形，摒弃一切无用的细节，形式上极少出现符号化的装饰，造型简洁明快、线条干净利落、色彩淡雅清新，使观者处于意象的空间氛围中，自主参与对空间的解读，消弭作品对观者的意识压迫，从而更加自由地分析、观赏（图 17-15）。

3. 后现代主义——对情感主义的表达

解构主义运用后现代主义的语汇形式，打散重构，颠覆传统的设计理念，由此创造出新秩序。打破现有的单元化、机械式的单一重复形式，运用突变、打碎、重构的组织技法，创造出一种支离破碎的不确定感。运用大量的符号化装饰，造型奇特、怪异，色彩复杂多变。

波普的怪诞寻求明朗亮眼的艺术气息、夸张绚丽的色彩、奇幻怪诞的搭配图案。追求新颖、古怪、稀奇的情感特点，变化无常难于确定统一，集合了各种各样折衷主义的特点，是拼贴艺术的代表形式（图 17-16）。

图 17-16　波普的表达

高技派体现了科学技术给人们生活带来的成就，推崇“机械美”。新材料、新工艺在生活产品中被大量应用，造型设计上未来感十足，给人带来超越时空的科技享受。通过金属、玻璃制品营造出冷酷之感，注重人的生理和心理的需要，例如，具有高科技的声控灯具，自适应调节的室内温度、湿度变化，不锈钢材质的运用使整个空间显得更加理性，具有科技感，色调多以黑色、灰色为主，凸显光影变化，从而营造更具现代感、科技感的时尚舒适空间。

通过语言学、行为心理学、文学背景下的符号学理论基础分析了“语汇”中“语形”、“语义”在室内陈设中的表达。在“语形”中运用视觉形象元素中的造型、色彩、材料、灯光因素进行分析。再次深入挖掘“语义”中的肖似型符号、指示型符号、象征型符号、系统型符号，并进行分析。最后通过“地域语汇”、“情感语汇”、“时代语汇”对室内陈设的表达。

第三节 空间陈设的叙述方法

每当人们说话、写作、阅读、评论一部作品，或者表述的时候，永远会遇到这样两个方面的问题，一个是内容，一个是形式。创作的时候需要考虑如何把内容变作形式表达出来，而阅读的时候只有通过形式才能理解内容。[1]因此，叙述学是研究怎样将内容通过形式表述出来的一门学问。叙述学的学术定位牵涉叙述学、符号学、结构主义三者的复杂关系。赵毅衡指出："任何艺术都可以用来构成叙述，只要它们能组合成符号链。"[2]据此角度来看，符号学对话语层的分析必然牵涉叙述话语的结构分析，即叙述学的研究范围。

一、室内陈设的叙述方法相关理论

辨析"叙述"与"叙事"，既要认识其历时性角度的含义变化，又要分清不同学术境域中的意义位移，始终立足于学理逻辑性。[3]在汉语中，"叙述"和"叙事"有时是可以通用的，"叙事"是叙述的形式，是我们看到语言文本的表现形式，而"叙述"是叙述方法，通过人的思维出发对文本进行主观能动性的制作。"叙述"是人说话、表述的方式，它可以是一个词语、一个句子或者一件事情的表达形式，而"叙事"更具有局限性，以"讲故事"的形式确定事件的时间、地点、人物、事件等内容，包含的具体内容更多，因此，"叙述"和"叙事"是包含与被包含的关系。

而文学叙述和室内陈设的叙述具有可沟通性，同时他们也具有媒介的差异性。因此，文学叙述和室内陈设的叙述具有共通性：都是一种叙述方法；亦有其不同点：各是不同媒介的叙述，同中有异，且异中有同。在文学理论中，作者与读者扮演两个不同的角色，作者需要掌握良好的写作技巧与创作能力，即设谜的技巧；而读者需要拥有良好的阅读理解能力、想象力以及文学方面的修养，即解谜的技巧。

文学思维是一种想象性思维，需要通过文字的理解进行联想、想象；而室内陈设设计思维是一种具象性思维，通过陈设品的摆放设置，感受空间氛围。因此，文学思维通过文字直接表达，对其进行想象分析，以语言形式为基础运用叙述学进行分析，显然这是有别于室内陈设中的叙述学分析。

1 郭俊超. 李渔拟话本小说叙事结构与形式涵义研究 [D]. 济南：山东大学，2010.
2 赵毅衡. 符号学原理与推演 [M]. 南京：南京大学出版社，2011.
3 董小英. 叙述学 [M]. 北京：社会科学文献出版社，2001.

叙述性的设计，简而言之就是在满足受众的“使用功能”外，同样也要满足“设计中的内涵表达”，也就是说设计作品中要传达一些深刻的“涵义”，并根据文学性元素的编排、演绎被大众所解读。因此，希望人们在接触设计作品时，不仅仅是单纯的体现作品的使用功能，还要具有一定的审美，并通过深层次的认识与理解，使作品升华，从而发现新的解读。叙述性的设计更强调人们的情感体验，它体现的是“在使用功能的基础上，形式追随情感的特征”，更注重设计的“话语权”。叙述性的设计是一种“诉说”、“说话”、“描述”的设计思维与方法，说话不仅要有技巧性，还需要表达的方式优美动听，听众可以听得懂。这种设计方法运用在各个领域，例如舞台设计、景观设计、建筑设计、平面设计、广告设计等。在室内陈设设计中，越来越多的人注意到了这种“说话”方式的不同所带来的情感体验。在文学性的叙述中，叙述者向接受者通过语汇、词、句子、段落元素，以语法的形式描绘出想要表达的事件或故事，而接受者通过叙述者说的话加以解读其中的内涵、意义，从而理解叙述者表达的内容。在室内陈设设计中，设计师根据自身的文化素养与审美观念通过陈设品的搭配创造出具有一定内涵意义的场景，而受众根据自身的理解进行解读，并进行反馈。因此，文学性的叙述与室内陈设的叙述具有一一对应的关系。

室内陈设设计的叙述方法的编排与解读是一个有机的过程。在语言方面的叙述文本中，首先需要确立文章的中心思想；其次根据主题的展开分为若干个章节，之后再细致地划分出句子、文字；最后就是将这些文字根据句法、文法、章法的形式有机地串联成一体，最终形成一篇优美的文章。设计过程的编排、演绎同样也需要这样的三个过程：首先是主题的界定。主题的丰富多彩，需要设计师通过自身感受和对艺术的修养等方面进行确定，而主题的形成与场所、文脉、功能等一系列属性相关；其次是主题的展开，通过陈设品的外显性、功能性等特点进行合理的规划整理，达成基本的设计诉求；最后是叙述——意念到形体的转换。将元素通过对比变化、均衡对称等方式把形体的形、光、色、质串联起来。而对于受众来说，作品的解读则是一个逆向的过程：首先，技术层面的解读——通过表象层面上的审美法则；其次，内涵层面的解读——对理解形式、符号的单个意义解读，以及意义元素的认知，并理解其中的逻辑关系；最后，策略层面的解读——通过说服、感受等精神变化解读主题。因此，解读的过程是由表及里、由简到繁、由浅到深的过程。

世界万物都是相互联系的，叙述性设计的要素内容就是传达作品所要表达的主题或者观念。通过语汇的联系、形式的表达以及场所的人性三部分进行组合，由媒介体传达给接受者，并且希望受众能够理解和解读。叙述性的设计更多关注的是形式和意义之间的联系。现实生活中，每个事物都不是单独存在的，它们都是相互联系，紧密连接的，要想深入解读其中错综复杂的联系与内涵，就需要从其他事物与该事物之间的联系中获得。因此，叙述性设计中的每个语言符号之间是需要编排、组织、表达才能使其中隐藏的意义更加清晰鲜明。

人们在观察周围事物时，视线会追求平衡稳定的趋势，而每种物体的造型、色彩、材质、灯光等元素在空间中的数量、方位等要素的体现，共同决定了空间每一部分的视觉分量和它们之间以及与整个空间之间吸引力的强弱。

在组织形式上，平衡对称包括轴对称平衡、中心对称平衡和非对称平衡三种类型。轴对称是指沿一条轴线左右对应地安排相同的元素，在视觉效果方面简单明了，具有庄重、严肃的氛围；中心对称是围绕一个中心点作放射状式平衡，具有向心性，常作为视觉的中心点，具有关注、加强的特点；非对称则无论形状、色彩、位置都不按照严格的对应关系排列，追求一种动态、变化的特点。

韵律又称节奏，是表达动感的重要方式。根据不断地重复产生韵律，但是这个重复并不是一成不变的，需要渐变或者母体的交替不断变化，通过一定的规律变化，有秩序的循环出现。音乐利用音调的高低变化反复出现强弱，形成一曲优美的旋律，同样通过色彩、造型、灯光等元素，规律性地出现强弱、长短变化，让人们的视线产生运动变化的特点，导致心理情绪感受到节奏感，这种韵律时而急促、时而平缓，产生动感和活力。

突出重点的表达，强调关键部分，具有点睛之笔的意味。若要使空间中的某一元素或视觉特征成为空间的重点，可以通过造型、色彩、肌理、位置、照明等方法加以强调，其他从属元素则要弱化。在室内陈设设计中，通常使用各种手法突出强调一个部位的视觉分量，来吸引人们的注意力，如采用强烈的对比、夸张的造型、鲜艳的色彩。视觉焦点指的是整体环境中最引人入胜的重点和中心，它一般都是作为重点出现，具有突出形象、点名主题、新奇刺激的涵义。

统一与变化是一对矛盾的统一体，在造型、色彩、质感、材质、尺寸、位置等方面通过视觉特征的一致性形成统一。取得视觉统一最简单的方法是重复，重复通过不相关的要素使他们相互靠近、围合、组团等在视觉上形成统一的整体，但统一并不是单调乏味的表现，而是寻求变化，呈现出动感活泼的特质。因此，在统一与变化中相互协调、互相融合，二者保持一种平衡关系。

“场所”不是抽象的表现形式，而是通过具体的事物组合成为一种环境氛围、空间气氛，这种氛围形成不同的环境特征，带给人不同的心理感受。当人能够在环境中得到某种认同感时，就会产生“场所精神”，这就是他在场所中的体验与环境之间的意义关系。叙述与“场所”和“人性”相关。叙述性设计与场所有着密切的对应关系，每个事物的物理属性以及场所记忆都会在设计中受到影响。空间本身是容纳人类活动的容器，人身在其中，与陈设品建立了关系，形成了对话，就具有了叙述性。

二、室内陈设的叙述方法

（一）主题的界定

主题是文章的核心，主要来源于作者对待生活的感悟、体验，分析对生命的思考以及对题材的提炼和思想的升华。主题通过设计者创造的氛围得以表达，被人们感受和体验，同时通过读者自身的文化背景、认知能力等来自不同方面的解读，具有了被诠释性和差异性。题材，即表达主题、塑造形象所用的材料。题材源自生活经验和素材，通过选择、概括、提炼而形成生活素材的基础，例如空间情趣、时代潮流、文化传统、风土人情等。在室内陈设设计中通常指设计元素、符号，包括造型、材质、色泽等承载着创作的理想和主题内涵。

图 17-17　空间叙述语言

室内陈设设计（图 17-17）的主题可以是丰富多彩的，设计师通过对生活或艺术的态度进行主题的设定。主题的形成一般与空间的氛围、设计的风格、受众的需求、存在的背景等一系列的属性相关，通过对美学的表达，形成基本的设计诉求。营造的氛围不同设计的主题也不同，或突出怀旧情结、或表现地域特色、或表达个人情感、或强调时代特征，富有特色的主题可以表达设计师的设计理念和自身修养，同时能够激发人们内心深处的情感表达，营造出情景交融的意境美。毛白滔教授工作室创作的 " 会客厅 " ，以英伦和美式乡村的空间叙述语言，及符号混搭的组织编排方式，诠释了特定空间的特定语境。

叙述性的设计方式通过一定的表现意象来营造主题，提出目标和方向构想，即确定中心思想，通过对目标的物化，形成一定的设计主题，设计主题的核心是“原型”和“特质”。在设计过程中，都会有一个基本的“母题”（原型），例如：以现代主义设计为背景框架，在“原型”的基础上，结合地域文化、时代特色、设计构想，追求某种变异，或者以某个片段的入口作为“母题”，表达主题的塑造探究。“特质”则是由无数个复杂的“子题”构成，使每个子题包含于主题之中，但又具有丰富的变化，加强主题与子题之间的联系，从而具有明确的场所主题。

主题的明确能够使人产生强烈的归属感，可以通过表现方式来完成。“主题”、“题材内容”以及“场所精神”的表现方式编排了一种行之有效的方法，通过陈设的各个元素营造和谐的气氛，各个元素之间为“主题”服务，不仅表现出形式上的华美，更体现出心灵状态的传递。

（二）情节的演绎

情节的演绎是对叙述片段的生动表达，“叙述空间”如同一个发现过程，当你深入其中，随着时间、空间的推移，会发现“情节”中所包含的生动形象的人物角色，体验故事化、戏剧化的场景氛围，类似于拍电影一样，由一个片段、节点将事件循序渐进的展开。根据叙述性主体结构，由主题建构产生情节发展路径，从而产生体验，抒发情感。室内陈设设计是对“精神本质”的追求，通过“主题”和“表现形式”使人得到精神上的享受、情感上的升华。

在电影人物角色塑造上，不仅是其服装、发型、化妆的处理所表现出来的视觉信息，同时也需要人物的重要性格特征，从而带动整个情节的推动。例如：美国早期默片时代的经典人物卓别林，他塑造“夏洛尔”机智幽默的形象，带给观众无尽的欢笑，但是背后却包含着心酸、忧郁的情感。给人们传达了在严酷的环境下，通过扮演小人物乐观和倔强的性格体现出以幽默的方式与恶势力斗争的精神。

空间，是一部变化丰富的情景剧。室内陈设设计中角色的塑造，从形式上看起来是在推敲诸如家具、灯具、织物、陈设品、植物等实体设计，而实质上是通过这些素材，达到创造理想空间氛围的目的。在叙述性的设计中，需要为人们提供心理和精神上的满足。

“情感角色”具有直觉性、主观性的心理活动，主要通过视觉的体验来获得。人类的情感通过认识世界产生关爱、悲伤、关怀、愉快等具体的感受，同时这种心理活动也会伴随某些情绪体验，例如开怀大笑、黯然神伤。叙述性设计的魅力在于情感的表达、心理上的认同，好的设计应该与优秀的文学作品一样，具有震慑人心灵的效果。“情感角色”是空间氛围营造的魅力所在，是与读者沟通的桥梁，也是追求精神情感的归宿。

“空间”是对构成场所要素进行三维的组织，狭义上指的是物理属性，强调的是空间中的活动。而“精神”则描述该场所普遍的“气氛”。在叙述性设计空间里，空间要素就不单是指功能形态，而是成为叙述表达的道具，肩负了表达意义的任务。叙述场景的设置，目的是引发人们的情感体验，营造一种氛围，帮助人们形成积极向上的生活态度。在中国画的意境中，重点刻画的是情景交融、意与象的结合，书画观其韵，就体现了精神与场所的特点。“场所精神”通过物质的空间形态营造出具有艺术内涵与人文精神的审美体验与需求感悟。

三、室内陈设多重语汇的叙述类型

蔡仪指出，文学作品由内容因素与形式因素构成，内容因素包括主题、角色、场景、情节；形式因素包括结构、语言、体裁，它们的关系相联系，缺一不可。文学作品中，不仅需要人物的形象、情节的推动、体裁的限定、场景的设置，同时还需要词句篇章的主题意义。语汇、结构、形式是“说话”的环节，那么“讲故事”就是如何将各部分环节整合成为一个有主题意义的故事。涉及主题、题材、人物（角色）、环境（场景）、情节。

（一）“诗歌型”空间——词语凝练新奇

室内陈设设计营造更多的是一个片段或者一种氛围，诗歌最大的特点是运用简练的语言表现出无限的意蕴，体现出“此处无声胜有声”的特点。通过遣词造句、主题精神、隐喻修辞等形式表达诗人内在的情感精神。诗歌运用凝练新奇并具有音乐性的文学语言为读者提供想象。诗人通过生动的人物形象、事件、景物，用简练精粹的语言概括表现丰富而深沉的感情，对于其他形式的文学体裁而言，诗歌具有以少胜多的特点。而诗歌的“概括”并非是无条件的概括、归纳之类，诗歌中的“概括”通过扬弃具象化的东西趋向抽象化。语言的概括凝练主要是对篇、章、句、字不断反复地推敲、锤炼，运用精简提炼的语言描绘出生动形象的人物、真实再现的场景，具有深远的意境。而日本美学中的“禅意”美学，在通过“简洁”、“空灵”的审美范畴中表达出“大智若愚”、“有容乃大”的生活情操。

无印良品作为零售货物的品牌，其坚持的宗旨是一切归于“本源”。其中品牌名“无”字体现了该品牌的形象特征——“从简洁到虚无”的禅宗思想，产品本身自然简约，材质采用“原素材”，保持天然的本色，包装上不带有任何装饰，让顾客一目了然，店铺的设计也最大程度上简洁化，在颜色和纹样上力求恢复天然本色，这也呼应了它的设计理念——提倡简素、质朴、舒适的生活方式。

设计无痕，代表着一种心境和对世界独特的理解、感触以及灵魂深处的共鸣。设计中的“素雅”是典型的自然主义表现方式，虽极简，却使人仿佛走进盛唐，中式家具运用西式装饰，以最简约的形式静坐其中，传承古朴之美。但见漆画银色瘦竹竿，紫色宫灯玻璃墙，带着尊贵平和的傲气以及变幻不定的奇异，将源自古代的灵感从容带至当代。

空间之于人心，是一种巨大的静谧力量，从容大气，沉静内敛，服务于精神。没有凌乱的修饰，也没有过于繁冗的雕花镂空，只有平和的宁静，仿佛夜色下芬芳的玫瑰，在蜡烛的衬托下越发神秘高贵。主色调看起来单一，“非黑即白”，辅以荒草、奇石、枝杈等元素将自然的质朴之美发挥得淋漓尽致，使你感受到一份对自然的崇敬。白就白得纯粹，一尘白沙碎石深藏意蕴，大面积的留白，瞬间清空心中的杂念，沉浸在身体、心灵和感官的世界中，每一处细节，都在营造着真正淡泊却本真的氛围。

（二）“散文型”空间——词句真情实意

散文的美质是以语言作为载体的，这种语言美受到文字本身以及内在意谓的表达。散文是文体自由，真实抒发人生感受的文学体裁，具有形散而神不散的特点。散文的语言特征是：语言形式不拘泥一格，结构形式富有多样化色彩。设计师应像散文作家一样，运用自由灵活的文笔，描写出真实质朴的情感，提出标新立异的主题，刻画出精雕细琢的品质，描述出幽默风趣的语言。

根据散文自由多样的文体。内容和主题的限定，可以像小说一样描述人物形象、刻画心理状态、渲染环境气氛；也可以像诗歌运用修辞隐喻的艺术手法；还可以像戏剧文学那样作对话描述。在室内陈设设计中，可以是民族的、传统的元素与现代都市生活的融合；也可以是东西方文化的混搭；还可以是传统经典与现代造物的融合；更可以是自然风光与现代科技的混搭，对自然的向往是现代人突显的情感特征，室内出尽奇招的陈设植物一部分也要依靠现代科技的力量。通过一种理念或者追求的主线，以其他类型的元素作为点缀，在设计中把握主次关系，展现出不同的文化特征。设计引领现代都市年轻人的时尚活力。空间也呈现纷繁复杂、灯红酒绿的都市夜生活，以红色为主基调，以鲜艳多彩的蓝色、绿色、玫红色进行点缀。在灰色的基础空间中显得格外亮丽，就像年轻人的活力与激情，虽然现实灰暗，但是却浇不灭年轻人内心火热的情感。增设趣味的装置艺术点缀其中，造型简单的鲸鱼、色彩丰富的玩具熊、缠绕复杂电线的灯具等，体现了年轻人充满乐趣、童贞的性格。LED 光色的变化也表现出当下年轻人对潮流多变的追求，更能营造出休闲假日社交聚餐的多元化、舒适化空间。

在散文中我们知道，作者的思想感情不是凭空产生的，总是由一定客观事物引起的，作者要表达某种思想感情，可以直接抒发自己的真情实感，也可以凭借一定的事物或自然景物表达情感，这就是人们常说的托物言志，借景抒情。运用这种表现方法，应当注意选用的景物和表达的思想感情之间要有某种共同或相似之处，要赋予它深刻的意义。可以增强作品的形象性，收到寓意深刻耐人寻味的艺术效果。矛盾的《白杨礼赞》歌颂在中国共产党领导下的民族英雄不屈不挠、艰苦奋斗的革命精神，白杨树坚韧不拔的精神与民族英雄艰苦奋斗的精神相契合，体现出托物言志的深邃意境。

在婚礼设计中，将设计与艺术、技术等元素进行结合，创造出一个空灵无限的梦幻场景。将“晨雾”由轻质面料构成的天花板装置采用风向控制的同步运动营造出烟雾的效果，悬浮或零重力的感觉营造了梦幻的效果，渲染了场景的空灵感受（图 17-18）。

图 17-18　自然的设计表现

（三）“小说型”空间——语言包容舒展

小说是通过刻画人物性格特征，以丰富生动的语言形式构建出虚构的故事情节的文学体裁，语言具有包容性，叙述舒展自如。小说型空间向读者讲述一个逻辑性很强的故事，通过“阅读”依次游览引导读者一步步进入引人入胜的情节中。小说通过细致的描写，复杂多变的情节，带领人们进入到虚构的世界中。

小说具有跌宕起伏、复杂完整的故事情节。起，故事的开头，带领读者进入故事情节中，引起读者的兴趣，通过故事开头为读者营造故事的氛围，是场所定位的关键因素。例如“外婆家”餐厅设计，入口处引用了江南水乡里典型的街巷、竹林、流水的画面，把人们从高楼林立的都市带入到竹林深处，聆听潺潺的流水，清脆的鸟鸣，脚踩青石板小道，古朴清新的江南感受扑面而来，描绘出一幅小桥流水、竹林人家的优美画卷。承，是故事发展的过程，是根据上文内容加以描述，具有承上启下的作用。进入大厅，“竹”元素贯穿其中，“河流”由入口流经大厅，形象地概括了江南水乡密麻交织的河道系统，石板小径穿过竹林，创造了曲径通幽的独特空间环境。转，达成故事的高潮部分，其中利用人们感知上具有冗余性的特点。餐厅的走道是由街道的名字命名，而独立的空间以店铺命名，又一次刻画了江南市井小巷的真实乐趣。通过现代精炼的体块关系营造出一座座村屋，一道道墙园，一条条小路，在细节上通过虚实结合，将炊烟袅袅的街景淋漓尽致地表现出来，使人们不由自主地唤起儿时回忆。合，是故事的结尾，通常处于序列的末端，犹如钢琴乐最后的尾音，清脆、冗长，在空中形成一道优美的音轨。结尾处古老厚重的大门体现了家的情愫，让人恋恋不舍的情感（图 17-19）。

图 17-19　外婆家餐厅设计

（四）“戏剧文学型”空间——情节跌宕起伏

戏剧文学，一般指舞台表演、电影拍摄所用的文学剧本，是戏剧、戏曲、电影、电视等表现形式的艺术基础，它依托综合艺术实现其审美价值，并以语言为主的文学体裁。

戏剧冲突是戏剧艺术的核心价值，没有冲突就没有戏剧。有经验的读者或观众在读完一个剧本或看完一出戏之后，往往会这样评论：“这里有‘戏’”，或者说“没有‘戏’”，而这里的“戏”就是戏剧冲突。戏剧文学经常为了使情节紧凑、精彩、引人入胜，而加强戏剧氛围，创造紧张感。在室内陈设设计中，意想不到的设计元素会为戏剧带来“笑点”与“泪点”，使观众深入戏剧情节，更好地投入真情实感。在这个儿童空间的设计中，灵感来源于儿童自身的环境，设计中将流畅的功能性和出人意料的神秘感融合在一起。使装饰性与功能性很好地进行融合，充分考虑消费群体儿童的特点，利用曲直多变的书架营造出一个充满童趣的梦幻世界。墙面上高低错落的书架台，无处不在的七彩流动线条，将空间分割成若干独立而又浑然一体的空间。大小不等的弧形书架错落有致，诱惑着孩子们爬上去探索书架背后的秘密（图 17-20）。

图 17-20　儿童空间

戏剧文学由于受时间、空间的限制，剧作者在选取题材、凝炼情节、刻画人物、发展剧情的整个写作过程中，必须考虑戏剧的集中性和情节性。戏剧的情节包括五个方面的过程：

（1）序幕：介绍故事的时间、地点、人物以及发生的时代背景，是戏剧演绎的准备。

（2）开端：故事中矛盾冲突的第一事件，是故事的起因，为之后反映的矛盾冲突埋下伏笔，或设下前提。

（3）发展：这一部分是剧中的主要部分，将故事铺展开来，并进一步深化，人物性格与人物关系表达得更加完整具体，并把矛盾冲突推向高潮。

（4）高潮：是矛盾冲突最强烈的地方，是解决主要矛盾最关键的时刻，在情节中是最紧张、刺激、吸引人的部分。

（5）结尾：人物事件之间有了一定的结果，情结从开端、发展到高潮的必然结果，是故事的结局。

例如美国奥斯卡颁奖舞台，充满端庄、优雅的氛围，为了营造这样一种目的，首先在整个舞台的半圆形镜框上吊挂了非常多的小灯泡，与底部的红色背景融合，造成了一种如同繁星点缀的效果。在前部的幕布升起后，出现了五根扭曲旋转又富有金属质感的网状柱子，在演出时便化作可以打开的幕帘和柱子，同时也起到了分隔空间的作用，随之加上灯光的照射便形成了一种华丽、优雅又有些未来的视觉感受。这一中性的布景，不仅填充了舞台，增大了舞台的纵向空间，而且使得舞台不再枯燥乏味，不仅满足颁奖典礼的实用性，也满足了观众的视觉感官。在配色上，舞台布景包括灯光的设计都非常小心，大多使用冷色系的灯光，即使是黄色的装饰灯光也都是小范围使用。这样的设计是为了避免登台演员的服装与灯光布景色彩冲突。

开场主持人引领大家进入 3D 全息投影创造的电影世界，展示了无数曾经让大家沸腾过的经典电影。紧接着大幕升起，通过主持人的带领使观众进入另一个世界。在舞台背景上投影，本届奥斯卡提名电影里的重要演员，加上树立的闪烁小金人，以及所有穿着不同电影里的经典戏服出现的舞蹈演员，颇具百老汇音乐剧的风范。接着是以每个电影为场景的歌曲表演，例如在这个场景中，耀眼如晶球般的舞台前装饰了四千五百万颗施华洛世奇水晶，晶体结构仿佛向外绽放般，延伸出更抽象的形式，带有一点点装饰艺术风格。灵感来源于电影《阿玛迪斯》，六面镜像拱门可随节目需求旋转，镜子背面为 LED 屏幕，将会显示入围者的照片（图 17-21）。

图 17-21　美国奥斯卡颁奖舞台

叙述性设计创作的过程是通过主题、素材、表现手段等方式进行。通过主题的界定、人物的塑造、场景的营造以及情节的展开创造出具有叙述性的室内陈设设计。运用文学作品中的四大题材：诗歌、散文、小说、戏剧文学四个方面的构造形式与室内陈设设计相结合，意图营造出具有文学情怀的空间氛围。

第四节 赋予文学作品下的室内陈设的方法实践

一、珍惜芳时，花香满室

二十余年前，这个用生命在吟唱的诗人，一直都渴望远离城市的喧嚣，寻求远离世俗牵绊的世外桃源。海子轻柔地道出了我们关于生活的梦想，二十余年后，我们将这个梦想变成了现实。设计灵感来源于“面朝大海春暖花开”，海子描写的是对美好生活的向往，一所房子，面朝大海，风景优美的景色，但同时又表现出海子内心的孤寂、忧伤的心情。诗歌中唱出了海子的真诚、善良，诗人想要做“一个善良的人”，字里行间都是充满希望与祝福的情感，但却隐隐感受到诗人孤寂与深深的忧伤。诗人将“幸福的生活，灿烂的前程”的美好祝愿赠予他人，自己却孤独面对大海，背对世俗，逃避现实带来的不如意。使“大海”与“春暖花开”形成强烈的对比，更体现出这首诗内在的忧伤情感。

扑面而来的是海风的味道，海水的蓝色情怀，充满着忧郁、伤感，而花卉元素的点缀给整个空间注入一股青春的活力，正是花开一室，芳香撩人。家具选用别致的造型，以深沉明快的色彩为主，体现出时尚、前卫感。色彩上选用了深沉的蓝色表现海子落寞的心情，为了更加贴合诗歌中作者的情感表达，选用了沙漠金色与大海青蓝色为主色调，再辅以蓝、紫、玫红等颜色，盛满的鲜花表示对美好生活的追求。室内空间仿如盛满了跳跃的七彩阳光，明媚动人，但又带有一丝忧伤（图 17-22）。

图 17-22 《面朝大海春暖花开》室内陈设布置图

二、诗情画意，雅俗共赏

月使得世界变得精致，也使世界变得朦胧。河畔上月特别的圆，特别的亮，也特别的静。月光照耀，秋风轻拂，树影婆娑，一切都好似沉醉在梦里，倒影在水中，静固在画中。一切都是那样的幽静，静如止水，就连呼吸声都是那么的清晰。只是从远处传来几声清脆的蝉鸣，让我还能感觉这世界还没有熟睡！那片洁白柔软的景致像是梦般的虚无，却又难以置信的真实。

荷花和花苞在朦胧的月色下飘忽、摇曳，空气中弥漫着淡淡的花香，月色与荷塘里的雾光交相辉映，显得更加风情绰约。岸边低垂的柳树将河塘包裹起来，只有中间的几段缝隙露出月光的光斑，洒落在湖面，远处隐隐听见树上的蝉鸣，树下水里的蛙叫。整个画面具有立体感，虚实结合、浓淡相宜，描写的画面使人深入其境，历历在目，同时还透露着诗情画意的情怀。

设计透露出雅致、温馨、恬适，以皓月为图底衬托出空间的氛围，同时陈设品中选用植物、地毯及镶嵌黄铜的漆器、彩绘的家具，在整体上拉动空间的气氛，使整个空间沉稳。色彩上大量使用偏灰色的层次，整个空间更显出质感和高贵，正是通过厚重感，体现出荷塘月色下深沉、静默的情景。通过一些小细节，例如运用一些反光较弱的金属与布艺相结合或者简易的几椅、清新的吊灯等元素摆脱压抑、沉闷的情绪，同时在注重空间文化的同时也不失现代时尚感（图 17-23）。

图 17-23　《荷塘月色》室内陈设布置图

三、阔影绰约，意蕴绵长

《了不起的盖茨比》以纸醉金迷浮华世界为背景，演绎了一段凄美的爱情故事，小说中的盖茨比为了追求自己向往的美好爱情，凭借自己的努力从身无分文的穷小子跻身于上流社会的一员，在与初恋情人黛西隔海相望的豪宅中，彻夜笙箫只为那梦幻般的爱情，浪漫的爱情总是使人神魂颠倒，忘乎所以，因此它华贵、奢侈、神秘、虚无。

图 17-24　《了不起的盖茨比》室内陈设布置图

设计以深厚的时代底蕴为支撑（图 17-24），体现出感性的欧式浪漫生活艺术，以盖茨比对黛西深沉执着的爱情为主题，打造出奢华、梦幻的艺术氛围。场景奢侈的深色锃亮的胡桃木色家具，精美的细节，优雅的天鹅绒布艺无一不彰显西方的贵族气息，金色材质的点缀、贵气十足的艺术灯具充满异国情调，以及浅色系的地毯为整个场景带来低调的奢华享受，仿佛穿越了时空，在当时的情景中与角色进行对话。典雅的家具采用古典与现代的造型，相映成趣，将奢华的感受衬托得无与伦比，织物的处理上多运用繁复的欧式花纹，更显设计的细节处理。

四、梦幻奇异，天马行空

《爱丽丝梦游仙境》为我们展现了一场精彩绝伦的奇妙冒险。电影中，场景的设置和光怪陆离的情节不仅满足了人们的好奇心同时也展现了一场视觉盛宴，虽然荒诞奇妙，但是它却隐含了深刻的哲学思想。影片讲述的是爱丽丝在逃避父母为自己包办的求婚婚礼时，误打误撞地被小白兔带入“仙境”中，种种不可思议、天马行空的畅想在这个神奇的仙境中得到了实现，搞笑幽默的疯帽子，造型滑稽可爱的红心皇后以及雍容华贵的白女王。“仙境”中如梦如幻的童话场景让人印象深刻，人物造型夸张、奇特，创造出天马行空的视觉感受，带给人们童年时代的幻想，就像是长不大的孩子一样，憧憬当时的天真美好生活。也许，在心里也曾有这样一个角落，它华丽、矛盾、自然、荒诞、怪异且存留着当时年轻的美好。设计运用了当代流行的“拼贴艺术”手法，图案丰富多彩，新奇别致，创造出另一种不同的语境特色，家具、陈设品的选用上又具有一定的复古情怀。设计依个人喜好，创作从华丽浪漫到荒诞怪异，从活泼张扬到庄重典雅体现出不同的气氛，表现形式从重复的二元图形到波普艺术，或是从葱郁的丛林景象到矢量图画，应有尽有。整个设计中家具、陈设都很讲究，多种形式风格，包罗万象，无一相同。通过平面图形的设计手法彰显不同的个性，造成人的视觉差营造出神奇的空间。再利用奇妙的设计图案，新奇别样的壁画让人奇思妙想，游走在画境里，充满超现实主义，例如可爱的仙人掌座椅、动物造型的脚垫、落地灯、色彩丰富的沙发等元素（图 17-25）。

随着陈设品的多样化、科技化、广泛化，供人们选择的事物越来越丰富，组织形式也更加多元化。随着社会的发展，服饰、音乐、舞蹈等艺术形式也在不断地融合，单一的风格形式已无法满足人们的需求，需要打破现有规则，创造出新的秩序。如同音乐，在时下的流行音乐中，已不再是传统的分类形式，而是相互融合，既有民族音乐的抒情形式，也含有说唱音乐的强烈节奏感，还包含了古典音乐的曲调。陈设设计也需要突破现有的风格限制，根据自身喜好特点、审美情趣、文化修养等方面，打破传统的同类相似规划，创造出颠覆、对比、戏谑的效果。

图 17-25 《爱丽丝梦游仙境》室内陈设布置图

设计运用以上几则主题所需的陈设品，通过打散、重构的技法随意地进行摆放、混搭，试图营造一种无主题的多重表现形式。在此基础上尝试打破之前的主题营造，可否创造出一种新的设计秩序，根据设计者对“美”的理解、感受，创造出一种新形式、新方法的室内陈设设计。每一个空间氛围都具有随机性，给人的感受更多的是复杂、多变、怪异，并没有一定的内涵所在，单独的陈设品具有其自身特色，但是组合在一起又显得混乱，形象地理解为有序的混搭形式，对于思想情感的表达不是很明确。

室内陈设的分类是庞杂的，通过借用语言学的分类形式，将“语汇”内容逐一分离并与陈设分类相结合，将陈设分为“语形”涵义的陈设与“语义”涵义的陈设两大类，它们分别代表了陈设品的外显性与内涵性因素。一件物品，因为有其内涵价值它才拥有了自身的意义。因此，不仅要注重陈设品的外在（色彩、材质、灯光、造型）表现形式，更要注重内在意蕴，这才是设计师营造空间氛围，受众解读空间情景的核心。

一篇文章或者一个故事抑或者一个人诉说的话语，都可以是“叙述”，因此，怎样才能使一个空间氛围具有可读性、聆听性、理解性就需要通过“叙述”进行。在室内陈设中，“叙述”需要陈设品这个媒介给予表达，在整个空间中起到营造空间氛围的作用。创造“叙述”的空间氛围，需要设定一个主题，而情节、角色、场景等元素都服务于这个主题形式中，但又互相区别、互相联系，它们是矛盾的统一体。情节推动这个“叙述”过程，使空间氛围更加丰满、完整，角色营造“叙述”节点，使空间氛围更加生动、有趣，场景整合“叙述”背景，使整个空间氛围更加统一，这些都需要通过陈设品的搭配来完成，创造出具有感染力、情感化的空间氛围。

当前由陈设品只是当作一种风格特征来进行搭配，而忽视了陈设品自身所带有的情感属性，人们盲目的追求视觉上的美感享受，而忽视其中的内涵价值。因此，室内陈设设计更多的是需要注重人的情感感受，与营造的空间氛围产生情感共鸣，获得受众的解读。就好像阅读一篇文学作品一样，在浏览之余，除了欣赏优美的语言表达形式，更需要体会作者给我们带来的精神情怀与埋藏深处不被轻易发现的情感寄托。

〖第 6 部分〗语意

第十八章 空间情境的语意
——多元复合性场景营造

第一节 情景化空间设计与体验

情景化设计的研究不仅研究人的情感的表现和情感的满足，更加注重空间环境对人的情感的影响，研究情感与空间环境的相互影响，体验化设计的特点是为人们的情感交流创造条件。设计的主要对象不只是一味地传递，人们不喜欢说教式的设计，更愿意能参与并获得与之交流的体验，将体验的理念融入设计以便更利于体验的实现。空间使用者根据自己的喜好选择不同地点享受不同环境，这样的体验空间正是情景化设计所追求的。

一、情景化设计与场景

（一）情景的定义

“情景”是根据一个主题营造出的使观众能有“身临其境”体验的生动环境。这个环境可以是用代表性的事物、声音、图形、符号甚至是气味引发受众的联想，也可以用各种物质材料创造实体环境，或用虚拟材料表达影像虚拟的场景，好的空间情境塑造，是以关切受众的体验为核心，让身临其中的人在空间体验更有获得感使得空间环境的信息传播更贴合受众的情感诉求。

1. 情景化

情景化是一个互动的概念，包含了情境化和情景体验两个方面，设计师通过搭建具象或抽象的空间场景，营造特定的情境，将人带入一种氛围的联想当中，把要表达的主题内容置于场景体验中，来激起受众对象参与其中，使受众对象得到一种切身的体验，并将有用的信息传达给受众对象，帮助他们吸收和消化。这样的情景体现和设置，也正符合人们对生活形态和心理需求的认同和共鸣。

2. 情景化设计

情景化设计，包含情的设计和景的设计，主体——情化是关注环境与人的情感关系。客体——景化关注的是产品与环境的和谐。首先表现的是触景生情，即情化因景化而生；其次表现的是情景交融，即景化与情化相生，最终达到情景交融的最高境界。

情景化设计，要从人的情感出发来理清设计思路，首先分析人处于空间的情感需求，从而设计出满足人情感需要的空间环境。在明确设计目标下，明确设计要素和情景化设计。对人情绪的变化、情感的唤醒进行研究、分析并提出恰当的设计要素，用最合适的设计手法运用于空间设计。运用情景化设计空间场景，从人的情感需求和体验出发，满足使用者的不同空间感受，促使人、物、环境三者之间达到更加和谐的状态。

（二）空间场景中的情景化引入

在我们营造的建筑空间或室内场景中，人们会进行着一些自觉或不自觉的情感交流，从而获得了一些喜、怒、哀、乐的不同感受，这是空间场景和人之间产生的情感交流的结果。空间或场景是有情感的，情景化设计就是利用人的感官针对周围空间的体验感受而进行设计。

场景即是场所、景象，场景又分为真实场景和虚拟场景，情景空间中搭建是真实场景，游戏界面中的场景是一种虚拟场景，场景设计分为场景的物质层面表现、场景的事件层面呈现和场景的情感层面表达三个层面。

场景是艺术创作中用来烘托主题氛围的主要表现手段，场景的设置或呈现，有助于人的故事在场景空间中展开。如今，场景设计在空间环境设计中同样发挥着效应，运用造型、材质、色彩、肌理等设计元素，通过重新排列、剪接、混搭、组接、解构、对比等手段，迎合人情感体验的需求，创造出空间层次，构思一个场景主题和风格，让人们进入这样的环境时，由于环境与人形成的互动、交流而使人对空间产生丰富联想和共鸣（图18-1）。

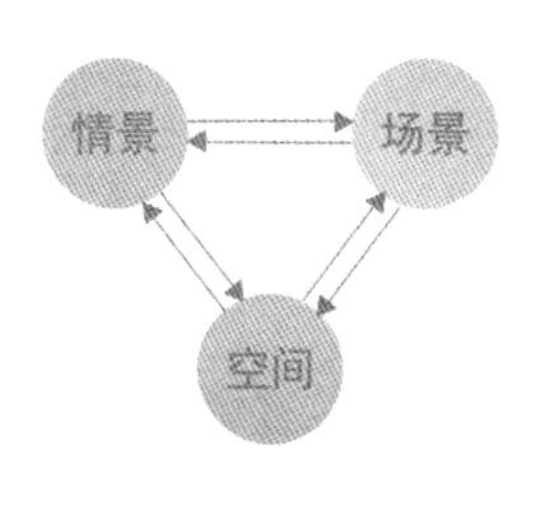

图 18-1 情景、场景与空间的关系

因此，情景化设计的研究不仅研究人的情感的表现和情感的满足，更加注重空间环境与人的情感的相互影响。

二、情景化设计的表现、特征及体验

（一）情景化设计的表现

情景化设计针对不同对象有不同的表现形式，它适用于所有人。唐纳德·A·诺曼在《情感化设计》[1] 中写到，人脑有三种不同的加工水平：本能的、行为的和反思的。把设计和设计目标划分为本能层的设计、行为层的设计和反思层的设计。我国建筑理论学者萧默认为不同的建筑其精神属性具有不同的层级，建筑的精神属性可分为三个层次：最低的层次体现为与安全感和舒适感等物质的功能紧密相关；中间的层次体现为与建筑审美方面的形式美要求相关，重在“悦目”；最高的层次则表现出一种富有表情和感染力的情绪，并且要创造给人以精神上的享受的情绪氛围，用来陶冶和震撼人的心灵。

1　唐纳德·A·诺曼．情感化设计 [M]. 付秋芳，译．北京：电子工业出版社，2005.

对比两种观点可得出这样的结论，诺曼是按照使用者对物品所带有的情感深度分为三层次，而萧默则是从基本到优化将使用者的情感需求分为三层次。我们在空间的情景化设计中发现，使用者的“情”与空间的“景”的相互作用也是由浅入深而展开的，因此，我们在这里将其表现概括为本能层表现、行为层表现和反思层表现。

1. 本能层表现

本能层表现是带给人感官刺激的作用。人类与生俱来对周围的一些事物有感觉、认识，总是伴随着感官的感觉而发生，同时情感会对本能层有直接的影响。比如黑色给人以恐怖、神秘的感觉，这是由于人类的眼睛在黑夜无法视物，所以这一不可感觉的状况会使人感到迷茫、恐慌。但如果把黑色用在包装产品上却又能使我们感到神秘、贵重，这便是利用人们对看不到的物品有着探究、好奇的本能情感，从而达到了产品所想表达的效果。

在空间设计中，本能层表现的感受是由人体的各种感觉器官直接传达，反映空间最直接的信息传递和情感交流，这是人与空间面对面的直接对话。设计师必须考虑人在设计内部的造型、色彩、肌理以及空间的气味、声音和温度等要素营造的感官体验，来满足人们最基本也是最前提的本能层的需要。

2. 行为层表现

行为层表现关注的是空间动态的层面，主要体现在各类设备产品的功能、可用性上，研究使用过程的简单、舒适、耐久、方便、节约等使用感受，无论是工业产品设计、室内空间环境设计还是室外景观环境设计，其最终目的是为了使人感到用起来顺手、方便、舒畅，那么便会让人产生积极的情感。要设计出满足人们需要的产品，并不是那么简单的事情。设计师应该对一些现有产品进行客观的调研，了解使用者的苦衷，对现有产品进行进一步的研究做出更趋于完美的改进。

在空间设计中，设计师需要考虑人在空间中的活动即空间的动线组织。第一类是笔直型动线的平面；第二类是集中型动线的平面；第三类是自由型动线的平面。这三类动线都是根据人的合理高效的活动来考虑设计的。

3. 反思层表现

反思层表现是在前面两个层次之后而产生的关于人的情感、意识和文化背景等复杂因素相互作用的结果，即“触景生情”。它可以说是与本能层、行为层设计相互穿插而相互影响的，反思层是人与环境接触后产生的深层交流。历史上有许多经典的设计和品牌，他们因自有的设计语言，而给使用者带来特殊的使用体验，在使用过后被印刻在人类的大脑中成为一种标识。反思层的表现注重产品背后信息及文化的意义，就像法国设计大师菲利普斯塔克（Phiiippe.Starck）的榨汁机一样，它的设计并非在于普通榨汁机的使用功能上，而是在于引起人们对设计的思考，以及设计的对话上。

这三个层次之间互相穿插、互相关联，可能会在三个层次上相继出现，甚至也有可能是同时发生使用或拥有，它使人回顾过去或思考未来，并能引发人的认同感、满足感、成就感等非常美好的情感体验。

（二）情景化设计的特征

1. 表现场景的多义性认知方式

情景化设计[1]的多义性是由人的情感需求的多样性引起的。随着科技的更新和时代的发展，单一空间具备了多功能性的发展。比如人们最常接触的功能空间客厅，一般来讲，客厅本是人们聚会、交流的地方，为了方便人们更换鞋子，会在客厅与门庭的连接处安放鞋柜；而设计配有茶几的功能，则是因为许多人喜欢在此喝茶吃点心；也有因为喜欢读书看报而摆设桌子，便于做读写功能的客厅。因此，为满足人们情感需求的多样性，多义性的设计成为必然的需要。

2. 关注情感的人性化设定

人性化设计不仅体现在使用功能上，更体现在人的情感需求的设计上，设计师必须应用人性化的情景化设计满足人们情感的需求。空间设计不仅仅追求功能上的完善，也会更注重使用者在情感上的满足。比如意大利设计的儿童沙发，在造型、色彩图案上都极力满足儿童的情感需求。

3. 满足受众的趣味化审美

情景化设计的趣味性是人们向往美好事物和美好生活的追求。当人处于不同的年龄阶段时，会对生活有不同的态度和理解，而趣味化的设计可以满足人在情感上所需要的不同美好生活的需求。空间环境的趣味性不仅是儿童房间的专利，也是成人空间所需要的。

4. 追求触景生情的体验

体验化设计的特点是为人们的情感交流创造条件，设计的主要对象不只是空间信息的传递，人们追求的是因景生情，更愿意去空间中参与交流、体验。空间环境将体验的理念融入设计，更利于体验的实现，空间使用者根据自己的喜好选择不同情景享受不同情境，这样的体验空间正是情景化设计所追求的。

1　卢一．信息时代公共图书馆阅览空间情景化设计 [D]．成都：西南交通大学，2012.

（三）情景化设计的情感体验

情景化设计通过设计师针对不同空间使用者的需要，用不同的方式激发不同类型的情感，这样可以使设计更有目的性，还能给需要的人带来各种不同的情感体验。在日常生活空间设计中，设计师已意识到情感设计的重要性，如果人类生活的空间中失去情感体验，那生活也将变得不完整。“情景设计”针对空间使用者的体验和情感需求来设计，是遵循人类的情感活动来设计的、具有人情味的产品形态，并且是一种能相互交流的方式，使人的体验在心理上获得情感的满足，并唤起对美好生活方式的追求。

1. 场景与情感的连接方式与表达

情感表达包括服务对象的情感表达和设计师的情感表达两方面，服务对象的情感表达需要通过对不同人群的生活状态和情感来源进行分析，把人们的情感需求反映在设计上；设计师的情感表达包括设计师个人的设计理念表达，以及设计空间的理念表达。在空间设计中空间情感的表达就是空间功能的最高形式体现，也就是满足情感场景互动。为满足情感的需要，要求设计中映射并满足人的情感，满足情感不仅从人的使用情感、审美情感入手，还要符合人的使用习惯和审美习惯的需求。

2. 融合情感的场景载体

使人的情感与空间环境发生共鸣就是融合情感，这也是空间设计的最高状态，由于各方面因素给人们带来的一系列压力，在设计领域为了设计出更好的空间环境，就必须设计出更加令消费者满意的空间环境（图18-2）。

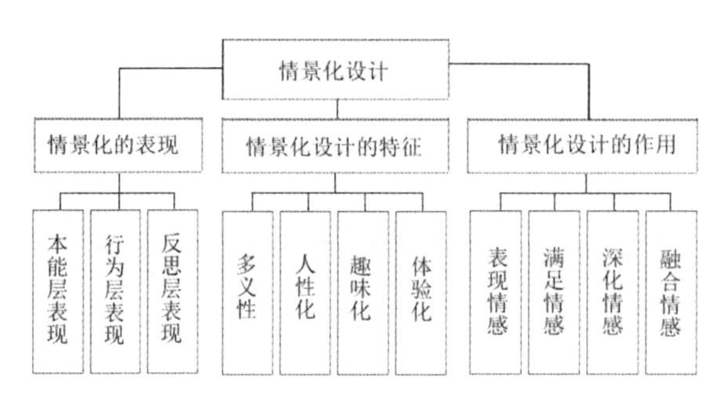

图 18-2 情景化设计

（四）场景中的顾客体验

1. 场景体验中客体对主体的调动

在用户体验的空间设计中，用户是体验主体，而空间形式的主题呈现、具有特色的道具、满足整体效果的陈列方式、体现丰富视觉效果的场景、发人深思的故事情节和令人感动的人文关怀等，这些因素构成了设计中体验的客体。设计师不是把体验像商品一样的交给用户，而是在设计过程中把用户对现场环境的反应作为设计的重要考虑因素，通过一些特定的造型和色彩等空间设计要素来打动用户，因此，先要了解用户的需求，了解用户的教育背景、职业收入、生活阶层和审美情趣，总结用户所具有的共性特征和需求，然后设计师站在用户的立场进行设计，以满足不同性别、年龄、文化阶层用户的体验需求，从而使用户积极参与、交流和互动，并获得用户体验。

2. 场景体验中主体对客体的认知

当今社会，提倡以人为本的设计，因此用户的需求应体现在设计的全部过程中。相对于较稳定的客体环境因素，主体的主观心理波动相对比较大，这些主观心理和情感倾向的变化影响着人对外界的感知能力、思考能力和反应能力，也影响着用户在体验过程中对场景体验的评价。因此，对于设计和环境引发的积极情感与消极情感也是多变的，产生的积极情感包括愉悦、惊喜、满意、偏爱、怡情、休闲、放松等，引发的消极情感包括厌烦、悲伤、不满意、痛苦、愤怒等，用户的这些情感倾向和心理状态的宣泄，是一个从基本的生理需求到自我价值实现的过程。

3. 用户的参与与场景的情感互动

主体和客体的互动是双方进行沟通并构成体验认知的体验形式，它是主、客体双方进行信息交流的重要方式，设计师为了达到展示的预期目标，增强展示效果，应该从参与者的角度出发，抓住他们的生理、心理上的需要以及更高的情感需求，在参与互动中对参与者进行观察、分析后再完成设计，这样做可以更好地诠释空间主题，提高信息传递效率，也是为了更好地服务参与者。同一用户在不同情境下的同一环境或者同一信息源所产生的情感体验并不相同，它具有随机、动态、情境性的特点。在使用过程中要多为参与者提供一定思考的余地，这样做的目的不仅可以扩充他们的想象空间，也让他们体会到自我实现和精神共鸣产生的乐趣。

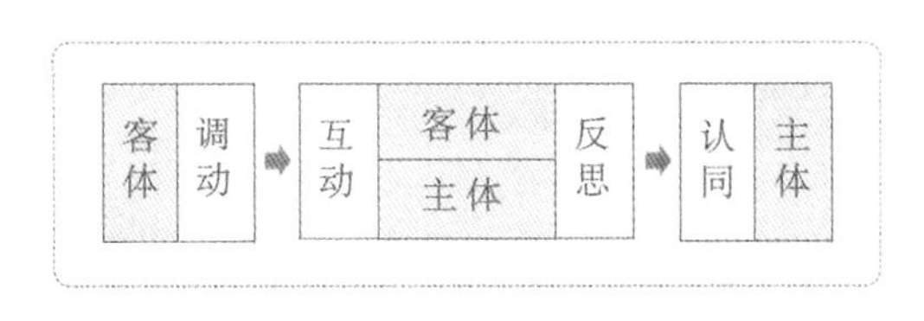

图 18-3 用户体验过程

4. 主体和客体的互动引发的反思

用户体验的反思是用户在真实的使用或体验空间环境之后，对事件的主观评价。用户与空间环境的互动体验思考周期一般通过目标、执行和评估三个阶段完成（图18-3）。设计师要发现、剖析这些情绪并找到其中的原因，从而完成顾客满意的设计。

第二节 空间光环境的情境表现

光影是建筑及室内空间重要的审美要素之一，建筑空间的造型、色彩、质感的表现都需要光。光勾勒出物体的轮廓，制造出物体暗面的阴影，赋予物体质感和深度，可见光在建筑空间中的巨大作用。光通过形态、虚实、动静、亮度、色彩等因素的对比与协调，在满足视觉照明的功能需求外，还能够营造一定意境的空间效果，同时满足人们不同的审美需求。光影的艺术作用是根据各种不同的照明手法和色彩产生各种不同的空间意境，进而对受众产生特定的心理效果。设计师可以通过照明设计使各种形状、进深及不同风格的建筑及室内空间产生不同的意境效果。

一、光环境设计中光影视觉组构的艺术表现

人作为建筑空间和光环境的主体，在建筑光环境中的知觉感受无疑是十分重要的，因此，对光环境设计中视觉组构的问题进行分析，是改善人在建筑光环境中的视觉感受，营造更加人性化的光环境的重要问题。空间中活动的人，用眼睛在视觉环境中搜索提供与满足活动需要和认知环境需要的视觉信号，所有的视觉信号都构成了视觉环境的图像和背景关系，因此“图像”和“背景”成为视知觉中的重要知觉过程。视觉空间中的元素被人重视或忽略取决于图像的本质，即该视觉元素与周围元素的对比和相互关系。而光的作用，则是加强或减弱这种对比和相互的关系，从而影响空间中人的视觉感知，形成空间中光环境的视觉组构。可以说建筑光环境的视觉组构，是在平庸的建筑空间中创造新的艺术形象，或者，是起到锦上添花的作用。建筑光环境中视觉元素的组构，可从建筑光环境的视觉元素、视觉中心、视觉层次三个方面进行论述。

（一）光影作为空间中的视觉元素

建筑空间中进入人的视觉范围，为人所感知的事物，可以认为是空间中的视觉元素。平面或空间中的视觉元素，通过色感、体感、动感上的差异，刺激观察者产生视觉印象，因此可以说，空间中的视觉元素就是空间中差异化的形态。光影作为空间中重要的视觉元素之一，只有处理好光影与其他建筑视觉元素之间的关系，建筑空间才能形成良好的视觉效果。空间艺术形象的形成，首先是空间视觉元素的秩序化和条理化，其形成的过程，可以理解为空间中视觉元素有序或无序组构的过程，通过视觉组构，形成了空间中的节奏、韵律、虚实、主次等审美感受。

（二）光影构成空间的视觉中心

空间中的视觉中心也是空间的视觉焦点，是能够引起人注意力的视觉信息或视觉元素。视觉生理表明，人的注意力总是会本能地集中在视野中亮度较大的部分，因此在建筑光环境设计中，可以利用人的视觉的向光性，将空间的重点处理成极具视觉冲击力的明亮的中心，打破空间的单一和均衡，形成空间中吸引人视线的视觉中心。亮度最高、最被强调的视觉中心的部分，往往也是空间设计中最具趣味和特色的部分。光、色形成的环境气氛，直接影响到人的生理心理反应与主观感受，它给人以愉快、舒适，情绪振奋，或单调、厌恶，情绪消沉。为了创造空间的气氛，一部分光从实体空间中游离出来，产生另有作用的光空间。追光灯的光线在昏暗的环境中能够在视觉上创造了有边界的区域，形成了强烈的中心效果。舞台设计中常常运用光的可控性和可塑性，创造出多变的假定性空间与气氛（图 18-4）。

图 18-4　光影构成空间的视觉中心

建筑光环境的视觉中心的概念，是以人为尺度的概念，强调人在空间中作业的行为方式和心理活动，并以此作为光环境设计的出发点。人在空间中活动，不论出于什么位置，发生什么样的行为，总是会有明显的行为和心理倾向，这些倾向的共同点就是使自己工作或活动的空间不受干扰，从视觉上限定范围并且在范围中满足个性化的需求，人的这种需求与空间光环境设计有着密切的联系，即通过光环境设计，使人的活动有视觉的中心，由视觉中心而限定出个人活动的小天地，使人的活动和心理不受周围干扰。例如在酒店空间的等待区或者就餐区，通过局部的照明，限定出个人活动的知觉范围，这种简单而且节省成本的照明方式可以使人们在这个范围内，像在自己的家里一样，有效地控制这个视觉中心部分的区域。

在空间的视觉环境中，为人的行为和心理活动提供明确而适当的限定的集中点，可以使人的注意力更加集中从而提高工作的效率，并且节约照明能耗，与之相反的就是光能被浪费于为整个室内提供不切实际需要的高照度上。很明显，如果空间中照度以物理量作为设计依据，将空间中任何地方所提供平均的照度水平为标准，而不是有选择地强调人想看而且必须看到的东西，隐藏不需要看到的东西，那么只会将能源利用在照明不需要去看的地方，这是不合理的。因此，以空间的视觉中心为出发点和以人的心理和活动中心为出发点的照明设计，应该受到推崇。

（三）光影形成空间的视觉层次

空间中光影的序列主要以明暗亮度差异及面积大小来确定，因此用多种类型的控光手段构造光空间，营造空间中光影的序列，则可以形成空间更丰富的视觉层次。光环境设计中，灯光的层次是指利用光线的变化，形成具有渐变、起伏、交错、韵律感的光环境，层次化的灯光设计有利于空间进深感的体现和视觉效果的丰富。增加空间中灯光的层次不同于分区照明和局部照明具有的明确的区域性，而是以追求渐变、退晕效果为主，体现的是空间的含蓄和拓展感。

（四）光影塑造有趣味的视觉平面

光影对空间视觉上的趣味性的影响，通过二维的方式分析空间中的光影的构成，可以将平面化后的空间视觉图像称之为视觉平面，在视觉平面中，元素过于单一的构图形式往往缺乏吸引力，而具有丰富和非均质灯光效果的图像被认为是更具有趣味性的。在空间中，运用丰富的照明方式营造出的光环境，其中的光影创造出丰富的、非均质的空间视觉形象，其相对单调和均匀的视觉图像更具有趣味性。

二、光环境设计对空间意境的表现

意境是中国独有的审美形态，主要指艺术作品中的主观情志及其体现的时空情境。源于《周易》的“象”、“意”和庄子哲学的“象”、“言”、“意”的思想，作为美学的概念，在魏晋南北朝开始孕育，在唐朝形成，经过清朝末年王国维的总结，成为中国古代至今艺术审美的最高审美形态。意境的生成和体验是一个完整的过程，艺术作品或设计作品是创作者用心灵感悟世界，是心灵与世界契合的产物，作品中所有的物象是心灵的体现，意为境中之意，境为意中之境。从作品中感受到创作者的心灵与感悟，并在感知、感悟的过程中发现的本质力量，丰富生命，提升人生境界（图 18-5）。

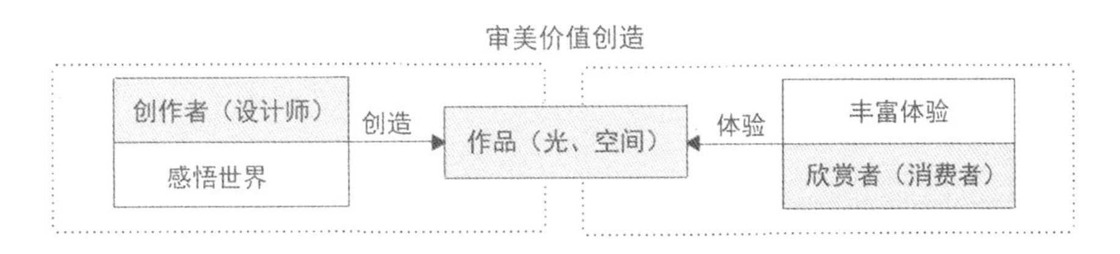

图 18-5 感知、感悟过程表现图示

眼前实际的视觉元素所形成的“实境”和“见于言外”具有意象特征的“虚境”这两个虚实相生的部分组成意境的结构特征，实境升华后就是只可意会的虚境，它是实境所创造的意向和目的以及实境审美价值和艺术品质的体现，实境的创造和描写受到虚境的制约，因此两者关系中虚境是处于意境结构中的统帅和灵魂地位。反之，实境是虚境的载体，虚境并非是凭空产生的，而是需要实境进行具体的描绘。一言概之，虚境的表现需要实境的创造，实境的创造需要虚境的统筹，两者相辅相成组成意境的结构原理。所以，意境的生成需要实境为基础和载体，欣赏者对空间进行体验的过程也是一个视觉认知的过程，是有关知觉、注意、思维、情绪等各种心理因素综合作用的整体过程。环境心理学认为环境提供了可供观察者有意识进行寻找和捕捉的大量视觉线索，空间环境的美不是观察者直接察觉到的，而是建立在对环境感知到认知的特征，这种特征分为两种，一种为客观存在的称为间接线索，一种是观察者主观心理反应的，称为直接线索，对环境的审美体验建立在对直接线索的提取和整合的基础上。空间中的人在面对的环境中，接受的视觉刺激是无限的，人对进入眼球的视觉刺激的接纳是有选择的，空间中的视觉元素与心理需求相互联系产生意义的刺激，才能作为认知的视觉线索，这个过程可以比作犯罪现场的侦探利用有限的琐碎的现场信息从中找到有“意义”的线索。在这些有意义的线索的指引下，获得空间的视觉意象，引起情绪和心理的共鸣，最终达到对空间意境的体验。

光环境设计对空间意境的表现，主要在于光时空间意境表现中制造指向空间意象的视觉线索方面的作用。需要注意的是，对于空间中的视觉线索，并不是孤立存在的，无论每一个视觉线索是多么悦目，都是指向空间意象的整体中的一部分，这种整体性的形成，就是由于所有视觉线索共同的指向性。如果视觉线索各自为政，则会使空间整体视觉陷入混乱的境地（图 18-6）。

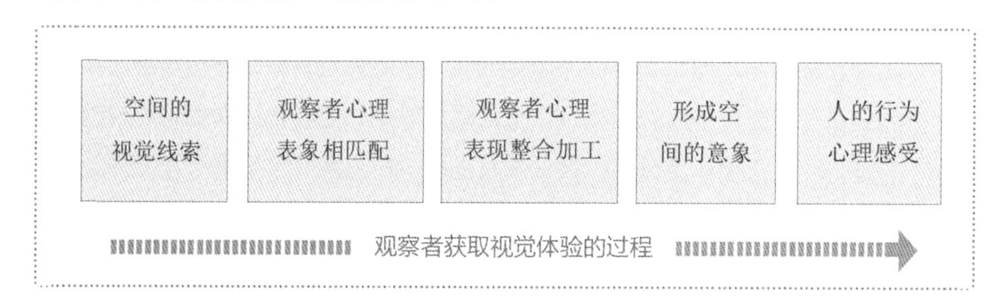

图 18-6　体验的过程：观察者获取视觉线索影响心理行为

意境的审美特征从接受效果上来讲，就是“言有尽而意无穷”。创作主体用有限的形式和光的语言进行创作，实现审美价值的创造，欣赏者（消费者）通过有限的光和造型语言产生无限的联想和想象，从而生成回味无穷的审美体验，与此同时，欣赏者投射的审美意识，反作用于创作者，促使创作者进行审美反思，进而进行下一轮的作品创作。创作者对于作品中意境的表现在于制造指向空间意向，引起欣赏者联想与想象的视觉线索，而欣赏者对于作品的审美体验，则是有意或无意地捕捉到设置的视觉线索，从而实现空间意境的审美体验。

空间意象和意境的形成需要视觉线索，那么，如果要塑造一种空间的意象或者场所的文脉，应该如何制造那些具有指向意义的视觉线索呢？

（一）光源色彩的情感特征与情境指向

光源呈现出一定的色温和色彩，色彩心理学的研究显示，色彩对人的视觉和心理均会产生影响，色彩的明度、纯度、色相、对比刺激会给人的心理留下印象及表现出不同的象征意义和感情特征，并且色彩这种特性与民族、地域等有直接的关系。

因此人们对于光色的观察和体验总是含有一定的感性与情感成分，这是光色与人的心理产生共鸣的结果。在对空间意境的创造中，把握空间光色对人的视知觉、心理、情感的影响，就可以制造引起欣赏者联想与想象的视觉线索，进而生出情景交融、虚实相生、言有尽而意无穷的审美感受。

1. 白色光源——纯净清爽

白色光源接近日光，色温为 4500 ～ 7500k，是最为常用的照明光源色。适宜照度的白色光源在空间中，能保证良好的视线，使空间明净、舒畅，更显得开阔，带给人清爽、轻松的心理感受，因此具有良好的视线空间的功能价值。白色光源自然、清爽的特点也适合于当前生活节奏，而且与当代建筑室内设计采用的主流材料具有共同的情感特征，白色光环境下，金属材质更显犀利，石材更显爽朗、刚毅。

2. 暖色光源——温馨恬静

暖色光源惯常指色温在 3000K 左右的黄白色光源，暖色光源光线柔和、温暖，具有温馨恬静的气质，体现出空间的温情和高雅氛围，适度的暖色光源应用于空间中，能够体现出特殊的情调。明亮的暖色光源可以令空间中物品的色泽更加凸显，提高陈设物品的光感效果，调动欣赏者的视觉兴奋。但低照度的暖色光源对人的心理影响是郁闷的，让人产生焦躁情绪，因此在实际应用中，应该根据不同的空间视觉要求，选择适合的照度，作为重点照明时的暖色光源，则更要有较高的照度以凸显照明效果。

3. 彩色光源——情感丰富

随着色温的升高和降低，光源色还会呈现出不同的色彩倾向。这些色彩的显色性一般较不理想，往往不能满足正常的视觉照明需求，但是这些不同色彩倾向的光源所具备的色彩的特性，对于空间氛围的营造必不可少，彩色光源的特性决定了其一般不能作为主照明，使用彩色光源的空间往往是采用较低照度的视觉环境，因而空间中的彩色光源更能显现出特有的情感特征。

（二）光的文化内涵与情境指向

照明具有文化的属性，是光与文化的结合，光的文化内涵是通过照明手段，用光影、光色与地域人文内涵巧妙融合，展现出时代的魅力和艺术的价值。通过对灯光的设计，挖掘光文化中蕴含的人文内涵，使处于光环境中活动的人们产生通感，在移情的作用下，实现情境的体验，从而实现光环境对空间意境的表现。

1. 光的联想与寓意指向

艺术作品的生命力和感染力是通过激发欣赏者的想象和联想获得的，因此光环境的艺术表现首先需要从光的联想和寓意开始。因此要求空间中照明概念的设计要以时代作为背景，针对设计的主题，在类型、手法、思想内涵、形式美感和光色表现方面展开想象的翅膀，发挥主观的思维能力，将艺术与科学融为一体，挖掘光的寓意，引起观赏者的记忆想象，才能使照明作品富于艺术与文化内涵。光的色彩、强度、质感、冷暖都能引起人们的联想和想象，如中式的灯彩，光透过红色的灯罩呈现出红红火火的视觉形象，象征着团圆，具有吉利喜庆的寓意。光环境的设计就是通过对空间中光的控制，营造出使观者产生联想的视觉线索，最终实现灯光环境与人在情感上的交融。

2. 光的民族和历史指向

光文化的历史性体现在照明的流变，灯具由原始的火把、油灯逐渐向烛台、纱灯、琉璃灯进展，一直发展到今天的白炽灯、荧光灯及LED灯等，纵观灯具与照明方式的发展历史不难看出，各朝各代的工匠为丰富人类的生活，在光的技术和文化层面上做出了不懈的发明和努力。照明方式和灯具的历史发展为我们当今的照明设计提供了丰富的素材和灵感，通过对光和灯的创新设计，使空间中的人体验到穿越历史的感受，从而实现对空间意境的营造。

民族性表现在漫漫的历史长河中，人类在表现歌舞升平、普天欢庆时往往把光作为一种象征和载体，通过光来表现欢悦、喜庆，用光来丰富欢庆时的气氛。汉族正月十五的元宵灯节，彝族、白族等民族的火把节，侗族、苗族等族的篝火节等，无一不是通过光来营造节日的氛围，同时用光把历史的传统和底蕴发扬光大，流传永远。

3. 光的地域与人文指向

文化具有地域性的特征，不同地域的人在长期的生活实践中出于对光的需要，发展出具有浓烈的地域特色的光文化，这种地域特色表现在灯具形式造型的差异化、对光的理解的差异化等方面。如古典欧式灯具具有优雅繁复的造型，注重线条、造型以及色泽上的雕饰，在灯具的装饰上采用自然元素，地域特征十分明显；中式的古典宫灯则造型华丽，以细木为骨架镶以绢纱，并在绢纱上绘制各种吉祥的图案，独具艺术特色。仅在中国，古代灯笼就根据地方特色的不同，分为泉州式灯笼、福州式灯笼、藁城式灯笼等，各地灯笼造型各异，制作手法也不相同，代表着各地对灯和光的理解。在人类的照明史中，光为黑夜中的人们带来了明亮和安全感，给予人内心的希望。在对光的使用中，形成了各种颇具人文情怀的光文化。古人在制作灯具进行照明、满足功能需求的同时，往往会把如剪纸艺术、绘画艺术、纸扎艺术等与灯和照明融合在一起，使光具有浓厚的人文气息。对光的人文特性的挖掘并与现代照明技术相结合，增强光环境的艺术感染力，同时传达出光的情景指向。

（三）空间意境的表现

不同类型的空间意象的形成和体验，取决于多种因素。光环境设计对空间意境的体现主要在于利用灯光设计，制造引向空间意象的视觉线索，使空间中的人的情感与空间环境形成互动，实现情景交融，达到意境的生成与体验（图 18-7）。

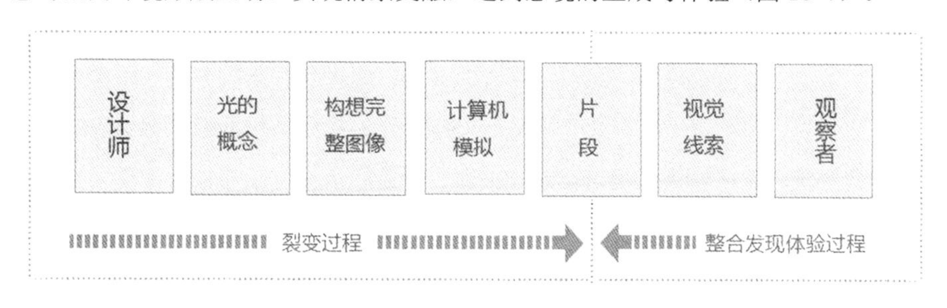

图 18-7　光环境设计表现空间意境与观察者互动模型

1. 指向空间意境的光色线索

光色是对人的生理心理影响最直接最明显的因素之一。人类对于色彩的感知和提炼来自于自然界，同时基于对自然色彩的模仿，在光环境设计中运用光色来表现自然界的氛围和环境特征。在舞台灯光设计中，运用光来营造四季的氛围，制造引向春夏秋冬的视觉线索，从而体现四季的视觉意象。观赏者捕捉到这些视觉线索，进而调动自身对于四季的认识和生理、心理感受，通过联想与想象等复杂的心理过程，最终获得情景交融的效果，引起舞台表演与观赏者在精神层面的共鸣与交流。

2. 指向空间意境的光明暗线索

在室内光环境设计中，视觉中光的明暗同样可以作为指向空间意象的线索。空间的明亮和黑暗对人的视知觉和心理感受的影响是直接和有效的，空间的明暗程度直接作为了指向空间意向的视觉线索。空间中的绝对黑暗，会让人联想起死亡、地狱，产生神秘、恐怖的心理感受，相反明亮的空间则让人感受到温暖和欢乐，空间的明暗总是直接作用于人的内心（表 18-1）。

光强弱对人直觉与心理感受的影响　　表 18-1

强弱	联想事物	心理接受
明亮	阳光、天堂、白天、海滩、冰雪、闪电	欢乐、激动、热情、刺激、温暖、希望
灰暗	阴雨、烟雾、郁闷、暮年、疾病、痛苦	庸俗、失恋、无奈、凄凉、忧伤、乏味
黑暗	死亡、地狱、监狱、凄惨、恐惧、盲人	恐怖、肃穆、寒冷、落后、孤独、压抑

3. 指向空间意境的光硬软线索

光的软硬是指光的性质，是按照光的方向性、明暗对比、控制程度等因素来划分的光的特征之一，即光质。习惯上将方向性强，物体的形态、结构、质量显示清晰且对比强烈，有明显光影，易控制的光称为硬光；将方向不明显，光线柔和细腻，照射范围广阔，光影模糊，明暗交界线柔和，容易展示物体细部结构和微妙的质感及层次的光称为软光。光的软硬是通过生活和实践获得物体软硬的经验后产生的直观反映和联想。

第三节　内部空间剧本化设计

由于影视剧本不仅具有其他种类剧本所具有的叙事特点和造型方式，还具有其他剧本所不具有的画面特效、声音搭配、时空剪辑等特殊性，是一种事件和空间相结合的艺术。剧本中的故事，无论什么题材或是结构，都需要在一定的时间和特定的空间内完成。

一、剧本的概念与种类

（一）剧本的概念

剧本是戏剧艺术创作编写的文本基础，与剧本概念类似的还有剧作、脚本等，它是编剧、导演与演员按照文本进行演出的依据。它不仅规定了舞台表演或是拍戏的必要动作，还作为参考规定了剧本中人物的语言。剧本艺术作为一个统一的整体，包括两个既相互联系又相互区别的组成部分，即舞台表现和剧本文学。舞台艺术包括表演、舞台美术、灯光、布景、音响效果等因素，其中演员表演是整个舞台艺术的核心。剧本文学主要由剧本的演员台词和舞台的艺术指示组成。剧本的演员台词是剧作者根据剧中人物的性格特点来写的，用于表现人物个性的代言体文字。而舞台指示则是剧作者对剧情发生的时间、地点，以及客观环境的交代，除此之外甚至还会对场景、气氛以及布景、灯光、影响效果等方面提出具体的要求。

（二） 剧本的种类

1. 影视剧本

影视剧本属于一种文学样式，主要是用文字叙述的形式来描写影片内容。它是影视导演进行工作的文字材料，导演根据影视剧本用画面的剪辑和音乐效果的配合去完成整部影片，所以影视剧本是影视创作表现的基础，又被称作前电影电视。完整的影视剧本，其结构形式大都以场景为叙述单元，通过剪辑方式连结成篇。每一个场面，又由一个或数个镜头组成，而镜头与镜头之间，也是通过各种手法联络。影视文学剧本，就是影视文学作者将日常生活中一些可视、可听的场景进行提炼、加工、剪裁，连接成一个个生动精彩的生活段落，用简洁流畅而且具有可视性、具有画面感的文字作出描述和解释，在给导演、演员、美术、剪辑、服装、化妆、道具、照明等负责影视制作的工作人员作为参考的同时，又能提供给广大影视文学爱好者进行阅读。

2. 戏剧剧本

文学上的戏剧概念是指供戏剧舞台演出用的剧本。戏剧从本质上来讲是一种叙事性的文学体裁，它的表现形式非常丰富，比较常见的有舞台剧、话剧、音乐剧、木偶戏等，也可以说戏剧是由演员扮演角色在舞台上向观众表演故事的一种综合艺术。戏剧艺术的三大艺术特点：

综合性。在戏剧里，文学、美术、舞蹈、音乐，建筑艺术都可以成为戏剧艺术的组成部分，因此戏剧艺术的创作要遵循许多艺术门类的创作规律，因而它本身具有多方面的审美价值。同时，戏剧作为综合艺术，它又不是各种艺术成分的简单组合，戏剧艺术的综合性要求其各种艺术成分必须服从于整体的戏剧美学原则，相互之间能够有机地结合起来，以整体的视觉形象和舞台形象呈现在观众面前。

直观性。戏剧必须通过演员的表演，在舞台上面对观众，完成具有较完整的故事情节，充满着激烈矛盾冲突的演出。因此，它既要求演员全神贯注，又要富有真挚的感情。通过个性化、动作化的语言、行动、表情，给观众塑造活灵活现的直观形象，同时又要求将人物的活动限制在一定的舞台空间和一定的表演时间中，在有限的舞台时空范围内，展现尽可能深广的生活内容，给予观众以审美的感染。

矛盾冲突性。没有冲突就没有戏剧，激烈的矛盾冲突在戏剧艺术中占有极其重要的地位。从戏剧所表现的内容看，古今中外一切优秀的戏剧，几乎都无例外地表现着现实生活中人物的激烈的情节或内心冲突，“从戏剧的表现形式看，戏剧由于受到舞台限制，它就必须让一切次要事件退居一旁，而把人物之间，人物与环境之间最根本的冲突表现出来，以期通过强烈的矛盾冲突吸引观众”[1]。

3. 小说

小说以描写人物形象为中心，通过情节表现和环境描写来表现人物性格特点和社会现实。人物、情节、环境是小说三要素。小说以特殊的文学语言去讲述故事，故事内容是语言讲述的所指内容，又是文本意义的能指形式，这样，小说在讲述故事的时候，可以将自身的个性特征充分展现出来，把故事讲述得曲折离奇，同时具备吸引读者的魅力。所以说小说的艺术魅力绝不单单体现在讲述了一个精彩的故事上，还在于讲述这个故事时使用的各类艺术技巧和语言策略。

由于影视剧本不仅具有其他种类剧本所具有的叙事特点和造型方式，还具有其他剧本所不具有的画面特效、声音搭配、时空剪辑等特殊性，因此本章节主要分析剧本编写的内涵和创作要素的提取，主要以影视剧本为例。

二、剧本编写与“剧本化”设计的内涵

（一）剧本编写的内涵

1. 剧本的叙事组织与造型

剧本的最大写作特点，即它是叙事和造型的结合。剧本的叙事部分，包括主题、人物、情节、结构、语言等。叙事体的剧本，既有别于戏剧作品，又有别于文学作品，

1　凌珑．文学原理［M］．上海：上海社会科学院出版社，1995.

而是一种独立的剧作样式。它以故事为本，以叙事手段和叙事方法为两大表现体系，而以人物形象为内核，其最终的目的是要见诸于银幕。影视剧本的造型部分，通常是指画面的光影、构图、色彩、人物、环境等的综合表现，也包括镜头剪辑所形成的视觉冲击力以及情节的节奏等。而视觉造型性，就是指剧作者所写的内容应该是真实可见的，是能够在舞台荧幕上进行表演的。编剧运用视觉造型的思维方式将故事见诸于文字，导演则以这种思维将剧作文字见诸于镜头画面并且最终确立银幕形象（图 18-8）。

图 18-8　电影剧目的海报

2. 剧本的时间与空间

影视剧本是一种事件和空间相结合的艺术。剧本中的故事，无论什么题材或是结构，都需要在一定的时间和特定的空间内完成，从时间的角度来讲，剧本故事需要经历开端、发展、高潮和结尾等部分，开端就是用最简短的时间交代最引人入胜的剧情，最大限度吸引观众；发展是从开端到高潮的过渡部分，通常占据影视剧构成的主体部分，其表现所占用的时间也最长，高潮是剧本中最扣人心弦的部分，突出表现是矛盾对抗十分激烈，结尾是故事情节的完成，剧中主要的矛盾得以解决，同时，影片故事的完结，对于观众的情绪来讲也需要一个平复的过程，让观众在情绪陡然放松时找到情感的依托点。从空间的角度而言，任何故事的发生发展都需要特定的空间来进行，这个空间不仅包括具有三维属性特征的场景空间，还包括剧中人物主观构建或意想的空间，这类空间具有虚拟性，属于具象空间中的虚拟空间。如电影《异度空间》中在大段的顺序讲述中插入倒叙，并结合脑海中的幻觉空间，将电影中时空之间的切换与穿插，拿捏得恰到好处，是对电影时空艺术的优秀表现。影视剧本对时间艺术和空间艺术的长处兼而有之，影视以镜头画面去构成荧幕形象，直接作用于观众的视觉，具有空间形象的确定性，同时，影视又用运动的画面去展现事件变化发展的过程，依照时空的变换推移，把故事的情节逐一表现出来。

3. 剧本的画面与音乐

剧本的画面即是用视觉造型性的画面去讲故事。与之密切相关的是剧本的音乐，影视剧本中的音乐应该包括两个方面：画面空间内音乐和画面空间外音乐。影视剧作者在用文字描述银幕形象时，也必须考虑到音乐的使用，不同的音乐可以表现不同的客观环境或是人物情绪，因此，影视剧作者要善于运用和处理剧作中的声音元素。音乐能够非常容易地表达出剧中人物的内心世界。影视剧音乐基本上分成两大类：一是画面空间内的音乐。是指影片中真实空间中的人物所演唱或播放的音乐。二是画面空间外的音乐。这类音乐并不是由剧中人物发出的，而隶属于空间画面外的音乐，就是背景音乐，它的应用范围很广，既可以烘托气氛、展示环境，又可以抒发人物情感，表述创作者的主观评价，甚至还可以创造悬念，表现各种情绪效果。因此，影视剧音乐在影视剧本讲述故事、流露情绪、完成影片节奏等方面发挥着重要作用。著名电影学家汪流也曾说，“既然影视是一门声画结合的艺术，那么，编剧就应该锻炼自己，成为一名熟练掌握视听语言的能手”[1]。

（二）“剧本化”设计的内涵

1.“剧本化”设计的内涵解读

有过参观经历的参观者们会有这样的感受，对于某次参观体验的回顾，往往首先想到的是展示空间内的场景或参观过程中发生的具体事件，因为他们亲自目睹或参与了这样的场景或事件，所以印象深刻。而“剧本化”正是构建这种场景或事件的具体手段，简言之，剧本的编写就是讲故事。将博物馆展示空间的设计过程视为一个剧本情节编排的过程，通过将展品纳入到一个个具体的情节故事中，再围绕展品去构建有利于观众参与的情节，将观众无形中带入到一个场景中，让观众在具体的场景中去感受展品带来的魅力，这就是“剧本化”设计的内涵（图 18-9）。

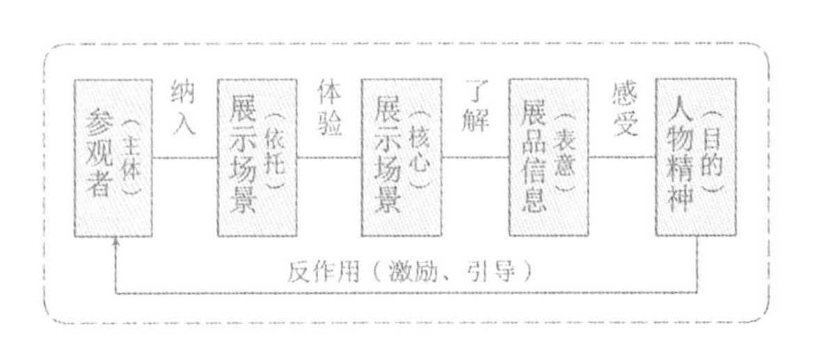

图 18-9 “剧本化”设计内涵

1 汪流 . 电影编剧学 [M]. 北京：中国传媒大学出版社，2009.

2.“剧本化”设计中的故事内核

剧本在构思阶段，体现出与文学创作不同的特点，突出地表现人物和故事成为构思的重中之重，也就是故事内核。在故事内核阶段，剧作者形成了基本的剧作主题、最概括的情节和人物，紧接着剧作者从最初的故事内核出发，沿着内核明确的线索将故事进一步铺衔开来。其实，剧作者在构思阶段只是对剧本的创作有了一个朦胧的想法和一个大致的方向，也就是所谓故事框架，有了这个框架，就好比作画有了轮廓，为之后的创作起着引领作用（图 18-10）。

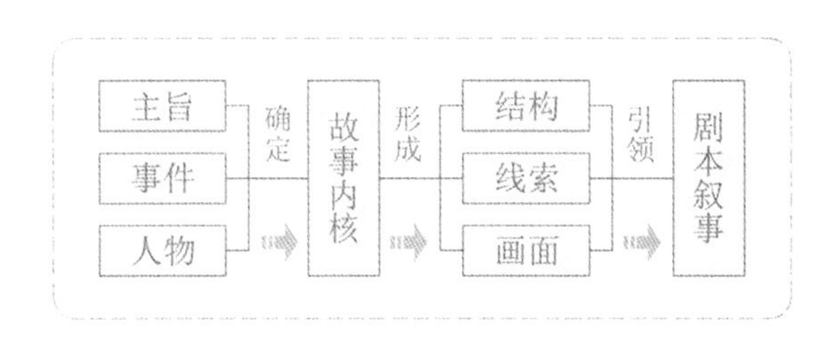

图 18-10　剧本故事内核

“剧本化”的展示设计，在前期的展陈大纲创作时也和剧本创作一样，其重点是“精神内核”。人物类博物馆展陈大纲的撰写，首先要对名人的生平事迹和突出贡献作全面的了解，深刻剖析名人的思想内涵，提炼出名人的核心精神，进而确立名人博物馆的主题，在主题的引领下，对整个展示空间做结构划分，确定空间结构之间的逻辑关系，再将每个空间赋予高度提取的不同故事情节。这样，整个展示故事内核映射到每个小的空间，形成各自小空间的故事内核及空间精神（图 18-11）。

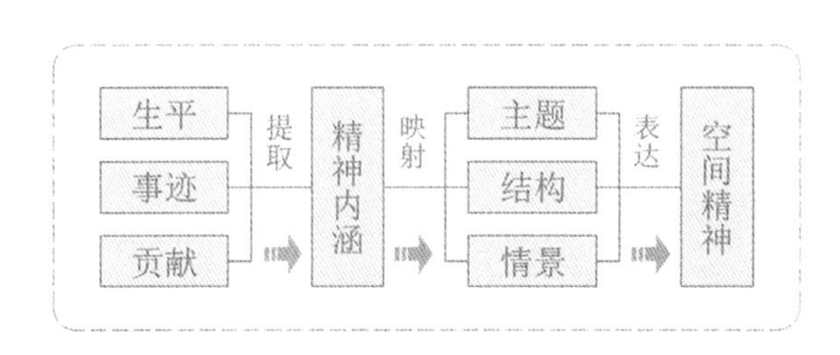

图 18-11　展示空间的精神内核

3.“剧本化”设计中的表意途径

法国电影理论家马尔丹曾说：“画面是电影语言的基本元素”[1]。根据他对电影画面的论述，可以将电影画面的表意分为三个层次（图 18-12），这也是影视画面发挥表意作用的三个阶段：首先，再现现实，给观众一个感知的对象；其后，通过形象与形象的组接，触动观众的情感，实现审美；最后将画面给人的感知、情感汇合成某种思想或道德的意义。

影视剧的“表意”主要依靠画面去完成，画面不仅能再现具体的现实、表达人的情感，而且可以表达具有一定涵义的思想观点；博物馆的“表意”则主要依靠文字、图片、展品及相应的情节场景去完成（图 18-13）。以文献文字、照片为主的展示，

1　(法) 马尔丹．电影语言 [M]．何振淦，译．北京：中国电影出版社，2006.

主要用于书写和展现人物历史生平和贡献；而以生活用品、使用家具为主的场景再现展示，主要用于反映人物的生活感情。两者相互配合，共同促成人物博物馆“表意”的完成。

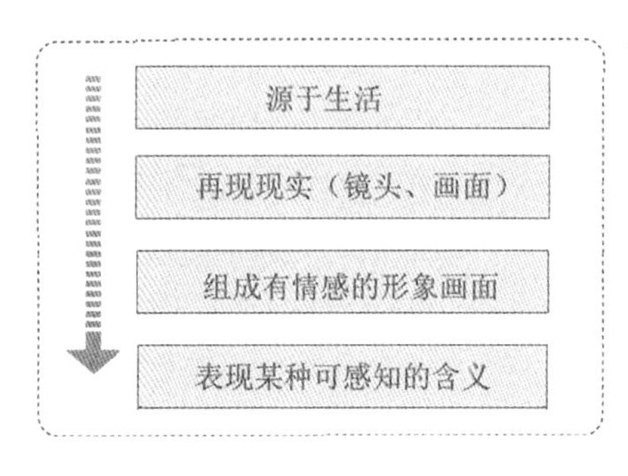

图 18-12　影视剧本的表意途径

图 18-13　展示空间的表意途径

三、剧本创作要素

（一）剧本题材

剧作者在剧本创作编写开始时，首先遇到的问题就是题材问题，所谓的题材就是构成和反映影视剧主题的材料。剧本的题材规定了剧本故事发生的背景，如农村题材、军旅题材等。在题材的基础之上，剧作者经过进一步的艺术创作，就形成了剧本的内容，剧本的题材既是剧作家通过精心构思、反复斟酌的主观创作，又是对现实生活的真实写照，从本质上来说，一般都是剧作家主观思想创作和客观现实生活的统一。

（二）剧本主旨

主旨即是主题思想，是指剧作家通过剧本叙述所展现的虚拟或现实社会的生活背景及其隐含的社会思想，在这一过程中也包含着由剧本塑造形象而表现出来的贯穿全剧且带有剧作家主观意图的思想。

影视剧的主题必须由剧情去体现，而剧情的发展则依靠演员的持续事件和动作去完成，不像小说家那样，可以用夹叙夹议的语言去体现主题，也不会像舞台剧用大量的对话去体现主题，同时，主旨又必须用造型的素材去表现。

（三）剧本结构

“结构”就是剧本的布局谋篇，在影视剧作中，对情节场景、事件安排等谋进行组织和构建，因此，结构不仅影响剧本叙事本身，而且也从一定程度上影响着观众对影片的感受以及对剧本的理解。

（四） 剧本线索

剧本中的线索是指这些具体的事件以及情节的完整发展趋势和结果及其具体表现形式。情节是一个一个的“点”，线索即是众多的“点”连成的“线”，从而呈现出叙事过程的条理或头绪，线索可以分为单线叙事线索和复线叙事线索，单线叙事，即全剧遵循一条线索纵向叙事，这是最为常见的影视剧叙事类型。复线叙事，即全剧遵循两条或者两条以上的线索分别展开叙事，是谓复线叙事。

（五）剧本情节

对于剧本创作而言，首先需要完成的是主旨和结构的确定，然后情节的设计，它是剧作最主要的工作之一，也是一部剧本成败的关键。一部完整的剧作必须有若干个相连的情节或故事构成，即使是时空限制很严的舞台剧，也必须谨慎、精心地选择若干典型的场景，剧作家必需耗费大量的精力来设计新颖、深刻的情节或故事，这是创作过程中最主要的任务。情节是否引人入胜是剧作成败的关键之一，情节是对人物形象及人物之间的关系的一种描述过程，剧本里出现的所有事件情节都需要剧作者的精心设计，从一个个情节细致到每一个事件，这样，事件就成了情节的外在表现，一般对情节的处理往往落实到剧作的设计或安排的具体事件上。

（六）剧本蒙太奇

蒙太奇是影视剧表现中最常用的一种叙事手法，剧本的蒙太奇思维是从的剧本编写就开始的，它的特点是按照故事发展的情节、或时间先后顺序、或事件因果逻辑等，来安排剪接镜头和场景，最终目的是叙述故事，让故事情节得以展开，从而引导观众理解剧情。蒙太奇在空间和时间的表现上都具有极大的自由度，从而使得影视剧本的表现具有高度集中的概括能力和极强的艺术感染力。

（七） 剧本细节

细节是指对客观表现对象的某些局部或微小变化所进行的细腻描写，首先，细节设计要服从人物塑造的需要；其次，细节设计要服务于情节发展的设计；最后，细节设计要能够充分展示环境气氛，大量细节的设计与表现能够丰富情节和场景，而且在人物外形或心理的描写、客观环境的渲染以及影片思想的表达方面都发挥着不可替代的叙事意义，人物的举手投足、各种实物道具乃至情境等都可以借助其特征鲜明的标记构成细节而融于情节之中，成为情节中的细微环节。

（八）剧本叙境的营造

剧本的叙境即是创造一种为了表现故事情节的场景氛围，也就是剧本中对场景氛围的描写。任何故事的叙述都是要在特定的空间氛围中进行，而这种特殊的场景氛围的营造，通常是通过色彩的使用来完成，不同的色彩象征着不同的心理情感，剧本故事中的不同环节都带有特定的人物心理背景，通过色彩去描述或是渲染场景，进而达到表述剧本人物内心情感的最终目的。影片《触不到的恋人》，最显著的特点是画面色彩的温馨与纯净，影片用唯美的风景颜色映射角色性格，反映主人公内心的迷茫和惆怅（图 18-14）。

图 18-14 电影《触不到的恋人》剧照

四、空间剧本化设计途径

（一）剧本的叙事分类及表达方式

1. 剧本题材与展示类型

剧本编写的第一个问题就是剧本的选材。剧本按题材，可分为悲喜剧、历史剧、抗日剧、惊悚剧等，而在同一题材下又可以进行再次细分，如历史剧按照时间又可以分为古装剧、近代历史剧以及现代戏等。

2. 剧本主旨与展示意义

影视剧本的编写以人物为中心，通过一系列的画面去表现事件和情节，但这些都是为剧本创作目的服务的，这个目的就是主旨，即影视剧的中心思想。主旨是剧本叙事表达的核心思想，人物、剧情、场景则是主旨表达的内容和形式。

剧本主旨按照剧本的内容大致可以分为两类：一类是影视剧作家通过剧本描写去展现社会背景，用以烘托其主观创作所塑造的形象，并最终表现带有剧作家主观意图的目的和思想；另一类是剧作家根据现实生活中的真人真事，通过概括提取改编的纪实类影视剧，如《焦裕禄》，这类影视剧的主旨并不是剧作者主观创作的，而是真实存在的并且为广大人民群众熟知的（图 18-15）。无论是哪一类别，剧本创作过程中都要明确剧本要表现的主旨，并且自始至终都要跟着主旨进行剧本情节内容的编排。

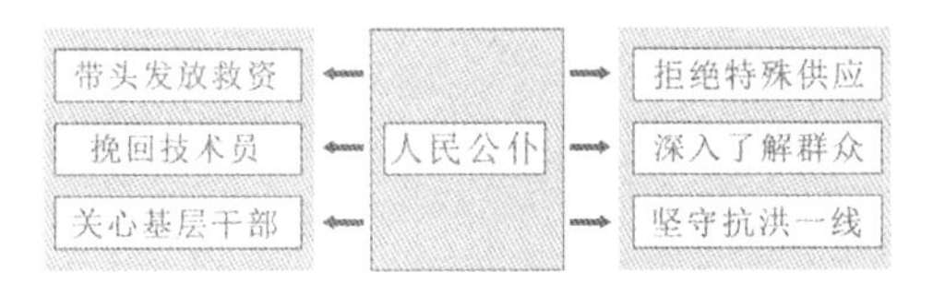

图 18-15 《焦裕禄》剧本主旨

（二）剧本编排的布局谋篇

1. 剧本结构与展示空间组合

所谓的结构，即整体与部分以及部分与部分之间的关系。例如，剧本文学的结构是词句、段落与章节的构成形式，影视剧的结构是镜头画面的剪辑和叙述顺序，音乐的结构是音符和音律的组合。一部内容完整的剧本，通常都是由多个不同的段落构成，每一个段落都由一个相对独立的故事情节构成，这些不同的段落有的相互独立、有的存在逻辑关系，但它们都是为剧本主题服务的。

展示空间的结构是指空间内部形态的结构关系，也可以说是大空间内的各个小空间语汇之间的组合关系。影视剧本结构类型多种多样，按照叙事结构可分为线性结构，如《一个都不能少》；串连结构，如《城南旧事》；花瓣结构，如《公民凯恩》；碎片结构，如《记忆碎片》；迷宫结构，如《罗生门》等。将影视剧本叙事结构类比到博物馆展示空间之中，则可以将博物馆空间结构大致分为三类：戏剧式线性结构、散文式连串结构以及独立式花瓣结构。

（1）戏剧式线性结构

戏剧式线性结构遵循起承转合的艺术范式，逻辑性强，常以一件事情或是人物生平为描述对象，通过开始、发展、转折、结尾的结构形式去描述内容，也就是结构上常说的“起承转合”。如影片《一个都不能少》，魏敏芝代课——起，坏孩子调皮——承，人丢了——转，把人找回来了——合（图 18-16）。全剧是同一事件按照时间顺序逻辑讲述，各个场景画面互为因果，环环相扣，不可缺少。

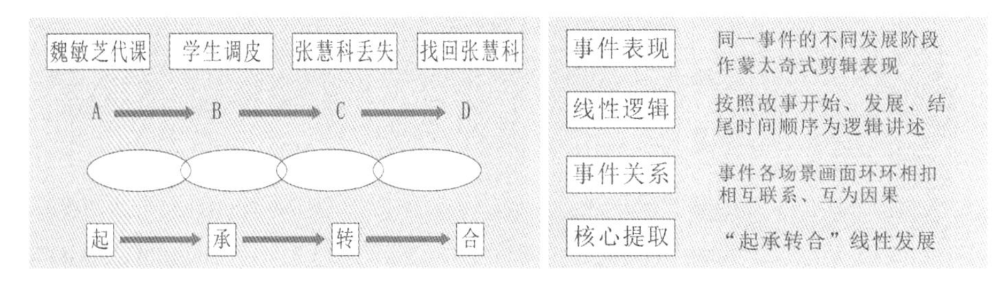

图 18-16　戏剧式线性结构推导图示

（2）散文式连串结构

散文式连串结构就像是散文文学，没有明确的逻辑主线，结构则是由一连串的单个片段组成，表面上片段之间没有因果关系，实际上却有一条隐藏的线索将结构之间联系起来。如国产电影《城南旧事》，由四个板块组成：秀珍、小偷、宋妈及父亲。表面上它们各自独立成为一个故事，有各自的情节，但都是通过主人公英子的视角对旧北平的社会现象的细微描写，使它们形散而神不散，总体上抒发着作者林海音的“淡淡的哀愁和沉沉的相思”。这类影片以连续的画面，从容不迫地展现着现实生活中发生的一个个事件（图 18-17）。

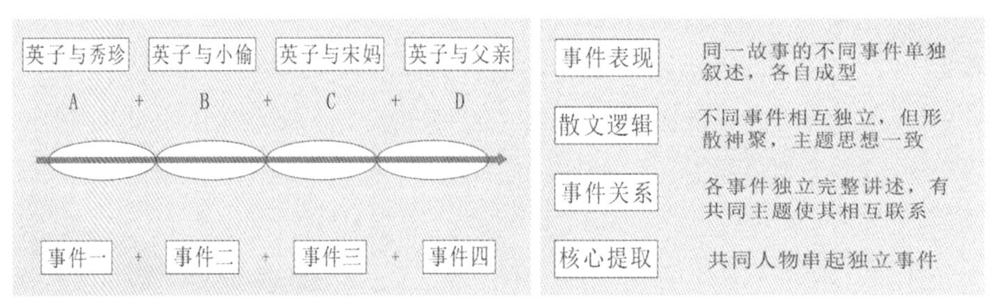

图 18-17　散文式连串结构推导图示

（3）独立式花瓣结构

独立式花瓣结构和散文式类似，结构都是由独立的片段构成，但是较之散文式结构，其片段形式更加独立，片段之间没有任何逻辑关系，片段之间通过各自的叙述共同为了一个主题服务，叙述特点是匀称、平衡。如影片《天注定》采用类似于中国古代“四联画”的展现方式，讲述了四段互不相关的人物故事，它们通过一种特殊的形式上的整体感去表达影片主题（图 18-18）。

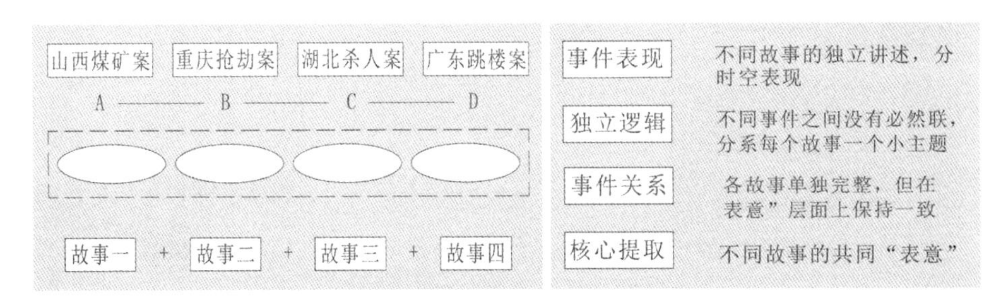

图 18-18　独立式花瓣结构推导图示

2. 剧本线索与布展叙事逻辑

“20 世纪中期结构主义兴起，它认为世界不是由事物组成的，而是由关系组成的，事物不过是这些关系的支撑点”[1]。结构主义的观点认为任何研究都应该探索表象背后的“支配力量”，例如中国围棋，单个的黑子白子没有任何意义，只有它结合了棋盘和围棋运行规则时，才具有自身的存在价值。对于剧本而言，这个“支配力量”就是线索，影视剧本的叙事线索有两种形式，一种是通过一件事情串出多个人物；另一种是通过一个主要人物串起多件事情。对于人物类博物馆而言，只能是属于第二种，即以人物为中心，串起关于他的诸多事情。关于剧本叙事线索可以分为两类：一类是单线线索叙事，一类是复线线索叙事。

(1) 单线线索叙事逻辑

全剧遵循一条线索纵向叙事，这也是最为常见的影视剧叙事类型。如《芙蓉镇》通过芙蓉镇上的女摊贩胡玉音、右派分子秦书田等人在“四清”到“文化大革命”的一系列运动中的遭遇为线索，对中国 50 年代后期到 70 年代后期，近 20 年的历史做了客观的回顾和严肃的反思（图 18-19）。

1　宋昆，邹颖．整体的秩序—结构主义的城市和建筑 [J]．世界建筑，2002，7.

图 18-19 《芙蓉镇》电影片段

(2) 复线线索叙事逻辑

全剧遵循两条或者两条以上的线索分别展开叙事，但是到最后都会交汇形成统一。如《泰坦尼克号》叙事线索。全剧在同一时间段同步分别叙述了两件事情，一件是“泰坦尼克号”豪华客轮从首航启程直至遇难沉没，一件是露丝与杰克从邂逅相爱直至生死分离，两件事同时贯穿以两条线索。最后豪华客轮触冰山沉没，露丝与杰克于热恋中双双遇难，两条线索交汇（图 18-20）。

图 18-20 《泰坦尼克号》的复线叙事图示

（三）剧本叙事的表达途径分析

1. 剧本故事与展示情景

剧本故事是建立在时间和因果关系之上的有着彼此相互联系的一连串的单个事件的组合。展示情景站在“剧情”的高度来统筹“物”的展品和“场”的展示空间，从而获得一种“表意”层次上的信息接收和价值实现。剧本故事和展示情节共同地实现基础单个事件或连续故事，共同的目标都是“表意”的完成。展示情景“表意”的完成包含了两个组成部分，即情节与场景。这就要求在设计过程中，不仅要构思生动的故事情节，还要构建相应的场景。

(1) 展示情景的情节设计

“情节性编排”的情节设计，是博物馆设计的核心部分，简单地理解就是围绕展品讲故事。它是在展陈大纲的基础上，对展品信息的深度挖掘，这种方式是描述展品信息的最好方法。一个展品如果是单纯的展示，那么其展示手段也将是单一的，通过情节的参与，围绕情节可以讲述与展品相关的附加信息，这样的空间已经不再是单纯的展示空间，而是具有情节参与的叙事性空间，叙事空间在内容描述、空间形式、设计方法上会有更多途径，展示途径多样，参观者接受信息的渠道也得到了扩展，更有利于展品信息的传达。

人物类纪念馆的情节设计，通常会以一些小的事件或物件为出发点，围绕这些小的物件事件去构建情节，通过情节去表现人物的特有品格。如在毛泽东遗物馆中，陈列着一件毛泽东穿了二十多年打有七十三个补丁的棉质寝衣，其警卫员建议换一件新的，但是毛泽东回答，现在整个国家处于困难时期，补一补就行了，围绕这一展品，通过警卫员周福明的对话回忆记录，结合讲解员的生动讲解，毛泽东的朴素节俭的生活作风，清晰地再现在参观者的面前。

展示空间的情节性设计，除了正面直接的情节编排以外，还可以从侧面的相关情节进行描写。通过对比的方式，体现人物的特有精神。河南兰考的焦裕禄纪念馆，为了表现在焦裕禄带领下兰考的巨大变化，特意编排了一组焦裕禄在来兰考之前，兰考火车站大量穷人等候火车外出逃荒的情节，这里的情节既是对当时兰考的真实写照，又为下文的对比做了铺垫，与接下来“兰考县四级干部选拔”这一情节形成鲜明对比，两组情节一正一反，形象地展示了焦裕禄带领下的兰考人民的新变化（图18-21）。

正反两面情节的对比

图 18-21　焦裕禄同志纪念馆：表现人们精神面貌的新变化

无锡博物院的泥人紫砂馆，在场景情节编排方面的表现尤为突出，无锡惠山泥人的特点是造型颜色精致，但是体量较小，展示设计的难点就是如何使体量小的泥人布满整个展示空间，为此设计者通过别具匠心的情节编排解决了这个难点，情节的编排首先要编写一件典型的事件，再围绕这个事件构筑有利于事件表现的场景，其中典型的情节有过年场景和泥人之家。在过年情景中，农历新年，一场冬雪之后，一群孩子围绕在一个走街串巷的卖泥人艺人身旁，一边观看一边等待购买。逢年过节，买几组泥人送礼陈设，惠山泥人所蕴含的吉祥文化，通过这样一组情节被充分传达（图 18-22）。整个情节围绕泥人展开，既增加了节日的气氛，又传达了惠山泥人的吉祥寓意。

情节设计	空间：大街 小巷
	信息：泥人 简介
	叙境：农历 新年
	场景：寒日 冬雪
	事件：购买 泥人

图 18-22　过年场景

在泥人之家场景中，为了讲述泥人制作工艺的流程，在这里复原了一组家庭作坊，一个负责捏，一个负责上色，还有一个在认真学习，身后的女子笑盈盈的关注，一组场景，全家动员，为参观者生动地讲述了手工泥人的制作工艺，同时也展现了艺人之家的生活情趣（图 18-23）。

情节设计	空间：艺人 家庭
	信息：泥人 工艺
	叙境：生活 情趣
	场景：合家 团圆
	事件：制作 泥人

图 18-23　泥人之家

(2) 展示情景的场景表现

展示中的场景设计是指依附于展示主体的场景，一方面是烘托展品的配景，另一方面则是情节的有机组成部分，这里场景的含义是指经过特定光影、“舞台”设计、道具细节乃至于声音等多种元素共同配合所呈现的综合场景，展示场景不单是表现展品背景和丰富展示环境的需要，它同时更是相关情节得以叙述的依靠和表现整体展示空间的重要组成部分，尽管它是“配角”，它具有自身内涵并直接带有强烈的展品信息以外的“特殊身份”，它具有间接地表意、情绪扩展等功能，在叙事空间中如果具有情节性，那么情节的展示会让展品相关信息超越自身所传达的范围，展示场景借助对人物和事件的表现或复原，能够相对真实地反映出人物在历史事件或某些领域的关键作用。因此，可以说场景展示为情节的表现提供了直接的手段，发挥着讲述展示情节的关键作用。

位于河南固始县的西九华旅游风景区内的民俗博物馆，它是情节编排和情节表现的典型例子。民俗村内的一屋一境都表现了豫南农村的淳朴与生机，犹如对豫南农村 50 年前人民公社时期的人文景观和地域风情进行了再现[1]。参观者进入博物村内，给人的感觉并非是进入了旅游区，而是进入了一个实实在在的农村，在这里展示了农耕时代，先辈们的生活场景历历在目，返璞归真。整个村内像是一部历史剧，每天都在不停地上演着，参观者来到这里，觉得自己就是村民，在朴实的场景环境中，参观者得到的不仅是某件展品的信息，更是体验到了透过展品附带的时代信息和历史环境。这种身临其境的参观感受，让参观者终生难忘的。

2. 剧本蒙太奇与展示区过渡

影视剧通过镜头的蒙太奇式剪接，将不同的时空画面联系起来，向观众全方位的展示故事的演绎，蒙太奇艺术的核心创造力在于，通过画面的切分和再组构筑成一个完整的故事，并且这个故事是超越原本单个事件、具有“新意义”的全新文本。

展示空间的“蒙太奇”处理是指空间情节的切换与组合，它既包括不同展示空间之间的切换与组合，也包括同一展示空间内部不同展区空间的切换与组合，在空间蒙太奇的“剪辑”中，将两个或以上不同的空间进行组合，使它们的组合形成具有更多意义的空间。影视剧蒙太奇艺术包括平行式、连续式、交叉式、复现式、颠倒式等，在展示空间设计中，可将连续式蒙太奇和平行式蒙太奇运用其中。

（1）连续式蒙太奇

其最大特点是沿着单一线索，按事件的时间或空间顺序有节奏地进行讲述并逐步展开情节。通常是一个故事或是主人公在先后的不同时间、不同场景发生的情节的连续。连续式蒙太奇是最常见、最基本、最广泛的手法，它能形成叙述的连贯性

1　http://www.xijiuhua.com/ 西九华旅游风景区官网

结构，优点是层次分明、条理清晰。如电影《活着》，影片以男主人公福贵的人生坎坷经历为线索，采用连续式蒙太奇的表现手段，将福贵一生中的重要时空节点："内战"、"三反五反"、"大跃进"、"文化大革命"等，逐个展现出来，反映了一代中国人如何去承受巨大苦难的命运（图 18-24）。

图 18-24 电影《活着》的连续蒙太奇式叙事

（2）平行式蒙太奇

将两个或两个以上的时空场景并列表现，它可以使剧情删繁就简，忽略不重要部分，从而让情节浓缩，令剧情更有深度。也可以通过烘托对比，加深影视艺术的表现力。它最特殊的作用还在于能够让时空的灵活性发挥得更加淋漓尽致，可将不同时空剪辑到同一时空内去表现，使影片结构多元化。影片《霸王别姬》（图 18-25），运用平行式蒙太奇表现手法，将"戏内戏外"两个空间的故事有机地剪辑在一起，使个人和时代命运在电影的讲述中互相呼应，戏剧般既平行又交织地展现了两个时空的画卷。

图 18-25 《霸王别姬》的"戏内戏外"平行式蒙太奇表现

3. 剧本细节与展示细节

法国艺术家罗丹说 :“真实而富于表现力的，特别是典型的细节，在现实主义艺术中有时甚至能发挥杠杆的作用”[1]。影视剧的细节，是情节故事中带有特殊特征的细微环节，它不但能丰满和烘托情节，而且对剧作中的人物形象塑造、主客观环境的描写以及主旨的升华都有着十分重要的叙事意义。人物的举手投足、各种实物道具乃至情境等都可以借助其特征鲜明的标记构成细节而融于情节之中，成为情节中的细微环节。钟大年先生也曾说到：“在一部作品中，细节是十分重要的，细节像血肉，是构成艺术整体的基本要素。真实生动的细节是丰富情节、塑造人物性格、增强艺术感染力的重要手段，作者用以表情达意的有力方法”[2]。影片《离开雷锋的日子》在细节处理上十分出彩。影片在讲述到客车被拦截在路上时，此时的摄像机在等待事情解决的间隙，非常巧妙地看住了车厢内的细节：晕车的中年妇女，别有目的的小偷以及即将临盆的孕妇，这些不同乘客的细节描写，巧妙地从侧面表现了车厢内让人透不过气来的氛围，而影片对细节的描写还在继续，随着镜头转到汽车外面，车顶上的三只鹅和两只羊便出现在了人们的视线中，瞬间在一种在紧张氛围中找到了放松点，一幅东北农村的风俗油画呼之欲出，它直接提供给观众的是一种审美的趣味性。影片通过细节的描写，为其要表现的主旨成功地奠定了真实的生活背景，从而使主人公的事迹具有了明显的时代特征和生活气息。

4. 剧本色彩营造环境与展示场景氛围

电影由黑白两色发展到彩色最早是在 1935 年，在美国马摩里安执导的电影《浮华世界》中首次使用了彩色技术，在给电影增添魅力的同时，也为观众带来了焕然一新的视觉感官上的享受。影视剧发展到今天，色彩已经成为了不可或缺的电影艺术表现语言。在所有的电影视觉元素中，最能唤起人的情感共鸣的因素之一就是色彩。色彩除了最基本的还原景物的固有颜色的功能以外，还可以在表现思想主题、塑造人物形象、渲染影片气氛、创造情绪意境、展示时空转换等方面发挥重要作用。如电影《菊豆》，整个影片用大量的灰蓝色奠定了影片的情感基调，贯穿于影片始终，并和大红色的染布形成鲜明的对比，用沉闷的灰蓝色象征封建礼教的残酷本质；再如电影《红高粱》，整个影片以红色为色彩主调，表达了充满冲动的情绪，展现了人们对生命本质的渴望与赞美；影片《蓝色》用了无边界的夜色和深蓝色的水，来暗示人物的忧郁和悲伤的情绪，并传达出一种压抑的人企图摆脱痛苦的过往，以获得精神释放的渴望。色彩不仅是影视再现物质世界的一种情感因素，同时也是表现创作者的主观审美意识的一种艺术手段，它可以创造氛围、风格，用来展示和刻

1 （法）罗丹 . 罗丹艺术论 [M]. 傅雷，译 . 天津：天津社会科学院出版社，2009.
2 钟大年 . 纪录片创作论纲 [M]. 北京：中国传媒大学出版社，2003.

画人物，表达相应的思想主题（表 18-2）。

如果将博物馆展示空间理解为一个携带着不同信息的“场”，这些“场”通过“实体展示”和“场所氛围”逐渐向参观者释放信息，这里的“实体展示”就是具体的展品以及由展品构成的场景，而“场所氛围”则是由空间色彩的选择与搭配组成的特定的空间情感，色彩的空间策略引导人们感知与体验空间色彩中蕴涵的情感因子，并在对空间色彩的解读与交流中建立空间情感认同，从而生成有说服力和感染力的展示空间。当参观者走进博物馆展示空间，首先感受到的一定是整个空间的色彩氛围，这种色彩氛围能够给人在视觉感官上以及精神上留下深刻印象，从而激发参观者的参观欲望。

名人博物馆展示空间中色彩的选择也要符合其空间特征和主题思想，不同主题的博物馆有不同的色彩呼应，提炼出适合博物馆陈列的色彩，才能彰显出自身独特的色彩魅力。如焦裕禄纪念馆的主色调是黄色和大红色，表达了作为中共党员优秀干部的奉献精神，以及这种精神的激励作用；陈嘉庚纪念馆则是用深灰和淡淡的暖黄给人一种温暖的怀旧感，表达了人们对他的思念之情；王小慧艺术馆用大片单纯的白色、红色、绿色，营造出清新的艺术空间气质，契合了她一贯追求的简约艺术风格；顾毓琇纪念馆依托其传统故居，用古色古香的紫檀木色配合江南建筑特有的浅灰和浅白，表现了一代大师钟灵隽秀的文化气息。

影视剧表现的色彩分析　　表 18-2

影视剧	影视画面		色彩象征		影视叙境
菊豆			黑色 灰色	冷酷 沉闷	忧郁的灰蓝色暗示封建礼教的无情，揭示封建遗毒的吃人本质
大红灯笼高高挂			暖黄 暗红	窒息 压抑	红色的基调成为情绪的宣泄，但终究抵不过青灰色的封建符号
幸福的黄手帕			青黄 米黄	温暖 忠诚	暖黄色的调子贯穿始终，给人以忠诚与温暖的暗示
蓝白红三部曲	ZBIGNIEW PREISNER		群青 深蓝	平静 沉重	蓝色的夜和水渲染痛苦的情绪，也是向往自由的渴望

〖第 6 部分〗语意

第十九章 情节的空间语言编排——多样化空间表现

空间的情节编排就像在叙说一个故事，而一个好的故事其实并不需要复杂的内容，而是能够通过一句话或者几句话就能够概括。“一粒沙里有一个世界，一朵花里有一个天堂”布雷尔的这句名言精确地概括了世界的简约美。空间情节编排就像电影剧本一样，简单——复杂——简单，这也是情节编排的规律，而设计师的任务就是编织情节。首先，简单即是简约性，是一个好的故事空间所应该具备的必要条件，简约性意味着故事的单纯性，不是要求空间有多少的情节元素堆积来达到量变的效果，而是在于如何将精确的情节有序地编排，使其复杂且有意义地达到质变的体验。简约与复杂是辩证统一的关系，空间情节编排同样需要手法内容的复杂性，正如托夫勒所说：“现实世界无序、不稳定、多样性、不平衡、非线性关系（其中小的输入可以引起大的结果）以及暂时性——对时间流的敏感性[1]。”空间情节的序列编排存在许多的可能性，不同的编排方式会产生不同的空间体验，它是一种复杂的关

1 杨政．20 世纪大发现 [M]．重庆：重庆出版社，2000.

系网，是环环相扣、层层递进的关系。然而“复杂性只是在基本简单性的表面上蒙上了一层面纱而已”[1]。从简约的情节到复杂的序列手法，最后归结于生命的秩序与意识的自由。本章内容通过简——简约的语汇设定；繁——繁复的句式编辑；繁——逻辑的空间推理；简——情感的渗透与交融，来探讨由简至繁，由繁归简的剧作编排规律，以此来编织空间情节的面纱（图 19-1）。

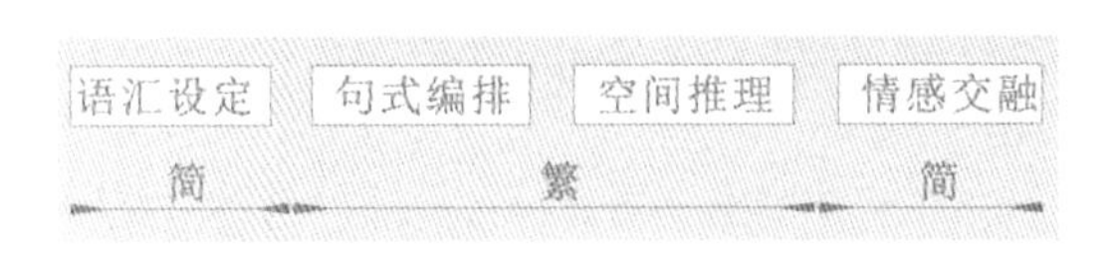

图 19-1　空间情节的编排规律

第一节 简约的语汇设定

“对我来说，我故事中所写的一切东西都是三角形，如果我故事中有四个人物，我把它们看作四个点，如果这四个点不能连成三角，也就是说，有任何一点游离在外，与其他没有关系，或没有足够的关系，我明白，我必须抛弃它，因为它是涣散的、多余的。”——艾伦达文。在空间情节编排过程中，同样需要用精简的语言去描绘复杂的场景，通过不同视点的转接，或是强有力的焦点处理方法，或独特意味的亮点呈现方式，或通过注入空间信息量的疏密来体现空间故事情节的特有语汇，从而吸引人们走入空间，产生继续探索空间的欲望（图 19-2）。

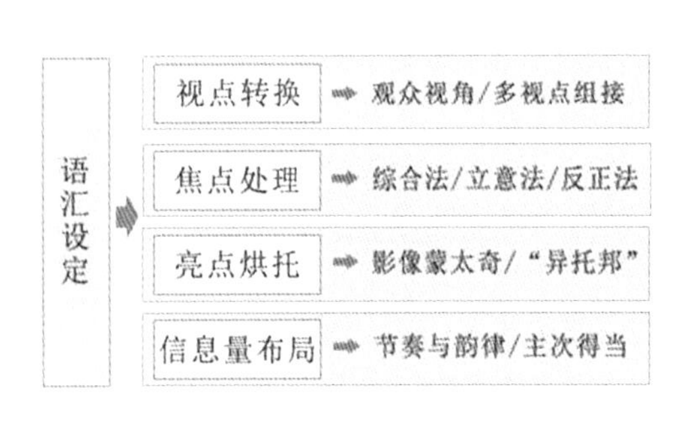

图 19-2　空间故事情节的特定语汇

1　斯唐热．从混沌到有序 [M]．曾庆宏，沈小峰，译．上海：上海译文出版社，2005.

一、视点的转换

在剧本创作时，会有大量的素材与好的内容，但如何去表现，首先就是要有好的视点。通过对视点的展开、组接、刻画与调节等方式对空间的形体、材质、色彩、光影等要素进行有序或无序的组织。

（一）以观众的视角展开故事

在剧本创作中，如果能够设身处地地以观众视角来展开故事，往往容易使观众与场景产生共鸣的效果。同样，对于空间的故事叙述，首先要为整个故事做好角色定位，才能使观者与空间之间获得情感层面的交流。不同的文化背景、城市环境，以及消费人群对空间的要求都不一样，其中包括功能定位、空间定位与人群定位。功能定位是指该空间应当具备的场景元素，除了基本的使用功能外，不同的空间所需要的功能设计也不一样，空间的规模越大，则功能越多，层次就越丰富。如长沙中海环宇城通过不同的主题定位将整个空间串联成一个整体，并且利用多种元素互相融合。空间定位即是指该空间目前所处的地理位置以及周边环境，如位于深圳的某街巷的创意饮品店，该区域以生活住房为主，空间密度高，该店整体面积不超过100 平方米，在符合基本的功能下还需要向附近的居民们提供一个可以信息互换的空间。人群定位即是指使用主体的消费层次、个性表现、行为习惯、年龄特征等。如针对儿童的空间，上海奈尔宝儿童乐园就将童书馆与游乐园做了很好地结合，从儿童的喜好出发，设计一系列的场景元素，如过家家、梳妆间、躲猫猫、滑梯、攀爬架等，并且利用可爱多变的造型与丰富的色彩来塑造空间（图 19-3）。

图 19-3　奈尔宝儿童乐园

（二）多视点组接

篇幅较长、人物较多且线索复杂的影视剧作品通常都是由多视点组接形成。本节中的多视点组接是指空间的结构编排与表达形式不变，而空间构成的视点要素发生变化。多视点组接并非是视点罗列，而是根据空间线索编排的起伏而随之改变。如上海艺影书阁内书店装置区域（图 19-4），该场景的故事开端是以观众视角即上帝视角展开，描绘的是以英国 Somerset 的传统谷仓为原型所设计的抽象立方体加四坡顶的几何体装置，当人们进入该场景平面一侧时，视角由观众视角转向为人物 A 视角，出现在眼前的是由橡木片组装成的装置书架，当人们继续探寻空间故事时，转入到另一侧镜面不锈钢片材质的人物 B 视角，又是另外一种阅读体验，在 A 与 B 视角的来回切换中，实与虚的空间相互交错，进入装置内部所看到的是两张书桌以及室内景观，此时为情景内 C 视角，离开此空间进入下一个场景时，视角又将转变为观众视角，通过对视角的切换、组接等方式，创造非常规的视角体验与感官刺激。

图 19-4　上海艺影书阁多视点组接

二、冲突矛盾的焦点处理

托尔泰认为，“焦点”就是一件艺术品的灵魂，就如同舞台的聚光灯，它能够使你不由自主地被吸引，而它的灵魂也由此散发[1]。空间中的焦点应该是整个故事最

1　夏传才．诗词格律·鉴赏与创作 [M]．海口：南海出版公司，2004.

强烈的突破口，是空间情节最鲜明的标志，也应该是空间矛盾的交接处，也是最有魅力且独特之处，空间的故事从这里展开，也从这里收拢。

（一）综合

《泰坦尼克号》剧作创作过程中，通过对七百多位与沉船事件相关人物的采访了解，在此基础上完成了剧本的写作并且提炼出了该影片的焦点“爱的永恒”。在空间情节链上，通过设置一系列道具或将部分场景按照某种内在联系在一起，使观者在空间体验中逐步地收集线索，从而体会到空间故事的“焦点”。“狐狸外思考”咖啡厅，“树”、“线索”、“光”作为空间的主题定位，首先，采用了树冠的三角形塑造建筑，使其形成坡屋顶一样的尖锐形状，像是位于该地区的一棵大树。其次，将咖啡厅布置成狐狸的家，但狐狸却消失了，只留下一系列的道具作为寻找狐狸的线索，如在狐狸窝的入口处布置 9 米高墙，并利用爬梯等元素作为连接的线索。最后，为了打造狐狸窝一样的微暗效果，咖啡厅所设计的光是自然地由室外照射进来，就像一束阳光照入狐狸窝。通过阳光、线索道具、树等暗示元素的组合，引发出设计师所赋予该咖啡厅的焦点——“盒外思考”，鼓励体验者产生新的想法（图 19-5）。要素的综合还可以通过高频率的设置某些空间道具或将场景重复出现，借助这种方式寻找空间故事的焦点。日本路易·威登旗舰店的翻新设计，在其建筑表皮上采用该品牌著名的双色格子重复图案，这些重复出现的柔和方格很好地装饰了这栋米白色的建筑外墙，在阳光下呈现出不一样的光与影效果，在夜晚，图案背后的 LED 灯会将整个幕墙照亮，通过将 LV 的经典代表元素反复出现能够加深观者对路易·威登的品牌文化记忆（图 19-6）。

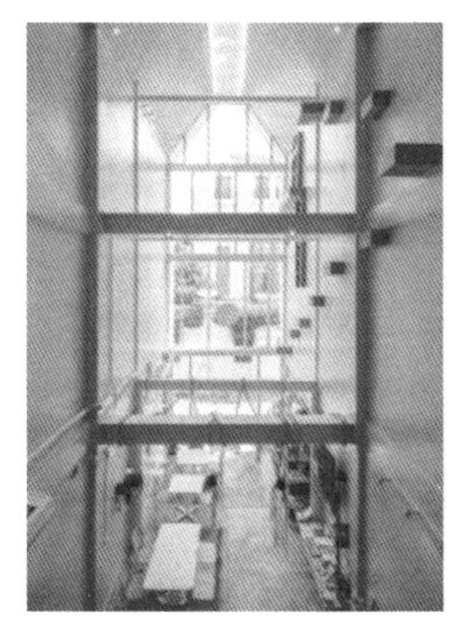

图 19-5　“狐狸外思考”咖啡厅由线索到主题

图 19-6　路易·威登旗舰店

（二）立意

与上文综合法不一样的地方在于，综合是由元素到整体的收集，立意这种方法是先有了主题，再将主题形象具体化，意为主题先行，这种方式更容易找到故事焦点。焦点即是空间故事情节的中心思想，蕴含着空间的生命力，主题的素材来源广泛，从生活到娱乐，从娱乐到文化，从文化到历史，从历史到环境等一系列有意味的内容都能够成为空间的核心思想。对于空间而言，立意起着统领全局的作用，能够有效地影响空间元素的次序排列，每一个元素都是一个意念，都可以与主题相联系；每一个场景则是由元素组成的较为复杂的意念，由元素到场景再至空间，与主题思想首尾呼应。

通过具象的表现手法来吸引观者在许多空间中都有体现，或是通过整个具象空间或是通过具象元素。如法国南特市的“鸟巢”酒吧，空间以鸟作为元素进行设计，吧台与座椅都是可爱的蛋壳形象，与其主题焦点相呼应。或是将整个空间通过具体的形象表现出来点明主题，奈尔宝家庭中心空间的主题焦点是“寓教于乐”，以此为核心来展开故事的编排，将童书馆变成儿童嬉戏与学习的小天地，通过小树林与山丘的形象来打造一个轻松自由的图书区，在模拟城则是营造一个微缩的城市，包括道路系统、路灯、停车场、加油站等现实生活中会出现的场景元素，多样化的具象游乐场空间将体验者带入一个现实的童话世界，与其“寓教于乐”的焦点思想相呼应。

同时，采用表意元素对空间焦点进行处理，往往会利用与焦点主题相关的元素的抽象符号来使空间呈现出想表达的氛围，如利用材质的变化、光影的传递等方式来表达空间的情绪，RIGI 设计的一家牙科诊所运用精简的墙面与一系列卡通圆形元素和趣味性材料，传达该空间的主题焦点——信任与希望（图 19-7）。体现生活中

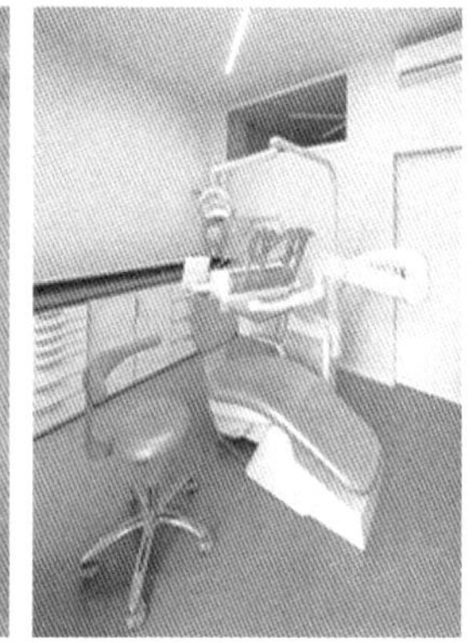

图 19-7 牙科诊所

应该有的温暖、友好与笑容。上海的一家儿童成长中心（图 19-8），打破了传统的具象装饰世界，为了突出“爱与想象”的主题焦点，整个空间都以一种抽象化的方式去进行描述，例如将人们对于生活理解中的常识现象用抽象的几何符号作为替代，来暗示某种特殊意义，而不是通过具象的方式直接呈现在孩子们眼前，这种表达方式更加有利用儿童的思考，激发孩子们的想象力，并用有质感的木材来体现家庭的温暖。

图 19-8　上海儿童成长中心

（三）反正对比

一系列元素构成场景，不同场景串联形成空间，虽然反正对比表现的空间形态，但也是属于心理层面的概念，通过一正一反构成矛盾冲突，从中能够显露出故事的焦点。灯光的对比、材质的对比、冷暖的对比、肯定与否定的对比等，归结于一点就是“悬念”，通过对比方式引起观者对于空间的好奇，更容易激发人们对于空间探索的欲望。韩国首尔雪花秀旗舰店的主题焦点为“个性、旅程与记忆”，通过精细优雅的黄铜与实木地板的对比、土灰色石材与暖色木地板的结合，节奏的快或慢、开或合，灯光的冷或暖、明或暗，材质的厚或薄、粗或细，每一个细节都能让观者感受空间的神秘和惊喜，激发继续探索空间的欲望来完成这一段旅程。同时，不同元素的跨界合作也引发构成焦点的矛盾冲突，如火锅店跨界KTV、宜家家居跨界餐饮、杂志跨界孵化器等，不同于以往的空间概念模式，让观者感受到一种全新的体验。Chris Chang 认为“现在这个年代，不一定粉红色就属于女生，咖啡色的铁色就属于男生。我要做一个中性的空间，让它既有男性的味道，也有女性的味道。”在她与宜家的一次合作中，将粗糙与柔软的编织相融合，醒目的粉色与冷色原木家具结合，通过对比创造更多的可能。

三、亮点氛围的烘托手法

在进行剧本写作时，往往需要考虑到该作品的卖点在哪。而空间中的卖点即是指该空间与别的空间不同的特殊之处，而这种区别则是能够激发观者消费欲望与兴趣，使他们想要进一步的去解读空间内容。空间中的卖点既可以是具体的、局部的，也可以是虚拟的、未被发掘的。

（一）影像蒙太奇

费雷德里克·詹姆逊在其著作中认为，我们当下所处的社会是一种以消费为主并且被符号化和视觉影视化所包围大环境。其中追求视觉影像正是激发观者对空间兴趣探索的重要手段之一，为了体现视觉信息的生动、直观以及可靠性，往往借助当代空间的动态化媒介符号——“影像”来完成情节编排。所以，影像蒙太奇是指同一空间场景中不同生活情节、历史阶段的并置与重叠，在空间中的影像蒙太奇就是通过对人的听觉、视觉、知觉等感知模式，将情节编排应用于空间中，塑造出一幕属于外部世界的幻象。影像蒙太奇正是利用了视觉的力量，在科技与文化情感的作用下，引领人们进入有趣的情感世界。让·努维尔所设计的拉菲特百货公司，通过对透明玻璃等材质的使用以及光线穿插等方式创造出一种图像式的空间形象。或是将影像技术与空间相结合，凸显空间价值，位于北京的布鱼餐厅（图 19-9），通

图 19-9 布鱼餐厅

过激光切割金属网来制作与空间主题相符合的手绘图形，再将它们叠加在白色曲面造型上，营造出水下影像所特有的绚烂、半透明以及模糊的视觉效果，塑造出一个梦幻且具有流动感的水下世界。或是将元素的提取以重叠或并置等方式编排进空间

中，以此来引发人们好奇感与共鸣。美国加州环球影城通过电影元素的提取，并将他们并置在一起，让观者体验如电影场景一般的空间，材料的运用、图形的指示、结构的穿插、独特的叙述，突出整体空间的形象化与叙事性风格。

（二）“异托邦”式的幻象

“异托邦”不同于“乌托邦”是因为它是真实存在的现象，而不是虚拟存在的，在空间情节编排中则体现为一种介于矛盾与现实中的一种表达模式，通过想象才能够理解它所蕴含的意义，是在真实性场所中的“非场所”现实理想化的体现，当代空间很多方面通过“异托邦”式幻象作为空间“卖点”来吸引观者。首先，他们是真实有效并且能够获得真实感受的，将想象的世界融入我们现实的生活中，以一种零碎、短暂且矛盾的方式出现在空间中，以此加强现实与梦幻的形式对比感。空间通过这种幻象异托邦的手法将人们短暂地从现实生活中剥离，由此进入幻象世界的体验。迪士尼乐园通过借鉴动画电影、文化历史等主题，制定了五项规划标准：生动性；运用电影场景技术；将正常体量的建筑空间扩大或减小创造特殊气氛；有意夸张空间的透视感；确立标识指示方位，包括路标和具有识别性的空间。于是在迪士尼乐园中，具有不同文化背景的元素被有序地组织在一个生动的场景中，形成主题性的幻象空间，迪士尼能够吸引消费者的成功点在于其塑造的视觉形象具有象征意义，代表人们的普遍信仰与共有的激情表达。鲍德里亚认为：“迪士尼乐园是仿真序列中最完美的样板，存在于人们脑海中的游乐场并不是对于它真实性的批判，而是通过相反的方式来构建一种不属于真实世界中的生机。迪士尼所描绘的景象是对不具备母本的过去以及历史的仿真，却能获得比真实存在空间更逼真的效果，营造一种超真实的世界。

四、信息量的疏密布局

密度一词在剧作中用来指作品中所包含信息量的多少，高者为密度密，低者为密度疏。中国画尤其讲究画面疏密的布局，泼墨、干笔、留白、题款的位置都是十分考究的。空间中的密度就是指信息量的疏密分布，可以用以下公式来表达：密度=信息量/时间，由此可见，信息量越高则密度密，信息量越低则密度疏。在空间中通过有效的手段来编排信息量的疏密关系，为体验者营造一种如流水般的体验。

（一）节奏与韵律

空间以情节的方式来向观者叙述空间的情感内容，而内容恰当与否，编排手法合理与否，这些都是后续需要考虑的内容，应该最先考虑也是最重要的是空间内容的传达是否与观者的审美需求相一致。只有二者相吻合时，才能够呈现出空间本身的意境。

那么通过什么样的艺术形式会激发人们兴趣呢？长期以来建筑空间一直被称作为“凝固的音乐”，观者在体验空间序列的同时就宛如听一首动人的音乐，想要获得共鸣，首先它应当具备节奏感，能够使听者朗朗上口或是身心舒畅。此处的节奏感即是指既有主次分明的节奏，又具有运动的连续美。同时这种空间的节奏变化给观者所带来的情感体验也是具有节奏性的。

通过对韵律的编排能够有效地去体现空间中的节奏秩序变化。在空间中呈现为规律性和重复美，也是对空间情节编排的有效方式之一。具有韵律的空间能够产生运动的现象，这种现象成为“似动现象”，是指当两个或多个相同元素或符号快速连续出现时，我们的眼睛将自动将这些事物相连接成一个连续的运动印象，也可称为运动错觉现象。当观者进入一个具有节奏韵律的空间时，能够从视觉上的节奏运动而感受到心理时间的变化，这时候的时间则是充满了弹性，在这样的空间中观者能够切身感受到时间的变化，并且获得情感愉悦。例如禅茶会所（图 19-10），为

图 19-10 禅茶会所中被延长的走道

了体现东方韵味，在流线的设计上丰富了节奏性，在入口处特意拉长体验者进入主空间的时间，在整体空间规划上，对原有布局进行局部调整，对原有入口处的路径进行延长，让观者在被延长的空间中行走，放松心境并且逐步进入到空间所营造的

茶韵氛围中。同时对古典园林路线编排手法的借鉴，在不足十米长度的空间中，通过对室内外的穿插处理，使观者在行走中感受不到时间的流逝，让整个空间的人流线路变得更加丰富，并且通过对空间节奏轻重缓急的把握，以此塑造不同的空间意境。

（二）主次得当

剧作编排中，作品疏密度的把握则是细节刻画的体现。建筑空间亦然，在空间情节编排时，不能够处处都是重点，它需要情感的铺垫、转折与高潮，这些都决定了在编排上需要主次得当、以次辅主的创作手法。观者游走于空间时，随着时间的延续，注意力会持续下降，通过对情节线上“兴奋点”的设置，来刺激人们的感官。之所以称之为“兴奋点”，首先是因为它能够对消费者人群起到聚集作用，通过对该点的详细刻画能够更好地传达空间情节。同时还能够通过对“兴奋点”的刻画来突出主次地位。如电影《列宁在一九一八》，该片女主角接受了组织交代的秘密工作任务，这场戏虽然篇幅小密度却很高，镜头描述着女特务准备刺杀的过程：点烟，吸烟，从手提包中取出手枪与子弹，一边不断用手指揉搓着头发，一边数着子弹，缓缓地吐了一口烟，咬着烟问道：“几时？”结束。如果不对女特务进行描写刻画而是简单一笔带过，则无法体现人物性格更不会激发观众对领袖列宁的担心，情节的悬念感难以形成。

第二节 繁复的句式编排

对于我国戏剧结构问题的研究最早能够追溯到《诗学》，而西方古代先哲亚里士多德提出“戏剧结构可分为简单与复杂两种，简单的是人少事简，复杂的是人多事繁。”随着实践与理论的深入，这个说法现在看来不一定那么准确，人少也能编辑出复杂的结构。由此可见，文章中的句子就如同人体内的血脉，是谋篇布局的关键环节，能够直接影响空间意义的传递。本节对空间的句式编辑，主要通过逻辑结构的非线性、文学体裁的相似性以及时间线索的组织性三种编排方法来对空间情节序列进行有序的组织。

一、逻辑结构的非线性

日本剧作家新藤兼人针对影视结构提出了两大方法，分别是“赛跑式”与“垒球式”，前者为纵向结构方法，着重刻画影片人物的成长与发展经历，因而时间跨度大且场景较多；后者为横向结构法，偏重于横断面描写，且时间跨度小并相对集中。以上两种方式是粗略地对结构进行划分，如果细分，还能以矛盾线结构分为单线结构与平行结构。

（一）单线结构

单线结构即是以主人公的命运，以一对矛盾贯穿全文。在空间情节编排中则是指按照时间的逻辑顺序进行连续性的叙事结构手法，也是最为常见的一种编排方式，虽然常见却并不意味着简单，在空间中的使用主要分为两种方法，其一是以线性时间为基础，并且使用单一的时间线索来对空间与元素进行编排，这种方式具有清晰的组织顺序且叙事性强，有利于同一空间的各个场景内容按照情节线索相连接，这样的结构模式对体验者的流向有较强的控制性，适用于中、小型空间，而对于规模较大的空间则不太适用，会显得模式单一不够灵活。位于伦敦的 VANS 之家（图 19-11），通过对隧道布局的利用，将四个主要功能限定于特定的隧道中，分为艺术隧道、

图 19-11　VANS 之家　　　　图 19-12　殡仪馆

电影隧道、音乐隧道以及滑板隧道，并且通过鞋底橡胶材料、滑板嘻哈以及周边产品等元素不断加强空间的核心思想。再如江户东京博物馆，整个建筑共七层，入口分别设置在第一层和第三层，但是无论参观者从哪里进入该空间，最先参观的都是位于第六层的展厅，然后自上而下依次游览。该空间以“故事轴线”为线索的结构方式，来安排参观者的游览路线。其二是有明确的单一主题，并围绕此主题来展开

空间叙述，这种方式更容易营造强烈的形式感。如图 19-12，上升状的拱壁象征着出生，中央的雕像象征人们过去的生活，在它的后面则是通往天堂的大门。内部空间设计成“码头”形状，意味着人生最后旅程的开始，由透明蓝色玻璃制成的“灵鸟”象征着“另一边”，整个空间是一个过渡空间，前面是世俗生活，后面则是另一个世界，整体的结构安排围绕着一个主题，让每个人都能够参与到仪式中。

（二）多线结构

多线结构即有两对及以上的，为主为次的矛盾互相交叉或并列叙述地发展，最后达到完成人物塑造的目的。多线结构包括平行、无序等结构方式。

平行结构是指两条或多条，不同空间或时间的情节线索通过相对独立的方式来叙述故事，最后深化主题，这种结构手法的主要特点则是线索之间保持独立，以类似平行线的方式展开，不存在或很少存在交叉。不同的空间线索平行布置在空间中的表现为以下两种：其一为不同功能形态线索的平行布置（图 19-13），由屈米设计的东京国立歌剧院，在这个空间中，突破传统的设计方式，将剧院结构完全打散再重新组合，将具有相似功能属性的空间按照纵列的方式布局，每一列空间都具有各自的特征，并且将这些纵列以一字型展开，从空间功能到建筑形态，各条都相对独立却又完整统一。其二为将不同的空间以打破常规的方式并置且保持相对独立，在空间中，通过垂拔空间将各层空间相联系，就如同观众席的角色，各层空间则是整个空间大舞台上的演员，他们以特殊的方式被放置在一个平面中，却保持着独立性。伊利诺斯理工学院校园中心（图 19-14），巨大的金属交通轨道直接穿插在室内空间，虽然两个无论从空间性质还是空间形式都大为不同的元素相互碰撞，但依然保持各自的运行轨道，按照常理，交通轨道与校园空间本不应该出现在相同的空间，在此相结合，形成了强烈的戏剧感。

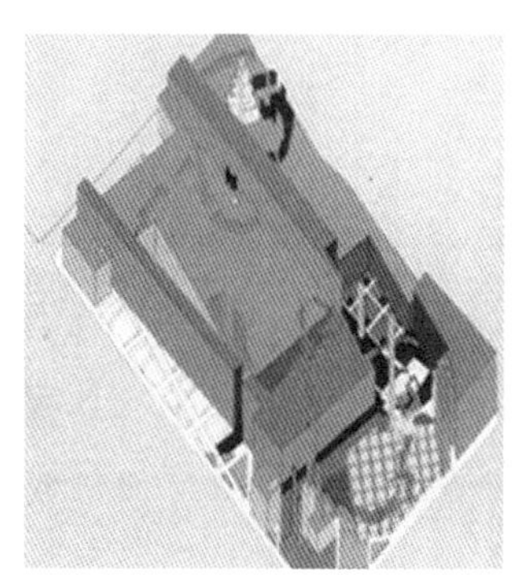

图 19-13 东京国立歌剧院

图 19-14 伊利诺斯理工学院

本节中的无序并不是指没有秩序的胡乱编排，而是以空间的主次关系作为重点，不受时间的拘束，这种结构模式更为注重观者的体验感受，通过对主次空间的强调，结构线性将自动模糊化，多条行走路线能够被观者自主选择，而不会对空间体验造成影响，人们能够自由地穿梭在空间中，停留、行走并感受空间。如柯里亚所设计的印度甘地纪念馆所采用的则是此结构组织手法（图 19-15），整个纪念馆呈现院落式布局，各个正方形的展厅由走廊相连，参观者可以自由选择展厅作为游览路线的起点，院落中心为一池净水，更是增添了一份宁静的氛围。参观者可以不作停留，也可片刻休憩，去感受柯里亚对建筑的思考以及纪念馆所表达对甘地的怀念之情。这种空间结构方式灵活多变，为观者探寻空间增添了趣味性。

图 19-15　甘地纪念馆

二、文学体裁的相似性

爱德华·罗特斯坦说：“宣称事物之间可以找到相似性，每一个事例中不仅存在着特例而且存在着普遍性，这是物理学所依据的自然规律的观念……所以，物理学把从现象中辨认出其形式作为其研究对象，试图发现相似点。”物理学的研究从某种意义上说就是发现相似点，而无论是哪一种艺术形式都有形象、情感、疏密、转折等，便存在着相似性，通过对相似文学体裁的艺术手法提取，成为空间情节编排的语言表述方式，例如戏剧之突变、小说之渐变与电影之伏笔。

（一）戏剧式突变

有这么一句话：“影视是突变的艺术。”《啊，无声的朋友们》中静代的死亡则是采用了突变的写法，按照一般常理，按照人物的设定，静代收到丈夫死亡通知时，应该会改嫁，但她却在自责与无望的思想冲击下崩溃了，瞬间死亡。这是观众都未预料到的突变，而这种手法往往不需要前面大篇幅的铺垫，如若叙述太多则起不到突如其来的效果。突变的手法同样适用于空间的情节编排。当体验者从场景 A 步入下一个场景时，心里往往会做出预测，而预测的结果不外乎两种：意料之中则合乎主题发展，情节连贯；意料之外则让人感到兴奋，引起关注到达空间的高潮。扬·盖尔在《交往与空间》中表示，对于空间的整体体验塑造，通过对空间的大、小形式做出具有运动感的对比节奏比相同空间按顺序排列所获得的体验要更加强烈。而戏剧式突变在空间中的应用即是指通过在相同功能或形式的空间中，将一种原本不该属于这里出现的场景编排进来，这种空间往往让观者产生一种新奇感和获得一种意想不到的体验，如层高突然的变化、灯光的虚实对比等。“山有小口，仿佛若有光。便舍船，从口入。初极狭，才通人。复行数十步，豁然开朗”——《桃花源记》。由贝聿铭设计的美秀美术馆（图 19-16），建筑的入口、广场以及樱花大道是美术馆的第一道风景，通常的设计手法是将美术馆设置于樱花林后方，但是美秀美术馆在第一道风景之间插入了吊桥与隧道，当观者从密闭的隧道中走出，呈现在眼前的是吊桥后的美术馆主入口，一种豁然开朗的感觉油然而生，获得一种庄重肃穆之感。

图 19-16　美秀美术馆

戏剧式突变还能够通过“打破常规”的手法获得出人预料的体验。如界面倾斜、倒置或反常规组合、破碎、重组等。妹岛和世与西泽立卫合作设计的金泽21世纪美术馆内放置了一个“游泳池”，从表面上看与普通的泳池别无二致（图19-17），但从内部看则另有一番天地，整个泳池的下方是一个并没有水的空间，仅仅在表面用透明的玻璃隔开，再铺上一层水，这样的设计颠覆了人们的日常思维，吸引人们积极的融入这奇特的空间中。

图19-17　打破常规空间表现

（二）小说式渐变

如果说戏剧式空间结构是注重外部情节的冲突，那么小说式空间结构则是更为注重体验者自身的内在冲突。小说式渐变手法的典型特征就是通过体验者讲述一个连续性的故事，所呈现出一种有秩序的场景空间，就如同对小说的阅读一样，是一种循序渐进、情感逐渐升华的历程。该手法不依靠戏剧性的大起大落，而是靠场面的逐步积累来表现空间内容，如在《相见恨晚》中，劳拉从婚外情的开始到结束，作者所描述的是一个渐渐变化的过程，没有惊天动地的大事件，通过对日常琐事描述，以此去表现剧中角色的个性特征。在空间的情节编排上，可以利用符号或是空间镜头的重复、连续、推演等方式来达到一种小说式渐变的效果，从而在某种方式上能够使观者对空间的时间与心理发生变化来加深人们对空间的体验。如位于俄罗斯莫斯科的马雅可夫斯基博物馆，是由诗人生前办公楼所改造，通过使用色彩艳丽的建筑小品、图纸与手绘草稿不断在空间中交错，试图以存留下的物品去探寻诗人在世时候的思维行踪，以空间的形式去感悟作者曾经的灵魂世界。该博物馆的空间情节编排不同于传统的惯性编排方式，将贯穿几层的垂拔和展品互相配合，并设置楼梯将它围住，再使用铁丝网把体验者与陈列室的展品做出分割，上楼的体验者能够远观却不可近身，只有到达顶层时才能够进入陈列室。垂拔与楼梯和陈列室之间都处于模糊暧昧的关系，通过缓慢的坡道行走，给体验者一种如同连环画般的阅读方式，场景轮流变换，一气呵成，使展厅的整体叙述感更强。

（三）电影式伏笔

影视作品中的伏笔是指以某种形式的暗示或铺垫为后续发展所埋下的线索，小说理论家金圣叹将此技法形象地称之为“草蛇灰线法”，即埋设伏笔的线索就如同隐藏于草中的蛇和灰尘中的线一样，不易察觉却又蜿蜒不绝。埋设伏笔是空间情节编排的重要手段之一，如果涉及大型空间，情节编排就显得尤为重要，整个空间跨度大，必须按照空间的线索去排列，如果后面出现的场景在前文中毫无暗示，即便是为了产生突变的效果，也会显得很突兀，因此必定要在前文中做出铺垫，而伏笔手法的运用不仅能使空间条理清晰、顺理成章，而且还能够增加空间的内部联系，加深空间内涵，使线索连贯性增强。当体验者欣赏到后面的情节内容时，或将整个空间游览结束时，能够联想起这个过程中埋下的处处伏笔，从而获得审美愉悦。如甘肃自然馆将各个章节与序厅采用一致的手法，序厅将喷绘图案与立体实物造型相结合，虚实共生，随后出现的章节、序厅也采用类似手法，海洋厅采用立体虫鱼与海洋画面结合，恐龙厅采用立体机械龙与画面结合，当人们走入下一个序厅时都能够通过对之前画面的记忆理解到下一个篇章的开始，空间的情节得到延续。或是通过埋下伏笔来作为点明主题的线索，金海湖国际度假区溪园酒店坐落于北京平谷城区，为了软化直线与放线的整体构图，通过加入曲线形式的景观栈道来作为空间的柔化剂，以形成曲折流动之感，并且以高低错落、虚实相生的衔接手法加强整体空间的层次感，通过这些潜在的情节处理同时也为空间的核心思想埋下伏笔，以此使观者感受到“有无相生”的艺术哲理。

三、时间线索的组织性

以时间作为线索对空间情节进行编排，将不同维度的人物、事件在同一空间中展示出来。在时间化的空间中，时间具有大量的丰富素材，以具象化或抽象化的时间作为设计元素来唤起人们的情感记忆，时间素材的直接应用就相当于单点式，给体验者带来的是一种瞬时体验，是将某个时间点凝固提炼后编排进空间，具体内容在第三章节中已做论述。本小节内容则是围绕将时间作为线索，通过对不同时间点进行排列组合。形成类似时间线的故事情节，体验者在空间中行进时，所感受到的不是单一的风景元素模式，而是线性的甚至多元混合的组织序列，因此更能加深观者的空间感受。在印度的 Jayaprakash Narayan 博物馆空间中，也能够感受到一种时间线索的存在，整个建筑以一个楔形形状坐落于场地中央，简单的外形却包含着复杂的内部空间，互相穿插与咬合，只有体验者从此空间进入彼空间，或是从不同的方位、不同角度的位置切换，让体验者怀揣着好奇心去汲取感官以及心灵所获得的信息，静静体会时间的流淌，然后才会陷入沉思，认真地体会所感受到的一切。再如英国议会大厦中，以时间为线索，从入口开始为时间剧场的第一幕，通过运用具象的罗盘来标识欧洲近代的科学技术发展以及所呈现的稳固地位，表现为理性年代的特征；第二幕由中庭展开，以伊斯兰天堂花园为代表；第三幕也是时间链的尽头，用西瓦头像与线性装饰来代表传统印度教的神话传说。

通过隐形的时间次序来描述，从主入口到后花园的轴线布置，空间层次的错落关系与功能形态的迥异，让体验者不自觉地联想到印度与英国之间几个世纪以来变幻动荡的历史进程。或是将四维的时间看作是具有弹性的线段，在影视作品中，当故事的描绘时间小于本身时间时，称为“概述”，如主人公坐飞机去旅行，在日常生活中，飞行时间往往需要几十分钟到几个小时不等，在电影的画面叙述中仅仅用几秒的时间就将此事件描述完毕；反之，当描绘时间大于或等于本身时间时，成为“详述”，如人物的奔跑，通过详细刻画，延长了叙述时间。空间中的时间编排就如同影视剧作中的时间一样，是具有弹性的。比如刘家琨“艺术工作室”中的建筑空间的路径编排，通过对中国古典园林中道路弯曲曲折的意境塑造手法的借鉴，对空间中经常出现的楼梯进行处理，消除以往常用的步行模式，以“游走路径”的方式呈现于空间中，“在那里，时间‘被延长’，‘空间’得以拓展”。

不可否认，时间是一直向前发展的，不会停滞不前更不会回到过去。就像“人永远不可能两次踏入同一条河流”，时间线索的编排不仅有次序排列、弹性布置，还有多元混合。将过去的时间与现在的时间甚至于包括对未来的时间一同编织于空间中，以此来实现三个时间维度的空间对话。如利贝斯金德所设计的犹太人博物馆展示空间中，其中的一个场景为倒圆锥形状的水盘，上面刻着被纪念者的名字。中间有一个喷泉，水又象征着时间的流淌，当人们观看大理石材质的水盘时，看到的是自己的倒影与名字，过去的名字、现在的阅读以一种未来的形式相交叉，使体验者产生一种陌生感与好奇心，丰富的时间在此空间中实现了交融。

第三节 逻辑的空间推理

故事的开始、经过、高潮与结束是影视作品中的最基本元素，同时也是空间情节编排之关键点，它既是事件叙述过程也是人物情感体验过程，完全能够将此打散重构，视为可逆的，不同的排列方式都会出现不同的面貌，以“变”成“新”，从而获得新的体验需要。蒙太奇最早为建筑术语，意为构成与装配，后也作为结构剧作手段，意为剪辑与组合。作为一种编辑手法，它是将作为基础素材的单镜头，根据影视剧作中所要表现的内容，再通过“分镜头”拍摄出多个画面场景，然后再经由某种编排组合方式将这些画面有机地组合，使其产生连贯、对比、悬念等节奏效果，从而表达空间的思想内容，成为具有艺术性与美感的同时还能与观众产生共鸣的影片。在空间的情节组织中，运用蒙太奇手法来对情节进行编排，往往能够改变体验者对空间的感受，进一步提升空间的意义，让它所呈现的内容更加具有穿透力并且可以很好地传递给观者，与此同时也有利于观者对此空间产生认同感并且利于空间场所感的形成。如何将这四要素进行编排，本节将借鉴文学电影中的蒙太奇手法编排空间序列，主要通过如长镜头编辑、叠合互渗、反常规组接等方式展开（图19-18）。

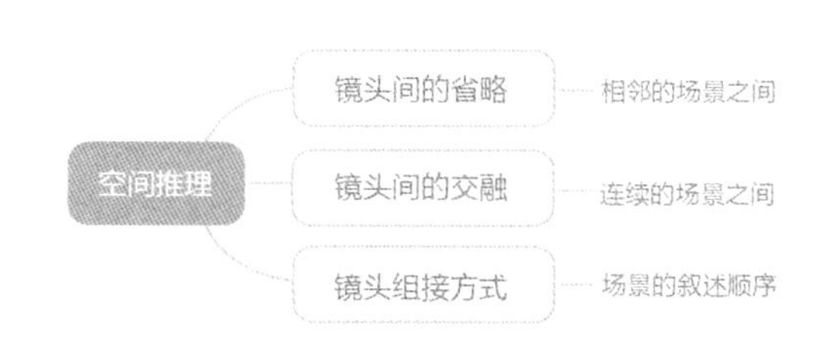

图19-18 空间逻辑推理

一、镜头间的省略

在影视剧作中，蒙太奇镜头的排列方式许多种，当两个相邻镜头之间的不确定性与距离感成了空白，从而会引发观者对于镜头本身提供信息的思考。将蒙太奇的组织手法运用到空间中来，表现为空间的省略，就如同诗句“枯藤老树昏鸦，小桥流水人家”，这十二字并没有连词，但是读者却能够想象出诗句所描绘的画面，枯藤相当于场景 A，老树相当于场景 C，A 与 C 为不同的镜头却组织在同一画面，恰当的省略处理更能体现诗句所包含的意境。镜头与镜头间的省略通常可作为留白与跳跃处理（图 19-19）。

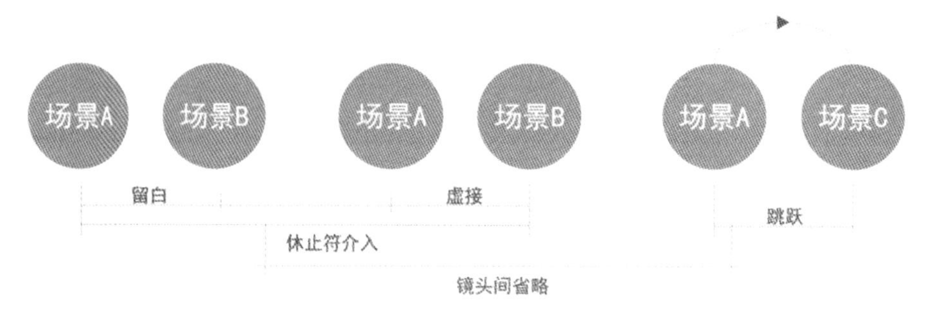

图 19-19　镜头间省略

（一）休止符介入

镜头与镜头间的断裂就如同音乐中休止符的介入，打破原有的空间节奏，只留下寂静与沉默，而休止符的出现并不意味着故事的结束，更不是思想上的空白，而是通过“无声”的语言去传递更为深层的涵义，这样的断裂是给予我们去思考的时间。就如同犹太大屠杀纪念馆，整个场景经过连续的叙述接近最核心的时候，也是人们情绪达到最高点时，它并没有设计太多的复杂的元素，而是通过截断的方式除去了中间繁复的层次，直接把近处的悬挑平台与远处开阔的山谷、天空并置在一起，给人无限的遐思与联想。休止符号的介入除了能够将场景与场景之间做留白处理外，还能够通过一种张力，使两个相邻的场景，用一种无形的力量将他们连接。马德里的一家餐厅，空间的尽头出现了如同商店里橱窗一样装置，展示着内部空间的精美，通过这个“窗口”将内部餐厅场景与外部街道场景无形地连接，既获得了充足的光源，也丰富了空间的横向序列关系，并且能促进室内与室外之间的视觉联系。

（二）跳跃剪切

在影视剧作中，跳跃剪切即是指“经过严格选择，极度简洁地压缩为两三个细节的图景”。通过在一系列场景中省略若干场景，形成跳跃式的节奏，并结合观众游览其间的所感而形成一种心里对比。跳跃剪切的基本特点就是对异质空间进行不断的切换，例如从室内转入室外再切回进室内，景中景外、明处暗处、虚与实的来回变化等。西班牙红墙公寓（图 19-20），这栋建筑被人们称之为现实生活中的游戏场景，建筑空间的每一层都不在同一水平线上，环环相扣的楼体与交错有序的平台，使人们产生空间的错位感。当人们踏上第二层的楼梯时，就已经难以判断自己究竟身在几层了，空间场景的跳跃感十足，建筑采用多种颜色，有同色系的柔和过渡也有撞色效果产生的强烈视觉冲击，并且将室外植物引入空间，打造室内室外一体化，由内部的狭窄到外部的开阔、同色系的柔和到刺激的撞色、室内与室外之间来回切换镜头，这种跳跃式的剪切手法，使空间的节点处于一种立体维度，不仅能够增强体验的兴趣性，更主要的还能够建立一种记忆深刻的场所感与秩序感。

图 19-20　红墙公寓跳跃剪切手法体现

二、叠合互渗的镜头转换

如果通过影视中蒙太奇手法来编排空间的情节，空间序列中的各场景编排就如同电影中镜头的剪接，单个镜头画面可以传达某种含义，而相邻镜头的链接方式则是多种多样，场景与场景之间的连接除了采取上节所提到的休止符介入与跳跃剪切等“硬质连接”外，还能够通过交错、融糅、嵌套等方式（图 19-21），而打造空间的丰富内涵则需要表现镜头之间互相融糅、叠合互渗的逻辑关系，就如《视觉语言》中所描绘的，当我们见到画面中一连串图形层叠交错，并且其中的每个图形都是完整的且希望自己是独立存在的，这是一种矛盾空间的现象。而通过叠合互渗的镜头转换来强化这种矛盾，使空间的编排摆脱单一化的模式，从而形成不确定性与模糊的深层感受。

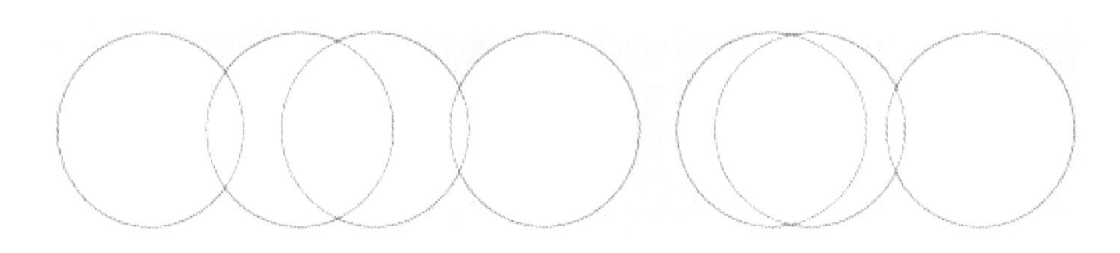

图 19-21 连续镜头

镜头间的互相渗透，场景间的相互交融，所营造出的空间具有一种“模糊”的美学效果。“悬浮毛毡”概念展厅（图 19-22），3 米高的天然毛毡将展厅分割成类似迷宫般的行走、停留空间。将毛毡悬挂于空间，空间中发生的故事从下方的缝隙中若隐若现地展示出来，吸引观者走入展厅的内部世界，而顺着一层层被毛毡包裹的路径行走在展厅中，透过被剪切或弯折的毛毡洞口，看与被看的角色不断发生变化，时而在此空间，时而又入了彼空间，有意识地通过这种手法使被分隔的场景之间保持着连续性，让体验者感受不到空间分割的停顿感。

图 19-22 毛毡展厅中连续场景互相渗透交融

除了通过恰当的建构方式来分割场景，利用材质的特性也是场景间叠合互渗的方法。正如妹岛和世与西泽立卫的作品，本身并没有复杂的结构，整个空间纯粹又轻盈，从中可以发现，他们的作品中存在着一条模糊的界线——透明或半透明物质，以及轻巧性的材料，将这样的材料应用于场景与场景相连接的位置，使行走的人产生意念交错的感觉。托莱多艺术博物馆玻璃展馆（图 19-23），整个空间选用透明且具有反射效果的玻璃作为主要材料，目的正是在于减弱场景与场景之间的硬性分割，使各个场景在相互连接的同时又互相分离，是一种模糊且神秘的空间体验。

图 19-23　托莱多艺术博物馆玻璃展馆

三、反常规的镜头组接

一部优秀影片往往是将众多镜头有逻辑、有节奏地组接，以交代情节、事件为主旨，不同的组接方式会产生不同的情节链，这种反常规的镜头组接方式不仅是将静止的单镜头打乱重组，同时时间也随之变化，从叙事方法角度来解释，则是将叙事时间顺序打乱，其中最能够表明其特征的则是对闪前与闪回手法的运用（图 19-24）。

闪回手法是通过对故事情节的补充叙述以此来推动整体情节继续向前发展的一种剪辑方法。类似于文学中的“补叙”手法，意为对某个场景的补充说明。在影视作品中，如《蝴蝶效应》与《记忆碎片》这两部影片都是大量采用穿插闪回手法来作为故事情节推动的主要方式，使观者在观看影片时，能够感受属于过去的情节片段不断地交织于现实故事中。在空间情节编排中，通过闪回手法，场景起到补充说明，更能够进一步深化主题。比如罗西设计的车提学生公寓中，对整体空间的形式编排采用穿插、重合、分离等多样化手法来作为对空间主题的一种补充说明，这里的变化不仅仅是物质上

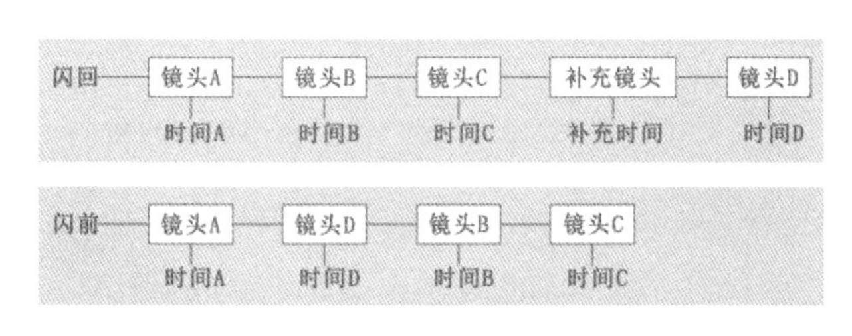

图 19-24　反常规的镜头组接

的改变，更加是一种对小时候的记忆、情感以及日常生活模式的一种强调与补充。该空间就是通过使用闪回手法建立起来的。

闪前与闪回的时间链接正好相反，下一镜头的时间是向未来跳跃，即是指将未来出现的场景提前叙述，然后再回归于正常的时间叙述中。位于西班牙的一家眼镜店（图 19-25），按照常规的店面设计，工作坊的位置应该是位于序列的后端，而在这家眼镜店中，就像目前有的餐厅中的开放式厨房一样，将本该后面出现的场景提前了，目的就是通过闪前的方式，强化体验，从侧面突出一个干净、明亮、智能以及理性的空间概念。通过对前后镜头场景的秩序调整，不仅能够使空间的结构与层次变得丰富，还可以引发悬念，勾起人们好奇心，以此完成观者与空间的互动对话目的。对于在空间中的情节编排除了将后置场景提前，还能够将内部空间外置、上下空间倒置等，正如伯拉孟特将原本属于室内空间的“龛”设置于大台阶之北端，面向院子，此设计的灵感来自于传统的庭院设计，巧妙之处在于他将本应该对内的内向性庭院空间，通过镜头倒转的方式，直接面向城市，这是一种内外层次的闪前，也是对传统空间中内与外的否定。

图 19-25　西班牙眼镜店

第四节 情感的渗透与交融

伊东丰雄认为20世纪的建筑空间具有一种“独立性”，没有考虑到同周围自然环境和谐共生的问题而是作为与自然隔离的独立机能体而存在，就如同没有情感需求的现代机器人一样。而在21世纪，人与建筑、空间都需要与自然环境建立连续性，不仅是节能、生态的，而且还要能够与社会相协调的。长期以来，人们对空间的认识不断发生变化，但是在这个变化过程中却始终没有超越单向化与排他性特征，而空间情节编排的最高层次就是空间的包容与认同，本节主要从包容、适应与塑造生命的秩序来探讨。

一、虚空包容万有

每一个空间，或者在空间中所发生的每一个独立事件，对于广阔的宇宙或是历史的长河来说，都宛如空气中飘浮的一粒尘埃，那么的微不足道，如果不将他们与其他事件或空间建立联系，那么所面临的必定是被强势的其他物质所冲散，对于空间而言也是一样的道理，作为独立的事件或是空间存在，很容易就被观者所遗忘，如同人们对空间的认识一样，空间本身也需要经历一个从排他到包容的过程。

同时包容也是一门学问，是一种“慈悲喜舍，善良仁爱”的真情流露，同时包容也是一门艺术，既得不到，也拿不走。对于空间而言，包容则是一种气质的表现，是场所精神的凝聚，代表的是尽善尽美的境界表现，更是空间与体验者感情互通的部分，在一定层面上是难以僭越的。而空间如若想要真正达到这种境界，就必须要赋予一种机制，通过这种机制能够与自然、社会以及人文思想进行对话，因为，包容不代表无原则的全盘接受，它更加想要表现的是一种智慧与气量。在空间的情节编排手法中，空间作为一个有机体，则是与人共生的事物，它必然是融入人的思想，反映人性的特征，而包容性则会让空间的意义得到升华，同时也会净化空间中体验者的心灵，由空间到心灵，再从心灵反至空间，这样往返不断持续传递的恰好是一种积极向上的力量，是引导观者与空间共同进步发展的精神表现。“风起潮鸣”体验馆（图 19-26），空间的入口处位于众多具有年代感的建筑之间，让体验者还未踏入空间就已经能够感受到此处的韵味，同时将传统雨檐呈水平方向展开使空间的高度在视觉上被压缩，营造氛围感，运用古典园林的造园手法，蜿蜒的小路配合着绿竹绵延向前，为空间辟出一块幽静之地，使观者与空间主建筑之间的感官交流在不断的来回切换，树影摇动的贵宾室坐落于情节链的尽头，荫庇又宁静。室内空间用玻璃隔绝出一株红枫，成为整个空间的焦点，在这片不大的地方，感受东方禅意所带来的美学体验，以一种恰似宁和的心态来领悟世界的真谛。既能够感受空间的幽静帮助人们深思，又能够体会到世间的广阔无垠，既简约又复杂。同时借用日式枯山水的艺术手法来对空间的行走路径做出抽象化的处理，是一种对传统与现代的共同包容，也是古今的一种融合，在这种包容中对体验者传递出空间的精神与悠远绵长的意蕴氛围。

图 19-26 “风起潮鸣”体验馆

《水知道答案》一书中有一个实验，水在零下 5 摄氏度状态下的结晶实验，指出水结晶的状态与所感受到的情感相关，如果感受到的是善良与美好，所表现出的则是有序且美丽，若是感受到的是负面与丑恶的情绪，则会显得无序又丑陋。由此发现，即每一滴水都有心，而辽阔宇宙所代表的正是爱与感恩。如果将这种结论应用于空间，那么，空间会不知道答案吗？我们将自己的情绪赋予了它，空间必然也会以某种方式对我们给予回馈，可能是一种包容，也可能是一种抵触，可能是一种愉悦，也可能是一种肃穆。空间中人与人、人与物、物与空间、人与空间的关系每天都在发生着变化，而且充满不确定性，只有包容才能够使它们和谐共存。斯密设计的柏林新国家美术馆中，墙体呈序列展开，但却并没有使空间变得沉闷呆板，反而极具流动性，由此围合而成的空间和虚空所创造出的活力，远远大于它原有的墙体本身，正如《东西放的会和》中所说的：“空间的本质存在于有组织的虚空之中，他给人类带来秩序。”

二、自然的暗示与类比

长期以来，人类把自身发展作为首要目标，将自然视为可以被牺牲的附属品。然而，这样的发展模式恰好证明了人类是将自身置于非连续语境中，否认了自身与自然都是有机体的一部分，却没有料到那些与自然对立的、令人眼花缭乱的技术正在挤占人类越来越多的空间，同时也成为了生活中不可或缺的一部分，它既是生命有机体在环境空间的必要延伸，也让空间的情节编排出现更多的可能性。

无论是经济快速发展的发达国家还是较为贫困的落后国家，都能够看到或多或少人类破坏自然环境所造成的严重后果，即便如此，人类对自然的需求依旧没有减少，地球上数以万计的生物都经过了长期进化的过程，为了适应自然都在不断地完善自身的机制与组织，从而获得更完善的保障体系，这些生物在维持自身生存的同时，也使自然界成了一个真正的平衡体。要向自然学习的地方不计其数，它是对我们智慧的启迪，也是创作的灵感来源。建筑空间的存在有其自身的局限性，所以，当人们在塑造空间时所遇到的技术或意识难题，单纯依靠建筑类型的扩展是难以解决的，但是这些所谓的难题在自然界却早已有了解决办法，当然我们并不是对自然原型的模仿或沿袭，因为自然所给予我们的信息只是暗示与类比，需要我们自己去主动思考，其中仿生学恰好是对这种信息接收后的创作模式，通过对生物系统原理的提炼来作为现代科学技术在空间中的运用。将属于大自然中的规则运用到技术系统创作中。

仿生美学继承了“形式服从功能”的美学原则，并赋予了更深层次的意义。仿生设计为空间的编排提供了多种可能，多样的造型、简约的形态等，并且通过对生物形态的模仿营造出一种友好的气氛，促进人与空间的情感交流。印度的一家“珊瑚”酒店（图 19-27），参考了自然界中的可持续发展方式，并利用生物仿生技术，制作出珊瑚的模型、系统以及生长过程。

图 19-27　“珊瑚”酒店

和谐与统一是自然美的最大特征，表现形式也是多种多样，包括颜色的构成、比例的协调、节奏的变化、音律的附和以及对称关系的处理等。在空间情节的编排过程中，将这些合理的组织技能迎合观者的内心情感，同时还能够激发人们的生活乐趣，获得精神上的愉悦。伟大建筑师高迪，他的作品能够向世人传达设计师的思想，他的建筑空间不同于人们所见的传统西式建筑，而是融合了多种设计元素与设计手法，无论从建筑造型，还是内部的空间形态，无不在叙述着自然的故事（图 19-28）。从他的作品中能够看到高度统一的个人化艺术形式，即使这样也不曾背离他一贯的创造思想“创作就是回归自然”，这一思想在空间中最直观的表现就是拒绝对直线的使用，在他看来，曲线才是象征自然的最佳形式。他的作品中体现的是自然语言的述说，这种方式恰恰符合建筑空间仿生学研究范畴。在空间的情节编排中，不仅有多样化的线索编排，还要注意与生态、经济效益和形式创新等方面相结合，从自然的暗示中积极的获取信息，发掘并利用一切有利的因素，作为情节编排的创作灵感。

图 19-28　高迪建筑

三、归属感的场所认同

我们身处一个随时随地都充斥着信息的互联网时代，互联网、高科技、现代技术等都是我们生活中不可或缺的一部分，并且成为影响空间设计的一个原因之一。但是，无论如何，人们都不可能与信息化因子完全割裂，更不可能屏蔽信息化因子对空间所带来的干扰，对此，情节编排的意义显得尤为重要。每个空间都应该有属于自己的故事，有它们想要表达的情绪，这些情绪应该与城市的历史、设计者的思想、民族的文化等一系列主题相关，这些主题使观者与空间的对话更加富有意义。在空间与场所中，不仅仅呈现出事件之间相互联系的复合整体，它还能够表现出一种“气氛”，就如同卒姆托所营造的那种朦胧感，而此种气氛的营造恰好能够体现空间所独有的形式特征与场所精神。

通过情节编排来塑造空间的场所感，我们应该重视空间的整体体验，释放空间、身体与意识的自由，让空间回到它本身，而不是通过一味地沿用传统的编排模式，将人与空间一同纳入整个自然、社会的大环境中，去突出强调空间精神和归属感。里卡多·列戈瑞达认为，“以艺术化情节编排方法去代替功能主义为主的方式来表现空间自身的情感是更具意义的体现。”通过他的设计能够看出，不管是住宅、教堂，还是其他的建筑空间，都可以发现某些尖锐的角度里隐藏着暗示，整个空间都弥漫着可见却不可理解的氛围。北京国际酿酒大师艺术馆（图 19-29），通过当代的设计手法将旧酒场重新设计，将酿酒中的土地、流水、火气、粮食等元素编排进空间，并撷取“粮”作为艺术展厅的意向，通过对具有年代历史记忆的五金与纯净的空间相结合，以一种强有力的对比手法来突出崭新与破旧的结合。在这个空间创作中，并没有一味地通过对旧事物的引用来作为追溯记忆空间的编排手法，而是用一种虚实相生的方式去实现一种新时代空间，让体验者在新旧变化切换中，不断体会空间的精神意义。

图 19-29　北京国际酿酒大师艺术馆

〖第6部分〗语意

第二十章 建筑的审美困境
——语汇失语现象及反思

建筑是结合了艺术和技术的产物，是一种特殊的语言符号，表达了特定的社会、历史和文化意义。20世纪50年代西方的建筑学者开始建立起建筑语言学，以此来反思千篇一律的“国际式”建筑语言，探讨建筑、环境和文脉的关系。在时代飞速发展的过程中，中国社会见证了尤为丰富多元的建筑语言的生产创造，形成当今世界中独特的城市建筑景象。然而，正如建筑学者郑时龄教授所提到的，“在改革开放到今天的这一场剧烈的转型过程中，建筑设计受到经济发展、快速城市化和多种文化的冲击，与此同时是建筑设计中理论指导的匮乏，这样让我国还未成熟的现代建筑体系出现了一种无序和失语的现象……”[1]语言的生产创造过程中也出现了一些带有功利主义色彩的、媚俗的、山寨模仿的现象。

1 郑时龄．建筑批评学［M］．北京：中国建筑工业出版社，2001.

第一节 中国转型期建筑设计及建筑语言

改革开放以来，我国经济快速发展，城市化水平不断提高，围绕城市化产生的问题成为倍受关注的焦点。短短几十年间，中国建造的建筑物数量，相当于整个西方世界几百年来的建造总和。快速城市化给中国建筑师提供了广阔的用武之地，全球化也促使东西文化交流与融合，建筑文化呈现多元化。当代中国城市中，绝大部分建筑既非中国传统的官式建筑，也不再是工业社会时期的实用主义建筑。如今人们日常所见及使用的建筑，往往糅合了多种特征，而其中商品化、大众化的特征尤为普遍。今天的建筑形式话语中，体现业主个人表达诸如永远的财富抑或永远的幸福之类的话语越发常见。这类形式话语中感性的经验往往取代了理性的逻辑，从而遮蔽、消解着建筑形式原有的功能性与合理性。今天的建筑形式表现出一种通俗性、世俗化，追求为大众所喜闻乐见的建筑形式。沈阳方圆大厦就是一个典型的例子，“外圆内方”的文化寓意完全被具象化的“钱币”外观所遮蔽，导致人们无法“正视”建筑师原本所欲表达的正统的建筑形式语汇，最后以戏谑的方式成为表达大众世俗愿望的形式语言。[1]

从20世纪40年代开始就有人尝试将语言学和符号学引入建筑学领域，一直到70～80年代后现代建筑运动兴起，这种建筑语言学说的理念达到了顶峰，产生了广泛的影响。

“建筑语言”并没有一个统一的概念。在研究中，建筑的符号和语言系统并不是用某种既定的符号来取代人们对现实世界的认识，而是为了不断地完善和发展这种认识，所以它涉及思想与表达之间的关系。关于建筑语言的定义众说纷纭，最早用语言学对现代建筑进行分析并提出建筑意义概念的人的是建筑师乔治•贝尔特，在和查尔斯•詹克斯合著的《建筑中的意义》一书中，他将建筑看作是一种语言，把建筑行为看作是一种说话的行为，而在此之前，西方建筑界只存在一种经典建筑语言，那就是古典建筑语言。

在约翰•萨默森出版了《建筑的古典语言》之后，布鲁诺•赛维出版了《现代建筑语言》，查尔斯•詹克斯出版了《后现代建筑语言》，这些著作都用语言学的方法对现代建筑进行论述。在《建筑的古典语言》中，萨默森认为古典建筑有其特定的语言，建筑的各个部位按照规定好的范式组合在一起，建筑语言在西方建筑中显著的表现形式就是柱式。柱式能让建筑说话，柱式在发展过程中已经形成了一定的规律和样式。《建筑的古典语言》被公认为是研究古典建筑的经典著作。布鲁诺•赛

1　王又佳．小议大众消费文化对我国当代建筑形式的影响［J］．华中建筑，2013（5）:20-23.

维认为现代建筑语言和古典建筑语言是截然不同的两种东西，他在《现代建筑语言》中总结了现代建筑语言的一些基本法则，他认为当代建筑发展最紧要的事情就是需要制定出现代建筑语言的基本法则。查尔斯·詹克斯是当时著述最多的建筑批评家，他对建筑语言的发展起到了很大的推动作用。他认为建筑语言和建筑是同等的事物，认为建筑是具有意指作用的，建筑的形式就是一种符号，当建筑的形式发生变化的时候，建筑的意指也会发生变化。此时的建筑师们已经开始反思国际主义建筑的弊端，呼吁建筑的地方性和文脉，用更具历史和地方性的语言来代替千篇一律的国际式话语。当时比较普遍的一种观点认为现代主义建筑运动在建筑语意和符号方面是比较失败的。

语言主要的构成，包括符号、逻辑、语法、意义和语义、语句，它可以完成一般性的陈述、表达思考、设问以及推理和判断。如果对语句加以修辞，可以产生丰富的发散联想和广义的比喻，进而产生丰富的感受。语言学作为一门学科，它的开端一般认为是从瑞士的索绪尔德《普通语言学教程》开始的。随着人们逐渐认识到，语言使用中的变化方式是与广泛的社会文化过程联系在一起的，越来越多的权威学者开始将建筑学和语言学的特质结合起来做研究。

“话语（Discourse）”与“语言（Language）”和“言语（Diction）”是既相互联系又相互区别的概念。人类语言学家爱德华·萨丕尔（Edward Sapir）对语言下的定义是：语言是人类独有的、用任意创造出来的符号系统进行交流思想、感情和愿望的非本能方法。语言是语言集团的总模式，言语是在特定情况下个人的说话活动，语言是信码，而言语则是信息；言语是语言的社会的约定俗成，语言在根本上是集体的契约，假如一个人需要表达的话，他就必须遵守它的全部规则。言语则是个人的说话，言语在根本上是一种选择性的和实现化的个人规则，言语的意义是由语言系统规定的，语言既是言语的产物又是言语的工具，米切尔·福柯（Michel Foucault）认为一种文化现象就是一种语言现象。

人们希望作为语言系统存在的建筑可以提供一种研究工具，语言学并不是在研究人们实际上如何讲述具体的语言，而是通过分析人们使用语言的方式研究社会和社会、人和社会、人和人之间如何进行沟通。由类型、风格、流派和形式等构成的建筑语言体系，这些只是建筑的表层结构，而结构体系、空间关系、建筑布局以及背后的文化象征等这些规则是建筑的深层结构，建筑的深层结构决定着建筑的生成，是最基本的内在元素，表层结构容易被大众感知，而建筑的深层结构需要借助表层模式进行表达。就像设计一只手表，用户很少追究内部的齿轮如何进行工作，工匠认真制作出精密的齿轮系统，用户只用看到手表的外部材质、纹样和时间的显示。凯文·林奇在《城市意象》中指出，大众认知是城市生活的基础。也就是说，建筑作为城市的主要构成物，应该引导大众的认知，使人愉悦、产生美感的建筑让城市更有活力，相反，一座架构模糊、语义不清的建筑会让城市缺少吸引力和活力。

第二节 中国建筑语言的发展历程

一、中国传统建筑中的话语理论

中国建筑是延续了两千余年的一种工程技术体系，本身已经成为一个艺术系统，是一种文化的体现。著名学者梁思成认为，中国传统建筑上的细部以及其他许多构图要素，可以称为中国建筑的“词汇”，它们和两部文法一起构成了一套中国建筑的“古典语言”，可以作为“中国风格”新建筑设计的规范。而这套“语言”的基础就是官式建筑的“法式”。

我国古建筑成熟时期在隋、唐、宋时代，无论城市建设、木建筑、砖石建筑还是建筑装饰，其设计和施工等方面都有巨大发展。比如山西五台山佛光寺大殿，是我国现存唐代最大的木建筑；山西应县佛宫寺释迦塔建于南宋时期，是目前国内尚存的唯一木塔。至元、明、清建筑发展缓慢，基本上袭用旧制，只是在布局和装饰上下功夫，尽管如此，却也能集古之大成，形成了完整的中国建筑技术、蓝本、设计和施工方法。最典型莫过于北京故宫，于元大都的基础上经明、清两代的经营、重建、改建，形成了目前尚存的格局。

著名学者林徽因认为中国建筑为东方独立系统，数千年来，继承演变，流布极广大的区域。虽然在思想及生活上，中国曾多次受外来异族的影响，发生多少变异，而中国建筑直至成熟繁衍的后代，竟仍然保存着它固有的结构方法及布置规模，始终没有失掉它的原始面目，形成一个极特殊、极长寿、极体面的建筑系统。

目前研究中国建筑史的文献基础中，较为重要的著述包括梁思成在新中国成立以前完成的学术研究成果——包括其早年在东北大学的讲稿《中国雕塑史》，在《中国营造学社汇刊》上发表的多篇学术论文，还有其于抗战时期完成的《中国建筑史》和《图像中国建筑史》等。此外，还有与之同时期的一批重要的中国建筑史研究著作，如乐嘉藻的《中国建筑史》、伊东忠太的《中国建筑史》等。这一时期的研究总结了中国传统建筑的特征，包括以下几方面。

第一，中国建筑的基本特征在于它的框架结构，这一点与西方的哥特式建筑和现代建筑有相似之处。很多建筑经过长期的演变都会掺杂外来的影响，在结构和外观上都会发生变化，而中国建筑作为东方最显著的独立系统，渊源深远，经过长期的发展，其主要的建筑都不脱离原始的面目，主要的结构和布置规模虽然一直在发展，但是木结构和基础的建筑构件都维持其基本结构，仅在外观上有变化。

第二，中国建筑的美在于它重视表现结构，即使是常人看来非常奇特的外形也能有合理的解释。在原则上，好的建筑必须符合“实用”、“坚固”、“美观”三个原则，这就说明好的建筑不应矫揉造作，勉强堆砌。中国古建筑不容置疑地包含了这三个原则，中国古建筑发展到盛期，已经达到了结构和艺术上极其复杂精美的程度，外表上却依然呈现出一种单纯简朴的气象，有些人会因此误以为中国建筑根本没有发展，其实不然。

第三，结构表现的忠实与否是一个标准，据此可以看出中国建筑的整个发展和衰败的过程。近代中国社会受到西方文化的影响，生活习惯和理念已经发生了很多变化，旧的建筑也变得不适用起来，建筑木材被钢筋水泥取代，对于建筑的构造也有了新的方法，同时一些建筑的部件，因为失去了原本的功能，向着纯装饰性的方向发展，由此可以看出中国古建筑衰败的轨迹。

中国古建筑的一切特点都有一定的风格和手法，数千年来的工匠们都遵守着这一原则，我们可以称其为中国建筑的“文法”。建筑和语言文字一样，一个民族总是会创造出他们世世代代所喜爱和遵守的惯例，成为某种约定俗成的语言习惯。梁思成在研究中国建筑历史的过程中提出了中国建筑的“文法”和“词汇”这一对概念，他不仅用它们来说明中国建筑法式与结构构件和造型元素之间的关系，还由此发展总结出中国风格建筑的创作方法，即“建筑可译论”。这一概念在中国建筑史上具有重要的意义。梁思成的“文法”和“语汇”两个概念，一个指建筑原理，一个指建筑构建和要素，在他和刘致平合编的《建筑设计参考图集》中就对中国建筑构成要素进行了整理和汇编，如台基、石栏杆、店面、斗栱、琉璃瓦、柱础、外檐装修、雀替、驼峰、隔架、藻井及天花。

二、中国近现代建筑史中的话语理论和实践

近年来，不断有学者通过探讨中国近现代历史时期的建筑作品及相关理论，来重新建构中国现代主义建筑。比如，卢端芳在其《想象现代——反思中国近现代建筑史》一文中，将中国建筑历史步入现代的起点，追溯至两次鸦片战争失败之后清

朝一部分官僚在 1861 ～ 1890 年间展开的“洋务运动”。现代建筑技术体系正是在此时随着西方工业生产和科学技术的引进而传入中国。同时，对于民众而言，获取对现代城市和西方建筑最直观体验的途径，正是当时各个租界兴建的一大批与西方现代建筑风格同步的租界建筑。同一时期发展起来的还有现代中式建筑，最早是由在中国从业的西方建筑师投入实践。20 世纪初一批中西混杂风格的教堂开始出现，对中式元素的运用还略显生硬。随着教会大学在各地的建造，成熟的现代中式风格逐渐发展起来。[1]

现代中国建筑的发展和话语建构与 1911 年“辛亥革命”后的文化变迁息息相关。袁世凯就任大总统后随即复辟并提倡孔学，而以陈独秀、李大钊为代表的激进民主主义者则发动反传统的新文化运动，与前者展开激烈抗争。然而，第一次世界大战结束后西方对现代文明的批判，以及中国作为战胜国却未能取消列强在华特权的屈辱经历，导致了“五四运动”后知识分子文化思潮的转向，文化民族主义得以回潮。曾在袁世凯执政期间激烈反传统的国民党建立法统政府后，出于国民建设和压制竞争对手的需要，转而树立民族文化本位主义以应对执政后所面临的危机。

1949 年中华人民共和国的成立，结束了长期的战乱状态，迎来了建设新中国的宏大历史使命。在建设社会主义新中国美好愿景的召唤下，新中国的建筑师凭着扎实的功底，执着的追求，再一次掀起了传统建筑文化现代继承的新高潮，创作出了许多优秀的作品。然而，中国建筑师对中国建筑地域特色的自觉追求并非一帆风顺。1949 年以后，政治运动一个接着一个，导致建筑创作的环境不断变化且难以预料。一方面，摇摆不定的建筑创作方针让建筑师无所适从，不仅现代主义建筑被批为“洋怪飞”建筑，以“大屋顶”为主要特征的“民族形式”也被批为“帝王将相”建筑；另一方面，随着政治运动迭起，许多建筑师甚至连人身自由也受到威胁，然而中国建筑师仍然坚持完成了在中国建筑史上站得住脚的一些工程。[2]

在远离政治中心的广东、广西、上海等地，一些建筑师在不同地区的民间建筑形式之中寻求灵感，提取地方民居的样式，创作出一些不同于“官式”古典的宏伟和纪念性气质作品，如上海曹杨新村、广州畔溪酒家、桂林芦笛岩等。此外，中国幅员辽阔，民族众多，民族文化落差很大，建筑空间形态也多种多样，一些中国建筑师还对少数民族地区的建筑进行了初步探讨，创作了一批反映少数民族特色的地域化建筑。这一时期，新中国建筑师对乡土民居和少数民族地区建筑展开研究并尝试从中找寻创作灵感，这一工作方法虽然处在初步探索阶段，在当时未能形成大气候，但对改革开放后中国地域建筑创作有着深远的影响。

中国近现代建筑已经历了一个半世纪的风雨洗礼，对先进的西方建筑技术逐渐

1 卢端芳．想象现代——反思中国近现代建筑史 [J]．新建筑，2016（5）：2-10.
2 赖德霖．中国近代建筑史研究 [M]．北京：清华大学出版社，2007.

从移植、吸收，走到了融合的境地，也可以说是从照搬、模仿到借鉴与结合中国特点进行再创造的过程。在这一漫长的岁月中，有关城市建设与规划、建筑类型、建筑设计方式、建筑风格、建筑技术、建筑材料、建筑施工、建筑设备等方面都发生了很多话语实践，这一实践过程使整个中国建筑逐步走上了现代化的道路。由于现代城市功能复杂多样，新的城市规划已应运而生，大规模的城市建设项目也以惊人的速度在不断地呈现；新的建筑类型更是今非昔比，高层建筑、大跨度建筑、新型住宅区、剧院、医院、机场、车站都成了新时代的标志；为了适应新建筑类型设计的需要，一批新型建筑师诞生了，他们成为新建筑发展的主要推动力。与此同时，现代化的建筑教育也出现了，它成为培养建筑师的摇篮。新建筑材料与新技术的出现更是为新建筑的发展提供了保证，它使人们对建筑的各种需求逐步得以实现。所有这些历史经验对于今天的创作都是有益的。我们今天大部分大城市基本上都是在近代时期奠定的基础，例如上海、南京、广州、武汉、大连、天津、哈尔滨、青岛等，它们的城市规划、道路骨架、建筑风格都向现代化城市推进，它们的历史经验对现在的城市建设仍具有重要的参考价值。

第三节 转型时期中国建筑的语言失语现象

一、建筑的话语形式大于主题

乔治·桑塔耶纳（George Santayona）认为形式美是美学中最显著的问题，而且形式自身就有独立的审美价值。建筑形式虽与其他艺术形式并不完全等同，会受到诸如技术等因素的制约，但其由物质材料所组成的形式本身仍不可避免地具有审美功能。建筑，无论如何，最初便是一个巨大的物象，或物质的实体，建筑的形式，能给人以强烈的直观感受。而在不同的空间（地域）、时间（历史或时代），建筑形式自会呈现出不同的风格，成为审美的对象。传统的建筑形式美的原则包括平衡、适度的比例、质感、节奏、韵律、色彩的多样统一、整体与局部、个体与群体、内部空间和外部空间及环境的协调等。在消费社会中人们对于这些原则更加宽容了，其范围亦更加的扩大。而建筑形式的艺术、形式的风格却一直都是审美的题中之议。

建筑形式作为一种特殊的语言是有表达的功能的，其中蕴含的信息，不仅仅是建筑的实体形象和这种形象所表述的情调、气氛、韵律、风格，还包含形而上的意蕴。形式不仅仅是反映建造，就像语言不仅仅是报道，形式会伸展到思想王国，来象征那些关于建造的思想。卡斯腾·哈里斯（Karsten Harris）曾说，“建筑不能仅仅降格为只是具有美学价值或技术价值，应是对我们时代而言是可取的生活方式的诠释，应帮助表达出某种共同的精神风貌。”虽然形式表达的内容不断变迁，但建筑从出现之始就一直以其由材料、色彩、体量等所组合而成的形式语句，表达着一定时代、一定地域的精神风貌、情感观念和文化特征等意识形态的内容。建筑形式作为人们欣赏的对象，作为一种文化存在，与其所属的更大背景的艺术形式一样，总是与其内容密不可分的，是对时代文化特征的表述。

如果把形式作为表达主旨的工具，那么各种价值观念的力量都把它作为冲击的目标，以至其在内容和心智活动之间的遮蔽作用更趋于强化。而我们似乎也陶醉于形式的这种遮蔽作用所带来的种种幻象之中。要在无节制的幻想和过于严厉的禁欲主义之间找到一个适度的平衡， 是极其困难的。也许我们本就不该有这样的奢望。我们对于形式的幻想有时是由权力意志或经济欲望所激发的，而且我们也乐此不疲，因为此类幻想一旦成真，带给我们的愉悦常让我们感到物有所值，而且还让我们有额外的感受，特别是当权力意志拥有雄厚的经济基础，或是土地投机活动使得建筑本身的造价降至极小的份额之时，形式可能就成为满足幻想的手段，于是就出现幻想刺激形式，形式追逐幻想的景象，这样的情景不得不让人担忧（图 20-1）。

图 20-1　语言的歧义拼贴及媚俗置入

随着建造技术的革新与发展，新材料和新的建造方式为当代商业建筑表皮提供了新的发展契机。表皮摆脱了承重结构功能的强制束缚，取得了革命性的进展；表皮与支撑结构的分离已使表皮真正意义上从功能中解放，这为当代商业建筑的表皮能够发挥其标新立异的主题个性，提供了无限的自由度。近年来，诸如“国际领先”、“世界第一”等形容新建设项目的字眼经常吐露于甲方口中，或者被媒体拿出来形容某个建筑物，部分开发商也希望借着这些噱头来显示自己的现代意识与经济实力。在这种背景下，很多项目业主在新建筑方案招标的过程中，优先考虑的不是“经济、美观、实用”，而是“新、奇、特”，甚至到达了怪异的程度（图 20-1）。

许多地方都出现了话题至上的建筑，包括对封建迷信追随的建筑思潮，追求外表奇异和奢华的建筑越来越平常地出现在大家的视野中。随着商业文化的发展，人们的价值观也随之变化，开始追求富丽堂皇的装饰和刺激的感官效果。类似“欧陆风”建筑、对著名建筑的山寨、超级具象建筑等在民间依旧非常受欢迎和追捧，成为许多地区的新景观。例如被称为“天下第一村”的华西村，以优越的经济发展而在全国闻名，然而华西村的建筑却一直被大家诟病，因为审美不佳往往被人认为是暴发户的建筑风格，村中除了一座超五星级的酒店引人注目之外，还有万国园（图 20-2），仿造和嫁接了各国著名建筑及建筑元素，山寨了著名建筑如天安门、长城、美国白宫、法国凯旋门、悉尼歌剧院等，来进行宣传自我和吸引游客的目的，却因为建造工艺和设计手法等问题被大家称为“天下第一山寨村”。

图 20-2　龙希国际大酒店　“万国园”

位于陕西省扶风县的新法门寺依托古法门寺而建，全称法门寺文化园区，位于陕西省扶风县城西北，占地约 1300 亩，由曲江集团斥资 25 亿元打造，由台湾著名建筑设计师李祖原主持设计。整体建筑形态富丽堂皇，景区由山门广场、佛光大道、法门寺寺院、合十舍利塔，以及众多艺术佛像、园林雕塑小品等几部分组成。合十舍利塔，佛祖真身舍利就存放于塔的地宫中厅，是整个景区的核心部分。塔高 148 米，占地面积 6.3 万平方米，寓意佛之彼岸。整体造型意在体现佛教的仪式特点、基本理念和人类追求世界和平的基本意愿，用以表现佛教的宇宙观、教义、教理等，突出法门寺佛祖真身指骨的神圣形象。

这种现象可以从经济和大众观念两个方面来分析。观念方面，人们所注重的不再局限于建筑的使用价值，更多的是建筑符号，所以建筑的符号和外观开始变得花样百出。同时，建筑的发展受到各种力量的驱使，这些推动力都受到价值观念的制约，建筑的形式在很大程度上是价值观念的作用，价值是建筑与城市建设的积极元素，人类创作的价值观不仅能按照美学的概念赋予造型，同时也能转化为实体材料，因此社会的价值观不仅对建筑设计产生着影响，也是建筑设计的构成因素之一，表现在城市和建筑设计的现象之中。

我们现在正处于一个消费社会，在这个社会中消费活动占据了我们日常生活中的大部分闲暇时间，这个社会注重用户体验，注重“眼球经济”。这就让视觉体验变得非常重要，在建筑满足最基本的居住和保证活动的基础上，建筑的外观和符号变成了代表建筑价值的东西。

从经济意义上来说，改革开放初期，我国经济还处在一个比较落后的阶段，直接受到西方发达国家已经非常完善的文化和经济体系的冲击，让人们下意识地觉得“外国的月亮比国内圆”，改革开放为我国创造了大量的财富，人们渴望城市的发展和生活水平的提高，体现在建筑上就是，欧式建筑在某种程度上成了优质建筑和经济发达的象征。

二、大众审美的泛化

审美艺术与日常生活之间界限的模糊乃至消失，使审美活动不再发生在与日常生活隔离的封闭场合或空间，而是发生在日常生活空间。“当代文化正在变成一种视觉文化而不是一种印刷文化，文化的视觉转向使我们进入了一个‘读图时代’。图像与符号的力量是如此的巨大，以至于大众会在无意中被它左右自己的生活方式与消费模式。”当代建筑作为人们日常文化生活的容器，也成为日常审美艺术呈现的载体。随着消费文化的传播，当代建筑也继承了审美泛化这种审美逻辑，其表征并不仅在于样式的不断变化，而开始转向与生活方式相关的革新。也就是说，当代建筑对审美泛化的体现并不在于满足或寻找某种美学标准，而在于从日常生活中提取美的事物，来不断激发人们的视觉感官体验和幻想。随着媒介、电子以及数码技术的完善，使我们进入了消费社会的“读图时代”，视觉文化超越了其他文化元素更加凸显出来，而当代建筑的内外部形象塑造作为视觉文化中最通俗易懂的表征，日渐成为建筑师精心刻画的重点。那么研究审美泛化逻辑下当代建筑的形象塑造策略，就要从当代商业建筑形象中与视觉感官直接联系的元素入手，将涉及从体量到表皮再到媒介的无限更新。

当代建筑的体量是形象塑造中吸引人们眼球和注意力的第一要素，是审美泛化下当代商业建筑审美传达的最直接体现。建筑体量是其内部空间构成的外部表象，是空间构成的结果，它主要是指形体在空间上的体积，一般从建筑形体的长度、宽度、高度三维向度来控制引导。随着消费社会人们对崇高化美学的诉求，复合化的当代商业建筑的体量成为这种诉求的载体，也被人们赋予了崇高化的审美标准，并直接影响到消费者的购物欲望。

美国心理学家吉布森认为，我们对外部世界的感知是建立在物体的表皮和我们视觉系统的关系之上。当代建筑的表皮作为诠释消费文化审美泛化逻辑的载体，呈现出多种视觉形式，并经由视觉转化成各种信息而被我们认知。从这个意义上讲，消费文化语境下，当代建筑表皮的视觉审美开始向多元趣味化发展，即所谓“表皮的盛装演绎”。在以审美泛化为主导逻辑的消费社会，当代商业建筑的表皮设计不只局限于外装修材料、立面形式、比例、色彩等外在因素，更重要的是强调人的直观感受和参与意识。因此，当代建筑的表皮设计要以人们的多元审美趣味为依托，打造具有多元主题和内容的表皮，来迎合人们的审美口味和体验内涵。

随着媒介、电子以及数码技术的完善，使我们进入了消费社会的“读图时代”，视觉文化超越了其他文化元素更加凸显出来。试以后现代审美逻辑为依据，阐释了审美泛化是中国转型期建筑形象塑造中日渐占据主导地位的审美形式，并将审美泛化应用到当代建筑的视觉设计当中，提出了当代建筑的形象塑造主要体现在基于崇高化审美的体量营造、基于多元趣味审美的表皮演绎以及基于符号化审美的媒介推动当中，当代建筑的体量是形象塑造的第一要素，是吸引人们眼球和注意力的最直接体现。体量的巨型化吻合了当代大众文化对审美的口语化、视觉化的需求，使当代商业建筑具有了一种崇高化审美的质素功用，充分施展自己的魅力，成为城市重要的视觉标识。体量的异质化有助于人们对于日常惯性的解除，通过利用反讽与戏谑等“艺术化”的手法，利用对经典格局或形式的变形、重构甚至是卡通化，通过把不同的甚至是完全冲突的形象或概念的拼贴、移植和错植，形成当代商业建筑形象设计的独特化和差异化。消费文化语境下的当代建筑语汇向多元趣味化审美方向发展。随着建造技术的革新与发展，新材料和新的建构形式为当代建筑提供了新的发展契机，摆脱了承重结构功能的强制束缚，这为当代建筑的主题能够发挥其自身标新立异提供了自由度；当代建筑的另一消费文化表征隐藏在其绚丽外表背后的丰富的内容上，建筑语汇的内容基于“建筑表层与建筑实体等价”的新美学观念，注重建筑的新材料的构成及对材料表现方式的探索。当代建筑的媒介从“呈现”事物，变质为“促销”事物，成为最能迎合大众消费心理的中介，也是解读形象塑造最具表现力的符号。

在西方对审美的探索历史中，美是一个已有的概念，它指的是具体的表现形式，是具体表现出来的事实，这种表现形式遵从一套审美体系。在所有的建筑语言中，建筑的外观最能给人强烈的直观感受，根据地域空间和时间的不同，建筑形式也会有不同的特点，成为审美的对象。比例、质感、材料这些都是建筑形式的组成部分，在此基础上建筑形式还包括局部与整体的关系、室内外的空间布局关系等因素，在当代社会中人们对于这些原则更加宽容，美的含义变得更加丰富，范围更大。

在当下这种多元自由的语境中，建筑师应该进行理性的分析，将建筑语言和美学语言有机统一起来，对用户需求和本土文脉做出诠释和有效的回应。

三、建筑符号的堆砌和滥用

当代中国社会大众的消费观念正在发生变化，而新的建筑形式不断出现也使得人们更注重其个性和品质。因而在满足消费者的需求时，建筑设计的设计符号就呈现更多的形式和种类，以满足其个性化需求，不同的形式和种类就形成了建筑的风格。建筑的形象成为最重要的符号象征，包括建筑的功能、形式、风格、技术、材料、颜色等都可以被赋予相应的符号，构成一个“符号系统”。消费者的商品购买行为实际上是一种符号的消费，即消费者除了消费商品本身以外，还消费这些商品所象征或代表的意义或内涵。消费者对商品的选择实际上就选择了一种生活方式和社会认同，随着商品经济的发展，这种社会象征性体现得越来越明显，所以在为满足消费者需求而设计和建造的建筑作品上，形成其特有的设计形式和原理，从而形成其独到的设计符号。

图 20-3　鸣泉居度假酒店

建筑在物质形式、文化形式方面成了某种符号象征，经过包装和打造的营销行为，建筑被“概念化”。建筑形象的符号化导致建筑创作对建筑形象的关注，最终导致了建筑形式与内涵上分离。现代中国建筑与西方现代建筑的一个主要共同特征是“形式追随功能”，建筑的形式体现出建筑的性质，不同的功能要求产生不同的建筑形式和类型，并且相同或相近的功能要求在建筑的外形上存在许多相同的特征。但在消费社会的语境下，符号化的建筑使用价值与交换价值、符号与价值分离，建筑的形象成为了建筑商品价值的重要表现。

在中国建造西式建筑，或者在欧洲国家建造中式建筑，这个现象并不少见。改革开放以来，随着技术的发展和信息的传播，建筑历史中的经典形象被快捷而迅速的复制，各式各样的欧洲小镇遍布全国，成为了一种包容各个地区和时代话语的一个称呼，主要的设计手法是对柱式、装饰线脚、山花等符号的简单套用。从 20 世纪 70 年代到现在，在住宅小区、临街商店、宾馆酒店、政府行政机构到图书馆等公共建筑中都能找到欧陆风的影子，这些建筑和所面对的环境和文脉可能并不十分吻合，但是却一律采用“欧式”的做法。

早在 1997 年建成的鸣泉居度假酒店中就能够感受到了这种符号模仿带来的影响（图 20-3），广州国际会议中心的整体规划参照了欧洲 17 世纪的皇族别墅毕萨尼宫，在拱形入口处借鉴了阿尔伯蒂的曼图亚圣安德烈教堂的处理，给人一种不合比例，纯粹将小建筑加以放大的感觉。建筑师在室内的装饰上都用了细细的金属花边，在顶层的架子上加入了中国古代佛塔的形式，形成了一种“媚俗”的商业性拼贴语言。

除了住宅建筑，华为花费 100 亿在东莞建设的欧洲小镇也是一个对欧洲建筑进行符号模仿的例子（图 20-4），虽然这座“欧洲小镇”还在建设中，但是已经被媒体各种大肆报道，小镇为 12 个建筑群组成，分别模仿牛津、文德米尔、卢森堡、巴黎达等 12 个城市的建筑。媒体大多对此持表扬态度，但是也不乏争议，这种国内经久不衰的“欧陆风”建筑，严格意义上它并不是一种建筑风格或流派，它更像

图 20-4　华为松山湖欧洲镇意向图

是一种混合了商业营销和朦朦胧胧从西方建筑上抄袭来的表面形式。这种在建筑界备受批评的建筑，现实生活中却因为资本的力量一再上演。

这种对符号的模仿，不仅仅只是模仿外国的建筑，在复兴传统文化的口号下，一些人没有对传统语言进行深层次的理解，导致出现了很多以传统为噱头的建筑，在对传统建筑的表达上十分的浅显，只是简单牵强地模仿古建筑的外形进行设计。例如在各个地区都出现的古代小镇，最初是为了吸引游客，后来演变成一种流行的风气，尽管有学者认为这是一种后现代文化在建筑中的表现，但是这种现象只是利用了现代的材料去模仿传统建筑的形式，并没有真正起到延续建筑文脉的作用，只为了迎合大众的消费需求。

人们在日常生活中，每天都在进行各种价值判断，人们的种种行为背后都有一个价值判断的原因存在。目前我国似乎存在这样一种现象：开发商在建造建筑的时候十分流行一种欧陆风格，再套上“法式”“美式”或者“南加州式”之类的华丽外衣，就能够成功地引领时尚建筑潮流，而消费者也很吃这一套，一次次地为这种追逐符号的建筑买单。这种商业炒作并不是要在建筑中寻求什么建筑风格，而是要用“欧陆风”作为说辞，吸引一定社会阶层的人，消费者关心的不是某种建筑风格，他们关心的是这种风格背后所蕴含的档次和身价。

第四节 拯救失语现象思路

建筑批评作为一种评价活动，离不开价值的判断。20 世纪 90 年代以来，整个中国受新兴市场经济的激荡，这一时代背景给建筑界带来了两种趋势：一边是当代中国建筑在快速生产的过程中快速成熟，另一边则是传统主流价值观迅速消解，而评价城市及建筑空间的话语则不断扩张、演变，且这两种趋势具有广泛的全球性。[1] 当代中国城市中，由谁来决定建筑的价值？建筑价值在人类价值体系之中的个性特征是什么？从什么样的视角来观察当代建筑景观？这些成为理论界和实践者无法回避的问题。古典的“艺术无功利”论以及中华人民共和国成立初期的“经济、适用、美观”的价值取向已经不足以涵盖今天多元的价值标准。本章将从当代建筑形式的特征、话语实践和社会实践的事实出发，讨论消费文化中建筑价值的本质、价值判断标准的特征以及可取的价值走向。

1　王又佳．谈大众消费文化场景下建筑的价值取向 [J]．华中建筑，2014（11）：19-23.

一、明确建筑主题

在我国，传统的景观建造早已被人们公认为我国优秀文化传统的一部分。翻开一部讲述中国传统文化的书籍，里面必定有讲述中国古建筑的文化意义，它是中国传统文化的生动表现形式。中国的建筑文化，在世界建筑中也具有举足轻重的地位，有十分独特的审美意义。我们谈论中国的建筑文化原则，就是要达到建筑的社会性、艺术性、生态性的统一与平衡。建筑是一个综合的整体，它是在一定的经济条件下实现的，必须满足社会的功能，也要符合自然的规律，遵循生态原则，同时还属于艺术的范畴，缺少了其中任何一方，设计就存在缺陷。表达建筑的文化素材有多种载体形式，一定要以深刻内涵为准绳，它将深刻的内涵通过不同的搭配、组合、重组、分解等手法与周围的景观载体元素相融合，把风格保持在统一的主题框架下，营造出功能的多样性。

2010 年上海世博会中国馆的设计理念是“东方之冠、鼎盛中华、天下粮仓、富庶百姓”，其造型像一个冠盖，层叠出挑的堆叠方式加上斗栱榫卯的穿插，淋漓尽致地表现出了国家馆建筑形态的文化内涵。中国馆在满足各项功能需求的同时，在其造型上用足了中国元素。此外，地区馆外墙和内部装饰运用叠篆手法，以地名点缀，体现了中国源远流长的历史文化。国家馆和地区馆的整体布局体现了东方哲学对“天”、“地”关系的理解，隐喻天地交泰、万物咸亨。国家馆为“天”，因其形态高耸，就像天下粮仓一样；地区馆为“地”，跟基座一样在地面延展，它的寓意是福泽四方。国家馆是架空悬挑的，自中间升起，外形如“东方之冠”，刚性地表达了权威和力量感；而地区馆通过建筑表面镌刻的古代叠篆文字来传递二十四节气的人文地理信息，由于其整体形态在地面延展，构成了一个立体的城市活动的公共空间，整体体现了亲民、开放的国家形象。此外，中国红（故宫红）沉稳大气且鲜艳夺目，作为建筑物的主色调被大面积地使用，它象征着中华民族团结奋进的民族品格，整个馆集中体现了中国精神与东方气度。整个中国馆内含多种传统中国文化元素，具有极强的民族性形象特征，其丰富的精神内涵和综合象征表达容易引起人们的丰富的审美联想和情感的共鸣。中国馆在隐喻中国传统建筑文化元素的同时，通过对建筑的群体组织、结构和形体造型、内外空间环境和组织的设计，将建筑艺术的正面抽象性与象征表现性相结合，象征性地展示了当代中国庄重祥和的国家形象，体现了建筑艺术的精神内涵和地域性、民族性和时代性特征。

二、多种建筑实验建筑发展倾向

（一）传统与现代的结合

随着东西方文化交流以及全球化进程的深入，“现代性”逐渐成为一种全世界范围内的文化现象，其最显著的特征就是对传统的割裂。正如前文所述，“现代性”对传统建筑美学产生了遮蔽。在西方话语规则的评价机制之下，中国传统建筑话语往往被冠以“过时的”、“不经济的”、“效率低下的”等与“现代性”相对立的标签。当前中国建筑的失语表现为一种对于文化的不自信。对西方的借鉴并不等于“西方中心论”，我们必须重估建立在西方话语规则上的“现代性”问题，探索与重建既符合现代特征，又具有本国文化特色的建筑话语言说方式。要构建具有民族特征的建筑话语形式，就要打破现代社会所推崇的城市秩序下的简单功能主义与盲目的表现主义，加强对于自身民族文化的自信，重新认识发掘传统建筑话语自身的美学内涵。

对于这一点，马岩松的山水城市给出了很好的诠释。马岩松设计的朝阳公园广场建筑面积约为12万平方米（图20-5），坐落于朝阳公园旁，设计师很巧妙地与公园借景，让建筑物的形态和公园里的景色相互呼应，从河流、山川、松林、山泉

图20-5　朝阳公园

等这些中国山水的传统元素中提取符号，应用在建筑语言上，建筑师试图在城市化发展和自然景观中间找一个平衡点，探索自然环境和工业城市之间的关系。该广场的主体是两栋高层建筑，主要用于写字楼和居住，这两栋建筑的外形光滑流畅，就像被山泉冲刷过的岩石，这两栋楼没有进行一比一的复制，而是各有特色，同时周

围还有一些比较低矮的建筑分布错落在广场内，整个建筑群疏密有致，区别于以往市中心密密麻麻的高楼大厦，整个布局形成一个有机的整体。

建筑师用黑色的玻璃幕墙作为建筑表皮材料，在最大化利用自然光的同时，钢铁结构构成的脊线也加强了建筑意象，同时建筑外部的纵向突出部分设置了通风系统，将自然风引入室内，建筑师这种自然环保的设计理念让该建筑获得了美国绿色建筑学会 LEED 金奖认证。

该建筑并没有直接将传统元素拼贴在建筑上来表现传统语言，但是这个建筑就是让人能感受到这是一座充满“中国风”的建筑，尽管它的外观和建造所用的技术都是非常现代的，设计师将我国传统国画中的气韵提取出来，让建筑体现出东方建筑文化中的哲学和现代建筑中的科技，发展了传统和现代结合的新的可能性。

中西建筑艺术是两套完全不同的体系，有着不同的文化根基与言说方式，不可否认其中存在着“可通约性”，但也存在着异质性。在中西建筑文化交流的过程中，我们必须重视这种异质性，并在此基础上建立一套与西方建筑理论平等交流的话语。然而，各种不同形态的异质话语在相互交流过程中必然产生变异，这种变异对于中国建筑艺术来说表现为一种“融西为中”的策略。只要能够充分认识各自的话语体系与言说方式，选择性地吸取对方有益的部分，异质性话语之间就可以相互融合，实现“多元共生、和而不同”的良性发展。

（二）乡土地域特征的建筑语言

很多人鄙夷本土建筑，主要是觉得其中“土”的部分不太好，在这种语境下，充满地域特点的建筑被当做是一种缺点，在西方世界，很长一段时间里人们都将现代主义视为一种时尚，直到后现代主义的出现，人们才开始意识到建筑中地域文化的重要。但是在我国的转型期，地域文化的主体性在部分设计中没有被重视。

清华大学李晓东教授设计的云南丽江玉龙纳西族自治县白沙乡玉湖完全小学(图20-6)，是建筑师基于玉湖村的自然环境进行的建筑创作。建筑师的设计理念建立在对当地传统的建造技术、建筑材料以及自然资源的研究基础上，试图通过对环境、社会以及传统建筑的保护的理解，表达对玉湖村乡土建筑的创新诠释。玉湖完小采用了当地传统的“木骨石墙”的建造方式。在材料的选择方面，当地的民居建筑大都采用当地所盛产的石灰石和松木作为建造的主要材料，不仅就地取材方便廉价，此外还具有更多的现实意义。松木多用作当地民居的屋架结构，因此松木的尺寸将决定屋架的开间尺寸，进而限定了民居的基本尺度；而石灰沉积岩和卵石组成的白色外墙，墙体厚重，可以有效地抵御寒风。

由于这些建筑材料在当地产量丰富，价格相对低廉，同时也是当地工匠们熟悉的材料，建造技术成熟，大大降低了建造成本。这种尊重场所精神的自发的建筑创造，从最基本的建筑材料选择开始，就已经将实际的建构经验合成到设计语言当中。

图 20-6　玉湖完全小学

彭怒在《中国现代建筑的经典读本》一书中将葛如亮设计的习习山庄（图20-7）视为现代与乡土互相融合的产物，其中L形的空间构成被看成是对西方现代主义大师们的一种学习和致敬，在这件作品中，设计师谋求中国山水转折多变的意境，并提供了可操作的经营手段。

图 20-7　习习山庄平面图

习习山庄建于20世纪80年代初，建筑位于浙江建德石屏乡新安江景区灵栖胜景清风洞洞口。山庄是洞口的一组小建筑，依山而建。设计师用屋顶、石墙、平台等建筑符号将空间连接起来，以此来表达与山地树林相依的语境。整个建筑用的材料是简单的钢筋混凝土，整个结构体系参考了江南传统的木结构穿斗式，建筑师在混凝土以及石墙的做法和肌理上做了很多功夫，建筑师并未使用过多的传统装饰语言，但是却在很多地方恰到好处地表达了本土的文化。

位于浙江临安的太阳公社是一个坐落在乡村中的畜舍类建筑，建筑面积2000平方米，包括猪圈、鸡舍和一个长亭（图20-8）。建筑材料都是采用当地自有的材料，建筑的基础由溪坑石搭建，结构由竹子建造，屋顶用茅草，在制作竹构件和编制茅草片的时候都用到了当地传统的手工艺。

图20-8　太阳公社

虽然看起来简单，为了能让竹子能支撑起整个屋顶，坚固耐用的同时兼顾美观的功能，实际情况是建筑师在这个建筑的结构方面花了不少功夫，茅草的屋顶体现了传统建筑中建筑的“可呼吸”性，为了防止茅草因为雨水和潮湿腐烂，设计师采用了本土的工艺将茅草进行编制，让屋顶更通风。

设计师在当地发展生态农业的基础上设计了这个公社，为畜舍建筑的设计提供了一种新的可能，利用现代的结构理论和本土的材料，建成了一个和当地环境融合度高，满足使用者需求的建筑。

鹿野苑石刻博物馆是建筑师刘家琨的代表作（图20-9），这个作品与石刻主题相契合，把佛教精神和地方精神相融合，运用“国际语言”清水混凝土为材料并加以当地的石材，采用了“框架结构、清水混凝土与页岩砖组合墙”的混成工艺。此建筑与自然环境和谐相处，浑然天成。建筑师采用了廉价的红砖砌筑墙体，然后再刷白，外墙面则用红砖墙为内模浇筑清水混凝土，以窄木板为模板，有意凸显当地的低技凹凸，将工匠的难以精致当做建筑的有意为之。在建筑的室外布局上，用坡道穿越竹林与原有的小池塘，呈现出当代中国建筑作品里少有的曲径通幽的意境，从内部看，坡道穿越建筑的空中入口，几乎压入门扉的沟边植物给了这个封闭的展厅适当的开放性，增强了内部观看佛像的神秘感受。

图 20-9　鹿野苑石刻博物馆

国内有很多设计师和他们的工作室在进行一些乡土建筑的改造和实践，包括乡村的规划和建设，笔者在此没有一一列举，建筑师在建筑中融入的本土元素包括当地自产的材料、当地的手工艺、当地居民的文化和记忆。建筑师刘家琨在威尼斯双年展上以汶川地震废墟为原料加工和制作的空心砌块建筑的墙体，都是在反映建筑师们对本土历史事件和地域文化的尊重和思考。

（三） 新技术和新材料解决新问题

当今社会中，建筑设计中倡导的已经不再是某种表面的风格流派或建筑形式的问题了，如何用建筑的手段来解决各种现实社会问题才是建筑学者和建筑设计师们关注的问题，例如日益恶化的环境、城市的膨胀发展、城市人群的居住资源不均等。这些问题要求设计师对日常生活和建筑的使用人群有更加深刻的了解，面对不同的问题用不同的设计方式去解决，在设计前进行充分的调查和研究，更加深入和广泛地加入到整个设计过程之中，对使用人群的文化背景和使用心理都要有深入的了解。

例如位于桂林资源县的“山之港”餐厅，建筑由玻璃和钢铁组成，呈现一种透明的状态，与周围的环境积极互动。作为一个远离都市的风景区，该地的降雨量随着季节变化非常明显，还可能面临洪水之类的非常情况，并且周围的地势并不适合建造传统建筑物，建筑师还要考虑到建筑材料对环境的影响，最终建筑采用了钢结构，建筑师已经不再把这个建筑物作为一个遮蔽物的性质存在，更多地考虑到建筑和环境之间的关系，以及使用者和环境的关系。

由戴璞设计的树美术馆位于北京宋庄，该地原有的村庄逐渐消失，变成了大面积的现代化街区。设计师希望能设计出一个能让人们在此休憩和交流的空间，将周围的建筑群联系在一起。

凭借这一简单的初衷，建筑师希望在材料和空间的表达上都尽量纯净，让参观者能有一个和自然对话的场所。设计师通过设置曲线型的空间来引导参观者的路线，帮助人们排除杂念，感受到树木、水池、阳光和室内展示的艺术品，通过分布在建筑中的庭院可以进一步的亲近自然，和周围的人交流。

该建筑采用这种真实而纯粹的表达方式，希望能引导参观者对建筑的感受能逐渐打开，让使用者在喧嚣的城市中也能感受到自然和宁静。

还有一类比较显著的案例就是对旧建筑的改造，例如建筑师王晖主持改造的北京今日美术馆（图 20-10），原本是一个由旧工厂改造成的售楼处，后来再由售楼处改建成了美术馆，建筑师认为旧建筑的改造实际上就是一种空间的重组，在对原有建筑进行分析的过程中发现旧的空间因为尺度的问题并不适合分割，于是建筑师在原有的空间中置入各种微空间来保持原有的空间质量。

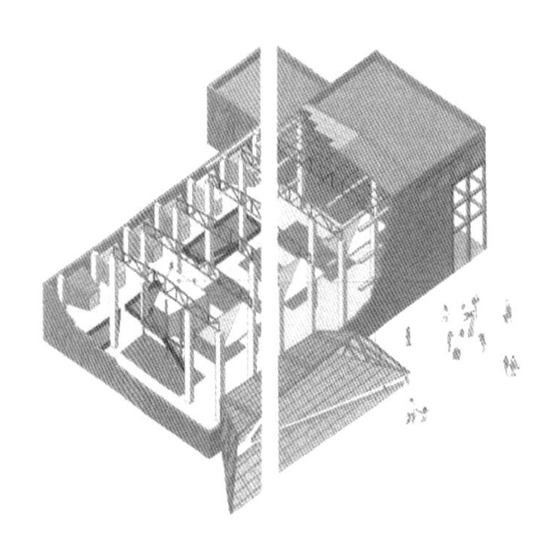

图 20-10　北京今日美术馆

对旧建筑的改造是一种对城市的保护方式，是对环境的尊重，也是一种延续建筑文化的行为。如今建筑师们越来越意识到建筑对环境影响的重要性，应该通过实际的作品让人们感受到这一思想。

新技术对建筑的影响并不是直接的，它需要一个转换的过程，原因是所有的因素都必须转换成建筑的功能、结构与空间。目前大家普遍谈论的全球化等对建筑的影响，并不是说全球化直接影响建筑，这些影响直接反映在人们的生活方式、意识中，进而影响到建筑中的形式、内容和结构的关系、建筑的环境设施、管理系统等，所以在面对新技术的时候，不能盲目地将其生搬硬套运用在建筑设计之中，而是要加以思考和转换。

新技术在建筑中的应用，例如新型通风系统、更加坚固耐用的建筑材料、可循环使用的建筑材料等，都能很好地帮助解决新问题。例如如何利用建筑空间帮助人们更好的交流、如何针对社会弱势群体提供经济合理的空间等。建筑师不是单纯的施工者，在思考如何实现自己的作品同时，更要有社会责任感，关注社会中现实的问题，再回到建筑空间中去寻找解决方案。

全球文化在碰撞、交流当中的融合与共存是不可避免的。生活方式的改变以及技术的发展必然带来建筑形式的升级换代，传统建筑的现代化转型是必由之路。我们要重视中西建筑话语的异质性，认识到建筑创作既需要继承传统，又需要吸收外来先进文化。实现异质性话语的“杂语共生”是中国建筑转型的关键。“艺术创造不能完全脱离已往的基础而独立。能发挥新创都是受过传统熏陶的。即使忽然接受一种崭新的形式，根据外来思想的影响，仍然能表现本国的精神。”传统建筑的句法与词汇在当代仍然具有生命力。在多元化的时代，应当正确处理全球化和地域性之间的关系，合理区分异质话语的异质性与变异，认识到传统话语与现代话语并不是相互对立的。建筑艺术的多样化时代必将来临，“杂语共生”、“和而不同”是未来世界建筑艺术发展的走向。因此，面对当前建筑艺术的病态审美倾向，我们要正确处理不同民族、不同文化、不同国家的建筑审美话语，在充分认识传统文化固有规则的基础上，合理运用现代化的工程技术手段，营造既具有民族审美特征，又符合时代需求的建筑。

图片来源

第一章

图 1-1　巴黎圣母院与北京天坛祈年殿　图片来源:《建筑空间解析》,毛白滔,高等教育出版社,2008

图 1-2　日本水之教堂　图片来源：（日）《Workshop》商业空间设计杂志

图 1-3　欧洲乡村小教堂　图片来源：（意）《Domus》建筑艺术设计杂志

第二章

图 2-1　比利时透视教堂　图片来源：（意）《Domus》建筑艺术设计杂志

图 2-2　宁波博物馆　图片来源：作者拍摄

图 2-3　完全融合于自然的住宅　图片来源：（意）《Domus》建筑艺术设计杂志

图 2-4　南通大学范曾美术馆　图片来源：http://archgo.com

图 2-5　中国美术学院瓦山专家接待中心　图片来源：作者拍摄

第三章

图 3-1　倪瓒　《六君子图》　图片来源：《世界美术全集》第九卷，天津人民美术出版社，1996

图 3-2　空间的留白　图片来源：作者拍摄

图 3-3　马远　《寒江独钓图》　图片来源：《世界美术全集》第九卷，天津人民美术出版社，1996

图 3-4　中国古典园林的留白设计　图片来源：作者自摄

图 3-5　苏州博物新馆　图片来源：作者拍摄

图 3-6　奥地利布雷根茨美术馆平面及空间　图片来源：作者拍摄

图 3-7　空间对外部环境的渗透　图片来源：（美）《Interior Design》室内与商业杂志

图 3-8　法国巴黎德方斯大拱门　图片来源：Grand Arche de la Défense 巴黎明信片

图 3-9　流水别墅平面及外观　图片来源：（美）《贝聿铭全集》典藏版，菲利普·朱迪狄欧，电子工业出版社，2012

图 3-10 美国纽约新当代艺术博物馆　图片来源：（美）《Interior Design》室内与商业杂志

图 3-11 消失的建筑　图片来源：（意）《DOMUS》建筑艺术设计杂志

图 3-12 虚实相间使空间静谧的境界　图片来源：（美）《Interior Design》室内与商业杂志

图 3-13 水墨山村　传统乡建　图片来源：mp.weixin.qq.com 新微设计

图 3-14 九间堂　图片来源：mp.weixin.qq.com 新微设计

图 3-15 江苏南通珠算博物馆　图片来源：http://www.architbang.com/project/view/p/48

图 3-16 万科第五园空间　图片来源：作者拍摄

第四章

图 4-1　秦兵马俑群体　图片来源：《秦始皇兵马俑博物馆》，文物出版社，1983

图 4-2　秦兵大军　图片来源：《秦始皇兵马俑博物馆》，文物出版社，1983

图 4-3　美国第二次工业革命标准化大生产　图片来源：《现代资本主义：三次工业革命中的成功者》，（港台）桂冠图书公司，2005

图 4-4　中国古代建筑的开间　图片来源：《图像中国建筑史》，梁从诫，译，中国建筑工业出版社，1984

图 4-5　中国古代建筑梁柱开间结构图　图片来源：《图像中国建筑史》，重新绘制加工

图 4-6　佩雷设计的富兰克林大街 25 号公寓　图片来源：（台）《时间 . 空间 . 建筑》，Sigfried Giedion, 台隆出版社，1993

图 4-7　柯布西耶的代表作—萨伏伊别墅　图片来源：《建筑空间解析》，毛白滔，高等教育出版社，2008

图 4-8　弗兰克・盖里设计的古根海姆博物馆　图片来源：《建筑空间解析》，毛白滔，高等教育出版社 ，2008

图 4-9　扎哈・哈迪德设计的北京 SOHO　　图片来源：《MARK CHIA》建筑设计（合订本）

图 4-10 中国古典建筑的屋顶　图片来源：www.hutu.com 汇图网，红动中国，编号：5507569 希农 1989

第五章

图 5-1　马赛公寓建筑空间与细节　图片来源：(英)《西方建筑史》，David watkin. 吉林人民出版社，2004

图 5-2　模块化生产体系　图片来源：(英)《西方建筑史》David watkin. 吉林人民出版社，2004

图 5-3　家具的模块化设计　图片来源：https://image.baidu.com/search

图 5-4　模块化设计单元的可复制性　图片来源：作者自绘

图 5-5　模块的组合性及重构性示意图　图片来源：作者自绘

第六章

图 6-1　根据个人爱好的家具模块组合　图片来源：https://image.baidu.com/search

图 6-2　模块化家具的互动体验　图片来源：http://www.yankodesign.com/2011/04/06/all-in-one-two-three-four/ YANKD DESIGN

图 6-3　织物装饰图案　图片来源：作者自摄

图 6-4　家具模块的造型多样性　图片来源：https://image.baidu.com/search

图 6-5　家具模块的色彩多样性　图片来源：https://image.baidu.com/search

第七章

图 7-1　勒兰西圣母教堂　图片来源：http://www.archcy.com

图 7-2　德国世博会日本馆　图片来源：（日）《Workshop》商业空间设计杂志

图 7-3　泰国曼谷 Open House　图片来源：https://www.gooood.cn/open-house-by-klein-dytham-architecture.htm 谷德设计网

图 7-4　游戏公司 King 的办公空间　图片来源：http://www.sohu.com

图 7-5　毛白滔教授工作室　图片来源：作者自摄

图 7-6　SOHO 3Q　图片来源：（意）《DOMUS》建筑艺术设计杂志

图 7-7　合肥万科·天下艺境　图片来源：http://m.sjq315.com/news/358460.html

图 7-8　设计工作室 CHA：COL　图片来源：（美）《Interior Design》室内与商业杂志

图 7-9　日本的“感官餐厅”　图片来源：（日）《Workshop》商业空间设计杂志

图 7-10 佐藤大的作品　图片来源：《青年视觉》MAY2015 / #150

第八章

图 8-1　图形符号的信息传播方式　图片来源：《I.D Magazine》艺术．商业和文化杂志

图 8-2　插画创作的人物形象　图片来源：《21deamag》平面艺术与排版杂志

图 8-3　人物与空间的图底关系图　图片来源：《21deamag》平面艺术与排版杂志

图 8-4　办公空间图形的视觉化元素　图片来源：http://ad.brandcn.com

图 8-5　视知觉的选择性　图片来源：http://photo.blog.sina.com.cn

图 8-6　瑞士风格作品　图片来源：《世界平面设计史》，王受之，中国青年出版社，2018

图 8-7　波普艺术　图片来源：（英）《POA ART》波普艺术

图 8-8　抽象几何图形　图片来源：《21deamag》平面艺术与排版杂志
图 8-9　空间视觉图形肌理表现　图片来源：《草间弥生全版画集》阿部出版株式会社
图 8-10 二维图形丰富三维空间语言　图片来源：《I.D Magazine》艺术. 商业和文化杂志
图 8-11 地面图形的视觉肌理　图片来源：http://www.mt-bbs.com
图 8-12 墙面图形的视觉肌理　图片来源：http://www.mt-bbs.com
图 8-13 扁平化风格下的图形设计　图片来源：《21deamag》平面艺术与排版杂志
图 8-14 三维立体空间　图片来源：《I.D Magazine》艺术. 商业和文化杂志
图 8-15 二维扁平图形　图片来源：（日）《IDEA》平面印刷创意杂志
图 8-16 扁平化风格下的单线条插画　图片来源：（日）《IDEA》平面印刷创意杂志
图 8-17 墙面及地面肌理的效果　图片来源：《青年视觉》DFCFMBER2015 / #157
图 8-18 柏林犹太人博物馆　图片来源：（英）《Daniel Lebeski》work collection
图 8-19 日本 NA 住宅　图片来源：（日）《Workshop》商业空间设计杂志
图 8-20 空谷餐厅 Hollow restaurant　图片来源：http://www.680.com/Zhuangxiu/1303
图 8-21 亚文化风格卡通形象　图片来源：（港）《创造力的极论》，村上隆，商周出版，2014
图 8-22 针对儿童空间的童真化设计语言　图片来源：https://sheji.pchouse.com.cn/223/2237502_4.html 太平洋家居网
图 8-23 空间中的图形创新设计和表现　图片来源：http://www.58pic.com/zhuangshi
图 8-24 娱乐时代的来临　图片来源：http://www.chinashj.com/plus/view.php?aid=12700 中国书画网
图 8-25 设计师绘制图形的场景　图片来源：《星视素材》1055 期
图 8-26 空间当中的图形语言表现　图片来源：《生活周刊》杂志
图 8-27 百水先生作品　图片来源：《Hundertwasser》Wieland Schmied 1928-2000
图 8-28 百水公寓外景　图片来源：《Hundertwasser》Wieland Schmied 1928-2000
图 8-29 百水博物馆　图片来源：《Hundertwasser》Wieland Schmied 1928-2000
图 8-30 百水博物馆一楼咖啡厅内景　图片来源：《Hundertwasser》Wieland Schmied 1928-2000
图 8-31 草间弥生的波点偏执　图片来源：《草间弥生全版画集》阿部出版株式会社，2005
图 8-32 圆点与空间的融合　图片来源：作者自绘
图 8-33 为挚爱郁金香之永恒祈祷　图片来源：《草间弥生全版画集》，阿部出版株式会社，2005
图 8-34 《为挚爱郁金香之永恒祈祷》圆点空间的体验过程　图片来源：作者自绘
图 8-35 村上隆太阳花系列作品　图片来源：《创造力的极论》港台商周出版股份有限公司，2004

第九章

图 9-1　达利的作品《柔软的钟》　图片来源：《达利》，罗伯特·休斯，吉林美术出版社，2004

图 9-2　毕加索的《丹尼尔－亨利. 卡恩韦勒尔》　图片来源：《毕加索》休斯，吉林美术出版社，2004

图 9-3　杜尚的《下楼梯的裸女》　图片来源：《建筑空间解析》，毛白滔，高等教育出版社，2008

图 9-4　波丘尼的作品《在空间里连续性的独特形式》　图片来源：《世界美术全集》第八卷，天津人民美术出版社，1996

图 9- 5　贝聿铭建筑作品——桃花园博物馆　图片来源：《建筑空间解析》，毛白滔，高等教育出版社，2008

图 9-6　勒. 柯布西耶建筑作品 -- 郎香教堂　图片来源：（英）《Le Corbusier in Detail》全集

图 9-7　室内光影的展现方式　图片来源：《建筑空间解析》，毛白滔，高等教育出版社，2008

图 9-8　新旧建筑构件的结合表现　图片来源：（意）《DOMUS》建筑艺术设计杂志

图 9-9　光影创造时间的流动感　图片来源：《建筑空间解析》，毛白滔，高等教育出版社，2008

第十章

图 10-1　新生代　图片来源：江南大学设计学院微信群，《SELEE 新青年摄影》右（局部）

图 10-2　蒸汽朋克与赛博朋克空间　图片来源：（港）《数码设计. CGWOLD》杂志，多玩单机频道@ pc.duowan.com

图 10-3　豆瓣网讨论小组与草莓音乐节　图片来源：https://www.douban.com/group/explore

图 10-4　新生代的政治价值选择　图片来源：Chinanews.com 中新网

图 10-5　新生代女孩的性别认同与审美异化　图片来源：(A).www.soideas.cn(B).jingyan.baidu.com

图 10-6　新生代体验式的精英消费　图片来源：mp.xeixin.qq.com 云衣间

图 10-7　2017 苏州钟书阁空间设计　图片来源：《室内设计与装修》

图 10-8　人体创作更注重内心的读白　图片来源：《青年视觉》MAY 2015 / #150

图 10-9　功能与情感的关系结构转变　图片来源：作者自绘

图 10-10 自如网对新生代的租房需求的敏锐捕捉　图片来源：http://www.ziroom.com/

图 10-11 喜茶品牌的市场发酵效应　图片来源：http://31.toocle.comyjdetail-20170616-31650.html

图 10-12 新生代的生活空间形态　图片来源：江南大学设计学院微信群

第十一章

图 11-1　形象引发观赏者的视觉感知　图片来源：作者自摄

图 11-2　红砖美术馆　图片来源：作者自摄

图 11-3　瑞典 Humlegard 公寓　图片来源：《TOP SPACE&ART》，华南理工大学出版社，2014

图 11-4　材质赋予空间的视觉感受　图片来源：《创意园工业风》，中国林业出版社，2018

图 11-5　李建光三和深圳茶道　图片来源：《中式茶楼 - 春水堂》，中国林业出版社，2013

图 11-6　意大利自由广场苹果店水幕布　图片来源：http://jd.zol.com.cn/695/6950264_2.html

图 11-7　水的"湿度形态"审美　图片来源：WWW.hisyuta.com

图 11-8　卒姆托·圣本尼迪克特教堂　图片来源：《普利兹克建筑奖获奖建筑师的设计心得自述 - 圣玛利亚教会中心》，鲁思，派塔森，辽宁科学技术出版社，2017

图 11-9　金属的质地　图片来源：《I.D Magazine》艺术．商业和文化杂志

图 11-10 科瓦达特斯德哥尔摩 2013 年家具展厅　图片来源：http://www.mt-bbs.com/thread-217699-1-1.html

图 11-11 节奏　图片来源：《建筑空间解析》，毛白滔，高等教育出版社，2008

图 11-12 唤情　图片来源：WWW.hisyuta.com

图 11-13 发想　图片来源：作者自摄

图 11-14 引趣　图片来源：https://www.gooood.cnanantara-jabal-akhdar-resort-by-atelier-pod.htm 谷德设计网

图 11-15 "情景交融"的构成　图片来源：作者自绘

图 11-16 "虚实相生"的构成　图片来源：作者自绘

图 11-17 空间意境的"感官性"　图片来源：作者自绘

图 11-18 边界的"沉"　图片来源：作者拍摄

图 11-19 边界的"垫"　图片来源：（日）《Workshop》商业空间设计杂志

图 11-20 边界的"凹"　图片来源：（日）《Workshop》商业空间设计杂志

图 11-21 边界的"包"与"含"　图片来源：（日）《Workshop》商业空间设计杂志

图 11-22 边界的"交"与"错"　图片来源：《Zaha Hadid The Complete Buildings and Projects》

图 11-23 "体量"构建意境中西建筑比较　图片来源：http://www.idzoom.com

第十二章

图 12-1　近代西方艺术的非理性文化现象　图片来源：《世界美术全集》第八卷，天津人民美术出版社 1996

图 12-2　连续性姿态的叠加画面　图片来源：https://baike.so.com/doc/

图 12-3　美洲之门酒店　图片来源：《扎哈·哈迪德》
图 12-4　室内外边界模糊转换的住宅　图片来源：《日本建筑师》杂志
图 12-5　恩帕里伊布拉维休闲吧　图片来源：《室内设计与装修》杂志
图 12-6　Pavillon de Costes 餐厅　图片来源：《室内设计与装修》杂志
图 12-7　蒂勒·斯考菲地奥“后退的家·接待室”　图片来源：《新空间设计》，矫苏平，中国建筑工业出版社，2005
图 12-8　Corian Lounge 展示厅　图片来源：《室内设计与装修》杂志
图 12-9　形式语言在空间界面的运用　图片来源：《青年视觉》NOVEMBER2015/#156
图 12-10 超尺度视觉信息传达的混淆　图片来源：http://www.cczzss.com/
图 12-11 科斯茨咖啡馆　图片来源：《国外当代建筑与室内设计》
图 12-12 日本札幌餐厅（扎哈·哈迪德）　图片来源：《Zaha Hadid The Complete Buildings and Projects》

第十三章
图 13-1　河北正定隆兴寺转轮藏殿　图片来源：《图像中国建筑史》，梁从诫译，中国建筑工业出版社，1984
图 13-2　传统房屋的结构形式　图片来源：《中国古代建筑十论》，傅熹年，复旦大学出版社，2004
图 13-3　斗栱　图片来源：作者自摄
图 13-4　西周歧山凤雏村遗址平面　图片来源：《中国古代建筑历史图说》，侯幼彬，中国建筑工业出版社，2002
图 13-5　传统建筑雕刻中的吉祥图集　图片来源：作者自摄

第十四章
图 14-1　记忆媒介传播　图片来源：作者自绘
图 14-2　个人记忆媒介发展　图片来源：作者自绘
图 14-3　集体记忆媒介相互影响　图片来源：作者自绘
图 14-4　记忆媒介发展特性　图片来源：作者自绘
图 14-5　记忆媒介演化更新　图片来源：作者自绘
图 14-6　个人记忆与集体记忆　图片来源：东莞日报
图 14-7　个人记忆媒介特点　图片来源：作者自绘
图 14-8　老旧电视与老黄历　图片来源：老黄历拍摄于丽景轩末代皇帝溥仪展
图 14-9　权力性的社会记忆　图片来源：http://blog.sina.cn/dpool/blog/newblog/mblog/con

trollers/exception.php?sign=B00301&uid=1259295385

图 14-10 20 世纪 80 年代的娱乐手段　图片来源：http://www.sohu.com/a/125258592_508489

图 14-11 21 世纪的娱乐手段　图片来源：http://www.dzwww.com/yule/rolls/201508 / t20150827_12975251.htm

图 14-12 亲人烧饭的记忆场景　图片来源：https://www.baidu.com/

图 14-13 古人新年放爆竹　图片来源：《古代风俗百图》，王弘力，辽宁美术出版社，2006

图 14-14 古代尊师重道的座位布置　图片来源：http://www.mafengwo.cn/photo/poi/2627.html

图 14-15 由音乐演变建筑　图片来源：《论音乐空间与建筑空间的对应性》，王昀，华中建筑，2001

图 14-16 基地位置　图片来源：https://www.gooood.cn/old-house-renovation-in-beijing-china-by-caa.htm

图 14-17 A 空间变化分析　B 二楼卧室　C 客厅和餐厅　图片来源：https://www.gooood.cn/old-house-renovation-in-beijing-china-by-caa.htm

图 14-18 博物馆门口　图片来源：http://www.canyingji.com/news/page_9_9_332_1.html

图 14-19 A 男寝室　B 教室　图片来源：http://www.canyingji.com/news/page_9_9_332_1.html

图 14-20 记忆场所分布和护城河现状　图片来源：http://www.doc88.com/

图 14-21 护城河图底关系变化　图片来源：http://www.doc88.com/

图 14-22 渥太华国家大屠杀纪念碑鸟瞰和外观　图片来源：《DOMUS》建筑艺术设计杂志

图 14-23 故宫平面图　图片来源：《中国古代建筑》，李剑，山西科学技术出版社，2011

图 14-24 南京大屠杀纪念馆　图片来源：作者自摄

图 14-25 拜占庭的圣索菲亚大教堂内部　图片来源：（英）《西方建筑史》，David watkin，吉林人民出版社，2004

图 14-26 玛莎·施瓦茨的拼合园　图片来源：《DOMUS》建筑艺术设计杂志

图 14-27 枯山水　图片来源：（日）《Workshop》商业空间设计杂志

图 14-28 中西方建筑装饰　图片来源：作者拍摄

图 14-29 吐鲁番的葡萄房　图片来源：http://dahuorenshuo.blog.sohu.com/

图 14-30 柯布西耶的朗香教堂　图片来源：（英）《Le Corbusier in Detail》全集，2007

图 14-31 西班牙的阿尔罕布拉宫的狮子中庭　图片来源：https://www.baidu.com/

第十五章

图 15-1　空间表情与情趣的关系　图片来源：作者自绘

图 15-2　拉斯维尔的 5W 模式　图片来源：作者自绘

图 15-3　空间设计的传播过程　图片来源：作者自绘

图 15-4　情趣空间中信息的正向传播过程　图片来源：作者自绘

图 15-5　空间的类大众媒介　图片来源：作者自绘

图 15-6　兴趣媒介　图片来源：作者自绘

图 15-7　对受众的解析　图片来源：作者自绘

图 15-8　需要层次的内容　图片来源：作者自绘

图 15-9　使用与满足过程模式中需求因素的地位　图片来源：作者自绘

图 15-10 使用与满足的含义　图片来源：作者自绘

图 15-11 水镜子　图片来源：《I.D Magazine》艺术. 商业和文化杂志

图 15-12 棱镜　图片来源：《I.D Magazine》艺术. 商业和文化杂志

图 15-13 影子灯具　图片来源：http://www.ideamsg.com/2016/01/yoy-idea/ 灵感日报

图 15-14“壁画家具”　图片来源：http://www.ideamsg.com/2016/01/yoy-idea/ 灵感日报

图 15-15 UN 鞋子　图片来源：《I.D Magazine》艺术. 商业和文化杂志

图 15-16 绵羊造型陈设　图片来源：《I.D Magazine》艺术. 商业和文化杂志

图 15-17 有意味的媒介载体　图片来源：作者自绘

图 15-18 斜面处理的空间　图片来源：（日）《Workshop》商业空间设计杂志

图 15-19 A Mineral house　B Wind house　C　蓝色画室　图片来源：（日）《Workshop》商业空间设计杂志

图 15-20 A 普拉汉酒店　B 四季酒店　图片来源：http://www.ideamsg.com/2014/12/prahran-hotel/ 灵感日报

图 15-21 Apartment House　图片来源：http://www.ideamsg.com/2015/08/apartment-house/ 灵感日报

图 15-22 东京方格屋　图片来源：《Workshop》商业空间设计杂志

图 15-23 夹缝屋　图片来源：（日）《a+u》杂志

图 15-24 H 住宅　图片来源：《Space Design & Architectural Design》

图 15-25 Conarte Library　图片来源：《Space Design & Architectural Design》

图 15-26 阿玛尼楼梯　图片来源：《国际年度最佳商业空间 & 建筑设计》，麦迪逊，天津大学出版社，2010

图 15-27 TMW 博物馆大厅　图片来源：（意）《DOMUS》建筑艺术设计杂志

图 15-28 媒介因子的情感特征　图片来源：作者自绘

图 15-29 鸟窝咖啡厅　图片来源：（美）《Interior Design》室内与商业杂志

图 15-30 法国巴黎长颈鹿儿童看护中心　图片来源：（意）《DOMUS》建筑艺术设计杂志

图 15-31 诙谐的百代基金会改建项目　图片来源：（意）《Reno:The Complete logbook》Renzo piano，2017.2

图 15-32 意外错落的房子　图片来源：（意）《DOMUS》建筑艺术设计杂志（综合案例）

图 15-33 Mirrors 咖啡厅　图片来源：http://www.ideamsg.com/2014/11/mirrors-2/ 灵感日报

图 15-34 怪诞弯曲的空间　图片来源：www.photophoto.cn 图行天下，　No.20080711034061212889

图 15-35 “脱离”力束缚的空间　（综合案例）　图片来源：《MARK CHIA》建筑设计　（合订本）

图 15-36 大和普适计算研究大楼　图片来源：《日本当代百名建筑师作品选》，布野修司，中国建筑工业出版社，1997

图 15-37 芝加哥威力斯大厦　图片来源：作者拍摄

图 15-38 新加坡金沙休闲酒店　图片来源：作者拍摄

图 15-39 媒介的表情信息　图片来源：作者自绘

图 15-40 N 住宅　图片来源：（日）《Workshop》商业空间设计杂志

图 15-41 大屋顶住宅　图片来源：《SHOTEN KENCHIKU》日本商店建筑杂志

图 15-42 蝙蝠侠旅馆　图片来源：http://www.ideamsg.com/2015/05/yim-huai-khwang-hostel/ 灵感日报

图 15-43 媒介的空间移情　图片来源：作者自绘

第十六章

图 16-1　曲线具有明显的女性倾向　图片来源：http://diyitui.com/content-1466633243.46528759. html

图 16-2　“新艺术”运动的代表作品　图片来源：（英）《MUCHA》新艺术运动

图 16-3　布艺织物　图片来源：www.yiqisheji.com 一起设计网

图 16-4　两位女设计师对场景戏剧性的表现　图片来源：《I.D Magazine》艺术．商业和文化

图 16-5　蕾丝图案为墙面的美甲店　图片来源：https://www.gooood.cn/space-of-lace-pattern-lily-nails-salon-blue-harbor-store-by-arch-studio.htm

图 16-6　台湾芭比主题餐厅　图片来源：http://www.ipeen.com.tw/comment/417148/2

图 16-7　柏莉雅女子会所—林开新（亚太设计大奖赛获奖作品）　图片来源：《室内设计与装修》

图 16-8　上海百利百享空间—闺蜜新概念聚会场所　图片来源：http://eladies.sina.com.cn/nx/2012/0216/17051125514.shtml

图 16-9　女性的洛丽塔公主情结　图片来源：http://m.sohu.com/n/404426089/

图 16-10 维多利亚风格的精致与浪漫　图片来源：https://www.duitang.com/blog/?id=458767716

图 16-11 柔性情调的商业空间　图片来源：《THAI MOD》PRGONE

第十七章

图 17-1　凡尔赛王宫室内　图片来源：（英）《西方建筑史》，David watkin 著

图 17-2　巴塞罗那德国馆　图片来源：（英）《西方建筑史》，David watkin 著

图 17-3　上海无印良品旗舰店　图片来源：www.baidu.com，右图为作者自摄
图 17-4　语言学媒介体的表现　图片来源：作者自绘
图 17-5　文学背景下符号的表现　图片来源：作者自绘
图 17-6　《格尔尼卡》　图片来源：《世界美术全集》第八卷，天津人民美术出版社，1996
图 17-7　草间弥生的空间　图片来源：《草间弥生全版画集》，草间弥生，阿部出版株式会社，2005
图 17-8　日本设计中"禅意"的表现　图片来源：（日）《Workshop》商业空间设计杂志
图 17-9　北欧的表达　图片来源：（芬）《IKEA》家居
图 17-10 摩洛哥的表达　图片来源：作者自摄整理
图 17-11 后工业风格　图片来源：（美）《Interior Design》室内与商业杂志
图 17-12 怀旧风情的商业空间　图片来源：www.baidu.com
图 17-13 哥特时代的表达　图片来源：（美）《Interior Design》，作者整理编排
图 17-14 巴洛克时代的表达　图片来源：（美）《Interior Design》室内与商业杂志
图 17-15 极简的表达　图片来源：《国际年度最佳商业空间 & 建筑设计》，麦迪逊，天津大学出版社，2010
图 17-16 波普的表达　图片来源：（英）《POA ART》波普艺术
图 17-17 空间叙述语言　图片来源：作者自拍
图 17-18 自然的设计表现　图片来源：http://bbs.zhulong.com/101030_group_693/detail32553164 筑龙网
图 17-19 外婆家餐厅设计　图片来源：《上筑元筑设计有限公司 2014 年度作品集》
图 17-20 儿童空间　图片来源：www.zhulong.com
图 17-21 美国奥斯卡颁奖舞台　图片来源：http://bbs.zhulong.com/101030_group_693/detail32385922 筑龙网
图 17-22 《面朝大海春暖花开》室内陈设布置图　图片来源：mp.weixin.qq.com 重新编排
图 17-23 《荷塘月色》室内陈设布置图　图片来源：mp.weixin.qq.com 重新编排
图 17-24 《了不起的盖茨比》室内陈设布置图　图片来源：mp.weixin.qq.com 重新编排
图 17-25 《爱丽丝梦游仙境》室内陈设布置图　图片来源：mp.weixin.qq.com 重新编排

第十八章
图 18-1　情景、场景与空间的关系　图片来源：作者自绘
图 18-2　情景化设计　图片来源：作者自绘
图 18-3　用户体验过程　图片来源：作者自绘
图 18-4　光影构成空间的视觉中心　图片来源：作者自绘
图 18-5　感知、感悟过程表现图示　图片来源：作者自绘

图 18-6　体验的过程：观察者获取视觉线索影响心理行为　图片来源：作者自绘
图 18-7　光环境设计表现空间意境与观察者互动模型　图片来源：作者自绘
图 18-8　电影剧目的海报 图片来源：http://www.mtime.com/
图 18-9　“剧本化”设计内涵　图片来源：作者自绘
图 18-10 剧本故事内核　图片来源：作者自绘
图 18-11 展示空间的精神内核　图片来源：作者自绘
图 18-12 影视剧本的表意途径　图片来源：作者自绘
图 18-13 展示空间的表意途径　图片来源：作者自绘
图 18-14 电影《触不到的恋人》剧照　图片来源：http://www.mtime.com/
图 18-15 《焦裕禄》剧本主旨　图片来源：作者自绘
图 18-16 戏剧式线性结构推导图示　图片来源：作者自绘
图 18-17 散文式连串结构推导图示　图片来源：作者自绘
图 18-18 独立式花瓣结构推导图示　图片来源：作者自绘
图 18-19 《芙蓉镇》电影片段　图片来源：作者整理绘制
图 18-20 《泰坦尼克号》的复线叙事图示　图片来源：作者整理绘制
图 18-21 焦裕禄同志纪念馆　图片来源：作者自摄
图 18-22 过年场景　图片来源：作者实际工程案例拍摄
图 18-23 泥人之家　图片来源：作者实际工程案例拍摄
图 18-24 电影《活着》的连续蒙太奇式叙事　图片来源：作者整理绘制
图 18-25 《霸王别姬》的“戏内戏外”平行式蒙太奇表现　图片来源：作者整理绘制

第十九章
图 19-1　空间情节的编排规律　图片来源：作者自绘
图 19-2　空间故事情节的特定语汇　图片来源：作者自绘
图 19-3　奈尔宝儿童乐园　图片来源：作者自摄
图 19-4　上海艺影书阁多视点组接　图片来源：http://www.zhongguosyzs.com/xinxi/30731.html 中国商业展示网
图 19-5　“狐狸外思考”咖啡厅由线索到主题　图片来源：http://www.th7.cn/Design/room/201612/825248.shtml 第七城市
图 19-6　路易·威登旗舰店　图片来源：《I.D Magazine》艺术. 商业和文化杂志
图 19-7　牙科诊所　图片来源：http://www.sj33.cn/architecture/slsj/wenhua/201605/45481.

图 19-8　上海儿童成长中心　图片来源：http://www.th7.cn/Design/room/201703/856062.shtml 第七城市

图 19-9　布鱼餐厅　图片来源：http://www.tuozhe8.com/thread-1316699-1-1.html 拓者设计吧

图 19-10 禅茶会所中被延长的走道　图片来源：作者自摄

图 19-11 VANS 之家　图片来源：https://www.archdaily.cn/cn/771935/lun-dun-vans-zhi-jia-tim-greatrex，原文和内容版权：http://www.archdaily.com/

图 19-12 殡仪馆　图片来源：《Funeral》Between Nature and Artefact

图 19-13 东京国立歌剧院　图片来源：《日本建筑师》杂志

图 19-14 伊利诺斯理工学院　图片来源：《MARK CHIA》建筑设计

图 19-15 甘地纪念馆　图片来源：http://bbs.zhulong.com/101010_group_201808/detail10002593 实景照片

图 19-16 美秀美术馆　图片来源：《MARK CHIA》建筑设计杂志

图 19-17 打破常规空间表现　图片来源：https://baijiahao.baidu.com/s?id=1574679456564154&wfr=spider&for=pc4-20 百家号

图 19-18 空间逻辑推理　图片来源：作者自绘

图 19-19 镜头间省略　图片来源：作者自绘

图 19-20 红墙公寓跳跃剪切手法体现　图片来源：《DOMUS》（意）建筑艺术设计杂志

图 19-21 连续镜头　图片来源：作者自绘

图 19-22 毛毡展厅中连续场景互相互相渗透交融　图片来源：http://yiker.trueart.com/20116801/article_item_25853_1.shtml 第十四届中国深圳国际服装博览会

图 19-23 托莱多艺术博物馆玻璃展馆　图片来源：《DOMUS》（意）建筑艺术设计杂志

图 19-24 反常规的镜头组接　图片来源：作者自绘

图 19-25 西班牙眼镜店　图片来源：http://bbs.voc.com.cn/viewthread.php?tid=7181720 华声论坛

图 19-26 “风起潮鸣”体验馆　图片来源：https://www.archdaily.cn/cn/879749/hang-zhou-feng-qi-chao-ming-sheng-huo-mei-xue-ti-yan-guan-gad

图 19-27 “珊瑚”酒店　图片来源：https://www.archdaily.cn/cn/790090/architects-of-inventions-coral-hotel-design-utilizes-biomimicry-to-resemble-coral-in-seychellesArce daily

图 19-28 高迪建筑　图片来源：（英）《Gaudi》建筑专集

图 19-29 北京国际酿酒大师艺术馆　图片来源：作者自摄

第二十章

图 20-1　语言的歧义拼贴及媚俗置入　　图片来源：作者自摄

图 20-2　龙希国际大酒店“万国园”　图片来源：http://lvyou.jyyuan.com/News/show_1340.html 华西村龙希国际大酒店简介

图 20-3　鸣泉居度假酒店　图片来源：作者自摄

图 20-4　华为松山湖欧洲镇意向图　图片来源：http://bbs.zhulong.com/101020_group_687/detail31242041　筑龙网

图 20-5　朝阳公园　图片来源：http://wemedia.ifeng.com/40368870/wemedia.shtml 瀚能设计师俱乐部

图 20-6　玉湖完全小学　图片来源：http://bbs.zhulong.com/101010_group_201806/detail110044987 首届荷兰中国建筑参展作品

图 20-7　习习山庄平面图　图片来源：http://bbs.zhulong.com/101010_group_678/detail30368445/ 筑龙网

图 20-8　太阳公社　图片来源：《建筑技艺》杂志

图 20-9　鹿野苑石刻博物馆　图片来源：http://www.kaoder.com/?a=view&fid=64&m=thread&tid=177681

图 20-10 北京今日美术馆　图片来源：http://www.nipic.com

参考文献

[1] （日）矶崎新 . 未建成 / 反建筑史 [M]. 北京：中国建筑工业出版社，2004.
[2] （挪）克里斯蒂安·诺伯格·舒尔茨 (Christian Norberg-Schultz). 西方建筑的意义 [M]. 北京：中国建筑工业出版社， 2005.
[3] （德）瓦尔特·舒里安 (WalterSchurian). 作为经验的艺术 [M]. 长沙：湖南美术出版社，2005.
[4] （德）沃尔夫冈·韦尔施 (Wolfgang Welsch). 我们的后现代的现代 [M]. 北京：商务印书馆，2004.
[5] （美）安德鲁·芬伯格 (Andrew Feenberg). 可选择的现代性 [M]. 北京：中国社会科学出版社，2003.
[6] （法）米歇尔·福柯 (Michel Foucault). 词与物 [M]. 上海：上海三联书店，2002.
[7] （美）Donald A.Norman. 情感化设计 [M]. 北京：电子工业出版社，2005.
[8] 王明居 . 模糊美学 [M]. 北京：中国文联出版社，1992.
[9] 王明居 . 模糊艺术论 [M]. 合肥：安徽教育出版社，1998.
[10] 文丘里 . 建筑的复杂性与矛盾性 [M]. 周下颐，译 . 北京：中国建筑工业出版社，1991.
[11] 万书元 . 当代西方建筑美学 [M]. 南京：东南大学出版社，2001.

[12] 赵巍岩 . 当代建筑美学意义 [M]. 南京：东南大学出版社，2001.
[13] 苏珊・朗格 . 情感与形式 [M]. 刘大基，傅志强，周发祥，译 . 北京：中国社会科学出版社，1986.
[14]（英）查尔斯・詹克斯，卡尔・克洛普夫 . 当代建筑的理论和宣言 [M]. 周玉鹏，雄一，张鹏，译 . 北京：中国建筑工业出版社，2005.
[15] 郑时龄，薛密 . 黑川纪章 [M]. 北京：中国建筑工业出版社，1997.
[16] 矫苏平 . 新空间设计 [M]. 北京：中国建筑工业出版社，2010.
[17] 朱力 . 非线性空间艺术设计 [M]. 长沙：湖南美术出版社，2008.
[18] 张楠 . 当代建筑创作手法解析：多元 + 聚合 [M]. 北京：中国建筑工业出版社，2003.
[19]（美）鲁道夫・阿恩海姆 . 艺术与视知觉 [M]. 滕守尧，译 . 成都：四川人民出版社，2006.
[20] 胡绍学，肖礼斌，韩静，谢坚 . 走向新思维 [M]. 北京：中国建筑工业出版社，1985.
[21] 科林罗 . 拼贴城市 [M]. 童明，译 . 北京：中国建筑工业出版社，2003.
[22] 徐磊青，杨公侠 . 环境心理学 [M]. 上海：同济大学出版社，2002.
[23] 詹和平 . 空间 [M]. 南京：东南大学出版社，2001.
[24] 杨春时 . 艺术符号与解释 [M]. 北京：人民文学出版社，1989.
[25]（意）玛格丽特・古乔内编著 . 扎哈・哈迪德 [M]. 袁瑞秋，译 . 大连：大连理工大学出版社，2008.
[26] 萧默 . 建筑的意境 [M]. 北京：中华书局，2014.
[27] 黑川雅之 . 素材与身体 [M]. 石家庄：河北美术出版社， 2013.
[28] 丹尼尔 . 室内色彩设计法则 [M]. 北京：电子工业出版社， 2011.
[29] 利昂 . 逻辑思考的艺术 [M]. 北京：中国华侨出版社， 2014.
[30] 汪正章 . 建筑美学 [M]. 南京：东南大学出版社， 2014.
[31]（英）KAREN A.FRANCK. 由内而外的建筑 [M]. 北京：电子工业出版社， 2013.
[32]（英）卡斯腾・哈罩斯. 建筑的伦理功能 [M]. 申嘉，陈朝晖，译. 北京：华夏出版社，2003.
[33]（美）易斯・海尔曼. 建筑趣谈 A—Z[M]. 闫晓璐，译. 北京：中国建筑工业出版社，2003.
[34]（挪）诺伯・舒尔茨. 场所精神——迈向建筑现象学 [M]. 施植明，译. 台北：田园城市文化事业有限公司，1991.
[35]（日）杉浦康平. 造型的诞生 [M]. 李建华，杨晶，译. 北京：中国青年出版社，2002.
[36] 雷德侯. 万物 . 中国艺术中的模件化和规模化生产 [M]. 张总，译. 北京：生活・读书・新知三联书店，2005.
[37]（英）E・H・贡布里希. 秩序感：装饰艺术的心理学研究 [M]. 范景中，译. 长沙：湖南科学技术出版社，1999.
[38] 吕俊华 . 中国现代城市住宅：1840-2000[M]. 北京：清华大学出版社，2003.
[39] 汪民安. 福柯的界限 [M]. 北京：中国社会科学出版社，2002.

[40] 滕守尧. 艺术社会学描述 [M]. 南京：南京出版社，2006.
[41] (英) 尼古拉斯·波普. 实验性住宅 [M]. 张亚池，等译. 北京：中国轻工业出版社，2002.
[42] (英) 布鲁诺·赛维. 国外建筑理论译丛：现代建筑语言 [M]. 北京：中国建筑工业出版社，2005.
[43] 吴焕加. 中国建筑：传统与新统 [M]. 南京：东南大学出版社，2003.
[44] (美) 肯尼斯·弗兰姆普敦. 现代建筑——一部批判的历史 [M]. 北京：生活. 读书. 新知三联书店，2004.
[45] 丁俊清. 中国居住文化 [M]. 上海：同济大学出版社，1998.
[46] 曹炜. 中日居住文化——中日传统城市住宅的比较 [M]. 上海：同济大学出版社，2002.
[47] 王蔚. 建筑文化论丛：不同自然观下的建筑场所艺术 中西传统建筑文化比较 [M]. 天津：天津大学出版社，2004.
[48] 王其钧. 谈一评. 图解中国古建筑丛书：民间住宅 [M]. 北京：中国水利水电出版社，2005.
[49] 张钦楠. 阅读城市 (Reading city) [M]. 北京：生活. 读书. 新知三联书店，2004.
[50] (英) 凯瑟琳·斯莱塞. 4X4 新建筑 地域风格建筑 [M]. 彭信苍，译. 南京：东南大学出版社，2001.
[51] (法) 安德烈·马尔罗. 无墙的博物馆 [M]. 李瑞华，袁楠，译. 桂林：广西师范大学出版社，2001.
[52] (美) C·亚历山大. 建筑的永恒之道 [M]. 赵冰，译. 北京：知识产权出版社，2002.
[53] 夏骏，阴山. 居住改变中国 [M]. 北京：清华大学出版社，2006.
[54] (英) 阿兰·德波顿. 幸福的建筑 [M]. 上海：上海译文出版社，2007.
[55] (美) C·W·米尔斯. 白领——美国的中产阶级 [M]. 杭州：浙江人民出版社，1987.
[56] (美) 卡丽斯·鲍德温. 设计规则模块化力量 [M]. 张传良，译. 北京：中信出版社，2006.
[57] (英) 艾维·弗雷德曼. 适应性住宅 [M]. 南京：江苏科学技术出版社，2008.
[58] (丹) 扬·盖尔. 交往与空间 [M]. 何人可，译. 北京：中国建筑工业出版社，2002.
[59] 熊建新. 室内细部装饰设计 [M]. 南昌：江西美术出版社，2005.
[60] (美) 理查德·弗罗里达 (Richard Florida). 创意经济 [M]. 北京：中国人民大学出版社，2006.
[61] (美) 约翰·M·利维 (John M.Levy). 现代城市规划 [M]. 北京：中国人民大学出版社，2003.
[62] 傅熹年. 中国古代建筑十论 [M]. 上海：复旦大学出版社，2004.
[63] 袁忠. 中国古典建筑的意象化生存 [M]. 武汉：湖北教育出版社，2005.
[64] 张良皋. 匠学七说 [M]. 北京：中国建筑工业出版社，2002.
[65] 雷德侯. 万物 [M]. 上海：上海三联书店出版社，2012.
[66] 吴国欣. 标志设计 [M]. 上海：上海人民美术出版社，2002.

[67]（日）Works 社编辑部．日本平面创意设计年鉴 2005[M]. 北京：中国青年出版社，2006.
[68] 胡飞．艺术设计符号基础 [M]. 北京：清华大学出版社，2008.
[69] 何晓佑．产品设计程序与方法 [M]. 北京：中国轻工业出版社，2003.
[70] 邱松．造型设计基础 [M]. 北京：清华大学出版社，2005.
[71] 朱忠翠. 中国当代室内设计史 [M]. 北京：中国建筑工业出版社，2013.
[72]（英）赫伯特 • 马尔库塞．单向度的人：发达工业社会意识形态研究 [M]. 刘继，译. 上海：上海译文出版社，2011.
[73] 谢宏声．图像与观看 [M]. 桂林：广西师范大学出版社，2012.
[74] 杨公侠．视觉与视觉环境 [M]. 上海：同济大学出版社，2002.
[75] 乐国安，韩振华．认知心理学 [M]. 天津：南开大学出版社，2011.
[76] 罗子明．消费者心理与行为 [M]. 北京：中国财政经济出版社，1998.
[77] 马大力．视觉营销 [M]. 北京：中国纺织出版社，2003.
[78] 郧烈炎．视觉体验 [M]. 南京：江苏美术出版社，2008.
[79] 张福昌．感悟设计 [M]. 北京：中国青年出版社，2004.
[80] 沈克宁．建筑现象学 [M]. 北京：中国建筑工业出版社，2008.
[81] 艾尔塞克尔．视觉游戏 [M]. 洪芳，译．北京：中国友谊出版公司，2009.
[82]（丹）S • E • 拉斯姆森．建筑体验 [M]. 刘亚芬译．北京：知识产权出版社，2003.
[83] 任戬．视觉知识 [M]. 沈阳：辽宁美术出版社，2011.
[84] 顾牧君. 智能家居设计与施工 [M]. 上海：同济大学出版社，2004.
[85] 陈易，陈申源. 环境空间设计 [M]. 北京：中国建筑工业出版社，2008.
[86] 向忠宏. 智能家居 [M]. 北京：人民邮电出版社，2002.
[87]（日）日本建筑学会．空间要素（世界的建筑 • 城市设计）[M]. 陈浩，庄东帆，译．北京：中国建筑业出版社，2009.
[88]（美）安东，马库，帕森．遥拴建筑 [M]. 李现民，译．北京：机械工业出版社，2004.
[89]（美)Danto，Auther C. 美的滥用：美学与艺术的概念 [M]. 王春辰，译. 南京：江苏人民出版社，2007.
[90]（美)Kevin N. Otto,Kristin L. Wood．产品设计 [M]. 齐春萍，等译. 北京：电子工业出版社，2005.
[91] 文丘里．建筑的复杂性与矛盾性 [M]. 周下颐，译．北京：中国建筑工业出版社，1991.
[92] 黑川纪章．新共生思想 [M]. 覃力，杨嘉微，译．北京：中国建筑工业出版社，1997.
[93] 辞海 [M]. 上海：上海辞书出版社，2002.
[94] 胡绍学，肖礼斌，韩静，谢坚．走向新思维 [M]. 北京：中国建筑工业出版社，1985.
[95]（意）布鲁诺 • 赛维．建筑空间论 [M]. 张似赞，译．北京：中国建筑工业版社，2006.
[96]（英）文丘里．建筑的复杂性与矛盾性 [M]. 周卜颐，译．北京：中国水利水电出版社，

2006.
[97] 张楠．当代建筑创作手法解析：多元＋聚合 [M]. 北京：中国建筑工业出版社，2003
[98] 赵巍岩．当代建筑美学意义 [M]. 南京：东南大学出版社，2001.
[99] (英)苏珊•朗格．情感与形式 [M]. 刘大基，傅志强，周发祥，译．北京：中国社会科学出版社，1986.
[100] (美)查尔斯•詹克斯，卡尔•克洛普夫．当代建筑的理论和宣言 [M]. 周玉鹏，雄一，张鹏，译．北京：中国建筑工业出版社，2005.
[101] 尹国均．城市的尖叫：后现代建筑图景 [M]. 重庆：西南师范大学出版社，2008.
[102] 傅熹年．中国古代建筑十论 [M]. 上海：复旦大学出版社，2004.
[103] 袁忠．中国古典建筑的意象化生存 [M]. 武汉：湖北教育出版社，2005.
[104] 吴庆洲．建筑哲理、意匠与文化 [M]. 北京：中国建筑工业出版社，2005.
[105] 王振复．中国建筑的文化历程 [M]. 上海：上海人民出版社，2000.
[106] 毛兵．混沌：文化与建筑 [M]. 沈阳：辽宁科学技术出版社，2005.
[107] 秦红岭．建筑的伦理意蕴 [M]. 北京：中国建筑工业出版社，2006.
[108] 王世仁．佛国宇宙的空间模式 [J]. 古建园林枝术，1991 (1)
[109] 袁忠．中国古典建筑的意象化生存 [D]. 广州：华南理工大学，2001.
[110] 秦红岭．她建筑：女性视角下的建筑文化 [M]. 北京：中国建筑工业出版社，2013.
[111] 朱常红．女性•男性•生态图书馆：性别理论视野中的中国图书馆建筑美解读 [M]. 北京：中国建筑工业出版社，2011.
[112] 程玮．女性心理学 [M]. 北京：科学出版社，2012.
[113] 荆其敏，张丽安．情感建筑 [M]. 天津：百花文艺出版社，2004.
[114] 黄春晓．城市女性社会空间 [M]. 南京：东南大学出版社，2008.
[115] (瑞)安德里娅•格莱尼哲，格奥尔格•瓦赫里奥提斯．复杂性：设计战略和世界观 [M]. 武汉：华中科技大学出版社，2011.
[116] 荷加斯．美的分析 [M]. 杨成寅，译．桂林：广西师范大学出版社，2003.
[117] 滕守尧．文化的边缘 [M]. 南京：南京出版社，2006.
[118] 柳沙．设计心理学 [M]. 上海：上海人民美术出版社，2012.
[119] 徐宾宾．风尚样板房：女性主义 [M]. 武汉：华中科技大学出版社，2012.
[120] 廖晓中．消费心理分析 [M]. 广州：暨南大学出版社，2009.
[121] (美)玛格丽特•波蒂略．室内色彩规划 [M]. 王芳，译．北京：电子工业出版社，2011.
[122] (德)爱娃•海勒著．色彩的性格 [M]. 吴彤，译．北京：中央编译出版社，2008.
[123] 徐恒醇，设计符号学 [M]. 北京：清华大学出版社，2008.
[124] 王受之，世界现代设计史 [M]. 北京：中国青年出版社，2002.
[125] 郭泳言．室内色彩设计秘诀 [M]. 北京：中国建筑工业出版社，2008.

[126] (英)Gloria Moss . 性别设计与营销 [M]. 北京：企业管理出版社，2012.
[127] (英) 布莱恩 • 劳森 . 空间的语言 [M]. 北京：中国建筑工业出版社，2003.
[128] 徐磊清，杨公侠 . 环境心理学：环境、知觉、行为 [M]. 上海：同济大学出版社，2002.
[129] 陆邵明 . 建筑体验——空间中的情节 [M]. 北京：中国建筑工业出版社，2007.
[130] 滕静茹 . 西方女性主义建筑学的若干议题研究 [D]. 北京：清华大学，2010.
[131] 李春玲，施芸卿 . 境遇，态度与社会转型——80 后青年的社会学研究 [M]. 北京：社会科学文献出版社，2014.
[132] 李友梅 . 上海调查——新白领生存状况与社会信心 [M]. 北京：社会科学文献出版社 , 2014.
[133] 沈虹 , 郭嘉 , 纪中展 , 杨雪萍 . 移动中的 90 后 [M]. 北京：机械工业出版社，2014.
[134] 马中红，陈霖 . 无法忽视的另一种力量 [M]. 北京：清华大学出版社，2005.
[135] Donald A.Norman. 情感化设计 [M]. 付秋芳 , 译 . 北京：电子工业出版社，2005.
[136] 杨京玲 . 女性参与 • 女性话语 [D]. 南京：南京艺术学院，2014.
[137] 凌珑 . 文学原理 [M]. 上海：上海社会科学院出版社，1995.
[138] 汪流 . 电影编剧学 [M]. 北京：中国传媒大学出版社，2009.
[139] (法) 马尔丹 . 电影语言 [M]. 何振淦 , 译 . 北京：中国电影出版社，2006.
[140] 宋昆，邹颖 . 整体的秩序　结构主义的城市和建筑 [J]. 世界建筑，2002,7.
[141] (法) 罗丹 . 罗丹艺术论 [M]. 傅雷 , 译 . 天津：天津社会科学院出版社，2009.
[142] 钟大年 . 纪录片创作论纲 [M]. 北京：中国传媒大学出版社，2003.
[143] 张为平 . 现实乌托邦："玩物"建筑 [M]. 南京：东南大学出版社，2014.
[144] (美) 伦纳德 R • 贝奇曼 . 整合建筑——建筑学的系统要素 [M]. 北京：机械工业出版社，2005.
[145] (英) 布莱恩 • 劳森 . 空间的语言 [M]. 北京：中国建筑工业出版社，2003.
[146] 戴航 . 结构 • 空间 • 界面的整合设计及表现 [M]. 南京：东南大学出版社，2016.
[147] (日) 原研哉 . 理想家 2015[M]. 北京：生活书店出版有限公司，2016.
[148] (美)Jesse James Garrett. 用户体验要素 [M]. 范晓燕 , 译 . 北京：机械工业出版社，2017.
[149] 郭泽德 . 共享经济（缘起 + 动力 + 未来）[M]. 北京：北京联合出版有限责任公司，2016.
[150] 彭一刚 . 建筑空间组合论 [M]. 北京：中国建筑工业出版社，1998.
[151] 程大锦 . 建筑：形式、空间和秩序 [M]. 天津：天津大学出版社，2005.
[152] (英) 理查德 • 格里格，菲利普 • 津巴多 . 王垒 , 王更生 , 等 , 译 . 心理学与生活 [M]. 北京：人民邮电出版社，2003.
[153] 史雷鸣，贾平凹，韩鲁华 . 作为语言的建筑：符号学理论视域下建筑语言与文学语言的关系研究 [J]. 陕西师范大学，2015.
[154] 方玲玲 . 媒介空间论：媒介的空间想象力与城市景观 [M]. 北京：中国传媒大学出版社，

2011.
[155] 贺勇．空间的背后 [M]. 沈阳：辽宁科学技术出版社，2012.
[156] 方海．建筑与家具 [M]. 北京：中国电力出版社，2012.
[157] (美)Karen A. Frank，(意)R.Bianca Lepori. 由内而外的建筑：来自身体、感觉、地点与社区 [M]. 屈锦红，译．北京：电子工业出版社，2013.
[158] (英) 阿诺德 • 约瑟夫．历史研究 [M]. 北京：中国建筑工业出版社，2010.
[159] (英) 柯彪．亚里士多德与《政治学》[M]. 北京：人民出版社，2010.
[160] 刘德谦，高舜礼，荣瑞．中国休闲发展报告 [M]. 北京：社会科学文献出版社，2015.
[161] Durrell L，Thomas A G.Spirit of place：letters and essays on travel[J].New Yorker，1969.
[162] (英) 舒伯阳．体验经济的价值基准与企业竞争策略 [J]. 商业时代，北京：2005（8）：62-63.
[163] (英)Christian Norberg-Schulz. 场所精神 [M]. 施植明，译．武汉：华中科技大学出版社，2010.
[164] 郭宜章．解读空间设计中的情感因素 [J]. 美与时代（上），2016（6）：76-77.
[165] 章俊华．日本景观设计师户田芳树 [M]. 北京：中国建筑工业出版社，2002.
[166] 宋杰．视听语言：影像与声音 [M]. 北京：中国广播电视出版社，2001.
[167] (美) 萨林加洛斯．建筑论语 [M]. 吴秀洁，译．北京：中国建筑工业出版社，2009.
[168] 谭沛生．论戏剧性 [M]. 北京：北京大学出版社，1984.
[169] 李幼蒸．理论符号学导论 [M]. 北京：中国社会科学出版社，2005.
[170] 荆其敏，张丽安．情感建筑 [M]. 天津：百花文艺出版社，2003.
[171] 李翔宇．消费文化视阈下当代商业建筑设计研究 [D]. 哈尔滨：哈尔滨工业大学，2011.
[172] 罗兰 • 巴尔特．埃菲尔铁塔 [M]. 北京：中国人民大学出版社，2008.
[173] 克里斯蒂安 • 诺伯格 - 舒尔茨．居住的概念：走向图形建筑 [M]. 黄土钧，译．北京：中国建筑工业出版社，2012.
[174] 布莱恩 • 劳森．空间的语言 [M]. 北京：中国建筑工业出版社，2012.
[175] 徐守珩．建筑中的空间运动 [M]. 北京：机械工业出版社，2015.
[176] 杨政 .20 世纪大发现 [M]. 重庆：重庆出版社，2000.
[177] 斯唐热．从混沌到有序 [M]. 曾庆宏，沈小峰，译．上海：上海译文出版社，2005.
[178] 夏传才．诗词格律 • 鉴赏与创作 [M]. 海口：南海出版公司，2004.
[179] (美) 弗雷德里克•詹姆逊 . 后现代主义：晚期资本主义的文化逻辑 [M]. 张旭东，编 . 陈清桥，等译．上海：三联出版社，1997.
[180] 荆哲璐 . 消费时代的都市空间图景——上海消费空间的评析 [D]. 上海：同济大学，2005.
[181] 汪民安，陈永国，马海良 . 后现代性的哲学话语：从福柯到赛义德 [M]. 杭州：浙江人民出版社，

2000.

[182]（英）爱德华•罗特斯坦．心灵的标符：音乐与数学的内在生命 [M]. 李晓东，译．长春：吉林人民出版社，2001.

[183]（丹）扬•盖尔．交往与空间 [M]. 何人可，译．北京：中国建筑工业出版社，2002.

[184]（美）爱森斯坦．爱森斯坦论文选集 [M]. 魏边实，等译．北京：中国电影出版社，1982.

[185]（英）贾尼•布拉费瑞．奥尔多•罗西 [M]. 沈阳：辽宁科学技术出版社，2005.

[186] 布雷泽，苏怡，齐勇新．东西方的会合 [M]. 北京：中国建筑工业出版社，2006.

[187] 张静，曹加杰．边界　商业空间体验的美学思考 [J]. 建筑与文化，2011（7）：100-102.

[188] 邹晓霞．商业街道表层研究 [J]. 建筑学报，2006（7）：15-18.

[189] 张恩碧．体验消费论纲 [D]. 成都：西南财经大学，2009.

[190] 陆邵明．空间情节论——迈向体验艺术的空间新秩序 [D]. 上海：同济大学，2004.

[191] 吕健梅．基于体验的建筑形象生成论 [D]. 哈尔滨：哈尔滨工业大学，2010.

[192] 王小波．怀疑三部曲 [M]. 北京：文化艺术出版社，2002.

[193] 徐朋．建筑的表皮与灵魂 [J]. 中国建筑装饰装修，2010（11）：8.

[194] 李晓梅．建筑外观设计的演进 [J]. 城乡建设，2005（8）：73-74.

[195] 艾晓明．叙事的奇观——论卡尔维诺《看不见的城市》[J]. 外国文学研究，1999（4）：68-76.

[196] 陈强．当代建筑中的动态性研究 [D]. 上海：同济大学，2005.

[197] 张晨．空间情趣的营造设计研究——引入兴趣因子和媒介的方法 [D]. 无锡：江南大学，2016.

[198] 王富臣．城市形态的维度：空间和时间 [J]. 同济大学学报（社会科学版），2002，13（1）：28-33.

[199] 陈晓云．电影学导论 [M]. 北京：北京联合出版公司，2015.

[200] 曾军．从“视觉”到“视觉化”：重新理解视觉文化 [J]. 社会科学，2009（8）：109-114.

[202] 王又佳．建筑形式的符号消费 [D]. 北京：清华大学，2006.

[203] 王文捷．另类奇幻的解构性娱乐意态的新兴 [D]. 武汉：武汉大学，2011.

[204] 李蓉．媒介趣味论 [D]. 杭州：浙江大学，2009.

[205] 李静修．全媒体视野下的受众审美心理研究 [D]. 长春：吉林大学，2013.

[206] 华霞虹．消融与转变 [D]. 上海：同济大学，2007.

[207] 零点调查．中国消费文化调查报告 [M]. 北京：光明日报出版社，2006.

[208] B•约瑟夫•派恩，詹姆斯•H•吉尔摩．体验经济 [M]. 北京：机械工业出版社，2002.

[209] 曾坚．现代商业建筑的规划与设计 [M]. 天津：天津大学出版社，2002.

[210] [243] 赖德霖．中国近代建筑史研究 [M]. 北京：清华大学出版社，2007.

[211] 郑时龄．建筑批评学 [M]. 北京：中国建筑工业出版社，2001.

[212] 荆哲璐．城市消费空间的生与死——《哈佛设计学院购物指南》评述 [J]. 时代建筑，2005（2）：62-67.
[213] 沈克宁． 建筑现象学 [M]. 北京：中国建筑工业出版社，2016.
[214] 丁宁． 论建筑场 [M]. 北京：中国建筑工业出版社，2010.
[215] 张郢娴．从空间到场所——城市化背景下场所认同的危机与重建策略研究 [D]. 天津：天津大学，2012.
[216] 程世丹． 当代城市场所营造理论与方法研究 [D]. 重庆：重庆大学，2007.
[217] 章宇贲． 行为背景：当代语境下场所精神的解读与表达 [D]. 北京：清华大学，2012.
[218] Buchanan R.Declaration by Design：Rhetoric，Argument，and Demonstration in Design Practice[J].Design Issues，1985，2(1)：4-22.
[219] S•E•拉斯姆森． 建筑体验 [M]. 刘亚芬，译．北京：知识产权出版社，2003.
[220]（挪）诺伯格•舒尔兹．存在•空间•建筑 [M]. 严培桐，译．北京：中国建筑工业出版社，1990.
[221]（挪）诺贝格•舒尔茨．西方建筑的意义 [M]. 李路柯，欧阳恬之，译．北京：中国建筑工业出版社，2005.
[222] 卡尔森． 环境美学 [M]. 成都：四川人民出版社，2006.
[223] 叶锦添． 神思陌路：叶锦添的创意美学 [M]. 北京：中国旅游出版社，2010.
[224] 王昀． 建筑与音乐 [M]. 北京：中国电力出版社，2012.
[225] 尤哈尼• 帕拉斯玛，帕拉斯玛，刘星，等． 肌肤之目：建筑与感官 [M]. 北京：中国建筑工业出版社，2016.
[226] 殷敦煌． 影视鉴赏写作新论 [M]. 北京：中国电影出版社，2012.
[227] 董治年． 共生与跨界 [M]. 北京：化学工业出版社，2015.
[228] 尤哈尼• 帕拉斯玛，孙炼，鲁安东． 建筑和电影中的居住空间 [J]. 建筑师，2008(6)：25-31.
[229]（英）艾伦•科洪． 建筑评论：现代建筑与历史嬗变 [M]. 北京：知识产权出版社，2005.
[230] 毛白滔． 建筑空间解析 [M]. 北京：高等教育出版社，2008.
[231] 王小慧． 建筑文化艺术及其传播：室内外视觉环境设计 [M]. 天津：百花文艺出版社，2000.
[232] 金磊，李沉． 中外建筑与文化 [M]. 北京：科学技术文献出版社，2005.
[233] 彭一刚． 建筑空间组合论 [M]. 北京：中国建筑工业出版社，1998.
[234] 戴志忠，舒波． 建筑创作构思解析——符号，象征，隐喻 [M]. 北京：中国计划出版社，2006.
[235] 沐小虎． 建筑创作中的艺术思维 [M]. 上海：同济大学出版社，1996.
[236]（美）鲁道夫•阿恩海姆． 视觉思维——审美直觉心理学 [M]. 滕守尧，译．成都：四川人民出版社，1998.
[237] 汪江华． 形式主义建筑 [M]. 宋昆主编． 现代建筑思潮研究丛书第一辑．天津：天津大学出版社，2004.

[238]（美）苏珊·朗格．艺术问题 [M]．滕守尧，朱疆源，译．北京：中国社会科学出版社，1983.
[239]（意）布鲁诺·赛维．建筑空间论——如何品建筑 [M]．北京：中国建筑工业出版社，2006.
[240]（意）布鲁诺·赛维．现代建筑语言 [M]．王虹，席云平，译．北京：中国人民出版社，2005.
[241] 李幼蒸．理论符号学导论 [M]．北京：中国社会科学出版社，2005.

后记

历时多年的几易其稿和近两年时间编著终于付梓，书籍的编纂工作繁重而庞杂，俗话说没有传统的产业而只有传统思维，在空间赋新的整合性跨界思维的拓展及触角的延伸越发明显的当下，既要考虑到理论的时效性、系统性，又要尽可能地展现对于建筑空间理论研究成果的视角多样性，完成这项任务是非本人一人所及，离不开身边与我一起工作的同行、前辈和我的学生们的通力合作和慷慨相助。

感谢我的母校江南大学设计学院为我的教学实践及理论实践创造了良好的工作环境和学术氛围，以及我的建筑环境艺术教授工作室的工程实践工作平台的学者和同伴们对我的鼓励、帮助和支持，还应感谢设计行业的挚友及同仁的交流过程中的学术思想的无私奉献，为本书提供了许多结合当下设计行业现状的思维启发和案例参考，特别感谢我的学长广州美术学院赵健院长在百忙之中为本书作序。

感谢我的岳父毛国祥教授，以独到眼光审视书稿并提出了许多宝贵建议。

感谢历届学生，陈淳、郭钟秀、汪艳荣 、李仙、赵皓君、王文捷、崔军林、邬荣亮、唐婷婷、袁丹瑛、江勇、张晨、杨扬、杨月、裴海燕、王玉华、孙越，提供了丰富的理论思考及支撑著作的研究材料。我的在研研究生齐臻、纪倩倩、郎天博、朱景宸、周依明在本书的编写过程中协助我完成书籍的内容梳理、文本校对、选择插图和编写索引等浩繁的工作，并且提供了有价值的理论成果，他们都是无愧于著作的合作者。